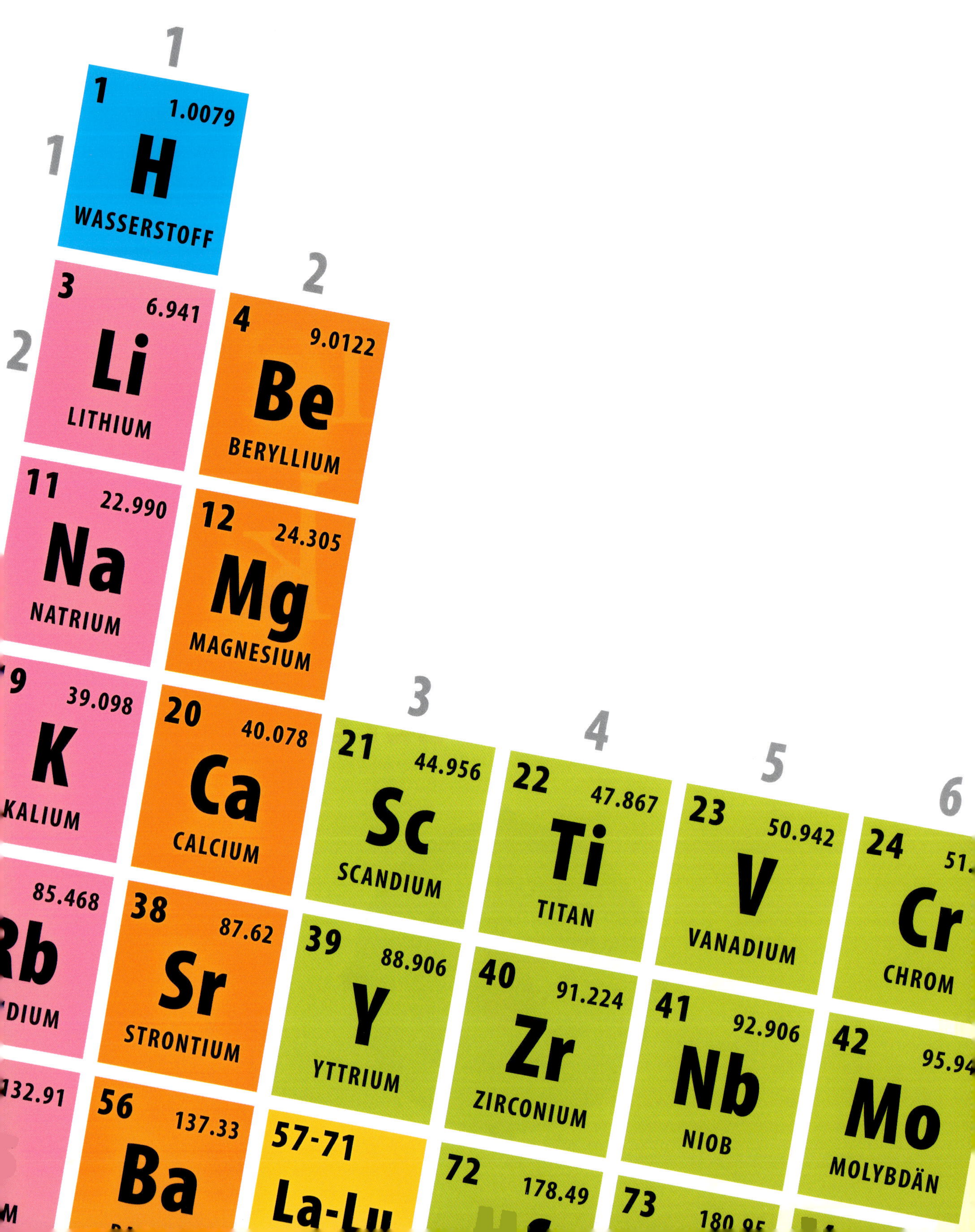

1
1
1
1.0079
H
WASSERSTOFF
2
2
3
6.941
Li
LITHIUM
4
9.0122
Be
BERYLLIUM
11
22.990
Na
NATRIUM
12
24.305
Mg
MAGNESIUM
39.098
K
20
40.078
Ca
CALCIUM
3
4
5
6
21
44.956
Sc
SCANDIUM
22
47.867
Ti
TITAN
23
50.942
V
VANADIUM
24
Cr
CHROM
85.468
38
87.62
Sr
STRONTIUM
39
88.906
Y
YTTRIUM
40
91.224
Zr
ZIRCONIUM
41
92.906
Nb
NIOB
42
Mo
MOLYBDÄN
56
137.33
Ba
57-71
72
178.49
73

DK

Biologie Chemie Physik

FÜR ELTERN

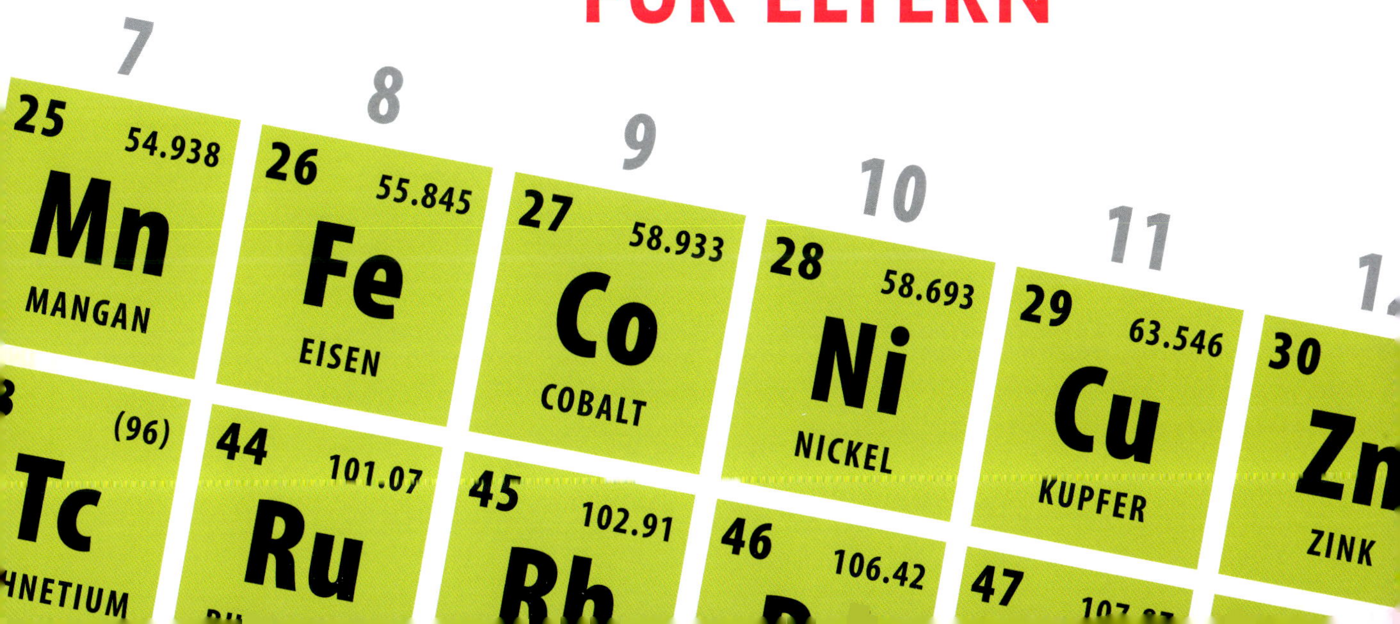

DK Penguin Random House

DK London

Lektorat
Linda Esposito Carron Brown, Steven Carton, Matilda Gollon, Ashwin Khurana, Liz Wheeler, Jonathan Metcalf, Laura Buller

Gestaltung und Bildredaktion
Jim Green, Katie Knutton, Mary Sandberg, Mik Gates, Diane Peyton Jones, Phil Ormerod, Angela Ball, David Ball

Herstellung
Erika Pepe, Adam Stoneham

Umschlaggestaltung
Manisha Majithia, Laura Brim

DK Dehli

Illustrationen
Arunesh Talapatra, Priyabrata Roy Chowdhury, Chhaya Sajwan, Shruti Soharia Singh, Anjana Nair, Priyanka Singh, Shipra Jain, Payal Rosalind Malik, Nidhi Mehra, Niyati Gosain, Neha Sharma, Jomin Johny, Vidit Vashisht

Lektorat
Pakshalika Jayaprakash, Monica Saigal, Roma Malik

Für die deutsche Ausgabe

Programmleitung
Monika Schlitzer

Projektbetreuung
Kerstin Schlieker

Herstellungsleitung
Dorothee Whittaker

Herstellungskoordination
Katharina Schäfer

Herstellung
Stephanie Sarlos

Übersetzung und inhaltliche Adaption
Dietmar Mertens (Biologie), Alfons Winkelmann (Chemie), Carsten Heinisch (Physik)

Lektorat Manuela Kupfer

ISBN 978-3-8310-3258-7

Druck und Bindung TBB, Slowakei

www.dorlingkindersley.de

CAROL VORDERMAN ist eine der beliebtesten TV-Moderatorinnen Großbritanniens und bekannt für ihre Kenntnisse in Mathematik, ihre Begeisterung für Naturwissenschaften und Technologie sowie für ihre Leidenschaft, anderen Menschen Wissen zu vermitteln. Sie moderiert eine Reihe von Shows in der BBC, auf ITV und Channel 4 und war im vergangenen Jahrzehnt die zweiterfolgreichste Sachbuchautorin in Großbritannien. Seit 2010 betreibt sie die Website *www.themathsfactor.com*, die unterhaltsames Mathematik-Training für Kinder und Eltern anbietet.

TOM JACKSON ist Autor von fast 100 naturwissenschaftlichen Büchern und hat an zahlreichen weiteren mitgewirkt. Bevor er mit dem Schreiben begann, war er Tierpfleger, arbeitete in Safariparks in Simbabwe und war Mitglied der ersten britischen Forschungsexpedition in die Regenwälder Vietnams seit den 1960er-Jahren. Seine Arbeit als Reiseschriftsteller hat ihn u.a. in die Sahara, den Amazonas-Regenwald, die afrikanische Savanne und auf die Galápagos-Inseln geführt.

DR. MIKE GOLDSMITH ist Doktor der Astrophysik an der Universität Keele. Von 1987 bis 2007 war er in der Arbeitsgruppe Akustik des National Physical Laboratory in Großbritannien tätig, viele Jahre davon als deren Leiter. Er hat über 40 wissenschaftliche Veröffentlichungen und mehr als 30 naturwissenschaftliche Bücher geschrieben. Zwei davon waren in der engeren Auswahl für den Preis der Royal Society für wissenschaftliche Kinderbücher.

DR. STEWART SAVARD ist leitender Dozent für Naturwissenschaften und elektronische Ressourcen im Comox Valley in British Columbia, Kanada. Er hat Veröffentlichungen zur Rolle von Science Fiction und naturwissenschaftlichen Sammlungen in Bibliotheken geschrieben und war als Lektor an 18 naturwissenschaftlichen Büchern beteiligt. Er entwickelt zudem Robotertechnik für Schulen.

ALLISON ELIA machte 1989 an der Brunel-Universität in London ihren Bachelor of Science in Angewandter Physik. Sie arbeitete einige Jahre im Finanzwesen, bis sie feststellte, dass ihre eigentliche Berufung das Unterrichten ist. 1992 ließ sie sich daher am Canterbury Christ Church College zum Lehrer ausbilden. In den vergangenen 18 Jahren hat sie an einer Reihe von Schulen naturwissenschaftliche Fächer unterrichtet und ist zur Zeit an der Fort Pitt Grammar School in Kent beschäftigt.

Vorwort

Herzlich willkommen in der faszinierenden Welt der Naturwissenschaften – einer Welt, die einem wirklich den Atem rauben kann. Die Natur ist voller Schönheit und steckt noch immer voller spannender Geheimnisse, die nur darauf warten, gelüftet zu werden.

Naturwissenschaften haben unser Leben dramatisch verändert und werden es auch in Zukunft tun. Sie sind der Motor des Fortschritts und es ist daher enorm wichtig, Kinder für naturwissenschaftliche Fächer zu begeistern.

Die Möglichkeiten dies – insbesondere auch zu Hause – zu tun, waren noch nie so vielfältig wie heute. Dieses Buch soll einen wichtigen Beitrag dazu leisten und Kindern Lust auf Naturwissenschaften machen.

Gleichzeitig soll es auch Eltern dazu ermutigen, sich erneut auf Biologie, Chemie und Physik einzulassen, selbst wenn sie sich seit Jahren nicht mehr damit beschäftigt haben und die Erinnerungen daran vielleicht nicht die allerbesten sind.

Als Mutter weiß ich, wie wichtig es ist, die eigene Begeisterung über etwas zu zeigen, um auch bei Kindern Interesse daran zu wecken. Vielleicht sehen Sie nach dem Lesen dieses Buches die naturwissenschaftlichen Fächer mit ganz anderen Augen und entdecken gemeinsam mit ihrem Kind neue spannende Ansatzpunkte in der Biologie, Chemie oder Physik.

CAROL VORDERMAN

Pythagoras (570–495 v. Chr.), **Thales von Milet** (624–546 v. Chr.), **Aristoteles** (384–322 v. Chr.), **Archimedes** (287–212 v. Chr.), **Ibn al-Haytham** (965–1039), **Nikolaus Kopernikus** (1473–1543), **Tycho Brahe** (1546–1601), **Galileo Galilei** (1564–1642), **Johannes Kepler** (1571–1630), **William Harvey** (1578–1657), **Christiaan Huygens** (1629–1695), **Anton van Leeuwenhoek** (1632–1723), **Isaac Newton** (1642–1727), **Carl von Linné** (1707–1778), **William Herschel** (1738–1822), **Antoine Lavoisier** (1743–1794), **Alessandro Volta** (1745–1827), **John Dalton** (1766–1844), **Georges Cuvier** (1769–1832), **Michael Faraday** (1791–1867), **Charles Darwin** (1809–1882), **Claude Bernard** (1813–1878), **Gregor Mendel** (1822–1884), **Louis Pasteur** (1822–1895), **James Clerk Maxwell** (1831–1879), **Dmitri Mendelejew** (1834–1907), **Robert Koch** (1843–1910), **Ludwig Boltzmann** (1844–1906), **Joseph J. Thomson** (1856–1940), **Max Planck** (1858–1947), **Marie Curie** (1867–1934), **Ernest Rutherford** (1871–1937), **Albert Einstein** (1879–1955), **Otto Hahn** (1879–1968), **Max Born** (1882–1970), **Niels Bohr** (1885–1962), **Erwin Schrödinger** (1887–1961), **Edwin Hubble** (1889–1953), **Linus Pauling** (1901–1994), **Barbara McClintock** (1902–1992), **Glenn Seaborg** (1912–1999), **Jonas Salk** (1914–1995), **Francis Crick** (1916–2004), **Rosalind Franklin** (1920–1958), **James Watson** (geb.1928), **Stephen Hawking** (geb.1942)

Inhalt

1 BIOLOGIE

2 CHEMIE

3 PHYSIK

WAS IST NATURWISSENSCHAFT?

DIE NATURWISSENSCHAFTEN ERFORSCHEN DIE NATUR MITHILFE VON BEOBACHTUNGEN, MESSUNGEN, EXPERIMENTEN UND ANALYSEN.

Naturwissenschaftler generieren ständig neues Wissen und lüften immer mehr Geheimnisse des Universums. Die naturwissenschaftliche Forschung hat unseren Blick auf den Kosmos, das Leben und uns selbst dramatisch verändert.

Naturwissenschaft ist …

… eine stetig wachsende Sammlung von Wissen, mit dem Naturphänomene erklärt werden können. Neue Forschungsergebnisse werden stets mit bereits vorhandenem Wissen verglichen, um sie bewerten zu können.

… ein Weg, neue Erkenntnisse über die Natur zu erlangen. Dies wird durch einen besonderen Prozess erreicht, bei dem Erklärungen für Naturphänomene wiederholt auf ihre Richtigkeit hin überprüft werden.

Fragen beantworten

Die Naturwissenschaften sind sehr effizient darin, Fragen, die die Natur betreffen, zu beantworten und Naturphänomene zu erklären. Bei der sogenannten wissenschaftlichen Methode werden Hypothesen zu bislang ungeklärten Sachverhalten aufgestellt und z. B. durch Experimente überprüft. Stellen sie sich als falsch heraus, werden sie verworfen. Erweisen sich die Hypothesen als nicht falsch, gelten sie als bestätigt und werden akzeptiert und als neue wissenschaftliche Erkenntnis angesehen – allerdings nur so lange, wie sie nicht widerlegt werden können.

◁ **Inspirationsquelle**
Die Frage, warum Eis an der Sonne schmilzt, hat die Naturwissenschaft längst beantwortet. Neben wissenschaftlicher Neugierde sind es oft alltägliche Fragen wie diese, die Naturwissenschaftler zu ihrer Arbeit inspirieren.

Messungen durchführen

Um Fragen zu beantworten und Hypothesen zu überprüfen, müssen Naturwissenschaftler häufig – möglichst genaue – Messungen durchführen. Dabei nutzen sie gewöhnlich das Internationale Einheitensystem (SI), das Einheiten für physikalische Größen festlegt. Dabei lassen sich sogenannte SI-Basiseinheiten und von diesen abgeleitete Einheiten unterscheiden. Zu den Basiseinheiten zählen z. B. der Meter (Länge), das Kilogramm (Masse) und die Sekunde (Zeit), zu den abgeleiteten Einheiten das Newton (Kraft) und das Pascal (Druck).

◁ **Temperaturmessung**
Anhand des Flüssigkeitsstands lässt sich an der Skala eines Flüssigkeits-Glasthermometers die Temperatur ablesen. Der Abstand der Teilstriche auf der Anzeigefläche ist dabei nichts Naturgegebenes, sondern wird in der Regel mit Blick auf die Alltagstauglichkeit des Messgeräts festgelegt.

Erkenntnisse absichern

Naturwissenschaften gelten als besonders glaubwürdig. Der Grund dafür liegt darin, dass neue Erkenntnisse nach strengen Regeln überprüft und mit bestehendem Wissen abgeglichen werden. Selbst allgemein anerkannte Theorien werden immer wieder kritisch hinterfragt und angepasst oder verworfen, wenn sich Mängel und Widersprüche offenbaren. Die Veröffentlichung von Forschungsergebnissen sorgt dafür, dass Naturwissenschaftler sich gegenseitig überprüfen und voranbringen können.

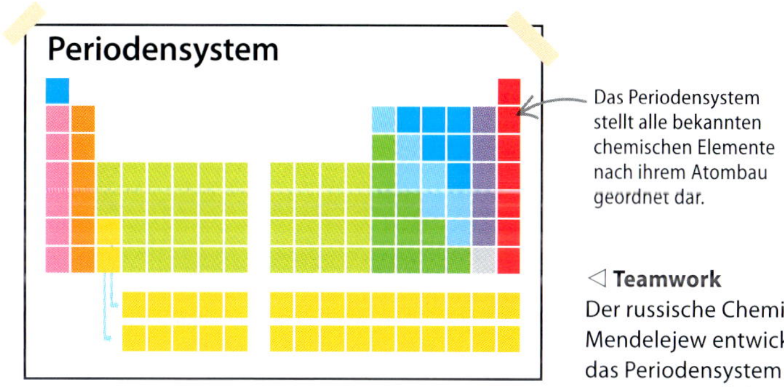

◁ **Teamwork**
Der russische Chemiker Dmitri Mendelejew entwickelte 1869 das Periodensystem der Elemente. Ermöglicht wurde dies durch die Arbeit zahlreicher Kollegen, die nach und nach die Elemente entdeckt und beschrieben hatten.

Sich spezialisieren

Die moderne Naturwissenschaft hat in den vergangenen 300 Jahren unser Wissen über die Natur enorm vermehrt. Aufgrund dieser Wissensexplosion ist es heute unmöglich, ein Experte auf zahlreichen unterschiedlichen Wissensgebieten zu sein, wie es etwa Leonardo da Vinci zu seiner Zeit war. Selbst das Wissen einer einzigen naturwissenschaftlichen Disziplin halbwegs vollständig zu überblicken ist mittlerweile kaum mehr möglich. Heutige Naturwissenschaftler sind daher Spezialisten mit meist eng eingegrenztem Forschungsbereich.

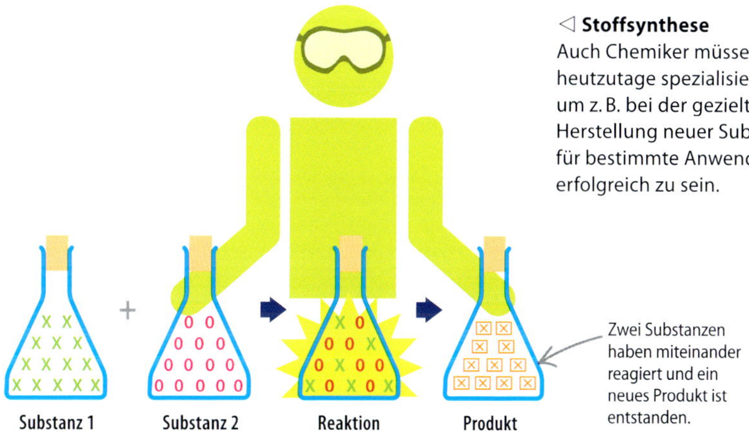

◁ **Stoffsynthese**
Auch Chemiker müssen sich heutzutage spezialisieren, um z. B. bei der gezielten Herstellung neuer Substanzen für bestimmte Anwendungen erfolgreich zu sein.

Wissenschaft anwenden

Etliche Naturwissenschaftler betreiben ihre Forschung in erster Linie aus Neugierde – sie möchten einfach herausfinden, warum manches in der Natur so ist, wie es ist. Andere sind dagegen mehr daran interessiert, wie sich ihre Forschungsergebnisse für praktische Anwendungen nutzen lassen. Der gewaltige technologische Fortschritt der jüngeren Zeit basiert letztlich auf den Erkenntnissen der Naturwissenschaften und zeigt in beeindruckender Weise den enormen Einfluss, den diese auf unser Leben haben.

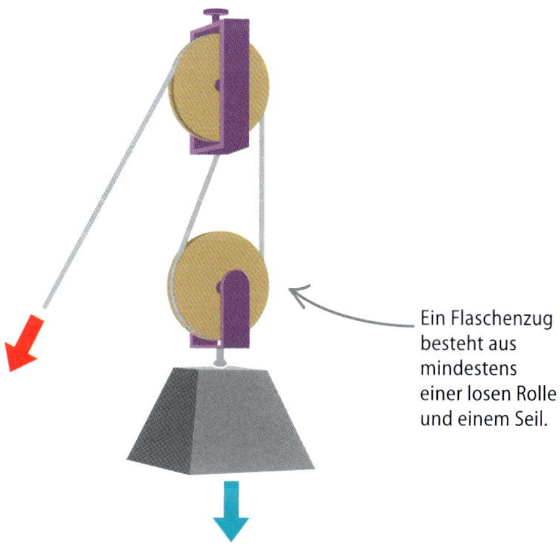

◁ **Angewandte Physik**
Wenn man die Zusammenhänge zwischen Kraft, Weg und Arbeit kennt, kann man sogenannte Kraftwandler wie etwa Flaschenzüge bauen, die einem dabei helfen, schwere Gewichte zu heben.

Die wissenschaftliche Methode

EIN PROZESS, MIT DEM SICH HERAUSFINDEN LÄSST, OB EINE AUSSAGE ZU EINEM NATURPHÄNOMEN WAHRSCHEINLICH ZUTREFFEND IST ODER NICHT.

Die wissenschaftliche Methode ist die Basis jeder seriösen wissenschaftlichen Untersuchung. Nur „Geistesblitze", die diesen Prozess durchlaufen haben und dabei bestätigt wurden, können als wissenschaftliche Erkenntnisse gelten.

Stelle eine Frage
Naturwissenschaft beginnt damit, dass sich ein Mensch Gedanken darüber macht, warum ein Naturphänomen so ist, wie es ist. Oft sind zufällige Entdeckungen, die neue Fragen aufwerfen, der Auslöser dafür.

Führe eine gründliche Hintergrundrecherche durch
Im nächsten Schritt wird versucht, möglichst viele Informationen, die irgendwie mit der betreffenden Frage zu tun haben könnten, zu sammeln. Je mehr man weiß, desto größer ist die Wahrscheinlichkeit, eine zutreffende Erklärung zu finden.

Formuliere eine Hypothese
In dieser Phase formuliert der Naturwissenschaftler eine Annahme, die frei von Widersprüchen sein sollte (Hypothese). Dass diese zutrifft, ist möglich, aber bislang nicht bewiesen.

Überprüfe die Hypothese
Dann überprüft der Wissenschaftler seine Hypothese z. B. mithilfe passender, sorgfältig durchgeführter Experimente. Diese werden mehrfach wiederholt, um sicherzustellen, dass das Ergebnis kein Zufall war.

Ziehe Schlussfolgerungen
Wenn die Ergebnisse der Experimente die Hypothese nicht bestätigen, gilt diese als widerlegt. Konnte sich die Annahme dagegen im Experiment bewähren, gilt die Hypothese – vorläufig – als „bewiesen".

„BEWIESEN" | **WIDERLEGT**

Hypothese wurde bestätigt
Die Ergebnisse der Experimente haben gezeigt, dass die Hypothese eine gute Möglichkeit darstellt, den betreffenden Sachverhalt zu erklären, und als Antwort auf die eingangs gestellte Frage dienen kann.

Hypothese wurde widerlegt
Die Ergebnisse der Experimente haben gezeigt, dass die Hypothese keine zutreffende Erklärung für den untersuchten Sachverhalt liefert. Die eingangs gestellte Frage bleibt daher – zumindest vorläufig – unbeantwortet.

Versuche es erneut
Ein guter Wissenschaftler wird sich von Fehlschlägen nicht entmutigen lassen, sondern versuchen, die Erkenntnisse aus seinen Experimenten dazu zu nutzen, eine neue, bessere Hypothese zu formulieren.

Veröffentliche die Ergebnisse
Es ist sehr wichtig, die Ergebnisse zu veröffentlichen, damit andere Wissenschaftler die Möglichkeit haben, die Experimente zu wiederholen und zu überprüfen, ob sie korrekt durchgeführt wurden. Erst wenn diese die Befunde bestätigen, gilt die neue wissenschaftliche Erkenntnis als gesichert.

Frage

Hat die Zufuhr von Salz Auswirkungen darauf, wie schnell Wasser verdunstet?

Hintergrundrecherche

Der Gefrierpunkt von Salzwasser liegt unter 0 °C (Gefrierpunkt von reinem Wasser), weil die Ionen des gelösten Salzes die Wassermoleküle bei 0 °C noch daran hindern, ein Eiskristallgitter aufzubauen.

Hypothese

Salz führt dazu, dass der Gefrierpunkt von Wasser sinkt und es erst bei tieferen Temperaturen zu Eis erstarrt. Also setzt es auch den Siedepunkt von Wasser herab und bewirkt, dass Salzwasser schneller als Süßwasser verdunstet.

Testen der Hypothese

Teile etwas Süßwasser auf zwei Gefäße auf und gib in eines davon etwas Salz hinzu, um eine Salzlösung herzustellen. Entnimm dann 5 ml Flüssigkeit aus jedem Gefäß und fülle diese Menge jeweils in eine flache Schale um. Stelle die beiden Schalen in die pralle Sonne. Beobachte sie einige Zeit, um festzustellen, welche Schale als Erstes austrocknet. Laut Hypothese sollte das Salzwasser zuerst verdunstet sein.

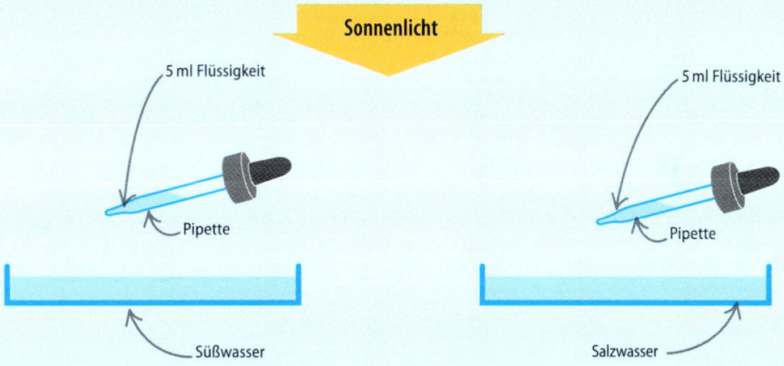

Ergebnis

Das Gefäß mit dem Süßwasser trocknet zuerst aus.

Schlussfolgerung

Die Hypothese ist widerlegt. Salz im Wasser führt nicht dazu, dass es schneller verdunstet.

Wissenschaftsgebiete

DIE NATURWISSENSCHAFT WIRD IN MEHRERE DISZIPLINEN UNTERTEILT, DIE JEWEILS UNTERSCHIEDLICHE FORSCHUNGSSCHWERPUNKTE HABEN.

Manche der naturwissenschaftlichen Fachgebiete sind Teildisziplinen der Biologie, Chemie oder Physik, andere sind ein Stück weit Kombinationen aus zwei oder drei dieser Naturwissenschaften.

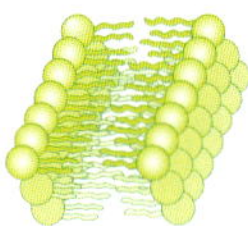

Biochemie
Erforscht die chemischen Vorgänge, die in Organismen bzw. in deren Zellen stattfinden.

Medizin
Wendet u. a. biologisches und chemisches Wissen an, um Krankheiten zu erkennen und zu behandeln.

Forensik
Nutzt die Naturwissenschaften, um z. B. Verbrecher zu überführen oder Personen zu identifizieren.

BIOLOGIE

Naturwissenschaft, die versucht, die Geheimnisse des Lebens zu lüften. Biologen untersuchen auf unterschiedliche Weise nahezu alles, was in irgendeiner Form mit Lebewesen zusammenhängt.

Zoologie
Teilgebiet der Biologie, das sich in vielfältiger Weise mit der Erforschung der Tiere beschäftigt.

Botanik
Beschäftigt sich in vielfältiger Weise mit der Erforschung der Pflanzen.

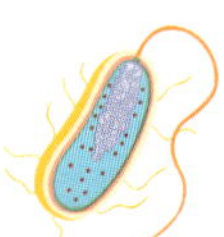

Mikrobiologie
Teilgebiet der Biologie, das sich mit der Erforschung von Mikroorganismen beschäftigt.

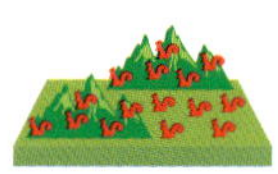

Ökologie
Untersucht die Beziehungen von Lebewesen untereinander und zu ihrer Umwelt.

Genetik
Untersucht, auf welche Art Organismen Merkmale von einer Generation zur nächsten weitervererben.

Paläontologie
Erforscht die Lebewesen vergangener Erdepochen anhand von Fossilien.

CHEMIE

Die Chemie untersucht die Eigenschaften der Atome und der Vielzahl an Stoffen, die entstehen, wenn sich Atome auf unterschiedlichste Art und Weise verbinden. Traditionell wird die Chemie in drei Gebiete unterteilt:

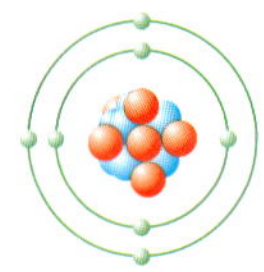

Organische Chemie
Beschäftigt sich mit Verbindungen, die auf Kohlenstoff basieren. Dazu gehören vor allem Verbindungen, die in lebenden Organismen vorkommen.

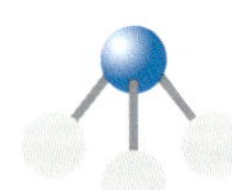

Anorganische Chemie
Beschäftigt sich mit sämtlichen Verbindungen, die nicht zur Organischen Chemie gehören. Fließende Übergänge und Überschneidungen sind dabei möglich.

Physikalische Chemie
Behandelt mit ihren Teilgebieten Theoretische Chemie, Kinetik, Thermodynamik, Spektroskopie und Elektrochemie den Grenzbereich zwischen Physik und Chemie.

Naturwissenschaftler hießen früher **„Naturphilosophen"**. Heute befassen sich Philosophen mit Themen, bei denen naturwissenschaftliche Methoden nicht angewendet werden können.

Geologie
Untersucht z. B. Prozesse, die Gesteine entstehen lassen und Landschaften formen.

Meteorologie
Untersucht die chemischen und physikalischen Vorgänge, die sich in der Erdatmosphäre abspielen.

PHYSIK

Wird als Basis aller Naturwissenschaften angesehen. Physiker beschäftigen sich mit grundlegenden Naturphänomenen wie z. B. Energie und versuchen, allgemein gültige Naturgesetze zu formulieren.

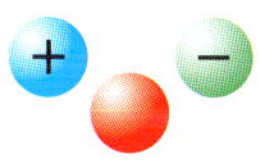

Teilchenphysik
Beschäftigt sich mit der Erforschung der kleinsten Teilchen, aus denen Materie besteht.

Thermodynamik
Beschäftigt sich mit den Eigenschaften, den verschiedenen Arten und der Umwandlung von Energie.

Mechanik
Befasst sich mit der Bewegung von Körpern und mit den Kräften, durch die diese hervorgerufen wird.

Optik
Befasst sich mit den Eigenschaften und dem Verhalten von Licht sowie mit der Entstehung von Bildern.

Astrophysik
Untersucht das Universum und die in ihm vorhandenen Objekte mithilfe physikalischer Methoden.

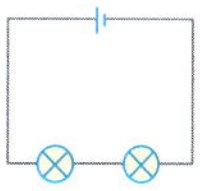

Elektrizitätslehre
Befasst sich mit elektrischen Ladungen und Strömen sowie elektromagnetischen Feldern.

Sozialwissenschaften

Sozialwissenschaften erforschen das menschliche Zusammenleben und bedienen sich dabei auch naturwissenschaftlicher Methoden. Zu den Sozialwissenschaften im weitesten Sinn gehören z. B.:

Sozialanthropologie
Untersucht die enorme soziale und kulturelle Vielfalt der menschlichen Gesellschaften auf der Erde.

Archäologie
Erforscht frühere Kulturen anhand ihrer materiellen Hinterlassenschaften.

Ökonomie
Untersucht die wirtschaftlichen Zusammenhänge in menschlichen Gesellschaften.

Humangeografie
Beschäftigt sich u. a. damit, wie der Mensch den ihm zur Verfügung stehenden Lebensraum nutzt.

Psychologie
Untersucht u. a. das Gefühlsleben, das Denken und das Verhalten des Menschen.

Angewandte Wissenschaft

Manche Wissenschaftsdisziplinen haben einen engen Praxisbezug. Ihre Erkenntnisse lassen sich teilweise für praktische Anwendungen nutzen und vermarkten. Beispiele sind:

Biotechnologie
Nutzt u. a. Wissen aus Biochemie und Genetik, um Organismen so zu verändern, dass sie für uns einen Nutzen haben.

Informatik
Beschäftigt sich mit der automatischen Verarbeitung von Informationen mithilfe von Computern.

Materialwissenschaft
Entwickelt neue Materialien mit zur jeweiligen Anwendung passenden Eigenschaften.

Nachrichtentechnik
Entwickelt technische Systeme, mit denen Informationen über größere Distanzen übermittelt werden können.

1

Biologie

Was ist Biologie?

BIOLOGIE IST EINE WISSENSCHAFT, DIE LEBEWESEN UND IHRE WECHSELBEZIEHUNGEN IN IHRER GANZEN VIELFALT UND KOMPLEXITÄT ERFORSCHT.

Die Biologie ist ein riesiges Fachgebiet, das sich in zahlreiche Teilgebiete unterteilen lässt. Das Spektrum reicht von der Untersuchung des Innenlebens mikroskopisch kleiner Zellen bis zur Erforschung großer Ökosysteme wie etwa Wälder.

Was ist Leben?

Lebewesen sind durch das Vorhandensein einer Reihe von Eigenschaften gekennzeichnet. Nur sie besitzen alle diese Eigenschaften, leblose Dinge bestenfalls einen Teil davon. Auch ein Feuer ist z. B. in der Lage, sich zu bewegen oder zu wachsen. Es ist aber trotzdem nicht lebendig.

▷ **Kennzeichen von Lebewesen**
Obwohl Lebewesen unglaublich unterschiedlich sind, lassen sie sich durch mehrere gemeinsame Eigenschaften eindeutig von toter Materie unterscheiden.

MERKMALE DES LEBENS

Merkmal	Beschreibung
Bewegung	Körperliche Veränderungen, die Ortsveränderungen zur Folge haben
Vermehrung	Fähigkeit zur Erzeugung von identischen oder ähnlichen Nachkommen
Reizbarkeit	Fähigkeit, Umweltreize wahrzunehmen und auf sie zu reagieren
Wachstum	Größenzunahme während des gesamten Lebens oder in einer Lebensphase
Atmung	Umwandlung von Energieträgern (z. B. Nahrung) in nutzbare Energie
Exkretion	Ausscheidung überflüssiger oder schädlicher Stoffe aus dem Körper
Ernährung	Aufnahme von Stoffen, die zum Überleben benötigt werden

Taxonomie

Die Taxonomie ist ein Teilgebiet der Biologie, das die Lebewesen anhand ihrer verwandtschaftlichen Beziehungen in verschiedene Gruppen (Taxa, Singular: Taxon) einteilt. Dabei werden meist folgende Rangstufen unterschieden: Domäne (höchste Kategorie), Reich, Stamm (im Pflanzenreich Abteilung), Klasse, Ordnung, Familie, Gattung und Art (niedrigste Kategorie). Tiere und Pflanzen gehören zur Domäne Eukaryota.

◁ **Klassifikation**
Die Taxonomie (s. S. 20–21) zeigt uns, dass einige dieser Lebewesen näher miteinander verwandt sind als andere. So gehören z. B. alle Tiere zum Tierreich, während alle Pflanzen dem Pflanzenreich zugeordnet werden.

Mikrobiologie

Die Mikrobiologie erforscht Mikroorganismen wie Bakterien, Protozoen oder einzellige Algen und Pilze. Da diese Lebewesen extrem winzig und mit bloßem Auge nicht zu erkennen sind, benutzen Mikrobiologen häufig Mikroskope, um sie zu untersuchen. Die Mikrobiologie lieferte u. a. wichtige Hinweise zu der Frage, wie sich die Evolution des Lebens auf der Erde zugetragen haben könnte.

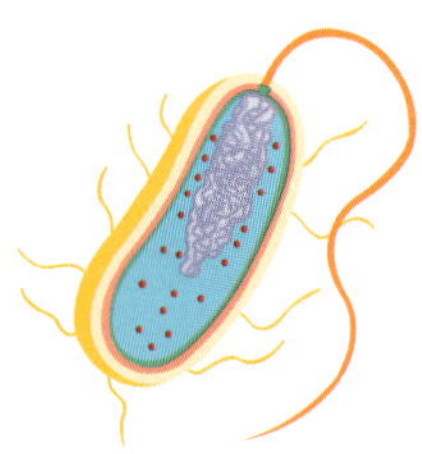

Bakterienzelle

◁ **Detailansicht**
Mithilfe von Elektronenmikroskopen können Mikrobiologen selbst die kleinsten Details im Innern von Zellen erkennen. Diese Mikroskope erreichen eine viel höhere Auflösung als Lichtmikroskope, weil sie mit Elektronenstrahlen anstelle von Lichtstrahlen arbeiten.

Physiologie

Die Physiologie beschäftigt sich mit den Lebensvorgängen, die in Lebewesen ablaufen. Physiologen untersuchen biochemische und physikalische Prozesse in Zellen, Geweben und Organen von Pflanzen, Tieren und Menschen. Sie versuchen u. a. zu klären, wie Stoffwechsel, Sinnesorgane oder Nervensystem und Gehirn funktionieren.

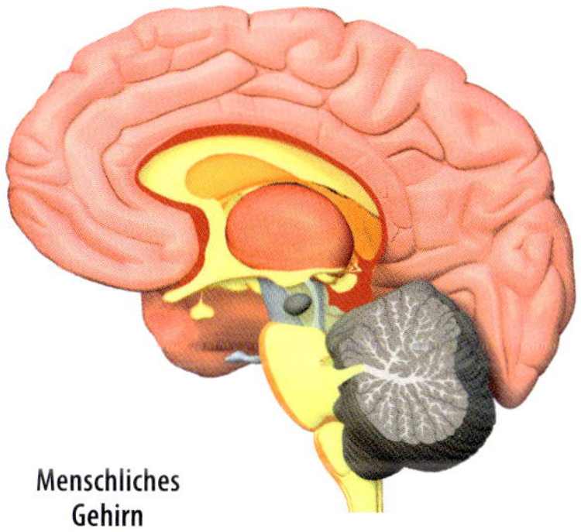

◁ **Steuerzentrale**
Das Gehirn ist ein sehr komplexes Organ (ein Körperteil, der aus unterschiedlichen Zellen und Geweben besteht und eine spezielle Funktion hat) und die Steuerzentrale des Körpers (s. S. 68).

Ökologie

Die Ökologie erforscht die Wechselbeziehungen von Lebewesen und ihrer belebten und unbelebten Umwelt. Dabei können z. B. die Ansprüche, die eine einzelne Art an ihren Lebensraum stellt, ebenso eine Rolle spielen wie das komplexe Zusammenspiel zahlreicher Arten in einem Ökosystem. Die Ergebnisse der ökologischen Forschung sind häufig auch für den Naturschutz von Bedeutung.

◁ **Nahrungsketten**
Nahrungsketten sind vereinfachte Darstellungen der Nahrungsbeziehungen in Ökosystemen. Pflanzen werden von Pflanzenfressern verzehrt, die wiederum von Fleischfressern erbeutet werden (s. S. 76–77).

Evolutionsbiologie

Die Evolutionsbiologie untersucht die Entwicklung des Lebens im Verlauf der Erdgeschichte. Lebewesen können sich in Anpassung an ihre Umwelt verändern. Die Veränderung erfolgt sehr langsam, im Laufe von Generationen. Individuen mit für das Überleben vorteilhaften Merkmalen vermehren sich stärker und setzen sich schließlich durch. Die Darwinfinken der Galapagosinseln sind ein berühmtes Beispiel für Artentstehung und Evolution.

◁ **Schnabelformen**
Alle Darwinfinkenarten stammen von einem gemeinsamen Vorfahren ab. In Anpassung an die Nahrung haben sich bei den Arten unterschiedliche Schnabelformen entwickelt (s. S. 82).

Naturschutz

Das Aussterben von Arten ist ein ganz normaler Vorgang in der Natur. Heute mehren sich jedoch die Hinweise darauf, dass der Mensch gerade dabei ist, durch Lebensraumzerstörung und Umweltverschmutzung ein regelrechtes Massensterben von Arten zu verursachen. Biologen versuchen mithilfe der Naturschutzforschung die vielen mittlerweile bedrohten Arten besser zu schützen und artenreiche Ökosysteme vor der Zerstörung zu bewahren.

◁ **Artenschutz**
Lebensraumzerstörung und Jagd haben dem Großen Panda lange Zeit schwer zugesetzt. Ohne strenge Schutzmaßnahmen wäre die in China heimische Art vermutlich bereits ausgestorben.

Biologische Systematik

DAS LEBEN AUF DER ERDE WIRD IN GRUPPEN EINGETEILT.

Biologen bemühen sich, die enorme Vielfalt des Lebens auf der Erde auf sinnvolle Weise zu ordnen. Dabei orientieren sie sich vor allem an den verwandtschaftlichen Beziehungen der Organismen.

SIEHE AUCH

Mikroorganismen und Pilze	26–27 ❯
Pflanzen	54–55 ❯
Wirbellose	56–57 ❯
Fische, Amphibien und Reptilien	58–59 ❯
Säugetiere und Vögel	60–61 ❯

Früher dachten Biologen, dass **Delfine** mit Fischen verwandt seien, nicht aber mit Landsäugetieren.

Die drei Domänen des Lebens

Biologen schätzen, dass es heute zwischen 5 und 20 Mio. Arten von Organismen auf der Erde geben könnte. Die Taxonomie ordnet diese Vielfalt des Lebens anhand bestimmter Kriterien in einem hierarchischen System aus unterschiedlichen Gruppen. Die höchste Kategorie bilden dabei die sogenannten Domänen, von denen gewöhnlich drei unterschieden werden: Bakteria, Eukaryota und Archaea.

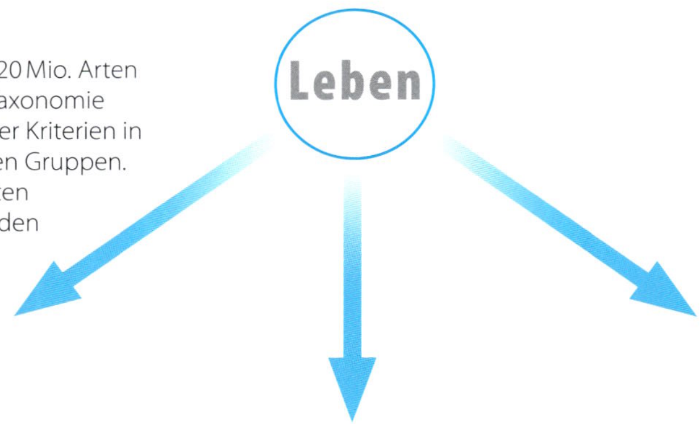

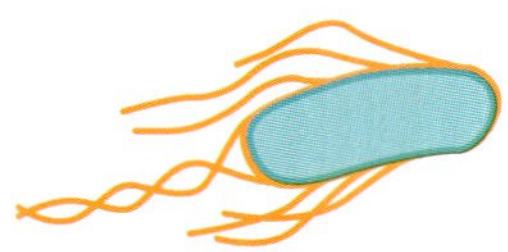

Bakterien
Diese winzigen Organismen haben fast alle Lebensräume der Erde erobert, von den Tiefen des Gesteins bis zu den Därmen von Eukaryoten. Manche Bakterien sind Krankheitserreger.

Eukaryoten
Zu dieser Domäne gehören alle Lebewesen, die einen echten, von einer Membran umgebenen Zellkern besitzen, also z. B. Pflanzen, Tiere, Pilze und etliche einzellige Organismen.

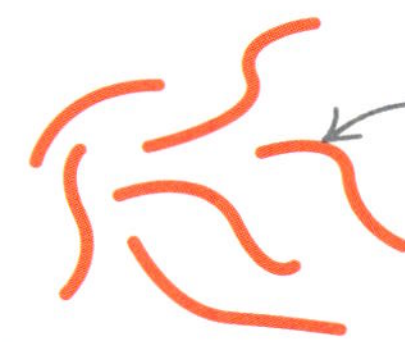

Archaeenzellen können sehr unterschiedlich geformt sein. Es gibt fadenförmige (links), runde und sogar würfelförmige Arten.

Archaeen
Archaeen entstanden vor über 3,8 Mrd. Jahren, zu einer Zeit, als die Erde noch viel unwirtlicher war als heute. Sie besiedeln oft Lebensräume, in denen andere Organismen keine Überlebenschance hätten.

Klassifikation

Taxonomen ordnen Lebewesen nach dem Grad ihrer verwandtschaftlichen Beziehungen. Geht man weit genug in die Vergangenheit zurück, lassen sich schließlich alle Mitglieder einer Gruppe auf einen gemeinsamen Ahnen zurückführen.

▷ **REICH**
Die Eukaryota bilden die größte Domäne und die einzige, die in Reiche unterteilt ist. Zwei werden hier näher betrachtet.

Tierreich
In dieses Reich gehören sämtliche Tiere. Sie alle besitzen vielzellige Körper und ernähren sich von anderen Lebewesen oder von organischen Stoffen, die von diesen produziert wurden. Tiere benötigen Sauerstoff zur Atmung.

Reich der Pilze
Pilze wurden noch bis Mitte des 20. Jahrhunderts dem Reich der Pflanzen zugeordnet. Sie wachsen häufig auf oder in ihrer Nahrung und ernähren sich wie Tiere von organischen Nährstoffen, die sie mithilfe von Enzymen aufschließen.

Reich der Protisten
Einzellige, eukaryotische Mikroorganismen wurden lange im Reich der Protisten zusammengefasst. Aufgrund mangelnder Verwandtschaftsbeziehungen gelten die Protisten jedoch heute in der Taxonomie gewöhnlich nicht mehr als Taxon.

Pflanzenreich
In dieses Reich gehören sämtliche Pflanzen. Diese vielzelligen Organismen produzieren alle organischen Substanzen, die sie zum Leben und Wachsen brauchen, mithilfe der Fotosynthese selbst. Den dazu notwendigen Energiebedarf decken sie durch Licht.

▷ STAMM und ABTEILUNG
Reiche werden in Stämme (Tiere) und Abteilungen (Pflanzen) unterteilt.

Chordata (Chordatiere)
Zu diesem Stamm des Tierreichs gehören u. a. die Wirbeltiere, also Fische, Amphibien, Reptilien, Vögel und Säugetiere.

Tracheophyta (Gefäßpflanzen)
Zu dieser Abteilung des Pflanzenreichs gehören Pflanzen, die sogenannte Leitbündel besitzen, in denen sie Wasser und Nährstoffe transportieren.

▷ KLASSE
Stämme und Abteilungen werden in Klassen unterteilt.

Mammalia (Säugetiere)
Zu dieser Klasse der Chordatiere gehören Tiere, die Haare besitzen und ihre Jungen mit Milch ernähren. Der Mensch ist ein Säugetier.

Magnoliopsida (Bedecktsamer)
Zu dieser Klasse der Gefäßpflanzen gehören Pflanzen, bei denen die Samenanlagen im sogenannten Fruchtblatt eingeschlossen sind.

▷ ORDNUNG
Klassen werden in Ordnungen unterteilt.

Carnivora (Raubtiere)
Zu dieser Ordnung der Säugetiere gehören zahlreiche Fleischfresser, die darauf spezialisiert sind, Beutetiere zu erjagen.

Rosales (Rosenartige)
Zu dieser Ordnung der Bedecktsamer gehören nicht nur wunderschöne Blütenpflanzen, sondern u. a. auch Brennnesseln, Ulmen, Maulbeeren und Hanf.

▷ FAMILIE
Ordnungen werden in Familien unterteilt.

Felidae (Katzen)
Zu dieser Familie der Raubtiere gehören die Großkatzen (Pantherinae) und die Kleinkatzen (Felinae). Puma und Gepard gehören zu den Kleinkatzen.

Rosaceae (Rosengewächse)
In dieser Familie der Rosenartigen finden sich viele bekannte Obstarten wie Apfel, Birne, Pflaume, Pfirsich, Kirsche oder Erdbeere.

▷ GATTUNG
Familien werden in Gattungen (Gruppen aus nahe verwandten Arten) unterteilt.

***Panthera* (Eigentliche Großkatzen)**
Zu dieser Gattung der Katzen gehören die größten Katzenarten. Löwe, Tiger, Leopard und Jaguar können brüllen, der Schneeleopard kann dies nicht.

***Rosa* (Rosen)**
Die Mitglieder dieser Gattung der Rosengewächse besitzen oft auffallende Blüten und mit Stacheln besetzte Stämme und Zweige.

▷ ART
Eine Gruppe von Lebewesen, die miteinander fruchtbare Nachkommen zeugen können.

***Panthera leo* (Löwe)**
Der Löwe ist die einzige Katzenart, die in Gruppen (Rudeln) lebt. Er kommt heute nur noch in Afrika und im Gir-Schutzgebiet in Indien vor.

***Rosa canina* (Hundsrose)**
Diese Art der Rosen ist in Mitteleuropa weitverbreitet. Ihre Früchte, die sogenannten Hagebutten, werden z. B. für Tees oder Marmelade verwendet.

Zellaufbau

ZELLEN SIND DIE KLEINSTEN EINHEITEN DES LEBENS.

SIEHE AUCH

Zellen bei der Arbeit	24–25 ❯
Mikroorganismen und Pilze	26–27 ❯
Atmung	28–29 ❯
Fotosynthese	30–31 ❯
Immunsystem	50–51 ❯
Genetik II	86–87 ❯

Große Lebewesen wie etwa Menschen bestehen aus Billionen Zellen, die perfekt zusammenarbeiten. Jede Zelle enthält alles, was notwendig ist, um zu überleben und ihre Funktion zu erfüllen.

Die tierische Zelle

Eine durchschnittliche tierische Zelle hat einen Durchmesser von etwa 10 µm (ein Hundertstel Millimeter). Insbesondere Eizellen, Muskelzellen und Knochenzellen können jedoch auch deutlich größer sein. Die Körper von Tieren bestehen aus zahlreichen Zelltypen, die unterschiedliche Funktionen haben. Energieliefernde Kohlenhydrate werden in tierischen Zellen in Form von Glykogen gespeichert.

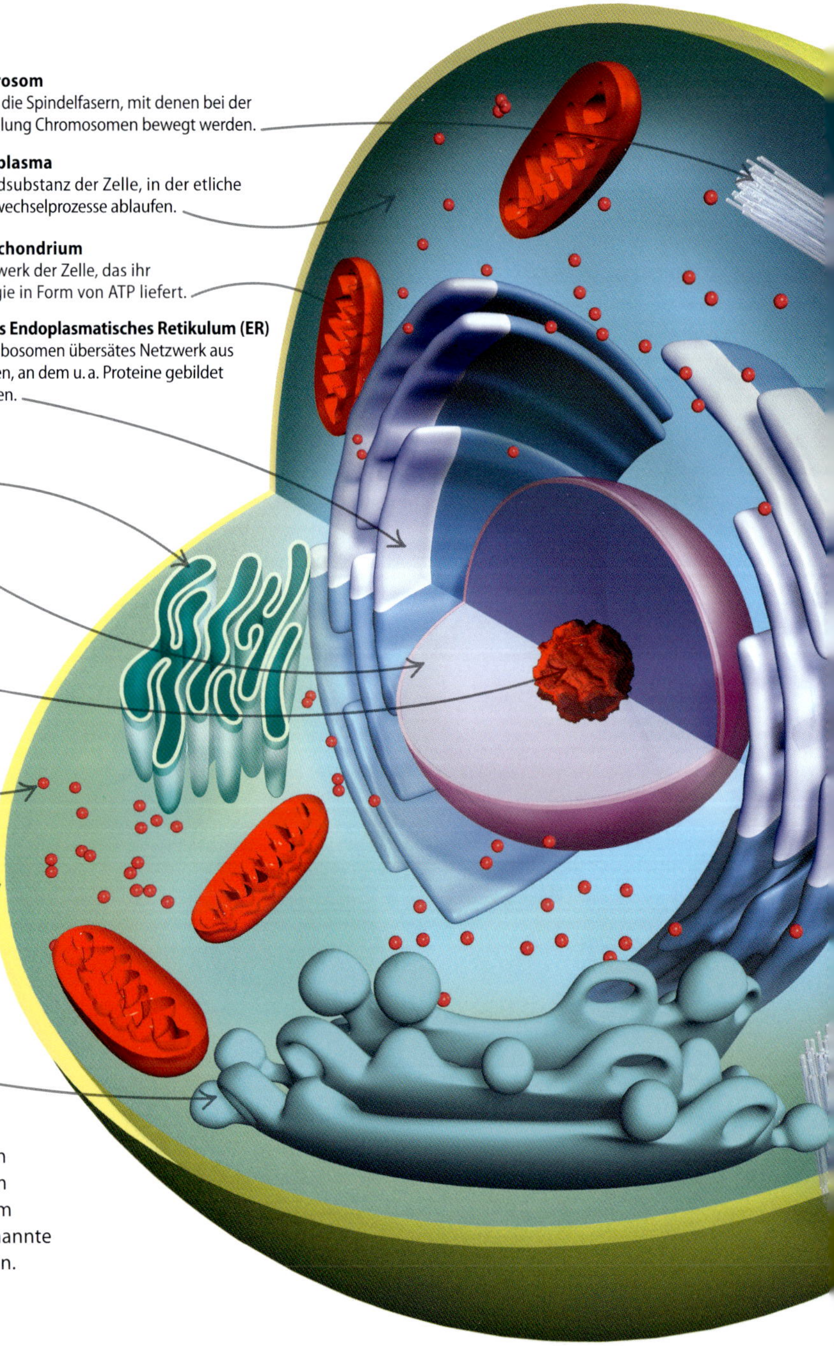

Zentrosom
Bildet die Spindelfasern, mit denen bei der Zellteilung Chromosomen bewegt werden.

Zytoplasma
Grundsubstanz der Zelle, in der etliche Stoffwechselprozesse ablaufen.

Mitochondrium
Kraftwerk der Zelle, das ihr Energie in Form von ATP liefert.

Raues Endoplasmatisches Retikulum (ER)
Mit Ribosomen übersätes Netzwerk aus Röhren, an dem u. a. Proteine gebildet werden.

Glattes Endoplasmatisches Retikulum
Netzwerk aus Röhren, in dem u. a. Fette und Hormone gebildet werden.

Nukleus (Zellkern)
Enthält das Erbgut der Zelle (DNS) und damit alle Informationen, die für ihr Überleben wichtig sind.

Nukleolus
Kompaktes Gebilde im Zellkern, das an der Produktion von Ribosomen beteiligt ist.

Ribosom
Hier werden die Proteine zusammengesetzt auf Grundlage der genetischen Information der DNS.

Zellmembran
Außenhülle, die die Zelle von der Umgebung trennt, jedoch den Austausch bestimmter Stoffe ermöglicht.

Golgi-Apparat
Hier werden in der Zelle produzierte Stoffe in winzige, von einer Membran umgebene Transportbläschen (Vesikel) verpackt.

▷ **Aufbau tierischer Zellen**
Tierische Zellen sind von einer flexiblen Zellmembran umgeben, die zumeist eine Veränderung der Zellform ermöglicht. Sie besitzen ähnlich wie Pflanzenzellen im Innern eine ganze Reihe winziger Strukturen – sogenannte Organellen – die unterschiedliche Funktionen erfüllen.

Die pflanzliche Zelle

Pflanzenzellen sind im Gegensatz zu tierischen Zellen stets von einer vergleichsweise starren und festen Zellwand aus feinen Zellulosefasern umgeben. Zwischen benachbarten Pflanzenzellen befindet sich die sogenannte Mittellamelle, eine Schicht aus Pektin (Mehrfachzucker), die die Zellen regelrecht miteinander verklebt.

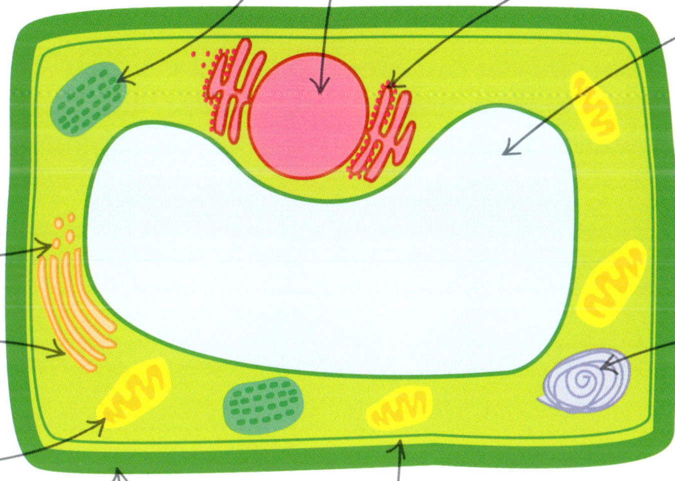

△ **Aufbau pflanzlicher Zellen**
Pflanzenzellen enthalten zahlreiche Organellen, die ebenso in tierischen Zellen vorkommen. Es gibt bei ihnen jedoch auch einige Besonderheiten wie etwa die Chloroplasten, in denen die Fotosynthese stattfindet.

▽ **Membranstruktur**
Die Zellmembran ist semipermeabel (halbdurchlässig) – sie lässt nur bestimmte Stoffe in die Zelle hinein oder aus der Zelle heraus. Die Membran besteht aus einer zweilagigen Schicht fettartiger Stoffe (Lipide) sowie in diese Schicht eingelagerten Proteinen. Die Lipidschicht ist für Wasser und wasserlösliche Stoffe weitgehend undurchlässig. Die Proteine sorgen dafür, dass solche Stoffe bei Bedarf die Zellmembran passieren können.

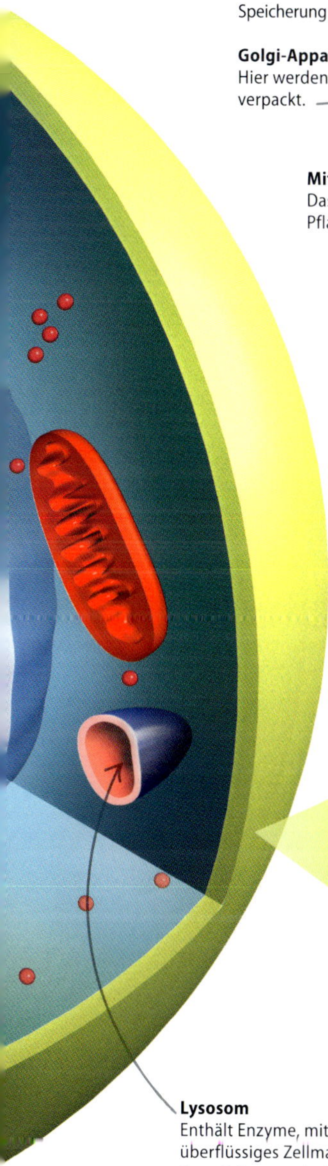

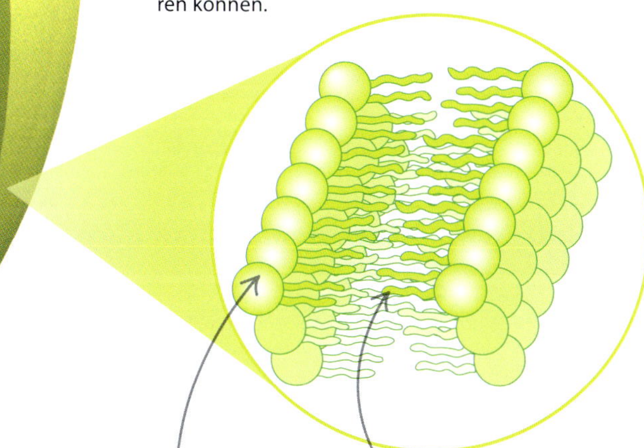

INTERESSANT!

Zellen unter dem Mikroskop

Die meisten Zellen sind mit bloßem Auge nicht zu erkennen und müssen daher unter dem Mikroskop untersucht werden. Der erste, dem dies gelang, war der englische Wissenschaftler Robert Hooke. Er prägte im 17. Jahrhundert den Begriff „Zelle". Heute benutzen Biologen spezielle Färbemethoden, um die Zelldetails etwa in menschlichen Körperzellen (unten) besser erkennen zu können.

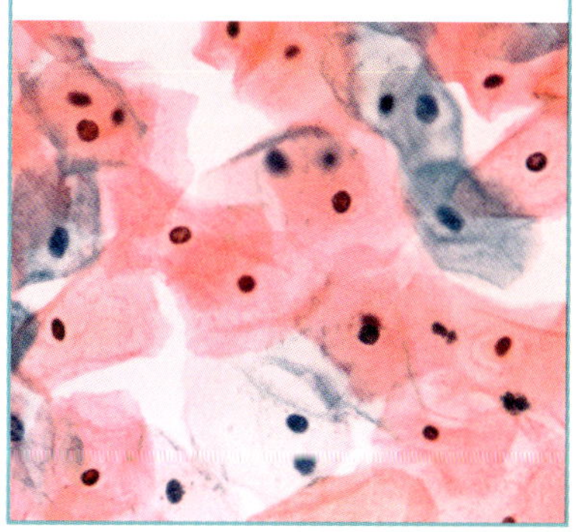

Zellen bei der Arbeit

JEDE ZELLE IST WIE EINE MIKROSKOPISCH KLEINE FABRIK.

SIEHE AUCH

❮ **22–23** Zellaufbau

Bewegung **39 ❯**

Menschliche Sinne **64–65 ❯**

Es erscheint wie ein Wunder, dass es bei der Vielzahl an Lebensprozessen, die im Innern von Zellen ablaufen, nicht zu einem großen Durcheinander kommt.

Bakterienzellen können sich alle 20 Minuten teilen. Aus einer Zelle könnten daher theoretisch in 24 Stunden Trillionen Zellen entstehen.

Zellulärer Transport

Organellen, Vesikel und große Moleküle werden im Zellinnern von sogenannten Mikrotubuli (röhrenförmige Proteinstrukturen) bewegt, kleinere Moleküle und Ionen durch Diffusion. Doch nur wenige Stoffe können einfach durch Zellmembranen hindurch diffundieren. Für die meisten Substanzen haben Zellen andere Transportmechanismen entwickelt, um sie durch die Membranen zu schleusen.

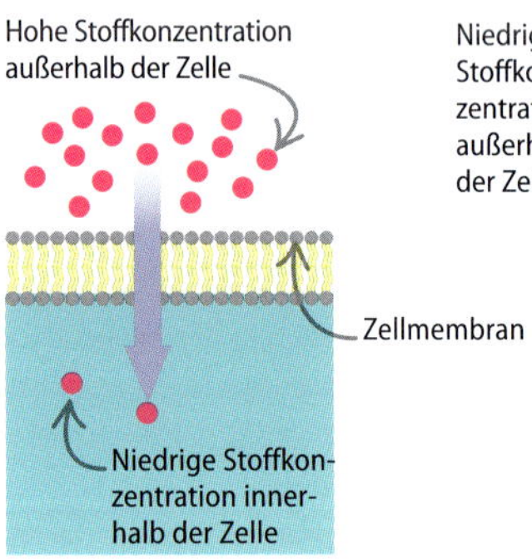

△ **Diffusion**
Teilchen bewegen sich zum Ort niedrigerer Konzentration, sodass ein Konzentrationsausgleich herbeigeführt wird.

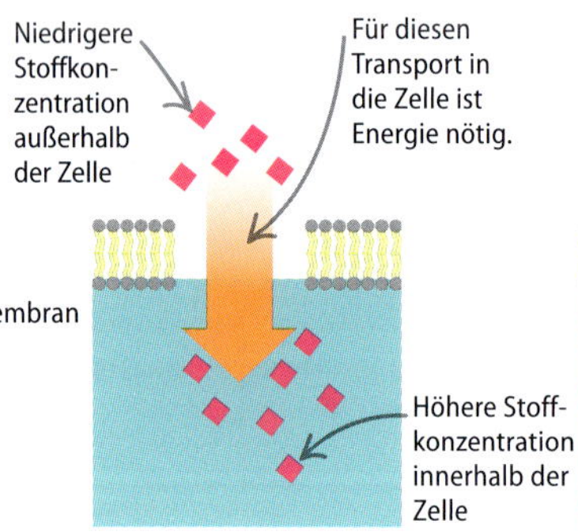

△ **Aktiver Transport**
Beim aktiven Transport werden Substanzen unter Verbrauch von Energie gegen ein Konzentrationsgefälle transportiert.

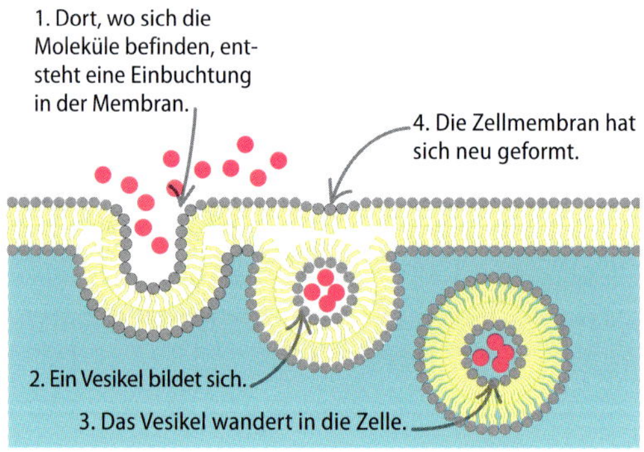

△ **Endozytose**
Moleküle, die zu groß sind, um durch aktiven Transport in die Zelle zu gelangen, werden mithilfe von Vesikeln transportiert. Teile der Zellmembran bilden eine Hohlkugel um die Moleküle, die sich im Zellinnern wieder öffnet. Gibt die Zelle mittels Vesikeln Material nach außen ab, wird dies Exozytose genannt.

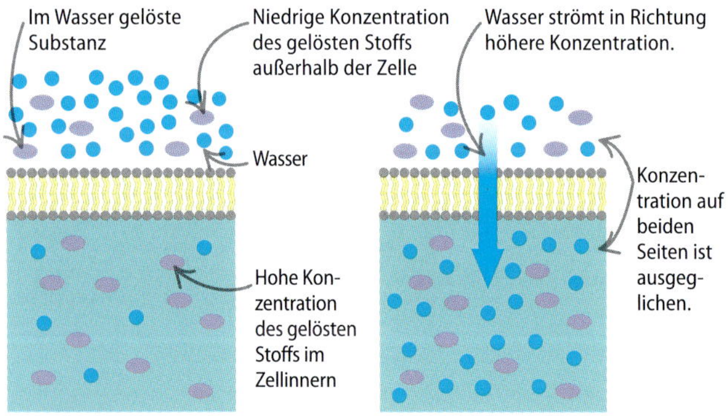

△ **Osmose**
Osmose tritt dort auf, wo Lösungen unterschiedlicher Konzentration durch eine Membran getrennt sind, die das Lösungsmittel hindurch diffundieren lässt, aber nicht die gelösten Stoffe. Der Prozess hält solange an, bis ein Konzentrationsausgleich erreicht ist.

INTERESSANT!

Verwelkte Blumen

Osmose lässt Wasser in Zellen hinein- oder auch aus Zellen herausströmen. Werden frische Schnittblumen ins Wasser gestellt, nehmen ihre Zellen eine ganze Weile Wasser durch Osmose auf, sodass die Pflanzen fest bleiben. Stoppt die osmotische Wasseraufnahme, werden die Blumen rasch schlaff und verwelken.

Gewebe und Organe

Der menschliche Körper besteht aus Billionen Zellen, die zusammenarbeiten. Es gibt zahlreiche Zellarten mit jeweils unterschiedliche Aufgaben. Ansammlungen gleichartiger Zellen mit gleicher Funktion werden als Gewebe bezeichnet. Organe, wie etwa die Nase, sind Körperteile, die aus unterschiedlichen Zellen und Geweben bestehen. Sie erfüllen oft vielfältige Funktionen.

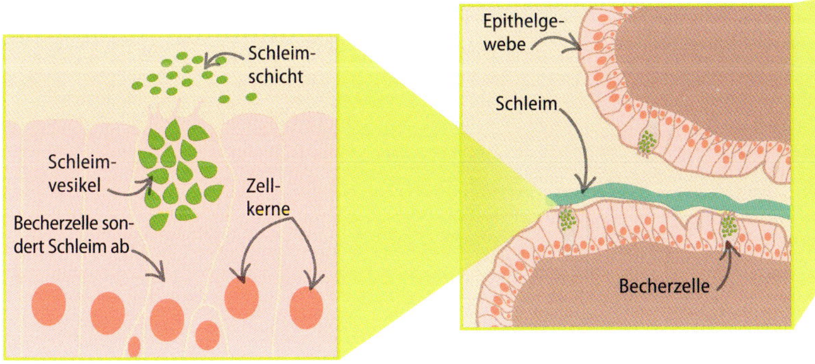

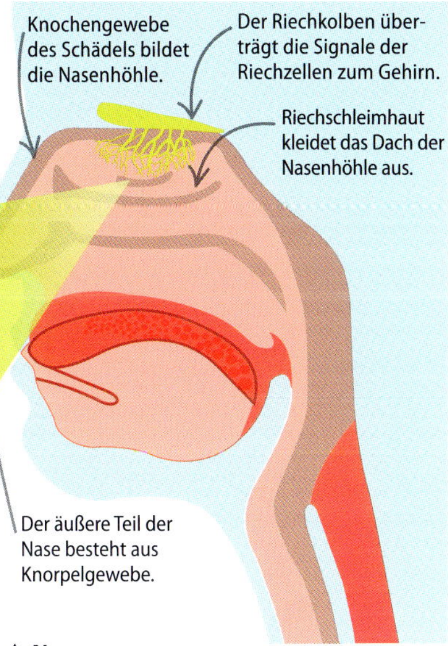

△ **Becherzelle**
Dieser becherförmige Zelltyp produziert Schleim – eine Mischung aus Wasser und Protein-Zucker-Verbindungen (Mucine).

△ **Epithelgewebe**
Becherzellen sind Teil des Epithelgewebes, das Nase, Luftröhre und Darm auskleidet. Der von ihnen produzierte Schleim schützt das Epithel vor schädlichen Einflüssen.

△ **Nase**
Die Nase dient zum Aus- und Einatmen der Atemluft und zum Riechen. Sie besteht aus unterschiedlichen Gewebearten wie Muskel-, Knochen-, Knorpel- und Epithelgewebe.

Zellteilung und Zellkernteilung

Mehrzellige Lebewesen wachsen in erster Linie durch Zellvermehrung. Zellen vermehren sich durch Zellteilung (Zytokinese). Einer Zellteilung geht gewöhnlich eine Teilung des Zellkerns (Mitose) voraus. Die Mitose gliedert sich in mehrere Phasen und gewährleistet, dass jede Tochterzelle die vollständige Erbinformation der Mutterzelle erhält. Hier ist die Teilung einer tierischen Zelle dargestellt:

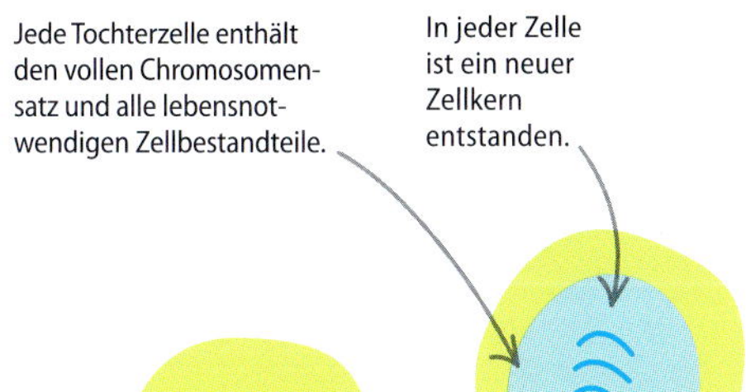

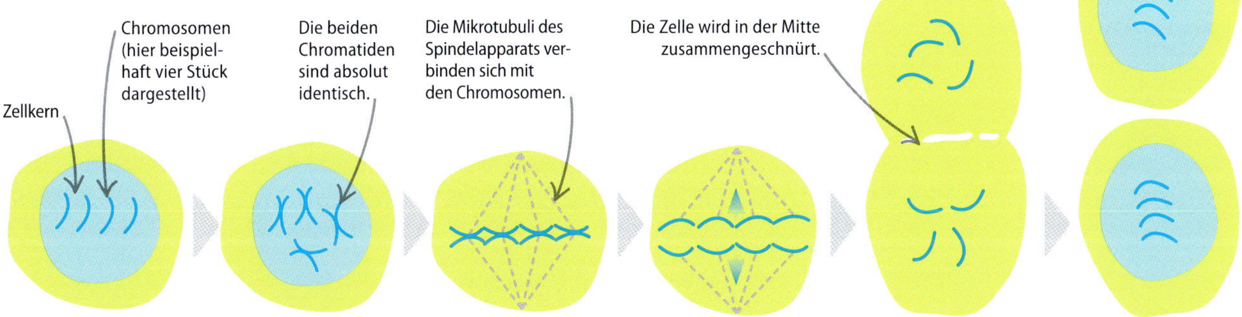

△ **1. Interphase**
Das Erbgut wird verdoppelt. Die Chromosomen bestehen danach aus je zwei Chromatiden.

△ **2. Prophase**
Die nun aus zwei zusammenhängenden Chromatiden bestehenden Chromosomen werden sichtbar.

△ **3. Metaphase**
Die Chromosomen werden in der Äquatorialebene der jeweiligen Zelle angeordnet.

△ **4. Anaphase**
Die Chromatiden werden getrennt und vom Spindelapparat zu den Polen der Zelle gezogen.

△ **5. Telophase**
Der Spindelapparat verschwindet und die Teilung in Tochterzellen wird eingeleitet.

△ **6. Zytokinese**
Die Zelle teilt sich und es entstehen zwei Tochterzellen mit identischem Erbgut.

Mikroorganismen und Pilze

ZAHLREICHE LEBEWESEN AUF DER ERDE SIND WEDER TIERE NOCH PFLANZEN.

SIEHE AUCH
❮ 20–21 Biologische Systematik
❮ 22–23 Zellaufbau
Immunsystem 50–51 ❯

Bakterien, Archaeen und andere Mikroorganismen sind so winzig, dass man sie nur unter dem Mikroskop erkennen kann. Unter den Pilzen finden sich dagegen die größten bekannten Lebewesen überhaupt.

Bakterien

Bakterienzellen sind viel kleiner als die Zellen von Tieren oder Pflanzen und sie besitzen keinen Zellkern. Ihre DNS liegt dicht gepackt frei im Zytoplasma. Größere, von einer Membran umgebene Organellen fehlen den Bakterien, ihr Stoffwechsel findet im Zytoplasma statt. Viele Bakterien bewegen sich mithilfe von Geißeln fort. Die haarähnlichen Pili dienen ihnen zum Anheften an andere Zellen oder Nahrung.

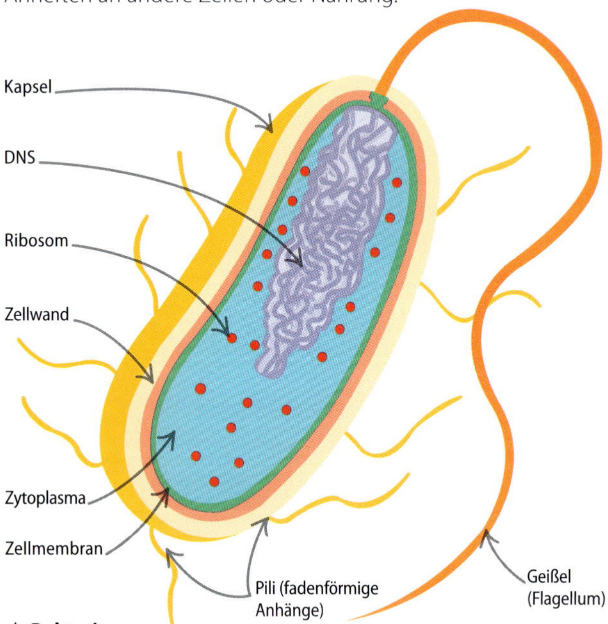

△ **Bakterium**
Bakterienzellen besitzen eine den Zellen anderer Organismen ähnliche Zellmembran. Darüber befindet sich eine aus Aminosäuren und Zuckern bestehende Zellwand. Viele Bakterien haben als Schutz vor Austrocknung außen zudem eine dritte Hülle, die sogenannte Kapsel.

Als **größtes** Lebewesen der Erde gilt ein **Hallimasch (Honigpilz)** in Oregon, USA. Er erstreckt sich über eine Fläche von 9 km².

Archaeen

Diese Mikroorganismen wurden lange zu den Bakterien gezählt und als Archaebakterien bezeichnet. Neuere Untersuchungen haben jedoch ergeben, dass sie sich in zahlreichen Eigenschaften von Bakterien unterscheiden und eine eigene Domäne darstellen. Viele Archaeen sind sogenannte Extremophile, d. h., sie bewohnen extreme Lebensräume wie etwa heiße Quellen, Salzseen, die Tiefsee oder auch den Darm von Tieren und Menschen.

▷ ***Haloquadratum***
Dieses Archaeon bewohnt extrem salzige Gewässer, deren Salzgehalt für die meisten anderen Mikroorganismen tödlich ist. Seine Zelle ist quadratisch geformt und enthält winzige Gasbläschen, die ihr Auftrieb verleihen.

▽ ***Pyrococcus***
Der wissenschaftliche Name dieser Archaeenart bedeutet übersetzt „Feuerkugel". Der Name bezieht sich auf ihre Gestalt und auf die Tatsache, dass *Pyrococcus* am besten bei Temperaturen um 100 °C gedeiht.

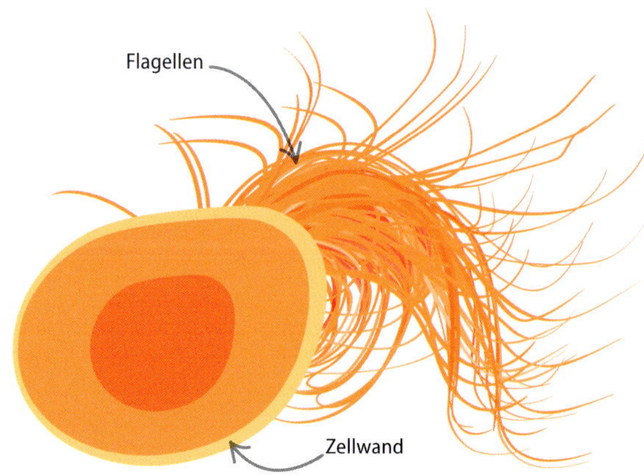

Pilze

Pilze wurden lange dem Pflanzenreich zugeordnet, gelten aber heute als eigenes Reich. Sie sind heterotroph, ernähren sich also von organischen Stoffen aus ihrer Umgebung. Pilze sind Eukaryoten, ihre Zellen besitzen einen Zellkern und Zellorganellen. Pilzzellen sind zudem von einer Zellwand umgeben. Diese besteht jedoch – anders als bei Pflanzen – nicht aus Zellulose, sondern überwiegend aus Chitin.

◁ **Fruchtkörper**
Fruchtkörper entsprechen zwar dem, was gewöhnlich als Pilz bezeichnet wird, sind aber eigentlich nur die Fortpflanzungsorgane von Pilzen. In ihnen werden die Sporen gebildet – winzige Fortpflanzungseinheiten, die meist vom Wind verbreitet werden.

▷ **Hyphe**
Die Zellfäden vieler Pilze werden als Hyphen bezeichnet. In ihrer Gesamtheit bilden sie das sogenannte Myzel, das den Hauptteil des Pilzkörpers ausmacht. Einzellige Pilze wie Hefen bilden normalerweise keine Hyphen aus.

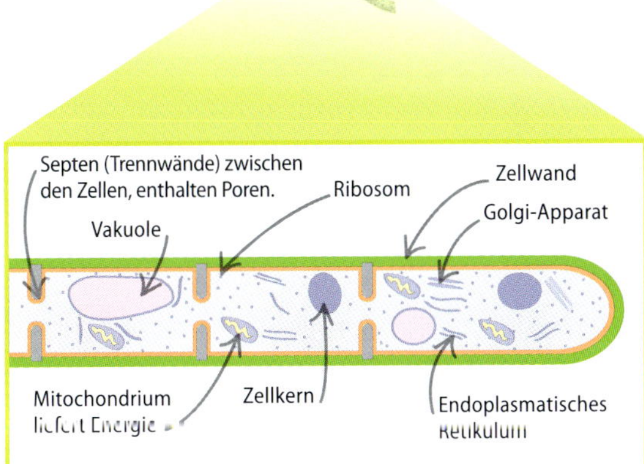

Weitere Mikroben

Neben Bakterien und Archaeen gibt es eine Reihe weiterer Mikroorganismen – etwa mikroskopisch kleine Pilze und Algen oder Wimpertierchen. Aufgrund ihrer weiten Verbreitung, ihrer ungeheuren Zahl und ihrer vielfältigen Stoffwechselleistungen spielen Mikroorganismen trotz ihrer geringen Größe eine Schlüsselrolle in den Ökosystemen der Erde. Die weitaus meisten Mikroben sind Einzeller.

▽ **Kieselalgen**
Diese einzelligen Algen besitzen einen oftmals kunstvoll geformten „Panzer" aus Siliziumdioxid. Kieselalgen oder Diatomeen bilden den Großteil des pflanzlichen Meeresplanktons und damit die Basis der Nahrungspyramide im Meer (s. S. 77).

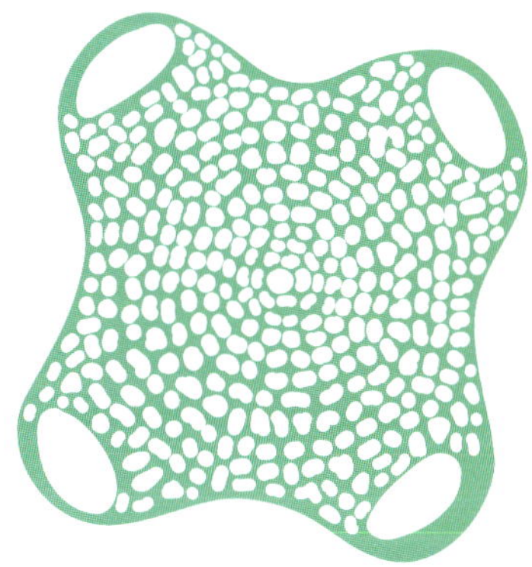

▽ **Wimpertierchen**
Die Wimpertierchen sind eukaryotische Einzeller, deren Zelloberfläche von zahlreichen haarähnlichen Zilien (Wimpern) bedeckt ist, die u. a. zur Fortbewegung dienen. Zu den bekanntesten Wimpertierchen zählen die rundum bewimperten, im Süßwasser lebenden Pantoffeltierchen (unten).

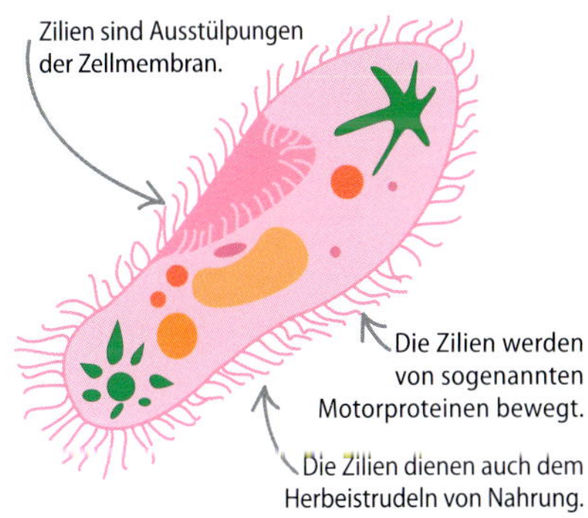

Atmung

DER PROZESS DER ATMUNG LIEFERT LEBEWESEN ENERGIE.

SIEHE AUCH

Fotosynthese	30–31 ❯
Verbrennung	130–131 ❯
Redoxreaktionen	132–133 ❯
Energie	176–177 ❯

Alle Lebewesen werden durch spezielle Stoffwechselvorgänge im Innern ihrer Zellen mit Energie versorgt. Eukaryotische Zellen benötigen für ihre Atmungsprozesse stets Sauerstoff.

Zellatmung

Die Zellatmung ist ein Prozess, in dessen Verlauf der Zucker Glukose mithilfe von Sauerstoff zu Wasser und Kohlendioxid abgebaut (oxidiert) wird. Dabei wird Energie frei, die von den Zellen in energiereichen Verbindungen chemisch gespeichert wird. Die Zellatmung findet größtenteils in den Mitochondrien statt. Zellen mit hohem Energieverbrauch, wie etwa Muskelzellen, verfügen stets über eine große Anzahl dieser Zellorganellen.

Reaktionsgleichung der Zellatmung

Glukose — Sauerstoff — Energie — Wasser — Kohlendioxid

$$C_6H_{12}O_6 + 6\,O_2 \longrightarrow 6\,H_2O + 6\,CO_2$$

▽ **Speichern und Freisetzen der Energie**
Die bei der Oxidation der Glukose freiwerdende Energie wird benutzt, um Phosphat (P) an Adenosindiphosphat (ADP) zu binden. Dadurch entsteht Adenosintriphosphat (ATP). Benötigt die Zelle Energie, wird durch Abspalten des Phosphats die im ATP gespeicherte Energie wieder freigesetzt.

$$\text{ADP} + \text{P} \longrightarrow \text{ATP}$$

Energie wird gespeichert.

$$\text{ATP} - \text{P} \longrightarrow \text{ADP}$$

Energie wird freigesetzt.

▽ **Anaerobe Atmung und Milchsäuregärung**
Organismen, die ohne Sauerstoff (anaerob) leben können, finden sich nur unter den Bakterien und Archaeen. Sie verwenden bei der Atmung andere Oxidationsmittel als Sauerstoff. Doch auch die Zellen eukaryotischer Lebewesen können bei Sauerstoffmangel auf ATP-Erzeugung ohne Sauerstoff umstellen. Sie betreiben dann Milchsäuregärung, bei der Glukose nur unvollständig zu Milchsäure abgebaut wird.

Glukose — Milchsäure

$$C_6H_{12}O_6 \longrightarrow 2\,C_3H_6O_3$$

Mitochondrien

Mitochondrien werden von einer Außenmembran umgeben, die der Zellmembran ähnlich ist. Außerdem besitzen die Organellen eine zweite, innere Membran, in der etliche Atmungsprozesse wie etwa die ATP-Bildung stattfinden. Die innere Membran weist zahlreiche Einstülpungen (Cristae) auf, die ihre Oberfläche stark vergrößern, wodurch mehr Raum für die an der Zellatmung beteiligten Enzyme zur Verfügung steht.

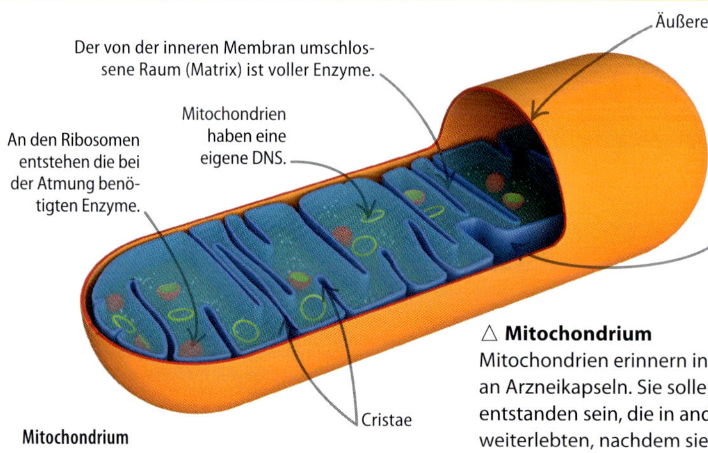

△ **Mitochondrium**
Mitochondrien erinnern in ihrer Form häufig an Arzneikapseln. Sie sollen aus Bakterien entstanden sein, die in anderen Einzellern weiterlebten, nachdem sie von ihnen aufgenommen worden waren.

Gasaustausch

Die aerobe Atmung erfordert eine regelmäßige Aufnahme von Sauerstoff aus dem umgebenden Medium sowie die Abgabe des bei der Zellatmung entstehenden Kohlendioxids an dieses Medium. Dieser Prozess wird Gasaustausch genannt und erfolgt bei vielen Lebewesen in speziellen Organen wie Lungen oder Kiemen. Atemorgane sind sehr stark durchblutet und verfügen über große, extrem dünne Oberflächen, die den Austausch der Gase mittels Diffusion ermöglichen (s. S. 24).

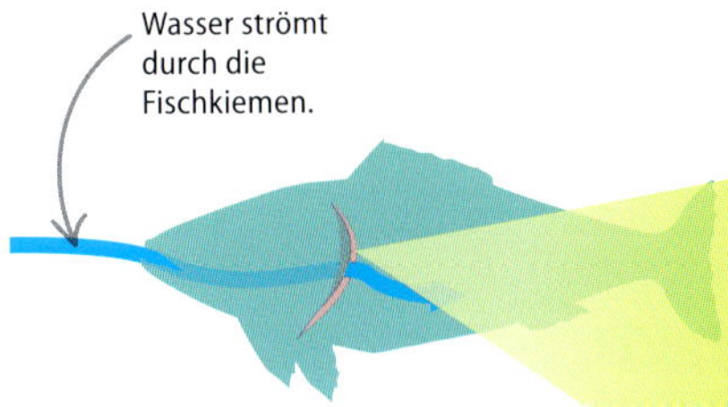

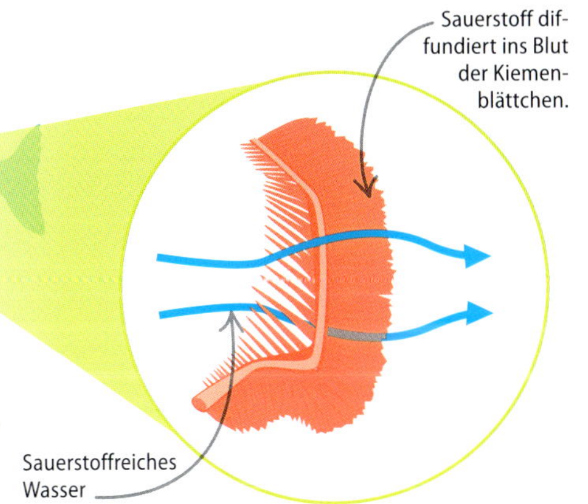

▷ **Kiemenatmung**
Bei sehr vielen im Wasser lebenden Tieren erfolgt der Gasaustausch mithilfe von Kiemen. Sie bestehen aus dünnwandigen Kiemenblättchen, die dicht von feinsten Blutgefäßen durchzogen sind.

Lungenatmung

Die meisten Landwirbeltiere atmen mit Lungen. Beim Einatmen wird sauerstoffreichere Luft in die Lunge gesaugt und beim nachfolgenden Ausatmen wird sauerstoffärmere, „verbrauchte" Luft aus der Lunge herausgedrückt. Säugetiere wie der Mensch besitzen hoch entwickelte Lungen mit einer schwammartigen Struktur, die ihre Oberfläche stark vergrößert.

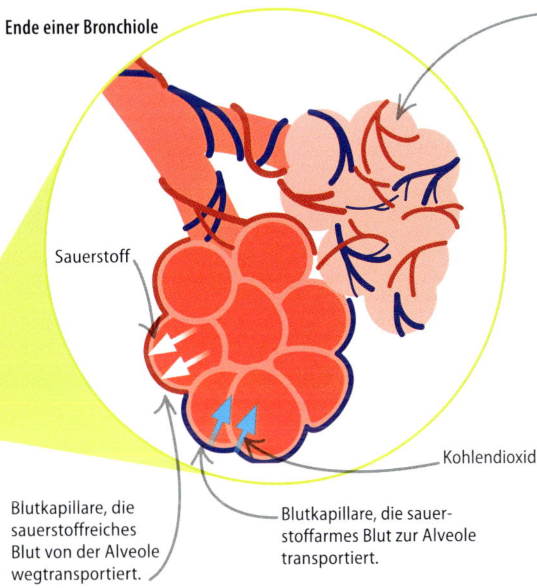

◁ **Alveolen**
An den Enden der Bronchiolen sitzen jeweils etliche Lungenbläschen (Alveolen). Hier findet der Gasaustausch zwischen Blut und Luft statt.

▷ **Lunge**
Die menschliche Lunge besteht aus zwei Lungenflügeln. Luft gelangt durch die Luftröhre und das aus zahlreichen Bronchien und Bronchiolen bestehende Bronchialsystem in die Lunge.

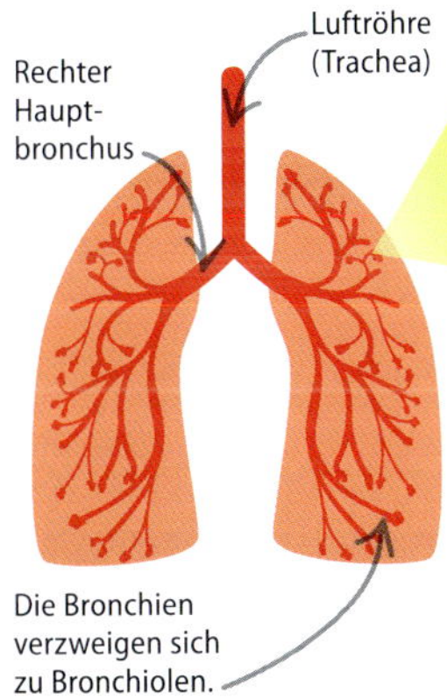

▽ **Gasgemisch**
Die Luft, die wir einatmen, ist ein Gemisch aus Gasen und besteht nur zu etwa einem Fünftel aus Sauerstoff. Ausgeatmete Luft enthält etwa 100-mal so viel Kohlendioxid wie eingeatmete Luft.

Gas	Eingeatmete Luft (%)	Ausgeatmete Luft (%)
Stickstoff	78	78
Sauerstoff	21	17
Edelgase	1	1
Kohlendioxid	0,04	4
Wasserdampf	meist ungesättigt	gesättigt

▷ **Atemmechanik**
Das Einatmen erfolgt durch die Kontraktion der Atemmuskulatur. Vor allem durch das Absenken des Zwerchfells dehnen sich Brustraum und Lunge aus. Es entsteht in der Lunge ein Unterdruck, der Luft einströmen lässt. Beim Ausatmen entspannt sich die Atemmuskulatur. Brustraum und Lunge verkleinern sich und die Luft wird herausgedrückt.

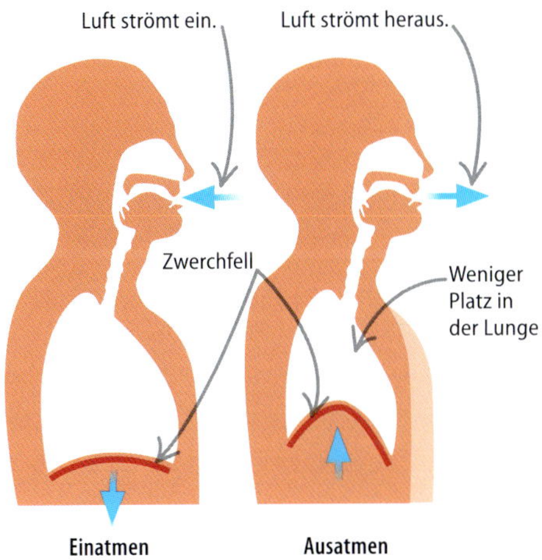

Fotosynthese

PFLANZEN KÖNNEN IHRE NAHRUNG MITHILFE VON SONNENLICHT SELBST ERZEUGEN.

Pflanzen nutzen die Energie des Sonnenlichts, um in einem Prozess namens Fotosynthese aus Kohlendioxid und Wasser organische Stoffe herzustellen.

SIEHE AUCH	
❮ **24** Zellen bei der Art	
❮ **28–29** Atmung	
Pflanzen	**54–55** ❯
Nahrungsbeziehungen	**76–77** ❯
Energie	**176–177** ❯
Licht	**204–205** ❯

Oxygene Fotosynthese

Pflanzen betreiben sogenannte oxygene Fotosynthese, bei der aus Kohlendioxid und Wasser außer Traubenzucker (Glukose) – gewissermaßen als „Nebenprodukt" – auch Sauerstoff (Oxygenium) entsteht. Sonnenenergie wird dabei von dem grünen Farbstoff Chlorophyll aufgenommen und im Verlauf der Fotosynthese in chemische Energie umgewandelt. Aus anorganischen Stoffen werden energiereiche organische Verbindungen hergestellt.

Kohlendioxid — Wasser — Glukose — Sauerstoff

Sonnenlicht ist entscheidend für die Fotosynthese.

$$6\,CO_2 + 6\,H_2O \xrightarrow{\text{Sonnenlicht}} C_6H_{12}O_6 + 6\,O_2$$

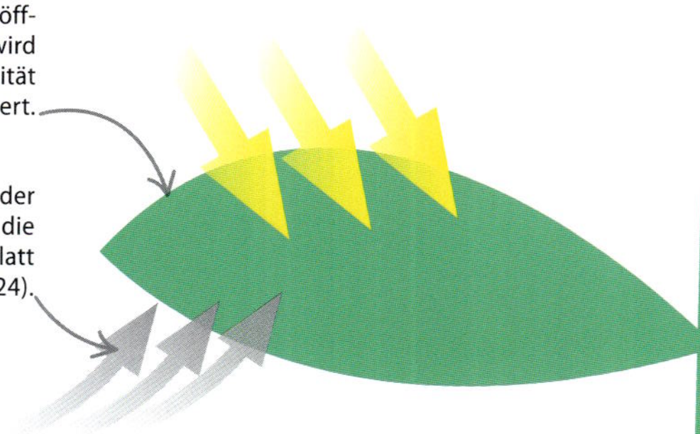

Das Öffnen der Spaltöffnungen (Stomata) wird u. a. durch die Intensität des Lichts gesteuert.

Kohlendioxid aus der Luft diffundiert durch die Stomata in das Blatt hinein (s. S. 24).

△ **Atmosphärischer Kohlenstoff**
Um Fotosynthese betreiben zu können, sind Pflanzen auf Kohlendioxid aus der Luft angewiesen. Der in ihm enthaltene Kohlenstoff ist der zentrale Baustein der unzähligen organischen (Kohlenstoff enthaltenden) Verbindungen, die Pflanzen herstellen können.

Blätter

Bei den meisten Pflanzen sind die Blätter die Hauptorte der Fotosynthese. Sie dienen als „Sonnenkollektoren" und besitzen oft eine große Oberfläche, um möglichst viel Sonnenlicht einfangen zu können. Das Licht scheint durch die Blattoberfläche auf chloroplastenreiche Zellen, in denen die Fotosynthese stattfindet. Wasser wird den Blättern durch sogenannte Leitbündel zugeführt, Kohlendioxid durch zahlreiche Spaltöffnungen.

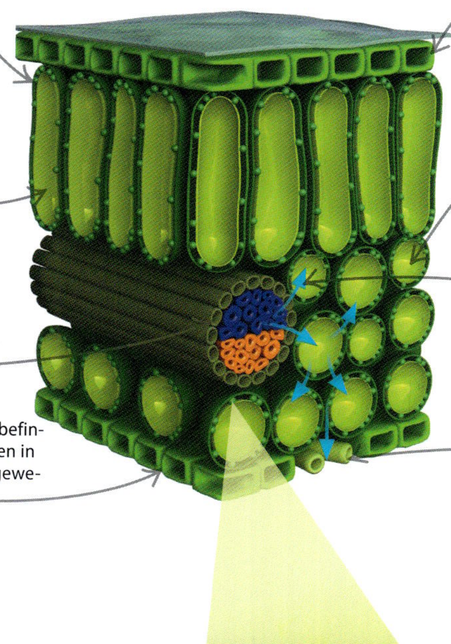

Chloroplast
Zellorganell, das durch seinen hohen Chlorophyllgehalt grün gefärbt ist.

Palisadenparenchym
In diesem dicht unter der Oberfläche liegenden Gewebe befindet sich der Großteil der Chloroplasten.

Leitbündel
Im Xylem (blau) werden Wasser und Salze transportiert, im Phloem (orange) organische Stoffe (s. S. 37).

Untere Epidermis
Bei den meisten Pflanzen befinden sich die Spaltöffnungen in der Epidermis (Abschlussgewebe) der Blattunterseite.

Obere Epidermis
Eine einlagige Zellschicht auf der Blattoberseite, die von einer wasserundurchlässigen Wachsschicht (Cuticula) bedeckt ist.

Schwammparenchym
Lockeres Gewebe mit großen Zellzwischenräumen, das dem Gasaustausch dient.

Wasserverlust
Blätter verlieren durch Verdunstung Wasser. Wird es nicht nachgeliefert, trocknen sie aus.

Spaltöffnungen
Spaltöffnungen bestehen aus zwei Schließzellen, die durch An- oder Abschwellen Poren in der Epidermis von Pflanzen öffnen oder schließen können.

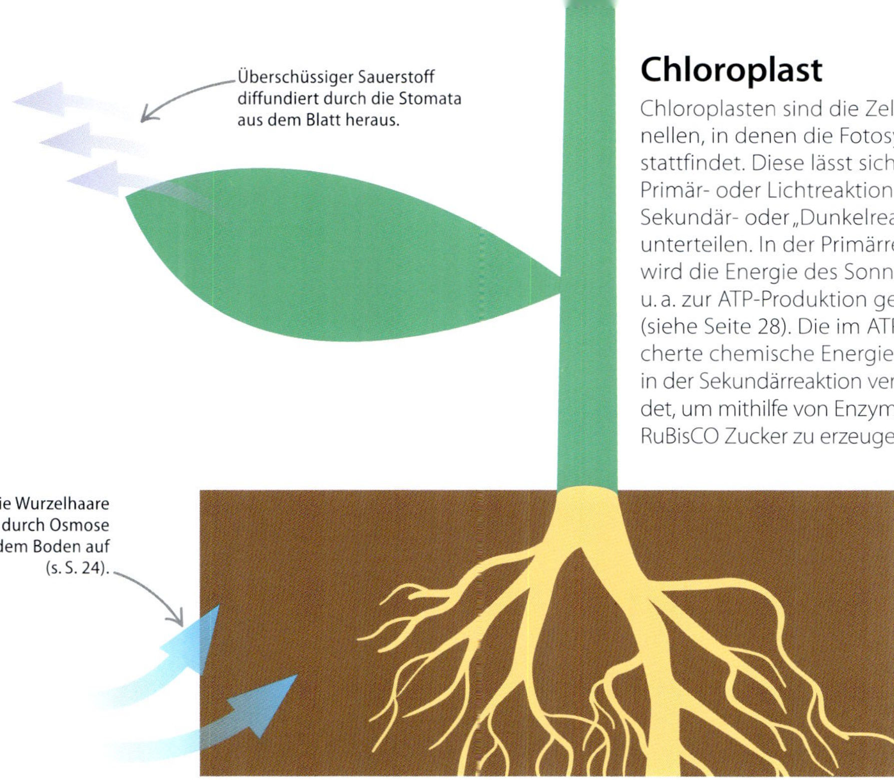

Chloroplast

Chloroplasten sind die Zellorganellen, in denen die Fotosynthese stattfindet. Diese lässt sich in eine Primär- oder Lichtreaktion und eine Sekundär- oder „Dunkelreaktion" unterteilen. In der Primärreaktion wird die Energie des Sonnenlichts u. a. zur ATP-Produktion genutzt (siehe Seite 28). Die im ATP gespeicherte chemische Energie wird dann in der Sekundärreaktion verwendet, um mithilfe von Enzymen wie RuBisCO Zucker zu erzeugen.

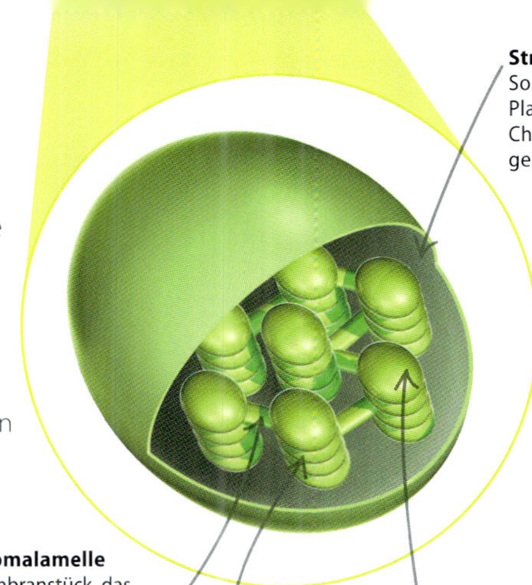

△ **Innenansicht eines Chloroplasten**
Chloroplasten besitzen eine eigene DNS und Ribosomen. Die Thylakoide enthalten Chlorophyll-Moleküle sowie für die Lichtreaktion erforderliche Proteine. Die „Dunkelreaktion" der Fotosynthese erfolgt im Stroma der Zellorganellen.

Chlorophyll

Das Pigment Chlorophyll ist dafür verantwortlich, dass Pflanzen grün aussehen. Chlorophyll-Moleküle nutzen das Lichtspektrum des Sonnenlichts in sehr unterschiedlichem Ausmaß als Energiequelle für die Fotosynthese. Sie absorbieren v. a. die blauen und roten Anteile, die grünen dagegen kaum. Grünes Licht wird gestreut. Deshalb erscheinen uns Blätter grün.

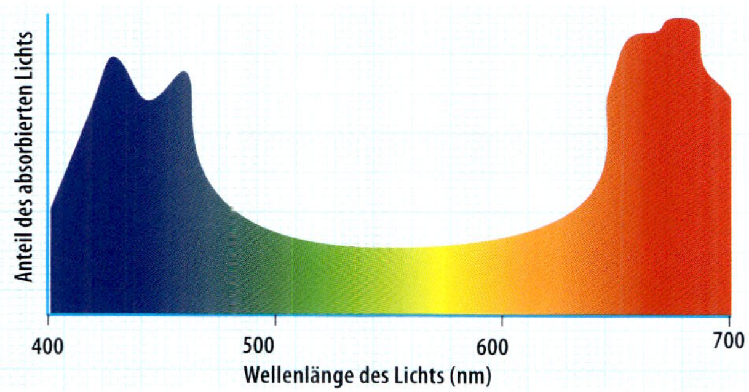

△ **Absorptionsspektrum**
Diese Abbildung zeigt, wie stark unterschiedliche Wellenlängen – und damit Farben – des Lichts von Chlorophyll absorbiert werden. Im grünen und gelben Bereich ist die Absorption am geringsten.

INTERESSANT!

Herbstfärbung

Bevor Bäume im Herbst ihre Blätter abwerfen, färben sich diese zunächst um und nehmen gelbe, orange oder rötliche Töne an. Die Herbstfärbung entsteht, weil die Pflanzen das Chlorophyll in ihren Blättern abbauen. Übrig bleiben andere, ebenfalls in den Blättern vorhandene Pigmente, wie etwa Karotinoide, die zuvor vom Chlorophyll überdeckt wurden.

Ernährung

ERNÄHRUNG IST DIE AUFNAHME VON STOFFEN ZUR DECKUNG DES ENERGIEBEDARFS UND ZUM AUFBAU VON KÖRPERSUBSTANZ.

SIEHE AUCH	
Abfallstoffe und Exkretion	34–35 ❯
Menschliche Verdauung	66–67 ❯
Menschliche Gesundheit	70–71 ❯
Nahrungsbeziehungen	76–77 ❯
Kreisläufe in der Natur	78–79 ❯

Während Fotosynthese betreibende Organismen wie Pflanzen ihre Nahrung selbst erzeugen, ernähren sich Tiere, Pilze und die meisten Mikroorganismen von organischen Verbindungen anderer Lebewesen.

Ernährungstypen

Organismen, die in ihrem Stoffwechsel benötigte organische Verbindungen selbst herstellen, werden als autotroph („sich selbst ernährend") bezeichnet, Organismen, die auf organische Substanzen anderer Lebewesen angewiesen sind, um zu überleben, als heterotroph („sich von anderen ernährend"). Bei heterotrophen Lebewesen haben sich etliche unterschiedliche Arten der Nahrungsaufnahme entwickelt.

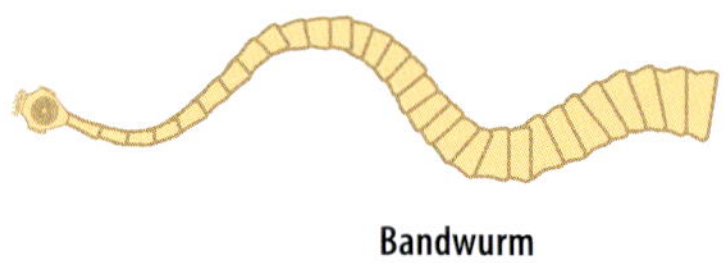

△ **Resorption**
Bei dieser Form der Nahrungsaufnahme, die z. B. von Bandwürmern betrieben wird, werden verfügbare Nährstoffe einfach durch die Körperhülle aufgenommen.

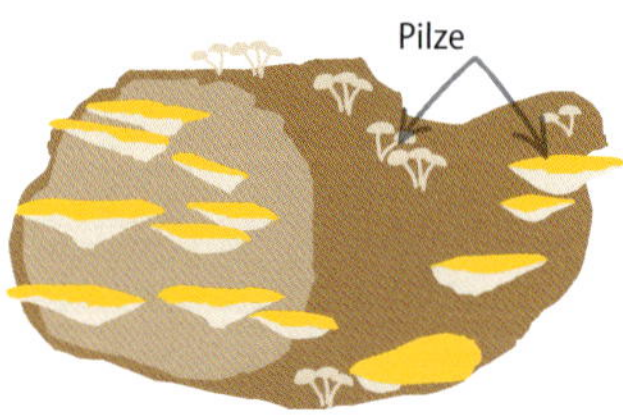

△ **Äußere Verdauung**
Viele Pilze sind Zersetzer. Sie zerlegen totes organisches Material durch Abgabe von Enzymen außerhalb ihrer Zellen in verwertbare Nährstoffe und nehmen diese dann auf.

△ **Phagozytose**
Phagozytose ist die Aufnahme fester Nahrungspartikel in eine Zelle. Amöben umfließen dabei die Partikel regelrecht mit ihrem Körper, bevor sie sie verdauen.

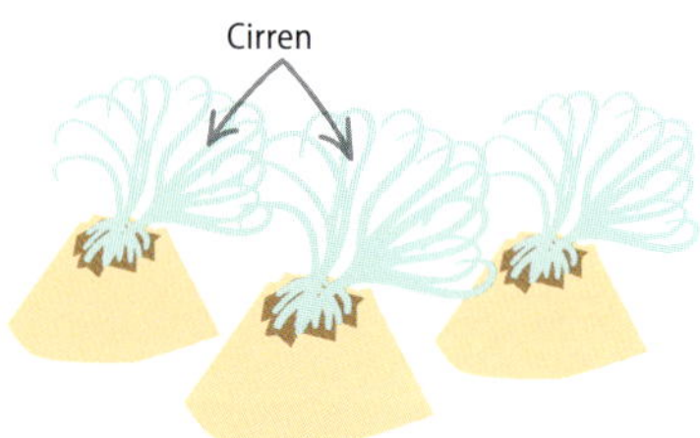

△ **Filtrieren**
Seepocken sind Krebstiere, die mit ihren rechenartigen Cirren Nahrung aus dem Wasser filtrieren. Auch Muscheln und Bartenwale gehören zu den Filtrierern.

△ **Verschlingen**
Krokodile können mit ihren Kiefern zwar enorm kräftig zubeißen, aber sie können nicht kauen. Deshalb müssen sie auch große Beutebrocken in einem Stück verschlingen.

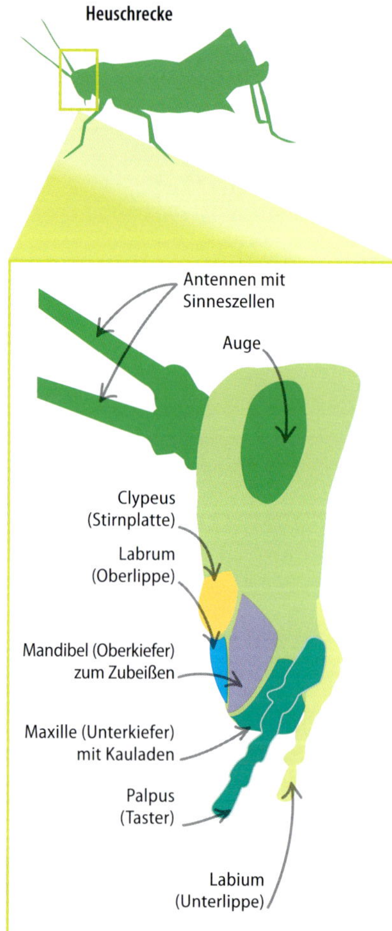

△ **Mundwerkzeuge**
Insekten besitzen komplexe Mundwerkzeuge, die je nach Lebensweise sehr unterschiedlich gebaut sein können. Bei Heuschrecken sind sie zum Beißen und Kauen geeignet, bei Schmetterlingen zum Lecken und Saugen und bei Stechmücken zum Stechen und Saugen.

Zähne

Aufgenommene Nahrung wird verdaut und dadurch in von den Körperzellen verwertbare Substanzen zerlegt. Um Nahrungsaufnahme und Verdauung zu erleichtern, besitzen viele Wirbeltiere harte Zähne in der Mundhöhle, mit denen Nahrung abgebissen und zerkleinert werden kann. Da Vögel keine Zähne haben, schlucken etliche Arten kleine Steine, um damit in ihren muskulösen Mägen harte Nahrung zu zermahlen.

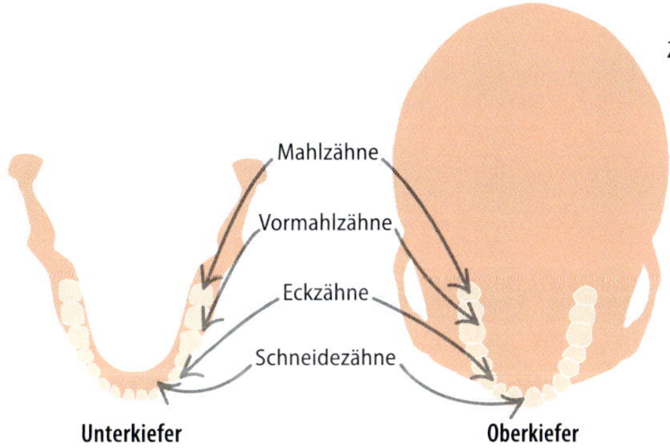

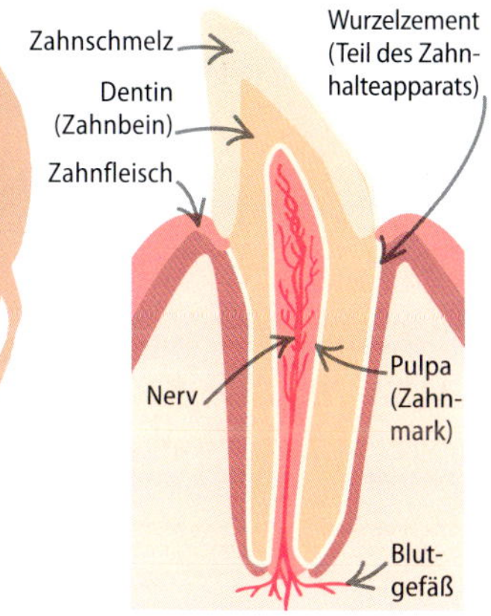

▷ **Menschliches Gebiss**
Der Mensch besitzt vier Zahntypen: Schneidezähne dienen zum Abbeißen, Eckzähne zum Festhalten, Vormahlzähne und Mahlzähne zum Zerkauen der Nahrung.

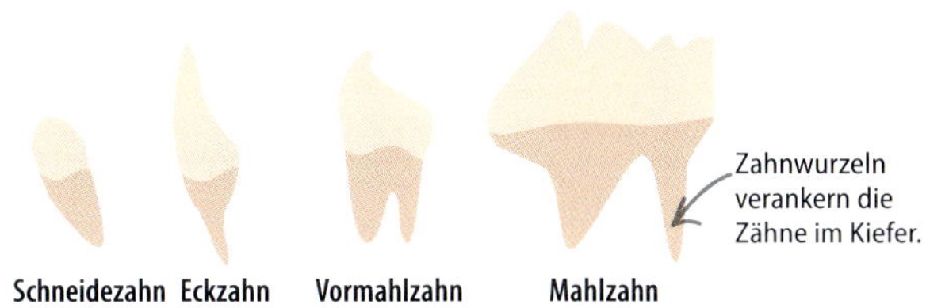

△ **Aufbau eines Zahns**
Der Großteil eines Zahns besteht aus Zahnbein. Es umschließt die Pulpa und wird außen von hartem Zahnschmelz geschützt.

Konsumententypen

Abhängig von der Art der Nahrung lassen sich bei heterotrophen Organismen (Konsumenten) unterschiedliche Typen unterscheiden. Bei Wirbeltieren spiegeln die Zähne wider, welchem dieser Typen die jeweilige Tierart zuzuordnen ist. Das Gebiss von Fleischfressern ist an das Packen und Zerteilen von Beute angepasst, das von Pflanzenfressern an das Zermahlen rauer Pflanzenkost und das von Allesfressern an beides.

▽ **Jäger oder Gejagter?**
Wissenschaftler können anhand des Gebisses eine ganze Menge über die Lebensweise von Tieren sagen.

Delfine haben viele spitze Zähne, die sich gut zum Packen von glitschigen Fischen und Tintenfischen eignen.

Löwen packen ihre Opfer mit großen Eckzähnen und zerlegen sie mit kräftigen, hinten im Kiefer gelegenen Reißzähnen.

Kühe brauchen als Pflanzenfresser keine spitzen Eckzähne, dafür aber kräftig entwickelte Mahlzähne.

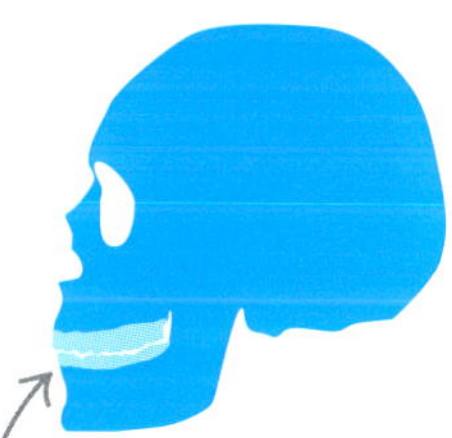

Das Gebiss des Menschen (Allesfresser) ist an vielfältige Nahrung angepasst.

▷ **Wiederkäuen**
Im mehrkammerigen Magen von Wiederkäuern wie Rindern oder Antilopen leben zahlreiche Mikroorganismen, die unverdauliche Nahrungsbestandteile, z. B. Zellulose, aufschließen und für die Pflanzenfresser verwertbar machen. Um den kleinen Helfern die Arbeit mit der groben Pflanzenkost zu erleichtern, würgen Wiederkäuer den Nahrungsbrei aus dem Magen einige Zeit nach der Nahrungsaufnahme erneut hoch, um ihn nochmal gründlich durchzukauen.

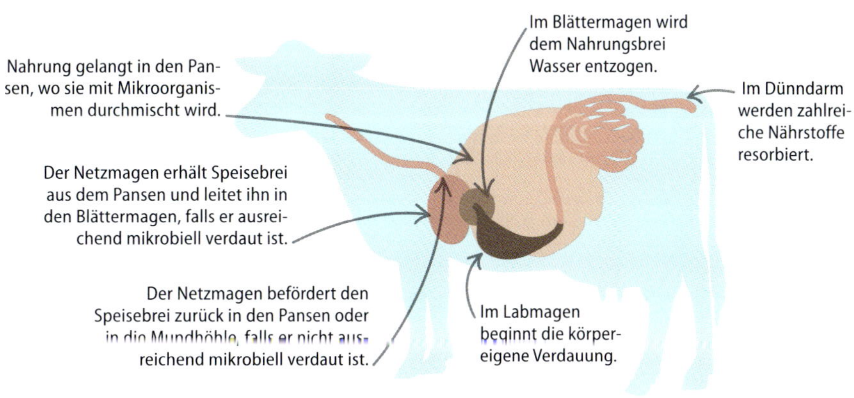

Abfallstoffe und Exkretion

SIEHE AUCH
❮ 32–33 Ernährung
Hormone 48–49 ❯
Organsysteme 62–63 ❯
Menschliche Verdauung 66–67 ❯

TIERE UND PFLANZEN HABEN EINE GANZE REIHE VON METHODEN ENTWICKELT, UM ABFALLSTOFFE ZU ENTSORGEN.

Bei der Exkretion werden Abfallstoffe beseitigt, die im Körper produziert wurden. Sie ist von der Defäkation (Stuhlgang) zu unterscheiden, bei der u. a. unverdauliche Nahrungsreste aus dem Darm abgegeben werden.

Abfallbeseitigung

Abfallstoffe und überschüssige Stoffe müssen beseitigt werden, denn sie sind nicht nur nutzlos, sondern können sogar schädlich sein, wenn sie sich im Körper anreichern. Beim Abbau stickstoffhaltiger Verbindungen wie Aminosäuren entstehen z. B. Gifte, die rasch umgewandelt und ausgeschieden werden müssen.

INTERESSANT!

Salzdrüsen

Tiere wie etwa Albatrosse oder Meeresschildkröten, die mit der Nahrung viel Salz aufnehmen, besitzen am Kopf spezielle Salzdrüsen. Diese Drüsen scheiden ein sehr salziges Sekret aus und sorgen dafür, dass ihre Besitzer überschüssiges Salz loswerden.

▽ **Ausscheidung von Abfall und überschüssigen Stoffen**
Organismen beseitigen ihre Abfallprodukte und überschüssige Stoffe auf unterschiedlichen Wegen. Wie der Abfall entsorgt wird, hängt nicht nur von seiner Beschaffenheit ab, sondern z. B. auch vom Lebensraum, den der betreffende Organismus bewohnt.

Stoff	Organismen	Prozess	Erklärung
Ammoniak	Wasserlebende Organismen	Abbau von Stickstoffverbindungen	Ammoniak ist gut wasserlöslich und kann von Wasserorganismen auf energiesparende Weise, z. B. über Kiemen, ins Wasser abgegeben werden.
Harnstoff	Viele Wirbeltiere	Abbau von Stickstoffverbindungen	Giftiger Ammoniak wird von vielen Wirbeltieren rasch in ungiftigen Harnstoff umgewandelt, der mit dem Urin ausgeschieden wird.
Harnsäure	Vögel, Reptilien, viele Insekten u. a.	Abbau von Stickstoffverbindungen	Ammoniak kann auch in Form von Harnsäure als eine Art Paste mit dem Kot entsorgt werden. Das spart Wasser, kostet aber viel Energie.
Kohlendioxid	Alle Organismen	Atmung	Bei der Atmung entstehendes Kohlendioxid muss entsorgt werden, da es sonst u. a. zu einer gefährlichen Übersäuerung des Blutes kommen kann.
Sauerstoff	Pflanzen, Algen, Cyanobakterien	Fotosynthese	Pflanzen und Algen nutzen nur einen Teil des von ihnen gebildeten Sauerstoffs und geben den überschüssigen Rest an ihre Umgebung ab.
Kot	Viele Tiere	Darmpassage	Vom Körper nicht verwertbare Nahrungsbestandteile, abgestoßene Darmzellen und anderer Abfall werden mit dem Kot ausgeschieden.
Salz	Alle Organismen	Osmoregulation	Salze sind für viele Körperprozesse wichtig. Bei zu hoher Konzentration müssen sie jedoch über Nieren, Kiemen oder Haut ausgeschieden werden.

Nieren und Blase

Die Niere ist das wichtigste Exkretionsorgan des Menschen und anderer Wirbeltiere. Sie filtert u. a. Abfallstoffe aus dem Blut heraus und produziert Urin, mit dem diese Stoffe schließlich aus dem Körper ausgeschieden werden. Der Urin gelangt über Harnleiter von den Nieren in ein dehnbares Hohlorgan im Beckenbereich, die sogenannte Harnblase. In ihr wird solange Urin gesammelt, bis ein entsprechender Harndrang auftritt und die Blase durch die Harnröhre entleert wird.

▽ Aufbau einer Niere
Über die Nierenarterie strömt mit Abfallstoffen beladenes Blut in die Niere, wo es auf viele winzige, in Rinde und Mark gelegene Filtereinheiten (Nephrone) verteilt wird, in denen Blutreinigung und Urinbildung stattfinden. Das gereinigte Blut verlässt die Niere über die Nierenvene. Der Urin gelangt über Nierenkelche und Nierenbecken schließlich in den Harnleiter.

Sogar **Wasser** kann tödlich sein. Zu viel davon kann gefährliche Hirnödeme verursachen.

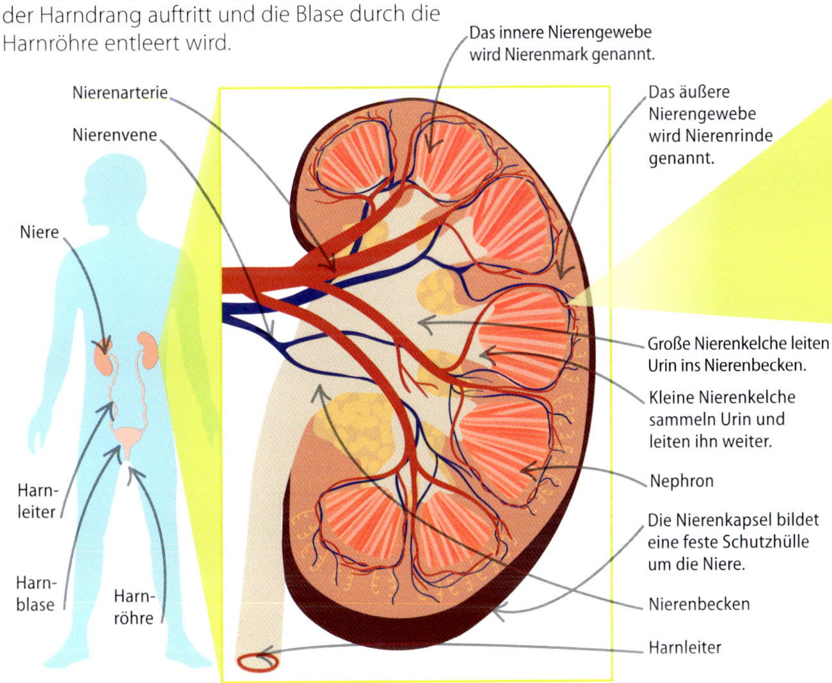

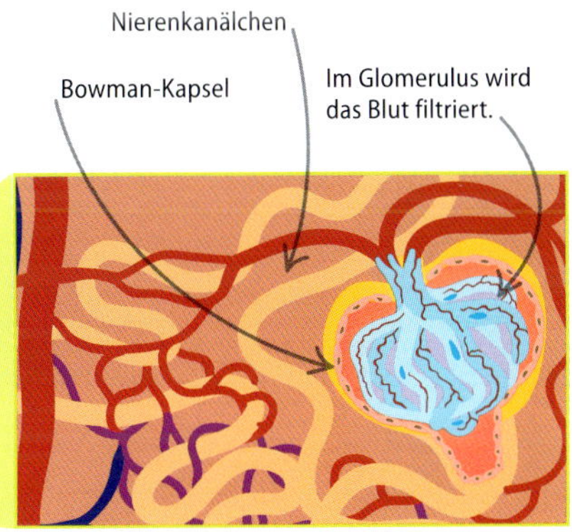

△ Nephron
Ein Nephron besteht aus Nierenkörperchen und Nierenkanälchen. Ersteres ist ein Knäuel winziger Kapillargefäße (Glomerulus), das von der Bowman-Kapsel umschlossen wird. Poren in den Kapillaren lassen Wasser und kleine Moleküle durch, große Moleküle und Blutzellen jedoch nicht. So entsteht Primärharn, aus dem im Nierenkanälchen der Großteil des Wassers und für den Körper wichtige Substanzen ins Blut zurückgeholt werden, Abfallstoffe jedoch nicht.

Osmoregulation

Nieren entfernen nicht nur Abfallstoffe aus dem Körper, sie kontrollieren auch seinen Wasser- und Elektrolythaushalt. Durch diese sogenannte Osmoregulation sorgen sie für ein stabiles und günstiges Körpermilieu. Das von der Hypophyse freigesetzte Hormon Adiuretin (ADH) spielt hierbei eine wichtige Rolle, da es u. a. die Rückgewinnung von Wasser in den Nephronen erhöht.

▷ Regelkreis
Über einen Regelkreis wird die Menge des freigesetzten Adiuretins ständig dem jeweiligen Wasserbedarf des Körpers angepasst.

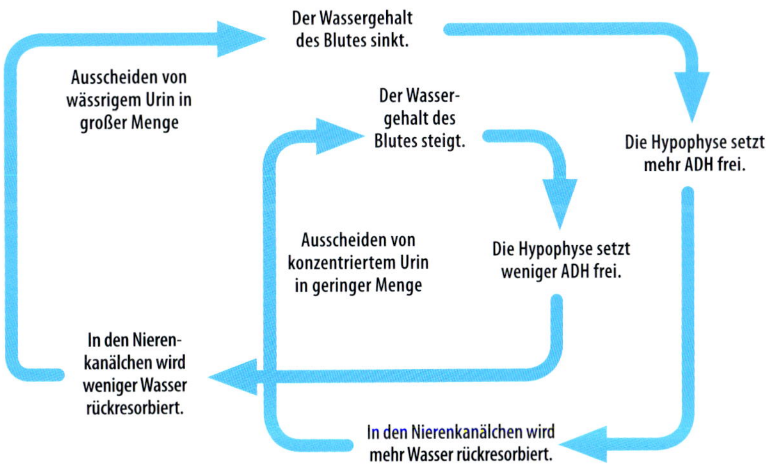

Transportsysteme

UM STOFFE IN IHREM INNERN ZU TRANSPORTIEREN, HABEN SICH LEBEWESEN EINIGES EINFALLEN LASSEN.

SIEHE AUCH

❮ 24–25 Zellen bei der Arbeit	
Immunsystem	50–51 ❯
Organsysteme	62–63 ❯
Blutkreislauf	69 ❯

Die Zellen vielzelliger Organismen sind alleine nicht überlebensfähig. Sie müssen über komplexe Transportsysteme mit lebensnotwendigen Stoffen versorgt und von Abfallprodukten befreit werden.

Blutkreislauf

Tiere transportieren Stoffe mithilfe von Körperflüssigkeiten. Bei Wirbeltieren ist Blut das wichtigste Transportmittel. Es wird vom Herzen in Blutgefäßen durch den Körper gepumpt. Die Gefäße verzweigen sich in Geweben und Organen zu einem Netz aus feinsten Kapillaren, über die der Stoffaustausch mit den Zellen erfolgt.

▷ **Arterien und Venen**
Blutgefäße, die Blut vom Herzen wegtransportieren, heißen Arterien, Gefäße, die es zum Herzen zurückbringen, Venen. In Arterien kann man an manchen Körperstellen die Druckwelle des Herzschlags fühlen.

Arterie

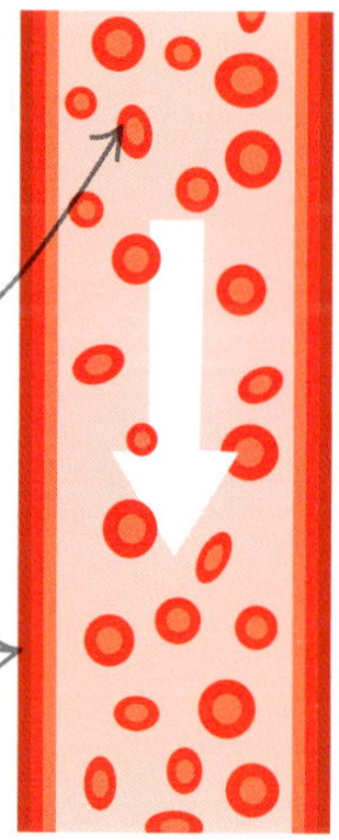

Arterielles Blut ist oft sauerstoffreich und heller als venöses Blut.

Arterien haben muskulösere Gefäßwände als Venen.

Vene

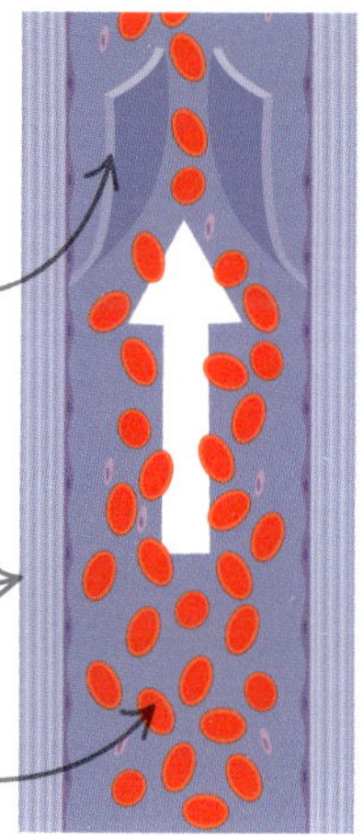

Venenklappen verhindern ein Zurückströmen des Blutes.

Venen sind dünnwandiger als Arterien und manchmal als bläuliche Stränge unter der Haut zu erkennen.

Venöses Blut ist oft sauerstoffarm und kohlendioxidreich.

Zusammensetzung des Blutes

Blut besteht aus vielen Bestandteilen. Mehr als die Hälfte des Blutes ist sogenanntes Blutplasma – der wässrige Blutanteil, der u. a. zahlreiche Proteine, gelöste Ionen, Hormone, Nährstoffe und Gerinnungsfaktoren enthält. Den Rest des Blutes bilden Blutzellen, also rote und weiße Blutkörperchen und Blutplättchen (Thrombozyten).

▷ **Farbe des Blutes**
Das Blut von Wirbeltieren ist rot, weil seine Erythrozyten den eisenhaltigen roten Blutfarbstoff Hämoglobin enthalten. Hämoglobin dient dem Sauerstofftransport. Bei Gliederfüßern wie Krebsen wird diese Funktion von Hämocyanin übernommen, das sauerstoffbeladen blau gefärbt ist.

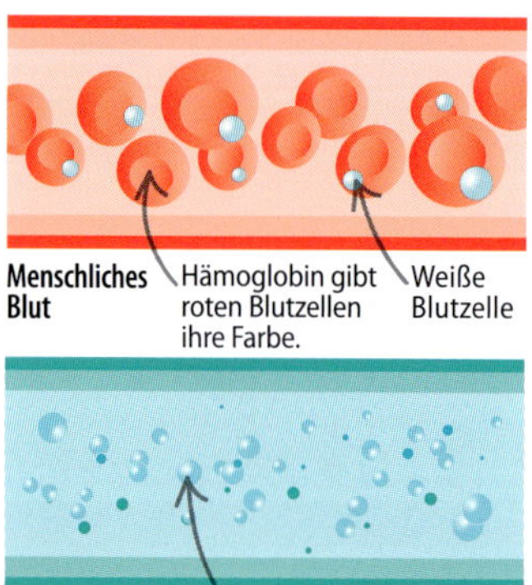

Menschliches Blut

Hämoglobin gibt roten Blutzellen ihre Farbe.

Weiße Blutzelle

„Blut" (Hämolymphe) eines Krebses

In der Hämolymphe gelöstes Hämocyanin

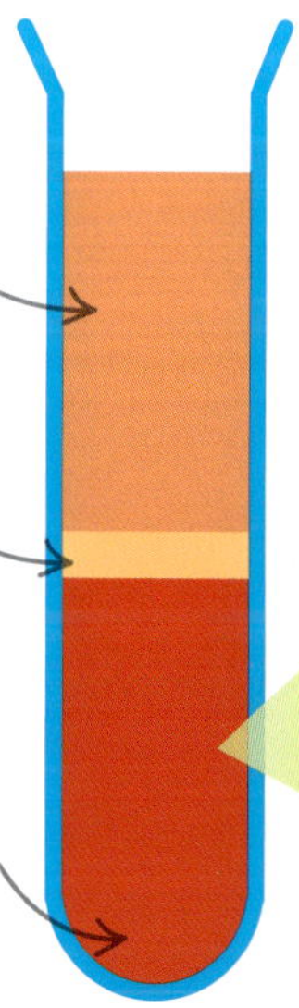

Blutplasma lässt sich durch Zentrifugieren von den im Blut enthaltenen Blutzellen trennen.

Weiße Blutkörperchen und Blutplättchen bilden nur einen kleinen Teil der Blutzellen.

Jeder Milliliter Wirbeltierblut enthält etwa 5 Mrd. rote Blutkörperchen (Erythrozyten).

▽ **Rote Blutkörperchen**
Erythrozyten sind die häufigsten Zellen im Wirbeltierblut. Ihre an einen Donut erinnernde Form vergrößert die Zelloberfläche und fördert den Sauerstoffaustausch.

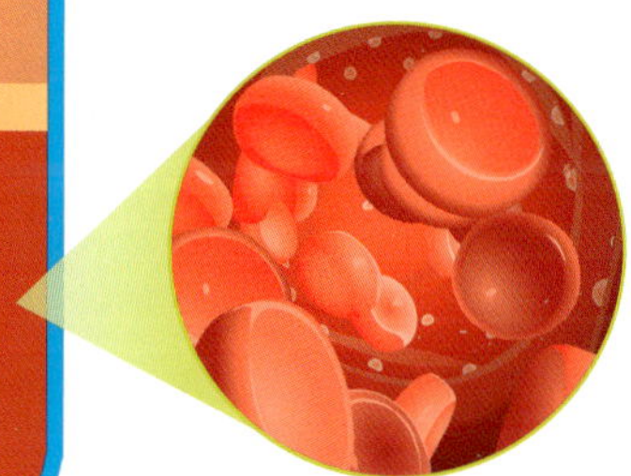

Gefäßsystem der Pflanzen

Das Transportsystem der Gefäßpflanzen besteht aus zwei Gewebetypen – Xylem und Phloem. Die zu langen, festen Röhren vereinten Zellen des Xylems transportieren Wasser und darin gelöste Salze von der Wurzel durch den Stamm bzw. Stängel in die Blätter. Die Röhren des Phloems befördern dagegen v. a. organische Stoffe wie Saccharose (wichtigster Transportzucker) aus den Blättern zu den Orten, an denen sie benötigt oder gespeichert werden.

Aus **Zuckerrohr** und **Zuckerrübe** werden weltweit jährlich weit über **100 Mio. Tonnen** Saccharose gewonnen.

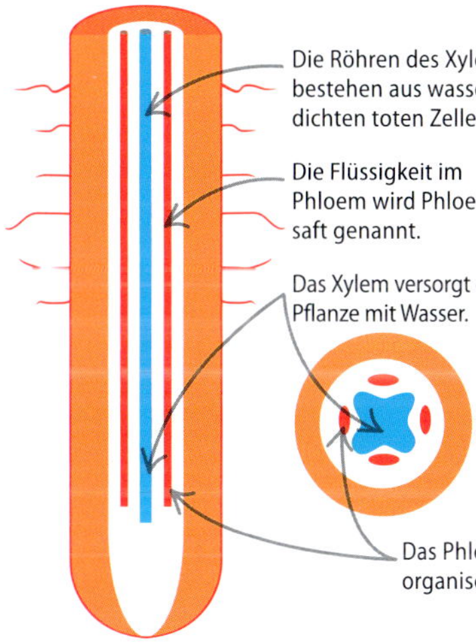

◁ **Leitbündel**
Die Gefäße von Xylem und Phloem liegen dicht beisammen und bilden sogenannte Leitbündel. Diese Gefäßbündel dienen nicht nur dem Transport, sondern verleihen Pflanzen auch Festigkeit. Das Holz der Bäume besteht aus toten, verholzten Xylemzellen.

▽ **Transportmechanismen**
Für den Wasserstrom im Xylem ist v. a. der sogenannte Transpirationssog verantwortlich. Durch die Wasserverdunstung in den Blättern entsteht in den Gefäßen ein Unterdruck, der das Wasser nach oben saugt. Der Transport im Phloem erfolgt vermutlich durch osmotische Prozesse.

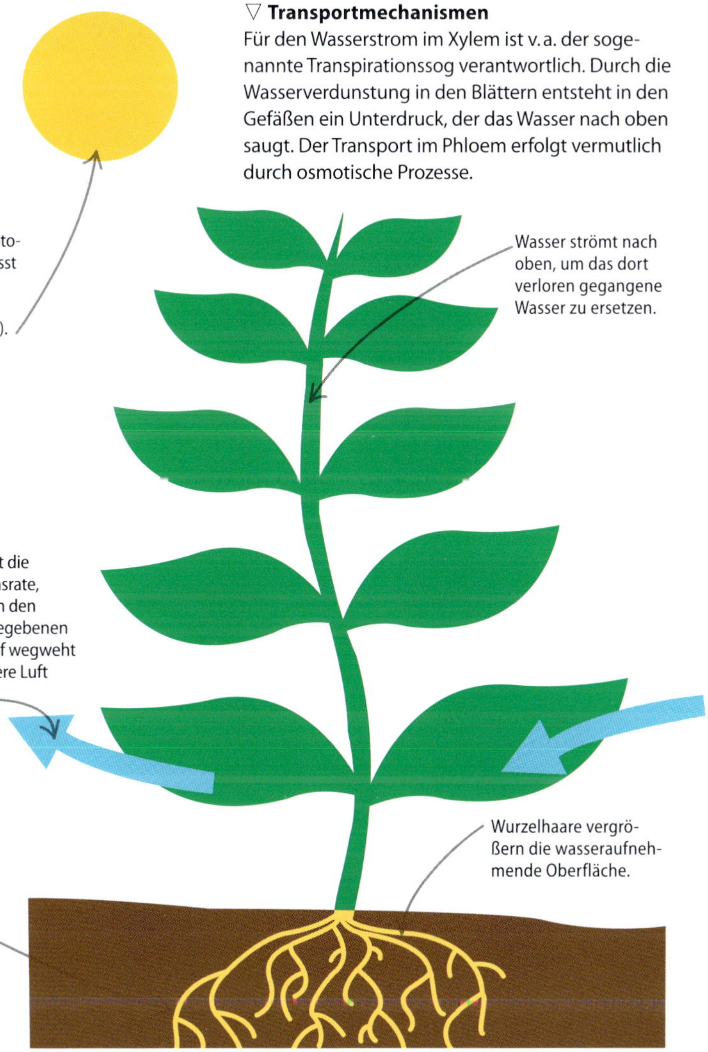

INTERESSANT!

Mammutbäume

Die Mammutbäume Kaliforniens können etwa 115 m hoch werden. Forscher vermuten, dass dieser Wert nah an der Maximalhöhe von Bäumen liegt. Bei noch größeren Höhen wäre der Unterdruck, der nötig ist, um Wasser bis in die Baumspitzen zu saugen, so hoch, dass der Wasserfaden in den Gefäßen reißen und die Wasserversorgung der Baumkrone unterbrochen werden würde.

Bewegung

LEBEWESEN BEWEGEN SICH AUF VERSCHIEDENE WEISE FORT.

SIEHE AUCH

Fische, Amphibien und Reptilien	58–59 ❯
Säugetiere und Vögel	60–61 ❯
Organsysteme	62–63 ❯

Zur passiven Bewegung nutzen Organismen Umwelteinflüsse, wie etwa Wind, um Lage oder Standort zu verändern. Aktive Bewegungen sind dagegen auf kontraktile (sich zusammenziehende) Eiweiße zurückzuführen.

Bewegung bei Tieren

Anders als die nur eingeschränkt zu Bewegungen fähigen Pflanzen und Pilze sind die meisten Tiere ausgesprochene Bewegungswunder. Sie können mithilfe ihrer Muskeln nicht nur geschickt einzelne Körperteile bewegen, sondern auch problemlos und häufig sehr rasch von einem Ort zum andern gelangen. Die Art der Fortbewegung kann dabei – abhängig von Lebensweise und Lebensraum – sehr unterschiedlich sein.

△ **Fliegen**
Vögel, Fledertiere und Insekten können sich mithilfe von Auftrieb erzeugenden Flügeln durch die Luft bewegen.

△ **Schwingen**
Etliche baumbewohnende Affenarten schwingen mit ihren kräftigen Armen elegant und behände durchs Geäst.

△ **Laufen**
Die meisten Landtiere laufen auf vier Beinen, doch es gibt auch Zweibeiner wie den Menschen oder flugunfähige Vögel.

△ **Springen**
Gute Springer wie Kängurus, Hasen, Frösche oder Flöhe verfügen über lange, sehr kräftige Hinterbeine.

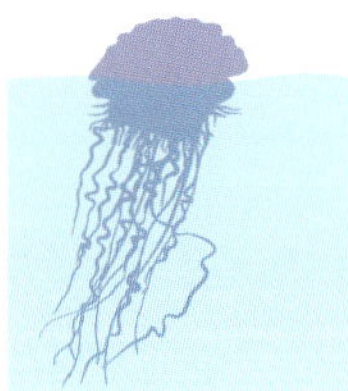

△ **Segeln**
Die Portugiesische Galeere kann sich nicht aktiv fortbewegen, sondern wird auf dem Meer treibend vom Wind verdriftet.

△ **Treiben**
Planktontiere sind so klein, dass sie nicht gegen Strömungen anschwimmen können, sondern einfach mitgerissen werden.

△ **Schwimmen**
Wassertiere, die gut genug schwimmen, um selbst zu bestimmen, wohin die Reise geht, werden als Nekton bezeichnet.

△ **Teilweise beweglich**
Manche Wassertiere sind sessil (festsitzend) und bewegen nur bestimmte Körperteile, um damit z. B. Beute zu machen.

Fortbewegung bei Schlangen

Schlangen entwickelten sich vermutlich aus Echsen, deren Extremitäten sich nach und nach zurückgebildet haben. Um ohne Beine vorwärts zu kommen, nutzen sie neben dem Schlängeln auch das sogenannte Ziehharmonikakriechen (unten).

△ **1. Zusammenziehen**
Muskelkontraktionen ziehen den Körper der Schlange s-förmig zusammen.

△ **2. Strecken**
Sobald der Hinterkörper Halt gefunden hat, wird der Vorderkörper gestreckt.

△ **3. Halt suchen**
Sobald der Vorderkörper Halt gefunden hat, beginnt das Ganze von vorn.

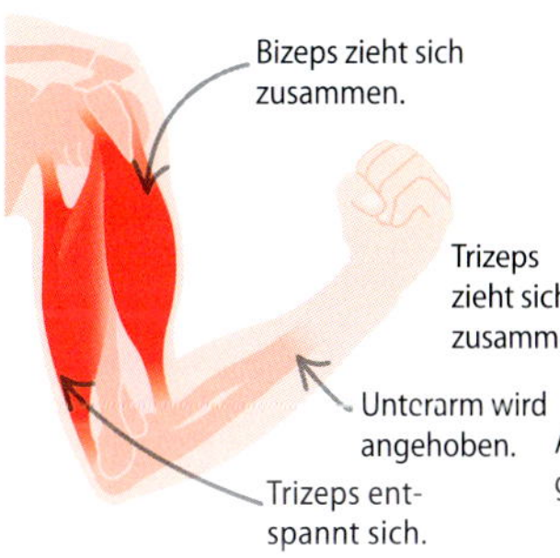

△ **Beugen**
Wenn der Bizeps kontrahiert, wird der Arm im Ellenbogengelenk gebeugt und der Unterarm hochgezogen.

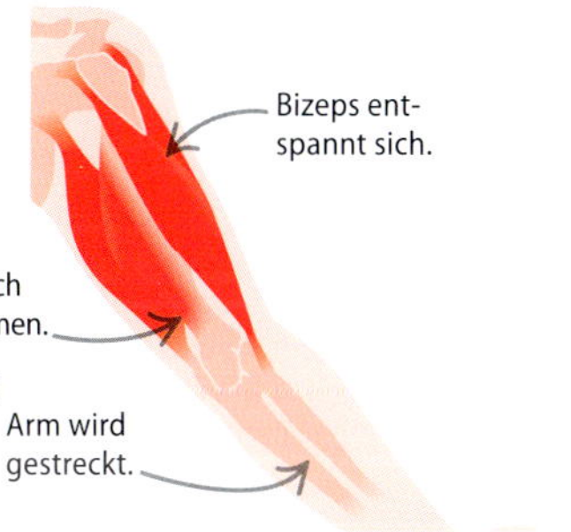

△ **Strecken**
Um den Arm wieder zu strecken, wird der Trizeps angespannt und der Bizeps gleichzeitig entspannt.

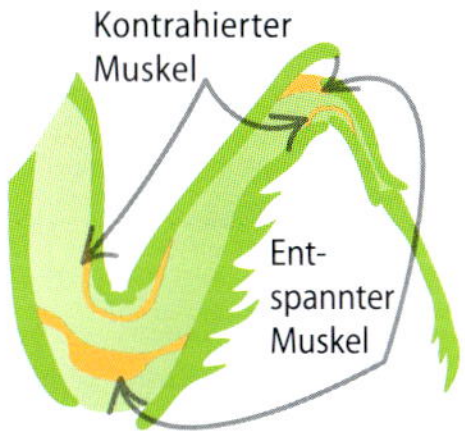

△ **Gebeugt**
Die Beine der Gliederfüßer werden durch Muskeln gebeugt, die innen am Exoskelett ansetzen.

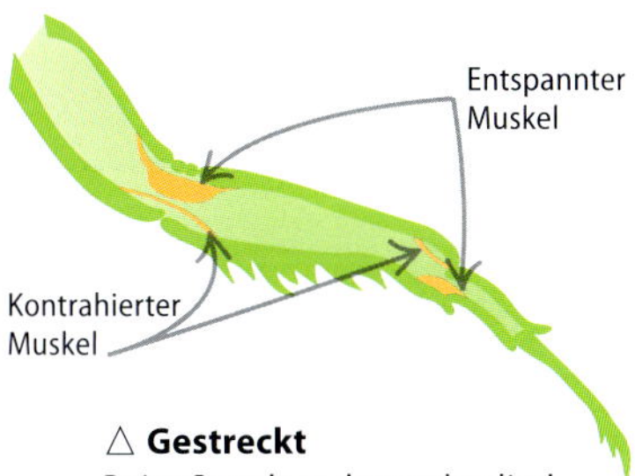

△ **Gestreckt**
Beim Strecken der mehrgliedrigen Beine entspannen sich die Beinbeuger, während sich ihre Gegenspieler verkürzen.

Ansatzpunkte

Um ihre Arbeit verrichten zu können, müssen Muskeln irgendwo befestigt sein. Oft setzen sie am Skelett an. Dessen Teile sind an etlichen Stellen über Gelenke verbunden, sodass sie von Muskeln bewegt werden können. Da Muskeln zwar ziehen, aber nicht zurückdrücken können, haben sie häufig einen Gegenspieler, der Bewegungen in die Gegenrichtung bewirkt.

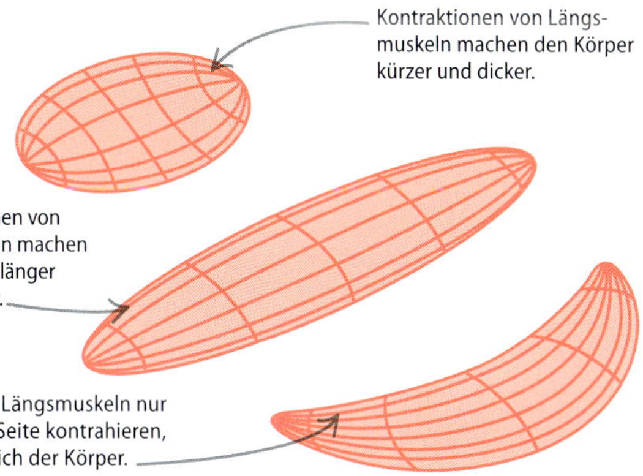

△ **Hydroskelett**
Die Körper von Würmern und einigen anderen Tieren werden durch ein Hydroskelett gestützt. Eine ziemlich prall mit Flüssigkeit gefüllte Muskelhülle verleiht ihnen Stabilität, wobei die Körperform mithilfe der Muskeln verändert werden kann.

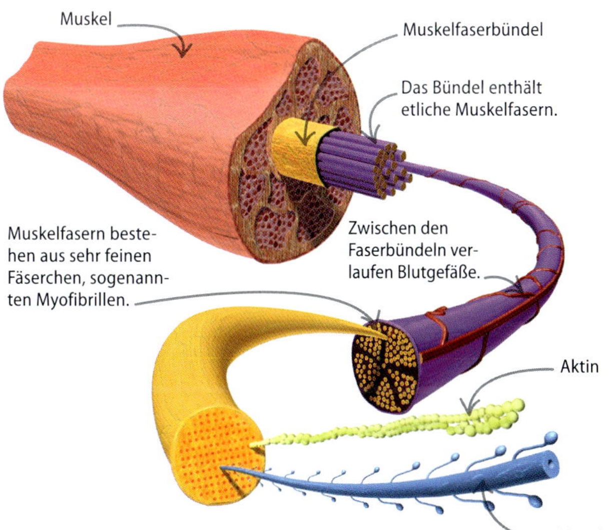

△ **Aufbau eines Skelettmuskels**
Skelettmuskeln bestehen aus Bündeln lang gezogener Zellen, sogenannten Muskelfasern, die zahlreiche feine Muskelfibrillen (Myofibrillen) enthalten, die wiederum aus noch feineren Aktin- und Myosinfilamenten aufgebaut sind.

Muskelkontraktion

Das Zusammenziehen eines Muskels wird durch Ineinanderschieben seiner kleinsten Fasern bewirkt. Erreicht ein Nervenimpuls den Muskel, verbinden sich kleine Fortsätze des Myosins („Köpfe") mit dem Aktin und verschieben die Aktinfilamente in einer Art Ruderbewegung so, dass sich der Muskel verkürzt. Beim Anspannen eines Muskels finden unzählige dieser winzigen Bewegungen gleichzeitig statt.

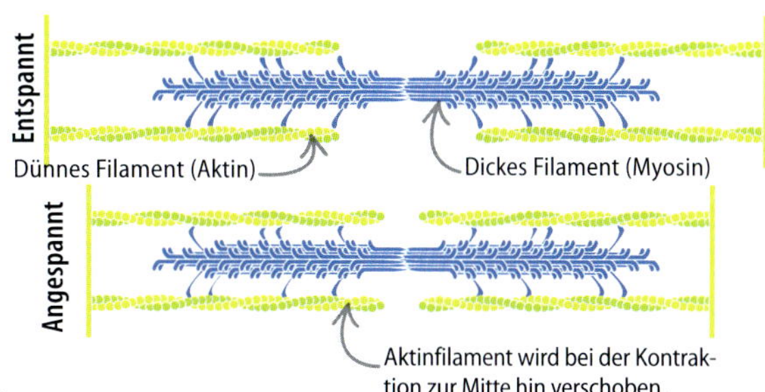

△ **Aktin und Myosin**
Aktin und Myosin sind Proteine, deren Zusammenspiel die Muskelbewegungen ermöglicht. Sie verbinden sich während der Muskelkontraktion vorübergehend zum sogenannten Aktomyosin. Wenn sie sich wieder trennen, erschlafft der Muskel.

Reizempfindlichkeit

LEBEWESEN KÖNNEN IHRE UMWELT AUF SEHR UNTERSCHIEDLICHE WEISE WAHRNEHMEN.

SIEHE AUCH

Menschliche Sinne	64–65 ❯
Funktionelle Gruppen	162–163 ❯
Elektromagnetische Wellen	202–203 ❯
Licht	204–205 ❯
Schall	208–209 ❯

Die Fähigkeit, Umweltreize aufzunehmen, ist für alle Lebewesen von großer Bedeutung. Dadurch können sie beispielsweise auf Bedrohungen reagieren und ihre Überlebenschancen erhöhen.

Tropismus

Auch Pflanzen können auf Umweltreize reagieren – etwa mit Tropismen. Das sind Wachstumsbewegungen von Pflanzenteilen, deren Bewegungsrichtung davon abhängt, woher der Reiz kommt. Wurzeln orientieren sich z. B. am Schwerefeld der Erde (Gravitropismus) und wachsen zum Erdmittelpunkt hin. Der Reiz wird dabei mithilfe spezieller Zellen wahrgenommen, die eine Ablagerung von Statolithen (kleine Stärkekörner) auf ihrer unteren Innenseite registrieren.

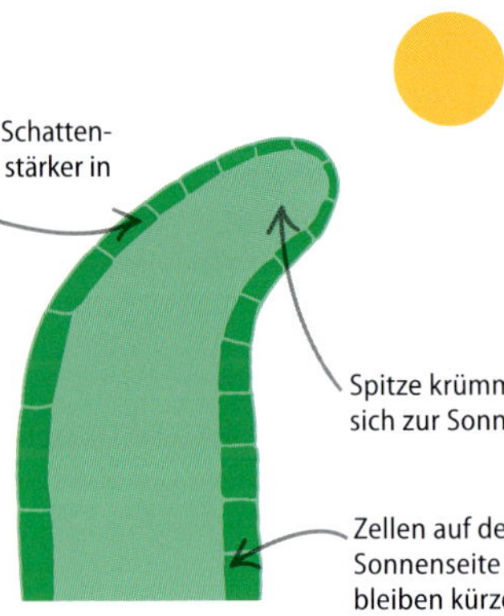

◁ **Fototropismus**
Beim Fototropismus ist Licht der auslösende Reiz. Bei seitlichem Lichteinfall steigt die Konzentration des Pflanzenhormons Auxin auf der Schattenseite der Sprossspitze an und führt dort zu verstärktem Längenwachstum der Zellen.

▷ **Facettenauge**
Viele Gliederfüßer besitzen aus zahlreichen winzigen Einzelaugen bestehende Facettenaugen. Das Bild, das sie sehen, setzt sich daher mosaikartig aus vielen Bildpunkten zusammen.

Sinne der Tiere

Die fünf klassischen Sinne Sehen, Hören, Riechen, Schmecken und Tasten sind auch bei vielen Tieren vorhanden. Allerdings sind die zugehörigen Sinnesorgane nicht immer da, wo man vermuten würde – so sitzt das Gehör bei Grillen in den Beinen und der Geschmack bei Stubenfliegen in den Füßen. Manche Tiere besitzen Sinne, die dem Menschen fehlen.

△ **Lorenzini-Ampullen**
Die Lorenzini-Ampullen am Kopf von Haien und Rochen dienen der Wahrnehmung elektrischer Felder. Mit ihrer Hilfe können die Tiere z. B. Beute orten.

△ **Tasthaare**
Tasthaare (Vibrissen) sind hochempfindliche Sinneshaare, die auf Berührungsreize ansprechen. Sie helfen Tieren u. a. dabei, sich im Dunkeln zurechtzufinden.

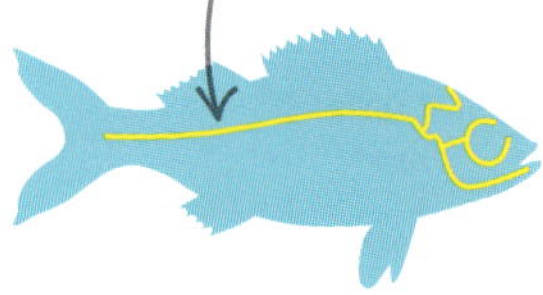

△ **Seitenlinienorgane**
Fische und manche Amphibien besitzen zur Wahrnehmung von Wasserbewegungen sogenannte Seitenlinienorgane, die äußerlich als Porenreihen zu erkennen sind.

△ **Grubenorgane**
Grubenottern haben am Kopf besondere Sinnesorgane, mit denen sie Wärme wahrnehmen können. Dadurch können sie warmblütige Beutetiere auch im Dunkeln erkennen.

Nerven

Sinnesorgane wandeln Umweltreize in Signale um, die als elektrische Impulse mittels Nerven durch den Körper und zum Gehirn geleitet werden. Nerven dienen dem Informationsaustausch und bestehen aus langen, zu Bündeln vereinten Fortsätzen von Nervenzellen (Neuronen), die von Bindegewebe umhüllt sind.

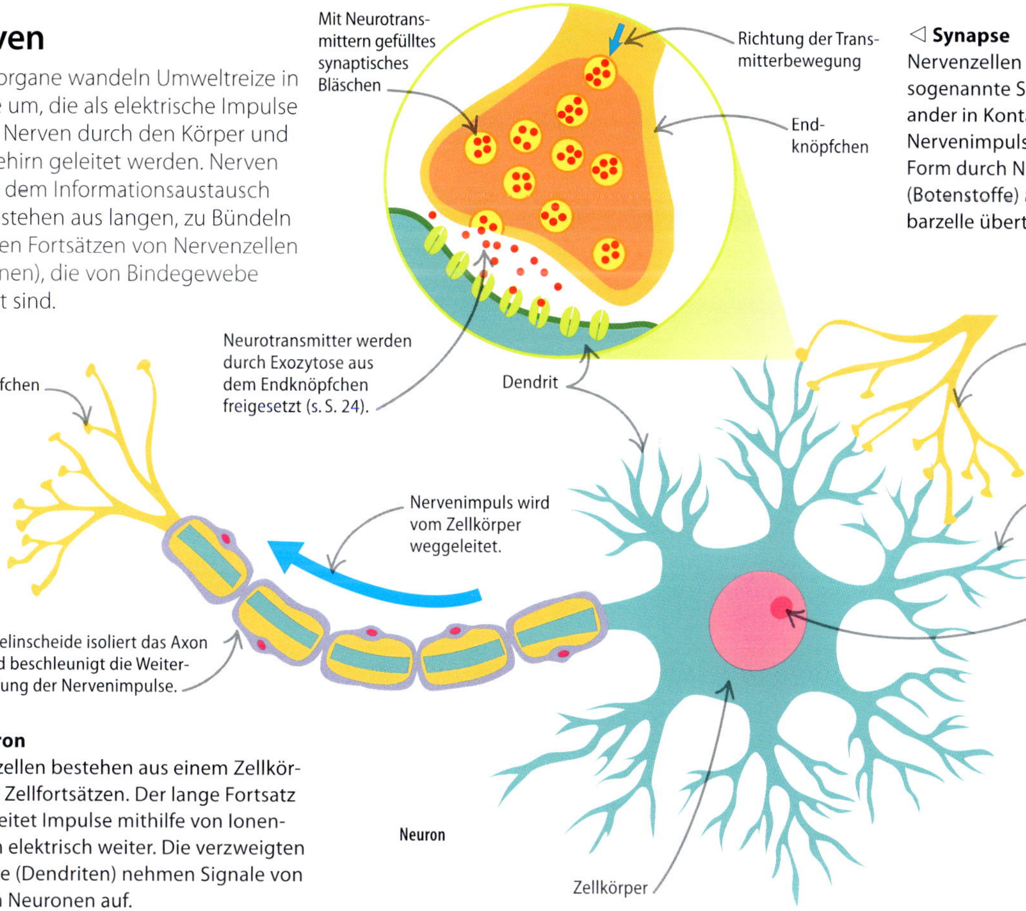

◁ **Synapse**
Nervenzellen stehen über sogenannte Synapsen miteinander in Kontakt. Dort wird der Nervenimpuls in chemischer Form durch Neurotransmitter (Botenstoffe) auf die Nachbarzelle übertragen.

▷ **Neuron**
Nervenzellen bestehen aus einem Zellkörper und Zellfortsätzen. Der lange Fortsatz (Axon) leitet Impulse mithilfe von Ionenströmen elektrisch weiter. Die verzweigten Fortsätze (Dendriten) nehmen Signale von anderen Neuronen auf.

Reflex

Die von Sinnesorganen und Sinneszellen stammenden Informationen werden über Nerven an das Rückenmark oder das Gehirn weitergeleitet. Als Reaktion darauf übermitteln diese häufig Nervenimpulse zu den Muskeln und lösen so Muskelkontraktionen und entsprechende Bewegungen aus. Läuft die Reaktion auf den Sinnesreiz prompt, unwillkürlich und immer gleich ab – wie etwa das Zurückziehen der Hand von einer heißen Herdplatte – spricht man von einem Reflex.

▷ **Reflexbogen**
Ein Reflexbogen ist ein Schaltkreis, in dem Nervenzellen auf einen Reiz hin einen bestimmten Reflex auslösen. Sogenannte sensorische Neuronen übermitteln dabei die Reizinformation, sogenannte motorische Neuronen bewirken die körperliche Reaktion.

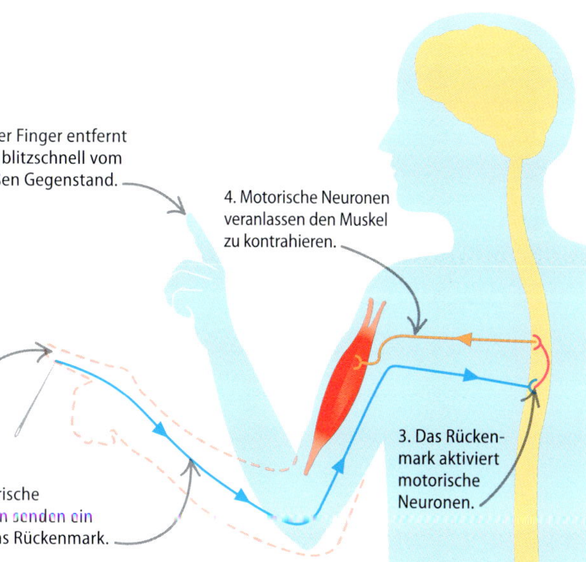

Fortpflanzung I

ARTEN MÜSSEN SICH FORTPFLANZEN, UM ZU ÜBERLEBEN.

Fortpflanzung ist eine Grundeigenschaft von Lebewesen. Vieles von dem, was Organismen tun, ist auf das zentrale Ziel ausgerichtet, sich fortzupflanzen.

SIEHE AUCH
❮ 22–23 Zellaufbau
❮ 25 Zellteilung
Menschliche Fortpflanzung 72–73 ❯
Evolution 80–81 ❯
Genetik I 84–85 ❯

Ungeschlechtliche Fortpflanzung

Bei der ungeschlechtlichen Fortpflanzung erzeugen Lebewesen genetisch identische Kopien (Klone) von sich selbst. Vorteile: Man muss nicht lange nach Geschlechtspartnern suchen und bewährte Genkombinationen bleiben auch in der Folgegeneration erhalten. Nachteil: Kommt ein Individuum z. B. mit sich ändernden Umweltbedingungen oder einer Krankheit nicht zurecht, schaffen es die anderen wohl auch nicht, da alle gleich sind.

Die Weibchen mancher **Rennechsen** führen Scheinpaarungen aus, bevor sie sich parthenogenetisch fortpflanzen.

▽ **Knospung**
Bei der Knospung entwickeln sich an Mutterindividuen kleinere Tochterindividuen, die sich meist irgendwann abtrennen. Knospung kommt bei Einzellern, Pflanzen und Tieren vor.

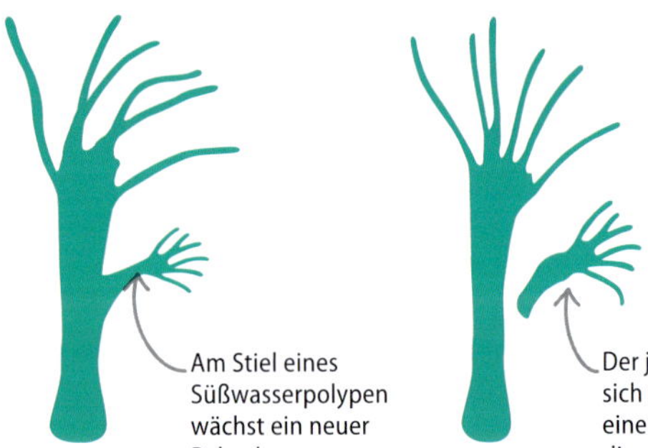

▽ **Ausläufer**
Manche Pflanzen vermehren sich durch Ausläufer – lange zur Seite wachsende Sprosse, die meist Wurzeln schlagen und nach der Trennung von der Mutterpflanze zu unabhängigen Pflanzen werden.

▷ **Sporen**
Pilze, Moose und Farne vermehren sich häufig ungeschlechtlich durch Sporen – Vermehrungszellen, die von einer oftmals sehr widerstandsfähigen Hülle umgeben sind. Sporen werden häufig mit dem Wind verfrachtet und wachsen dann an anderen Standorten zu neuen Individuen heran.

▷ **Parthenogenese**
Manche Tiere können sich eingeschlechtlich fortpflanzen. So erzeugen z. B. die Weibchen vieler Blattlausarten Nachkommen, ohne von einem Männchen begattet worden zu sein. Die durch Parthenogenese (Jungfernzeugung) aus unbefruchteten Eiern entstehenden Töchter sind Klone ihrer Mütter.

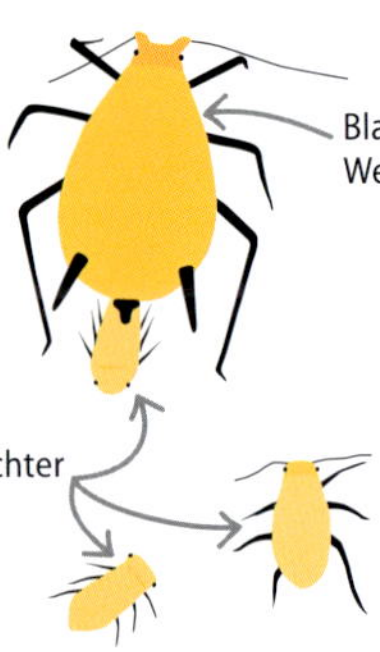

Sexuelle Fortpflanzung

Bei der sexuellen Fortpflanzung wird das Erbgut der Eltern gemischt, sodass die Nachkommen sich genetisch von ihnen unterscheiden. Die Geschlechter erzeugen Keimzellen (Gameten), die anders als normale Körperzellen keinen doppelten, sondern nur einen einfachen Chromosomensatz enthalten. Diese verschmelzen bei der Befruchtung zur Zygote, der ersten Zelle des neuen Individuums. Sie enthält zwei Chromosomensätze – einen vom Vater und einen von der Mutter.

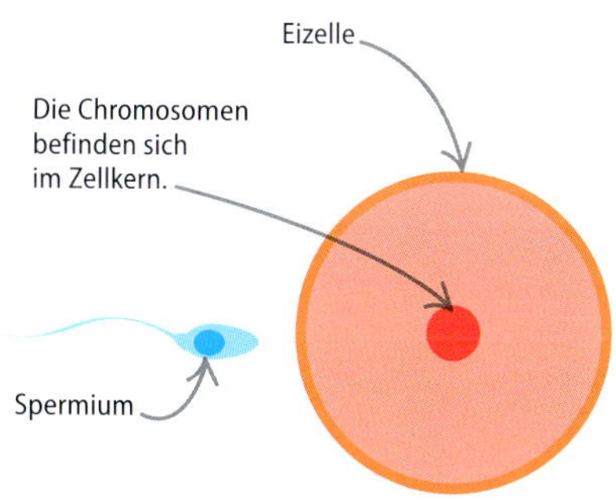

△ Spermien und Eizellen
Männliche Gameten zweigeschlechtlicher Lebewesen werden häufig als Spermien oder Samenzellen bezeichnet, weibliche als Eizellen. Spermien transportieren das männliche Erbgut zur Eizelle. Da sie nur Chromosomen zur Zygote beisteuern und alle anderen Zygotenbestandteile von der Eizelle stammen, können Spermien viel kleiner sein als Eizellen.

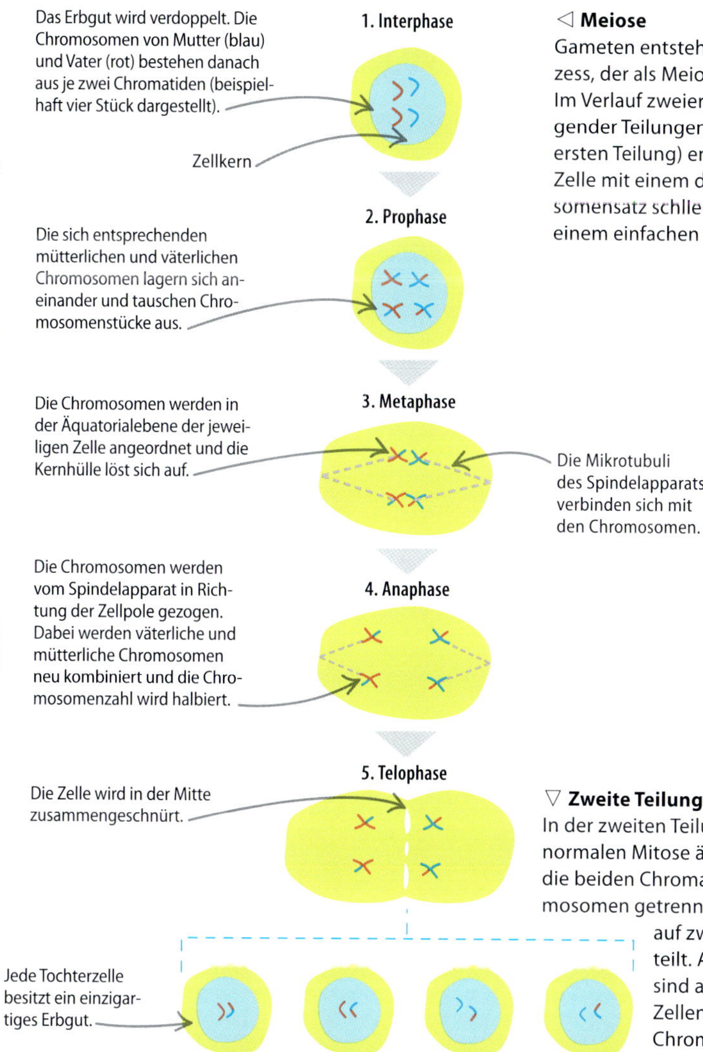

◁ Meiose
Gameten entstehen in einem Prozess, der als Meiose bezeichnet wird. Im Verlauf zweier aufeinanderfolgender Teilungen (links: Phasen der ersten Teilung) entstehen aus einer Zelle mit einem doppelten Chromosomensatz schließlich vier Zellen mit einem einfachen Chromosomensatz.

▽ Zweite Teilung
In der zweiten Teilung, die einer normalen Mitose ähnelt, werden die beiden Chromatiden der Chromosomen getrennt und wiederum auf zwei Zellen verteilt. Auf diese Weise sind am Ende vier Zellen mit einfachem Chromosomensatz und jeweils anderem Erbgut entstanden.

Embryonalentwicklung bei Tieren

Die befruchtete Eizelle (Zygote) entwickelt sich rasch zu einem vielzelligen kleinen Organismus. Dieser wird bei Tieren solange als Embryo bezeichnet, wie er sich im Mutterleib oder in einem Ei befindet.

▷ Entwicklungsstrategien
Viele Tiere legen Eier, in denen sich die Embryos entwickeln. Diese werden entweder sich selbst überlassen oder ausgebrütet – manchmal sogar im Körperinnern. Bei anderen Tieren reifen die Embryos ohne Eihülle im Mutterleib heran, oft versorgt durch ein spezielles Organ, die Plazenta.

Fortpflanzungsform	Erklärung	Beispiel
Ovuliparie	Eier werden erst nach der Ablage von den Männchen befruchtet.	Fische, Frösche
Oviparie	Eier werden im Mutterleib befruchtet und dann abgelegt.	Vögel
Ovoviviparie	Eier werden im Innern des Mutterleibs ausgebrütet.	Viele Reptilien
Aplazentale Viviparie	Junge reifen ohne Mithilfe einer Plazenta im Mutterleib heran.	Manche Haie
Plazentale Viviparie	Junge werden im Mutterleib über eine Plazenta ernährt.	Säugetiere

Fortpflanzung II

SIEHE AUCH	
❮ 22–23 Zellaufbau	
Entwicklungsbiologie	46–47 ❯
Pflanzen	54–55 ❯

TIERE UND PFLANZEN HABEN EINE VIELZAHL VON FORTPFLANZUNGSSTRATEGIEN ENTWICKELT.

Pflanzen und Tiere haben sich einiges einfallen lassen, um ihren Fortpflanzungserfolg zu erhöhen. Manche Tiere wechseln dafür sogar das Geschlecht und viele Pflanzen nutzen dazu die Hilfe von Tieren.

Zwitter

Bei Tieren spricht man von Zwittrigkeit, wenn vom selben Individuum sowohl Spermien als auch Eizellen produziert werden. Simultanzwitter erzeugen männliche und weibliche Gameten gleichzeitig, konsekutive Zwitter erzeugen sie zeitlich versetzt. Zwittrigkeit kann Vorteile haben – z. B. können sich Simultanzwitter im Prinzip mit jedem geschlechtsreifen Artgenossen paaren, dem sie begegnen.

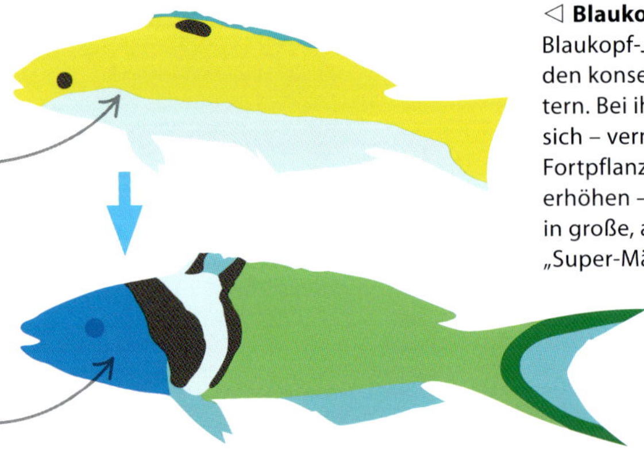

◁ **Blaukopf-Junker**
Blaukopf-Junker zählen zu den konsekutiven Zwittern. Bei ihnen wandeln sich – vermutlich um den Fortpflanzungserfolg zu erhöhen – manche Weibchen in große, anders gefärbte „Super-Männchen" um.

Beuteltiere

Die Jungen der Beuteltiere (Marsupialia) verbringen viel weniger Zeit in der Gebärmutter der Weibchen als die Jungen der sogenannten Höheren Säugetiere (Placentalia). Sie werden je nach Art bereits nach eineinhalb bis sechs Wochen geboren und kommen daher in einem sehr frühen Entwicklungsstadium zur Welt. Nach der Geburt wachsen Beuteltierjunge meist in einem Beutel (Marsupium) der Mutter weiter heran. Dabei ernähren sie sich von Muttermilch.

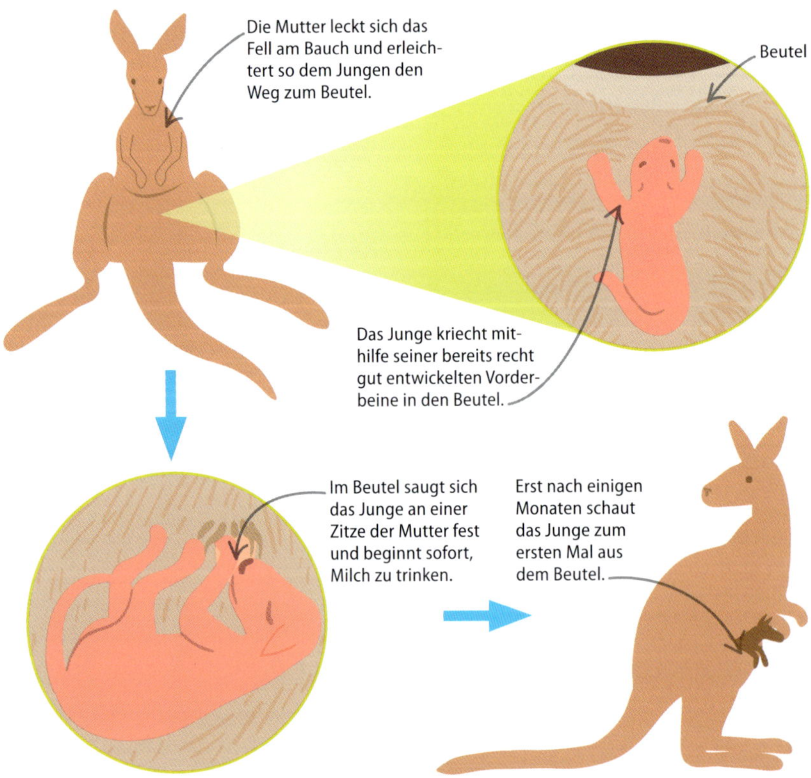

▷ **Känguru**
Känguru-Babys (in Australien „Joeys" genannt) kommen nach etwa 30 Tagen Tragzeit zur Welt. Nach der Geburt krabbeln die Winzlinge von der Öffnung des Geburtskanals zum schützenden Beutel ihrer Mutter.

Joeys sind bei der Geburt nur etwa 2 cm lang und wiegen weniger als 1 g.

Blühende Pflanzen

Viele Pflanzen bilden zur Fortpflanzung Blüten aus. Diese besitzen häufig sowohl männliche als auch weibliche Fortpflanzungsorgane. Die männlichen Blütenorgane (Staubblätter) erzeugen sogenannte Pollenkörner (männliche Keimzellen). Die weiblichen Organe (Fruchtblätter) enthalten die Samenanlagen mit den darin befindlichen Eizellen. Typischerweise sind die fruchtbaren Blütenorgane von einer Blütenhülle aus sterilen Kelch- und Kronblättern umgeben.

▷ **Tierbestäubung**
Diese Blüte besitzt bunte Kronblätter, verströmt einen starken Duft und produziert süßen Nektar. All das dient dazu, Insekten anzulocken. Diese werden mit Pollen bepudert, wenn sie in der Blüte umherkrabbeln. Besuchen sie dann weitere Blüten, wird der Pollen auf deren Narben übertragen.

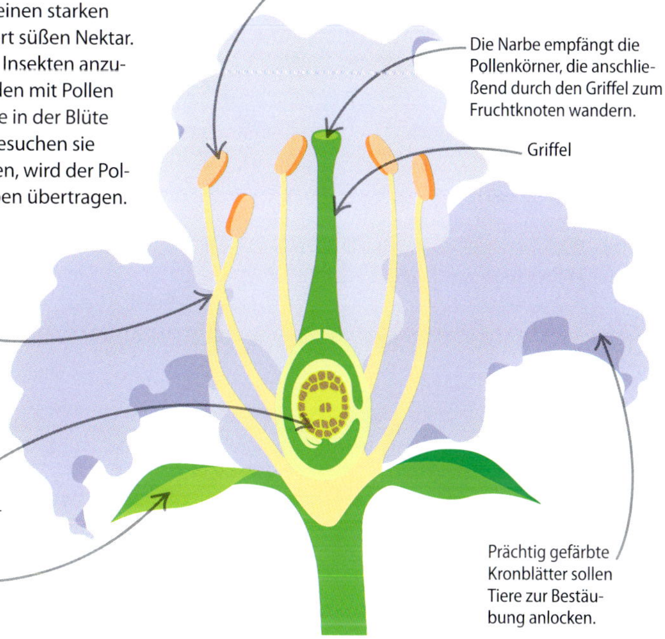

◁ **Windbestäubung**
Windblütige Pflanzen nutzen den Wind, um Pollenkörner zu anderen Blüten zu verfrachten. Sie produzieren riesige Pollenmengen, um die Chance zu erhöhen, dass dabei tatsächlich Pollen auf die Narben von Artgenossen gelangt. Pflanzen, die auf Windbestäubung setzen, müssen keine Bestäuber anlocken. Deshalb sind ihre Blüten eher unscheinbar und enthalten keinen Nektar.

Früchte und Samen

Nach der Befruchtung entwickeln sich in den Fruchtknoten die Samen – kleine, der Verbreitung dienende Wunderwerke, in denen der Pflanzenembryo geschützt und mit Nährstoffen versehen verfrachtet werden kann. Samen sind häufig von einer Frucht umschlossen, die sich aus dem Fruchtknoten bildet.

△ **Samen**
Samen bestehen aus der schützenden Samenschale, Reservestoffen und dem Embryo, der Keimblätter und die Anlagen von Wurzel und Spross besitzt. Die Reservestoffe sind entweder in Nährgeweben oder in den Keimblättern gespeichert.

△ **Verschiedene Früchte**
Früchte schützen die Samen nicht nur bis zur Reife, sie dienen oft auch ihrer Ausbreitung. Die Samen in Beeren werden oft durch Tiere verbreitet, die die Früchte fressen, die Samen in den geflügelten Nussfrüchten der Ahorne vom Wind und die Samen in Kokosnüssen vom Wasser der Meere.

Entwicklungsbiologie

PFLANZEN UND TIERE KÖNNEN SICH AUF UNTERSCHIEDLICHE WEISE ZU ERWACHSENEN ORGANISMEN ENTWICKELN.

SIEHE AUCH
❮ 45 Früchte und Samen
Pflanzen 54–55 ❯
Ökosysteme 74–75 ❯

Vielzellige Organismen wachsen in einem komplexen Prozess zur Geschlechtsreife heran. Dabei lassen sich gewöhnlich Embryonalstadium, Jugendstadium und Erwachsenenstadium unterscheiden.

Keimung

Stimmen die Umweltbedingungen, beginnen Samen zu keimen. Sie quellen durch Wasseraufnahme auf, sodass die Samenschale aufplatzt. Dann wachsen die Organe des Embryos heran und sprießen schließlich aus der Schale heraus. Die Energie dafür beziehen sie aus den Reservestoffen, die in Nährgeweben oder in den Keimblättern gespeichert sind. Viele Pflanzen brauchen zur Keimung nicht nur Wasser, sondern z. B. auch ganz bestimmte Temperaturen oder Lichtverhältnisse.

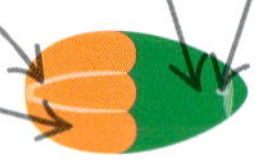

△ **Keimender Same**
Bei der Keimung wächst zuerst die Keimwurzel aus dem Samen heraus, verankert den Keimling und nimmt Wasser und Mineralien auf. Dann folgt der junge Spross (Hypokotyl) mit den Keimblättern.

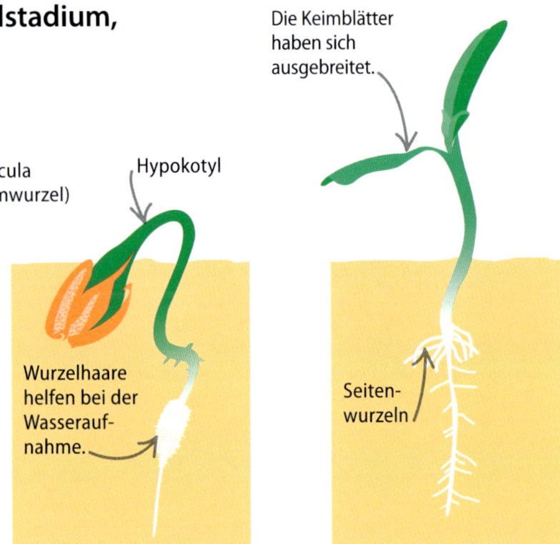

Lebenszyklen bei Pflanzen

Bei Pflanzen haben sich unterschiedliche Lebenszyklen entwickelt. Einjährige Pflanzen vollziehen den gesamten Zyklus von der Keimung über die Samenbildung bis hin zum Absterben innerhalb einer Vegetationsperiode. Zweijährige Pflanzen produzieren erst im zweiten Jahr Samen und sterben dann ab. Ausdauernde Pflanzen leben oft viele Jahre lang und produzieren wiederholt Samen.

▽ **Einjährig (viele Gräser)**
Viele Gräser überwintern als Samen im Boden. Im Frühjahr keimen sie aus, wachsen rasch heran, blühen und bilden neue Samen. Nur einige Monate nach der Keimung sterben die Pflanzen bereits wieder ab.

▽ **Zweijährig (Karotte)**
Karotten bilden im ersten Jahr nur eine Blattrosette und eine Wurzel aus, die als Speicherorgan für die in den Blättern produzierten Reservestoffe dient. Erst im zweiten Jahr entsteht ein langer, blütentragender Spross, an dem Samen heranreifen.

▽ **Ausdauernd (Eiche)**
Eichen brauchen etliche Jahre, bevor sie zum ersten Mal blühen und Früchte (Eicheln) tragen. Sie halten im Winter eine Winterruhe, treiben im Frühling erneut aus und produzieren über viele Jahre Samen. Diese werden durch Tiere verbreitet.

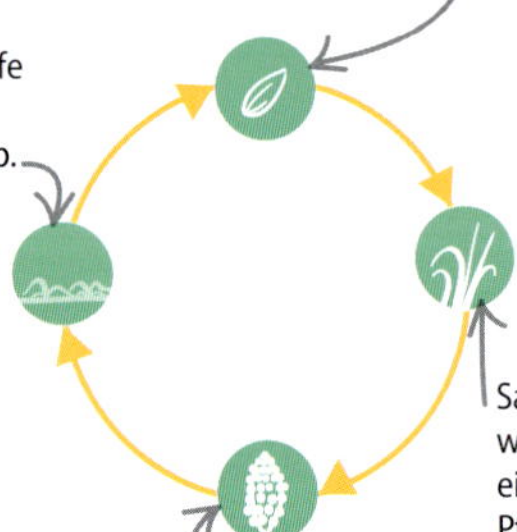

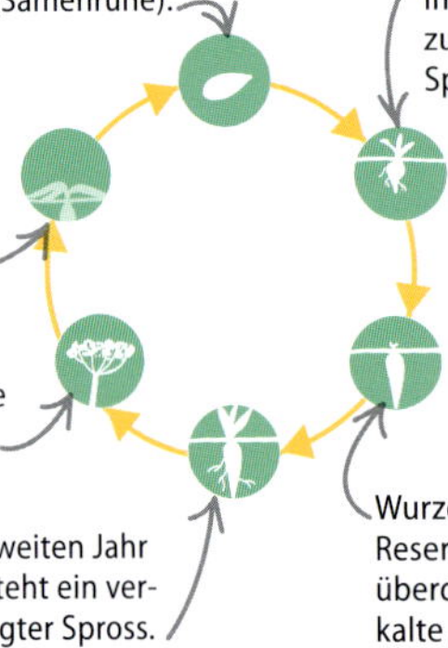

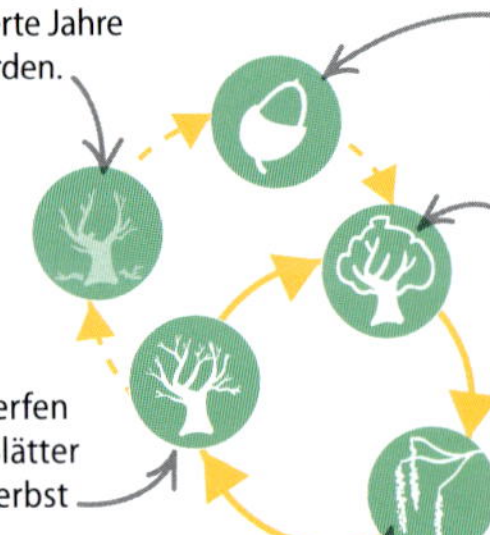

Metamorphose

Metamorphose ist die Umwandlung einer Tierlarve in ein geschlechtsreifes (adultes) Tier, das anders aussieht als die Larve. Bei vielen Insekten mit einer vollkommenen Metamorphose unterscheiden sich Larven und Adulte nicht nur stark im Körperbau, sondern auch in Lebensweise und Ernährung. Auf diese Weise wird innerartliche Konkurrenz vermieden. Bei der unvollkommenen Metamorphose werden die Larven den Adulten nach und nach immer ähnlicher.

INTERESSANT!

Langzeit-Raupe

Der Bärenspinner *Pyrrharctia isabella* kommt auch in der Arktis vor. Da die Sommer dort sehr kurz sind, haben seine im hohen Norden lebenden Larven jedes Jahr nur wenig Zeit, um zu fressen und zu wachsen. Kein Wunder, dass es bis zu 14 Jahre dauert, bis sich die arktischen Raupen verpuppen und in Schmetterlinge verwandeln.

▷ **Unvollkommene Metamorphose**
Zikaden machen eine unvollkommene Metamorphose durch. Ihre Larven (Nymphen) häuten sich beim Heranwachsen mehrfach und werden mit jeder Häutung den adulten Tieren ähnlicher. Die Flügel entstehen erst bei der Umwandlung des letzten Nymphenstadiums zur geschlechtsreifen Zikade.

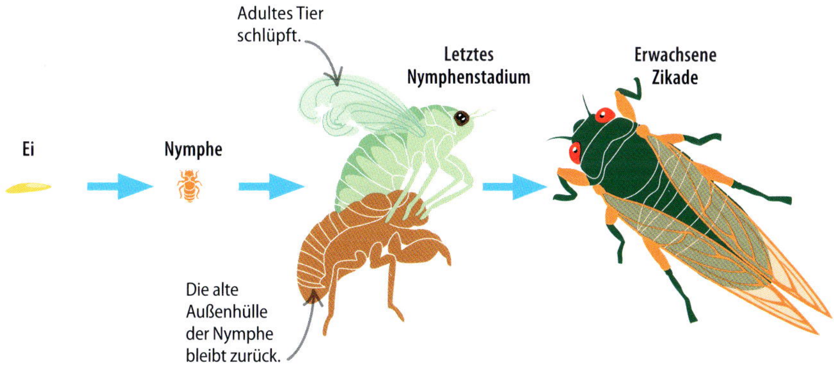

▷ **Vollkommene Metamorphose**
Schmetterlinge machen eine vollkommene Metamorphose durch. Ihre Larven (Raupen) sehen den adulten Tieren nicht ähnlich. Sie häuten sich beim Heranwachsen mehrfach und werden schließlich zu einer Puppe, in deren schützender Hülle die Umwandlung zum Schmetterling erfolgt.

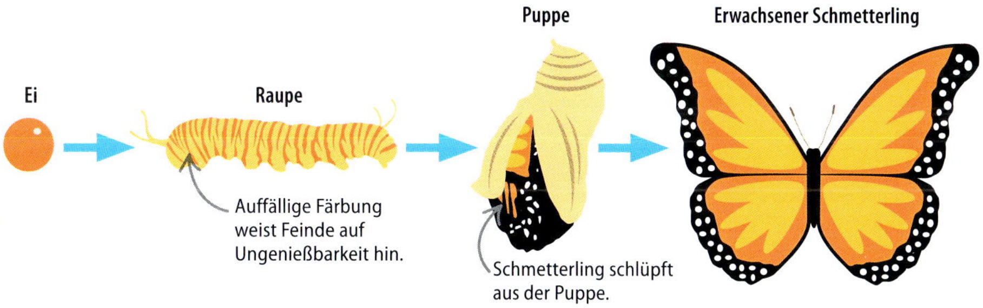

Fortpflanzungsstrategien

Manche Tiere erzeugen sehr viele Nachkommen, von denen jedoch nur wenige die Geschlechtsreife erreichen (r-Strategie). Andere produzieren nur wenige Junge, in deren Aufzucht sie jedoch viel investieren, sodass viele von ihnen das Erwachsenenalter erreichen (K-Strategie).

▷ **Pro und Contra**
Alle Fortpflanzungsstrategien haben Vor- und Nachteile. Welche Strategie Anwendung findet, wird u. a. von der Körpergröße, der Lebenserwartung und den Umweltbedingungen beeinflusst.

Tierart	Strategie	Nutzen	Risiken
Lachs	r-Strategie: Die Weibchen legen Tausende von Eiern, die von den Männchen befruchtet und dann sich selbst überlassen werden.	Neue Lebensräume können rasch besiedelt werden. Einige Junge überleben fast immer.	Die meisten Elterntiere überleben die Anstrengungen der Fortpflanzung nicht.
Löwe	K-Strategie: Die Weibchen bringen nur ein bis vier Junge zur Welt, um die sie sich intensiv kümmern, bis diese erwachsen sind.	Die Nachkommen haben eine recht große Chance bis zur Geschlechtsreife zu überleben.	Bei nur wenigen Jungen besteht immer die Gefahr, dass keines überlebt.

Hormone

HORMONE SIND CHEMISCHE BOTENSTOFFE, DIE PROZESSE IM KÖRPER AUSLÖSEN ODER AUCH HEMMEN KÖNNEN.

SIEHE AUCH
❮ 24–25 Zellen bei der Arbeit
❮ 34–35 Abfallstoffe und Exkretion
❮ 36–37 Transportsysteme
❮ 38–39 Bewegung
Wärmestrahlung 197 ❯

Tiere und der Mensch nutzen Hormone, um z. B. das Wachstum, den Stoffwechsel oder auch den Schlaf-Wach-Rhythmus zu beeinflussen. Die Botenstoffe werden häufig in speziellen Drüsen gebildet.

Drüsen

Zellen, Gewebe oder Organe, die Substanzen (Sekrete) absondern, werden als Drüsen bezeichnet. Sogenannte exokrine Drüsen wie Schweißdrüsen, Speicheldrüsen oder die Samenblase geben ihre Sekrete nach außen oder in Körperhöhlen ab. Hormone werden von sogenannten endokrinen Drüsen produziert. Diese geben ihre Produkte ins Blut oder in andere Körperflüssigkeiten ab.

▷ **Melatonin**
Dieses Hormon wird von der Zirbeldrüse – einem Teil des Zwischenhirns – freigesetzt. Da Licht die Produktion von Melatonin hemmt, wird es in erster Linie abends und nachts ausgeschüttet. Das Hormon beeinflusst u. a. die innere Uhr und den Schlaf-Wach-Rhythmus. Uns macht Melatonin schläfrig, nachtaktive Tiere dagegen munter.

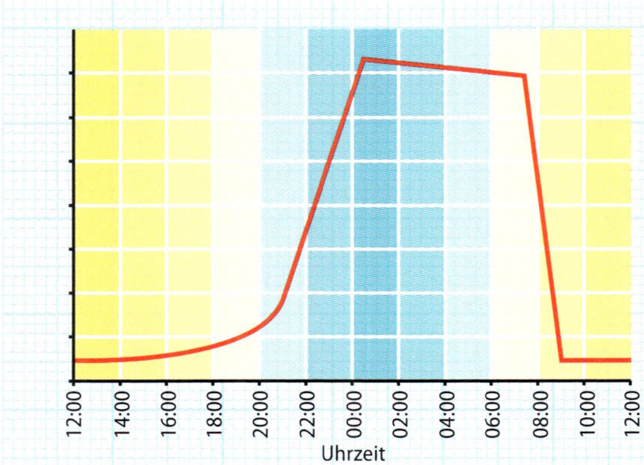

▷ **Adrenalin**
Das Hormon Adrenalin wird im Nebennierenmark gebildet und v. a. in Stresssituationen ausgeschüttet. Es setzt Energiereserven frei und bereitet den Körper auf besondere Belastungen wie etwa eine Flucht oder einen Kampf vor. Einige Wirkungen des Adrenalins sind hier dargestellt.

Wirkung	Erklärung	Zweck
Haut wird blass.	Gefäße in der Haut ziehen sich zusammen.	Blutversorgung unwichtigerer Organe wird vermindert.
Herzfrequenz steigt an.	Herzmuskel wird stimuliert.	Muskulatur wird besser mit Blut und Sauerstoff versorgt.
Atmung wird erleichtert.	Bronchien werden erweitert.	Sauerstoffversorgung des Körpers wird verbessert.

▷ **Menschliche Hormondrüsen**
Die Abbildung zeigt einen Teil der menschlichen Hormondrüsen. Alle beeinflussen eine Vielzahl von Prozessen in unserem Körper. Die meisten dieser Drüsen produzieren mehrere Hormone.

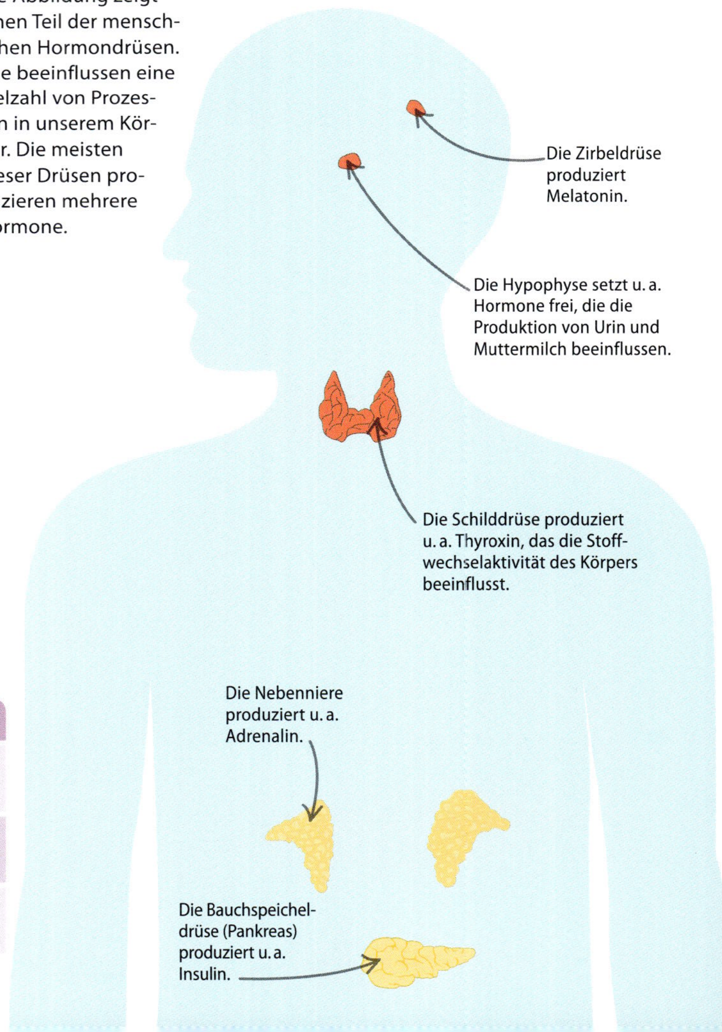

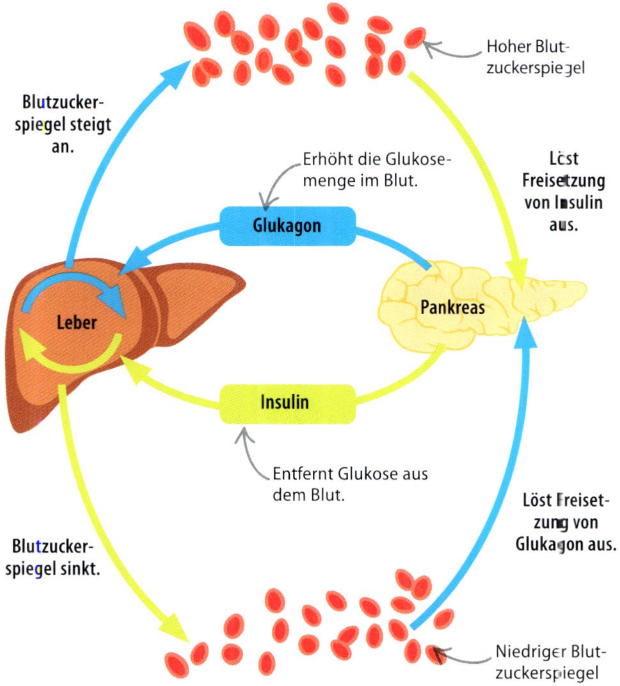

◁ **Insulin**
Insulin ist ein Hormon, das den Blutzuckerspiegel senkt. Es wird insbesondere nach kohlenhydratreichen Mahlzeiten ausgeschüttet und regt Leber-, Muskel- und Fettzellen dazu an, Glukose aus dem Blut aufzunehmen. In der Leber und den Muskeln löst Insulin zudem die Umwandlung der Glukose in den Speicherstoff Glykogen aus. Gegenspieler des Insulins ist das Hormon Glukagon, das den Abbau von Glykogen zu Glukose bewirkt und den Blutzuckerspiegel ansteigen lässt.

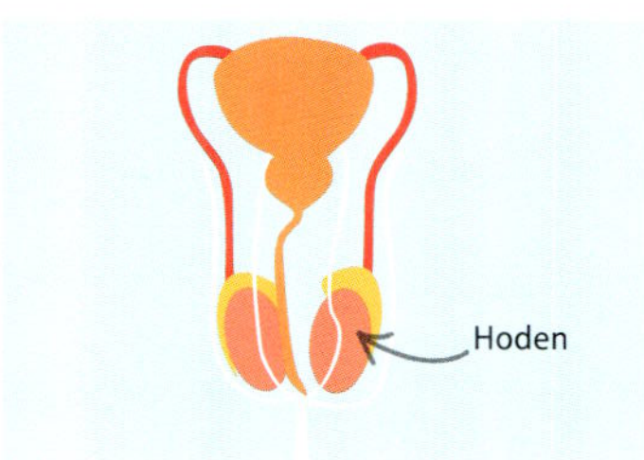

△ **Testosteron**
Testosteron ist das wichtigste männliche Sexualhormon und wird v. a. in den Hoden gebildet. Es ist verantwortlich für die Entwicklung der männlichen Geschlechtsorgane sowie für die Produktion von Spermien und sorgt für die Ausbildung typisch männlicher Merkmale, wie etwa Körperbehaarung, tiefe Stimme und kräftige Muskulatur.

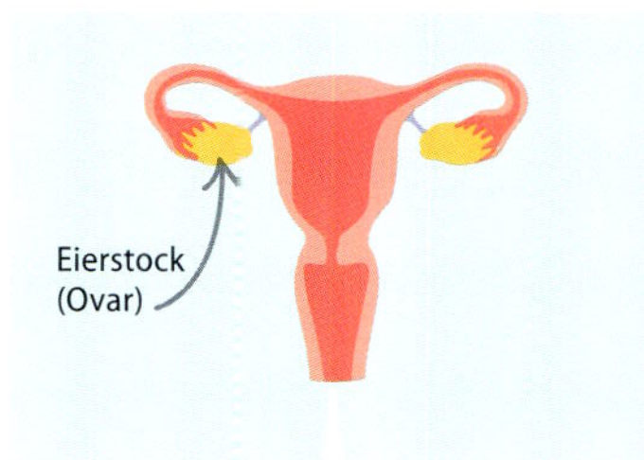

△ **Östrogene**
Östrogene sind die wichtigsten weiblichen Sexualhormone und werden v. a. in den Eierstöcken produziert. Sie bewirken die Reifung der Eizellen im Ovar und bereiten den weiblichen Körper auf eine mögliche Befruchtung vor. Östrogene sind zudem für die Entwicklung der Brüste und anderer weiblicher Geschlechtsmerkmale verantwortlich.

Temperaturregulation

Viele Prozesse im Körper funktionieren nur bei entsprechender „Betriebstemperatur". Gleichwarme Tiere haben daher Mechanismen entwickelt, um die Körperkerntemperatur möglichst konstant auf einem optimalen Wert zu halten. Etliche dieser Regulationsmechanismen werden durch Hormone beeinflusst.

▽ **Heiß und kalt**
Um die Körperkerntemperatur auch bei großer Hitze oder Kälte konstant zu halten, muss der Körper in der Lage sein, sowohl überschüssige Wärme rasch loszuwerden als auch dringend benötigte Wärme im Körperinnern zurückzuhalten.

Mechanismen gegen Überhitzung	Mechanismen gegen Unterkühlung
Vasodilatation Durch Weitstellen der Blutgefäße wird die Wärmeabgabe über die Haut gesteigert.	**Vasokonstriktion** Durch Engstellen der Blutgefäße wird die Wärmeabgabe über die Haut verringert.
Schwitzen Durch das Verdunsten von Schweiß wird dem Körper Wärme entzogen.	**Zittern** Durch die raschen Muskelbewegungen wird Wärme erzeugt.
Anlegen der Haare Verkleinert das isolierende Luftpolster zwischen den Haaren und erleichtert so die Wärmeabgabe.	**Aufrichten der Haare (Gänsehaut)** Vergrößert das isolierende Luftpolster zwischen den Haaren und reduziert so die Wärmeabgabe.
Ausstrecken Vergrößert die Körperoberfläche, die Kontakt zur Luft hat, und steigert so die Wärmeabgabe.	**Zusammenrollen** Verkleinert die Körperoberfläche, die Kontakt zur Luft hat, und verringert so die Wärmeabgabe.

Hormone wie **Dopamin, Serotonin** oder **Endorphine** werden auch als **Glückshormone** bezeichnet, da sie die Laune verbessern und Glücksgefühle auslösen können.

Immunsystem

AUF BEDROHUNGEN DURCH KRANKHEITSERREGER KANN DER KÖRPER IN UNTERSCHIEDLICHER WEISE REAGIEREN.

SIEHE AUCH
❮ 24–25 Zellen bei der Arbeit
❮ 26–27 Mikroorganismen und Pilze
Organsysteme 62–63 ❯

Das Immunsystem ist ein komplexes Abwehrsystem, das Fremdkörper, schädliche Substanzen und Krankheitskeime, die in den Körper gelangt sind, aufspürt und beseitigt. Man unterscheidet unspezifische und spezifische Abwehrmechanismen.

Krankheitserreger

Krankheitserreger befallen Lebewesen und lösen Krankheiten aus, indem sie Zellen schädigen oder abtöten oder Giftstoffe produzieren. Wenn Krankheitserreger in einen Organismus eindringen und sich vermehren, wird dies als Infektion bezeichnet. Das Immunsystem reagiert oft sehr heftig auf Infektionen.

Name	Art des Erregers	Befällt	Erkrankung
Streptococcus	Bakterium	U. a. Gaumenmandeln	Mandelentzündung
Plasmodium	Protozoon	Rote Blutkörperchen	Malaria
Trichophyton	Pilz	Haut und Nägel	Fuß- und Nagelpilz
HIV	Virus	Weiße Blutzellen	AIDS

△ **Arten von Krankheitserregern**
Krankheitserreger sind häufig mikroskopisch klein. Die meisten Krankheitserreger sind Bakterien oder Viren, aber auch unter den Pilzen und Protozoen finden sich etliche Erreger von Infektionskrankheiten.

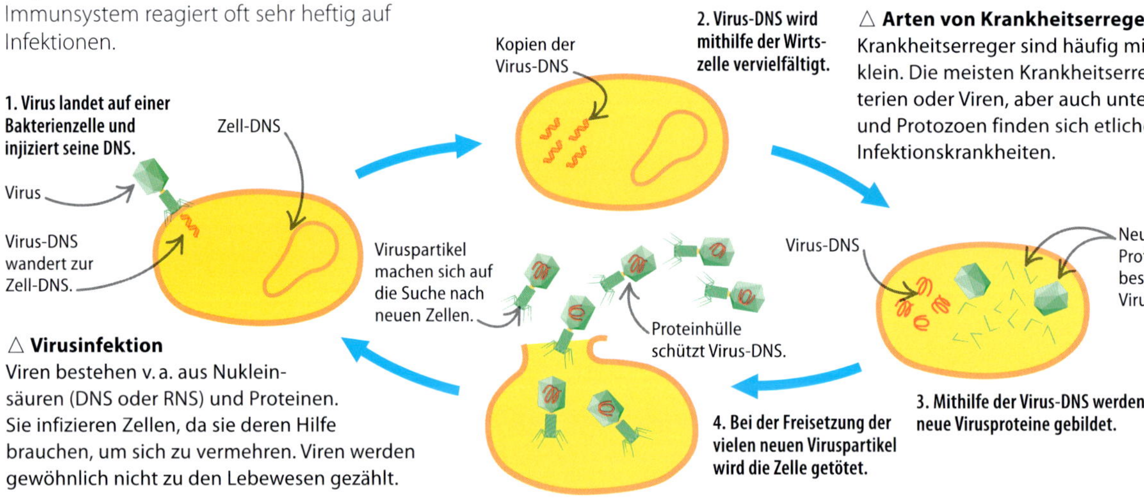

△ **Virusinfektion**
Viren bestehen v. a. aus Nukleinsäuren (DNS oder RNS) und Proteinen. Sie infizieren Zellen, da sie deren Hilfe brauchen, um sich zu vermehren. Viren werden gewöhnlich nicht zu den Lebewesen gezählt.

Weiße Blutzellen

Weiße Blutzellen (Leukozyten) sind eine Art Gesundheitspolizei des Körpers, denn sie machen Schadstoffe und Krankheitserreger unschädlich. Es gibt mehrere Leukozytenarten, die unterschiedliche Aufgaben erfüllen. Manche fressen oder zerstören als Teil der unspezifischen Immunabwehr beinah alles, was körperfremd oder schädlich ist. Andere sind Teil der spezifischen Abwehr und produzieren spezielle, gegen bestimmte Erreger und Schadstoffe gerichtete Antikörper.

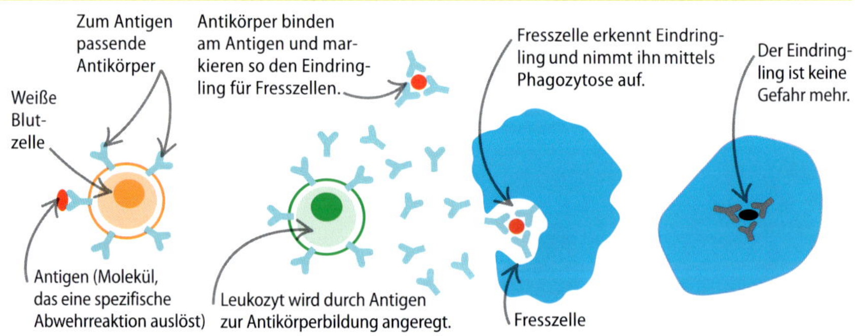

△ **1. Erkennen**
Der Leukozyt erkennt einen Eindringling anhand eines Antigens als körperfremd.

△ **2. Angreifen**
Antikörper werden freigesetzt und phagozytierende Leukozyten (Fresszellen) herbeigelockt.

△ **3. Vernichten**
Der Eindringling wird im Innern der Fresszelle durch spezielle Enzyme zerstört.

Impfung

Bei Impfungen macht man sich zunutze, dass spezielle weiße Blutzellen (Gedächtniszellen) sich an Antigene „erinnern" und bei erneutem Kontakt mit ihnen eine sehr rasche und starke Immunantwort auslösen können. Dem Impfling werden abgeschwächte Krankheitserreger oder deren Antigene verabreicht, die nur eine milde Immunantwort auslösen. Dabei werden u. a. Gedächtniszellen gebildet, deren schnelle Reaktion letztlich vor der jeweiligen Krankheit schützt (Immunisierung).

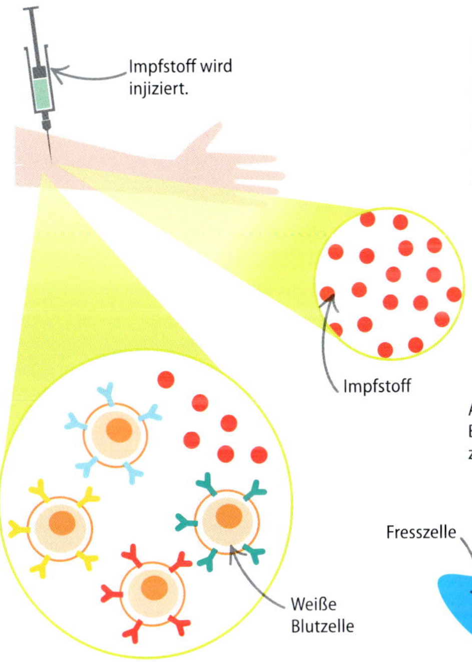

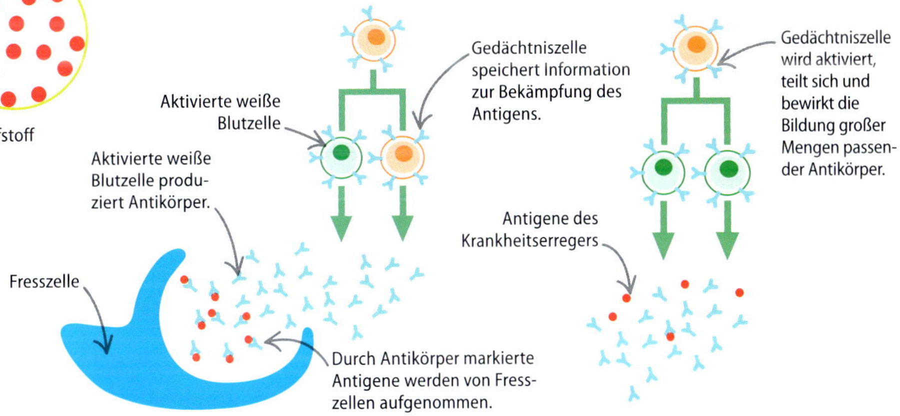

△ **1. Verabreichung**
Impfstoffe gelangen meist per Injektion in den Körper. Manche werden jedoch auch in den Mund (Schluckimpfung) oder in die Nase verabreicht.

△ **2. Erste Immunantwort**
Leukozyten reagieren mit der Produktion spezifischer Antikörper auf den Impfstoff. Gedächtniszellen speichern die entsprechenden Informationen.

△ **3. Zweite Immunantwort**
Da die entsprechenden Krankheitserreger dieselben Antigene aufweisen wie der Impfstoff, werden sie rasch erkannt und vernichtet, sodass die Krankheit nicht ausbricht.

Wundheilung der Haut

Die Haut ist eine wichtige Schutzbarriere gegen Krankheitserreger. Ist sie verletzt und die Barriere nicht mehr intakt, können Bakterien und andere Erreger in den Körper eindringen. Wunden müssen daher so schnell wie möglich wieder verschlossen werden. Dies geschieht im Zuge eines komplexen Heilungsprozesses, der letztlich das zerstörte Gewebe ersetzt.

Bei Menschen mit **Bluterkrankheit** ist die Blutgerinnung gestört. Sie können bereits aufgrund kleinerer Verletzungen verbluten.

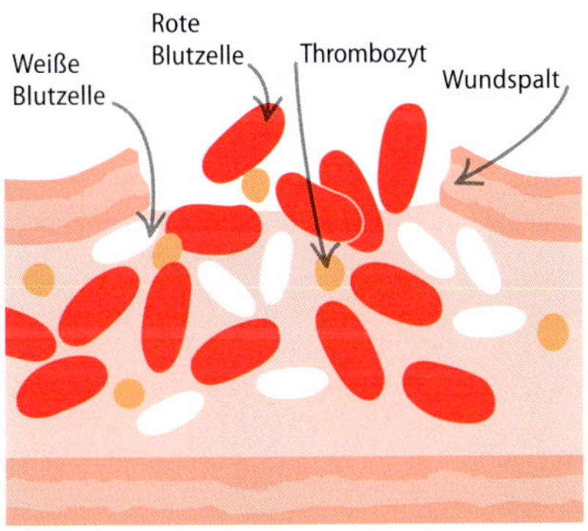

△ **1. Offene Wunde**
Aufgrund der Zerstörung von Blutgefäßen strömt rasch Blut in den Wundspalt hinein. Dadurch werden Keime ausgeschwemmt und Abwehrzellen zur Wunde transportiert.

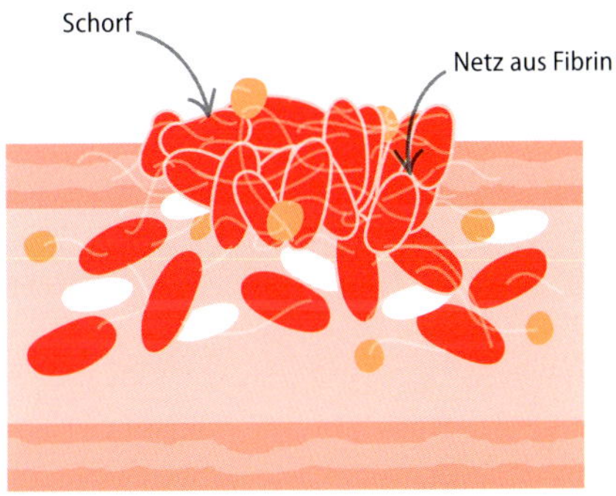

△ **2. Blutgerinnung**
Mithilfe von Thrombozyten und Fibrin wird ein Blutpfropf gebildet, der die Blutung stoppt. An der Oberfläche trocknet er zu Schorf und verschließt so die Wunde.

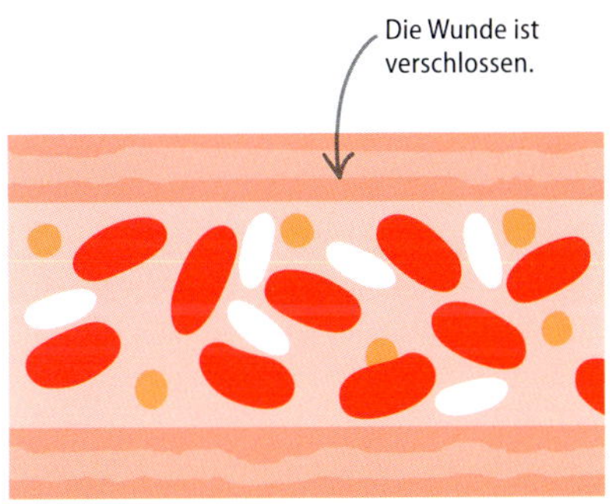

△ **3. Heilung**
Unter dem schützenden Schorf findet die Wundheilung statt. Neues Hautgewebe, in das Blutgefäße hineinwachsen, wird gebildet. Manchmal entsteht dabei eine Narbe.

Beziehungen von Tieren

TIERE KÖNNEN VIELFÄLTIGE BEZIEHUNGEN HABEN.

SIEHE AUCH
❮ 44–45 Fortpflanzung II
Ökosysteme 74–75 ❯
Evolution 80–81 ❯
Koevolution 83 ❯

Der alltägliche Kampf ums Überleben in der Natur ist hart. Um ihn zu bestehen, kann es vorteilhaft sein, sich mit Artgenossen zusammenzutun oder auch Beziehungen zu anderen Tier- und Organismenarten zu unterhalten.

Soziale Gruppen

Angehörige einer Art haben die gleichen Ansprüche und können sich daher bei begrenzten Ressourcen besonders leicht Konkurrenz machen. Trotz dieses Risikos ist es für viele Tierarten offenbar günstiger, in Gruppen zu leben. Die damit verbundenen Vorteile scheinen die Nachteile zu überwiegen. Soziale Gruppen reichen von anonymen Verbänden, die Sicherheit in der Menge bieten, bis hin zu komplexen Tiergemeinschaften, deren Mitglieder sich gut kennen und gemeinsam ihre Jungen aufziehen.

Eine **Superkolonie** der Argentinischen Ameise erstreckt sich über 6000 km entlang der Mittelmeerküste Europas.

△ **Löwenrudel**
Löwen sind die einzigen Katzen, die in der Regel in Rudeln jagen und leben.

△ **Wolfsrudel**
Gemeinsam können Wölfe Tiere erbeuten, die viel größer als sie selbst sind.

△ **Fischschwarm**
Im Schwarm hat jeder einzelne Fisch größere Chancen, Räubern zu entgehen.

△ **Schafherde**
Das Herdenleben erhöht die Chancen, Gefahren rechtzeitig zu entdecken.

△ **Pavianhorde**
Paviane verteidigen ihre Jungen und ihre Nahrungsquellen gemeinsam.

△ **Okapi**
Für diesen Regenwaldbewohner hat es offenbar Vorteile, allein zu leben.

Eusoziale Insekten

Eusoziale Insekten bilden sogenannte Insektenstaaten, in denen es eine klare Aufgabenteilung gibt, die dem Wohl der Gemeinschaft dient. Geschlechtsreife Weibchen (Königinnen) gründen Staaten und produzieren massenhaft Nachkommen. Geschlechtsreife Männchen dienen gewöhnlich nur dazu, junge Königinnen zu begatten. Unfruchtbare Weibchen (Arbeiterinnen) übernehmen unterschiedlichste Aufgaben, wie etwa Nahrungsbeschaffung oder Brutpflege.

△ **Ernteameise**
Ernteameisen beißen Blattstückchen ab und bringen sie zum Nest, wo sie als Nährboden für den Pilz dienen.

△ **Kleine Arbeiterin**
Kleine Arbeiterinnen kümmern sich u. a. um die Pilzgärten sowie um die Eier, Larven und Puppen.

△ **Königin**
Die Königin sorgt mittels Botenstoffen dafür, dass andere Weibchen keine Eier legen.

△ **Männchen**
Die Männchen werden nach der Paarung mit den Königinnen nicht mehr benötigt und gehen zugrunde.

Symbiose

Beziehungen zwischen unterschiedlichen Arten, die für alle beteiligten Partner von Nutzen sind, werden als Symbiosen bezeichnet. Symbiotische Arten können dauerhaft zusammenleben oder auch nur zeitweise zusammentreffen. Tiere können mit anderen Tieren, aber auch mit Organismen wie Pflanzen oder Pilzen (siehe Blattschneiderameise) Symbiosen eingehen.

△ **Pilotfisch und Hai**
Die Pilotfische profitieren von den Speiseresten der Haimahlzeiten und dem Schutz, den der große Räuber ihnen bietet.

△ **Ameise und Blattlaus**
Ameisen fressen den zuckerhaltigen Honigtau, den Blattläuse ausscheiden, und verteidigen im Gegenzug die kleinen Insekten gegen ihre Feinde.

△ **Honigbiene und Blütenpflanze**
Die Pflanze nutzt die Biene für die Übertragung ihres Pollens auf die Blüten von Artgenossen und liefert dem Insekt dafür nahrhaften Nektar.

△ **Madenhacker und Impala**
Madenhacker halten sich häufig auf großen Weidetieren wie Impalas auf und suchen in deren Fell – vor Feinden recht sicher – nach Zecken und Insekten.

Parasiten

Ein Parasit ist ein Organismus, der ständig oder vorübergehend auf oder in einem anderen Lebewesen (Wirt) lebt und dieses – zum eigenen Nutzen – schädigt. Parasiten sind häufig stark von ihrem Wirt abhängig und töten ihn gewöhnlich nicht, um ihr eigenes Überleben nicht zu gefährden. Im Gegensatz dazu bringen sogenannte Parasitoide ihren Wirt um. Sie können sich dies erlauben, da sie ihn ab einem bestimmten Zeitpunkt nicht mehr brauchen (s. S. 91).

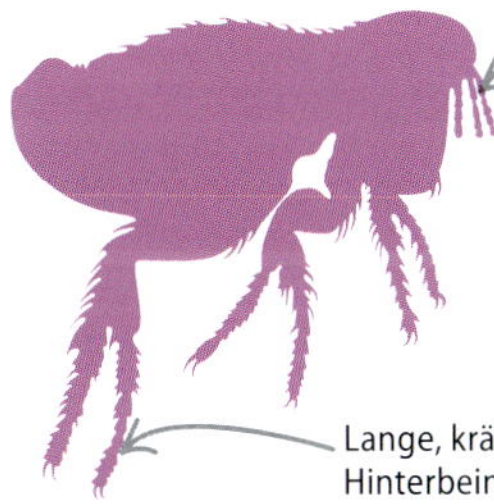

△ **Floh**
Dieses Insekt lebt auf seinem Wirt, ist also ein sogenannter Ektoparasit. Flöhe können enorme Sprünge machen und ernähren sich vom Blut warmblütiger Tiere.

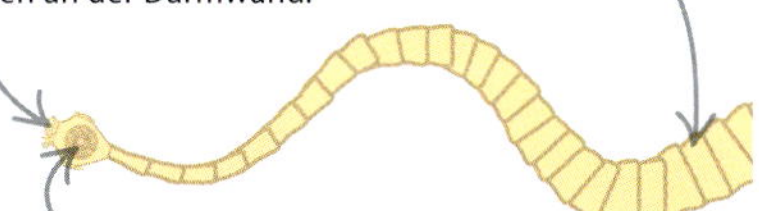

△ **Bandwurm**
Dieser Plattwurm lebt in seinem Wirt, ist also ein sogenannter Endoparasit. Bandwürmer schnüren regelmäßig Körperglieder voller Eier ab, die der Wirt mit dem Kot ausscheidet.

Pflanzen

ZUM PFLANZENREICH ZÄHLEN DIE MOOSE UND DIE DEUTLICH KOMPLEXER GEBAUTEN GEFÄSSPFLANZEN.

SIEHE AUCH
❮ 20–21 Biologische Systematik
❮ 30–31 Fotosynthese
❮ 37 Gefäßsystem der Pflanzen
❮ 40 Tropismus
❮ 42–43 Fortpflanzung I
❮ 44–45 Fortpflanzung II
❮ 46 Lebenszyklen bei Pflanzen
Fossile Brennstoffe 158–159 ❯

Pflanzen bedecken weite Teile der Erdoberfläche und ihre Biomasse übertrifft die der Tiere um ein Vielfaches. Das Teilgebiet der Biologie, das sich den Pflanzen widmet, wird Botanik genannt.

Pflanzenreich

Die Zahl der bislang beschriebenen Pflanzenarten liegt bei etwa 300 000 und ist damit deutlich geringer als die der beschriebenen Tierarten. Das Pflanzenreich lässt sich in Pflanzen ohne echte Leitbündel (Moose) und Pflanzen mit Xylem und Phloem (Gefäßpflanzen) unterteilen. Letztere stellen über 90 % der bekannten Pflanzenarten. Algen werden heute von vielen Experten nicht mehr zu den Pflanzen gezählt.

- **Pflanzenreich**
  - **Mit echten Leitbündeln**
    - **Bedecktsamer (siehe unten)**
    - **Nacktsamer**
    - **Farnpflanzen**
  - **Ohne echte Leitbündel**
    - **Moose**

◁ Nacktsamer
Die Nacktsamer (Gymnospermen), zu denen auch Nadelhölzer wie Fichten, Tannen oder Kiefern gehören, waren die ersten Pflanzen, die Samen entwickelt haben. Ihren Namen verdanken sie der Tatsache, dass bei ihnen die Samenanlagen nicht in Fruchtknoten eingeschlossen sind.

◁ Farne
Farne sind Gefäßpflanzen, die keine Samen produzieren. Was gemeinhin als Farn angesehen wird, ist der sogenannte Sporophyt – die Sporen bildende Generation der Farne. Weitgehend unbekannt ist dagegen der kleine, unscheinbare Gametophyt (Prothallium) – die Keimzellen bildende Generation der Farne.

◁ Moose
Moose sind relativ einfach gebaute Pflanzen. Sie besitzen keine echten Blätter, Wurzeln oder Sprossachsen. Da ihnen leistungsfähige Leit- und Stützgewebe fehlen und sie ihren Wasserhaushalt kaum regulieren können, sind sie in ihrem Wachstum begrenzt und leben bevorzugt an feuchten Standorten.

Bedecktsamer

Bei den Bedecktsamern (Angiospermen) sind die Samenanlagen in Fruchtknoten eingeschlossen. Der Pollen gelangt bei ihnen zunächst auf die Narbe. Von dort werden die männlichen Keimzellen mittels Pollenschlauch in die Samenanlage transportiert, wo die Befruchtung stattfindet. Bedecktsamer entstanden vermutlich vor mehr als 200 Mio. Jahren und sind heute die mit Abstand größte Pflanzengruppe. Ihr gehören alle wichtigen Nahrungspflanzen des Menschen an.

Die Riesenrafflesie hat die **größten Blüten** im Pflanzenreich – sie können 1 m Durchmesser erreichen und riechen aasähnlich.

△ **Früchte**
Früchte gehen aus dem Fruchtknoten hervor und werden daher nur von Bedecktsamern ausgebildet. Bei Nacktsamern werden die Samen nicht von einer Fruchtwand, sondern meist von Zapfen geschützt.

△ **Holz**
Holz ermöglicht es Bäumen, riesengroß zu werden. Es wird vom Kambium (Wachstumsschicht unter der Rinde) gebildet und besteht v. a. aus abgestorbenen Xylemzellen, in deren Zellwände festigendes Lignin eingelagert ist.

△ **Blüten**
Die Blüten der Nacktsamer sind eher unauffällig, da ihnen die Blütenhülle fehlt. Im Gegensatz dazu bilden Bedecktsamer meist auffällige Blüten mit oftmals großen und bunten Kronblättern aus.

△ **Blätter**
Bedecktsamer besitzen meist großflächige Blätter. An trockenen Orten sind diese jedoch oft zu Dornen umgewandelt, um den Wasserverlust zu reduzieren. Auch die Nadelblätter vieler Nacktsamer sind eine Anpassung an Trockenheit.

Laubfall

Botaniker nennen den Abwurf von Blättern und anderen Pflanzenteilen Abszission. Sommergrüne Bäume und Sträucher werfen im Herbst sämtliche Blätter ab, um im Winter nicht auszutrocknen. Sie würden sonst viel Wasser durch Verdunstung verlieren, das sie sich aus gefrorenem Boden nicht zurückholen könnten. Immergrüne Pflanzen verlieren dagegen nach und nach ihre alten Blätter und ersetzen sie durch neue.

Frostkeimer keimen erst aus, wenn sie eine Frostperiode hinter sich haben.

Klima	Bedingungen	Was?	Warum?
Tropisch	Heiß und feucht	Immergrün	Ganzjährig gute Wachstumsbedingungen
Monsunal	Trockene Winter	Sommergrün	Austrocknen im Winter vermeiden.
Gemäßigt	Kalte Winter	Sommergrün	Austrocknen im Winter vermeiden.
Polar	Kurze Sommer	Immergrün	Zu wenig Zeit, um neue Blätter zu bilden.

◁ **Immer- oder sommergrün?**
In Klimazonen mit ganzjährig günstigen Bedingungen ist es vorteilhaft, immergrün zu sein, in Regionen mit ungünstigen Jahreszeiten hat ein Laubabwurf Vorteile.

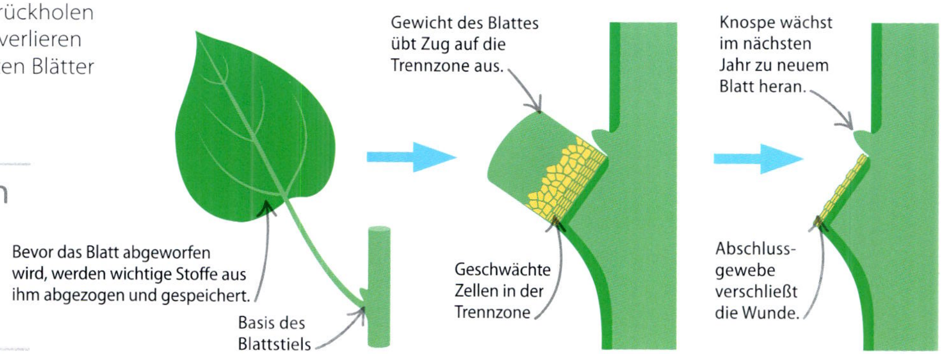

◁ **Abszission**
Der Blattfall wird durch Umweltfaktoren wie abnehmende Tageslänge und sinkende Temperaturen ausgelöst. An der Basis des Blattstiels bildet sich ein Trenngewebe, in dem die Zellwände der Zellen durch Enzyme geschwächt werden. An dieser Sollbruchstelle bricht das Blatt schließlich ab.

Wirbellose

SIEHE AUCH
❮ **20–21** Biologische Systematik
❮ **32** Ernährung
❮ **39** Ansatzpunkte
❮ **42** Ungeschlechtliche Fortpflanzung
❮ **47** Metamorphose
❮ **52–53** Beziehungen von Tieren

WIRBELLOSE TIERE BESITZEN KEINE WIRBELSÄULE.

Unter dem Begriff Wirbellose (Invertebrata) werden mehr als zwei Dutzend sehr unterschiedliche Tierstämme zusammengefasst. Wirbellose können mikroskopisch klein, aber auch enorm groß sein.

Gliederfüßer

Die Gliederfüßer (Arthropoda) sind der bei weitem größte Tierstamm. Zu ihnen gehören u.a. die Krebstiere (Crustacea), die Spinnentiere (Arachnida) und die Tausendfüßer (Myriapoda) sowie die Insekten (Insecta), die mehr als 80% der Arthropodenarten stellen. Typisch für Gliederfüßer sind ein festes Exoskelett aus Chitin, ein in Segmente unterteilter Körper und mit Gelenken versehene, gegliederte Extremitäten.

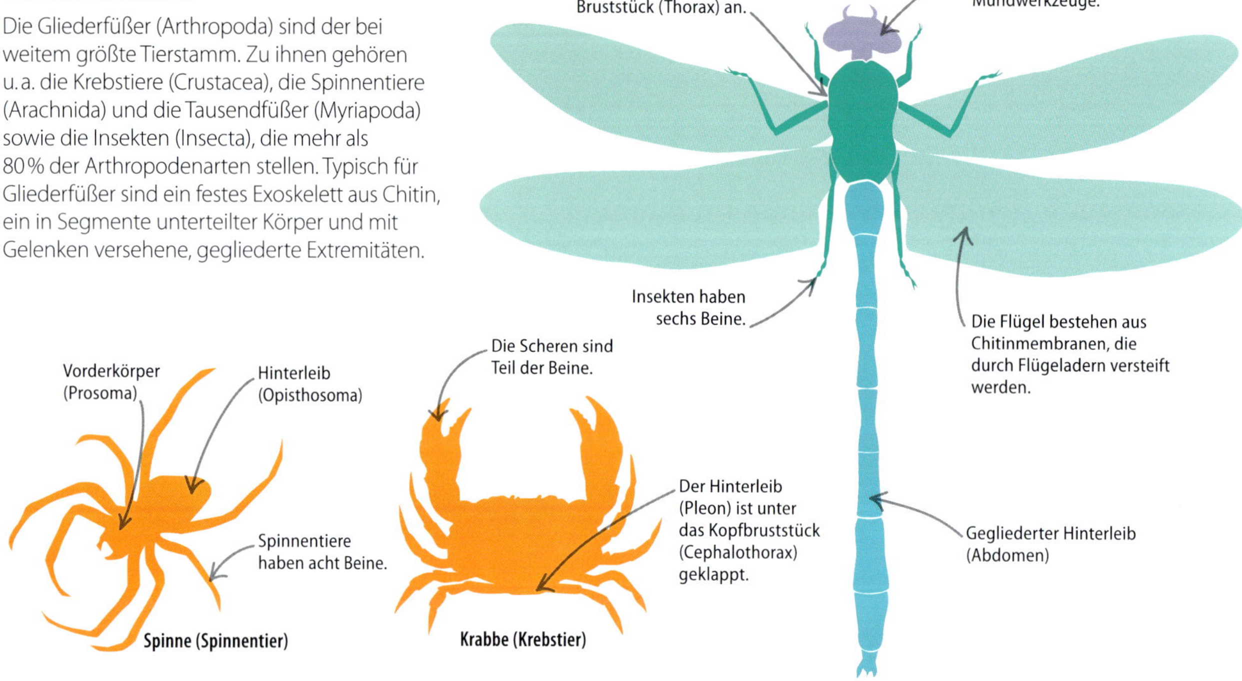

Spinne (Spinnentier)

Krabbe (Krebstier)

Libelle (Insekt), von unten betrachtet.

Nesseltiere

Nesseltiere (Cnidaria) sind überwiegend Meeresbewohner. Zu ihnen gehören u.a. Quallen, Seeanemonen und Korallen, von denen manche als Riffbildner in den Ökosystemen der Meere eine bedeutende Rolle spielen. Typisches Merkmal der Nesseltiere ist der Besitz von Nesselzellen, die zum Beutefang und zur Verteidigung gegen Feinde dienen. Ihr Gift kann bei einigen Arten auch für Menschen tödlich sein. Viele Nesseltiere können zwei unterschiedliche Stadien ausbilden: Den festsitzenden Polypen und die frei schwimmende Meduse.

▽ Polyp
Polypen heften sich an eine Unterlage und gehen mit nach oben gerichteten Tentakeln auf Beutefang. Seeanemonen und Korallen kommen nur als Polypen vor.

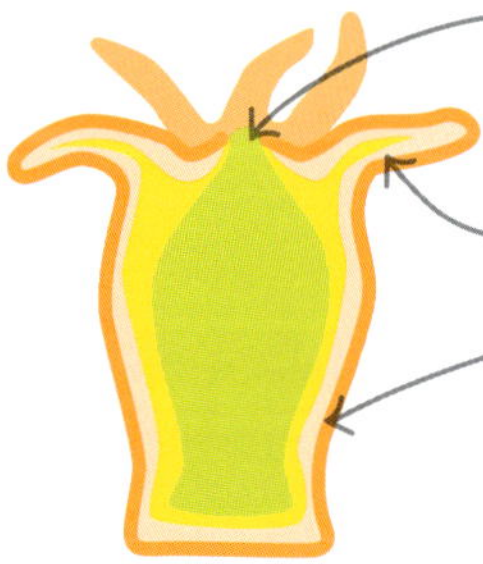

▽ Meduse
Medusen haben häufig eine glocken- oder schirmartige Körperform und nutzen beim aktiven Schwimmen das Rückstoßprinzip. Ihre Tentakel hängen nach unten.

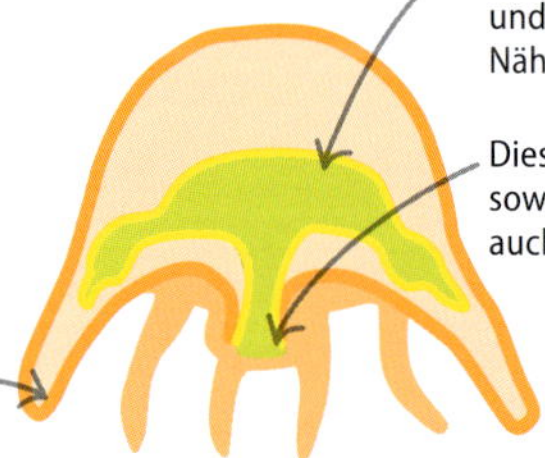

Weichtiere

Die Weichtiere (Mollusca) sind nach den Gliederfüßern der zweitgrößte Tierstamm. Zu ihnen gehören u. a. Muscheln (Bivalvia), Schnecken (Gastropoda) und Kopffüßer (Cephalopoda). Ein typisches Merkmal der Weichtiere ist ihr muskulöser Fuß. Schnecken nutzen ihn zum Kriechen, Muscheln häufig zum Graben. Bei Kopffüßern ist ein Teil des Fußes zu Fangarmen umgewandelt worden.

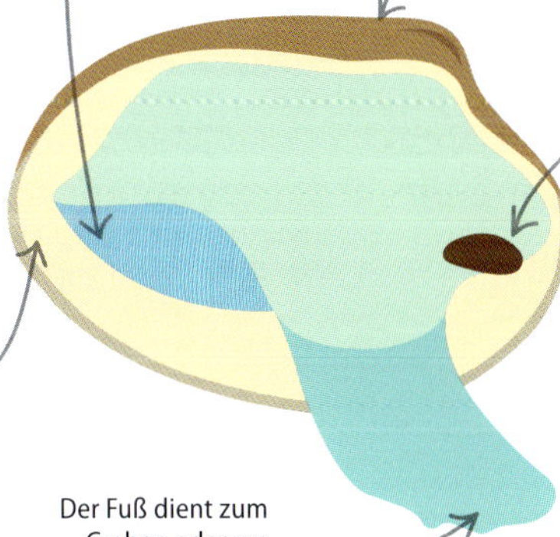

◁ **Muscheln**
Muscheln sind Wasserbewohner mit fast vollständig zurückgebildetem Kopf und einer zweiklappigen Kalkschale. Die meisten Muschelarten sind sogenannte Filtrierer, die mithilfe ihrer Kiemen Nahrung aus dem Wasser filtern.

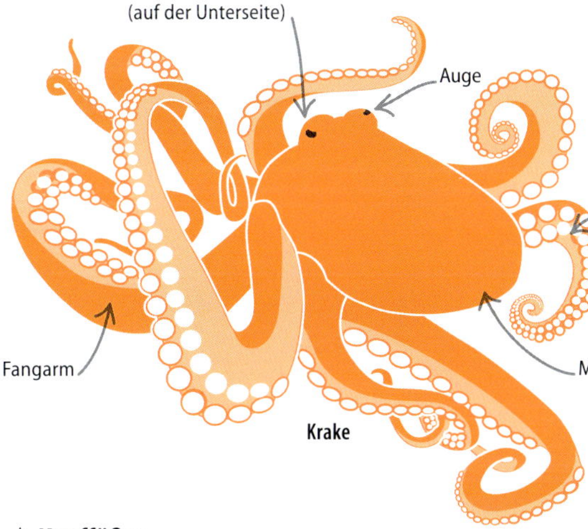

△ **Kopffüßer**
Zu dieser Klasse der Weichtiere gehören u. a. Kraken, Kalmare, Sepien und Perlboote (Nautiliden). Kopffüßer packen ihre Beute mit den Fangarmen und zerkleinern sie dann mit schnabelartigen Kiefern. Beim Schwimmen nutzen sie den Rückstoß, der entsteht, wenn sie Wasser mit hohem Druck aus ihrem Trichter pressen.

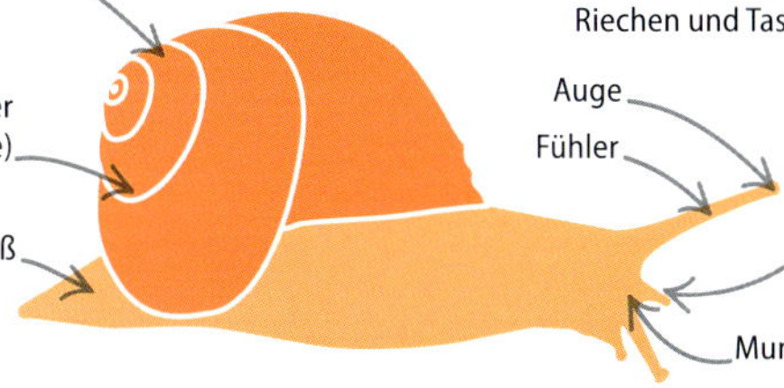

△ **Schnecken**
Schnecken sind die größte Klasse der Weichtiere und die einzige, in der es auch landlebende Arten gibt. Landschnecken besitzen eine Art Lunge, die es ihnen ermöglicht, an der Luft zu atmen, und sind bevorzugt bei Regenwetter und hoher Luftfeuchtigkeit aktiv. Die meisten Schnecken haben eine einteilige, spiralige Schale.

Ringelwürmer

Ringelwürmer sind wurmförmige Wirbellose mit einem in Segmente unterteilten und meist mit Borsten besetzten Körper. Zu ihnen gehören die vorwiegend im Meer lebenden Vielborster (Polychaeta) und die Gürtelwürmer (Clitellata). Letztere lassen sich wiederum in Wenigborster (Oligochaeta) und die häufig parasitisch und v. a. im Süßwasser lebenden Egel (Hirudinea) gliedern.

▷ **Regenwurm**
Der Regenwurm gehört zu den Wenigborstern. Er ist ein Bodenbewohner, der Erde frisst und sich von den darin enthaltenen Tier- und Pflanzenresten ernährt. Geschlechtsreife Würmer besitzen eine gürtelartige, drüsenreiche Hautverdickung (Clitellum). Das Sekret der Clitellum-Drüsen spielt eine wichtige Rolle bei der Fortpflanzung und dient u. a. zur Bildung des Eikokons.

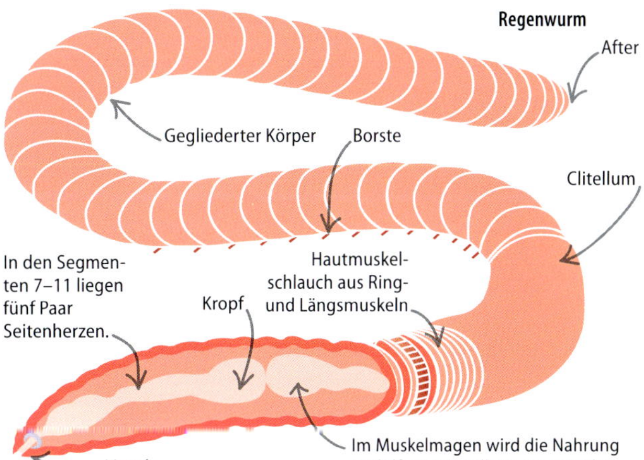

Fische, Amphibien und Reptilien

DIESE DREI GRUPPEN GELTEN ALS EHER URTÜMLICHE WIRBELTIERE.

SIEHE AUCH

❮ **20–21** Biologische Systematik
❮ **34** Abfallstoffe und Exkretion
❮ **38** Fortbewegung bei Schlangen
❮ **40** Sinne der Tiere
❮ **44** Zwitter
Säugetiere und Vögel **60–61** ❯
Ökologische Nische **74** ❯
Wärmeübertragung **196–197** ❯

Fische, Amphibien und Reptilien sind, anders als Vögel und Säugetiere, ektotherme Wirbeltiere.

Was ist ein Wirbeltier?

Wirbeltiere (Vertebrata) sind Tiere, die eine Wirbelsäule besitzen. Sie bilden mit Schädellosen und Manteltieren den Stamm der Chordatiere (Chordata), deren Kennzeichen ein elastischer Stützstab (Chorda dorsalis) im Rückenbereich ist. Bei den meisten Wirbeltieren taucht die Chorda dorsalis nur noch im Embryonalstadium auf. Ihre Funktion wird von der Wirbelsäule übernommen.

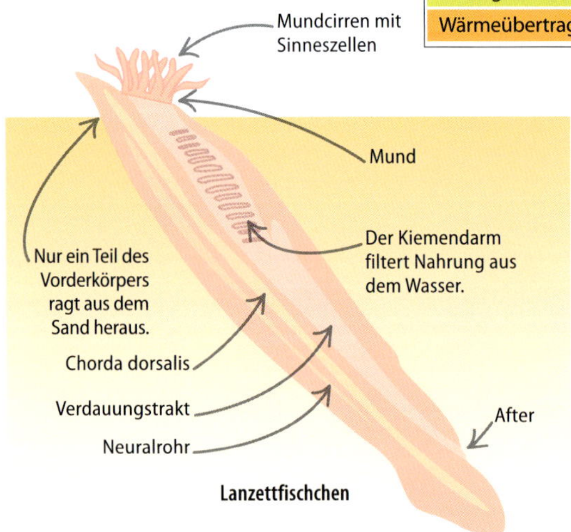

◁ **Lanzettfischchen**
Lanzettfischchen gehören zu den Schädellosen (Acrania). Sie besitzen weder Schädel noch Wirbelsäule oder Extremitäten und leben als Filtrierer am Meeresboden. Etliche Experten vermuten, dass die ersten Wirbeltiere ähnlich ausgesehen haben könnten wie Lanzettfischchen.

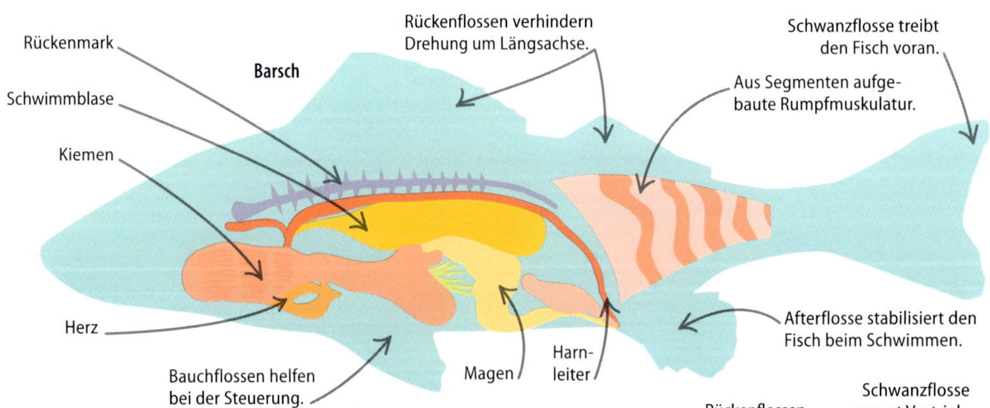

◁ **Knochenfisch**
Knochenfische besitzen im Gegensatz zu Knorpelfischen eine mit Gas gefüllte Schwimmblase, mit deren Hilfe sie im Wasser schweben können.

Fische

Fische sind die älteste und artenreichste Gruppe der Wirbeltiere. Die ersten Fischarten entstanden bereits vor etwa 450 Mio. Jahren. Die heute lebenden Fische lassen sich in Knochenfische (über 30 000 bekannte Arten) und Knorpelfische (über 1000 bekannte Arten) unterteilen. Während die Knochenfische ein knöchernes Skelett besitzen, besteht das Skelett von Knorpelfischen wie Haien und Rochen aus Knorpel.

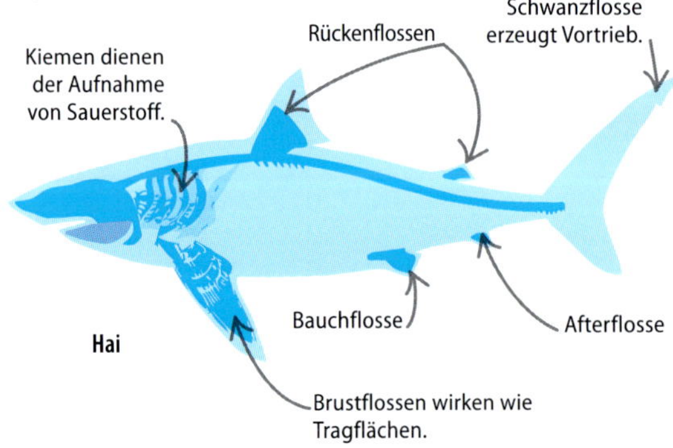

◁ **Knorpelfisch**
Da sie keine Schwimmblase haben, müssen Knorpelfische ständig schwimmen, um ein Absinken zu verhindern. Weder das relativ leichte Knorpelskelett (dunkelblau), noch die bei vielen Arten sehr große und ölhaltige Leber oder die tragflächenartigen Brustflossen können daran etwas ändern.

Reptilien

Das typische Merkmal dieser vor über 300 Mio. Jahren entstandenen Wirbeltiergruppe ist eine trockene, stark verhornte Schuppenhaut. Reptilien waren die ersten Wirbeltiere, bei denen die Embryonalentwicklung vollständig an Land stattfinden konnte. Ermöglicht wurde dies durch wasser- und nährstoffreiche Eier, die von einer recht festen, kaum wasserdurchlässigen Schale umgeben sind.

Manche **Schlangenhals-Schildkröten** können unter Wasser mit ihrer Kloake atmen.

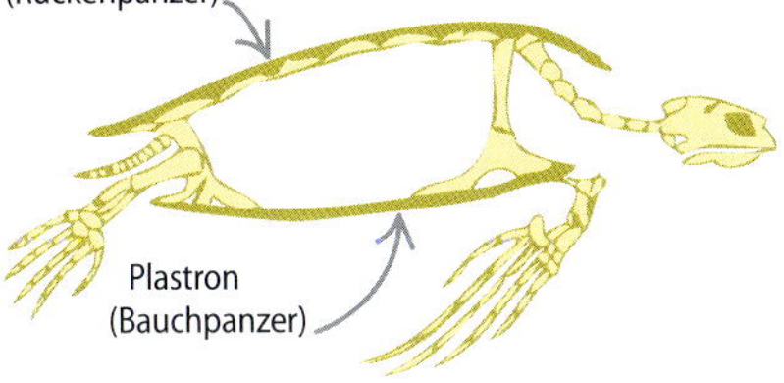

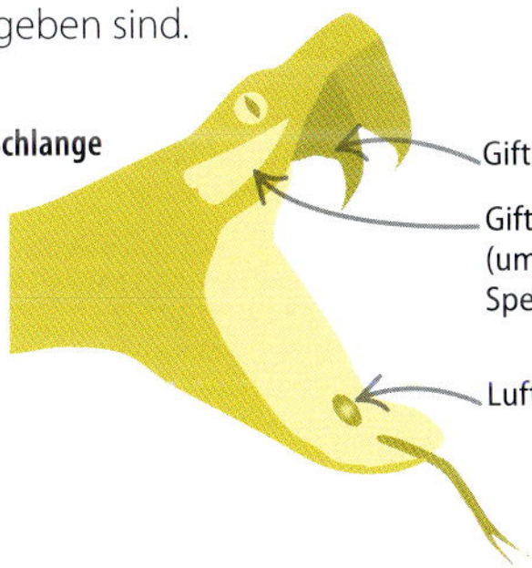

△ **Schildkröten**
Schildkröten besitzen einen Knochenpanzer, der u. a. aus Rippen und Wirbelteilen hervorgegangen ist. Meist ist dieser Panzer von Hornschilden bedeckt, manchmal auch von lederartiger Haut.

△ **Schuppenkriechtiere**
Die Schuppenkriechtiere, zu denen u. a. Echsen und Schlangen gehören, bilden die mit Abstand größte Gruppe der heute lebenden Reptilien. Insbesondere unter den Schlangen gibt es viele giftige Arten.

△ **Krokodile**
Die Krokodile sind eine kleine Reptiliengruppe mit nur rund zwei Dutzend Arten. Krokodilweibchen sind fürsorgliche Mütter. Sie bewachen meist ihre Nester und kümmern sich intensiv um ihre Jungen.

Amphibien

Die Amphibien entstanden vor über 350 Mio. Jahren und gelten als die ersten landlebenden Wirbeltiere. Die meisten der heutigen Amphibienarten suchen Gewässer nur zur Fortpflanzung auf. Aus den Eiern der Amphibien schlüpfen wasserlebende, mit Kiemen atmende Larven, die schließlich eine Metamorphose durchlaufen und zu lungenatmenden Landtieren werden.

△ **Schwanzlurche**
Schwanzlurche (Molche und Salamander) haben einen langgestreckten Körper und behalten im Gegensatz zu Froschlurchen zeitlebens einen Schwanz, der bei Molchen in Wassertracht einen breiten Hautsaum tragen kann.

INTERESSANT!

Ektothermie

Ektotherme Organismen wie Fische, Amphibien und Reptilien sind auf Wärmezufuhr aus ihrer Umwelt angewiesen, um sich aufzuwärmen. Sie können ihre Körpertemperatur zwar durch Verhaltensweisen wie Sonnenbaden beeinflussen, aber nicht wie Vögel oder Säugetiere auf einem relativ konstanten Wert halten.

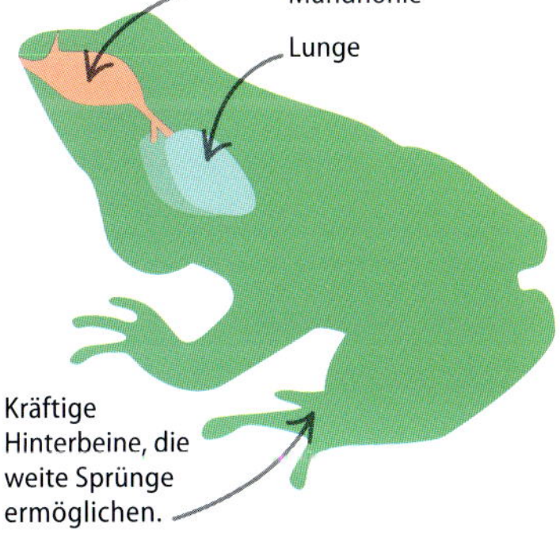

◁ **Froschlurche**
Froschlurche (Frösche, Kröten und Unken) haben meist einen gedrungeneren Körper als Schwanzlurche und besitzen nur als Larven einen Schwanz. Sie atmen wie Molche und Salamander nicht nur mithilfe ihrer einfach gebauten Lungen, sondern auch über die Haut.

Säugetiere und Vögel

DIESE BEIDEN WIRBELTIERGRUPPEN SIND ENDOTHERM.

SIEHE AUCH

❮ 20–21 Biologische Systematik
❮ 32–33 Ernährung
❮ 38–39 Bewegung
❮ 40 Sinne der Tiere
❮ 42–43 Fortpflanzung I
❮ 58–59 Fische, Amphibien und Reptilien
Evolutionäre Anpassung 82–83 ❯
Wärmeübertragung 196–197 ❯

Vögel (Aves) und Säugetiere (Mammalia) gehören zu den am weitesten verbreiteten Tiergruppen. Sie haben alle Kontinente und fast alle Lebensräume der Erde besiedelt.

Endothermie

Vögel und Säugetiere sind endotherm – d. h., sie können die Temperatur im Körperinnern durch eigene Wärmeproduktion und Mechanismen zur Abgabe überschüssiger Wärme relativ konstant halten. Endotherm zu sein kostet zwar eine Menge Energie, es sorgt aber auch für einen stets voll leistungsfähigen Körper, der z. B. auch in Regionen überleben kann, die für ektotherme Tiere zu kalt sind. Endotherme Tiere weisen anatomische Besonderheiten auf, die ihnen helfen ihren Wärmehaushalt zu regulieren.

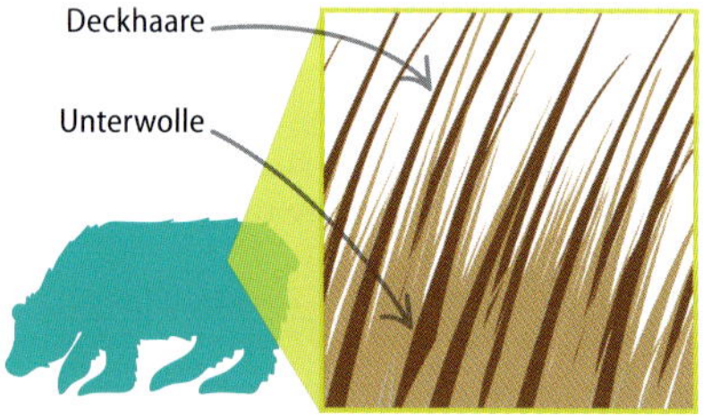

△ **Fell**
Das Fell von Säugetieren dient u. a. zur Wärmeisolierung. Die dichte Unterwolle schließt eine isolierende Luftschicht ein, die von den längeren, fettigen Deckhaaren vor Wind und Wasser geschützt wird.

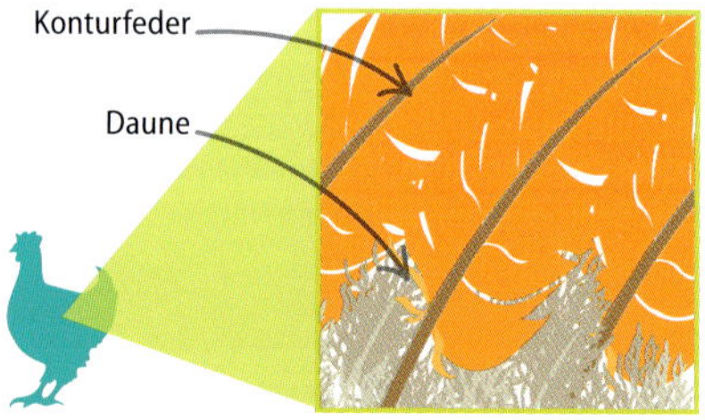

△ **Daunen**
Die flauschigen Daunen, die sich bei Vögeln unter den Konturfedern befinden, haben die gleiche Funktion wie die Unterwolle der Säugetiere: Sie schließen ein Luftpolster ein und schützen so vor Wärmeverlust.

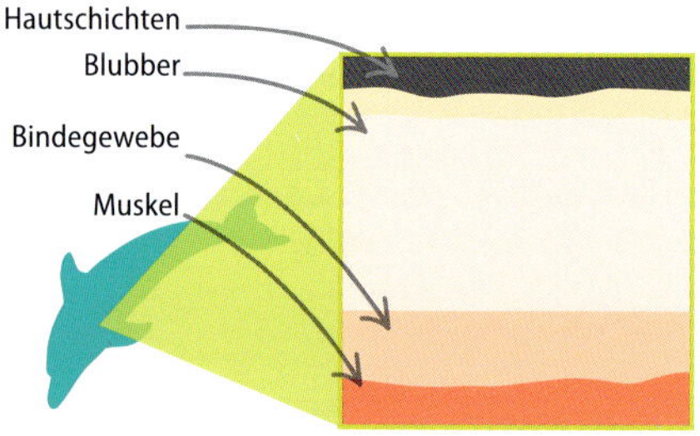

△ **Blubber**
Da ein Fell unter Wasser nicht zur Wärmeisolierung taugt, müssen sich Meeressäuger auf andere Art vor Kälte schützen. Bei ihnen verhindert eine dicke Fettschicht (Blubber) in der Unterhaut übermäßige Auskühlung.

Säugetiere

Säugetiere erhielten ihren Namen, weil sie ihre Jungen nach der Geburt mit Milch säugen. Diese wird in speziellen Hautdrüsen (Milchdrüsen) der Weibchen produziert. Ein weiteres typisches Merkmal der Säugetiere sind ihre Haare. Sie bestehen aus Keratin und kommen bei allen Säugern vor, auch wenn manche Vertreter wie etwa die Wale nur noch sehr wenige davon haben. Zu den Säugetieren gehört auch das größte bekannte Tier aller Zeiten – der Blauwal.

Säugetiere
- Kloakentiere (Junge entwickeln sich in Eiern außerhalb des Körpers der Mutter, z. B. das Schnabeltier.)
- Plazentatiere (Junge werden in der Gebärmutter der Mutter über eine Plazenta versorgt.)
  - **Auswahl:**
    - Rüsseltiere (z. B. Elefanten)
    - Seekühe
    - Nebengelenktiere (z. B. Gürteltiere)
    - Wale
    - Paarhufer (z. B. Hirsche)
    - Raubtiere
    - Primaten (z. B. Menschenaffen)
    - Nagetiere (z. B. Biber)
- Beutelsäuger (Junge werden wenig entwickelt geboren und wachsen im Beutel der Mutter heran.)

◁ **Säugetiervielfalt**
Die Säugetiere sind heute eine sehr vielfältige Wirbeltiergruppe mit weit über 5 000, teilweise spektakulären Arten. Sie entstanden bereits vor über 200 Mio. Jahren, doch ihr Siegeszug konnte erst beginnen, nachdem die Dinosaurier vor etwa 65 Mio. Jahren ausgestorben waren.

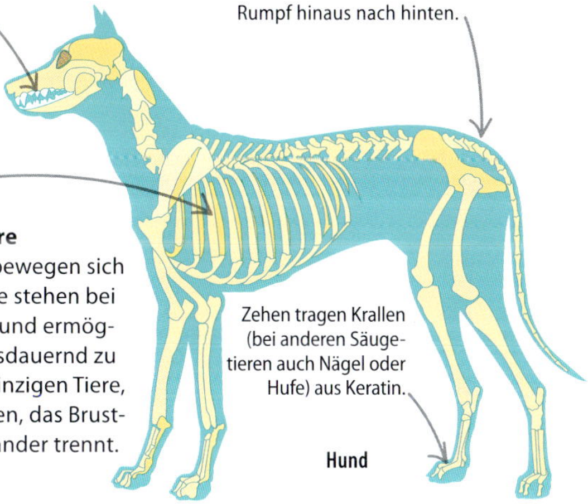

▷ **Körper der Säugetiere**
Die meisten Säugetiere bewegen sich auf vier Beinen fort. Diese stehen bei ihnen unter dem Körper und ermöglichen es, schnell und ausdauernd zu laufen. Säuger sind die einzigen Tiere, die ein Zwerchfell besitzen, das Brust- und Bauchhöhle voneinander trennt.

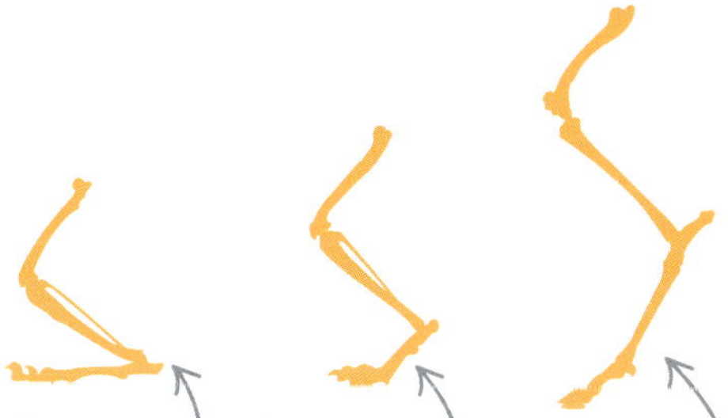

△ **Gangarten**
Abhängig davon, mit welchen Teilen des Fußes sie beim Laufen den Boden berühren, werden Säugetiere in Sohlengänger (z. B. Mensch, Bären), Zehengänger (z. B. Hunde, Katzen, Vögel) und Spitzengänger (z. B. Pferde, Rinder, Hirsche) unterteilt.

Vögel

Experten gehen davon aus, dass sich die Vögel vor etwa 150 Mio. Jahren aus kleinen Raubdinosauriern entwickelt haben. Mit über 10 000 bekannten Arten bilden die Vögel heute die bei weitem größte Gruppe flugfähiger Wirbeltiere. Typische Vogelmerkmale sind die zu Flügeln umgewandelten Vorderbeine und das Federkleid.

▽ **Vogelskelett**
Das Skelett der Vögel ist relativ leicht, da etliche Knochen hohl sind. Die hinteren Schwanzwirbel sind zum sogenannten Pygostyl verwachsen, an dem die Schwanzfedern sitzen.

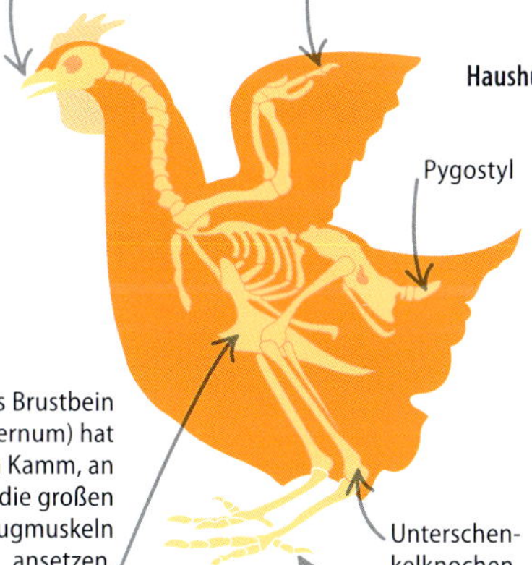

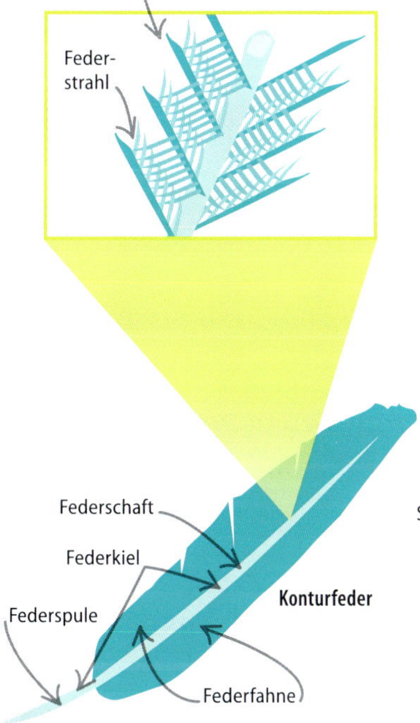

△ **Aufbau einer Feder**
Vogelfedern sind Hautgebilde und bestehen wie Haare aus Keratin. Konturfedern besitzen einen in Schaft und Spule unterteilten Kiel sowie eine aus vielen Ästen und Strahlen zusammengesetzte Fahne.

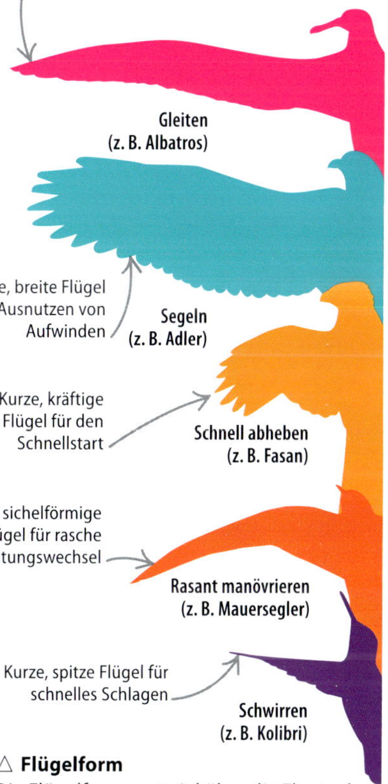

△ **Flügelform**
Die Flügelform sagt viel über die Flugtechnik und die Lebensweise eines Vogels aus. Ein Vogel, der in der Luft kreisend Nahrung sucht, braucht andere Flügel als einer, der Nektar aus einer Blüte saugt.

Organsysteme

ORGANE ERFÜLLEN OFT GEMEINSAM AUFGABEN IM KÖRPER.

SIEHE AUCH
❮ 38–39 Bewegung
❮ 40–41 Reizempfindlichkeit
❮ 60–61 Säugetiere und Vögel
Menschliche Sinne 64–65 ❯

Als Organsysteme bezeichnet man Gruppen von Organen, die zusammenarbeiten, um im Körper bestimmte Aufgaben zu erfüllen, oder Organgruppen, die an verschiedenen Körperstellen dem gleichen Zweck dienen.

Skelett und Skelettmuskulatur

Das Skelett bildet das Stützgerüst unseres Körpers und schützt zudem wichtige Organe im Körperinnern. Es besteht bei einem erwachsenen Menschen aus über 200 Knochen, von denen viele durch Gelenke beweglich miteinander verbunden sind. Die Bewegung erfolgt mithilfe zahlreicher Skelettmuskeln, die mit Sehnen an Gelenkknochen ansetzen. Wenn sich die Muskeln verkürzen, ziehen sie die Knochen in bestimmte Richtungen.

▷ Echte Gelenke
Bei echten Gelenken sind die mit Knorpel überzogenen Enden der beteiligten Knochen durch einen mit sogenannter Gelenkschmiere gefüllten Spalt getrennt. Es gibt mehrere Gelenktypen, die unterschiedliche Bewegungen ermöglichen.

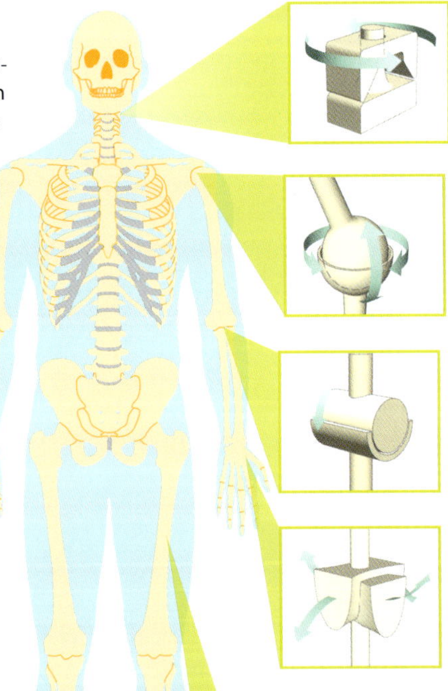

Zapfengelenk
Das Drehgelenk zwischen 1. und 2. Halswirbel ermöglicht die Drehung des Kopfes.

Kugelgelenk
Dank eines Kugelgelenks in der Schulter können wir die Arme in alle möglichen Richtungen bewegen.

Scharniergelenk
Scharniergelenke wie das Ellenbogengelenk erlauben nur Beugen und Strecken, keine Drehbewegungen.

Sattelgelenk
Für die große Beweglichkeit des Daumens ist das Daumensattelgelenk an seiner Basis verantwortlich.

Eigelenk
Beim Handgelenk sitzt ein eiförmiger Gelenkkopf in einer zu ihm passenden Pfanne. Das erlaubt Bewegungen zur Seite und in Richtung Handfläche oder Handrücken.

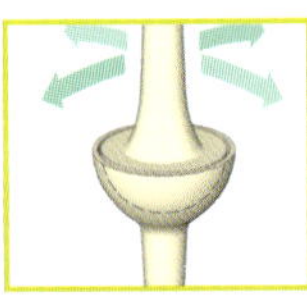

Ebenes Gelenk
Ebene Gelenke kommen an etlichen Stellen des Skeletts vor. Sie besitzen zwei flache Gelenkflächen, die ein Stück weit übereinander gleiten können.

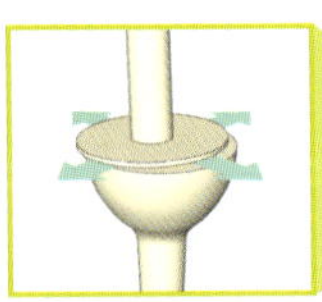

△ Knochenstruktur
Knochengewebe besteht aus lebenden Knochenzellen, die in eine mineralisierte Matrix aus Kollagen eingebettet sind. Im Knochenmark werden Blutzellen gebildet.

▽ Muskulatur
Im menschlichen Körper lassen sich mehrere Muskelarten unterscheiden. Während die Skelettmuskulatur willentlich steuerbar ist, entzieht sich die glatte Muskulatur des Darmes und der Gefäße weitgehend der bewussten Kontrolle.

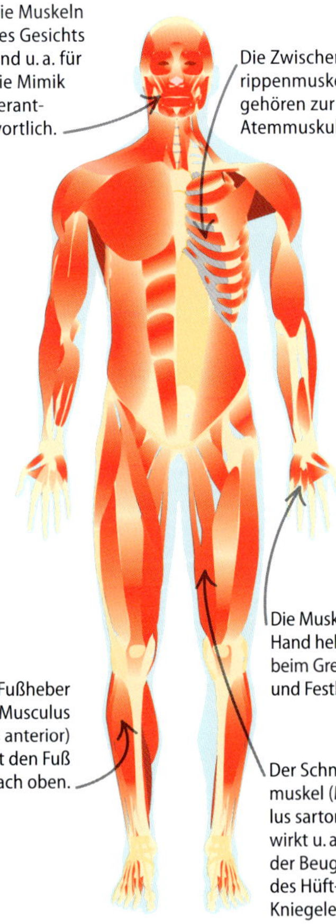

Weitere Organsysteme

Abgesehen von Skelett und Muskulatur lassen sich im menschlichen Körper etliche weitere Organsysteme unterscheiden. Diese Systeme erfüllen meist lebenswichtige Aufgaben und brauchen sich gegenseitig, da keines die Funktion eines anderen übernehmen kann. Funktioniert ein Organsystem nicht mehr richtig, sind davon über kurz oder lang auch alle anderen betroffen.

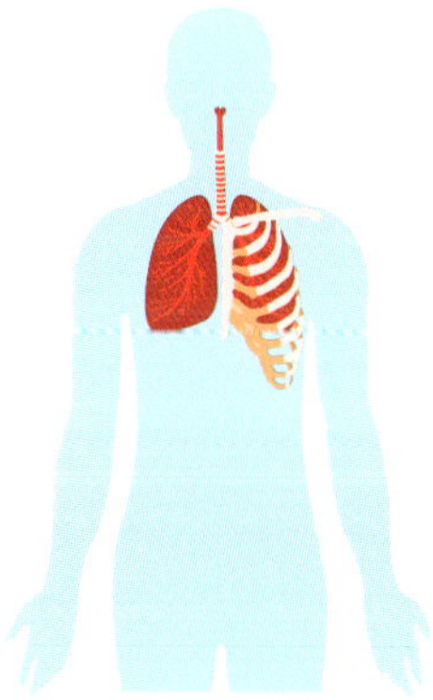

△ **Atmungssystem**
Mit der Lunge als Hauptorgan übernimmt dieses System die Versorgung des Körpers mit Sauerstoff.

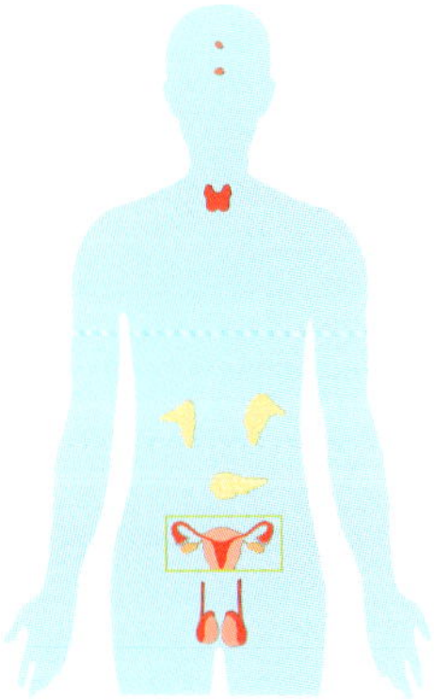

△ **Hormonsystem**
Die Drüsen des Hormonsystems beeinflussen mit ihren Sekreten auch die Prozesse in anderen Körpersystemen.

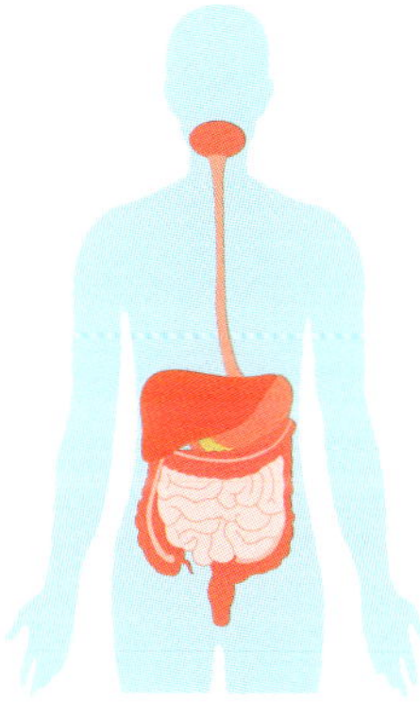

△ **Verdauungssystem**
Dieses Organsystem verarbeitet die aufgenommene Nahrung und versorgt den Körper mit Nährstoffen.

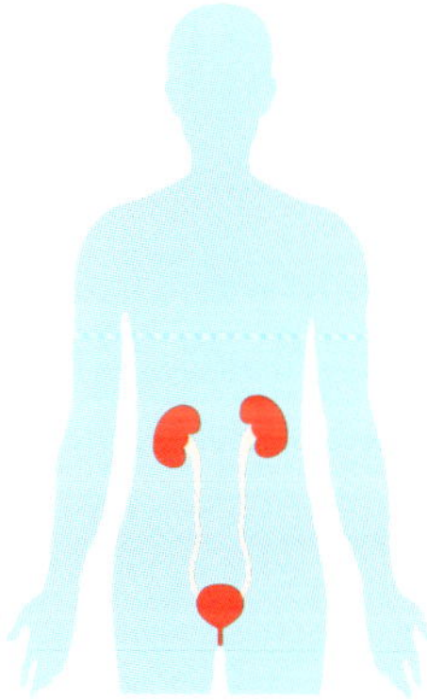

△ **Harnsystem**
Mit der Niere als Hauptorgan sorgt dieses System für die Produktion und Ausscheidung des Urins.

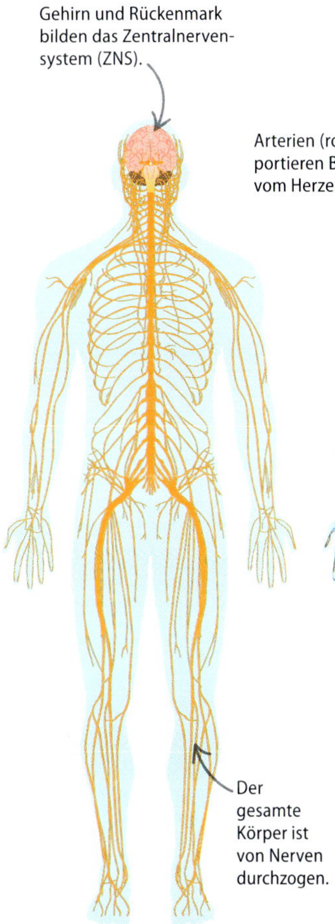

△ **Nervensystem**
Das Nervensystem übermittelt u. a. Informationen in Form von elektrischen Impulsen und beeinflusst dadurch viele Vorgänge im Körper.

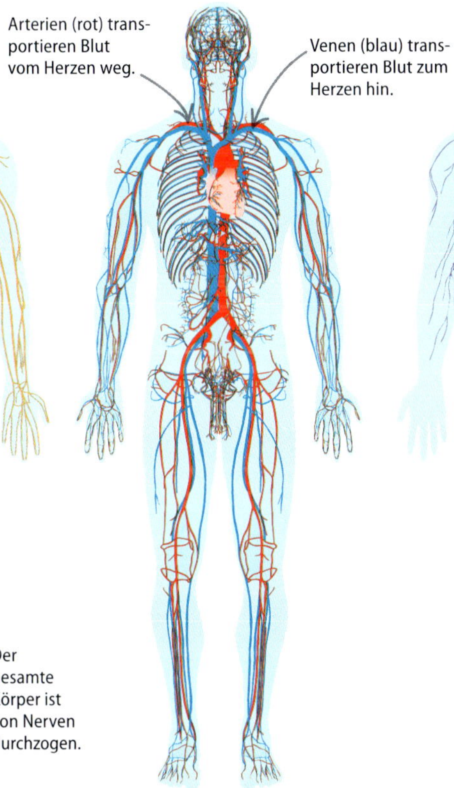

△ **Herz-Kreislauf-System**
Herz und Blutgefäße dienen dem Bluttransport und damit u. a. der Versorgung der Körperzellen mit Sauerstoff und Nährstoffen.

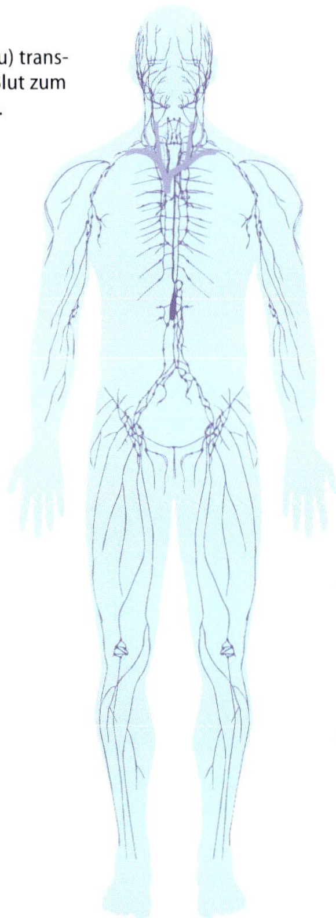

△ **Lymphsystem**
Das System transportiert Flüssigkeit, die sich im Gewebe angesammelt hat, in den Blutkreislauf zurück und ist zudem Teil der Körperabwehr.

Menschlicher Knochen hält **viermal** so viel Druck aus wie Beton.

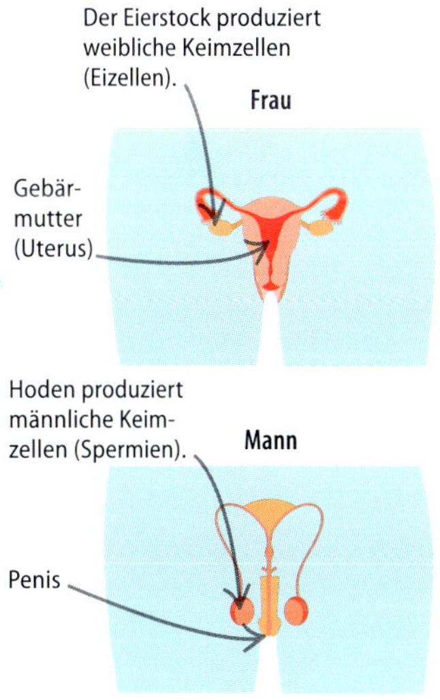

△ **Geschlechtssystem**
Die Geschlechtssysteme von Mann und Frau dienen der Fortpflanzung. Es gibt innere Geschlechtsorgane wie Hoden oder Eierstöcke und äußere Geschlechtsorgane wie den Penis.

Menschliche Sinne

UNSERE SINNE DIENEN DER WAHRNEHMUNG UNSERER UMWELT.

Sinne wie Hören, Sehen, Riechen, Schmecken und Tasten befähigen uns, die Welt um uns herum wahrzunehmen und angemessen auf sie zu reagieren.

SIEHE AUCH

❮ 40–41 Reizempfindlichkeit
❮ 62–63 Organsysteme
Gehirn und Herz 68–69 ❯
Optik 206–207 ❯
Schall 208–209 ❯

Hören

Das Ohr ist ein hochempfindliches Sinnesorgan, das Schall wahrnehmen kann. Druckwellen, die durch die Luft laufen, treffen auf das Trommelfell und bringen es zum Schwingen. Drei winzige Gehörknöchelchen übertragen die Schwingungen über eine Membran auf die Flüssigkeit in der Hörschnecke (Cochlea) und erzeugen Flüssigkeitswellen, die durch die Cochlea wandern. Diese Wellen bewegen feine Haarsinneszellen und lösen dadurch Nervenimpulse aus.

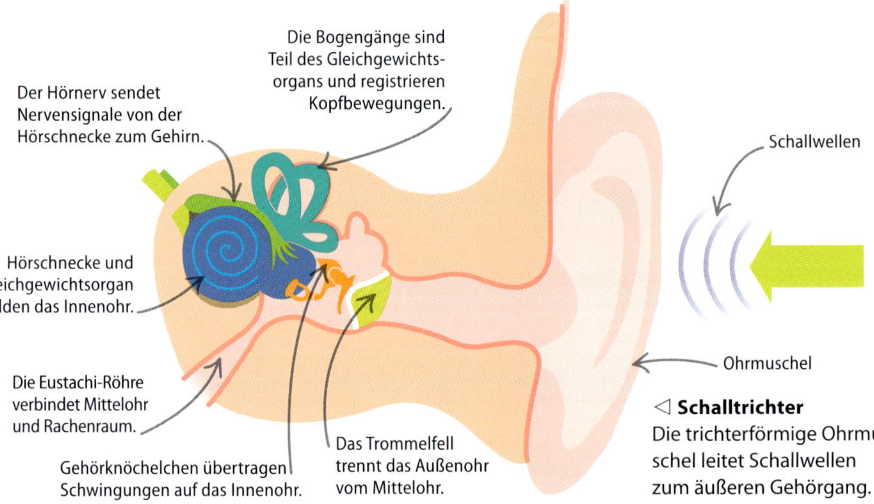

◁ **Schalltrichter**
Die trichterförmige Ohrmuschel leitet Schallwellen zum äußeren Gehörgang.

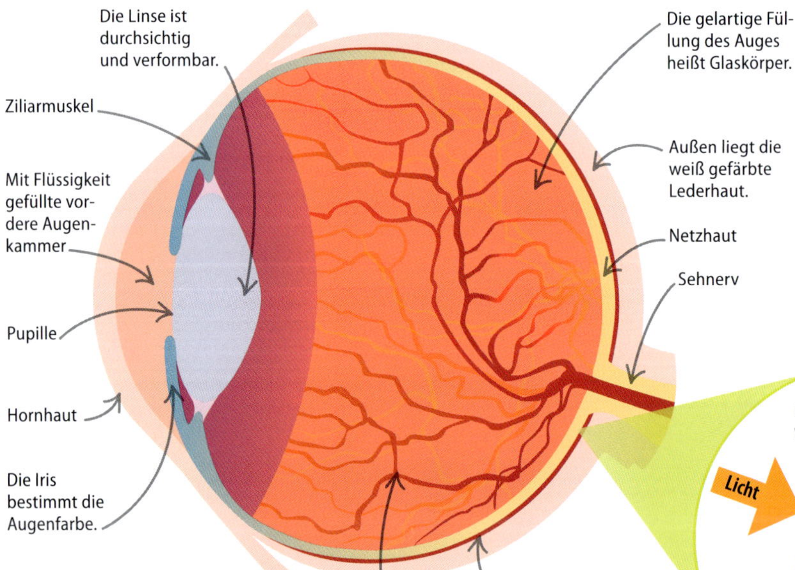

△ **Akkomodation**
Mithilfe der Ziliarmuskeln kann die Form der Augenlinse – und damit ihre Brechkraft – verändert werden. Das ermöglicht uns, sowohl weit entfernte als auch nahe Objekte scharf zu sehen.

Sehen

Das Auge ähnelt einer Kamera. Wie viel Licht hinein fällt, wird durch eine Öffnung in der Iris (Pupille) bestimmt, deren Durchmesser verändert werden kann. Hornhaut und Linse brechen und bündeln die einfallenden Lichtstrahlen und lenken sie auf die Netzhaut. Dort lösen durch die Lichtreize angeregte Sinneszellen Nervenimpulse aus, die über den Sehnerv ans Gehirn geleitet werden, wo das endgültige Bild entsteht.

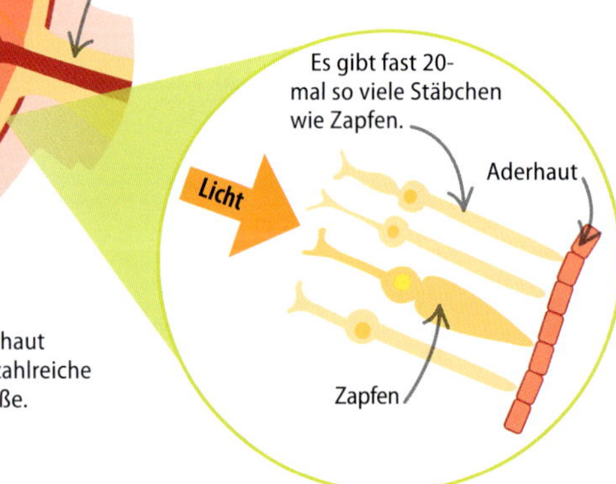

◁ **Stäbchen und Zapfen**
In der Netzhaut befinden sich verschiedene Arten von Lichtsinneszellen. Die Stäbchen dienen dem Dämmerungssehen. Sie sind lichtempfindlich, können aber keine Farben wahrnehmen. Die Zapfen dienen dem Farbensehen bei Tage. Von ihnen gibt es drei Typen, die auf Licht unterschiedlicher Farbe ansprechen.

Riechen und Schmecken

Geruchs- und Geschmackssinn sind chemische Sinne. Mithilfe von Sinneszellen in der Riechschleimhaut unserer Nase können wir Geruchsstoffe in der Luft wahrnehmen. Sie sprechen auf bestimmte chemische Reize an und wandeln sie in Nervenimpulse um, die ans Gehirn gesendet werden. Die Sinneszellen zur Wahrnehmung von Geschmacksstoffen sitzen v. a. auf der Zunge.

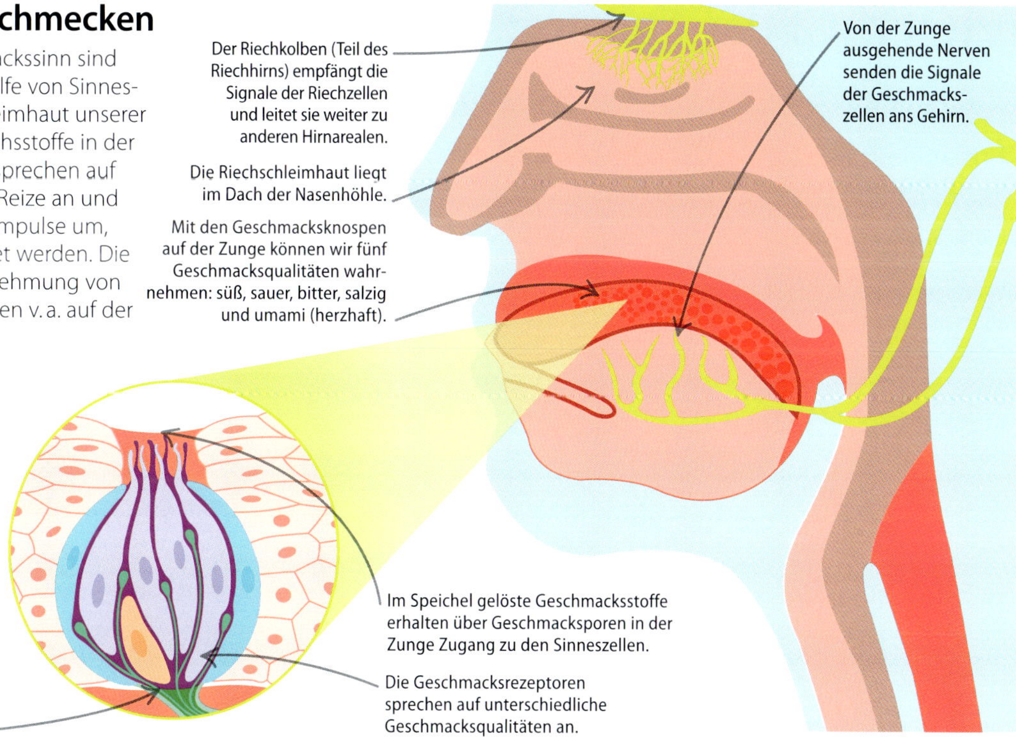

▷ **Geschmacksknospe**
Die Sinneszellen des Geschmacks sitzen gebündelt in sogenannten Geschmacksknospen – zwiebelförmigen Gebilden in den Schleimhäuten von Zunge, Gaumensegel und Rachen.

▷ **Haut und Hautsinne**
Die Haut ist voller unterschiedlicher Sinneszellen, darunter neben Tastrezeptoren auch Temperaturrezeptoren und Schmerzrezeptoren.

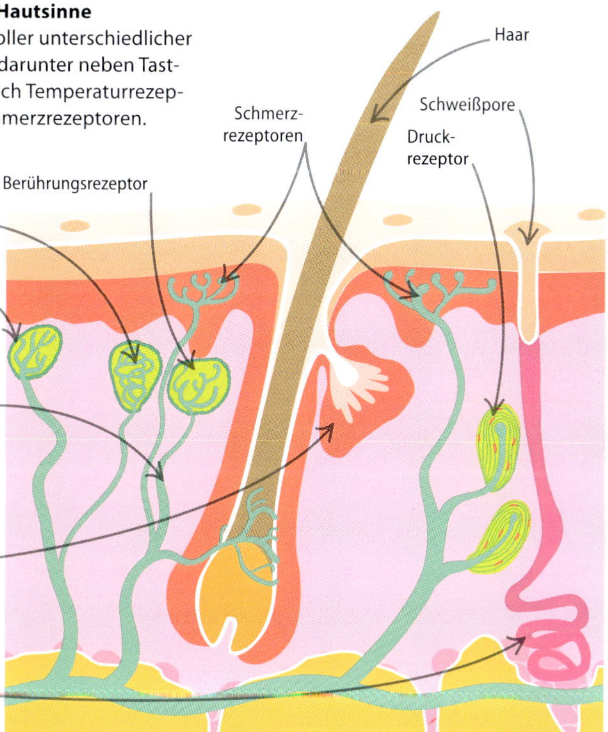

Tasten

Am Tastsinn sind verschiedene Arten von Rezeptoren beteiligt, die u. a. auf Druck, Dehnung oder Vibration reagieren und es uns ermöglichen, Objekte zu ertasten und Berührungen wahrzunehmen. Im Zusammenhang mit dem Tastsinn ist die Haut unser mit Abstand wichtigstes Organ. Besonders viele Tastsinneszellen finden sich in Hautarealen, mit denen wir häufig Objekte berühren, wie etwa den Fingerkuppen.

INTERESSANT!

Blindenschrift

Bei der Blindenschrift werden die in das Papier geprägten, etwas hervorstehenden Schriftzeichen nicht mit den Augen wahrgenommen, sondern mit den Fingerkuppen ertastet. Geübte Blindenschriftleser können etwa 200 Wörter pro Minute lesen.

Menschliche Verdauung

DAS VERDAUUNGSSYSTEM VERSORGT UNS MIT NÄHRSTOFFEN.

SIEHE AUCH
❮ 62–63 Organsysteme
Menschliche Gesundheit 70–71 ❯
Katalysatoren 138–139 ❯

Die Verdauung ist ein komplexer Prozess, in dessen Verlauf die Nahrung mithilfe von Enzymen in Substanzen zerlegt wird, die vom Körper aufgenommen und verwertet werden können.

Verdauungstrakt

Die Verdauung findet im sogenannten Verdauungstrakt statt. Er reicht von der Mundhöhle bis zum After und umfasst alle Organe, die der Zerkleinerung und dem Transport der Nahrung sowie der Aufnahme von Wasser und Nährstoffen in den Körper dienen. Letztere erfolgt v. a. im Darm. Nicht verwertbare Nahrungsbestandteile werden durch den After ausgeschieden.

▷ Peristaltik
Im Mund wird die Nahrung zu schluckfähigen Bissen (Nahrungsboli) verarbeitet, die zunächst in die Speiseröhre und dann durch Kontraktionswellen der Speiseröhrenmuskulatur (Peristaltik) weiter in den Magen gedrückt werden.

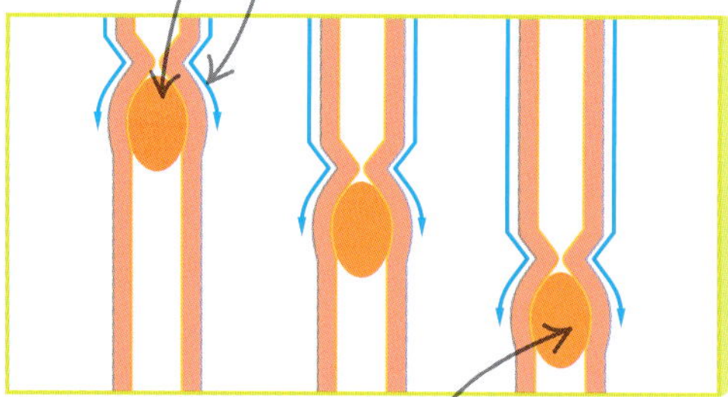

▷ Magen
Der Magen ist ein muskulöses, stark dehnbares Hohlorgan, in dem die Nahrung mit Magensaft vermischt und teilweise vorverdaut wird. Magensaft enthält neben Enzymen auch Salzsäure, die u. a. dazu dient, Bakterien abzutöten.

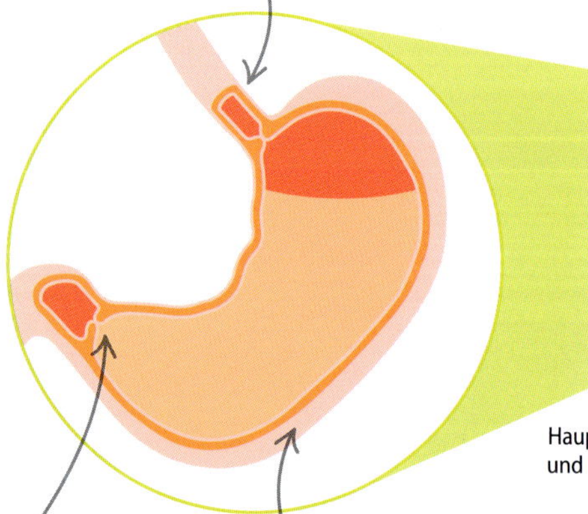

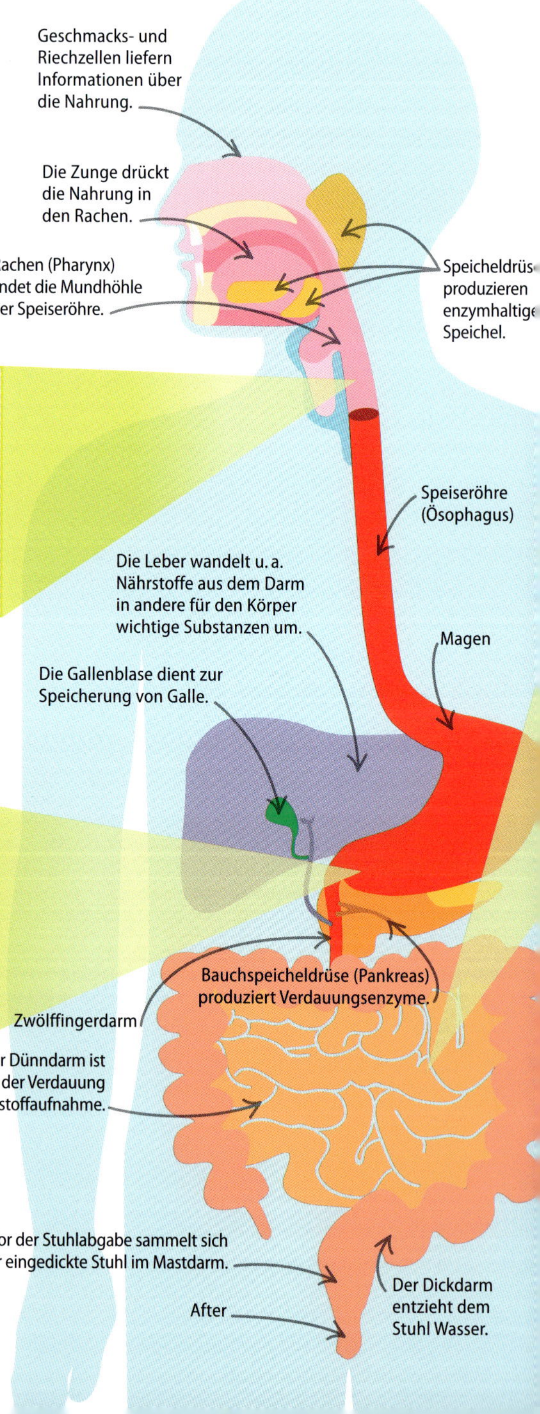

▽ **Nährstoffaufnahme**
Der größte Teil der Nährstoffe wird im Leerdarm aufgenommen, einem Abschnitt des Dünndarms, dessen Schleimhautoberfläche durch Zotten und Falten stark vergrößert ist.

▽ **Darmzotten**
Darmzotten sind winzige, fingerförmige Ausstülpungen der Darmschleimhaut, die außen viele noch kleinere fadenförmige Fortsätze (Mikrovilli) tragen. Durch ihren besonderen Bau vergrößern sie die resorbierende Oberfläche der Dünndarmschleimhaut so stark, dass sie beinahe der Fläche eines Tennisplatzes entspricht.

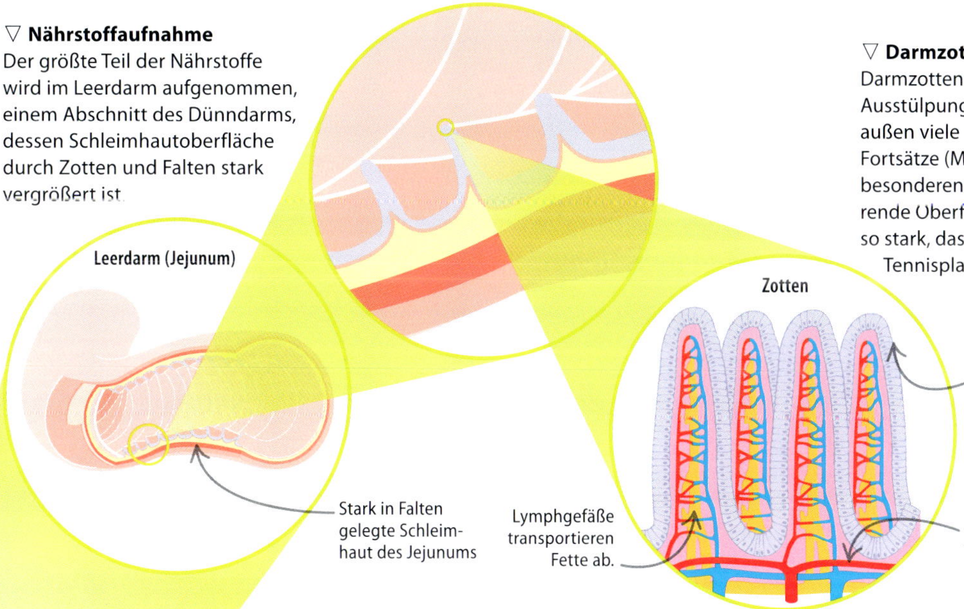

Verdauungsenzyme

Am Verdauungsprozess sind neben einigen anderen chemischen Substanzen v. a. von Drüsen gebildete Verdauungsenzyme beteiligt. Ihre Aufgabe ist es, große Nahrungsmoleküle wie Kohlenhydrate, Fette und Eiweiße in kleinere, resorbierbare Moleküle wie Einfachzucker, Fettsäuren oder Aminosäuren zu spalten. Für jede Nährstoffgruppe gibt es spezielle Enzyme.

▽ **Stofftabelle**
Diese Tabelle zeigt, welche chemischen Stoffe auf die Nahrung einwirken, was sie bewirken und wo sie produziert werden. Der größte Teil findet zwar im Dünndarm statt, doch die enzymatische Verdauung beginnt bereits im Mund.

	Name des Stoffs	Funktion	Entstehungsort
Mund	Speichelamylase (Enzym)	Spaltet Kohlenhydrate	Speicheldrüse
	Mucine	Machen Nahrung gleitfähig	Speicheldrüse
Magen	Pepsin (Enzym)	Spaltet Eiweiße	Magen
	Salzsäure	Aktiviert Enzyme	Magen
	Rennin (Enzym im Säuglingsmagen)	Dient der Milchverdauung	Magen
Dünndarm	Galle	Hilft bei der Fettverdauung	Leber
	Trypsin (Enzym)	Spaltet Eiweiße	Bauchspeicheldrüse
	Nuklease (Enzym)	Spaltet Nukleinsäuren	Bauchspeicheldrüse
	Phospholipase (Enzym)	Spaltet Fette	Bauchspeicheldrüse
	Pankreaslipase (Enzym)	Spaltet Fette	Bauchspeicheldrüse
	Pankreasamylase (Enzym)	Spaltet Kohlenhydrate	Bauchspeicheldrüse
	Sukrase-Isomaltase (Enzym)	Spaltet Kohlenhydrate	Dünndarm
	Laktase (Enzym)	Spaltet Kohlenhydrate (Milchzucker)	Dünndarm
	Maltase-Glucoamylase (Enzym)	Spaltet Kohlenhydrate	Dünndarm
	Elastase (Enzym)	Spaltet Eiweiße	Bauchspeicheldrüse

Gehirn und Herz

GEHIRN UND HERZ SPIELEN IN UNSEREM KÖRPER JEWEILS EINE SCHLÜSSELROLLE.

Während das Herz als „Motor" des Blutkreislaufs dafür sorgt, dass Organe und Gewebe mit allem Lebensnotwendigen versorgt werden, ist das Gehirn die Steuerzentrale unseres Körpers.

SIEHE AUCH
❮ 36 Blutkreislauf
❮ 36 Zusammensetzung des Blutes
❮ 39 Muskelkontraktion
❮ 62–63 Organsysteme

Das menschliche Gehirn

Das Gehirn ist der im Schädel liegende Teil des Zentralnervensystems (ZNS). Es empfängt Signale aus dem gesamten Körper, verarbeitet sie und löst bei Bedarf entsprechende Reaktionen aus. Das Gehirn besteht aus unzähligen, miteinander vernetzten Nervenzellen und steuert nicht nur zahlreiche Körperfunktionen, sondern ermöglicht uns z. B. auch zu denken, zu sprechen, zu lernen und Gefühle zu empfinden.

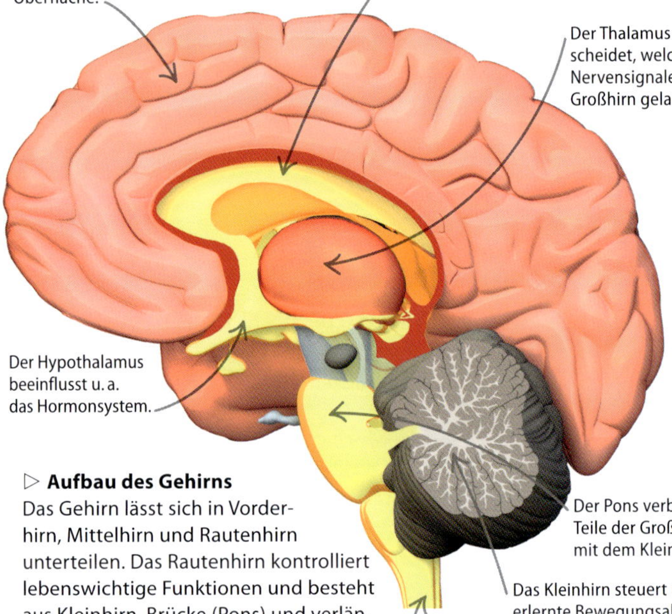

▷ **Aufbau des Gehirns**
Das Gehirn lässt sich in Vorderhirn, Mittelhirn und Rautenhirn unterteilen. Das Rautenhirn kontrolliert lebenswichtige Funktionen und besteht aus Kleinhirn, Brücke (Pons) und verlängertem Mark. Zum Vorderhirn zählen u. a. Thalamus und Hypothalamus sowie das sehr stark entwickelte Großhirn.

INTERESSANT!

Magnetresonanztomographie (MRT)

MRT-Scanner liefern detailreiche Bilder von weichen, im Körperinnern gelegenen Geweben und Organen. Sie werden daher häufig eingesetzt, wenn es darum geht, Erkrankungen oder Verletzungen des Gehirns zu diagnostizieren.

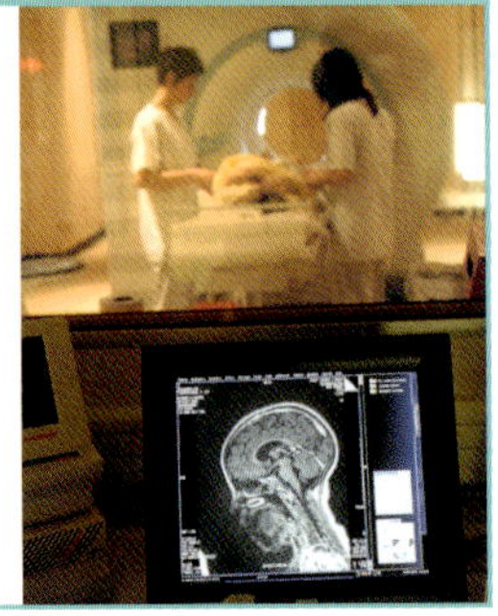

Großhirn

Das aus zwei Hälften (Hemisphären) bestehende Großhirn bildet den größten Teil des menschlichen Gehirns. Es erfüllt vielfältige Funktionen, wie die Verarbeitung von Sinneseindrücken, die Steuerung willentlicher Bewegungen oder die Kontrolle des Verhaltens. Ohne das Großhirn wären wir z. B. nicht in der Lage zu sprechen oder zu denken. Die Zentren der Großhirnfunktionen sitzen in der stark gefalteten äußeren Schicht des Großhirns, der Großhirnrinde (Cortex).

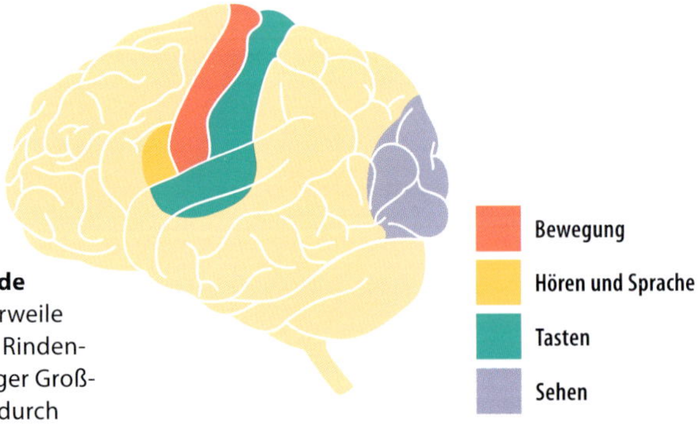

▷ **„Kartierung" der Hirnrinde**
Die Hirnforschung hat mittlerweile herausgefunden, in welchen Rindenarealen sich die Zentren einiger Großhirnfunktionen befinden. Dadurch lässt sich eine Art funktionelle Karte der Hirnrinde erstellen.

Blutkreislauf

Der Blutkreislauf des Menschen besteht aus zwei über das Herz miteinander verbundenen Teilkreisläufen. Der Lungenkreislauf transportiert sauerstoffarmes Blut vom Herzen zur Lunge und führt sauerstoffreiches Blut zum Herzen zurück. Der Körperkreislauf leitet sauerstoffreiches Blut in den größten Teil des Körpers und bringt sauerstoffarmes Blut zum Herzen zurück.

▷ **Venen und Arterien**
Für die Unterscheidung in Arterien und Venen ist es bedeutungslos, ob die jeweiligen Gefäße sauerstoffreiches oder sauerstoffarmes Blut transportieren. Wichtig ist lediglich, ob sie Blut zum Herzen hin (Venen) oder vom Herzen weg (Arterien) bringen. Im Körperkreislauf führen Arterien O_2-reiches und Venen O_2-armes Blut, im Lungenkreislauf ist es umgekehrt.

Die **Gesamtlänge** aller Blutgefäße eines Menschen beträgt schätzungsweise 100 000 km – das entspricht mehr als dem **Doppelten** des Erdumfangs.

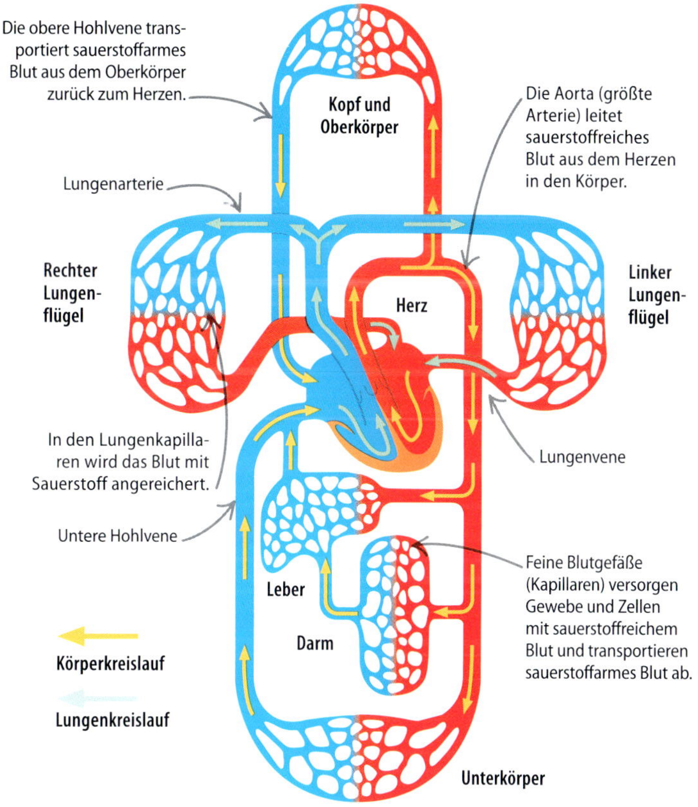

Herz und Herzschlag

Das Herz ist ein muskulöses Hohlorgan, das mit kräftigen Muskelkontraktionen („Herzschlägen") Blut durch die Blutgefäße pumpt. Es ist in zwei Herzhälften unterteilt, die wiederum jeweils aus einem Vorhof und einer Kammer bestehen. Zwischen Vorhof und Kammer liegen Mitralklappe (linke Hälfte) und Trikuspidalklappe (rechte Hälfte), zwischen Kammern und Ausstromgefäßen liegen Taschenklappen.

Im Laufe eines **80 Jahre** langen Lebens schlägt das Herz etwa **3 Mrd. Mal.**

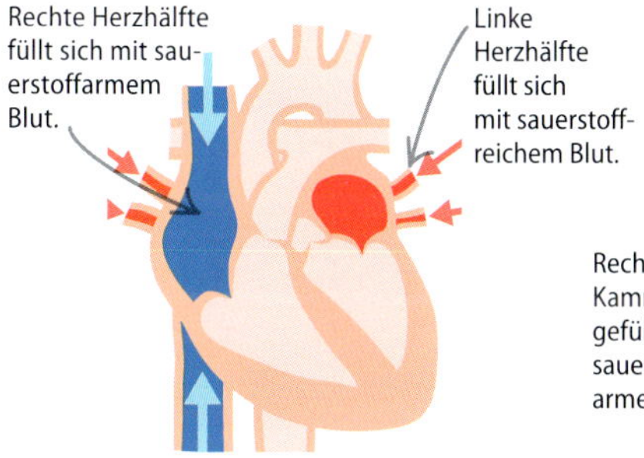

△ **Entspannungsphase (Diastole)**
In dieser Phase ist der Herzmuskel entspannt und es strömt Blut aus den Hohlvenen in die rechte Herzhälfte und Blut aus den Lungenvenen in die linke Herzhälfte.

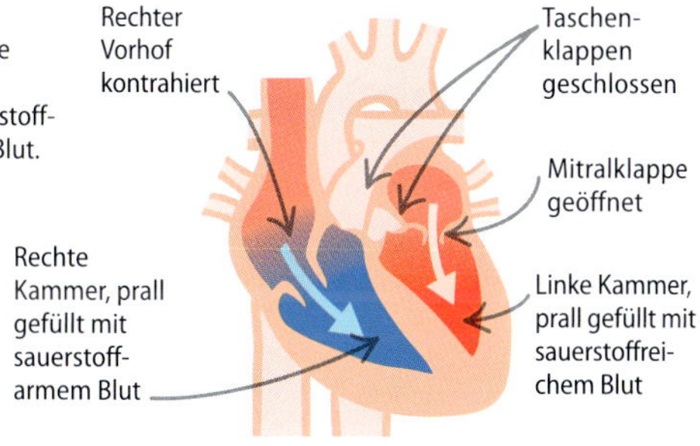

△ **Vorhofkontraktion**
Die Herzvorhöfe kontrahieren zuerst und drücken Blut in die Herzkammern. Dann schließen sich die Klappen zwischen Kammern und Vorhöfen und verhindern ein Zurückströmen des Blutes.

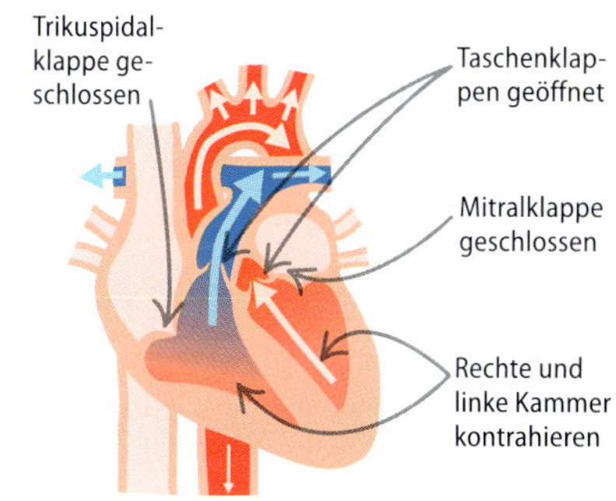

△ **Kammerkontraktion (Systole)**
Schließlich ziehen sich die Herzkammern zusammen und pressen das in ihnen enthaltene Blut aus dem Herzen. Die rechte Kammer drückt es in die Lungenarterien, die linke drückt es in die Aorta.

Menschliche Gesundheit

UNSERE ERNÄHRUNG UND UNSERE LEBENSWEISE HABEN GROSSEN EINFLUSS AUF UNSERE GESUNDHEIT.

SIEHE AUCH
❮ 32–33 Ernährung
❮ 62–63 Organsysteme
❮ 66–67 Menschliche Verdauung

Medizinischer Fortschritt und verbesserte Lebensbedingungen lassen die Menschen heute durchschnittlich viel älter werden als früher. Doch unser moderner Lebensstil birgt auch Risiken für unsere Gesundheit.

Gesunde Ernährung

Unsere Nahrung besteht aus unterschiedlichen Bestandteilen wie Kohlenhydraten, Fetten, Eiweißen, Ballaststoffen, Mineralstoffen und Vitaminen. Alle diese Nahrungsbestandteile sind für uns wichtig, doch entscheidend für eine gesunde Ernährung ist, in welcher Menge und in welchem Verhältnis wir sie zu uns nehmen. Eine sehr fettreiche Ernährung kann z. B. leicht zu starkem Übergewicht mit all seinen teilweise ernsten Folgeerkrankungen führen, da Fett sehr energiereich ist und ein Überschuss an aufgenommener Nahrungsenergie vom Körper in Form von Depotfett gespeichert wird.

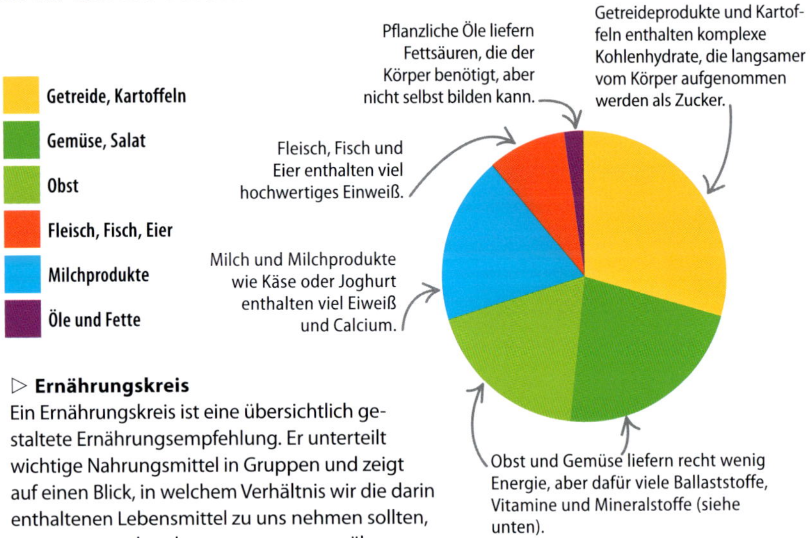

▷ **Ernährungskreis**
Ein Ernährungskreis ist eine übersichtlich gestaltete Ernährungsempfehlung. Er unterteilt wichtige Nahrungsmittel in Gruppen und zeigt auf einen Blick, in welchem Verhältnis wir die darin enthaltenen Lebensmittel zu uns nehmen sollten, um uns gesund und ausgewogen zu ernähren.

Vitamine und Mineralstoffe

Vitamine (organisch) und Mineralstoffe (anorganisch) sind sogenannte Mikronährstoffe. Sie liefern zwar keine Energie, müssen aber dennoch regelmäßig in geringen, aber ausreichenden Mengen mit der Nahrung zugeführt werden, da der Körper sie dringend benötigt, um zu funktionieren. Vitamin D kann unser Körper mithilfe von Sonnenlicht auch selbst produzieren.

▷ **Mikronährstofftabelle**
Die Tabelle zeigt eine Reihe von Vitaminen und Mineralstoffen, die wir benötigen.

Name	Wichtig für	Quellen	Mangel führt zu
Vitamin A	Augen und Haut	Leber, Karotte (Beta-Carotin)	Sehstörungen
Vitamin B_1	Nervensystem und Muskeln	Fleisch, Vollkornprodukte	Muskelschwund
Vitamin B_2	Haut und Nägel	Milch, Käse, Fisch	Hautrissen
Vitamin B_6	Haut und Verdauung	Fisch, Banane, Walnuss	Hautentzündungen
Vitamin B_{12}	Blutbildung und Nervensystem	Leber, Fisch, Fleisch, Milch	Blutarmut
Vitamin C	Immunsystem	Zitrusfrüchte, Kiwi, Hagebutte	Skorbut
Vitamin D	Knochen und Zähne	Leber, fetter Fisch	Rachitis
Vitamin E	Zellen und Haut	Nüsse, pflanzliche Öle	Müdigkeit, Schwäche
Folsäure	Blutbildung	Hefe, Weizenkeime	Blutarmut
Calcium	Knochen und Muskelkontraktion	Milchprodukte	Muskelkrämpfen
Eisen	Blutbildung	Fleisch, Nüsse, Haferflocken	Blutarmut
Magnesium	Knochen, Zähne und Nerven	Nüsse, Vollkornprodukte	innerer Unruhe
Zink	Zellwachstum und Immunsystem	Leber, Fleisch, Weizenkeime	Wachstumsstörungen

Körpergewicht

Die Tatsache, dass unser Körper bei übermäßiger Nahrungsaufnahme Fettreserven anlegt, wird in den Industrienationen immer mehr zum Problem. Dort gibt es gewöhnlich Nahrung im Überfluss. Dies führt dazu, dass viele Menschen stark übergewichtig werden und infolgedessen an Zivilisationskrankheiten wie Diabetes oder Herz-Kreislauf-Erkrankungen leiden.

▷ **Body-Mass-Index (BMI)**
Der BMI setzt das Körpergewicht in Relation zur Körpergröße und dient als Richtwert, wenn es um die Frage geht, ob und wie stark jemand über- oder untergewichtig ist. Sowohl Übergewicht als auch Untergewicht erhöhen das Risiko für bestimmte Erkrankungen.

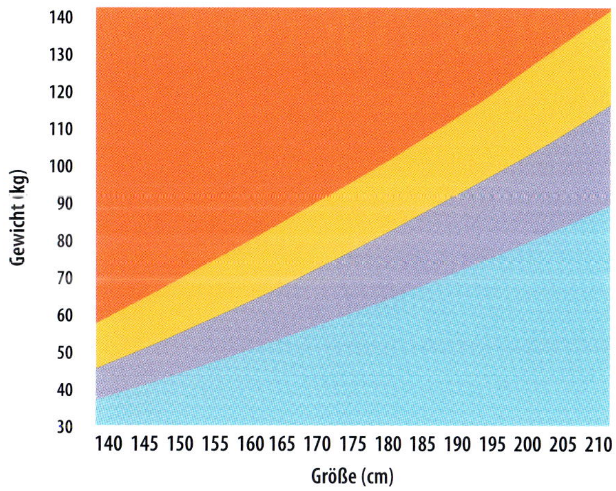

Bewegung und Sport

Der menschliche Körper braucht Bewegung, um gesund zu bleiben. Doch diese fehlt in unserer modernen Arbeitswelt häufig, da viele Berufe langes Sitzen erfordern. Es ist daher wichtig, in der Freizeit für einen Ausgleich zu sorgen und regelmäßig Sport zu treiben, oder auf andere Art körperlich aktiv zu sein. Das hält nicht nur fit, sondern verbrennt auch etwaige überschüssige Nahrungskalorien.

▷ **Ausdauertraining**
Ausdauersportarten wie Walking, Jogging, Skilanglauf, Schwimmen oder Radfahren machen u. a. das Herz leistungsfähiger und verbessern die Durchblutung von Muskeln und Organen.

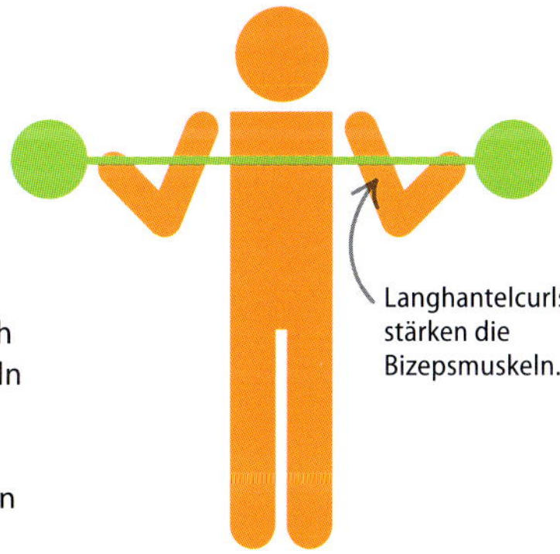

▷ **Krafttraining**
Durch gezieltes Training mit Gewichten lässt sich die Muskelkraft erheblich steigern. Kräftige Muskeln stabilisieren u. a. Wirbelsäule und Gelenke und helfen Sportverletzungen vorzubeugen.

Gefährliche Substanzen

Obwohl sie schwere Gesundheitsschäden verursachen können, werden Alkohol und Tabak auch heute noch legal verkauft. Andere Drogen gelten als illegal und verursachen daher vielerorts nicht nur gesundheitliche, sondern auch soziale Probleme.

▽ **Gefahren und Risiken**
Alkoholmissbrauch, Rauchen und der Konsum illegaler Drogen können auf längere Sicht sehr ernste Folgen haben. Meist sind sich die Betroffenen der Gefahren bewusst, kommen aber aufgrund starker Abhängigkeit trotzdem nicht von den Drogen los.

Konsum	Mögliche Folgen
Zigaretten	Mehrere Arten von Krebs, darunter Lungenkrebs, Mundhöhlenkrebs, Speiseröhrenkrebs, Bauchspeicheldrüsenkrebs; Herzinfarkt, Schlaganfall, „Raucherbein", chronische Bronchitis, Sucht
Alkohol	Leberschäden, Leberzirrhose, Nerven- und Hirnschäden, Bluthochdruck, Herzerkrankungen, Krebs, Bauchspeicheldrüsenentzündung, psychische Erkrankungen, fetales Alkoholsyndrom, Sucht
Drogen	Psychische Erkrankungen, Leberschäden, Nerven- und Hirnschäden, Herz-Kreislauf-Erkrankungen, Magen-Darm-Erkrankungen, körperlicher Verfall, Beschaffungskriminalität, Sucht

Menschliche Fortpflanzung

JEDER MENSCH BEGINNT SEIN LEBEN ALS BEFRUCHTETE EIZELLE.

SIEHE AUCH
❮ 43 Sexuelle Fortpflanzung
❮ 62–63 Organsysteme
Genetik I 84–85 ❯
Genetik II 86–87 ❯

Menschen pflanzen sich sexuell fort. Der durch Verschmelzung von Spermien und Eizellen entstehende Nachwuchs wächst – versorgt von einer Plazenta – etwa neun Monate lang im Uterus der Mutter heran.

Geschlechtsorgane

Geschlechtsorgane dienen der sexuellen Fortpflanzung und unterscheiden sich bei Mann und Frau beträchtlich. Die beiden Hoden eines Mannes produzieren jeden Tag Millionen Samenzellen (Spermien). Dagegen setzen die beiden Eierstöcke einer Frau im Laufe des Lebens nur etwa 400 bis 500 reife, befruchtungsfähige Eizellen frei – etwa alle vier Wochen eine. Beim Geschlechtsverkehr gelangen die Spermien in die Scheide und wandern von dort in den Eileiter, in dem sich die Eizelle befindet.

Im 18. Jh. soll eine Russin in 27 Schwangerschaften insgesamt **69 Kinder** zur Welt gebracht haben – dies gilt bis heute als Weltrekord.

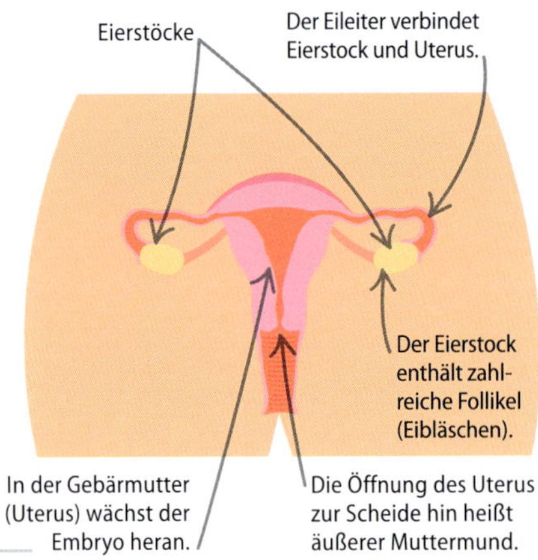

△ **Weibliche Geschlechtsorgane**
Abgesehen von der Produktion von Eizellen, besteht die Hauptaufgabe der weiblichen Geschlechtsorgane darin, dem Embryo die Möglichkeit zu geben heranzuwachsen.

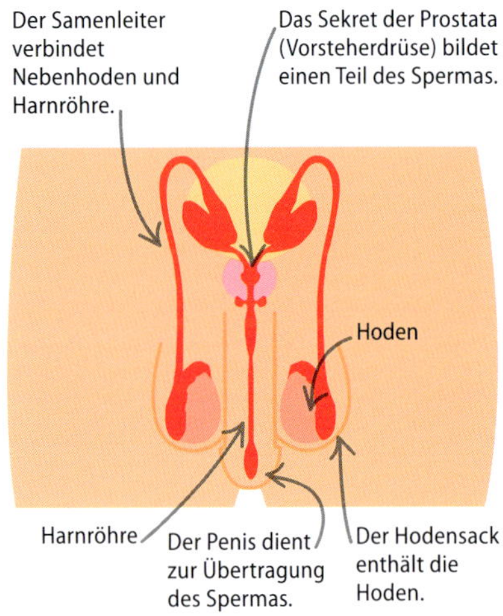

△ **Männliche Geschlechtsorgane**
Die männlichen Geschlechtsorgane produzieren neben Samenzellen auch Sekrete, die dem Transport und der Ernährung der Spermien dienen. Samenzellen und Sekrete bilden das Sperma.

Menstruationszyklus

Der weibliche Zyklus dauert etwa vier Wochen. Er beginnt am ersten Tag der Monatsblutung und endet am Tag vor dem Einsetzen der nächsten Blutung. In der ersten Zyklusphase wird ein Teil der Uterusschleimhaut abgestoßen (Monatsblutung) und anschließend wieder aufgebaut. Gleichzeitig reift in einem Eierstock eine Eizelle heran und wird schließlich aus dem Ovar ausgestoßen (Eisprung). In der dann folgenden zweiten Phase wird die Uterusschleimhaut weiter verdickt und auf die Einnistung einer befruchteten Eizelle vorbereitet. Bleibt diese aus, beginnt wenig später ein neuer Zyklus.

▽ **Hormone und Menstruationszyklus**
Der Menstruationszyklus steht unter hormoneller Kontrolle. Das follikelstimulierende Hormon (FSH) lässt die Eizelle heranreifen, bis schließlich unter dem Einfluss des luteinisierenden Hormons (LH) der Eisprung erfolgt. Östrogene regen u. a. die Hypophyse zur Freisetzung von LH an und sorgen zusammen mit Progesteron dafür, dass die Uterusschleimhaut dicker und stärker durchblutet wird.

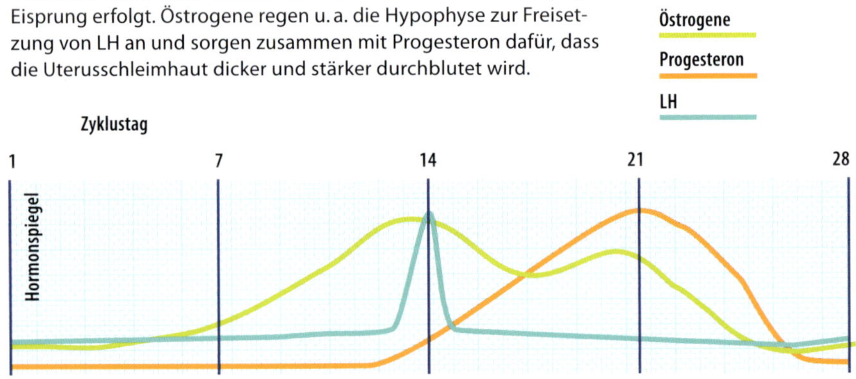

Befruchtung

Nach dem Eisprung wandert die Eizelle durch den Eileiter in Richtung Uterus. Findet in dieser Phase innerhalb von etwa 24 Stunden keine Befruchtung statt, stirbt die Eizelle ab. Wird die Eizelle im Eileiter von einem Spermium befruchtet, wird sie zur Zygote, die schon bald beginnt, sich zu teilen. Wenn der Keim sich schließlich in die Gebärmutter einnistet, ist er bereits zu einer aus etlichen Zellen bestehenden Hohlkugel (Blastozyste) geworden.

▷ **Zellfusion**
Bei der Befruchtung verschmilzt immer nur ein Spermium mit der viel größeren Eizelle. Das Eindringen weiterer Samenzellen wird durch die Eizellmembran verhindert.

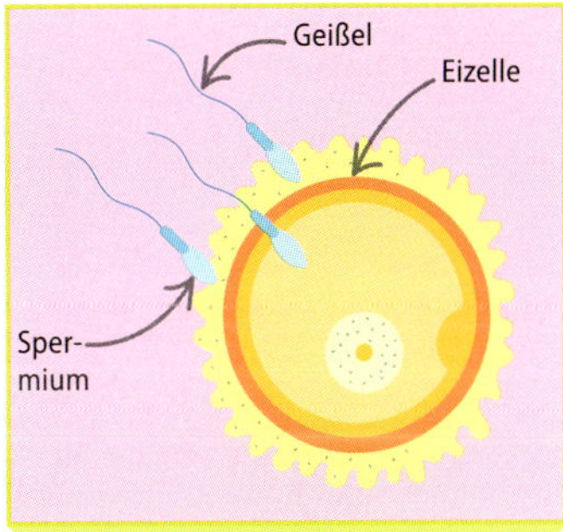

▷ **Einnistung**
Bei der Einnistung dringt die Blastozyste mithilfe von Enzymen in die Uterusschleimhaut ein. Dadurch wird die Nähr- und Sauerstoffversorgung des heranwachsenden Keims über das Blutgefäßsystem der Schleimhaut sichergestellt. Gelingt die Einnistung nicht, geht die Blastozyste nach einigen Tagen zugrunde.

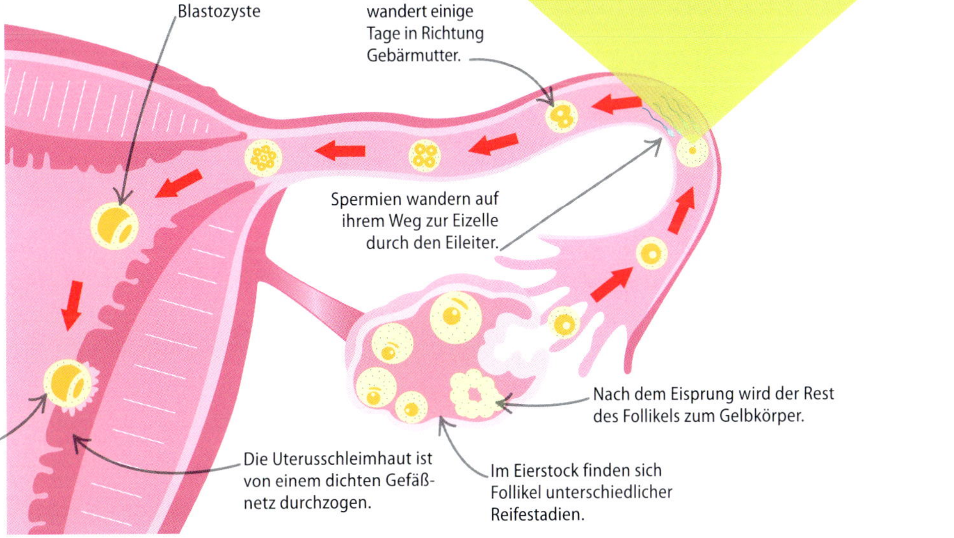

Schwangerschaft

Von der Befruchtung der Eizelle bis zur Geburt eines Kindes vergehen beim Menschen normalerweise etwa 38 bis 40 Wochen. Am Ende der Schwangerschaft sorgen Hormone dafür, dass sich die Gebärmuttermuskulatur zusammenzieht und Wehen das Baby aus dem Mutterleib herauspressen. Vor der Geburt drehen sich die meisten Kinder so, dass sie mit dem Kopf voran geboren werden.

▷ **Entwicklungsphasen**
Nachdem sich die Blastozyste im Uterus eingenistet hat, wächst sie zu einem Embryo heran. Dieser weist im Alter von etwa einem Monat noch keine menschlichen Züge auf. Mit fünf Monaten strampelt der Fötus schon kräftig herum und mit neun Monaten ist er bereit für die Geburt.

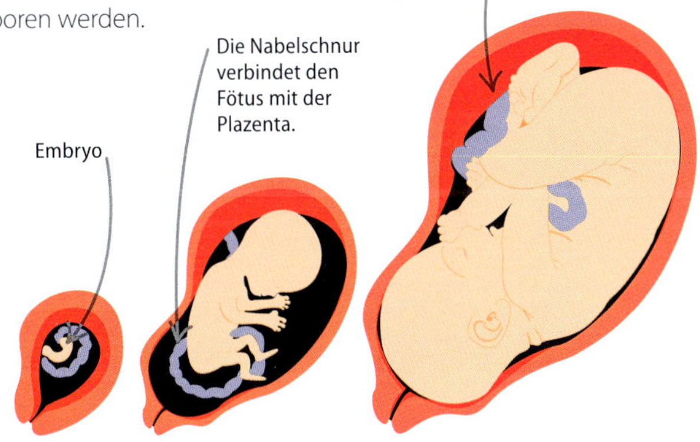

Ein Monat **Fünf Monate** **Neun Monate**

INTERESSANT!

Empfängnisverhütung

Empfängnisverhütung soll ungewollte Schwangerschaften verhindern. Hormonelle Verhütungsmethoden wie die Anti-Baby-Pille gelten als besonders sicher. Auch Kondome sind – richtig angewendet – sicher und können zudem vor Geschlechtskrankheiten schützen.

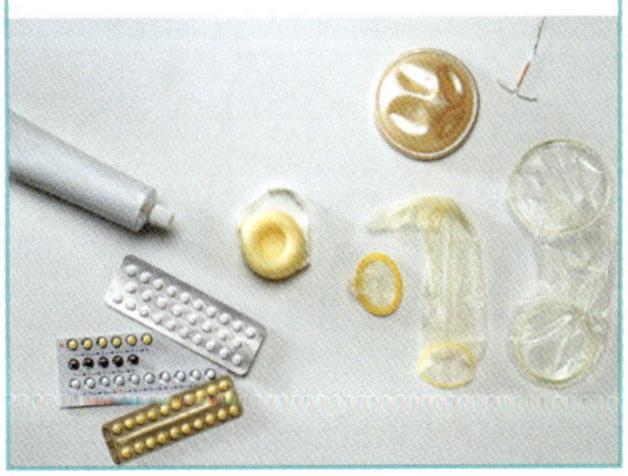

Ökosysteme

EIN ÖKOSYSTEM BESTEHT AUS EINEM LEBENSRAUM UND DEN IN IHM LEBENDEN ORGANISMEN.

SIEHE AUCH

❮ 52–53 Beziehungen von Tieren	
Nahrungsbeziehungen	76–77 ❯
Kreisläufe in der Natur	78–79 ❯
Evolutionäre Anpassung	82–83 ❯
Menschlicher Einfluss	90–91 ❯

Ökosysteme sind außerordentlich komplexe Beziehungsgeflechte, in denen sich unzählige Tiere, Pflanzen und andere Lebewesen sowie deren unbelebte Umwelt auf vielfältige Weise wechselseitig beeinflussen.

Ökologische Nische

Unter dem Begriff ökologische Nische werden die Ansprüche und die Rolle einer Organismenart in einem Ökosystem zusammengefasst. Jede Art braucht einerseits ganz bestimmte Umweltfaktoren zum Leben, an die sie sich im Verlauf ihrer Evolution angepasst hat. Andererseits beeinflusst sie auch ihre Umwelt – z. B. indem sie Jagd auf andere Organismen macht, durch Fotosynthese Nährstoffe produziert oder organisches Material zersetzt.

▽ **Ökosystem Stillgewässer**
Stillgewässer werden von einer Vielzahl von miteinander in Beziehung stehenden Organismenarten besiedelt und genau wie andere Ökosysteme durch abiotische Faktoren wie Sonneneinstrahlung oder Feuer beeinflusst.

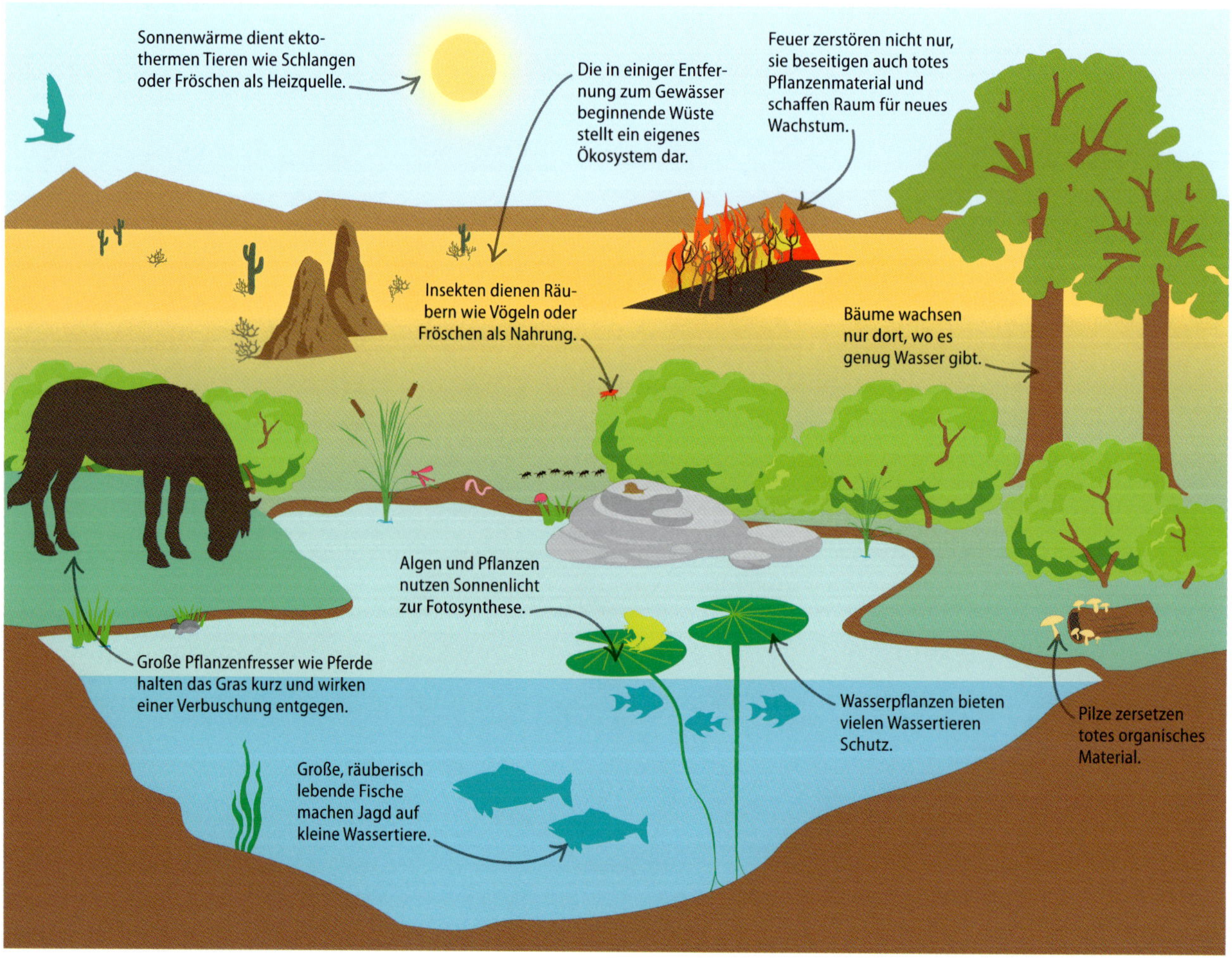

Räuber und Beute

In Ökosystemen ist das Schicksal von Räubern eng mit dem ihrer Beutetiere verknüpft. In Phasen mit großen Beutetierbeständen sind die Räuber meist in der Lage, deutlich mehr Junge aufzuziehen als in Zeiten des Nahrungsmangels. Infolgedessen steigen auch ihre Bestände an. Geht die Zahl der Beutetiere z. B. durch Krankheiten, Nahrungsmangel oder auch Jagddruck durch die Räuber zurück, schrumpfen auch die Räuberpopulationen wieder.

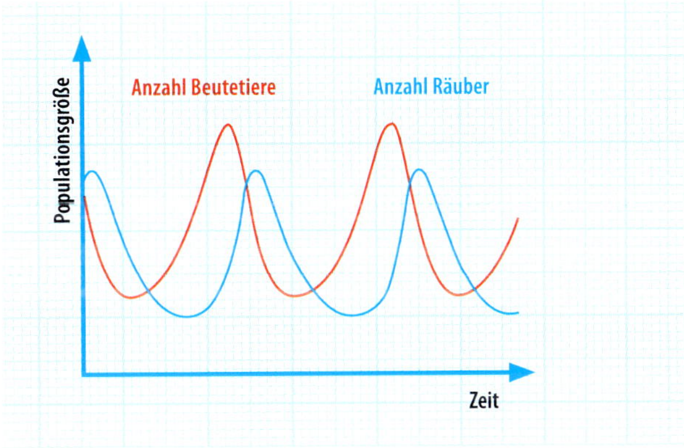

Biome

Die Landfläche der Erde lässt sich in sogenannte Biome unterteilen. Das sind Großlebensräume, die jeweils durch bestimmte Umweltfaktoren und eine charakteristische, an die dort herrschenden Lebensbedingungen angepasste Tier- und Pflanzenwelt gekennzeichnet sind. Während z. B. Wüstenbewohner mit extremer Trockenheit zurechtkommen müssen, haben Bewohner der Polarregionen oft mit extremer Kälte zu kämpfen.

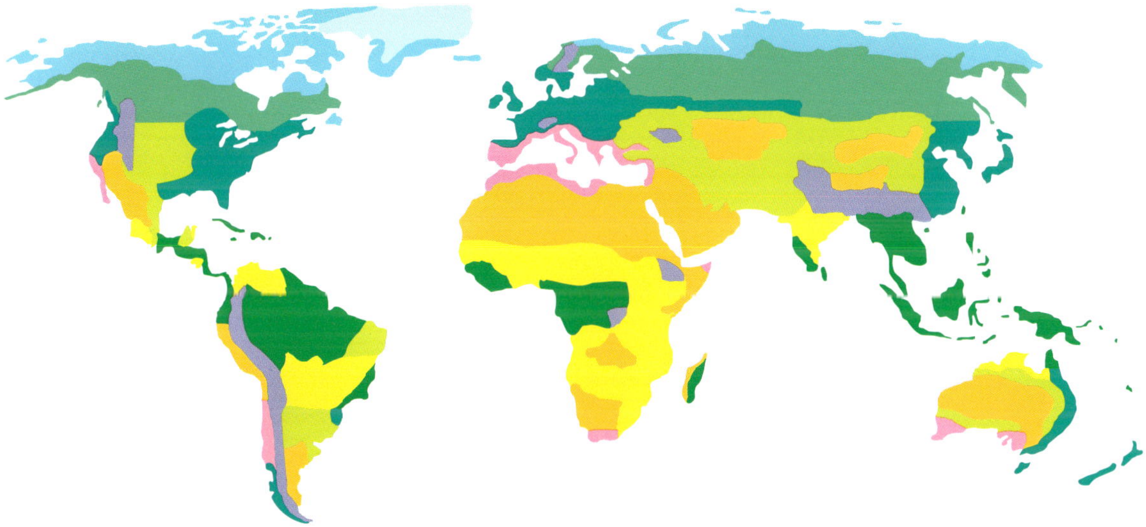

Gemäßigte Wälder
Die Bäume tragen nur in der warmen Jahreszeit Laub und werfen im Herbst ihre Blätter ab.

Taiga
Im hohen Norden mit seinen kurzen Sommern beherrschen Nadelbäume das Bild der Wälder.

Polare Wüsten
In den polaren Eiswüsten liegt die Temperatur fast das ganze Jahr hindurch unter 0 °C.

Steppe
Wo es in den gemäßigten Breiten für Bäume zu trocken ist, entstehen weite Graslandschaften.

Savanne
In warmen, halbtrockenen Regionen entstehen locker mit Bäumen durchsetzte Graslandschaften.

Tropischer Regenwald
Ganzjährige Wärme und viel Niederschlag lassen in den Tropen dichte Regenwälder entstehen.

Gebirge
In größeren Höhen müssen Lebewesen mit Kälte und wenig Sauerstoff zurechtkommen.

Tundra
In diesem kalten, baumfreien Biom dominieren Flechten, Moose, Gräser und Zwergsträucher.

Hartlaubgehölze
Zu diesem Biom gehören u. a. die Macchie des Mittelmeergebiets und der Chaparral Kaliforniens.

Trockenwüste
In den trockensten Regionen der Erde gibt es wegen des Wassermangels kaum Vegetation.

Nahrungsbeziehungen

NAHRUNGSBEZIEHUNGEN IN ÖKOSYSTEMEN WERDEN ALS NAHRUNGSKETTEN UND NAHRUNGSNETZE DARGESTELLT.

SIEHE AUCH
❮ 32–33 Ernährung
❮ 74–75 Ökosysteme
Kreisläufe in der Natur 78–79 ❯
Evolutionäre Anpassung 82–83 ❯
Energie 176–177 ❯

Organismen brauchen zum Überleben ausreichend Nährstoffe und Energie. Wenn man Ökosysteme verstehen und erhalten will, ist es wichtig, den Nährstoff- und Energiefluss nachzuvollziehen.

Produzenten und Konsumenten

Am Beginn von Nahrungsketten stehen Produzenten. Das sind autotrophe Organismen wie Pflanzen, die aus anorganischen Stoffen organische Substanzen erzeugen können. Im weiteren Verlauf folgt dann meist eine Reihe von Konsumenten. Das sind heterotrophe Organismen, z. B. Tiere, die sich von organischen Verbindungen ernähren müssen.

△ **Produzent**
Grüne Pflanzen stellen mithilfe von Lichtenergie energiereiche Biomasse her.

△ **Primärkonsument**
Das zweite Glied in der Nahrungskette bilden Pflanzenfresser, z. B. Schmetterlingsraupen.

△ **Sekundärkonsument**
Als Sekundärkonsumenten werden Räuber bezeichnet, die sich von Primärkonsumenten ernähren.

△ **Endkonsument**
Am Ende der Nahrungskette stehen große Räuber wie Greifvögel, Haie oder Großkatzen.

△ **Zersetzer**
Zersetzer wie Pilze oder Regenwürmer recyceln die toten Überreste anderer Organismen.

Nahrungspyramide

In Nahrungspyramiden werden die Trophieebenen von Nahrungsketten mengenmäßig dargestellt. Dabei wird meist die Biomasse oder der Energiegehalt der Organismen angegeben. Da die Mengen gewöhnlich nach oben hin abnehmen, ergibt sich die Form einer Pyramide – viel energiereiche Biomasse bei den Produzenten an der Basis und mit jeder höheren Ebene immer weniger davon bei den Konsumenten.

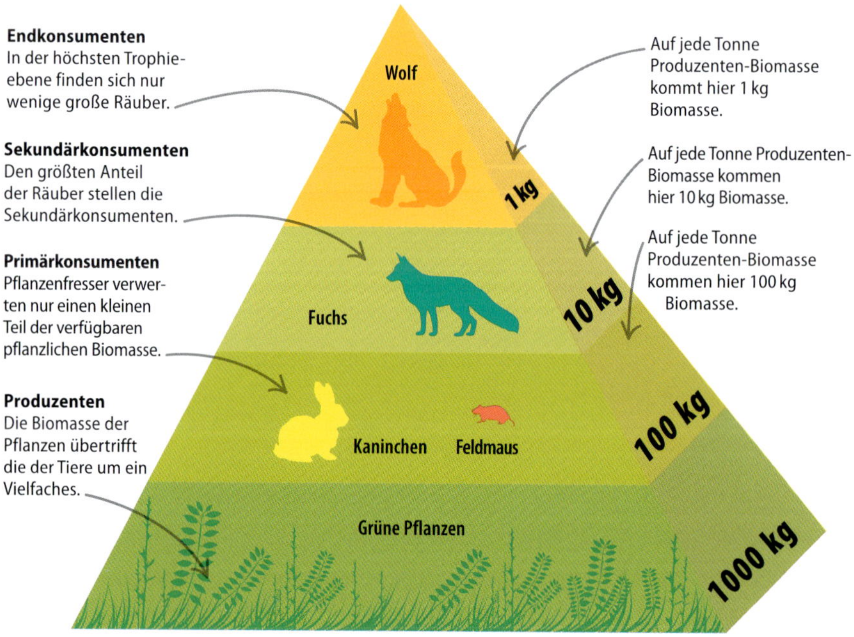

▷ **Trophieebenen**
Trophieebenen fassen alle Organismen zusammen, die in Nahrungsketten auf der gleichen Stufe stehen. Als grober Richtwert gilt, dass beim Übergang von einer Ebene zur nächsthöheren Biomasse und Energiegehalt um 90 % abnehmen.

Nahrungsnetze

Nahrungsketten sind gewöhnlich vereinfachende Modelle. Die tatsächlichen Nahrungsbeziehungen in der Natur sind schon allein deshalb meist weitaus komplizierter, weil Organismen sich normalerweise von einer Vielzahl anderer Lebewesen ernähren. In artenreicheren natürlichen Lebensräumen existieren stets vielfach verzweigte Nahrungsnetze.

▽ **Arktischer Ozean**
Obwohl er eiskalt ist, gibt es im Arktischen Ozean ein komplexes Nahrungsnetz mit Phytoplankton als Produzenten und dem Polardorsch als Schlüsselart, die den Energiefluss vom Plankton zu vielen arktischen Wirbeltieren sicherstellt.

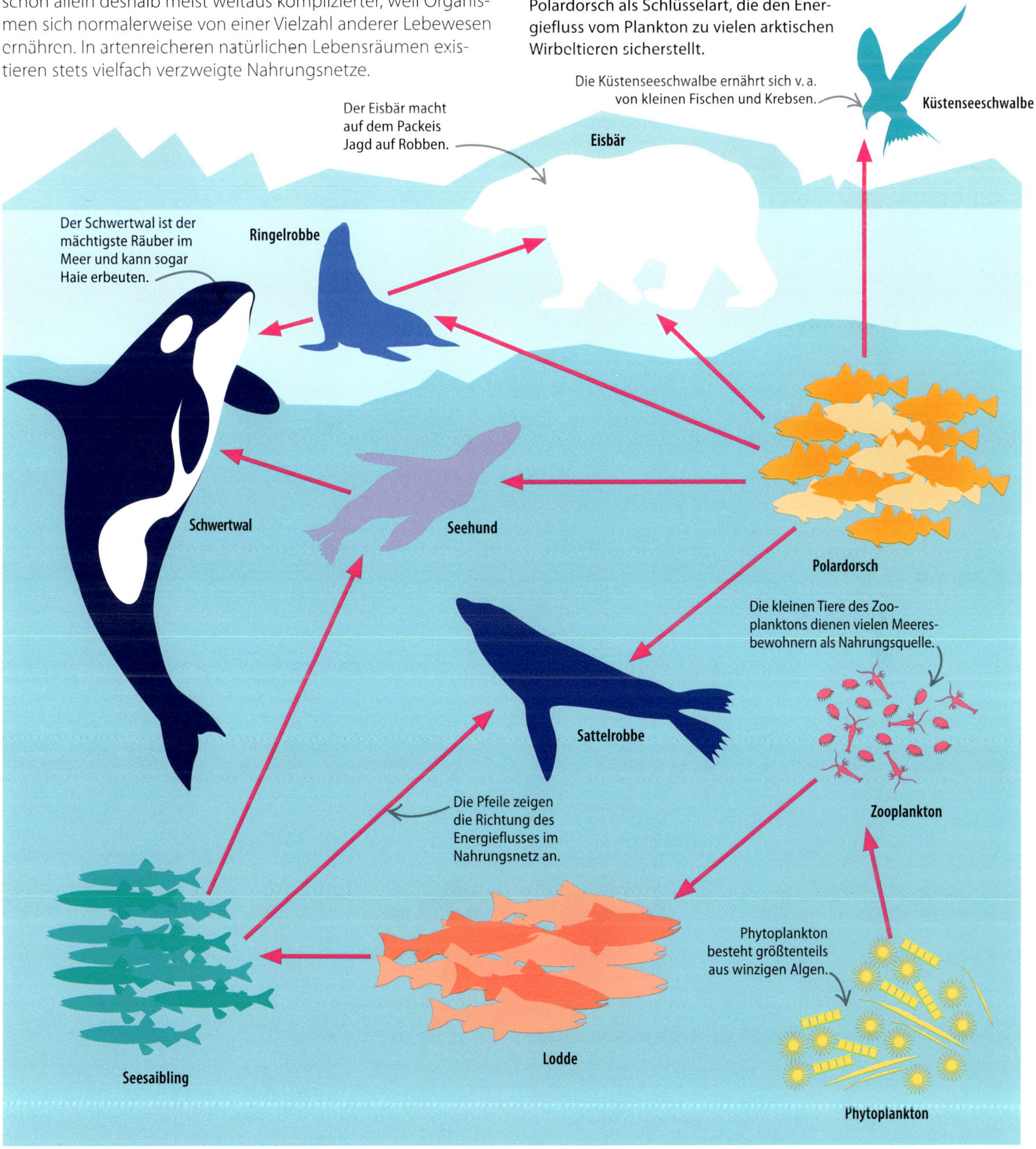

Kreisläufe in der Natur

NÄHRSTOFFE UND ANDERE LEBENSWICHTIGE SUBSTANZEN SIND IN DER NATUR TEIL VON KREISLÄUFEN.

SIEHE AUCH
❮ 28–29 Atmung
❮ 30–31 Fotosynthese
❮ 34–35 Abfallstoffe und Exkretion
Chemische Industrie 156–157 ❯
Fossile Brennstoffe 158–159 ❯

Die von Lebewesen zum Aufbau ihres Körpers und für den Stoffwechsel benötigten Stoffe stehen in der Umwelt nur in begrenzter Menge zur Verfügung. Sie sind jedoch in Stoffkreisläufe eingebunden, die sie immer wieder aufs Neue verfügbar machen.

Kohlenstoffkreislauf

Kohlenstoff ist zentraler Bestandteil organischer Verbindungen und daher eines der häufigsten Elemente in Organismen. Beim Kohlenstoffkreislauf nehmen Produzenten wie Pflanzen gasförmiges Kohlendioxid aus der Atmosphäre auf und bilden mithilfe des darin enthaltenen Kohlenstoffs organische Substanzen. Diese werden bei Atmungsprozessen wieder zerlegt und das dabei entstehende Kohlendioxid wird in die Atmosphäre zurückgeführt.

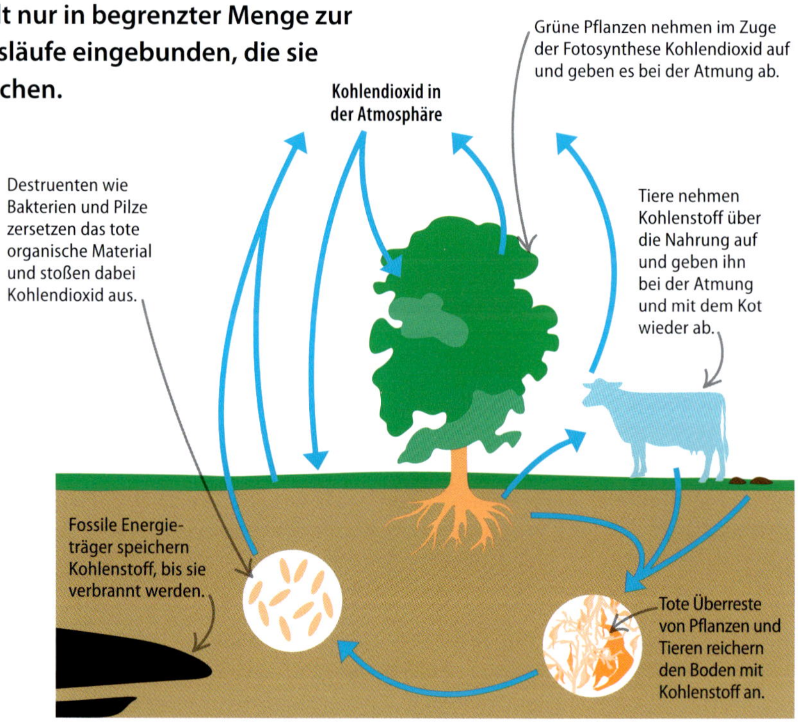

▷ **Kohlenstoffspeicher**
Der weitaus größte Teil des irdischen Kohlenstoffs ist nicht am Kohlenstoffkreislauf beteiligt, sondern in Gesteinen gespeichert. Auch fossile Energieträger wie Erdöl, Kohle oder Erdgas enthalten riesige Mengen Kohlenstoff, der bei ihrer Verbrennung als Kohlendioxid in die Atmosphäre gelangt.

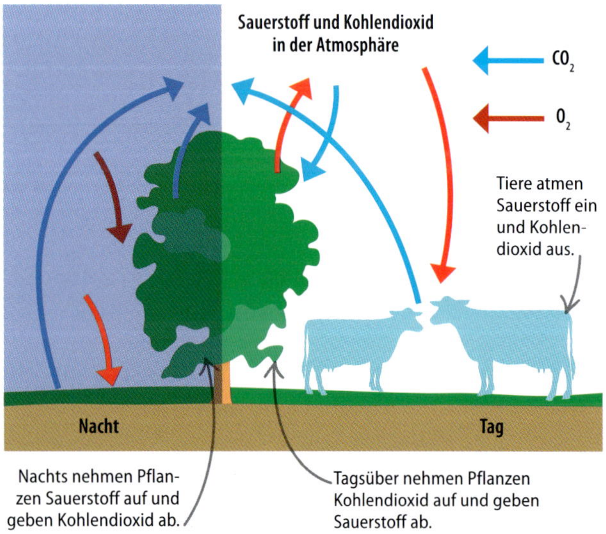

Sauerstoffkreislauf

Die meisten Organismen sind sogenannte Aerobier – d. h., sie brauchen Sauerstoff zum Überleben. Aerobe Organismen entnehmen den bei der Atmung benötigten Sauerstoff dem umgebenden Medium, also etwa der Luft. Obwohl unzählige Lebewesen auf der Erde dies ständig tun, nimmt der Sauerstoffgehalt in der Atmosphäre nicht ab, da verbrauchter Sauerstoff laufend durch Fotosynthese betreibende Organismen wie Pflanzen ersetzt wird.

◁ **Nacht und Tag**
Pflanzen brauchen Licht für die Fotosynthese und können daher nur am Tag fotosynthetisch aktiv sein und Sauerstoff produzieren. Nachts müssen sie genau wie andere Organismen Sauerstoff aufnehmen, da ihre Zellatmung auch während der Nacht weiterläuft. Unter dem Strich erzeugen Pflanzen tagsüber jedoch mehr Sauerstoff als sie nachts verbrauchen.

Stickstoffkreislauf

Stickstoff ist Bestandteil von Proteinen und Nukleinsäuren und wird daher von allen Lebewesen benötigt. Die meisten Organismen können molekularen Stickstoff (N_2) aus der Atmosphäre nicht nutzen. Sie sind auf bestimmte Bakterien angewiesen, die ihn in für sie verwertbare anorganische Verbindungen überführen. Pflanzen nehmen diese Stoffe aus dem Boden auf und bilden stickstoffhaltige, organische Substanzen, die z. B. Tieren als Nahrung dienen.

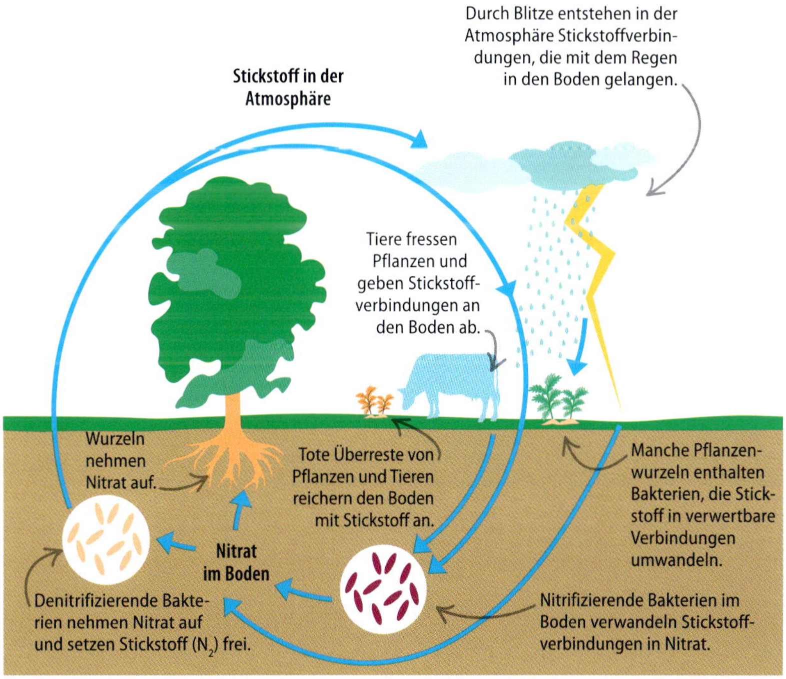

△ **Nitrat**
Nitrationen (NO_3^-) bestehen aus einem Stickstoffatom und drei Sauerstoffatomen und stellen für die meisten Pflanzen die wichtigste Stickstoffquelle dar. Sie können von manchen Bakterien mithilfe spezieller Enzyme gebildet werden oder auch bei Blitzentladungen in der Atmosphäre entstehen.

INTERESSANT!

Fleischfressende Pflanze

Venusfliegenfallen besiedeln stickstoffarme Standorte und decken einen Teil ihres Stickstoffbedarfs über Insekten, die sie mit Fangblättern fangen. Nach dem Zuklappen der Falle geben Blattdrüsen Enzyme ab, die die Beute zersetzen und die Nährstoffe verfügbar machen.

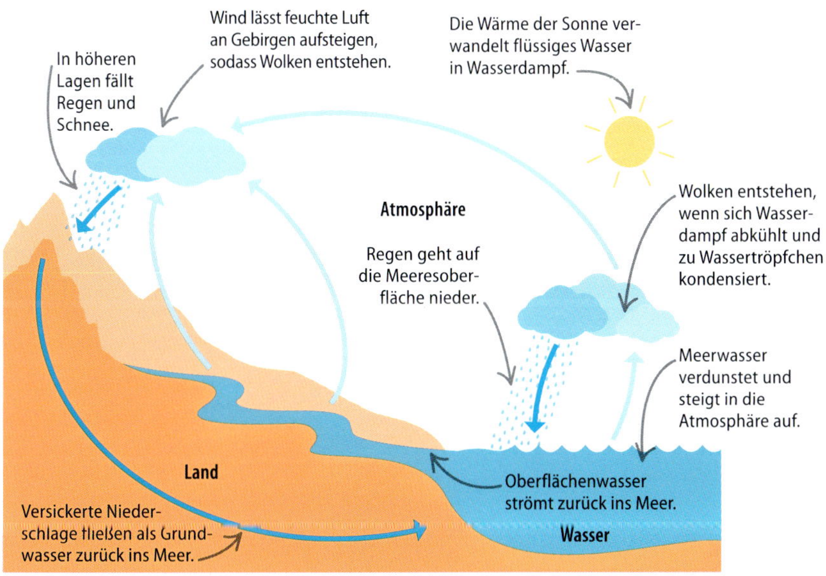

Wasserkreislauf

Der Wasserkreislauf sorgt dafür, dass ein Teil des Wassers aus dem riesigen Wasservorrat der Ozeane immer wieder zu den Kontinenten zurückkehrt. Ohne ihn würden sich die Landökosysteme der Erde schon nach kurzer Zeit in tote Wüsten verwandeln. Denn Lebewesen bestehen zum großen Teil aus Wasser und müssen regelmäßig ihre Wasserverluste ausgleichen, damit ihr Stoffwechsel funktioniert und sie nicht zugrunde gehen.

◁ **Wasser in Bewegung**
Das Wasser im Wasserkreislauf ist ständig in Bewegung. Es steigt über den Ozeanen als Wasserdampf auf, wandert mit dem Wind zu den Kontinenten, geht dort als Regen oder Schnee nieder und fließt in die Ozeane zurück.

Evolution

BESSER AN IHRE UMWELT ANGEPASSTE ORGANISMEN HABEN GRÖSSERE CHANCEN, IHRE GENE WEITERZUGEBEN.

SIEHE AUCH

❮ 20–21 Biologische Systematik
❮ 42–43 Fortpflanzung I
Evolutionäre Anpassung 82–83 ❯
Genetik I 84–85 ❯

Die Evolutionstheorie, die der britische Naturforscher Charles Darwin in seinem 1859 erschienenen Werk „Über die Entstehung der Arten" dargelegt hat, sieht in der natürlichen Auslese (Selektion) die Triebfeder der Evolution.

Fortpflanzungsdrang

Vieles von dem, was Organismen tun, ist darauf ausgerichtet, so viele fortpflanzungsfähige Nachkommen zu erzeugen wie möglich. Dabei sind diejenigen Individuen am erfolgreichsten, die für den Kampf ums Überleben in ihrer jeweiligen Umwelt die vorteilhaftesten Gene bzw. Merkmale besitzen. Individuen mit nachteiligen Merkmalen sterben häufig schon, bevor sie ihre Gene an die nächste Generation weitergeben können.

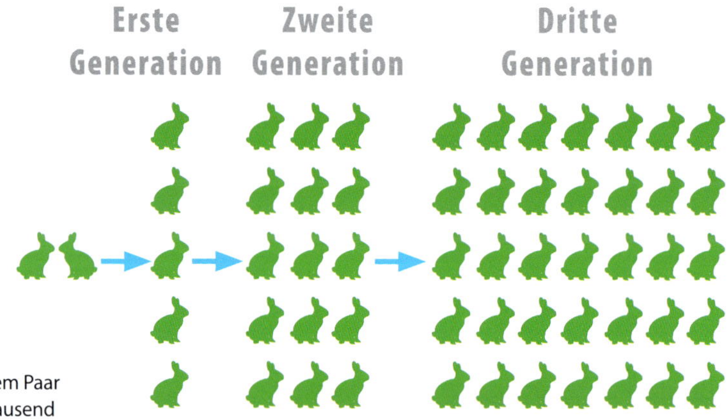

▷ **Hohe Fortpflanzungsrate**
Kaninchen haben eine so hohe Vermehrungsrate, dass aus einem Paar theoretisch innerhalb weniger Generationen ein Heer von zigtausend Kaninchen werden könnte. In der Realität sorgen jedoch innerartliche Konkurrenz, Krankheiten und Feinde dafür, dass dies nicht passiert.

Natürliche Selektion

Die Individuen einer Art mit geschlechtlicher Fortpflanzung sind alle verschieden. Die natürliche Selektion wählt aus dieser Vielfalt gewissermaßen diejenigen Individuen aus, die Merkmale besitzen, die einen Überlebensvorteil darstellen, und sorgt dafür, dass sie sich stärker vermehren als ihre Artgenossenen. Von Generation zu Generation treten diese Merkmale deshalb immer häufiger auf, bis schließlich die gesamte Art besser an ihre Umwelt angepasst ist.

Beim Birkenspanner gibt es sowohl eine helle als auch eine dunkle Form.

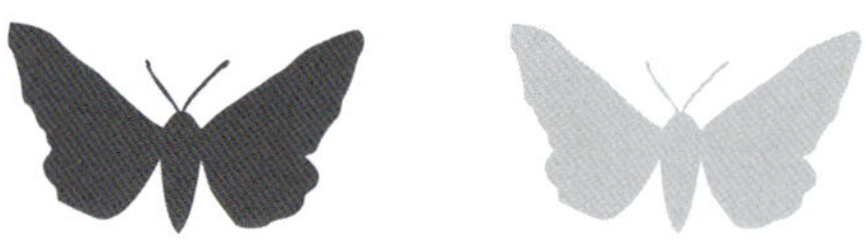

△ **Birkenspanner**
Der Birkenspanner gilt als Paradebeispiel dafür, wie schnell Arten sich bei Umweltänderungen durch natürliche Selektion verändern können. Nach Beginn der Industriellen Revolution wurde innerhalb weniger Jahrzehnte mancherorts aus einer hell gefärbten Art eine dunkel gefärbte Art.

Helle Spanner sind für Feinde schwer zu entdecken und werden selten gefressen.

△ **Helle Form gut getarnt**
Vor der Industriellen Revolution waren die meisten Birkenspanner hell gefärbt und dadurch, anders als ihre dunklen Artgenossen, auf Birkenrinde bestens getarnt.

Helle Spanner sind für Feinde leicht zu entdecken und werden häufig gefressen.

△ **Helle Form gut sichtbar**
Nachdem der Ruß der Fabriken die Birkenrinde dunkel gefärbt hatte, ging die Zahl der hellen Spanner drastisch zurück, während die dunklen deutlich häufiger wurden.

Vor etwa 250 Mio. Jahren löschte das größte **Massensterben** der Erdgeschichte schätzungsweise **90 %** aller Tierarten aus.

Wie neue Arten entstehen

Bei zweigeschlechtlichen Organismen wird unter einer Art eine Gruppe von Lebewesen verstanden, deren Mitglieder sich unter natürlichen Bedingungen miteinander fortpflanzen und dabei fruchtbare Nachkommen hervorbringen können. Neue Arten entstehen gewöhnlich dadurch, dass sich eine Ausgangsart in Tochterarten aufspaltet. Das geschieht häufig durch räumliche Trennung (allopatrische Artbildung), kann aber auch ohne eine solche erfolgen (sympatrische Artbildung).

INTERESSANT!

Fossilien

Fossilien wie dieses versteinerte Urvogelskelett sind Überreste und Spuren ausgestorbener urzeitlicher Lebewesen, die bis heute erhalten geblieben sind. Sie haben viel zum Verständnis von Evolution beigetragen, denn sie zeigen z. B., wie die Vorfahren heute lebender Arten ausgesehen haben oder wie sich das Leben in Anpassung an sich ändernde Umweltbedingungen im Laufe langer Zeiträume entwickelt hat.

Sympatrische Artbildung

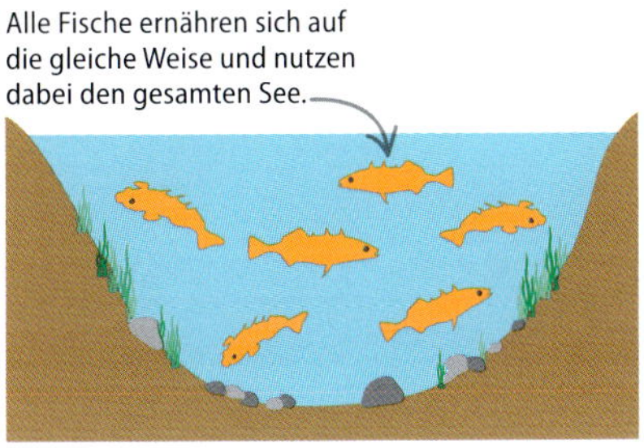

△ **1. Eine Fischart**
Im See lebt nur eine Fischart, die sich von unterschiedlichen, im Freiwasser und am Seeboden lebenden Kleintieren ernährt.

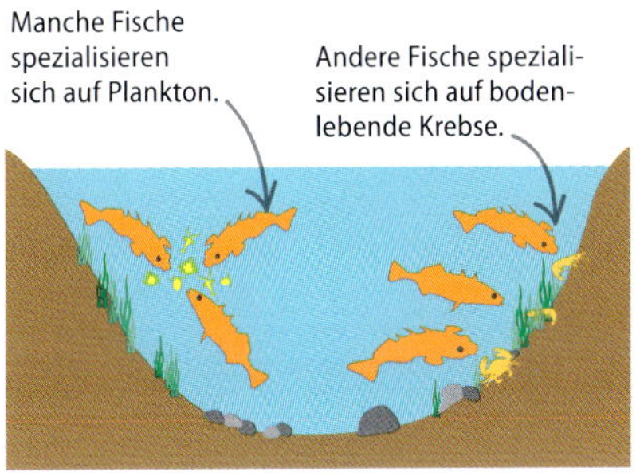

△ **2. Nahrungsspezialisierung**
Die Fische bilden zwei Gruppen, die sich auf verschiedene Beutetiere spezialisieren. In Anpassung an die Nahrung entwickeln sich die Gruppen unterschiedlich weiter.

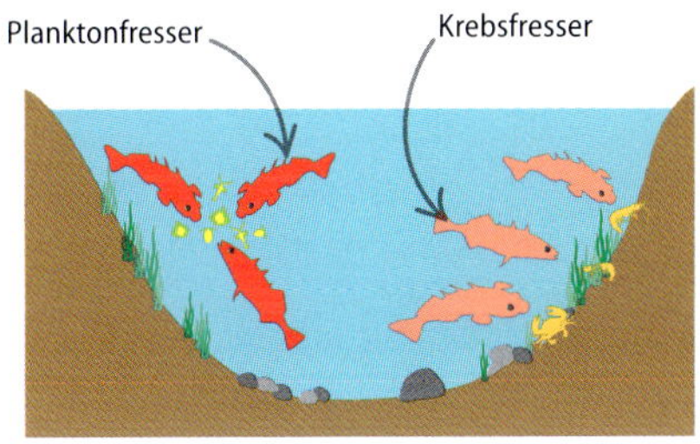

△ **3. Zwei Fischarten**
Die Gruppen haben immer weniger Kontakt und werden schließlich zu getrennten Arten, die sich nicht mehr miteinander fortpflanzen können.

Allopatrische Artbildung

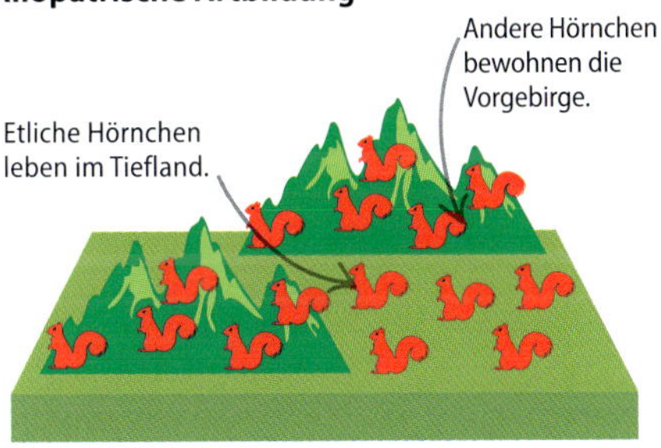

△ **1. Eine Hörnchenart**
Eine Hörnchenart besiedelt ein großes Verbreitungsgebiet, in dem es verschiedene Lebensräume mit z. T. sehr unterschiedlichen Lebensbedingungen gibt.

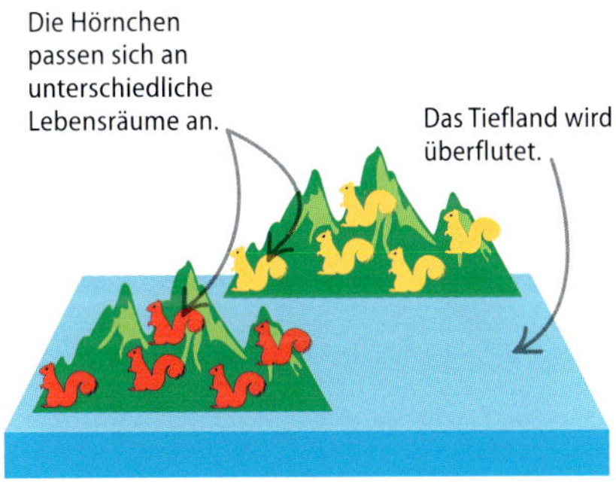

△ **2. Geografische Isolation**
Ein steigender Meeresspiegel macht die Gebirge zu isolierten Inseln. Die dort lebenden Hörnchengruppen entwickeln sich getrennt voneinander weiter.

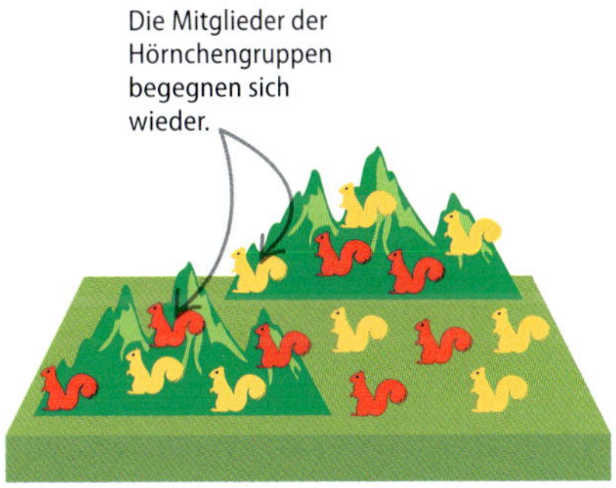

△ **3. Zwei Hörnchenarten**
Nachdem der Meeresspiegel wieder gesunken ist, zeigt sich, dass aus den Gruppen zwei Arten geworden sind, die sich nicht mehr miteinander fortpflanzen können.

Evolutionäre Anpassung

ARTEN MÜSSEN SICH VERÄNDERN, UM ZU ÜBERLEBEN.

SIEHE AUCH
‹ 20–21 Biologische Systematik
‹ 44–45 Fortpflanzung II
‹ 80–81 Evolution
Genetik I 84–85 ›

Anpassungen sind das sichtbare Ergebnis von Evolution. Die natürliche Selektion verändert den Bau und das Verhalten von Organismen, sodass sie mit sich ändernden Umwelten zurechtkommen.

Adaptive Radiation

Unter adaptiver Radiation versteht man die Aufspaltung einer Art in zahlreiche neue Arten. Treibende Kraft ist dabei häufig innerartliche Konkurrenz, die die Mitglieder der Stammart dazu zwingt, unterschiedliche ökologische Nischen zu besetzen. Die neuen Arten sind einander ähnlich und teilen grundlegende Merkmale, die sie von der Ahnenform übernommen haben. Sie weisen aber auch jeweils bestimmte Sondermerkmale auf, die sich in Anpassung an ihre Lebensweise herausgebildet haben.

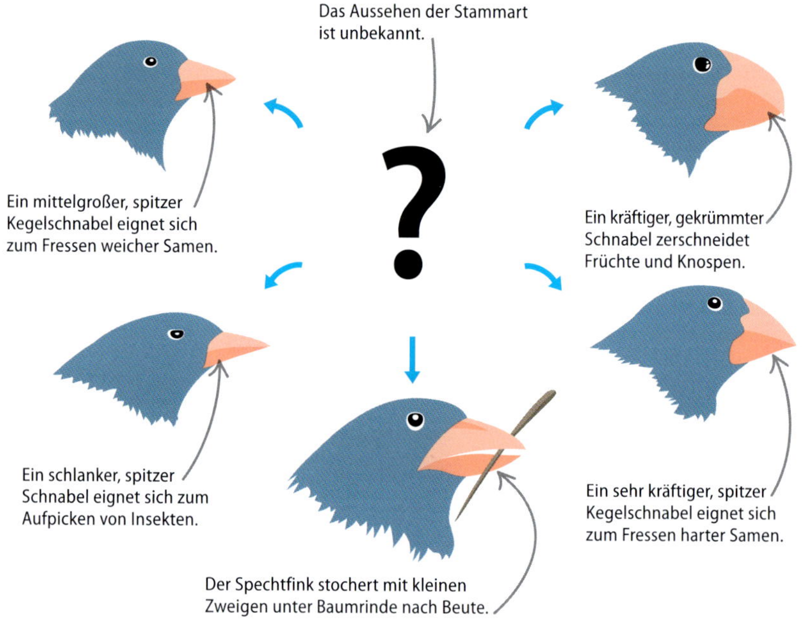

▷ **Darwinfinken**
Die Darwinfinken der Galapagosinseln sind ein Musterbeispiel für adaptive Radiation. Aus einer Stammart entwickelten sich infolge innerartlicher Nahrungskonkurrenz etliche neue Arten mit an die jeweils bevorzugte Nahrung angepassten Schnäbeln.

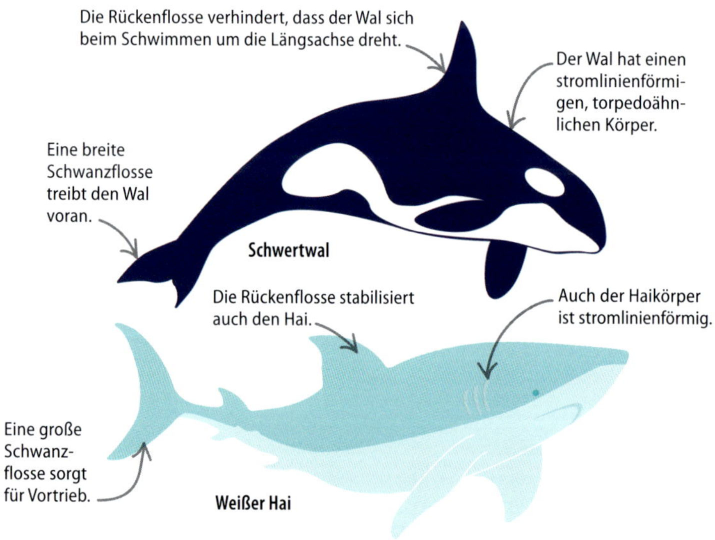

Konvergente Evolution

Evolution bedeutet häufig, dass nah verwandte Organismen aufgrund der Anpassung an ihre Umwelt einander immer unähnlicher werden. Sie kann jedoch auch dazu führen, dass nicht näher verwandte Arten, die sich auf die gleiche Art an vergleichbare Lebensbedingungen anpassen, einander erstaunlich ähnlich werden. In der Biologie spricht man in diesem Fall von konvergenter Evolution oder Konvergenz. Beispiele für Konvergenz sind die Flügel von Vögeln und Fledertieren oder die Flossen von Fischen und Meeressäugern.

◁ **Marine Jäger**
Der Weiße Hai ist ein Fisch und der Schwertwal ist ein Säugetier. Da beide im Wasser lebende, schnell schwimmende Jäger sind, ähneln sie sich aber dennoch stark in ihrem äußeren Körperbau.

Koevolution

Wenn zwei Arten ihre Evolution wechselseitig beeinflussen und beim jeweils anderen in Anpassung aneinander immer wieder aufs Neue Veränderungen von Merkmalen auslösen, nennt man das Koevolution. Diese ist z. B. bei Blütenpflanzen und ihren tierischen Bestäubern ein verbreitetes Phänomen.

Symbiosen, wie etwa die von **Korallenpolypen** und **Algen**, stellen eine sehr enge Form der Koevolution dar.

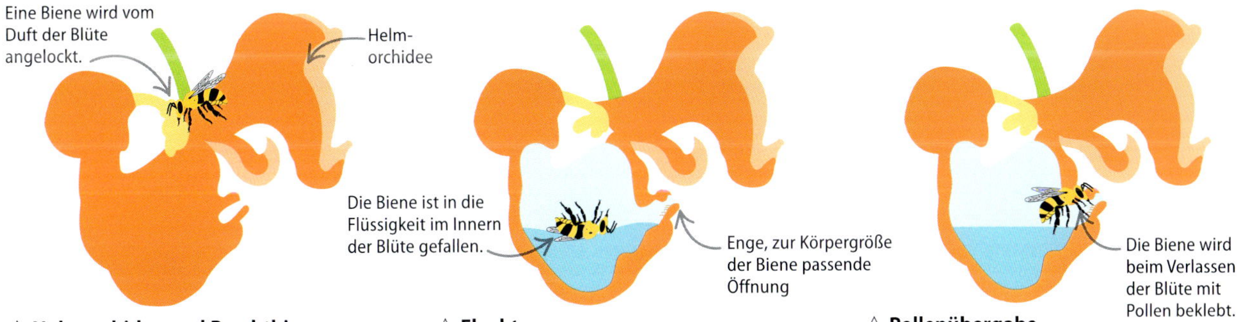

△ **Helmorchidee und Prachtbiene**
Helmorchideen bilden ein öliges Sekret, das bestimmte Prachtbienen anlockt. Diese fallen beim Sekretsammeln oft in eine Flüssigkeit im unteren Teil der Blüten.

△ **Fluchtweg**
Die Bienen können weder davonfliegen, noch nach oben aus der Blüte herausklettern. Ihnen bleibt als Fluchtweg nur eine enge seitliche Öffnung.

△ **Pollenübergabe**
Wenn sich die Bienen durch den Ausgang zwängen, kleben ihnen die Pflanzen Pollenpakete auf den Rücken. Mit diesen können die Insekten andere Blüten bestäuben.

Sexuelle Selektion

Bei der sexuellen Selektion entscheidet die Partnerwahl darüber, welche Gene bzw. Merkmale an nachfolgende Generationen weitergegeben werden. Wenn dabei jeweils Partner mit vorteilhaften Eigenschaften ausgewählt werden, kann das für die Art durchaus nützlich sein. Oft genug erfolgt die Auswahl aber nicht nach Nützlichkeit, sondern nach Attraktivität. Das kann zur Entwicklung extremer Merkmale führen, die letztlich für ihre Träger und die Art sogar nachteilig sein können.

▽ **Damenwahl**
Dass sich bei Fasanenhähnen sehr lange Schwanzfedern entwickelt haben, obwohl diese beim Fliegen eher hinderlich sind, ist eine Folge sexueller Selektion. Fasanenhennen wählen meist Männchen mit prächtigem Schwanzgefieder zur Paarung aus und sorgen so dafür, dass diese ihre Gene weitergeben.

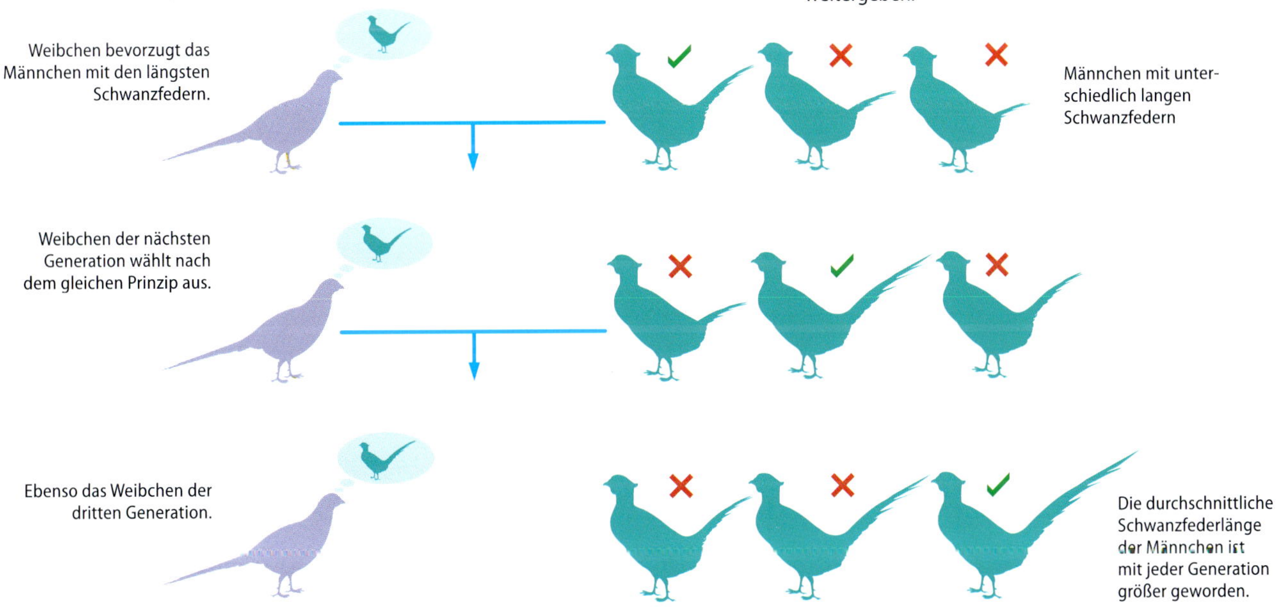

Genetik I

DIE GENETIK BESCHÄFTIGT SICH MIT DER VERERBUNG VON MERKMALEN AN NACHFOLGENDE GENERATIONEN.

SIEHE AUCH
❮ 22–23 Zellaufbau
❮ 44–45 Fortpflanzung II
❮ 80–81 Evolution
Polymere und Kunststoffe 164–165 ❯

Die Erbinformation von Organismen steckt in ihren Genen. Sie steuern die Herstellung von Proteinen und sind damit letztlich auch für die Ausbildung von Merkmalen verantwortlich. Kinder besitzen stets Gene und folglich auch Merkmale beider Eltern.

Chromosomen

Chromosomen sind Molekülstrukturen im Zellkern, in denen die Erbinformation in stofflicher Form gespeichert ist. Sie bestehen aus Desoxyribonukleinsäure (DNS) und Proteinen und enthalten zahlreiche Erbanlagen (Gene). Unter dem Lichtmikroskop erkennbar sind Chromosomen nur während der Mitose, denn dann sind die dünnen DNS-Fäden zeitweise dicht zusammengewickelt.

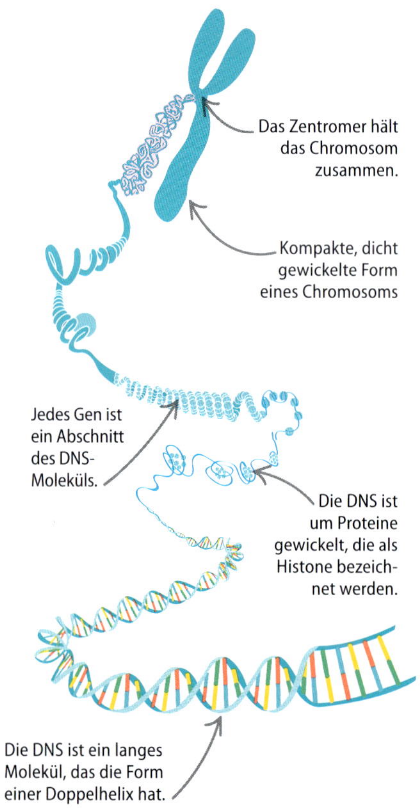

Gene und Allele

Beim Menschen und den meisten Tieren oder Pflanzen liegen die Chromosomen und damit auch deren Gene in doppelter Ausführung vor. Die sich entsprechenden Gene auf den jeweiligen Chromosomenpaaren werden als Allele bezeichnet. Sie können identisch sein oder sich infolge von Mutationen geringfügig unterscheiden. Sind sie unterschiedlich, können auch die zugehörigen Merkmale verschieden sein. Die Gesamtheit aller Merkmale eines Organismus wird **Phänotyp** genannt, die Gesamtheit aller Gene bzw. Allele heißt **Genotyp**.

▽ **Dominanz und Rezessivität**
Im Fall unterschiedlicher Allele wird ein Merkmal oft nur von einem – dem dominanten – Allel bestimmt, während das andere, rezessive Allel nicht an der Merkmalsausbildung beteiligt ist. Dieses Beispiel soll modellhaft die Auswirkungen dieses Sachverhalts verdeutlichen. In der Realität wird die Augenfarbe durch mehrere Gene vererbt, sodass es zu abweichenden Merkmalsausprägungen kommen kann. Das Allel für braune Augen (B) ist dominant und das Allel für blaue Augen (b) rezessiv. Die Mutter besitzt beide Allele, hat aber wegen der Dominanz von B braune Augen. Ihr rezessives Allel sorgt jedoch dafür, dass die Wahrscheinlichkeit für blauäugige und braunäugige Kinder gleich groß ist.

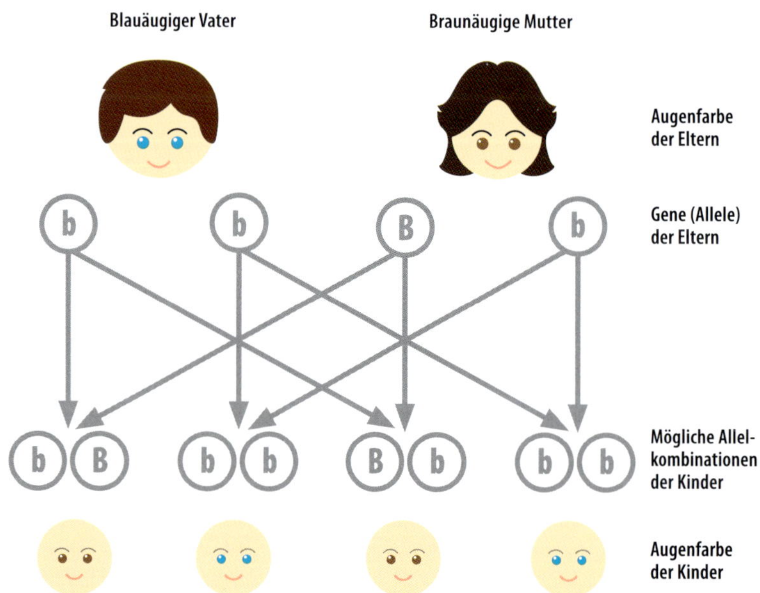

Mendelsche Regeln

Pflanzen sich zwei Eltern fort, die sich in einem Merkmal, für dessen Ausbildung nur ein Gen verantwortlich ist, unterscheiden, und sind ihre beiden Allele für dieses Merkmal jeweils identisch, dann sind ihre Nachkommen bezüglich dieses Merkmals alle gleich (**Uniformitätsregel**). Bei dominant-rezessiver Vererbung sieht das Merkmal bei ihnen aus wie bei dem Elternteil mit den dominanten Allelen, bei intermediärer Vererbung wie eine Mischung der Merkmale beider Eltern.

Kreuzt man die Nachkommen, spaltet sich die zweite Tochtergeneration, was die Merkmalsausprägung angeht, in einem bestimmten Verhältnis auf (**Spaltungsregel**).

Bei Eltern, die sich in mehreren Merkmalen unterscheiden, werden die Merkmale oft unabhängig voneinander vererbt und es können Nachkommen mit ganz neuen Merkmalskombinationen entstehen (**Unabhängigkeitsregel**).

▽ **Intermediärer Erbgang**
Dieses Beispiel zeigt die intermediäre Vererbung der Blütenfarbe bei einer Pflanze.

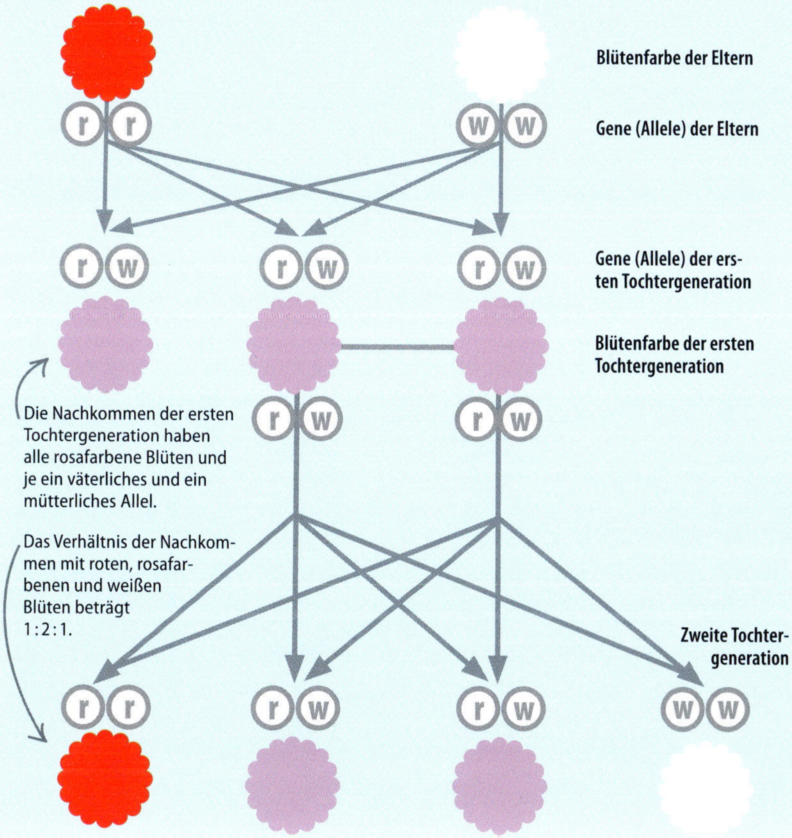

Geschlechtschromosomen

Das Geschlecht eines Menschen wird durch die Geschlechtschromosomen bestimmt, die er von den Eltern erhält. Frauen besitzen zwei X-Chromosomen und Männer ein X- und ein Y-Chromosom. Eizellen enthalten stets nur ein X-Chromosom, während Spermien entweder ein X- oder ein Y-Chromosom enthalten können.

▽ **Geschlechtsbestimmung**
Da die Mutter immer nur ein X-Chromosom weitergibt, bestimmt letztlich der Vater das Geschlecht des Kindes: Befruchtet ein X-Spermium die Eizelle, entsteht ein Mädchen, bei einem Y-Spermium ein Junge.

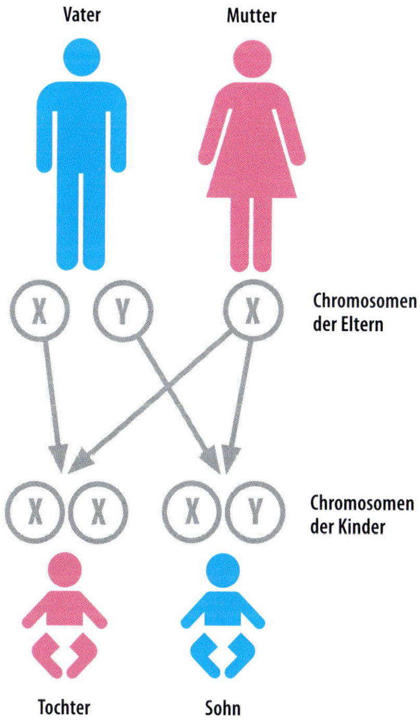

Der Mensch besitzt **46 Chromosomen** – deutlich weniger als ein Hund **(78)**, aber mehr als eine Hauskatze **(38)**.

Genetik II

MITHILFE DES GENETISCHEN CODES WERDEN PROTEINE HERGESTELLT, DIE ORGANISMEN BENÖTIGEN.

SIEHE AUCH
❮ 22–23 Zellaufbau
❮ 42–43 Fortpflanzung I
❮ 80–81 Evolution
Polymere und Kunststoffe 164–165 ❯

Die genetische Information der DNS steckt in einem Basencode, durch den die Abfolge der Aminosäuren in Proteinen festgelegt wird. Fehler in diesem Code können Erbkrankheiten zur Folge haben.

Doppelhelix

Das Desoxyribonukleinsäure-Molekül bildet eine sogenannte Doppelhelix und erinnert an eine verdrehte Strickleiter. Die „Seile" bestehen dabei aus Zucker (Desoxyribose) und Phosphat, die „Sprossen" aus den Nukleinbasen Thymin (T), Adenin (A), Cytosin (C) und Guanin (G). Die Abfolge dieser Basen in einem Gen ist die Bauanleitung für das durch dieses Gen in Auftrag gegebene Protein.

▷ **Nukleinbasen**
Jede „Sprosse" besteht aus einem Basenpaar, wobei stets Adenin mit Thymin und Cytosin mit Guanin verbunden ist. Nur ein Teil der Basen eines Gens ist für die Bildung von Proteinen von Bedeutung.

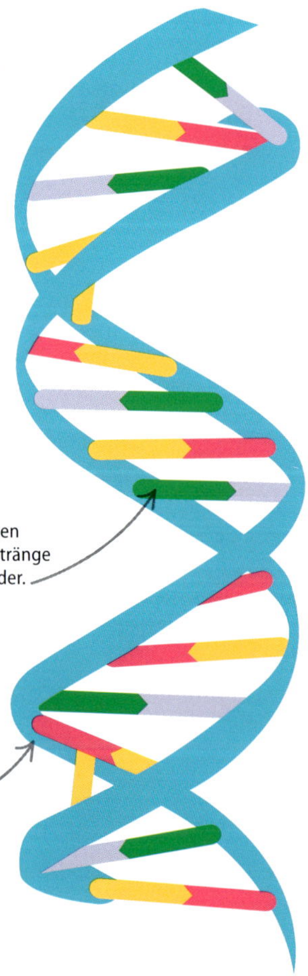

Transkription

Bei der Transkription wird die genetische Information von der DNS auf eine Boten-Ribonukleinsäure (Messenger-RNS oder kurz mRNS) übertragen. Dazu wird ein Stück der Doppelhelix geteilt und dann anhand der Basenabfolge eines der DNS-Stränge (codogener Strang) ein RNS-Molekül gebildet. Auch RNS enthält Nukleinbasen, allerdings findet sich bei ihr statt Thymin die Base Uracil (U). Nach der Transkription verlässt die mRNS den Zellkern und wandert zu einem Ribosom.

▷ **Basenpaare**
Die RNS wird so zusammengesetzt, dass ihre Basen jeweils mit den passenden Partnerbasen der DNS ein Paar bilden – Cytosin mit Guanin und Adenin mit Uracil.

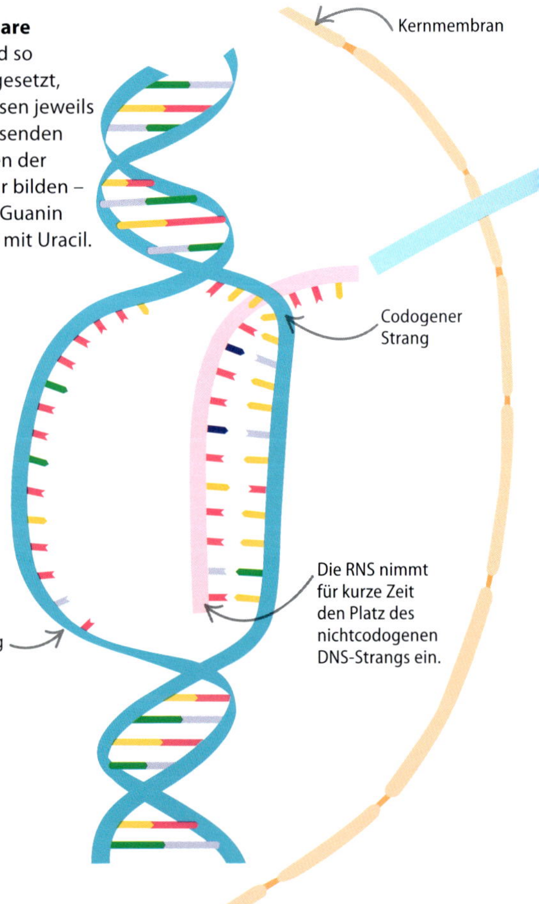

Translation

Im Ribosom wird dann der genetische Code in ein Protein „übersetzt“. Dabei entscheidet die Abfolge der Basen in der mRNS darüber, in welcher Reihenfolge Aminosäuren in das Proteinmolekül eingebaut werden. Jeweils drei aufeinanderfolgende Basen (Codons) codieren eine bestimmte Aminosäure, die an die Aminosäurekette angehängt wird, wenn das Ribosom das jeweilige Codon der RNS erreicht.

▽ **Proteinbiosynthese**
Verschiedene Transfer-Ribonukleinsäuren (tRNS) transportieren unterschiedliche Aminosäuren zum Ribosom und sorgen mithilfe ihrer ebenfalls aus drei Nukleinbasen bestehenden Anticodons dafür, dass jede Aminosäure an der richtigen Stelle in der Aminosäurekette landet.

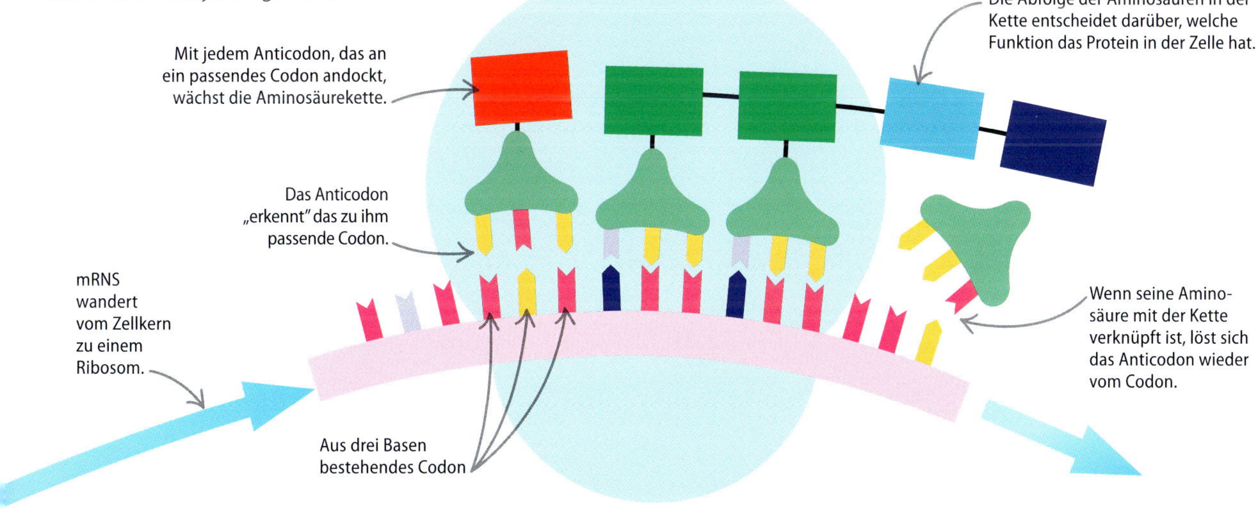

Mutationen

Mutationen sind dauerhafte Veränderungen des Erbguts und spielen in der Evolution eine wichtige Rolle. Treten sie in DNS-Abschnitten auf, die für die Proteinbiosynthese relevant sind, kann das zur Bildung andersartiger Proteine führen. Dies kann positive, aber auch negative Folgen haben. Mutationen, die in Keimzellen auftreten, werden an die Nachkommen vererbt.

▷ **Erbkrankheit**
Manche Mutationen sind für Erbkrankheiten verantwortlich. Ein Beispiel hierfür ist die Sichelzellanämie, bei der eine Mutation dazu führt, dass an einer Stelle des Blutfarbstoffs Hämoglobin eine andere Aminosäure eingebaut wird. Das hat bei Betroffenen sichelförmige Erythrozyten und Blutarmut zur Folge.

INTERESSANT!

Down-Syndrom

Ursache des Down-Syndroms ist eine Veränderung der Anzahl der Chromosomen (Genommutation). Bei Menschen mit dieser Erkrankung ist das Chromosom 21 nicht doppelt, sondern dreifach vorhanden (Trisomie 21). Die Mutation wirkt sich – in individuell sehr unterschiedlichem Ausmaß – sowohl auf die körperliche Entwicklung als auch auf die geistigen Fähigkeiten der Betroffenen aus.

Umweltverschmutzung

DIE VERSCHMUTZUNG DER UMWELT DURCH DEN MENSCHEN GEFÄHRDET DIE NATÜRLICHEN ÖKOSYSTEME DER ERDE.

SIEHE AUCH

❮ 74–75 Ökosysteme
Menschlicher Einfluss 90–91 ❯
Säuren und Basen 144–145 ❯
Elektromagnetische Wellen 202–203 ❯

Vieles, was durch menschliche Aktivitäten in die Umwelt gelangt, hat dort nachteilige Auswirkungen, aber nichts ist bedrohlicher als schädliche Chemikalien, die in großen Mengen Boden, Wasser oder Luft verschmutzen.

Ozonloch

Ozon (O_3) bildet in höher gelegenen Bereichen der Erdatmosphäre die sogenannte Ozonschicht, die das Leben auf der Erde vor gefährlicher ultravioletter (UV-)Strahlung der Sonne schützt. Durch jahrzehntelange Freisetzung großer Mengen an Fluorkohlenwasserstoffen (FCKW) – z. B. als Treibgas in Sprühdosen verwendeten – wurde diese Schutzschicht insbesondere über den Polen stark ausgedünnt und es entstand das sogenannte Ozonloch. Mittlerweile sind FCKW verboten und die Ozonschicht scheint sich langsam zu erholen.

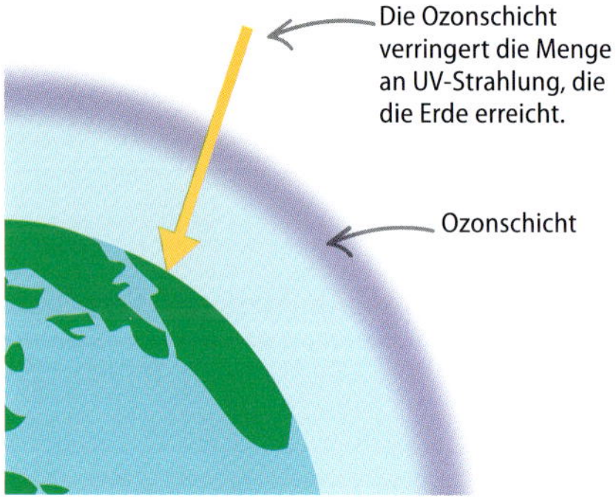

△ **Intakte Ozonschicht**
Wenn die Ozonschicht intakt ist, absorbiert sie insbesondere die kurzwelligsten und damit gefährlichsten Anteile der von der Sonne kommenden UV-Strahlung.

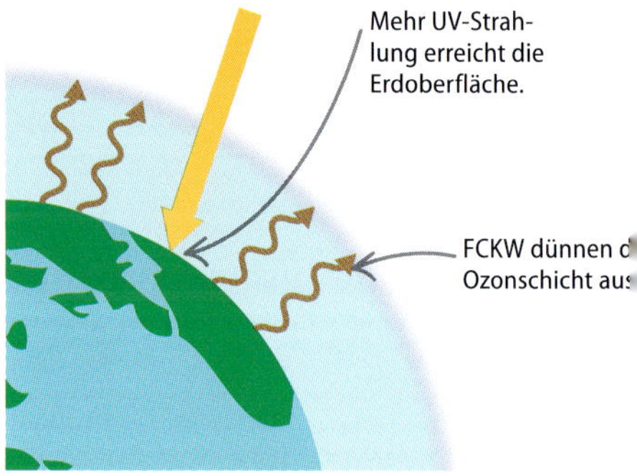

△ **Ausgedünnte Ozonschicht**
Die FCKW reagieren mit dem Ozon und verwandeln es in molekularen Sauerstoff (O_2). Dadurch geht die Schutzwirkung verloren und es gelangt mehr UV-Strahlung zur Erde.

INTERESSANT!

Globale Verdunkelung

Die Verbrennung fossiler Energieträger setzt Kohlendioxid frei und trägt damit zur globalen Erwärmung bei. Sie scheint jedoch gleichzeitig auch einen abkühlenden Effekt zu haben, denn die beim Verbrennen entstehenden Rußpartikel verdunkeln den Himmel und sorgen dafür, dass weniger Sonnenlicht die Erde erreicht.

Treibhauseffekt

In der Atmosphäre vorhandene Treibhausgase wie Wasserdampf, Kohlendioxid oder Methan sorgen dafür, dass weniger Wärme an den Weltraum verloren geht. Ohne sie wäre es auf der Erde im Durchschnitt über 30 °C kälter. Menschliche Aktivitäten wie das Verbrennen fossiler Energieträger oder die Intensivlandwirtschaft erhöhen den Anteil der Treibhausgase in der Erdatmosphäre. Das führt dazu, dass es auf der Erde nach und nach wärmer wird und Wetterextreme zunehmen.

Wegen eines **extrem** starken Treibhauseffekts ist die **Venus** der heißeste Planet des Sonnensystems.

▽ **Gefangene Wärme**
Die vom Sonnenlicht erwärmte Erdoberfläche gibt Wärme in Form von Infrarotstrahlung ab. Ein erheblicher Teil davon wird von Treibhausgasen absorbiert und anschließend zur Erde zurückgeschickt.

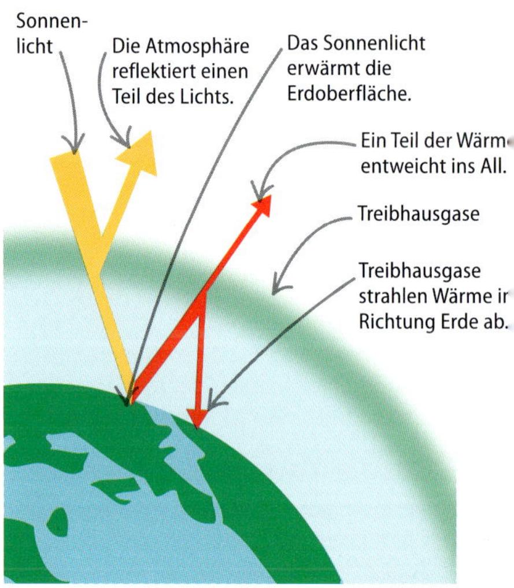

Saurer Regen

Regen ist immer ein wenig sauer, weil das in der Luft enthaltene Kohlendioxid mit Wasser zu Kohlensäure reagiert. Doch wenn Schadgase wie Schwefeldioxid und Stickstoffoxide in großen Mengen in die Atmosphäre gelangen und sich in Wasser lösen, entstehen weit stärkere Säuren, die in Ökosystemen schwere Schäden verursachen können, wenn sie als sogenannter saurer Regen niedergehen.

▷ **Ursache und Wirkung**

Für den Ausstoß säurebildender Gase sind v. a. Kohlekraftwerke und Verbrennungsmotoren verantwortlich. Die Auswirkungen des Schadgasausstoßes sind vielfältig und betreffen nicht nur Organismen wie Tiere und Pflanzen, sondern auch Bauwerke.

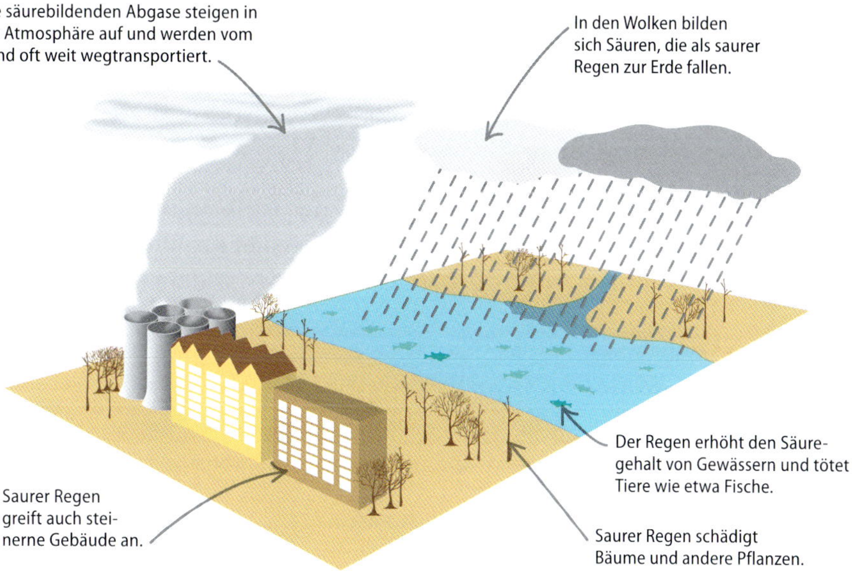

Eutrophierung

Aktivitäten wie die landwirtschaftliche Düngung führen dazu, dass sich vielerorts in stehenden Gewässern Nährstoffe anreichern. Dadurch entstehen häufig Algenblüten, die Licht- und Sauerstoffmangel und im Extremfall sogar das „Umkippen" des Gewässers zur Folge haben können.

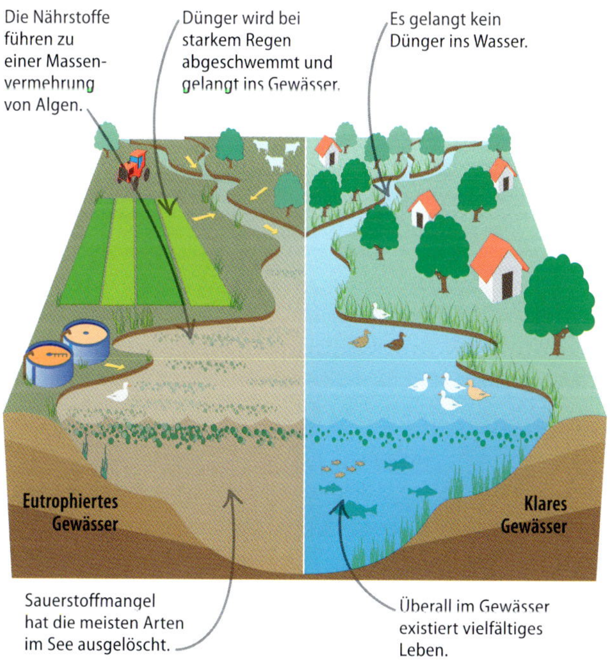

Biomagnifikation

Schadstoffe, die in der Umwelt nur in winzigen Konzentrationen vorkommen, können dennoch ernste Auswirkungen haben, wenn sie sich im Zuge der sogenannten Biomagnifikation über die Nahrung in Lebewesen anreichern. Diese werden manchmal erst bei den Endgliedern von Nahrungsketten deutlich, da die Schadstoffkonzentration erst bei ihnen eine Höhe erreicht, die zu erkennbaren Schäden führt.

▷ **DDT-Katastrophe**

Die Biomagnifikation des Insektizids DDT führte Mitte des 20. Jahrhunderts zu dramatischen Bestandsrückgängen etlicher Greifvogelarten in weiten Teilen Europas und Nordamerikas. Das Insektengift reicherte sich im Fettgewebe von Wirbeltieren und in der Nahrungskette an und ließ bei Greifvögeln wie Fischadlern oder Wanderfalken die Eierschalen so dünn werden, dass sie oft beim Brüten zerbrachen.

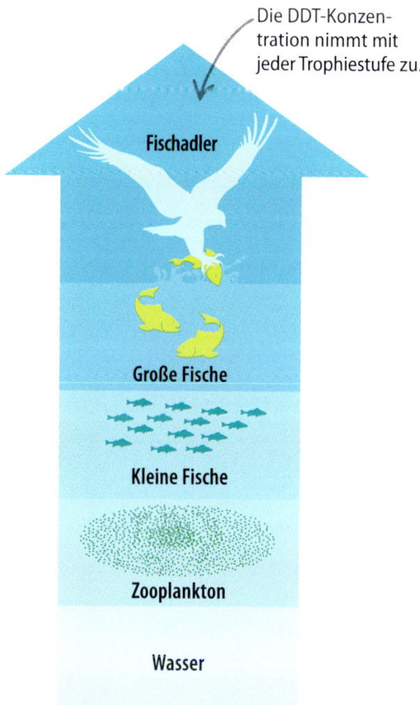

Menschlicher Einfluss

MENSCHLICHE EINGRIFFE KÖNNEN ÖKOSYSTEME UND IHRE LEBENSWELT DRAMATISCH VERÄNDERN.

SIEHE AUCH
❮ 74–75 Ökosysteme
❮ 82–83 Evolutionäre Anpassung
❮ 84–85 Genetik I
❮ 88–89 Umweltverschmutzung

Soweit bekannt, gab es im Verlauf der Erdgeschichte bislang fünf große Massenaussterben. Alle hatten natürliche Ursachen. Vieles spricht dafür, dass gerade ein sechstes großes Artensterben stattfindet – mit dem Menschen als Verursacher.

Lebensraumzerstörung

Um die Bedürfnisse einer wachsenden Weltbevölkerung zu befriedigen, wandelt der Mensch immer mehr natürliche Lebensräume in für ihn nützliche um. Für viele Arten ist das ein großes Problem, denn sie haben sich im Verlauf ihrer Evolution eng an ihren jeweiligen Lebensraum angepasst und keine Chance zu überleben, wenn dieser z. B. landwirtschaftlichen Flächen oder Städten weichen muss.

▽ **Tropischer Regenwald**
Tropische Regenwälder sind artenreiche Lebensräume, in denen die Pflanzennährstoffe v. a. in der Vegetation und nicht im Boden gespeichert sind.

▽ **Brandrodung**
Um neues Ackerland zu schaffen, werden Bäume gefällt und dann verbrannt. Die dabei entstehende Asche düngt den nährstoffarmen Regenwaldboden.

▽ **Ackerland**
Die Aschedüngung ermöglicht ein paar Jahre lang den Anbau von Nutzpflanzen. Dann ist der Boden ausgelaugt und die Bauern müssen neue Flächen roden.

▽ **Sekundärwald**
Auf dem ausgelaugten Boden kann der ursprüngliche Regenwald nicht mehr gedeihen. Stattdessen entsteht ein lichter, artenärmerer Sekundärwald.

Habitattrennung

Viele Tierarten verlassen ihren Lebensraum nur ungern oder gar nicht. Schon eine Straße kann für sie ein unüberwindliches Hindernis darstellen und dazu führen, dass Populationen dauerhaft voneinander getrennt werden. Werden die durch die Zerschneidung des Lebensraums entstehenden Teilpopulationen zu klein, sterben sie über kurz oder lang aus.

▷ **Geteilter Wald**
Die Teilung eines Waldes durch eine Straße hat bei einigen Waldbewohnern zu so kleinen Teilpopulationen geführt, dass diese infolge von Inzucht keinen lebenstüchtigen Nachwuchs mehr hatten und ausgestorben sind.

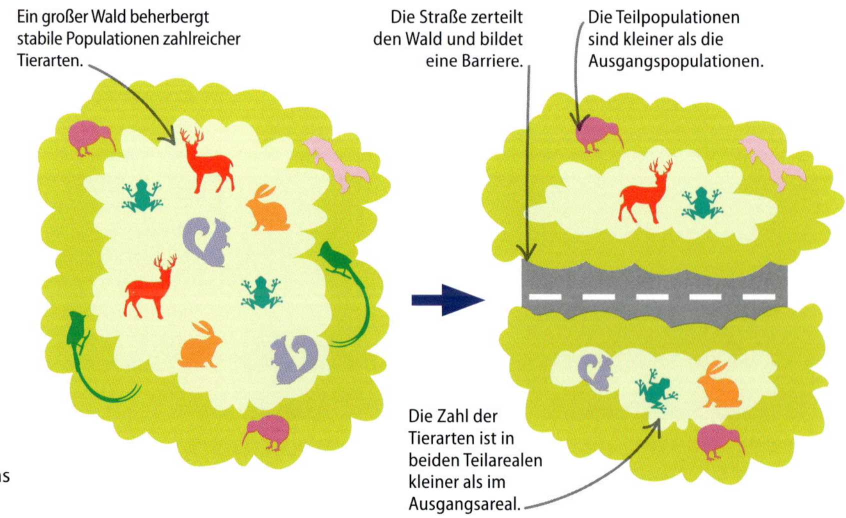

Schädlinge

Schädlinge sind Tiere, die dem Menschen Schaden zufügen, indem sie z. B. Ernten oder Vorräte vernichten. Ihre Bekämpfung erfolgt gewöhnlich mithilfe giftiger Chemikalien. Da diese jedoch oft auch den Fortbestand vieler anderer Arten bedrohen, setzt man mittlerweile vermehrt auf biologische Schädlingsbekämpfung mit natürlichen Schädlingsfeinden und Krankheitserregern.

▽ **Fliegenplage**
Fliegen, die ihre Eier in Dung oder verrottendem Pflanzenmaterial ablegen, sind in landwirtschaftlichen Gegenden oft eine wahre Plage. Sie können Nahrungsmittel verunreinigen und Krankheiten übertragen.

▽ **Parasitische Wespe**
Um der Fliegenplage ohne den Einsatz von Gift Herr zu werden, setzt man vielerorts winzige parasitische Erzwespen, die ihre Eier in den Puppen der Fliegen ablegen, als biologische Schädlingsbekämpfer ein.

▽ **Fliegenmahlzeit**
Nach dem Schlupf fressen die Wespenlarven die Fliegenpuppen von innen auf. Wenn sie ihr Mahl beendet haben, verpuppen sie sich und verlassen schließlich als erwachsene Wespen die leeren Fliegenpuppenhüllen.

Eingeschleppte Arten

Wenn durch den Menschen Tier- und Pflanzenarten in Gebiete gelangen, in denen sie natürlicherweise nicht vorkommen, kann das für die betreffenden Ökosysteme schwerwiegende Folgen haben. Manche dieser Neuankömmlinge vermehren sich explosionsartig und können für einheimische Arten zu einer ernsten Bedrohung werden. Ein gutes Beispiel dafür ist die in den 1930er-Jahren in Australien eingeführte Aga-Kröte.

△ **Käferplage**
Weil die Larven des Zuckerrohrkäfers in ihren Zuckerrohrplantagen großen Schaden anrichteten, suchten Farmer im Nordosten Australiens händeringend nach einer Möglichkeit, die Käferplage zu bekämpfen.

△ **Aga-Kröte**
Schließlich entschied man sich dafür, die riesige, aus Südamerika stammende Aga-Kröte einzuführen. Die gefräßige und anpassungsfähige Lurchart schien zur Lösung des Problems genau richtig zu sein.

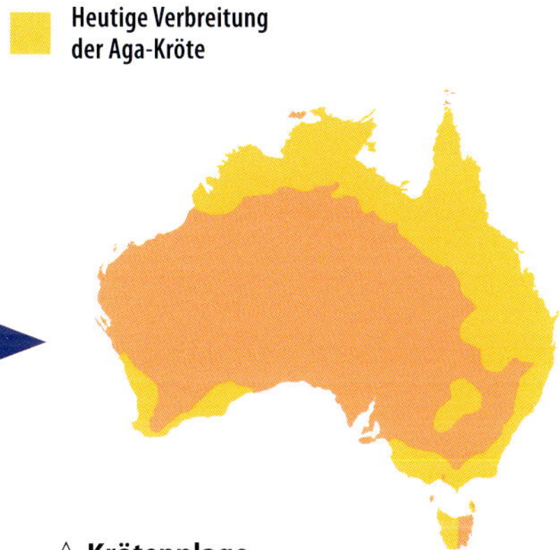

△ **Krötenplage**
Ein schwerer Fehler: Heute leben in Australien über 200 Mio. Aga-Kröten, die kaum Käfer, dafür aber massenhaft andere Tiere fressen, und mit ihrem Gift fast jeden Räuber töten, der es wagt, sie anzugreifen.

INTERESSANT!

Genmodifikation

Durch Genmodifikation ist es heute möglich, sogenannte gentechnisch veränderte Organismen (GVO) wie diese grün leuchtenden Fische zu erzeugen. In das Erbgut der Tiere wurde ein Gen einer Leuchtqualle eingebaut, das die Bildung eines fluoreszierenden Proteins bewirkt. Welche Risiken ein Freisetzen gentechnisch veränderter Organismen in die Umwelt birgt, ist kaum abzuschätzen.

Seit es Forschungsstationen auf Antarktika gibt, ist der **Mensch** die einzige Art, die alle **sieben Kontinente** der Erde bewohnt.

2

Chemie

Was ist Chemie?

CHEMIE IST DIE WISSENSCHAFT, DIE SICH MIT DEN EIGENSCHAFTEN VON STOFFEN UND DEREN UMWANDLUNG BESCHÄFTIGT.

Man könnte in der Chemie ein Bindeglied zwischen Physik und Biologie sehen: Sie baut auf Erkenntnissen der Physik auf und bildet ihrerseits die Basis für einen erheblichen Teil der Biologie.

Stoffe verstehen

Chemiker wollen verstehen, wie sich Eigenschaften und Strukturen von Stoffen beschreiben lassen. Weshalb ist Wasser eine Flüssigkeit, während der Plastikeimer, mit dem man es transportiert, fest ist? Ein Chemiker findet die Antwort auf der allerkleinsten Ebene. Jeder Stoff besteht aus Atomen und die Anordnung dieser Atome legt fest, wie sich ein Stoff verhält.

▽ **Stoffe beschreiben**
Chemiker beschreiben Stoffe auf sehr verschiedene Weise, u. a. durch ihren Zustand – fest, flüssig oder gasförmig – oder ob sie metallisch sind wie eine Schraube oder nichtmetallisch wie die Muschel.

Wasser – flüssig, nichtmetallisch

Helium im Ballon – gasförmig, nichtmetallisch

Muschel – fest, nichtmetallisch

Schraube – fest, metallisch

Chemische Elemente

Alles im Universum besteht aus Rohmaterialien, den chemischen Elementen. In der Natur kommen etwa 90 Elemente vor. Die meisten, z. B. Gold und Quecksilber, sind ziemlich selten, während andere, etwa Kohlenstoff, Chlor und Eisen, in großen Mengen auftreten. Nur wenige Elemente finden sich in der Natur in reiner Form. Gewöhnlich sind sie mit anderen Elementen kombiniert und bilden völlig andere Stoffe, die Verbindungen (So ist Wasser eine Verbindung aus Wasserstoff und Sauerstoff). Verbindungen lassen sich chemisch in ihre Elemente zerlegen, aber ein Element kann chemisch nicht zu etwas Einfacherem zerlegt werden.

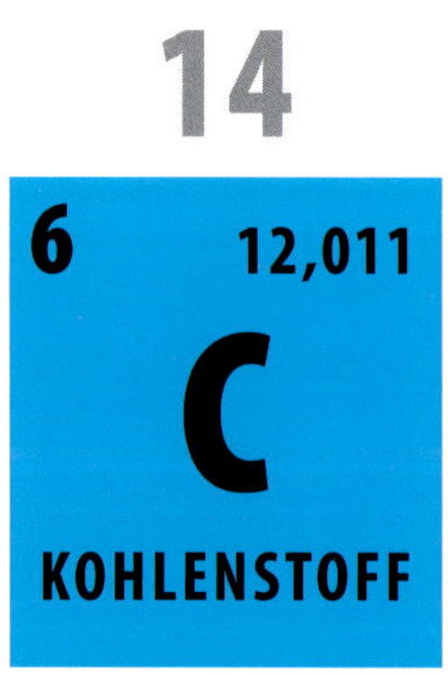

Element Kohlenstoff

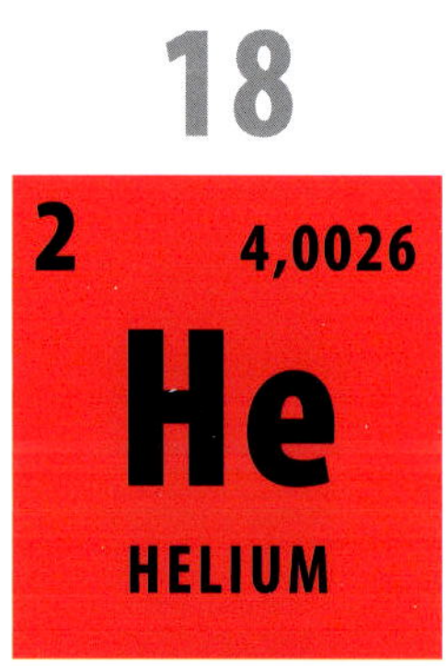

Element Helium

◁ **Definition der Elemente**
Chemiker ordnen die chemischen Elemente anhand des Aufbaus ihrer Atome in das sogenannte Periodensystem (s. S. 116–117) ein. So sagt die Zahl der Elektronen (das sind Teile des Atoms) aus, dass Kohlenstoff in der 14. Gruppe steht, Helium dagegen in Gruppe 18.

Atome

Atome sind die Bausteine der gesamten Materie auf der Erde und im Weltraum (soweit wir wissen). Jedes Atom gehört zu einem bestimmten chemischen Element und bildet dessen kleinste Einheit. Atome haben in ihrem Kern positiv geladene Protonen, die von negativ geladenen Elektronen umgeben sind. Die Zahl der Elektronen und Protonen ist bei jedem Element unterschiedlich, das verleiht diesem Element seine speziellen Eigenschaften.

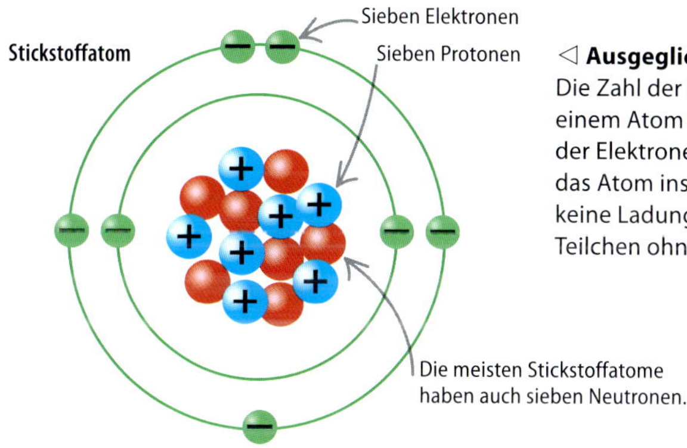

◁ **Ausgeglichene Ladung** Die Zahl der Protonen in einem Atom ist gleich der Zahl der Elektronen, daher besitzt das Atom insgesamt gesehen keine Ladung. Neutronen sind Teilchen ohne Ladung.

Chemische Reaktionen

Chemiker erforschen, wie sich chemische Elemente und Verbindungen in Reaktionen verhalten. Bei einer chemischen Reaktion werden Stoffe (Reaktanten) in neue Stoffe (Produkte) überführt. Die Reaktion arrangiert die Atome um, bricht die Reaktanten auf und kombiniert sie neu, sodass Produkte entstehen. Die meisten Produkte sind Verbindungen, es können jedoch auch reine Elemente entstehen.

◁ **Chemische Energie** Bei chemischen Reaktionen wird Energie aufgenommen oder freigesetzt. Sie können sehr heftig erfolgen. Explosion und Entzündung gehören zu den Reaktionen, bei denen die meiste Energie freigesetzt wird.

Chemische Analyse

Bei der chemischen Analyse wird das Wissen um die physikalischen und chemischen Eigenschaften der Elemente und Verbindungen genutzt, um die Zusammensetzung einer unbekannten Substanz zu bestimmen. Dazu gehört eine Vielzahl von Tests, z. B. die Verbrennung des Stoffs (die Färbung der Flamme gibt Hinweise auf die Bestandteile) oder seine Reaktion mit einer bekannten Verbindung, um zu sehen, welche Produkte dabei entstehen.

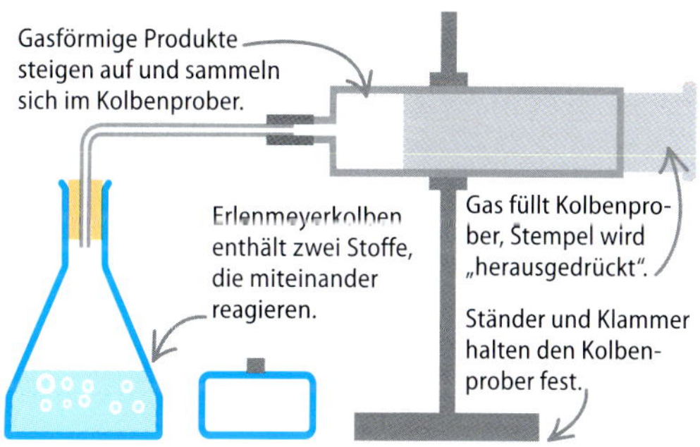

◁ **Laborapparaturen** Chemische Reaktionen werden in Laboratorien durchgeführt. Dort gibt es eine Vielzahl verschiedener Apparaturen zur Aufbewahrung und Erwärmung von Reaktanten sowie zum Auffangen und Abmessen von Produkten.

Chemische Industrie

Mithilfe von Chemie werden auch nützliche Stoffe hergestellt. Die Herstellung von Chemikalien im industriellen Maßstab unterscheidet sich sehr von der in einem Labor. Wissenschaftler verwenden ihre Kenntnisse darüber, was die Reaktionsgeschwindigkeit bestimmt, um den bestmöglichen Herstellungsprozess zu entwickeln – also möglichst viel Produkt mit möglichst geringem Einsatz von Wärme und Rohmaterialen zu gewinnen.

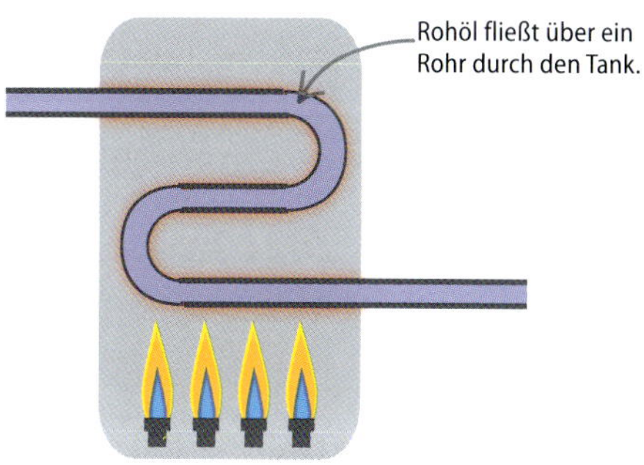

Erwärmtes Rohöl

◁ **Petrochemikalien** Die vielen Hundert Chemikalien im Rohöl verwendet man als Rohmaterial für Treibstoffe, Kunststoffe, Wachs und Arzneimittel. Das Öl wird erhitzt, um es in verschiedene Materialien aufzutrennen (s. S. 159).

Eigenschaften der Materie

STOFFE LASSEN SICH VERSTEHEN, WENN MAN IHRE EIGENSCHAFTEN UNTERSUCHT.

SIEHE AUCH	
Periodensystem	116–117 ❯
Korrosion	133 ❯
Was ist Masse?	180 ❯
Dehnung und Verformung	182–183 ❯

Jeder Stoff besitzt einzigartige Eigenschaften – Färbung, Dichte, Geruch und Entflammbarkeit. Chemiker wollen verstehen, warum die Stoffe in der Natur so unterschiedliche Eigenschaften haben.

Masse und Dichte

Alle Körper haben eine Masse – ein Maßstab dafür, wie viel Materie sie enthalten. Masse ist kein Indikator für Größe. Ein Stück Blei hat z. B. eine größere Masse als ein gleich großes Stück Polystyrol. Der Unterschied in der Masse beruht auf einer Eigenschaft, die Dichte heißt. Dichte ist ein Maßstab dafür, wie dicht die Materie in einer Substanz gepackt ist. Dichte lässt sich als Masse pro Volumen berechnen und wird in kg/m^3 angegeben (oft auch in g/cm^3). Blei gehört zu den Stoffen mit sehr großer Dichte. Deshalb wird es für Gewichte verwendet – ein kleines, handhabbares Stück Blei enthält sehr viel Materie und wiegt somit sehr viel.

Auftrieb

Die Dichte eines Stoffs im Vergleich zu Wasser lässt sich überprüfen, indem man ihn in ein Wassergefäß gibt. Hat ein Körper eine höhere Dichte als Wasser, sinkt er, andernfalls schwimmt er.

INTERESSANT!

Physikalisch im Unterschied zu chemisch

Die Speichen dieses Rads sind verbogen. Ursache sind die physikalischen Eigenschaften des Metalls. Sie verändern den Stoff (hier: das Metall) nicht. Einige Teile des Rads sind angerostet. Ursache hierfür sind die chemischen Eigenschaften des Metalls. Sie bestimmen, dass und wie sich der Stoff in andere Materialien umwandelt (Rost), wenn er mit verschiedenen Stoffen (Luft und Wasser) reagiert.

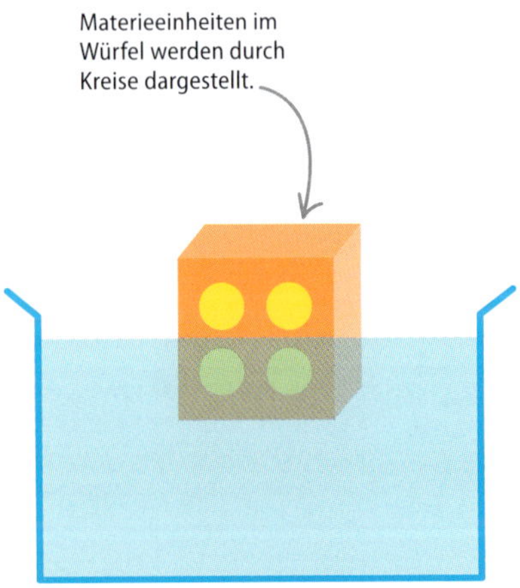

△ **Ein Körper von geringer Dichte**
Der Würfel hat eine geringere Dichte als Wasser. Die Materie im Würfel ist weiter verteilt als die im Wasser, also wiegt der Würfel weniger als ein gleich großes Volumen Wasser.

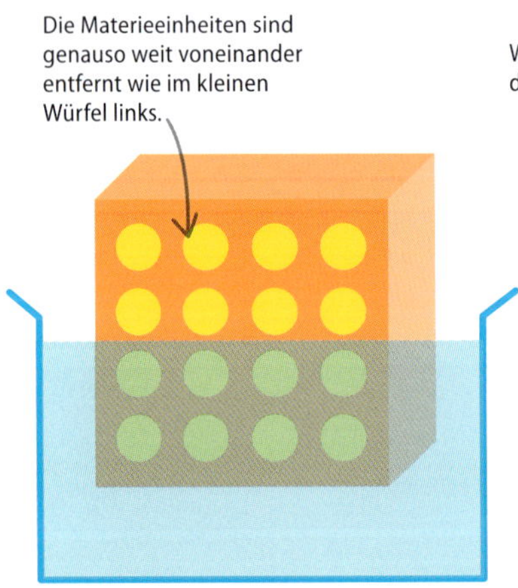

△ **Größerer Körper**
Der Würfel besteht aus dem gleichen Material wie der erste, hat aber ein viermal so großes Volumen und wiegt viermal so viel. Die Dichte ist dieselbe und er schwimmt ebenfalls.

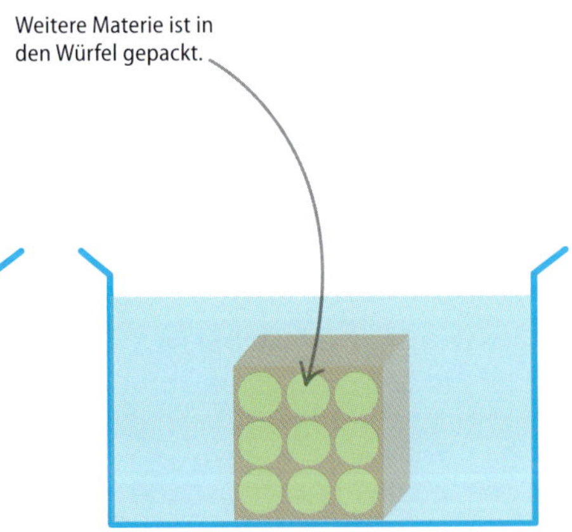

△ **Ein Körper von hoher Dichte**
Dieser Würfel ist ebenso groß wie der erste, hat jedoch eine höhere Dichte. In diesem Fall wiegt der Würfel mehr als dasselbe Volumen an Wasser, also sinkt er.

Eigenschaften vergleichen

Stoffe lassen sich anhand ihrer Eigenschaften beschreiben und identifizieren. Chemiker vergleichen die Eigenschaften von Stoffen, um Ähnlichkeiten und Unterschiede zu finden. Sie untersuchen, warum diese Ähnlichkeiten und Unterschiede vorhanden sind.

Stoff	Im Wasser	Farbe	Transparenz	Glanzton	Löslich in	Leitfähigkeit	Konsistenz
Kupfer	sinkt	Rot	Undurchsichtig	Glänzend	Säure	Leiter	Glatt
Kalk	sinkt	Weiß	Undurchsichtig	Matt	Säure	Isolator	Pulvrig
Grafit	sinkt	Schwarz	Undurchsichtig	Glänzend	Unlöslich	Leiter	Schmierig
Kiefernholz	schwimmt	Braun	Undurchsichtig	Matt	speziellen Lösungsmitteln	Isolator	Faserig
Salz	sinkt	Weiß	Durchsichtig	Glänzend	Wasser	Isolator (fest)	Körnig
Glas	sinkt	Unterschiedlich	Unterschiedlich	Glänzend	speziellen Lösungsmitteln	Isolator	Glatt
Talk	sinkt	Unterschiedlich	Undurchsichtig	Wächsern	Säure	Isolator	Schmierig
Diamant	sinkt	Unterschiedlich	Durchsichtig	Funkelnd, wenn geschliffen	Unlöslich	Isolator	Glatt

Härte

Die Härte von Mineralen wird anhand der Mohs-Skala bestimmt, benannt nach ihrem Erfinder Friedrich Mohs. Die Skala basiert auf zehn Referenzmineralen, die alle in der Natur vorkommen. Die Härte wird im Vergleich zu diesen angegeben. Ein Material ist härter als ein anderes, wenn es auf diesem einen Kratzer hinterlässt. So kann eine Glasscherbe z. B. in Apatit ritzen, jedoch nicht in Orthoklas. Somit liegt die Härte des Glases irgendwo zwischen 5 und 6.

▷ **Mohs-Skala**
Die Mohs-Skala erlaubt nur eine vergleichende Messung der Härte. In Wirklichkeit ist ein Diamant nicht zehnmal härter als Talkum. Die Mohs-Skala ist jedoch die bevorzugte Messskala, weil sie rasch und einfach brauchbare Resulate liefert.

1
Talk

2
Gips

3
Kalzit

4
Fluorit

5
Apatit

6
Orthoklas

7
Quarz

8
Topas

9
Korund

10
Diamant

Chemische Eigenschaften

Ein Stoff lässt sich anhand seiner chemischen Eigenschaften beschreiben. Es kann sich um ein Element handeln (ein reiner Stoff, der sich chemisch nicht in einfachere Bestandteile zerlegen lässt) oder um eine Verbindung (eine Kombination von zwei oder mehr Elementen), es kann ein Metall sein, ein Nichtmetall oder ein Halbmetall. Chemiker betrachten auch das chemische Verhalten eines Stoffs, katalogisieren seine Reaktionen und analysieren seine Produkte. Zu jedem Stoff kann nur eine Kombination ganz bestimmter Eigenschaften gehören.

▷ **Redoxreihe**
Jedes chemische Element hat seine eigene Reaktivität. Metalle werden oft in der sogenannten Redoxreihe angeordnet. Je höher sich ein chemisches Element in dieser Reihe befindet, umso reaktiver ist es und umso leichter geht es eine Verbindung mit einem anderen Element ein. Beispielsweise ist Kalium so reaktionsfreudig, dass es selten in reinem Zustand zu finden ist.

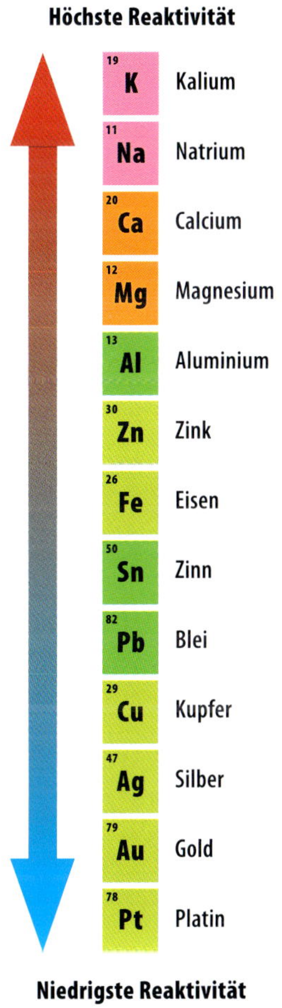

Zustand der Materie

SIEHE AUCH	
Zustandsänderung	100–101 ❯
Gasgesetze	102–103 ❯
Zwischenmolekulare Kräfte	115 ❯
Wasser	142–143 ❯
Dehnung und Verformung	182–183 ❯
Wärmeübertragung	196–197 ❯

MATERIE LIEGT GRÖSSTENTEILS IN DREI AGGREGATZUSTÄNDEN VOR: FEST, FLÜSSIG UND GASFÖRMIG.

Die Aggregatzustände unterscheiden sich in der Weise, wie Atome und Moleküle (Gruppen von Atomen) untereinander gebunden sind. Diese Bindung wird von Faktoren wie Temperatur und Druck bestimmt.

Physikalische Unterschiede

Ein Feststoff, der zu einer Flüssigkeit schmilzt oder zu einem Gas verdampft, verändert sich physikalisch. Er behält jedoch die gleiche chemische Formel.

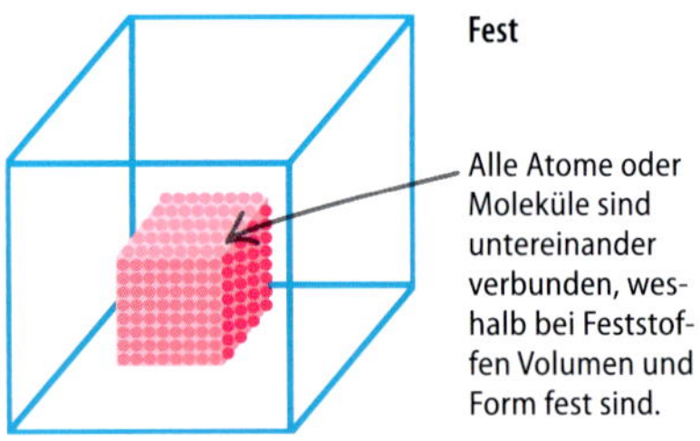

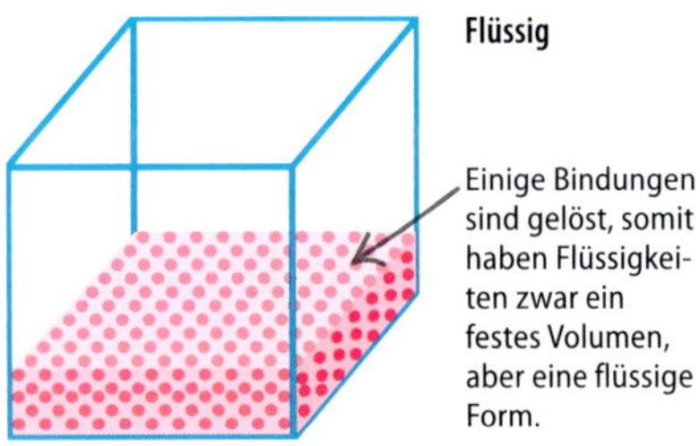

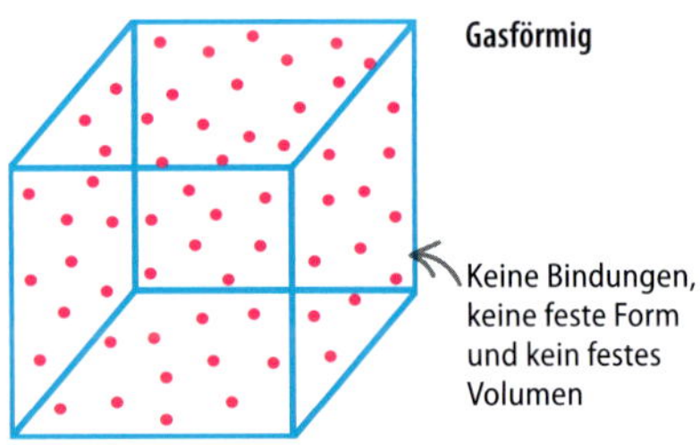

△ **Fest, flüssig, gasförmig**
Wird ein Stoff erwärmt, lösen sich Bindungen. Die Struktur des Stoffs wird chaotischer und verändert den Zustand von fest über flüssig zu gasförmig.

Fester Zustand

In festem Zustand ist die Materie am geordnetsten. Jedes Atom bzw. Molekül ist mit seinen Nachbarn verbunden, es entsteht eine feste Form mit einem festen Volumen. Festkörper sind entweder kristallin oder amorph, d. h., ihre Einheiten wiederholen sich regelmäßig oder sie sind unregelmäßig gruppiert.

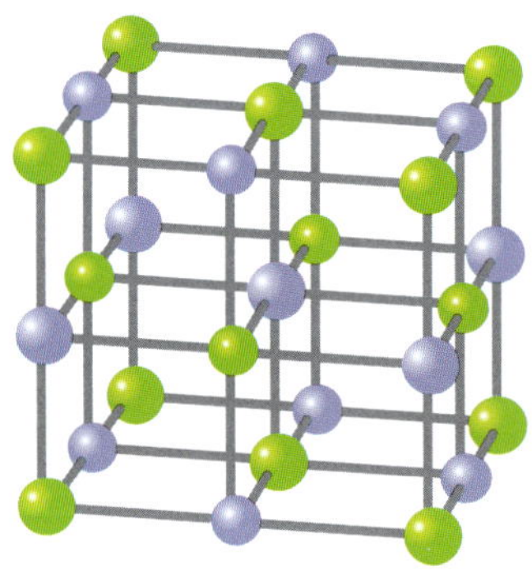

△ **Kristallines Halit (Steinsalz)**
Große Kristalle von gewöhnlichem Steinsalz nennt man Halit. Die Kristalle bestehen aus Natrium und Chlor und sind würfelförmig angeordnet.

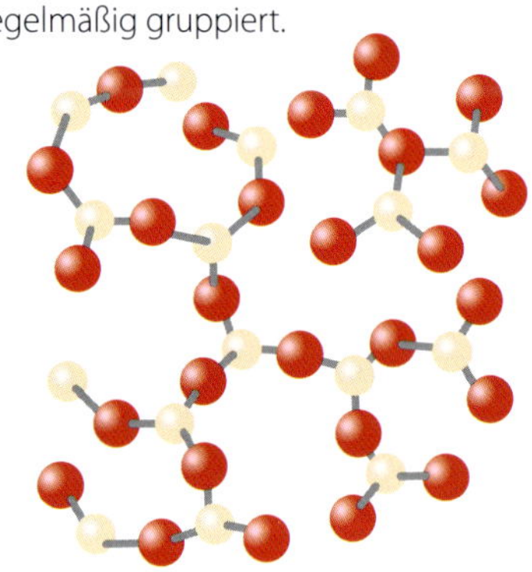

△ **Amorphe Kieselerde**
Glas besteht meistens aus Siliziumdioxid, demselben Material wie Sand. Es hat eine amorphe Struktur, d. h., die Einheiten sind zufällig angeordnet.

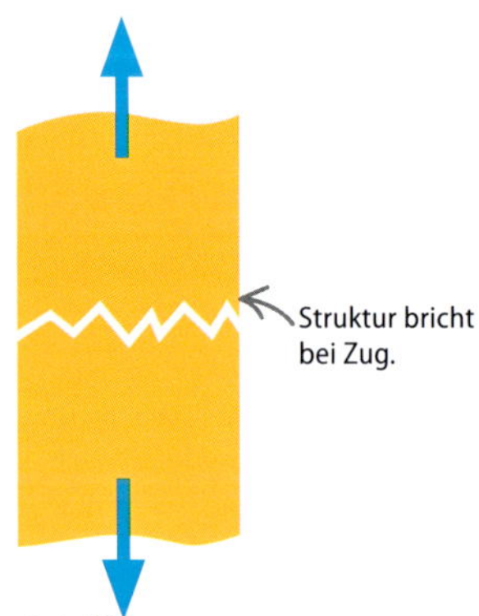

△ **Spröder Feststoff**
Ein spröder Feststoff hat eine kristalline Struktur. Kleinere Kräfte verändern ihn nicht, aber eine stärkere Kraft als die Bindungen zwischen Molekülen kann ihn zerbrechen.

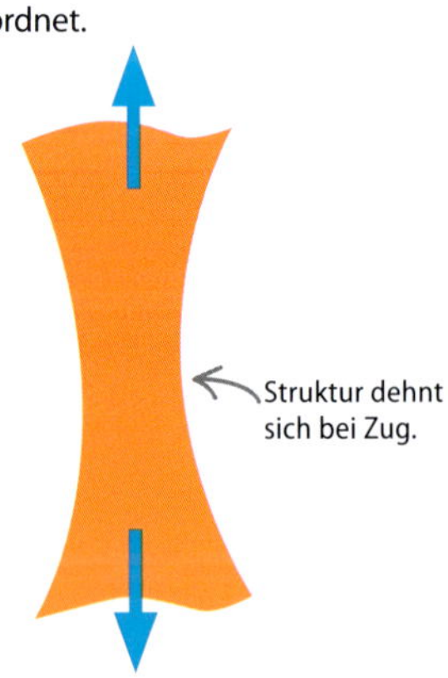

△ **Duktiler Feststoff**
Metalle und einige andere Feststoffe lassen sich verformen, ohne zu zerbrechen, weil ihre Moleküle eine amorphe Struktur haben und aneinander vorbeigleiten können.

Flüssigkeiten

In einer Flüssigkeit sind die meisten Atome und Moleküle immer noch miteinander verbunden, allerdings ist etwa jede zehnte Bindung gelöst. Daher hat eine Flüssigkeit nach wie vor ein mehr oder weniger festes Volumen und feste Dichte – Druck verändert das Volumen kaum. Die Teilchen der Flüssigkeit können sich jedoch freier bewegen als bei einem Feststoff. Eine Flüssigkeit kann unter Einwirkung der Schwerkraft einen Abhang hinabfließen und die Form des Behälters annehmen, in den sie gegossen wird.

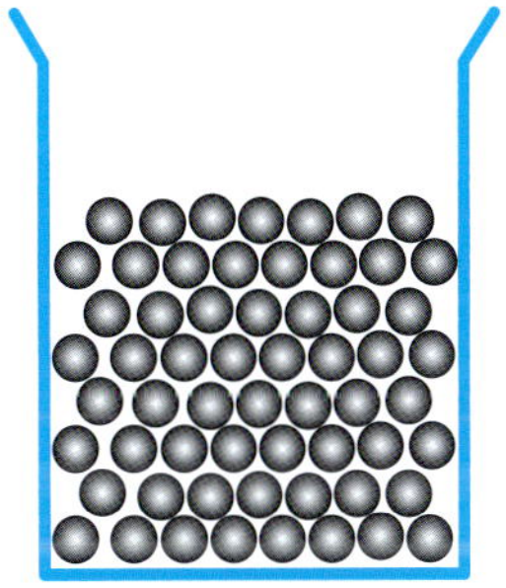

◁ **Flüssiges Metall**
Quecksilber ist das einzige Metall, das bei Raumtemperatur flüssig ist. Dies liegt daran, dass seine Atome nur schwache Bindungen untereinander ausbilden.

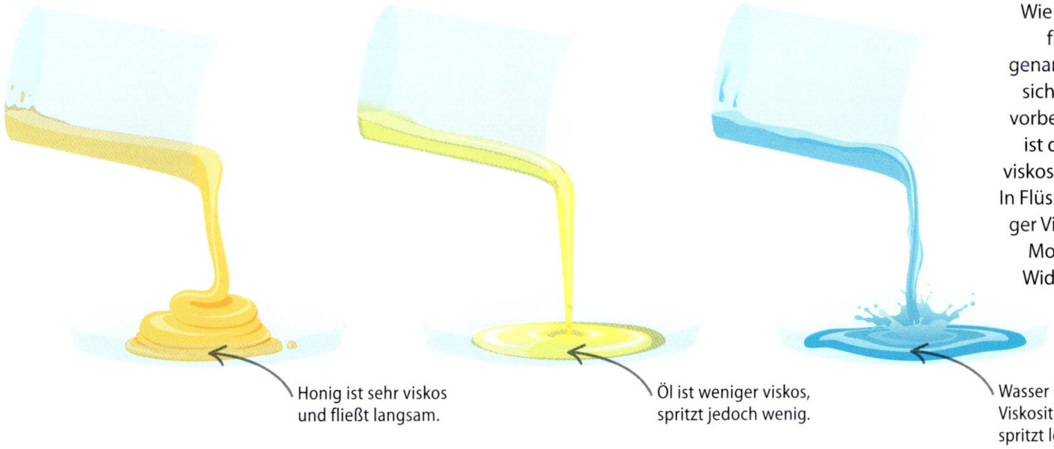

◁ **Viskosität**
Wie zäh eine Flüssigkeit fließt, wird Viskosität genannt. Wenn Moleküle sich schwer aneinander vorbei bewegen können, ist die Flüssigkeit hochviskos und fließt langsam. In Flüssigkeiten von geringer Viskosität können die Moleküle ohne großen Widerstand aneinander vorbeigleiten.

INTERESSANT!

Plasma

Die Aurora oder das Polarlicht ist ein Beispiel für den vierten Zustand der Materie. Plasma ist eine Mischung aus neutralen und geladenen Teilchen. Das Polarlicht besteht aus Plasma, das von der Sonne heranströmt und vom Magnetfeld der Erde eingefangen wird. Es trifft über den Polarregionen auf die Atmosphäre und erzeugt dadurch einen erstaunlichen Lichteffekt.

Gase

In einem Gas gibt es kaum Bindungen zwischen Atomen und Molekülen. Die Teilchen können sich nahezu unabhängig voneinander bewegen. Daher hat ein Gas keine feste Form und kein festes Volumen und kann auf engsten Raum zusammengedrückt werden oder sich ausbreiten und einen Behälter jeglicher Form füllen. Wie eine Flüssigkeit kann es auch von einem Ort zum anderen fließen.

▷ **Helium**
Helium besteht aus einzelnen Atomen. Wenn sie sich bewegen, prallen sie voneinander und von den Seiten des Behälters ab.

Zustandsänderungen

SIEHE AUCH
❮ 96–97 Eigenschaften der Materie
❮ 98–99 Zustand der Materie
Konvektionsströmungen 197 ❯

IN ABHÄNGIGKEIT VON TEMPERATUR UND DRUCK ÄNDERT MATERIE IHREN AGGREGATZUSTAND.

Jeder Stoff hat einen Standardzustand (fest, flüssig oder gasförmig), der definitionsgemäß bei 25° C liegt. Eine Erhöhung oder Absenkung dieser Temperatur kann zu einer Änderung des Aggregatzustands führen.

Zustand und Energie

Zu Zustandsänderungen kommt es, wenn einem Stoff Energie hinzugefügt oder entzogen wird. Wird einem Gas Energie entzogen, geht es in einen flüssigen und letztlich in einen festen Zustand über. Das Hinzufügen von Energie hat den gegenteiligen Effekt. Die Energie innerhalb eines Stoffs bewirkt, dass deren Basiseinheiten – Atome oder Moleküle – schwingen. Dieses Schwingen heißt innere Energie und wird durch Temperaturmessung bestimmt.

SeaGel ist ein schaumartiger Feststoff aus Agar. Es ist so leicht, dass es in der Luft schwebt!

▷ **Schmelz- und Siedepunkt**
Die Temperaturen, bei denen ein Feststoff in eine Flüssigkeit bzw. eine Flüssigkeit in ein Gas übergeht, heißen Schmelz- bzw. Siedepunkt. Sie sind für jeden Stoff charakteristisch und werden stets unter Standarddruck gemessen. Druckänderungen verändern die Temperaturen, bei denen ein Stoff seinen Aggregatzustand ändert.

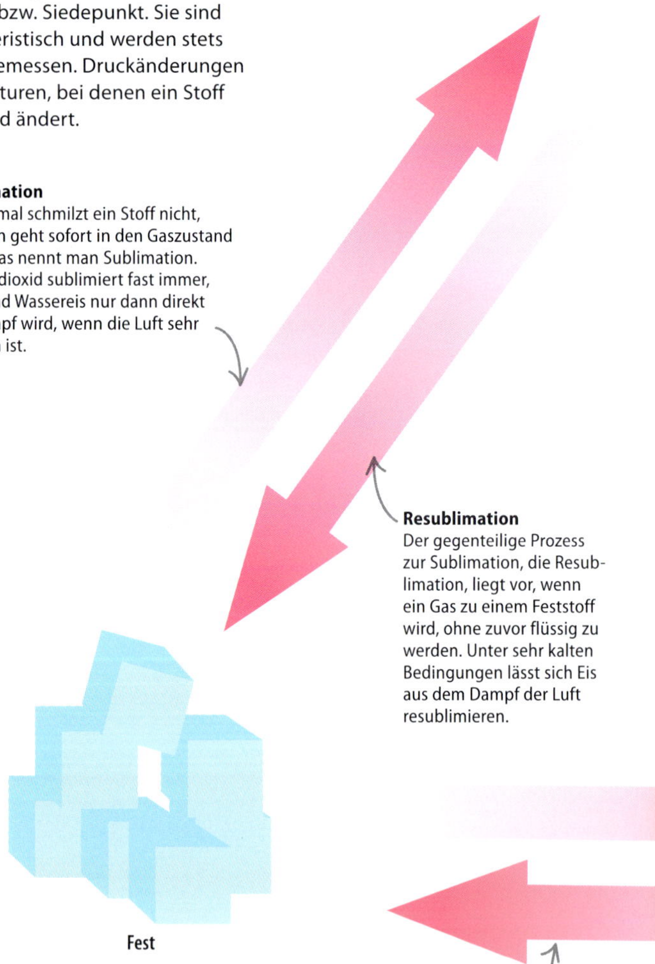

Sublimation
Manchmal schmilzt ein Stoff nicht, sondern geht sofort in den Gaszustand über. Das nennt man Sublimation. Kohlendioxid sublimiert fast immer, während Wassereis nur dann direkt zu Dampf wird, wenn die Luft sehr trocken ist.

Resublimation
Der gegenteilige Prozess zur Sublimation, die Resublimation, liegt vor, wenn ein Gas zu einem Feststoff wird, ohne zuvor flüssig zu werden. Unter sehr kalten Bedingungen lässt sich Eis aus dem Dampf der Luft resublimieren.

Fest

Gefrieren
In einer Flüssigkeit ist die innere Energie gerade hoch genug, um ein paar Bindungen zu lösen. Im Grunde werden dabei ständig Bindungen gelöst und neu gebildet. Eine Flüssigkeit erstarrt zu einem Festkörper, wenn ihre Atome oder Moleküle nicht mehr ausreichend Energie haben, die Bindungen zu lösen.

INTERESSANT!

Salz streuen im Winter

Fügt man Eis Salz hinzu, senkt dies den Schmelzpunkt des Wassers. Wenn man im Winter Salz auf Straßen streut, reduziert das die Bildung gefährlicher Eisglätte – obwohl das Wasser bei Temperaturen weit unter dem Nullpunkt nach wie vor gefriert. Das im Wasser gelöste Salz erschwert es den Wassermolekülen, die zur Eisbildung nötigen Bindungen zu formen.

Latente Wärme

Energie kann nicht aus dem Nichts erzeugt werden, genauso kann sie nicht einfach verschwinden. Wenn daher eine Substanz kondensiert oder erstarrt, sie in einen niedrigeren Energiezustand übergeht, wird die überschüssige Energiemenge (die latente Wärme) an die Umwelt abgegeben. Die gleiche Menge an Energie wird umgekehrt aus der Umgebung aufgenommen, wenn der Stoff schmilzt oder siedet.

▷ **Konstante Temperatur**
Diese grafische Darstellung zeigt, dass die Temperatur an den Schmelz- und Siedepunkten konstant bleibt (während der Phasenübergang stattfindet). Der Anstieg oder Abfall der Kurve an diesen Punkten gibt die latente Wärme an.

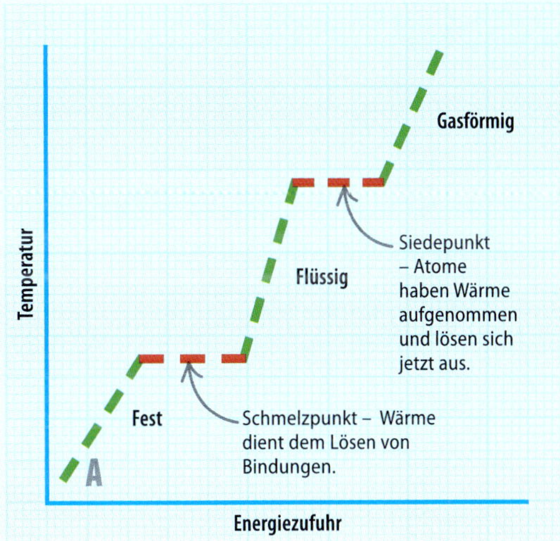

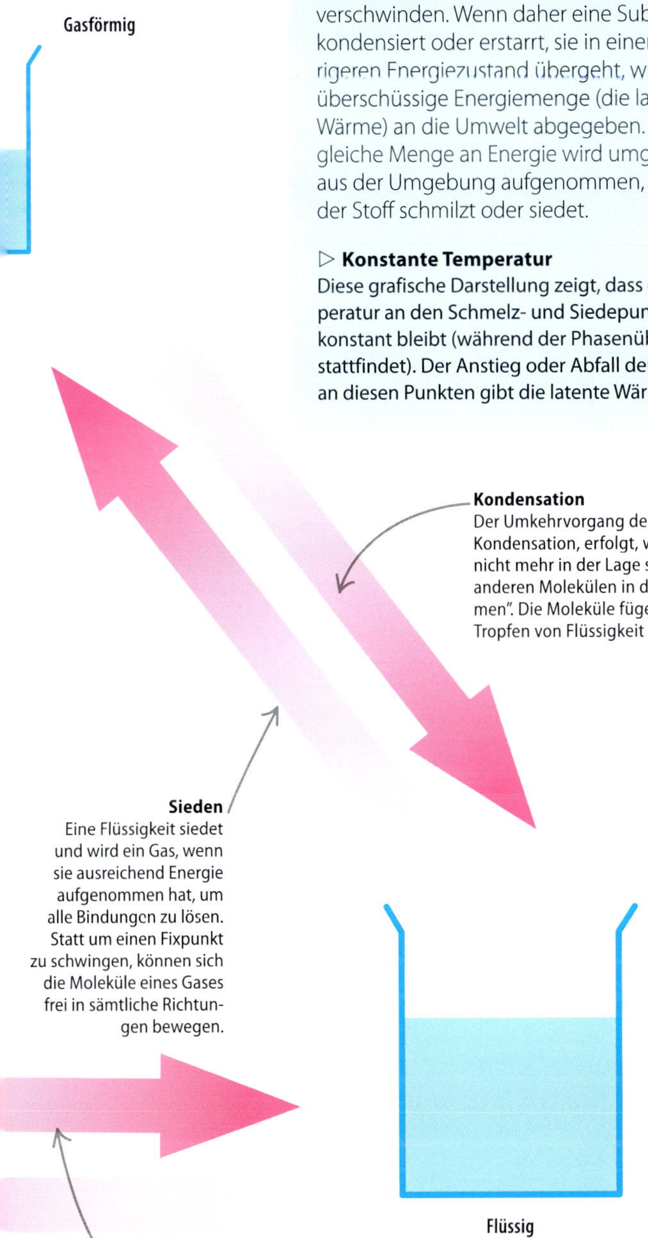

Kondensation
Der Umkehrvorgang des Siedens, die Kondensation, erfolgt, wenn Gasmoleküle nicht mehr in der Lage sind, Bindungen zu anderen Molekülen in der Nähe „zu entkommen". Die Moleküle fügen sich zu größeren Tropfen von Flüssigkeit zusammen.

Sieden
Eine Flüssigkeit siedet und wird ein Gas, wenn sie ausreichend Energie aufgenommen hat, um alle Bindungen zu lösen. Statt um einen Fixpunkt zu schwingen, können sich die Moleküle eines Gases frei in sämtliche Richtungen bewegen.

Schmelzen
Die Schwingungen in einem Feststoff sind zu schwach, um die Bindungen zwischen den Teilchen zu lösen. Der Stoff schmilzt erst, wenn die Teilchen genügend Energie aufgenommen haben, um einige der Bindungen zu lösen und flüssig zu werden. Die Bindungen bei Stoffen mit einem hohen Schmelzpunkt sind sehr stark und benötigen daher zum Auflösen viel Energie.

Phasenübergänge in Gemischen

Die Bestandteile in Stoffgemischen haben unterschiedliche Schmelz- und Siedepunkte. Löst man einen Feststoff in einer Flüssigkeit, z. B. Salz in Meerwasser, sieht die Mischung wie eine Flüssigkeit aus und verhält sich auch so. Wird sie jedoch bis zum Siedepunkt erhitzt, trennt sie sich wieder – das Wasser verdampft und lässt das feste Salz zurück (das erst bei viel höherer Temperatur schmilzt).

▷ **Schmelzen von Gemischen**
Ein Stracciatella-Eis ist ein Gemisch aus Speiseeis und Schokostückchen. Anfangs sind alle Bestandteile fest, bald aber schmilzt das Speiseeis. Die Schokolade bleibt hingegen wesentlich länger fest.

Gasgesetze

DIE GASGESETZE BESCHREIBEN, WIE GASE AUF VERÄNDERUNGEN REAGIEREN.

SIEHE AUCH

❮ 28–29 Atmung	
❮ 99 Gase	
Druck	141 ❯
Stöchiometrie	152–153 ❯
Druck	192–193 ❯

Die drei Gasgesetze setzen die Bewegungen der Moleküle eines Gases in Beziehung zu seinem Volumen, zum Druck und zur Temperatur.

Gesetz von Boyle-Mariotte

Dieses Gesetz ist u. a. nach Robert Boyle benannt, der im 17. Jahrhundert in Irland und Großbritannien lebte und einer der ersten Chemiker weltweit war. Das Gesetz besagt: Bei gleicher Temperatur ist das Volumen eines Gases umgekehrt proportional zum Druck. Mit anderen Worten: Verringert man das Volumen eines Gases, erhöht sich der Druck.

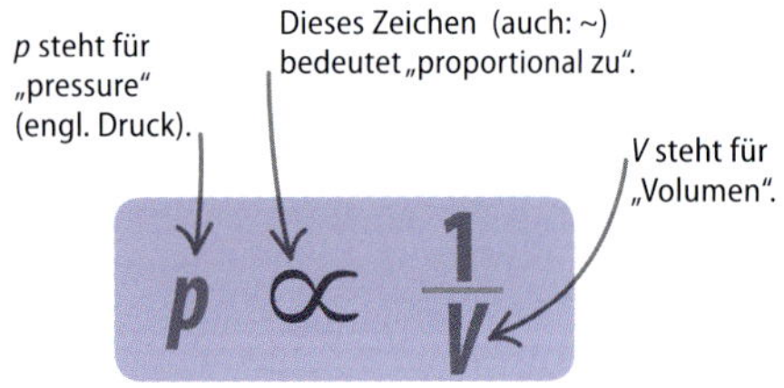

△ **Gleichung für das Boyle'sche Gesetz**
Diese Gleichung zeigt die Beziehung zwischen dem Druck eines Gases und dessen Volumen. Eine Druckerhöhung verringert das Volumen.

△ **Diffusion**
Die Gasmoleküle verteilen sich gleichmäßig im Gefäß. Dies wird Diffusion genannt und bedeutet, dass Moleküle sich nicht an einer Stelle in hoher Konzentration zusammenballen.

△ **Druck**
Die auf eine Fläche ausgeübte Kraft (Druck) wird von den Gasmolekülen erzeugt, die gegen die Wand des Gefäßes prallen. Die Verringerung des Volumens schränkt die Bewegungsfreiheit der Moleküle ein. Sie treffen häufiger auf die Gefäßwand und erhöhen so den Druck.

INTERESSANT!

Gesetz von Avogadro

Es gibt noch ein weiteres Gasgesetz, das zu den anderen drei in keiner Beziehung steht und von dem Italiener Amedeo Avogadro (rechts) im Jahr 1811 aufgestellt wurde. Es besagt, dass gleiche Volumina aller Gase bei gleicher Temperatur und gleichem Druck die gleiche Anzahl an Molekülen enthalten, nämlich rund $6{,}02 \times 10^{23}$ pro Mol. Diese Zahl nennt man Avogadro-Konstante N_A (s. S. 153).

Robert Boyle war ein Alchemist und entdeckte das nach ihm benannte Gesetz auf der Suche nach einer Möglichkeit, Blei in Gold zu verwandeln.

Charles'sches Gesetz (1. Gesetz von Gay-Lussac)

Dieses Gasgesetz sagt aus, dass die Temperatur eines Gases proportional zu seinem Volumen ist. Befindet sich das Gas in einem Behälter mit variablem Volumen, so resultiert aus einer Erhöhung der Temperatur des Gases eine Zunahme seines Volumens.

T steht für „Temperatur" (in Kelvin).

$$V \propto T$$

△ **Gleichung für das Charles'sche Gesetz**
Diese Gleichung zeigt die Beziehung zwischen dem Volumen eines Gases und seiner Temperatur. Eine Erhöhung der Temperatur erhöht das Volumen.

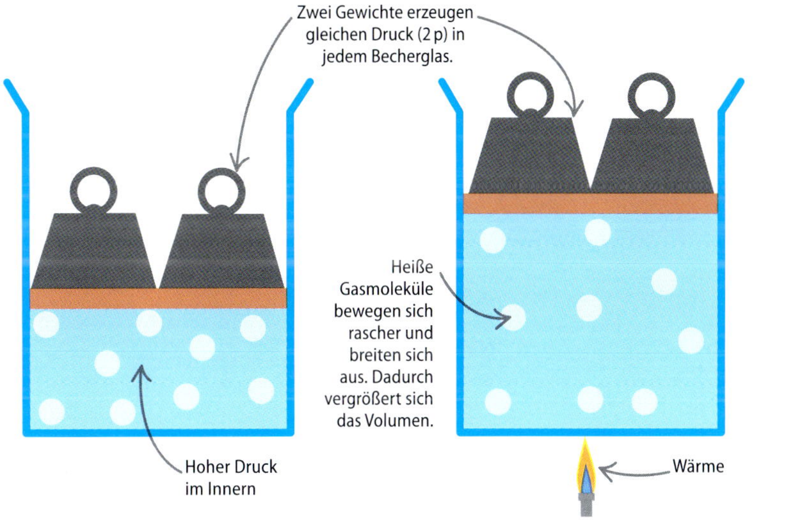

△ **Temperatur**
Die Temperatur ist ein Maßstab für die Wärmeenergie: die Bewegung der Moleküle eines Gases. Eine Temperaturerhöhung des Gases erhöht die Bewegungsgeschwindigkeit der Moleküle.

△ **Mehr Bewegung**
Raschere Moleküle prallen öfter gegeneinander und gegen die Gefäßwände. Ist eine dieser Wände beweglich, wird sie nach außen gedrückt, wodurch sich das Volumen des Gefäßes erhöht.

2. Gesetz von Gay-Lussac (Gesetz von Amonton)

Benannt nach dem französischen Wissenschaftler Joseph Louis Gay-Lussac, wurde es 1808 als letztes der drei Gasgesetze formuliert. Es besagt, dass für ein bestimmtes Gasvolumen der Druck proportional zur Temperatur ist. Mit anderen Worten: Wird die Temperatur eines Gases erhöht, übt es zugleich auch einen höheren Druck aus. Entsprechend gilt: Die Verringerung des Volumens erhöht den Druck (nach dem Boyle'schen Gesetz) und damit auch die Temperatur des Gases.

$$p \propto T$$

△ **Gleichung für das 2. Gay-Lussac'sche Gesetz**
Diese Gleichung zeigt die Beziehung zwischen dem Druck eines Gases und seiner Temperatur. Eine Erhöhung der Temperatur bedeutet eine Erhöhung des Drucks.

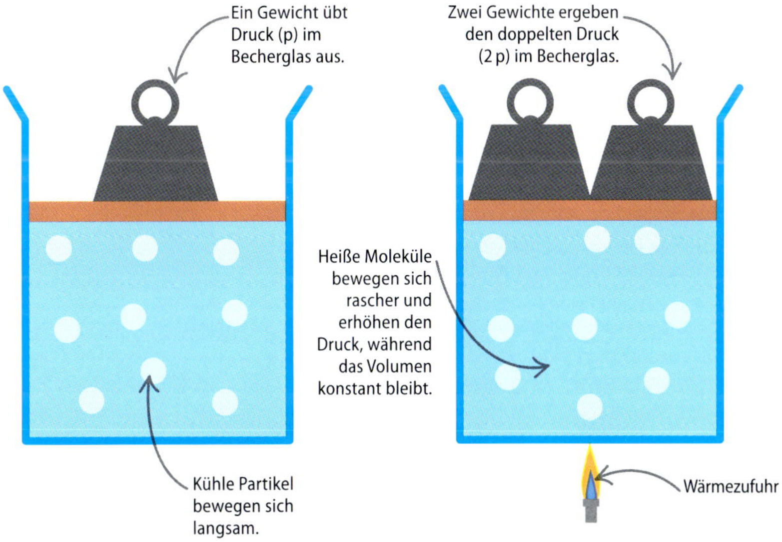

△ **Weniger Zusammenstöße**
Die Gasmoleküle bewegen sich langsam und treffen unregelmäßig auf die Wände des Glases. Diese wenigen schwachen Kollisionen ergeben insgesamt einen geringen Gasdruck.

△ **Mehr Zusammenstöße**
Wird das Gas erwärmt, bewegen sich die Moleküle rascher und treffen häufiger und mit größerer Heftigkeit auf die Glaswände. Daher steigt der Druck an.

Stoffgemische

EIN STOFFGEMISCH IST EINE KOMBINATION VON STOFFEN, DIE MIT PHYSIKALISCHEN MITTELN GETRENNT WERDEN KÖNNEN.

SIEHE AUCH

Stoffgemische trennen	**106–107 ❯**
Verbindungen und Moleküle	**110–111 ❯**
Wasser	**142–143 ❯**

Stoffgemische lassen sich je nach Partikelgröße einteilen in Lösungen, Suspensionen oder Kolloide. Die Stoffe eines Gemischs sind nicht chemisch aneinander gebunden.

Heterogen und homogen

Jedes Gemisch besteht aus mindestens zwei Bestandteilen (Phasen). Die erste Phase ist das kontinuierliche Medium. In diese wird der zweite Bestandteil, die dispergierte Phase, hineingemischt. In einem einheitlichen (homogenen) Gemisch sind die Partikel der dispergierten Phase gleichmäßig unter die Moleküle der kontinuierlichen Phase gemischt, sodass die Konzentration jedes Bestandteils konstant ist. In einem uneinheitlichen (heterogenen) Gemisch ist die dispergierte Phase an einigen Stellen höher konzentriert als an anderen. Einige Stoffe, häufig Flüssigkeiten, lassen sich nicht mischen, weil ihre Moleküle einander abstoßen – sie sind nicht mischbar.

INTERESSANT!

Lavalampe

Bei einer Lavalampe macht man sich die Nichtmischbarkeit zweier Flüssigkeiten zunutze. Die klare Flüssigkeit ist ein Mineralöl, während die farbige „Lava" ein Wachs ist. Nach dem Einschalten erhitzt die Lampe das Wachs. Dadurch verringert sich dessen Dichte, es wird leichter. Das Wachs mischt sich jedoch nicht mit dem Öl, also steigen die farbigen Blasen auf, kühlen sich ab und sinken wieder nach unten.

▽ **Meerwasser**
Im Meerwasser ist das Wasser das kontinuierliche Medium, während die Salze – hauptsächlich Natriumchlorid – die dispergierte Phase bilden. Das Salz mischt sich so gründlich mit dem Wasser, dass es sich auflöst und nicht mehr erkennbar ist.

△ **Schaum**
Der Schaum einer brechenden Welle ist ein heterogenes Gemisch aus Luftblasen und Wasser. Die weiße Färbung der Mischung unterscheidet sich von der Färbung beider Komponenten.

△ **Nasser Sand**
Die Sandkörner sind viel größer als die sie umgebenden Wassermoleküle und bleiben daher bei näherer Betrachtung deutlich erkennbar. Wenn das Gemisch trocknet, wird das Wasser durch Luft ersetzt.

Lösungen

Ein homogenes Gemisch wird oft als Lösung bezeichnet. Die kontinuierliche Phase ist das Lösungsmittel und die dispergierte Phase ist die gelöste Substanz. Letztere verschwindet nach dem Auflösen, wobei sich die Farbe des Lösungsmittels ändern kann.

Fest Flüssig Gasförmig

LÖSUNGEN

Lösungsmittel	Gelöster Stoff	Lösung	Beschreibung
Helium	Sauerstoff	Atmungsgemisch für Tieftauchen	Helium ersetzt die anderen Gase der Luft.
Luft	Wasser	Feuchte Luft	Kommt an warmen und feuchten Tagen vor.
Luft	Rauch	Smog	Luftverschmutzung
Wasser	Kohlendioxid	Mineralwasser	Sprudelndes Mineralwasser
Wasser	Ethansäure	Essig	Saure Zutat beim Kochen
Wasser	Salz	Meerwasser	Salzwasser
Palladium	Wasserstoff	Palladiumhydrid	Legierung, industrielle Anwendung
Silber	Quecksilber	Amalgam	Weiche Legierung für Zahnfüllungen
Eisen	Kohlenstoff	Stahl	Stabile Legierung, Verwendung zum Bauen

Suspensionen

Ein verbreiteter Typ von heterogenen Stoffgemischen sind Suspensionen. Im Gegensatz zu Lösungen, bei denen sich der gelöste Stoff in winzige Partikel auftrennt, sind die Partikel der dispergierten Phase beträchtlich größer als diejenigen des kontinuierlichen Mediums – mindestens ein Mikrometer im Querschnitt. Alltägliche Beispiele sind der Staub, den der Wind mit sich trägt, winzige Tröpfchen im Gas einer Sprühdose oder Schlamm im Flusswasser.

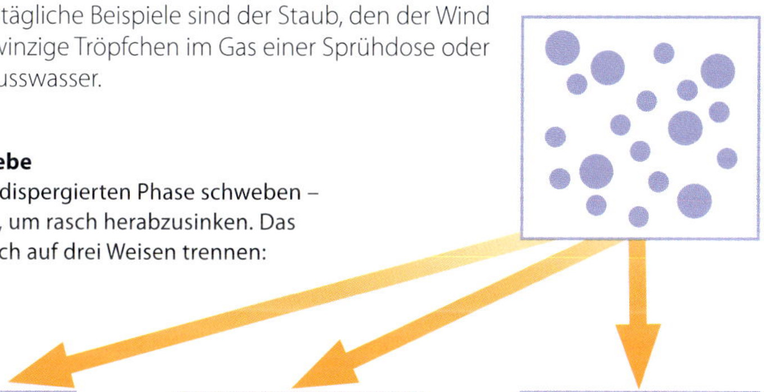

▽ **In der Schwebe**
Die Partikel der dispergierten Phase schweben – sie sind zu klein, um rasch herabzusinken. Das Gemisch lässt sich auf drei Weisen trennen:

△ **Aufrahmen**
Weisen die Partikel eine geringere Dichte auf als diejenigen der kontinuierlichen Phase, steigen sie auf und schwimmen auf der Oberfläche wie Schaum auf einer Tasse Milchkaffee.

△ **Sedimentation**
Weisen die Partikel eine höhere Dichte auf als diejenigen der kontinuierlichen Phase, sinken sie herab und bilden ein Sediment bzw. eine Schicht am Boden des Gemischs.

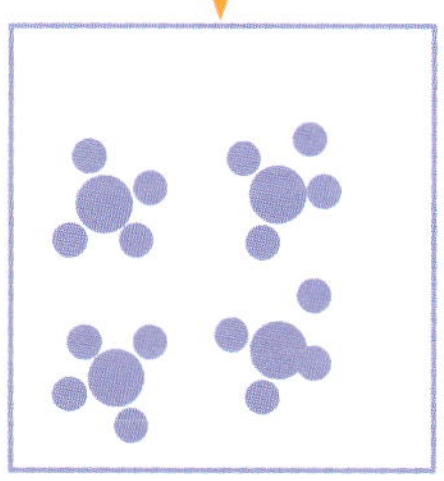

△ **Ausfällung**
Manchmal klumpen Partikel zusammen und bilden größere Partikel. Sie fällen aus, wenn sich die Umgebungsbedingungen ändern oder dem Gemisch ein weiterer Stoff zugefügt wird.

Kolloidale Lösungen

Kolloidale Lösungen stehen zwischen Lösungen und Suspensionen. Die dispergierte Phase ist für das bloße Auge scheinbar gleichmäßig verteilt. Auf mikroskopischer Ebene hingegen bleiben die beiden Komponenten heterogen gemischt. Beispiele für Kolloidsysteme sind Eis, Nebel und Milch.

▷ **Wolken**
Eine Wolke ist eine kolloidale Lösung aus Wassertröpfchen und Luft. Wenn die Tröpfchen eine gewisse Größe überschreiten, fallen sie als Regen herab.

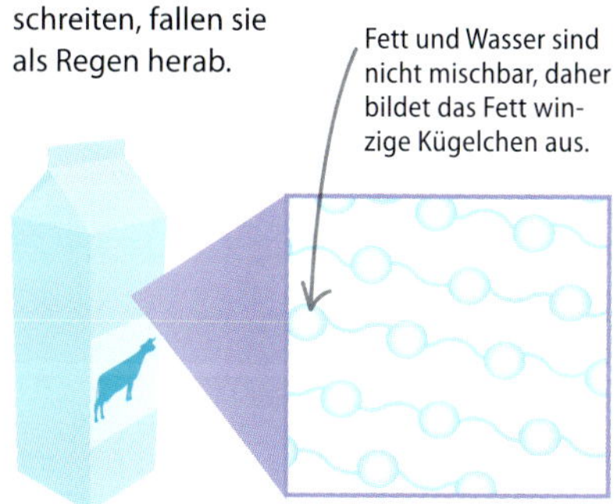

△ **Milch**
Milch ist eine kolloidale Lösung aus Fett in Wasser (Emulsion). Emulsionen sind oft weiß, weil das Licht beim Durchgang durch das Gemisch aufgrund der größeren dispergierten Phase gestreut wird.

Stoffgemische trennen

GEMISCHE BESTEHEN AUS EINZELNEN STOFFEN.

SIEHE AUCH
❮ 34–35 Abfallstoffe und Exkretion
❮ 104–105 Stoffgemische
Metallgewinnung 154–155 ❯
Rohöldestillation 159 ❯

Die Bestandteile von Gemischen sind nicht chemisch gebunden. Da es sich um eigenständige Stoffe handelt, können sie allein mit physikalischen Mitteln getrennt werden. Je nach Mischung verwendet man verschiedene Methoden.

Flüssige Gemische

Gelöste Feststoffe lassen sich trennen, indem man das Lösungsmittel verdampft, sodass Feststoffkristalle zurückbleiben, z. B. bei der Gewinnung von Salz aus Meerwasser. Eine gelöste Flüssigkeit in Reinform zu gewinnen, ist komplizierter. Der Dampf streicht durch einen Kühler, wo er verflüssigt wird. Ein Kühler wird auch bei der Destillation verwendet, die ein Gemisch in zwei oder mehr Flüssigkeiten trennt.

▽ **Destillation mit einem Liebigkühler**
Diese Apparatur wird verwendet, um aus einem Gemisch von Flüssigkeiten mit unterschiedlichen Siedepunkten, z. B. reinem Alkohol (siedet bei 78 °C) und Wasser (siedet bei 100 °C), eine Flüssigkeit abzutrennen. Wenn die Temperatur des Dampfes den Siedepunkt der ersten Flüssigkeit erreicht, wird die Wärme zurückgedreht, damit die andere Komponente nicht gleichfalls verdampft.

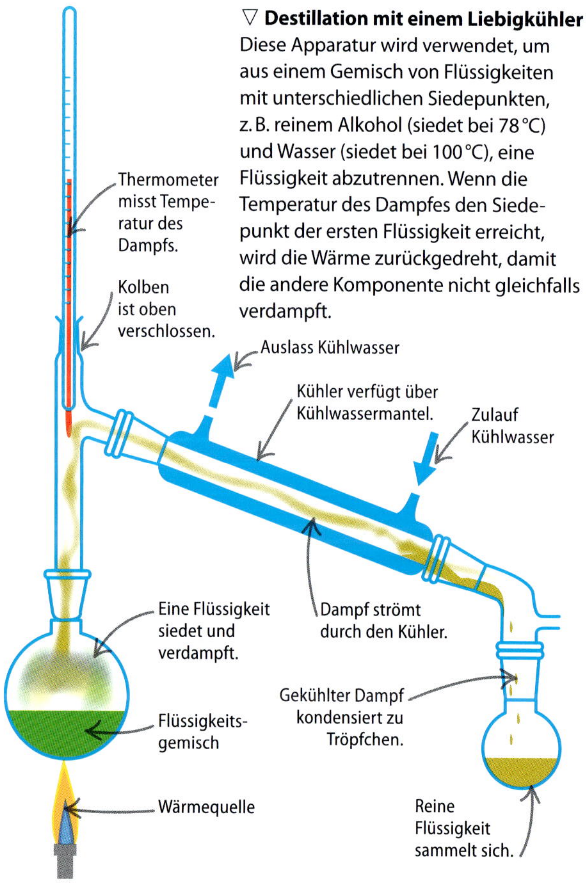

Filtration

Schlamm in Wasser ist ein Beispiel für ein heterogenes Gemisch – große, schwere Feststoffteilchen sind mit einem kontinuierlichen Medium aus sehr viel kleineren Teilchen vermischt. Ein solches Gemisch lässt sich mit Filtern trennen. Ein Filter besteht aus einem Material, das die kleineren Partikel durchlässt, jedoch die größeren zurückhält. Im Labor ist dies meist Papier, aber es finden auch Drahtfilter Verwendung.

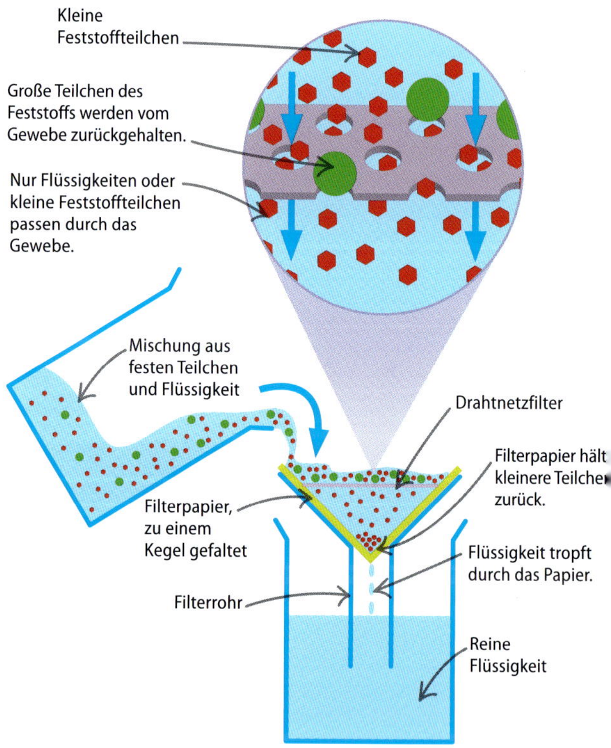

△ **Doppelfilter**
Im obigen Experiment werden zwei verschiedene Filter verwendet, um zwei Bestandteile verschiedener Größen zu trennen. Wasser und kleinere Partikel werden vom ersten Filter durchgelassen, größere Teile jedoch zurückgehalten. Die kleineren Partikel hält der zweite Filter zurück, der aus Papier besteht, sodass lediglich die reine Flüssigkeit in den Becher tropft.

Zentrifugalkraft

Eine weitere Methode zur Trennung heterogener Gemische ist der Einsatz einer Zentrifuge. In einer Suspension sind die festen Partikel oft zu klein, um allein durch die Schwerkraft zu Boden zu sinken. Also wird die Mischung mit Höchstgeschwindigkeit herumgeschleudert, sodass die Feststoffe durch die Zentrifugalkraft auf den Boden des Reagenzglases gedrückt werden.

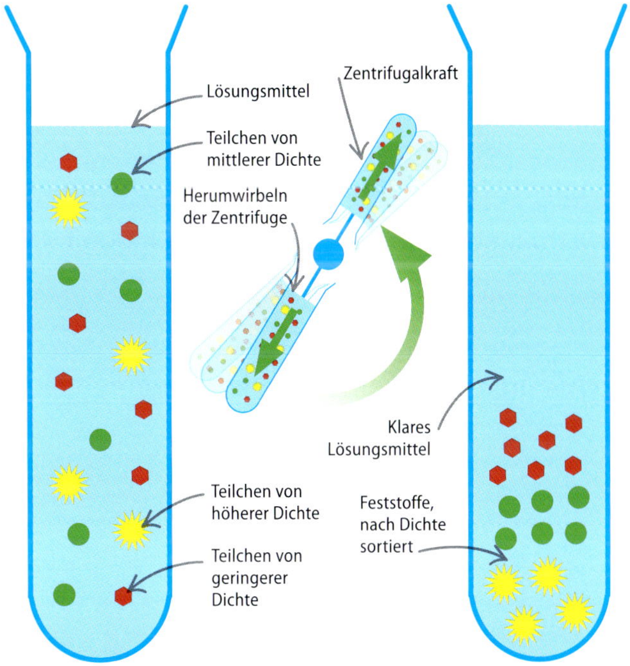

△ **Gemische sortieren**
Die Zentrifugalkraft wirkt am stärksten auf die dichtesten Partikel des Gemischs ein, also bewegen sich diese am schnellsten Richtung Boden. Dieses Phänomen lässt sich nutzen, um Partikel oder Körnchen zu sortieren – die dichtesten bilden die untere Schicht, die weniger dichten verteilen sich darüber.

INTERESSANT!

Butterherstellung

Butter wird durch Trennung fester Fette von der flüssigen Milch hergestellt. Dies geschieht mechanisch: Das Gemisch wird herumgewirbelt, wodurch die Fettklumpen sich zusammenballen. Sie werden immer größer, bis sie sich im Wasser abscheiden. Die dadurch entstehenden Produkte sind Butter und Buttermilch – eine dünnere Flüssigkeit als Milch und mit weniger Fettgehalt.

Chromatografie

Wenn die Komponenten eines Gemischs dieselbe Partikelgröße oder ähnliche Siedepunkte haben, werden sie chromatografisch getrennt. Das gelöste Gemisch wird auf eine stationäre Phase, oft Filterpapier, aufgebracht. Die stationäre Phase wird in ein Lösungs- oder Laufmittel, die mobile Phase, getaucht. Das Laufmittel steigt die stationäre Phase nach oben und nimmt das Gemisch mit. Jede Komponente bewegt sich dabei unterschiedlich schnell die stationäre Phase entlang. Dadurch lassen sich die einzelnen Substanzen auf der stationären Phase als getrennte Bereiche (Banden) erkennen.

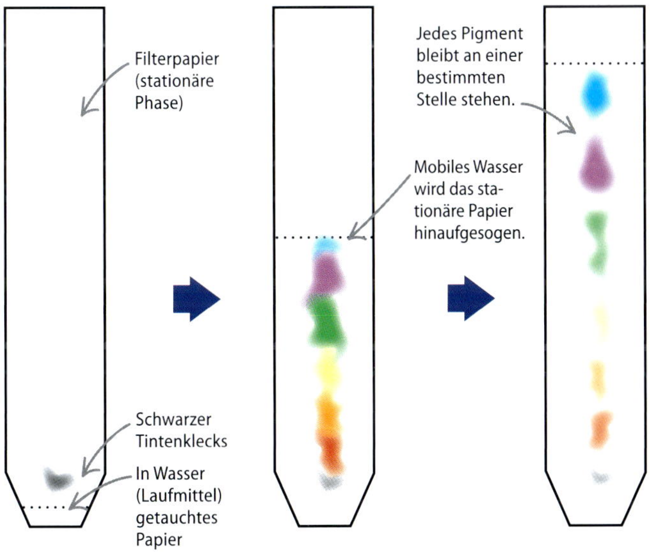

◁ **Schwarze Tinte trennen**
Schwarze Tinte ist ein Gemisch aus farbigen Pigmenten und Wasser, das mittels Chromatografie getrennt werden kann. Das Wort bedeutet „Schreiben mit Farbe". Nach der Auftrennung bildet jede Farbkomponente der Tinte eine eigene Bande.

Elemente und Atome

ALLES BESTEHT AUS ELEMENTEN UND ATOMEN.

SIEHE AUCH

❮ 78–79 Kreisläufe in der Natur	
Oktettregel	112 ❯
Periodensystem	116–117 ❯
Größe von Atomen	118 ❯
Innere und äußere Elektronen	124 ❯
Im Innern des Atoms	174–175 ❯

Vor langer Zeit glaubte man, die Welt bestehe aus nur wenigen Elementen: Erde, Luft, Feuer und Wasser. Heutzutage wissen Chemiker, dass sie aus rund 90 natürlich vorkommenden Elementen besteht.

Was ist ein Element?

Ein chemisches Element ist ein Stoff, der chemisch nicht in einfachere Bestandteile zerlegt werden kann. Daher besteht eine reine Probe eines Elements vollständig aus einer bestimmten Atomart. Deren Struktur definiert die physikalischen und chemischen Eigenschaften des Elements.

Ordnungszahl (Kernladungszahl)
Jedes Element hat eine individuelle Ordnungszahl, die die Gesamtzahl an Protonen in diesem Atom angibt.

Atommasse
Die Atommasse ist die Masse der Protonen, Neutronen und Elektronen im Atom. Die Zahl ist ein Durchschnittswert aller Isotope (s. S. 111 und 175).

Chemisches Symbol
Jedes Element wird durch ein individuelles Symbol aus einem oder zwei Buchstaben abgekürzt. Die Abkürzungen basieren u. a. auf den Bezeichnungen der Elemente in anderen Sprachen, z. B. aus dem Lateinischen wie Fe = „ferrum“.

Name
Viele Elementnamen sind sehr alt. So ist Chlor nach dem griechischen Wort „khloros“ benannt, was grünlich-gelb bedeutet (Farbe des Gases). Die Namen neuer Elemente bestimmt die IUPAC (International Union of Pure and Applied Chemistry).

INTERESSANT!

Niels Bohr (1885 – 1962)

Der dänische Physiker entwickelte im Jahr 1913 ein Atommodell, das relativ anschaulich den Aufbau eines Atoms darstellt und beschreibt, wie sich Atome zu Molekülen zusammensetzen. Allerdings zeigten sich sehr schnell auch die Unzulänglichkeiten dieses Modells, es dient heute lediglich zu Anschauungszwecken.

Atomaufbau

In erster Näherung besteht ein Atom aus positiv geladen Protonen, negativ geladenen Elektronen und neutralen Neutronen. Die Atome jedes Elements haben eine bestimmte Anzahl an Protonen. Protonen sind positiv geladen, Atome insgesamt jedoch neutral, weil die positive Ladung der Protonen durch eine gleiche Anzahl negativ geladener Elektronen ausgeglichen wird. Wie der Name schon andeutet, tragen die Neutronen zur Ladung nichts weiter bei.

Proton
Ein Proton ist ein positiv geladenes Teilchen im Atomkern.

Elektronenhülle
Die Elektronen sind auf verschiedenen diskreten Niveaus um den Kern angeordnet, Schalen genannt.

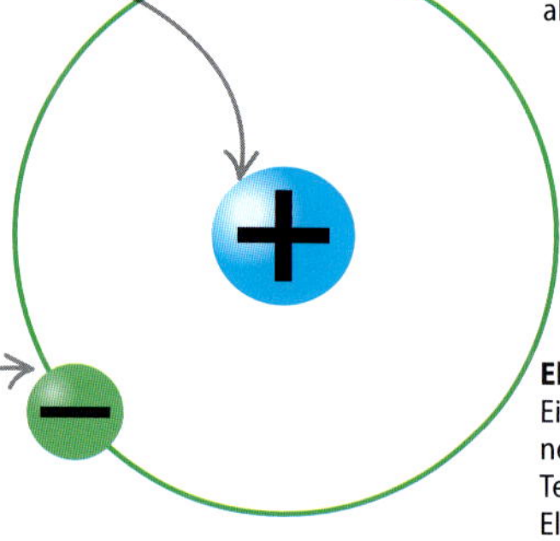

1 **H**

△ **Wasserstoff**
Mit einem Proton und einem Elektron sind Wasserstoffatome die kleinsten, leichtesten und einfachsten Atome.

Atomkern
Alle Atome, abgesehen von Wasserstoffatomen, haben im Kern sowohl Protonen als auch Neutronen.

Neutronen
Neutronen sind neutrale Teilchen, haben also keine Ladung.

Elektronen
Ein Elektron ist ein negativ geladenes Teilchen in der Elektronenschale.

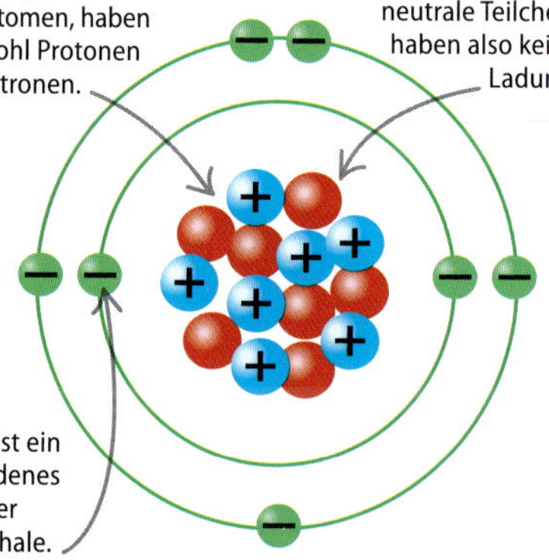

7 **N**

△ **Stickstoff**
Stickstoffatome haben sieben Protonen und sieben Elektronen, meistens auch sieben Neutronen.

Elektronenkonfiguration

Mit zunehmender Ordnungszahl werden Atome schwerer und größer, weil die Elektronen immer weiter vom Kern entfernt sind. Auf der ersten Schale können sich bis zu zwei Elektronen befinden, auf der zweiten bis zu acht. Sobald die dritte Schale acht Elektronen aufgenommen hat, fängt die vierte Schale an, sich zu füllen, obwohl die dritte Schale mehr als acht Elektronen aufnehmen könnte (das hat energetische Gründe, s. S. 124).

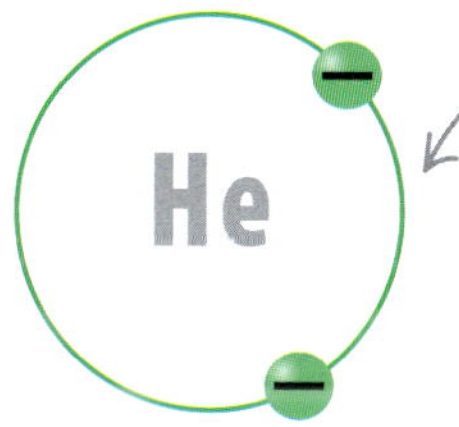

Form der Schalen
In Wirklichkeit sind die Schalen nicht kreisförmig. Sie werden hier nur zur besseren Ansicht so dargestellt.

2 **He**

△ **Helium**
Mit der Ordnungszahl 2 weist Helium zwei Protonen und daher auch zwei Elektronen in einer Schale auf.

Orbitalmodell

Das Bohr'sche Atommodell ist anschaulich, aber unvollkommen. Erkenntnisse der Quantenmechanik ergaben, dass es keine genaue Bahn für ein Elektron gibt, sondern sich nur die Wahrscheinlichkeit ermitteln lässt, mit der ein Elektron an einem bestimmten Ort zu finden ist. Die Orte mit der größten Aufenthaltswahrscheinlichkeit heißen Orbitale und werden mit den Buchstaben s, p, d und f bezeichnet.

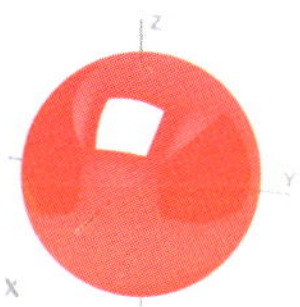

s-Orbital
kugelförmig

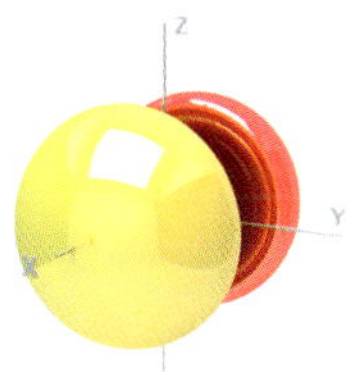

p-Orbital
hantelförmig

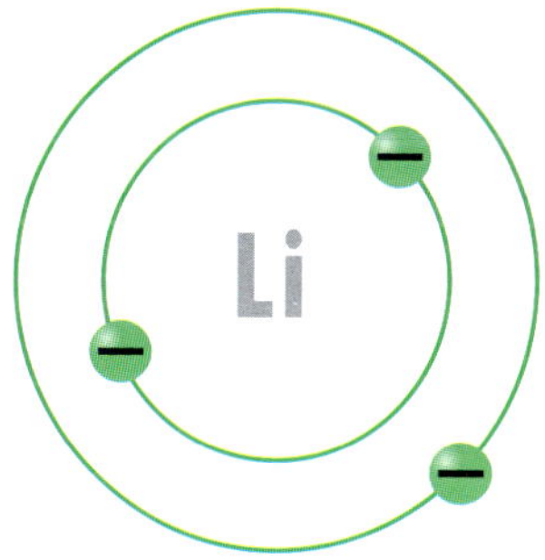

3 **Li**

△ **Lithium**
Lithium hat die Ordnungszahl 3. Die erste Elektronenschale ist somit voll, und das dritte Elektron befindet sich auf einer zweiten Schale.

Äußere Schale

Die Elektronen auf den äußeren Schalen sind diejenigen, welche die Bindungen mit anderen Atomen eingehen und dementsprechend an chemischen Reaktionen beteiligt sind. Daher ist die Zahl der Außenelektronen eines Atoms ein starker Indikator für die physikalischen und chemischen Eigenschaften des Elements. Atome reagieren miteinander, um die äußere Schale zu vervollständigen. Die Abbildungen unten zeigen die äußere Schale jedes Atoms.

▽ **Oktettregel**
Die Stabilität von Atomen erhöht sich, wenn sie in ihrer äußeren Schale acht Elektronen haben (Oktettregel). Dazu nehmen sie entweder Elektronen auf oder geben Elektronen ab, sodass die nächste darunter liegende Schale voll ist und zur äußeren Schale wird. Diese Regel gilt im Wesentlichen jedoch nur für Hauptgruppenelemente der zweiten Periode.

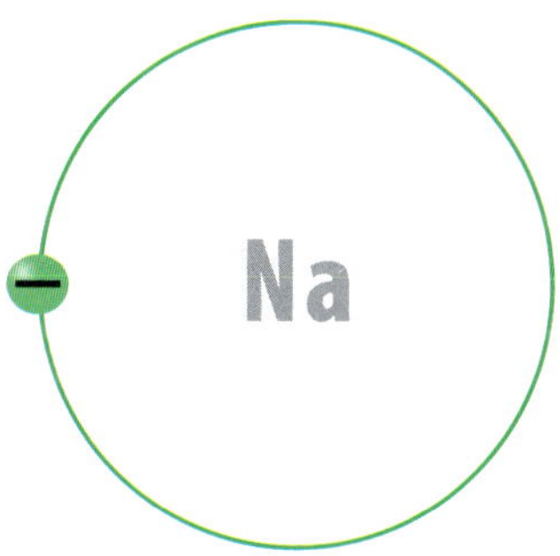

11 **Na**

△ **Natrium**
Ein Natriumatom hat nur ein Außenelektron. Für eine volle äußere Schale muss es dieses abgeben.

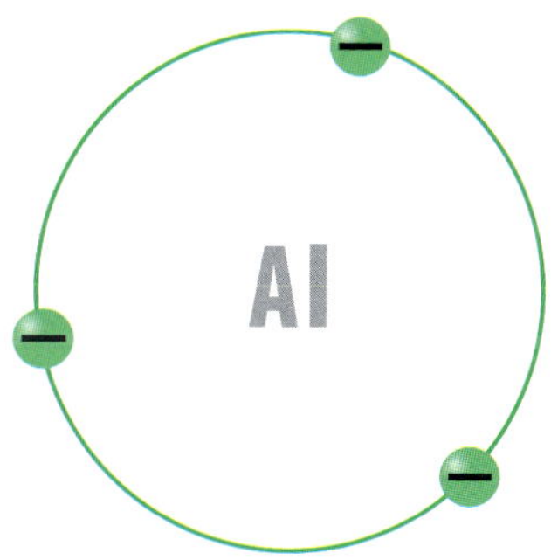

13 **Al**

△ **Aluminium**
Ein Aluminiumatom hat drei äußere Elektronen. Zum Erreichen der Stabilität muss es alle drei abgeben.

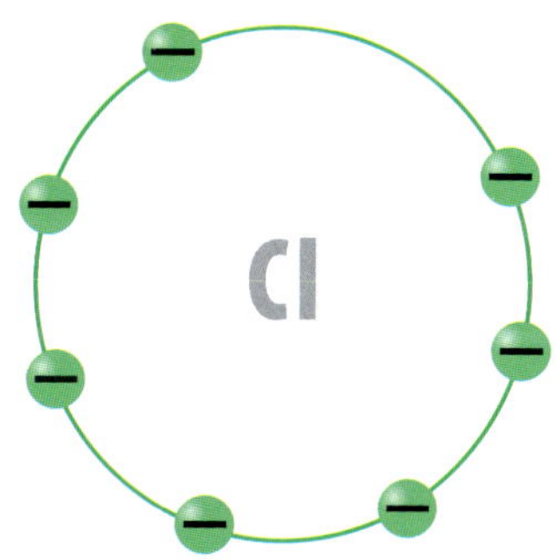

17 **Cl**

△ **Chlor**
Ein Chloratom hat sieben Außenelektronen. Mit einem weiteren wäre die äußere Schale gefüllt.

Verbindungen und Moleküle

ATOME VEREINIGEN SICH ZU VERBINDUNGEN UND MOLEKÜLEN.

SIEHE AUCH
❮ 104–105 Stoffgemische
❮ 108–109 Elemente und Atome
Ionenbindung 112–113 ❯
Kovalente Bindung 114–115 ❯
Stöchiometrie 152–153 ❯

Nur wenige Elemente kommen in der Natur in reiner Form vor. Gold ist ein Beispiel. Die anderen bilden Verbindungen, wenn sich ihre Atome mit den Atomen anderer Elemente vereinen.

Was ist eine Verbindung?

Fast sämtliche Dinge des Alltags bestehen aus chemischen Verbindungen, angefangen beim Wasser aus dem Wasserhahn bis hin zu den Mineralien in Ziegeln und Steinen und den Stoffen im menschlichen Körper. Eine Verbindung ist ein diskreter Stoff und besteht aus den Atomen zweier oder mehrerer Elemente, die chemisch gebunden sind. Das unterscheidet eine Verbindung von einem Stoffgemisch, das aus zwei oder mehr getrennten Stoffen besteht.

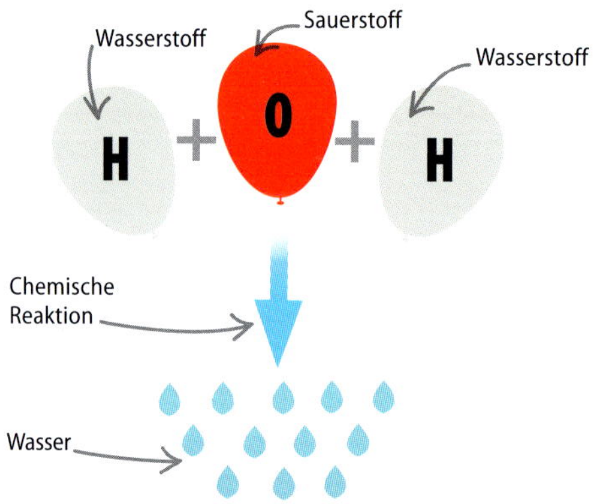

◁ **Konstante Proportionen**
Die Elemente einer Verbindung stehen in einem konstanten Verhältnis zueinander. Wasser (H_2O) besteht aus zwei Teilen Wasserstoff (H) und einem Teil Sauerstoff (O).

◁ **Chemische Reaktionen**
Eine Verbindung kann nur entstehen, wenn Elemente oder Verbindungen miteinander reagieren.

◁ **Verschiedene Eigenschaften**
Die Eigenschaften einer Verbindung unterscheiden sich von denen der sie bildenden Elemente. Wasser ist eine Flüssigkeit, gebildet aus zwei Gasen.

Moleküle

Ein Molekül ist die kleinste Einheit einer Verbindung. Trennt man ein Molekül in kleinere Einheiten, hört die Verbindung auf zu existieren. Die Atome in einem Molekül sind durch eine chemische Bindung miteinander verknüpft. Anordnung und Stärke der Bindung verleihen dem Molekül eine bestimmte Form.

Bei **sehr hohen Drücken** gehen Sauerstoffmoleküle in eine achtatomige Variante über, die leuchtend rot ist.

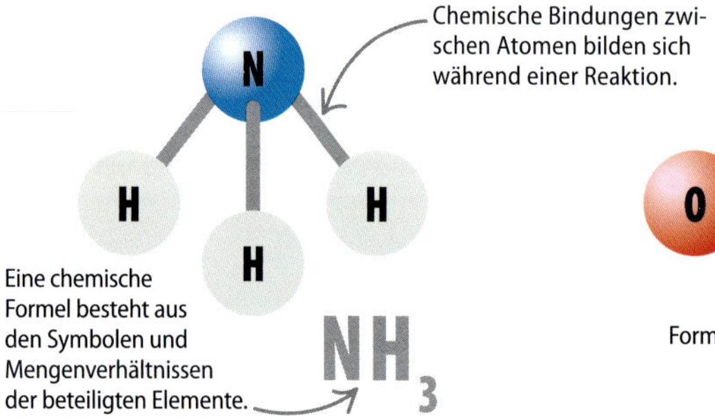

△ **Ammoniak**
Im Molekül dieser Verbindung ist ein einzelnes Stickstoffatom (N) mit drei Wasserstoffatomen (H) verbunden. Gemeinsam bilden sie ein Tetraeder.

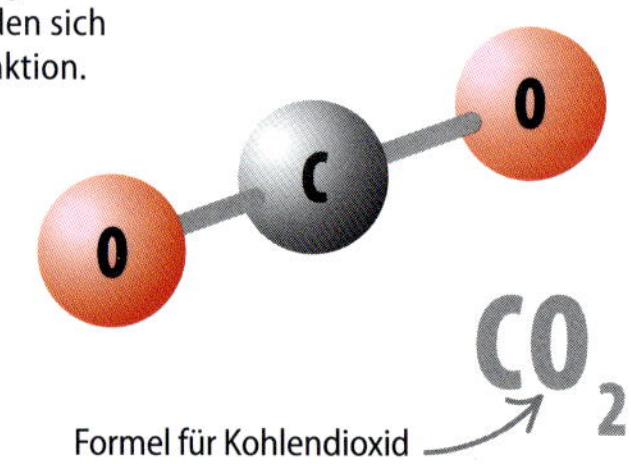

△ **Kohlen(stoff)dioxid**
Wie der Name nahelegt, ist in dieser Verbindung ein Kohlenstoffatom (C) mit zwei Sauerstoffatomen (O) verbunden. Sie bilden ein lineares Molekül.

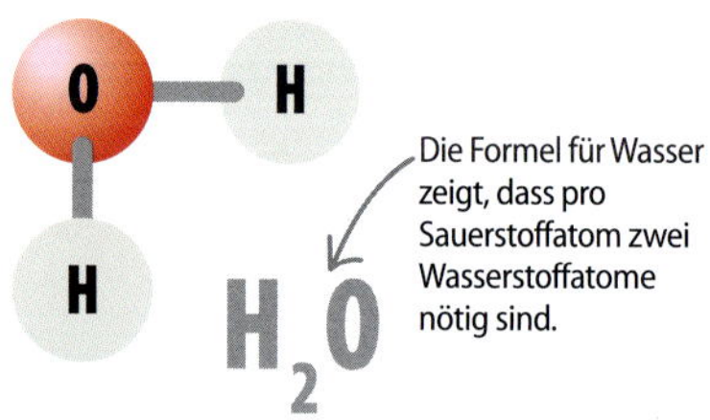

△ **Wasser**
Gängige Verbindungen wie Wasser haben keinen wissenschaftlichen Namen. Andere, wie Stickstoffdioxid, sind nach den in ihnen enthaltenen Elementen benannt.

Molekulare Elemente

Atome reagieren miteinander und bilden Moleküle, damit sie stabiler werden. Selbst wenn sie rein vorliegen, existieren die meisten Elemente nicht in Form einzelner Atome. Die gebildeten Moleküle bestehen jedoch nur aus einem Typ von Atomen.

▷ **Höhere Stabilität**
Der Sauerstoff in der Luft kommt als Molekül aus zwei Atomen vor (O_2). Gebunden sind die Sauerstoffatome wesentlich stabiler (s. S. 114).

Sauerstoffmolekül

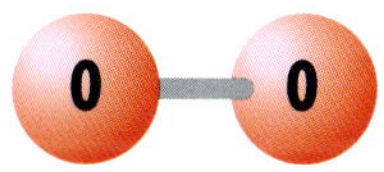

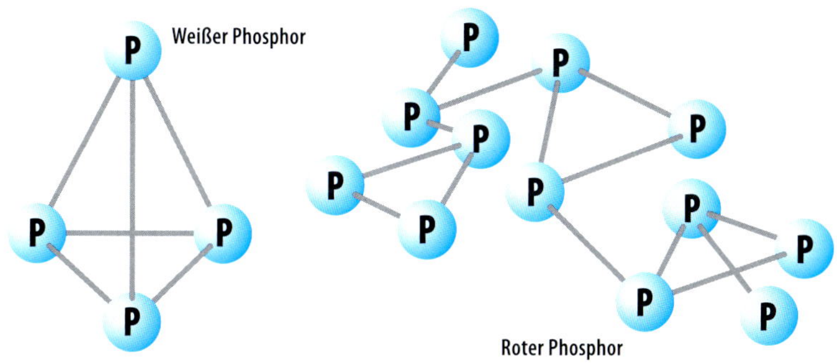

△ **Allotrope**
Einige Elemente bilden mehr als eine Form von Molekülen. Man spricht hier von Allotropen. Von Phosphor (P) gibt es ein weißes und ein rotes Allotrop. Der rote Phosphor verfügt über stärkere Bindungen als der weiße, der sehr leicht reagiert – beim Kontakt mit Luft entflammt er sogar.

Kristalle

Ein Kristall bildet sich, wenn eine große Anzahl von Molekülen eines Elements oder einer Verbindung in einem sich wiederholenden Muster zusammengefügt ist. So ist beispielsweise der Diamant eine Form des Kohlenstoffs, die aus sich wiederholenden tetraedrischen Einheiten besteht.

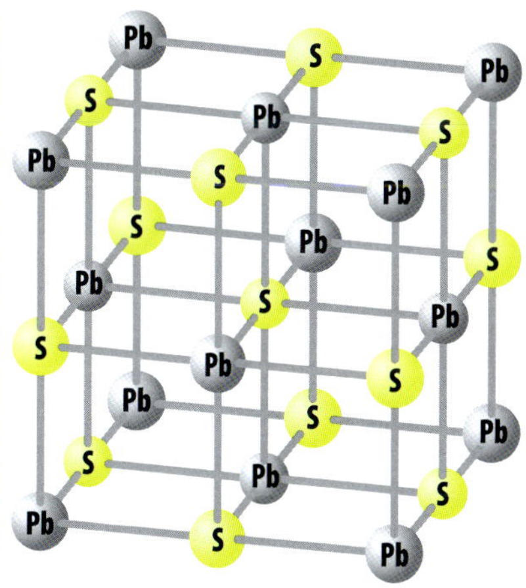

△ **Galenit (Bleiglanz)**
Galenit ist eine Verbindung aus Blei (Pb) und Schwefel (S). Seine Formel lautet PbS und die Blei- und Schwefelatome bilden einen Kubus aus Atomen. Ein Bleiglanzkristall besteht aus drei dieser Kuben.

Metallische Bindungen (Metallbindungen)

Metallatome verlieren leicht ihre äußeren Elektronen und bilden positiv geladene Ionen (s. S. 112), die von einer Wolke aus geteilten Elektronen umgeben sind. Die Anziehung zwischen den negativ geladenen Elektronen und den postiv geladenen Ionen bildet eine Metallbindung.

▽ **Starkes Material**
Die freien Elektronen werden von sämtlichen benachbarten Ionen geteilt und können aneinander vorbeigleiten. Deshalb können metallische Körper verformt oder gebogen werden, ohne zu zerbrechen.

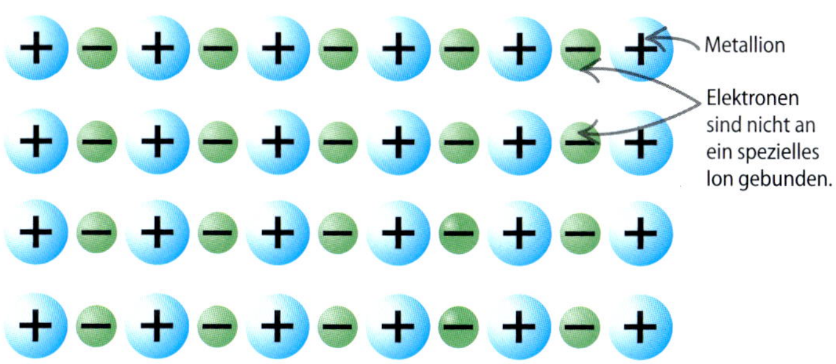

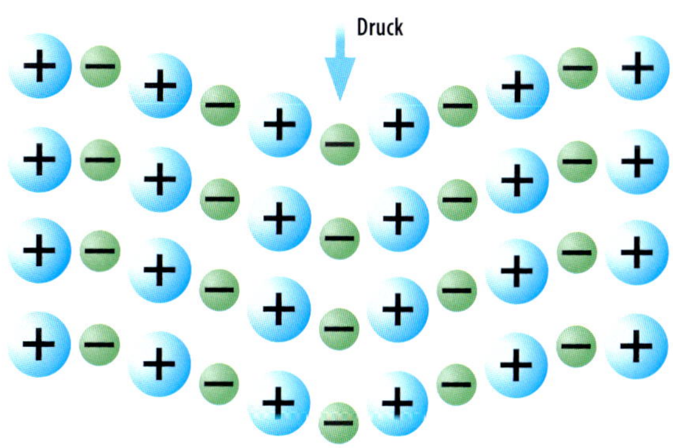

Ionenbindung

VERSCHIEDENE ATOME GEHEN EINE IONISCHE BINDUNG EIN, INDEM SIE ELEKTRONEN AUFNEHMEN ODER ABGEBEN.

Atome verbinden sich miteinander und füllen dadurch die äußeren Elektronenhüllen auf. Das trägt zur Stabilität bei.

Was ist ein Ion?

Ein Atom besitzt eine gleiche Anzahl von Protonen und Elektronen. Wenn das Atom ein Elektron abgibt oder aufnimmt, entsteht ein geladenes Ion. Die Abgabe eines Elektrons ergibt ein Ion mit der positiven Ladung +1, die Abgabe von zwei Elektronen eines mit der Ladung +2. Ionen, die durch Aufnahme eines Elektrons entstehen, haben die Ladung −1.

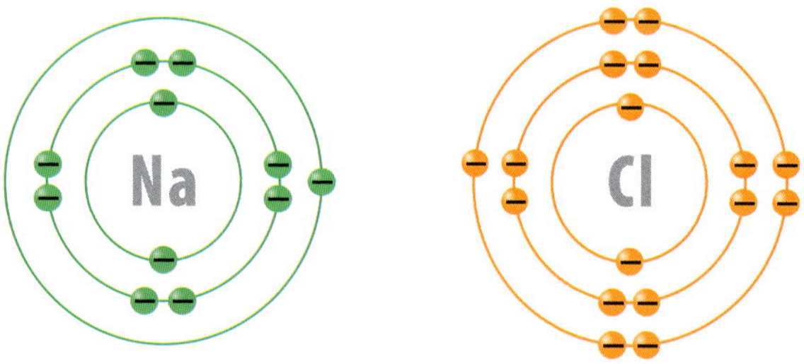

△ **Ein Natriumatom** hat ein Außenelektron, während Chlor sieben Elektronen in der äußeren Hülle aufweist, somit Platz für ein weiteres Elektron hat.

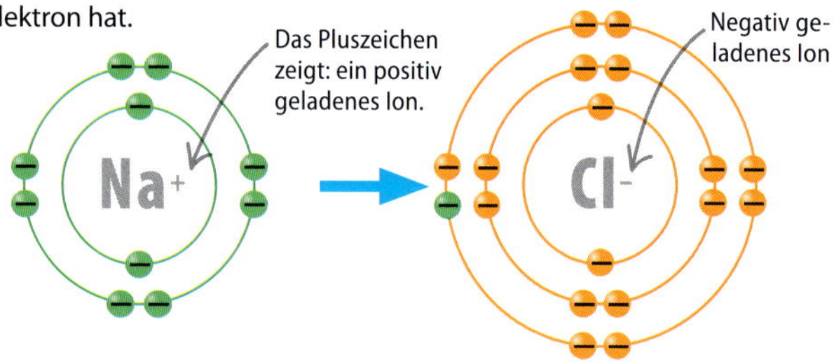

△ **Natrium gibt sein Außenelektron** an das Chlor ab. Beide Ionen haben jetzt gefüllte äußere Schalen.

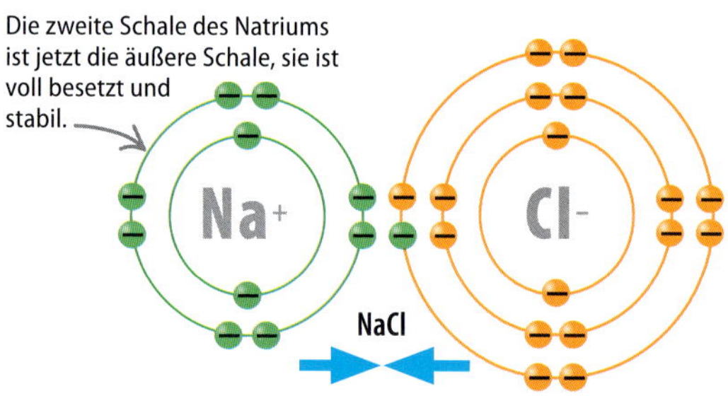

△ **Das positiv geladene Natriumion** zieht das negativ geladene Chlorion an und es bildet sich eine ionische Bindung zwischen den beiden aus. Es entsteht Natriumchlorid (NaCl).

Oktettregel

Atome mit niedrigen Ordnungszahlen streben danach, die äußeren Schalen mit acht Elektronen aufzufüllen. Dadurch sind sie stabiler (s.S. 109). Kationen, also positiv geladene Ionen, entstehen, wenn Atome Elektronen abgeben, während Anionen, also negativ geladene Ionen, entstehen, wenn Atome Elektronen aufnehmen.

Kationen (positiv geladene Ionen) | **Anionen** (negativ geladene Ionen)

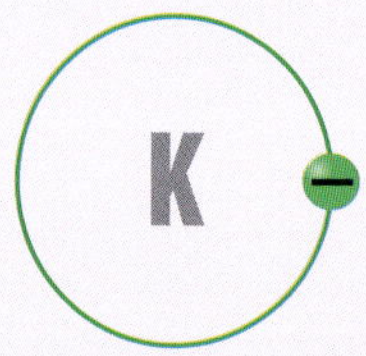

Ein Kaliumatom muss 1 Elektron abgeben, um ein K^{+}-Ion zu bilden.

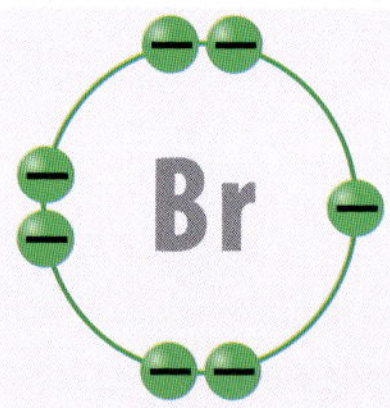

Ein Bromatom muss 1 Elektron aufnehmen, um ein Br^{-}-Ion zu bilden.

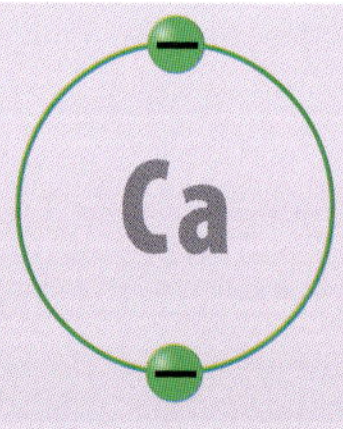

Ein Calciumatom muss 2 Elektronen abgeben, um ein Ca^{2+}-Ion zu bilden.

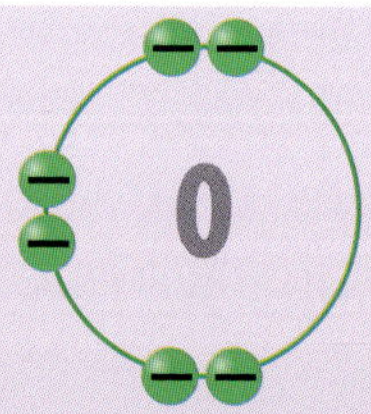

Ein Sauerstoffatom muss 2 Elektronen aufnehmen, um ein O^{2-}-Ion zu bilden.

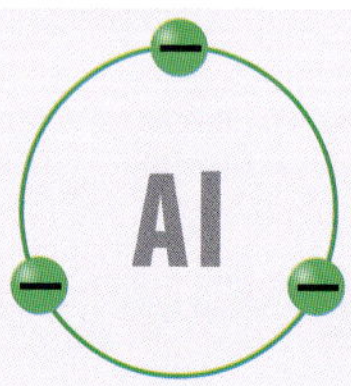

Ein Aluminiumatom muss 3 Elektronen abgeben, um ein Al^{3+}-Ion zu bilden.

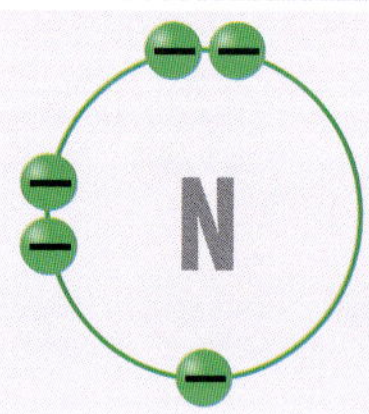

Ein Stickstoffatom muss 3 Elektronen aufnehmen, um ein N^{3-}-Ion zu bilden.

△ **Außenelektronen**
Atome mit ein bis drei Außenelektronen werden diese abgeben, Atome mit fünf bis sieben Elektronen werden weitere aufnehmen. Ein Atom mit einer vollständigen äußeren Schale ist stabil und wird daher Elektronen weder aufnehmen noch abgeben.

Ladungsausgleich

Für eine Bindung zwischen Ionen müssen sich die positiven und die negativen Ladungen ausgleichen. So bestehen Verbindungen nicht immer nur aus einem Anion und einem Kation, sondern auch aus einem bestimmten Verhältnis dieser Ionen.

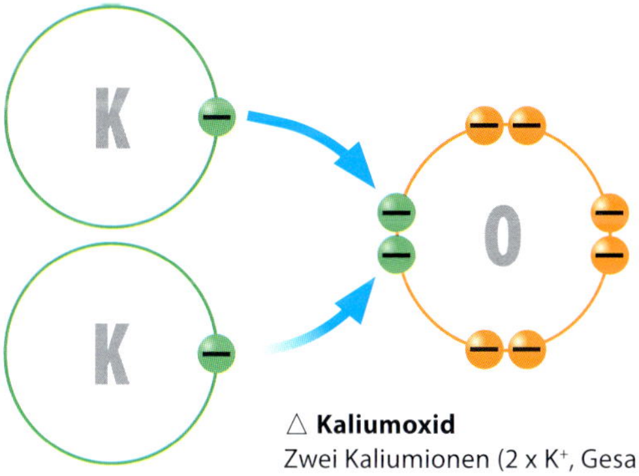

K_2O

△ **Kaliumoxid**
Zwei Kaliumionen (2 x K^{+}, Gesamtladung: +2) verbinden sich mit einem Sauerstoffion (1 x O^{2-}, Gesamtladung: –2) zu einem neutralen Molekül.

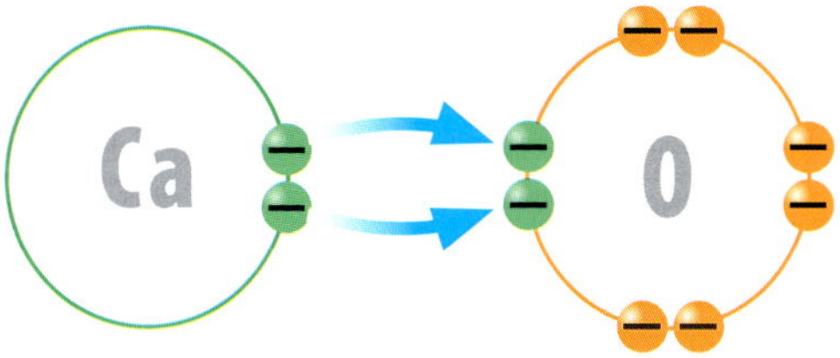

CaO

△ **Calciumoxid**
Ein Calciumion (Ca^{2+}, Gesamtladung: +2) verbindet sich mit einem Sauerstoffatom (1 x O^{2-}, Gesamtladung: –2).

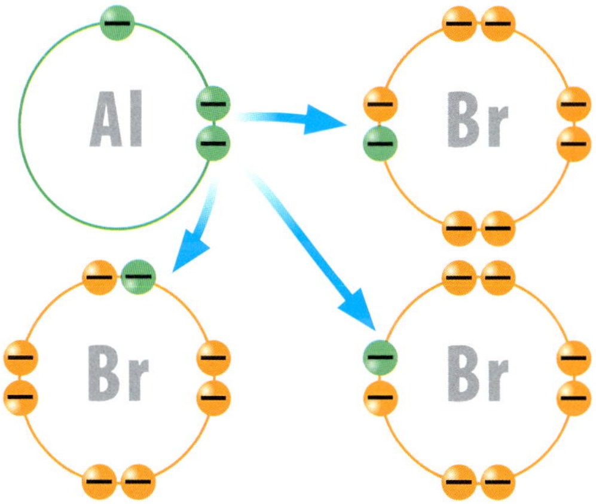

$AlBr_3$

△ **Aluminiumbromid**
Ein Aluminiumion (1 x Al^{3+}, Gesamtladung: +3) verbindet sich mit drei Bromionen (3 x Br^{-}, Gesamtladung: –3).

Reaktivität

Metallatome geben Elektronen ab, sie sind elektropositiv. Nichtmetalle nehmen Elektronen auf und sind somit elektronegativ. Wie leicht dies geschieht, hängt vom jeweiligen Atom ab.

▽ **Metallionen**
Magnesium (Mg) und Natrium (Na) haben drei Elektronenschalen. Magnesium hat zwei Außenelektronen, während Natrium nur eines hat. Es erfordert weniger Energie, ein Elektron abzugeben, also ist Natrium elektropositiver als Magnesium. Kalium (K) hat ebenfalls nur ein Außenelektron, aber das liegt auf der vierten Schale, weiter entfernt vom Kern. Also gibt Kalium sein Außenelektron leichter ab als Natrium.

▽ **Nichtmetallionen**
Sauerstoff (O) benötigt zwei Elektronen zur Vervollständigung seines Oktetts, Stickstoff (N) hingegen drei. Es erfordert weniger Energie, zwei Elektronen aufzunehmen, also ist Sauerstoff elektronegativer als Stickstoff. Phosphor (P) benötigt gleichfalls drei Elektronen, hat jedoch eine Schale mehr. Die Anziehungskraft des Kerns ist hier schwächer als die auf die zweite Schale, also kann Phosphor Elektronen weniger leicht aufnehmen.

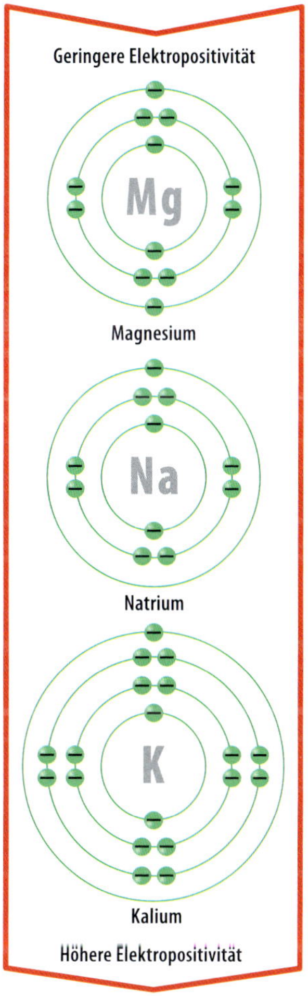

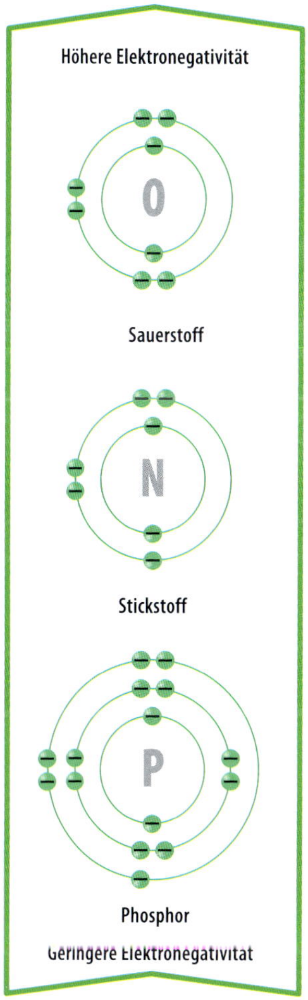

Kovalente Bindung

ATOME BILDEN KOVALENTE ODER ELEKTRONENPAAR-BINDUNGEN, INDEM SIE SICH ELEKTRONEN TEILEN.

SIEHE AUCH
❮ 110–111 Verbindungen und Moleküle
❮ 112–113 Ionenbindung
Wasserstoffbrückenbindung 142 ❯
Kohlenwasserstoffe 160 ❯
Im Innern des Atoms 174–175 ❯

Statt Elektronen aufzunehmen oder abzugeben, teilen einige Atome ihre äußeren Elektronen, um vollständige äußere Schalen zu bekommen.

Elektronen teilen

Kovalente Bindungen bilden sich aus Elektronenpaaren, wobei jedes Atom ein Elektron beisteuert. Das Paar liegt auf der äußeren Schale beider Atome zugleich. So können die Atome acht Elektronen in der äußeren Hülle aufweisen und stabil sein. Kein Elektronen wird vom ursprünglichen Atom abgegeben – daher bleiben sie stets neutral.

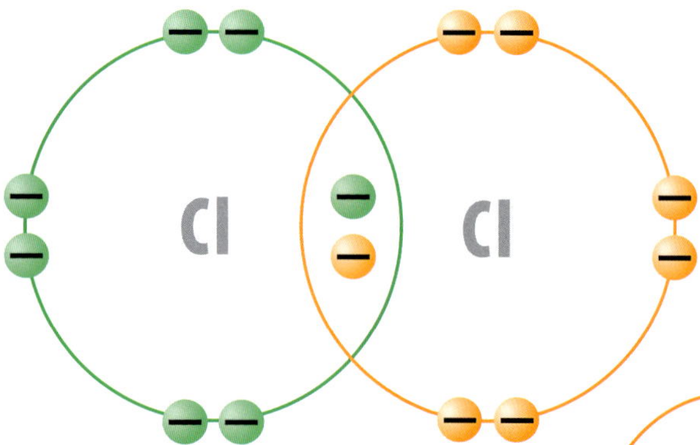

△ **Einfachbindung**
Chlor (Cl) hat einen leeren Platz auf der äußeren Schale. In einem Chlormolekül (Cl_2) sind zwei Chloratome durch ein einziges Paar geteilter Elektronen miteinander verbunden.

▽ **Doppelbindung**
Sauerstoff besteht aus O_2-Molekülen. Sie bilden sich, wenn sich Sauerstoffatome nicht nur ein Paar, sondern zwei Paare von Elektronen teilen. Dadurch entsteht eine sogenannte Doppelbindung.

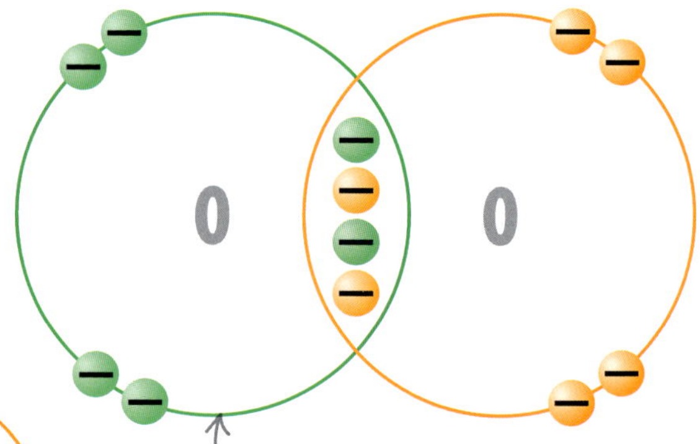

Sauerstoffmolekül
Sauerstoffatome (O) haben sechs Außenelektronen, sodass in der äußeren Schale zwei leere Stellen bleiben. In einem O_2-Molekül teilt jedes Atom zwei Elektronen mit seinem Nachbarn.

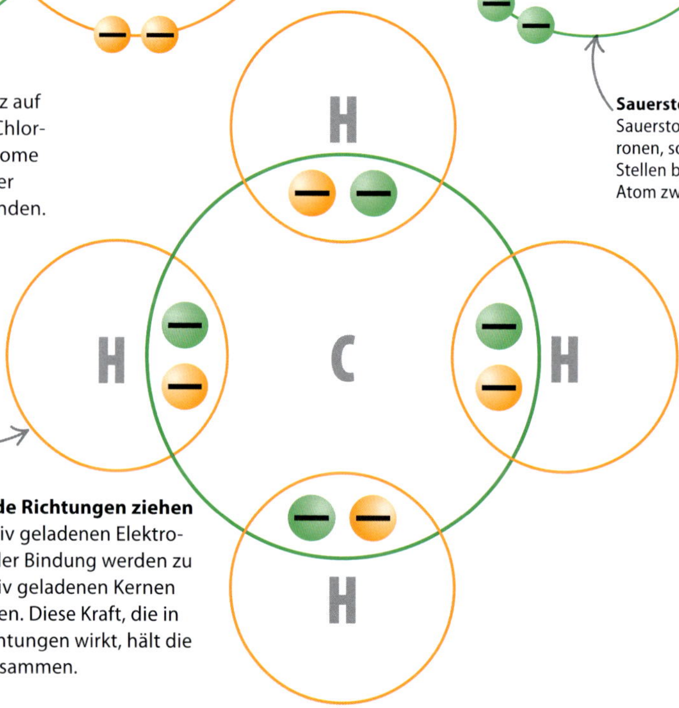

Methanmolekül
Kohlenstoff (C) hat vier Plätze auf seiner äußeren Elektronenschale frei und kann vier kovalente Bindung gleichzeitig ausbilden. Es verbindet sich mit Wasserstoffatomen zu Methan (CH_4).

△ **In beide Richtungen ziehen**
Die negativ geladenen Elektronen in jeder Bindung werden zu den positiv geladenen Kernen hingezogen. Diese Kraft, die in beide Richtungen wirkt, hält die Atome zusammen.

Diamant, die härteste Substanz, wird lediglich durch kovalente Bindungen zusammengehalten. Die meisten Substanzen mit kovalenten Bindungen sind weich und spröde.

Formen und Bindungen

In einem Methanmolekül wird jedes Elektron in der äußeren Hülle des Kohlenstoffatoms mit einem Wasserstoffatom geteilt. In anderen Molekülen sind nicht alle Elektronen an einer Bindung beteiligt. Jeweils zwei nicht beteiligte Elektronen nennt man einsames (oder freies) Elektronenpaar. Diese Elektronenpaare bilden eine Zone elektrischer Ladung, die auf die gebundenen Paare abstoßend wirkt und sie enger zusammendrückt. Also verleiht die Anordnung von gebundenen und einsamen Paaren dem Molekül seine Form.

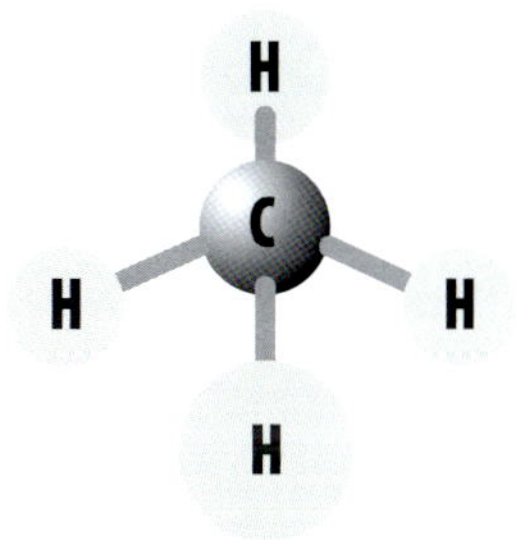

◁ **Methan**
In einem Methanmolekül gibt es kein einsames Elektronenpaar, daher werden die vier Bindungen gleichmäßig abgestoßen. Das heißt, dass die Wasserstoffatome gleichmäßig um das Kohlenstoffatom verteilt sind und einen regelmäßigen Tetraeder bilden.

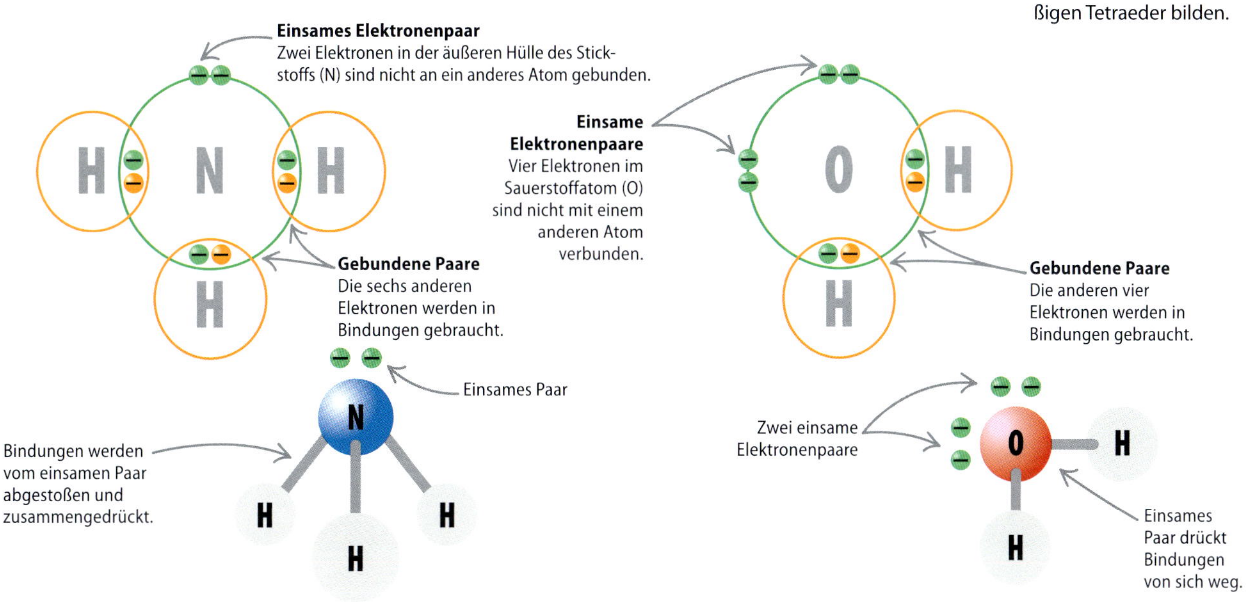

△ **Ammoniak**
Das freie Paar am Stickstoff stößt die drei Bindungen ab, sodass die Bindungswinkel enger werden.

△ **Wasser**
Im Wassermolekül drücken die beiden freien Elektronenpaare die Bindungen von sich weg.

Zwischenmolekulare Kräfte

Die einfachsten kovalenten Verbindungen sind Gase, weil ihre Moleküle unter normalen Bedingungen voneinander getrennt bleiben. In einer Flüssigkeit oder in einem Feststoff sind schwache zwischenmolekulare Kräfte am Werk, die die Moleküle zusammenhalten. Weit verbreitet ist die Dipol-Dipol-Wechselwirkung zwischen Dipolen (Molekülen mit einem negativ geladenen und einem positiv geladenen Ende). Ein negativer Pol am einen Molekül zieht dann einen positiv geladenen Pol am anderen an, was die beiden Moleküle zusammenhält.

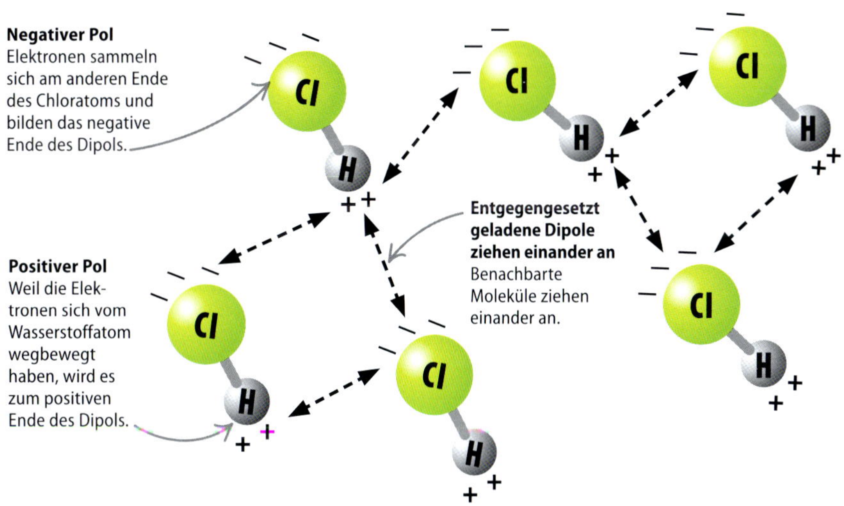

Periodensystem

CHEMIKER ORDNEN DIE ELEMENTE IM PERIODENSYSTEM AN.

Die Elemente werden anhand ihrer atomaren Struktur angeordnet. Jene mit ähnlichen Eigenschaften werden zusammengefasst.

SIEHE AUCH

Aufbau des Periodensystems

Das Periodensystem, das wir heute verwenden, entwickelte Dmitri Mendelejew im Jahr 1869. Die Elemente werden anhand ihrer Ordnungszahlen in Reihen angeordnet. Die Ordnungszahl ist die Zahl der Protonen im Kern jedes Atoms (s. S. 108). Durch diese Anordnung werden Elemente mit ähnlichen Eigenschaften zusammengefasst. So können Chemiker die wahrscheinlichen Merkmale eines Elements anhand seiner Position im Periodensystem voraussagen.

Atome der 1. Gruppe haben ein Elektron in ihrer äußeren Schale.

Perioden
Das System hat sieben horizontale Reihen, die Perioden.

▷ **Individueller Eintrag**
Jedes Element lässt sich leicht anhand seines Symbols erkennen. Die Ordnungszahl ist die Zahl der Protonen im Atomkern.

Ordnungszahl: 1 · relative Atommasse: 1,0079 · Symbol: H · Elementname: WASSERSTOFF

Gruppen
Das Periodensystem hat 18 Spalten, die Gruppen.

PERIODEN / GRUPPE	1	2	3	4	5	6	7	8
1	1 1,0079 H WASSERSTOFF							
2	3 6,941 Li LITHIUM	4 9,0122 Be BERYLLIUM						
3	11 22,990 Na NATRIUM	12 24,305 Mg MAGNESIUM						
4	19 39,098 K KALIUM	20 40,078 Ca CALCIUM	21 44,956 Sc SCANDIUM	22 47,867 Ti TITAN	23 50,942 V VANADIUM	24 51,996 Cr CHROM	25 54,938 Mn MANGAN	26 55,84 Fe EISEN
5	37 85,468 Rb RUBIDIUM	38 87,62 Sr STRONTIUM	39 88,906 Y YTTRIUM	40 91,224 Zr ZIRCONIUM	41 92,906 Nb NIOB	42 95,94 Mo MOLYBDÄN	43 (96) Tc TECHNETIUM	44 101,0 Ru RUTHENIUM
6	55 132,91 Cs CAESIUM	56 137.3, Ba BARIUM	57–71 La–Lu LANTHANIDE	72 178,49 Hf HAFNIUM	73 180,95 Ta TANTAL	74 183,84 W WOLFRAM	75 186,21 Re RHENIUM	76 190,2 Os OSMIUM
7	87 (223) Fr FRANCIUM	88 (226) Ra RADIUM	89–103 Ac–Lr ACTINIDE	104 (261) Rf RUTHERFORDIUM	105 (262) Db DUBNIUM	106 (266) Sg SEABORGIUM	107 (264) Bh BOHRIUM	108 (277 Hs HASSIUM
				57 138,91 La LANTHAN	58 140,12 Ce CER	59 140,91 Pr PRASEODYM	60 144,24 Nd NEODYM	61 (145 Pm PROMETHIUM
				89 (227) Ac ACTINIUM	90 232,04 Th THORIUM	91 231,04 Pa PROTACTINIUM	92 238,03 U URANIUM	93 (237 Np NEPTUNIUM

Perioden 6 und 7
Diese Perioden sind zu lang, daher werden die mittleren Abschnitte der 3. Gruppe unterhalb des Systems angezeigt.

INTERESSANT!

Kostbares Metall

Gold war eines der ersten bekannten Elemente. Das liegt daran, dass Gold eines der wenigen Elemente ist, die rein in der Natur vorkommen. Daher war es leicht zu entdecken.

Blöcke bauen

Unterteilung nach Spalten (Gruppen), Reihen (Perioden) oder Eigenschaften

△ Perioden
Die Elemente einer Periode haben alle dieselbe Zahl von Elektronenschalen.

△ Gruppe
Die Elemente in einer Gruppe haben dieselbe Zahl an Außenelektronen.

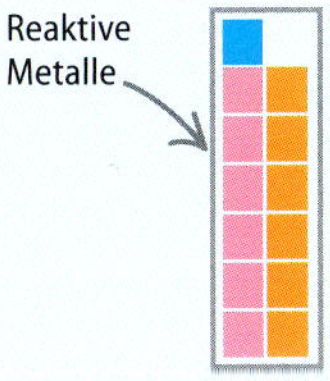

▷ Eigenschaften
Diese Elemente reagieren auf ähnliche Weise.

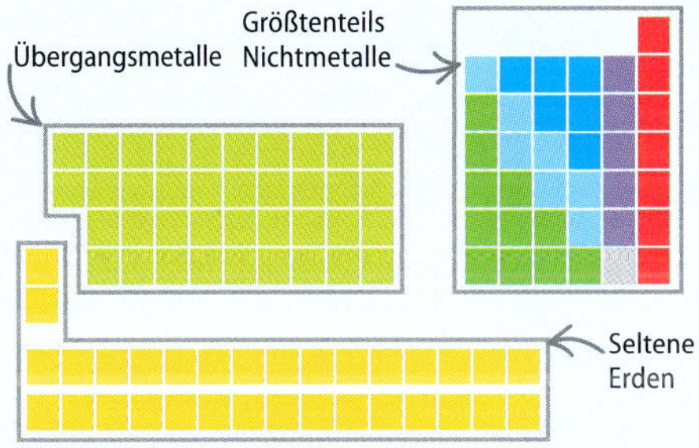

Nur **63 Elemente** waren bekannt, als **Dmitri Mendelejew** 1869 das Periodensystem aufstellte.

Atome der Elemente in der 18. Gruppe haben volle äußere Schalen.

9	10	11	12	13	14	15	16	17	18
									2 4,0026 He HELIUM
				5 10,811 B BOR	6 12,011 C KOHLENSTOFF	7 14,007 N STICKSTOFF	8 15,999 O SAUERSTOFF	9 18,998 F FLUOR	10 20,180 Ne NEON
				13 26,982 Al ALUMINIUM	14 28,086 Si SILIZIUM	15 30,974 P PHOSPHOR	16 32,065 S SCHWEFEL	17 35,453 Cl CHLOR	18 39,948 Ar ARGON
7 58,933 Co COBALT	28 58,693 Ni NICKEL	29 63,546 Cu KUPFER	30 65,39 Zn ZINK	31 69,723 Ga GALLIUM	32 72,64 Ge GERMANIUM	33 74,922 As ARSEN	34 78,96 Se SELEN	35 79,904 Br BROM	36 83,80 Kr KRYPTON
5 102,91 Rh RHODIUM	46 106,42 Pd PALLADIUM	47 107,87 Ag SILBER	48 112,41 Cd CADMIUM	49 114,82 In INDIUM	50 118,71 Sn ZINN	51 121,76 Sb ANTIMON	52 127,60 Te TELLUR	53 126,90 I IOD	54 131,29 Xe XENON
7 192,22 Ir IRIDIUM	78 195,08 Pt PLATIN	79 196,97 Au GOLD	80 200,59 Hg QUECKSILBER	81 204,38 Tl THALLIUM	82 207,2 Pb BLEI	83 208,96 Bi BISMUT	84 (209) Po POLONIUM	85 (210) At ASTAT	86 (222) Rn RADON
109 (268) Mt MEITNERIUM	110 (281) Ds DARMSTADTIUM	111 (280) Rg RÖNTGENIUM	112 285 Cn COPERNICIUM	113 284 Nh NIHONIUM	114 289 Fl FLEROVIUM	115 288 Mc MOSCOVIUM	116 293 Lv LIVERMORIUM	117 294 Ts TENNESS	118 294 Og OGANESSON
2 150,36 Sm SAMARIUM	63 151,96 Eu EUROPIUM	64 157,25 Gd GADOLINIUM	65 158,93 Tb TERBIUM	66 162,50 Dy DYSPROSIUM	67 164,93 Ho HOLMIUM	68 167.26 Er ERBIUM	69 168,93 Tm THULIUM	70 173,04 Yb YTTERBIUM	71 174,97 Lu LUTETIUM
4 (244) Pu PLUTONIUM	95 (243) Am AMERICIUM	96 (247) Cm CURIUM	97 (247) Bk BERKELIUM	98 (251) Cf CALIFORNIUM	99 (252) Es EINSTEINIUM	100 (257) Fm FERMIUM	101 (258) Md MENDELEVIUM	102 (259) No NOBELIUM	103 (262) Lr LAWRENCIUM

Legende

- Alkalimetalle
- Erdalkalimetalle
- Übergangsmetalle
- Seltene Erden
- Andere Metalle
- Halbmetalle
- Andere Nichtmetalle
- Halogene
- Edelgase

Nummer 118
Das letzte hinzugefügte Element wurde erst vor Kurzem entdeckt.

Neue Elemente
Sie werden oft nach großen Wissenschaftlern benannt, so z. B. Nobelium nach Alfred Nobel.

Das Periodensystem verstehen

SIEHE AUCH
❮ 113 Reaktivität
❮ 116–117 Periodensystem
Im Innern des Atoms 174–175 ❯

IM PERIODENSYSTEM GIBT ES TRENDS.

Das Periodensystem ordnet die Elemente anhand der Anordnung der Elektronen in den Atomen. Das heißt, es werden ähnliche Elemente zusammengefasst.

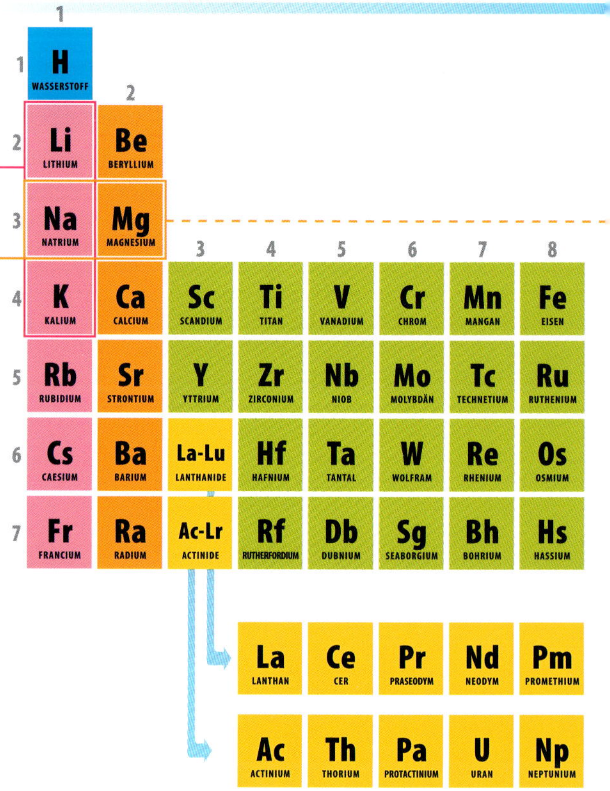

Größe von Atomen

Die Größe der Atome im Periodensystem nimmt von oben nach unten zu, da in jeder Periode eine neue Schale hinzugefügt wird. Von links nach rechts nimmt die Größe ab, obwohl die Zahl der Außenelektronen ansteigt. Denn die Atome werden mit größerer Kraft zusammengehalten, sodass sich das Volumen verringert.

Li LITHIUM

Zwei Schalen
Ein Lithiumatom hat drei Elektronen. Das dritte Elektron liegt auf der zweiten Schale.

Na NATRIUM

Drei Schalen
Mit dem Außenelektron von Natrium beginnt eine dritte Schale, wodurch das Atom größer wird.

K KALIUM

Vier Schalen
Kalium in der vierten Periode hat ein viertes Elektron weit entfernt vom Kern.

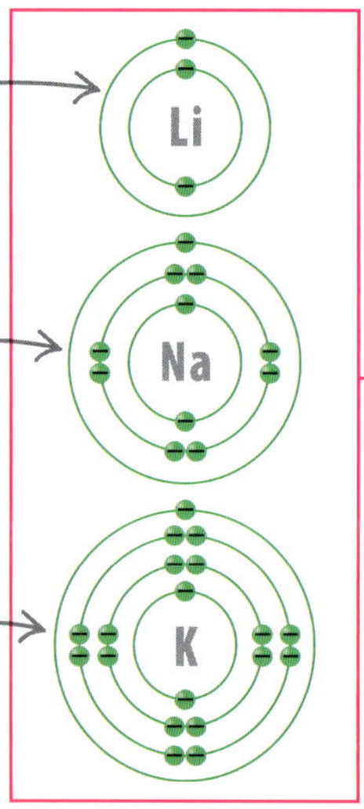

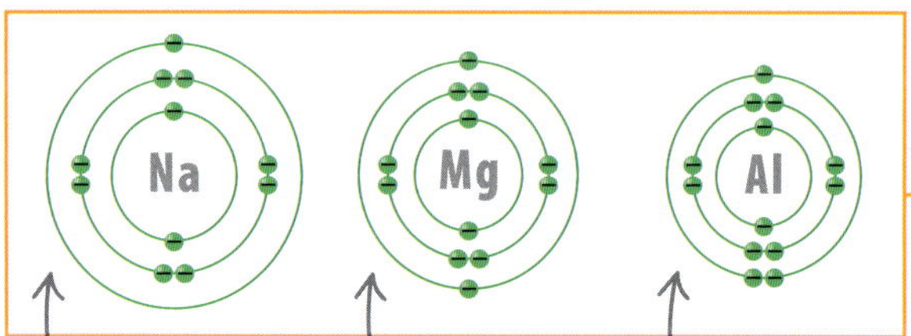

Ein Außenelektron übt nur einen geringen Zug auf das Atom aus.

Zwei Außenelektronen sorgen dafür, dass die Kugel kleiner wird.

Drei Außenelektronen lassen die Kugel noch kleiner werden.

Na NATRIUM

Mg MAGNESIUM

Al ALUMINIUM

Metalle and Nichtmetalle

Die linke Seite des Periodensystems umfasst die metallischen Elemente, die rechte Seite die nichtmetallischen. Die Atome der Metalle geben ihre Außenelektronen leicht ab, die Nichtmetalle halten sie fest, ihre Eigenschaften unterscheiden sich wesentlich von denen der Metalle. Sieben Elemente sind Halbmetalle mit sowohl metallischen als auch nichtmetallischen Eigenschaften.

METALLISCH UND NICHTMETALLISCH

Metallisch	Nichtmetallisch
Leitet Wärme	Guter Isolator
Leitet Strom	Leitet Strom nicht
Verformbar und zäh	Spröde und mürbe
Glänzend und undurchsichtig	Matt und durchscheinend
Hohe Dichte	Geringe Dichte
Niedrige Ionisierungsenergie	Hohe Ionisierungsenergie

◁ **Metallisch vs. nichtmetallisch**
Metallatome weisen gewisse Merkmale auf, die auf ihren atomaren Aufbau zurückzuführen sind. Nichtmetalle haben fast die genau gegenteiligen Merkmale.

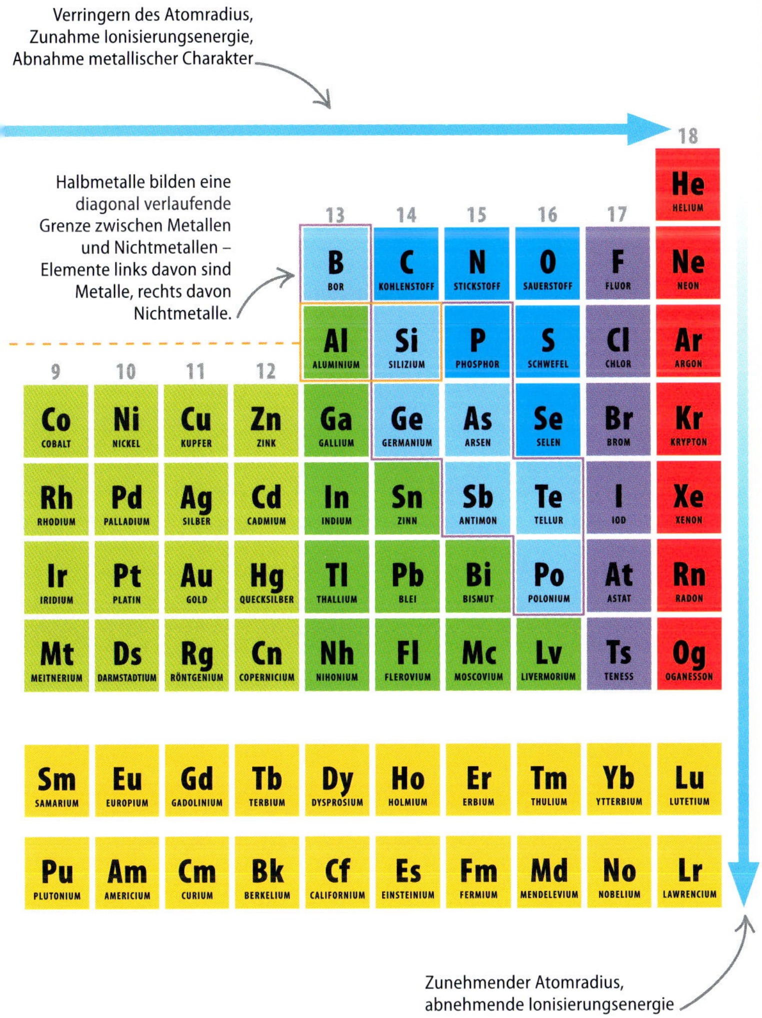

Ionisierungsenergie

Ionisierungsenergie ist die Energie, die nötig ist, um ein Elektron aus einem Atom zu entfernen, sodass ein positiv geladenes Ion entsteht. Der Trend bei der Ionisierungsenergie ist dabei gegenläufig zur Größe des Atoms. Im Periodensystem wächst die Ionisierungsenergie von links nach rechts und nimmt von oben nach unten ab. Atome mit einer großen Anzahl von Außenelektronen erfordern mehr Energie für die Ionisierung, weil ihre Schalen fester gebunden sind und näher am Kern liegen. Große Atome, deren Außenelektronen weiter entfernt vom Kern sind, verlieren diese leichter.

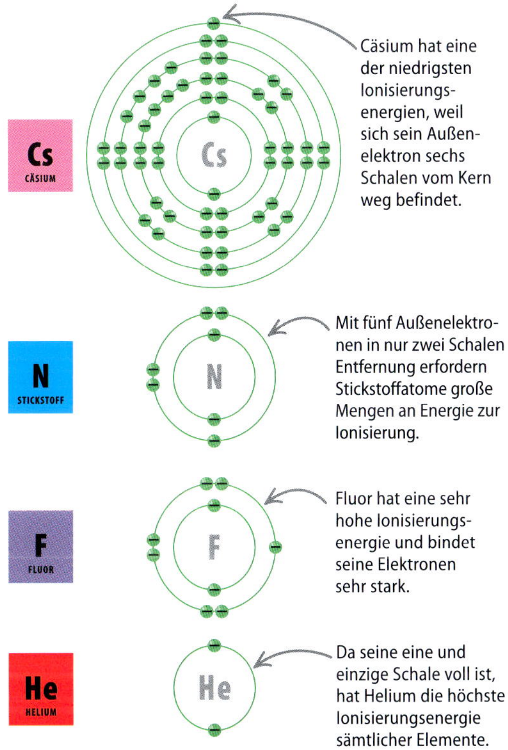

Trends im Periodensystem werden nicht immer befolgt: Die Atome von **Zirkon** und Hafnium sind fast identisch groß, obwohl **Hafnium** 32 Elektronen mehr hat!

INTERESSANT!

Ekasilizium

Nachdem Dmitri Medelejew das Periodensystem entwickelt hatte, sagte er die Eigenschaften noch nicht entdeckter Elemente – Lücken im System – voraus. Er beschrieb Element 32 als Ekasilizium und gab Schmelzpunkt, Färbung, Dichte und chemischen Merkmale an. 1886 wurde Ekasilizium – das schließlich Germanium genannt wurde – isoliert and entsprach im Wesentlichen Mendelejews Vorhersagen.

Alkalimetalle und Erdalkalimetalle

DIE GRUPPEN 1 UND 2 DES PERIODENSYSTEMS

Diese Elemente reagieren leicht mit anderen Elementen, weil sie wenige Außenelektronen haben.

SIEHE AUCH

Reaktive Metalle

Elemente in der 1. Gruppe haben ein Außenelektron in ihren Atomen, während diejenigen in der 2. Gruppe zwei Außenelektronen haben. Sie bilden leicht Ionen, indem sie diese Elektronen abgeben, und reagieren daher leicht, sind also sehr reaktiv. Ein Mitglied der 1. Gruppe, die ja alle nur ein Außenelektron haben, wie zum Beispiel Kalium (K), lässt sich leichter ionisieren als ein Mitglied der 2. Gruppe, das zwei Elektronen abgeben muss.

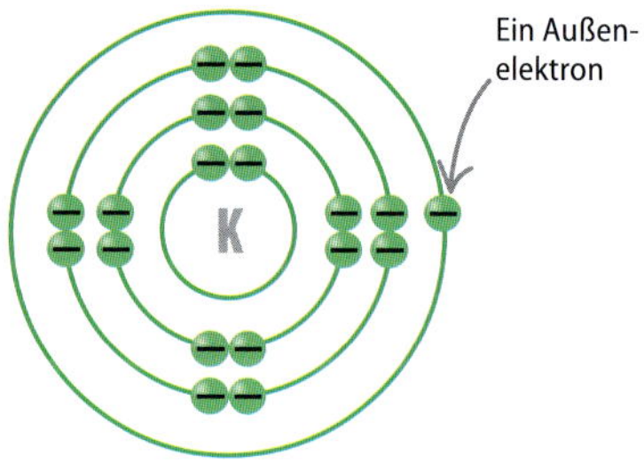

△ **Kaium (1. Gruppe)**
Als drittes Alkalimetall hat Kalium ein Elektron in seiner vierten und äußeren Schale.

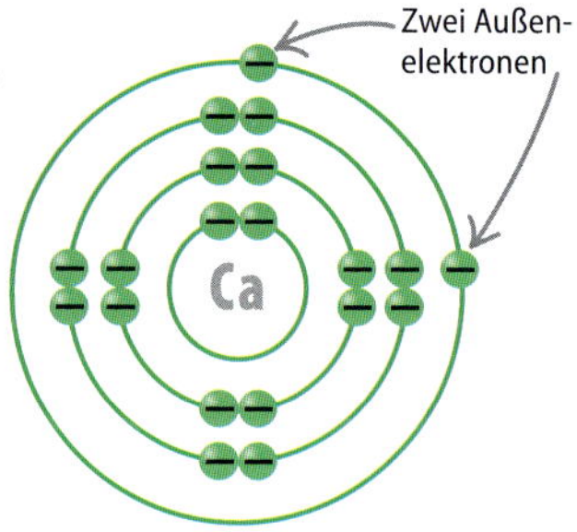

△ **Calcium (2. Gruppe)**
Calcium hat ebenfalls vier Schalen, aber es sind zwei Elektronen in der äußeren Schale.

Freisetzen von Wasserstoff

Diese Metalle reagieren heftig mit Wasser. Natrium und Kalium erzeugen dabei leuchtend farbige Flammen. Das Metallion tauscht den Platz mit einem (verdrängt ein) Wasserstoffion aus dem Wasser, wobei sich ein Hydroxid bildet. Der Wasserstoff steigt als Gas auf. Wenn also Kalium mit Wasser reagiert, entstehen die Produkte Kaliumhydroxid (KOH) und Wasserstoff: $2\,K + 2\,H_2O \rightarrow 2\,KOH + H_2$.

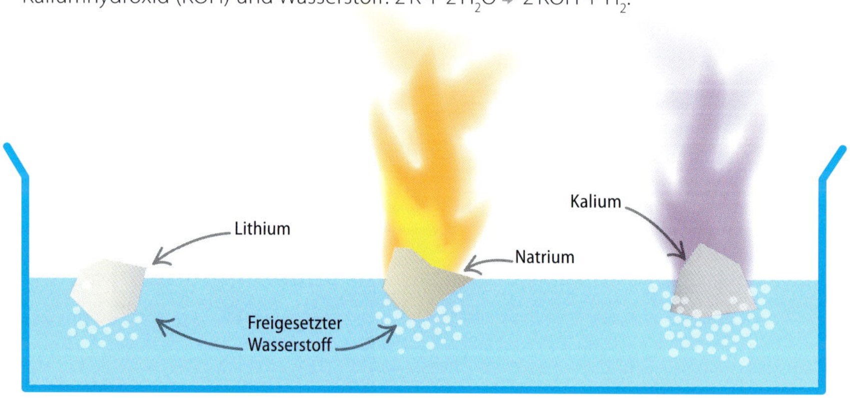

△ **Lithium**
Bei der Reaktion bewegt sich Lithium unter Sprudeln rasch auf der Wasseroberfläche hin und her.

△ **Natrium**
Dieses Metall reagiert mit Wasser unter Ausbildung einer orangefarbenen Flamme.

△ **Kalium**
Kalium verbrennt mit lilafarbener Flamme. Es ist sehr reaktiv und explodiert oft bei der Reaktion.

INTERESSANT!

In der Natur

Alkali- und Erdalkimetalle finden sich in allen Lebewesen. Natrium- und Kaliumionen sind für die Übertragung elektrischer Impulse an Nerven- und Muskelzellen notwdendig, während Calciumverbindungen in Knochen und Zähnen stecken, übrigens auch in Häusern von Schnecken.

Wasserstoff und Helium

Wasserstoff steht in der 1. Gruppe und hat ein einzelnes Elektron. Er wird jedoch nicht zu den Alkalimetallen gerechnet, und zwar weil er andere chemische Eigenschaften aufweist als die übrigen Mitglieder der Gruppe. Ähnlich ist es bei Helium, das zwei Außenelektronen hat und trotzdem nicht zu den Erdalkalimetallen zählt. Statt dessen steht es in der 18. Gruppe bei den Edelgasen, mit denen es viele chemische Eigenschaften gemeinsam hat.

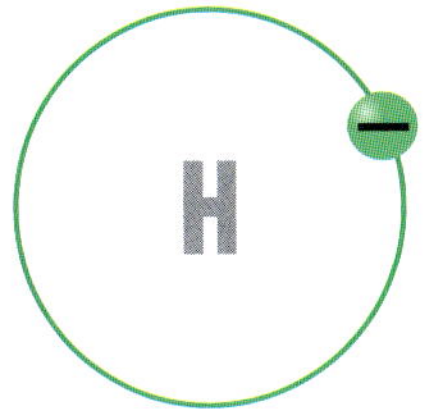

△ **Wasserstoff**
Wasserstoff hat nur ein Elektron, das er weniger leicht abgibt, als es andere Elemente seiner Gruppe tun.

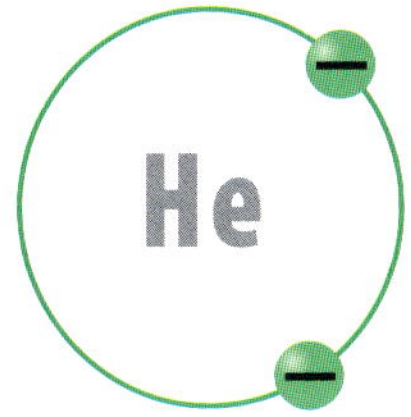

△ **Helium**
Die Elektronenschale des Heliums ist mit zwei Elektronen voll besetzt. Es ist nicht reaktiv und bildet keine Ionen.

Gruppentendenzen

Je weiter unten die Mitglieder der 1. und 2. Gruppe stehen, desto reaktiver werden sie. Das liegt daran, dass die negativ geladenen Außenelektronen weiter entfernt vom positiv geladenen Kern sind – und weniger stark im Atom festgehalten werden.

◁ **Lithium**
Lithium hat von allen Metallen die geringste Dichte und schwimmt daher sogar im Wasser.

◁ **Natrium**
Dieses Alkalimetall hat die reichsten Vorkommen und ist in vielen Gesteinen zu finden.

◁ **Kalium**
Kalium kommt in Pottasche vor und trägt daher auf Englisch den Namen „Potassium".

◁ **Rubidium**
Dieses Metall würde an einem heißen Tag schmelzen und ist so reaktiv, dass es an der Luft Feuer fängt.

◁ **Cäsium**
Cäsium schmilzt bei 28 °C, also nur knapp über Raumtemperatur.

◁ **Francium**
Dieses radioaktive Metall ist extrem selten und es ist nur wenig darüber bekannt.

▽ **Erdalkalimetalle**
Erdalkalimetalle werden so genannt, weil sie in Verbindungen in der Erdkruste vorkommen. Beryllium beispielsweise wird in Edelsteinen wie Smaragden gefunden. Obwohl Elemente der 2. Gruppe mit Wasser reagieren, geschieht dies weniger heftig als bei der 1. Gruppe.

◁ **Beryllium**
Dieses Metall hat eine sehr niedrige Dichte und wird bei der Herstellung von Hochgeschwindigkeitsflugzeugen und Satelliten verwendet.

◁ **Magnesium**
Dieses Metall ist nach der Region Magnesia in Griechenland benannt, wo viele Magnesiumverbindungen vorkommen.

◁ **Calcium**
Calcium kommt überall im Gestein vor. Eine Calcium verbindung sind z. B. Kalk und Marmor.

◁ **Strontium**
Während Strontium im Allgemeinen relativ stabil ist, gibt es Formen, die radioaktiv und gefährlich sind.

◁ **Barium**
Bariumverbindungen finden sich in Feuerwerkskörpern und erzeugen grüne Flammen.

◁ **Radium**
Dieses Metall ist hoch radioaktiv und strahlt einen schwachen blauen Glanz ab.

Halogene und Edelgase

DIE GRUPPEN 17 UND 18 DES PERIODENSYSTEMS

SIEHE AUCH
❮ 113 Reaktivität
❮ 118–119 Das Periodensystem verstehen
❮ 120–121 Alkali- und Erdalkalimetalle
Radioaktivität 126–127 ❯
Reaktionstypen 129 ❯

Während die linke Seite des Periodensystems von Metallen dominiert wird, sind sämtliche Elemente auf der rechten Seite – die Gruppen 17 und 18 – Nichtmetalle. Die chemischen Eigenschaften dieser beiden Gruppen könnten unterschiedlicher kaum sein.

Die Gruppe der Halogene

In der Natur kommen fünf Halogene vor. Ihre Reaktivität nimmt immer weiter ab, je weiter unten in der Gruppe sie stehen, da damit auch die Atome größer werden. Die äußere Schale eines kleineren Atoms liegt näher am Kern, also werden die Elektronen darauf stärker angezogen als bei größeren Atomen. Das gilt auch für die bei einer Reaktion aufgenommenen Elektronen.

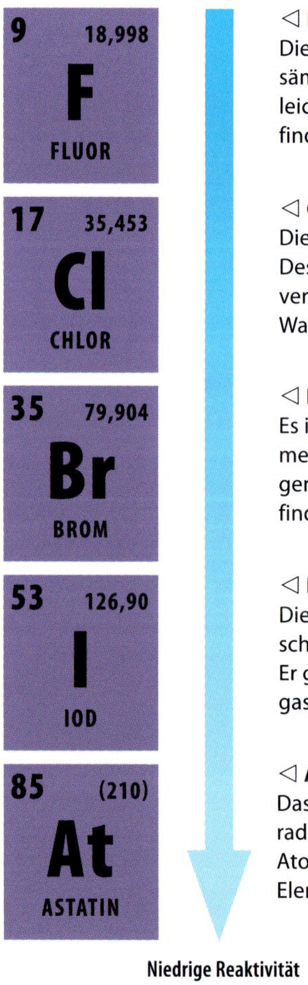

◁ **Fluor**
Dieses blassgelbe Gas ist das reaktivste sämtlicher Nichtmetalle und geht daher leicht Verbindungen ein. Natriumfluorid findet sich in Zahnpasta.

◁ **Chlor**
Dieses grünliche Gas wird in vielen Desinfektionsmitteln und Reinigern verwendet, z. B. Bleiche, und dem Wasser in Schwimmbädern zugesetzt.

◁ **Brom**
Es ist das einzige nichtmetallische Element, das unter Standardbedingungen flüssig ist. Seine Verbindungen finden im Brandschutz Verwendung.

◁ **Iod**
Dieser purpurfarbene Feststoff schmilzt nicht bei Atmosphärendruck. Er geht sofort aus dem festen in den gasförmigen Zustand über.

◁ **Astatin**
Das schwerste Halogen ist hoch radioaktiv und äußerst selten. Seine Atome zerfallen rasch zu anderen Elementen.

Die Salzbildner

Die Elemente der 17. Gruppe heißen Halogene, was „Salzbildner" bedeutet. Ihre Atome haben äußere Schalen mit sieben Elektronen, bei einer Maximalzahl von acht. Sämtliche Halogene sind stark elektronegativ, d. h., sie bilden leicht negative Ionen, indem sie ein Elektron aufnehmen, um ihre äußere Schale aufzufüllen. Das geschieht durch Reaktionen mit Metallen, die dabei positiv geladene Ionen bilden. Es entstehen stabile Verbindungen, die Salze genannt werden.

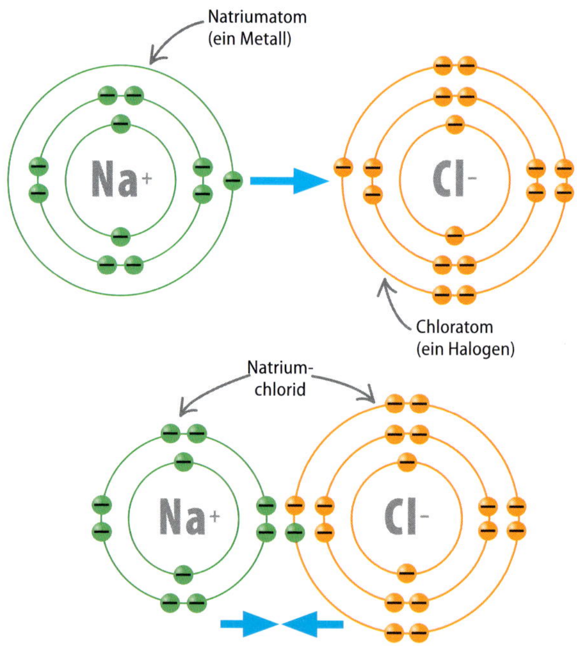

△ **Gewöhnliches Speisesalz**
Das am häufigsten vorkommende Salz ist Speisesalz. Diese Verbindung entsteht bei der Reaktion von Chlor (Cl) mit Natrium (Na) und hat die Formel NaCl, Natriumchlorid.

Verdrängungsreaktion

Sämtliche Halogene reagieren auf die gleiche Weise und bilden gleiche Familien von Verbindungen. Daher verdrängt ein reaktiveres Halogen ein weniger reaktives. Dies geschieht, wenn zwei Halogene in zwei Verbindungen die Plätze tauschen. Beim Einsatz eines reinen Halogens wird das verdrängte Element ebenfalls in seiner reinen Form freigesetzt.

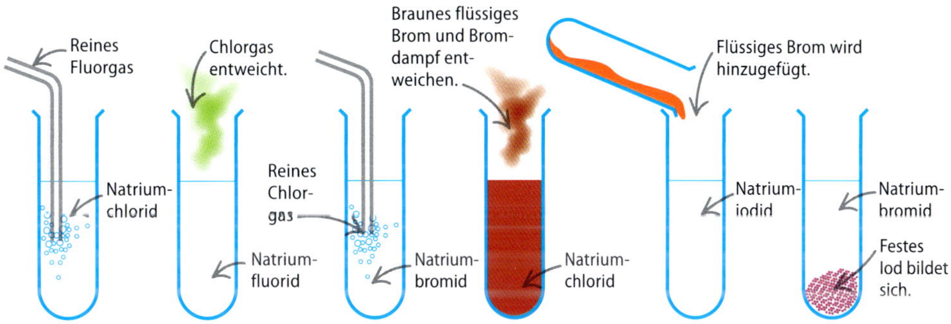

△ **Fluor verdrängt Chlor**
Fluor verdrängt Chlor aus Natriumchlorid (NaCl). Es verdrängt auch Brom und Iod.

△ **Chlor verdrängt Brom**
Chlor verdrängt Brom aus Natriumbromid (NaBr). Es verdrängt auch Iod, aber nicht Fluor.

△ **Brom verdrängt Iod**
Brom verdrängt Iod aus Natriumiodid (NaI). Es verdrängt nicht Chlor und Fluor.

Inerte Gase

Die Edelgase bilden die 18. Gruppe des Periodensystems. Abgesehen von Helium haben alle Atome acht Elektronen in ihrer äußeren Schale, sie ist also vollständig besetzt. Deswegen sind Edelgase chemisch inaktiv bzw. inert. Das bedeutet, sie sind so edel, dass sie mit den anderen Elementen kaum chemische Reaktionen eingehen. Ihre Atome bilden keine Moleküle, nicht einmal untereinander, und alle Elemente der 18. Gruppe sind Gase aus einzelnen Atomen.

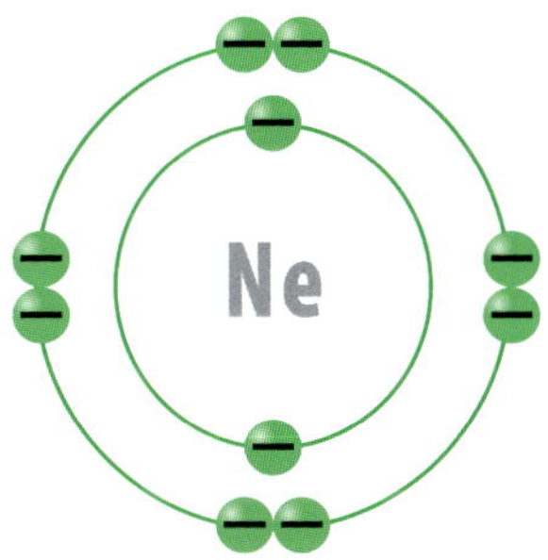

△ **Die Schalen des Neons**
Wie alle Edelgase geht Neon keine Ionenbindung ein – in der Außenhülle ist kein freier Platz. Aus den gleichen Gründen teilen Neonatome keine Elektronen in kovalenten Bindungen.

2 4,0026
He
HELIUM

◁ **Helium**
Es hat nur zwei Außenelektronen, die eine einzige Schale um den Kern füllen.

10 20,180
Ne
NEON

◁ **Neon**
Es wurde im Jahr 1898 entdeckt. Der Name bedeutet „das Neue“.

18 39,948
Ar
ARGON

◁ **Argon**
Das am häufigsten vorkommende Edelgas bildet etwa 1 % der Erdatmosphäre.

36 83,80
Kr
KRYPTON

◁ **Krypton**
Der Name dieses Gases bedeutet „das Verborgene“, es ist viel seltener als Neon.

54 131,29
Xe
XENON

◁ **Xenon**
Xenon, „das Seltsame“, ist ein Gas hoher Dichte. Ein Ballon mit Xenon schwebt nicht.

86 (222)
Rn
RADON

◁ **Radon**
Radonatome sind radioaktiv. Das Gas bildet sich in der Natur, wenn Uran im Gestein zerfällt.

Neonlampen

Beim Erhitzen glühen Edelgase in einer ganz bestimmten Farbe. Helium wurde nach dem griechischen Wort „Helios“ für Sonne benannt, weil es eine charakteristische helle, leicht gelbliche Spektrallinie im Sonnenlicht zeigt. Bringt man Edelgase in ein elektrisches Feld, so hat das denselben Effekt. Daher werden sie in Gasentladungslampen eingesetzt.

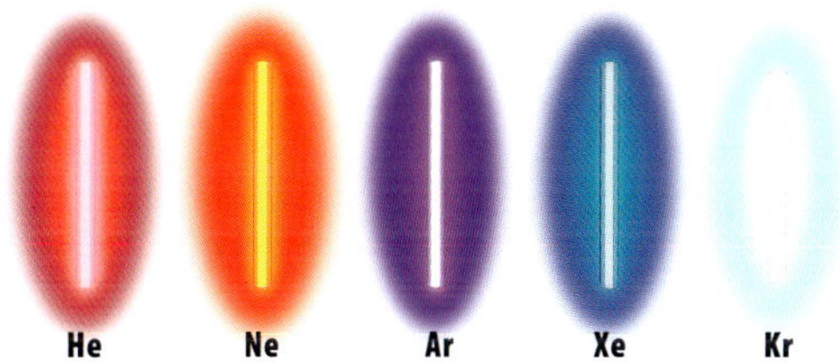

△ **Glühende Gase**
In Neonlampen fließt elektrischer Strom durch eine Röhre mit Edelgas. Werden den Atomen Elektronen entrissen, senden sie Licht mit charakteristischer Farbe aus.

INTERESSANT!

Heliumballons

Nach Wasserstoff ist Helium das leichteste Gas im Universum. Heliumballons schweben in der Luft nach oben. Während Ballons und Luftfahrzeuge mit Wasserstoff leicht explodieren, können Heliumballons nicht brennen, also in jeder Größe gefahrlos eingesetzt werden.

Übergangsmetalle

DIE ÜBERGANGSMETALLE SIND IN EINEM BLOCK ZUSAMMENGEFASST, DER DAS ZENTRUM DES PERIODENSYSTEMS BILDET.

Der Block von der dritten bis zur zwölften Gruppe im Periodensystem hat wegen der einzigartigen Weise, wie die Elektronen im Innern der Atome angeordnet sind, ganz bestimmte chemische Eigenschaften.

SIEHE AUCH

❮ 109 Elektronenkonfiguration
❮ 112–113 Ionenbindung
❮ 118–119 Das Periodensystem verstehen
❮ 120–121 Alkali- und Erdalkalimetalle
Redoxreaktionen 132–133 ❯

Innere und äußere Elektronen

Die Übergangsmetalle haben nur ein oder zwei Außenelektronen, denn sie können mehr als acht Elektronen in der Schale unterhalb der äußeren unterbringen. Wenn die Ordnungszahl der Elemente innerhalb jeder Periode in diesem Block ansteigt, werden die Elektronen nicht auf der äußeren Schale untergebracht, sondern in der darunter, die bis zu 18 Elektronen aufnehmen kann. Diese Schale wird somit zuerst aufgefüllt.

▽ **Elektronen hinzufügen**
Calcium ist kein Übergangselement. Es hat zwei Elektronen in der äußeren Schale und acht in der darunter (der dritten). Das nächste Element im Periodensystem ist Scandium – das erste Übergangselement. Es hat ein Elektron mehr als Calcium, das sitzt jedoch auf der dritten Schale. Also hat ein Scandiumatom nach wie vor zwei Außenelektronen. Ähnlich ist es bei Titan.

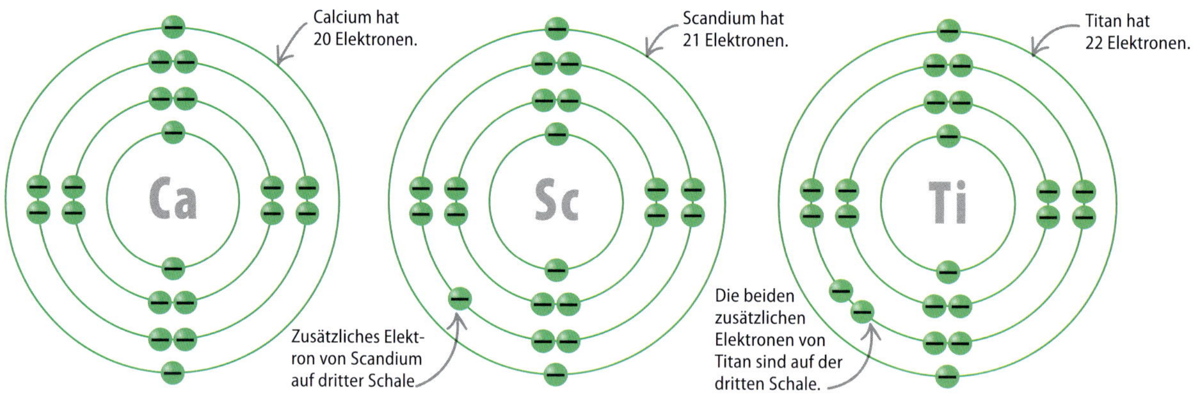

Verschiedene Ladungen

Wie andere Metalle auch geben Übergangsmetalle leicht ihre Außenelektronen ab und bilden positiv geladenen Ionen. Übergangsmetalle können jedoch weitere Elektronen aus den inneren Schalen abgeben und bilden so unterschiedlich geladene Ionen bzw. Ionen mit unterschiedlicher Oxidationsstufe. Die Oxidationsstufe gibt an, wie viele Elektronen abgegeben oder aufgenommen wurden. Mangan z.B. bildet Ionen mit fünf verschiedenen Oxidationsstufen.

Oxidationsstufe	Von Mangan abgegebene Elektronen
+2	Zwei Außenelektronen
+3	Zwei Außenelektronen und ein inneres Elektron
+4	Zwei Außenelektronen und zwei innere Elektronen
+6	Zwei Außenelektronen und vier innere Elektronen
+7	Zwei Außenelektronen und fünf innere Elektronen

INTERESSANT!

Die nützlichsten Metalle

Übergangsmetalle sind weniger reaktiv als die Alkali- und Erdalkalimetalle. Deswegen verwendet man sie seit Tausenden von Jahren in der Technologie. Eisen ist das gebräuchlichste Übergangsmetall. Es ist ein sehr stabiles Baumaterial. Nickel, ein anderes Übergangsmetall, wird oft bei der Herstellung von Münzen verwendet.

Farbige Komplexe

Bei einem Komplexion befindet sich ein Metallion im Zentrum, das von anderen Molekülen oder Ionen umgeben ist. Übergangsmetalle bilden riesige Komplexionen mit Molekülen wie Wasser, Ammoniak und Chlor. Die Strukturen dieser Ionen sind sehr kompliziert und sehr verschieden voneinander. Die Wellenlängen des Lichts, das diese Ionen absorbieren und emittieren, sind ebenfalls sehr verschieden. Gleiches gilt für die von ihnen gebildeten Verbindungen, die in allen Regenbogenfarben leuchten.

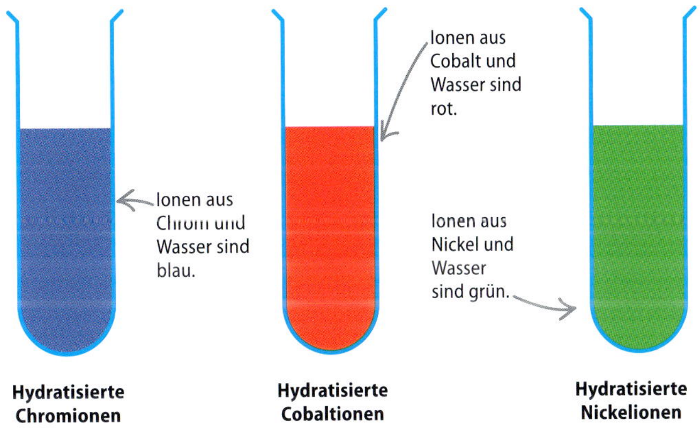

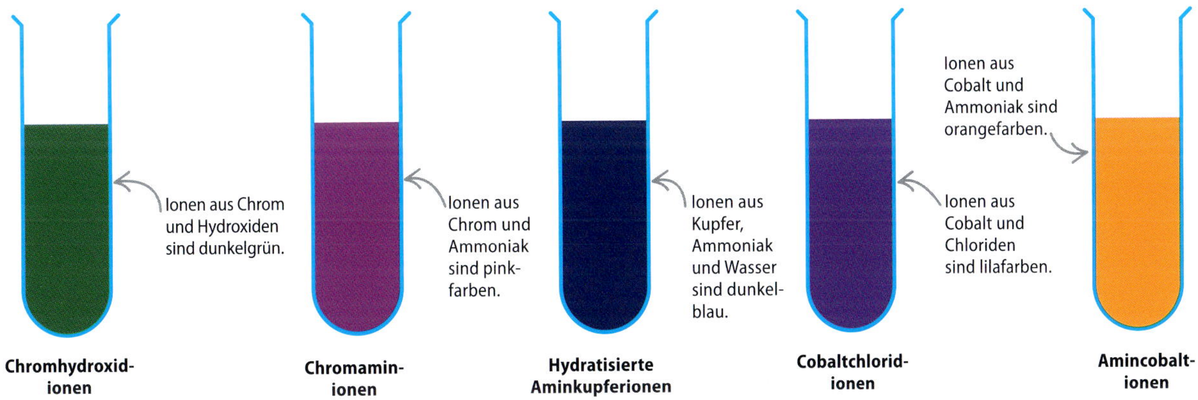

Seltene Erden

Die 30 Metalle der Seltenen Erden werden normalerweise unter dem Periodensystem angezeigt, da der Platz zwischen der zweiten und dritten Gruppe nicht ausreicht. Die Atome sind ähnlich wie die der Übergangsmetalle aufgebaut, obwohl die Elektronen dieses Mal zwei Schalen tiefer aufgenommen werden, nicht bloß eine. Die vierte und fünfte Schale hat Platz für 32 Elektronen.

▽ **Riesige Atome**
Lanthanoide werden zur Herstellung von Hightech-Legierungen verwendet, sämtliche Actinoide sind radioaktiv. Uran und Thorium verwendet man als Kernbrennstoff.

La LANTHAN	Ce CER	Pr PRÄSEODYM	Nd NEODYM	Pm PROMETHIUM	Sm SAMARIUM	Eu EUROPIUM	Gd GADOLINIUM	Tb TERBIUM	Dy DYSPROSIUM	Ho HOLMIUM	Er ERBIUM	Tm THULIUM	Yb YTTERBIUM	Lu LUTETIUM
Ac ACTINIUM	Th THORIUM	Pa PROTACTINIUM	U URAN	Np NEPTUNIUM	Pu PLUTONIUM	Am AMERICIUM	Cm CURIUM	Bk BERKELIUM	Cf CALIFORNIUM	Es EINSTEINIUM	Fm FERMIUM	Md MENDELEVIUM	No NOBELIUM	Lr LAWRENCIUM

Die Metalle der Seltenen Erden heißen auch Lanthanoide und Actinoide, entsprechend dem ersten Element der Periode.

Viele der radioaktiven Actinoide existieren nur wenige Sekunden im Labor.

Radioaktivität

SIEHE AUCH

❮ 116–117 Periodensystem	
Im Innern des Atoms	174–175 ❯
Elektromagnetische Wellen	202–203 ❯
Stromerzeugung	226–227 ❯
Die Sonne	240–241 ❯

HAT EIN ATOM EINEN INSTABILEN KERN, KANN ES ZERFALLEN. DABEI SENDET ES HOCHENERGETISCHE PARTIKEL UND STRAHLUNG AUS.

Ein radioaktives Atom ist im Allgemeinen sehr groß. Existieren von einem Atom mehrere Isotope, so unterscheidet sich das radioaktive Isotop des Elements von der stabilen Form durch die Zahl der Neutronen im Kern.

Radioaktiver Zerfall

Wenn ein instabiler Kern auseinanderbricht oder zerfällt, sendet er Strahlung verschiedener Art aus. Gammastrahlen sind die Wellen mit der höchsten Energie im elektromagnetischen Spektrum. Manchmal sendet ein Kern schnelle Teilchen – Alphateilchen – aus. Dadurch verändert sich die Struktur des Kerns und ein neues Element bildet sich. Alphateilchen bestehen aus zwei Protonen und zwei Neutronen – wie der Kern des Heliums. Betateilchen sind im Allgemeinen einzelne Elektronen.

▽ **Alphazerfall**
Ein Alphateilchen bildet sich, wenn der ursprüngliche Atomkern zwei Protonen und zwei Neutronen verliert. Dadurch sinkt die Ordnungszahl (die Zahl an Protonen in einem Atom) um zwei. Radioaktives Uran (Ordnungszahl: 92) zerfällt also zu Thorium (90). Die Massenzahl (die Zahl an Protonen und Neutronen) verringert sich um vier.

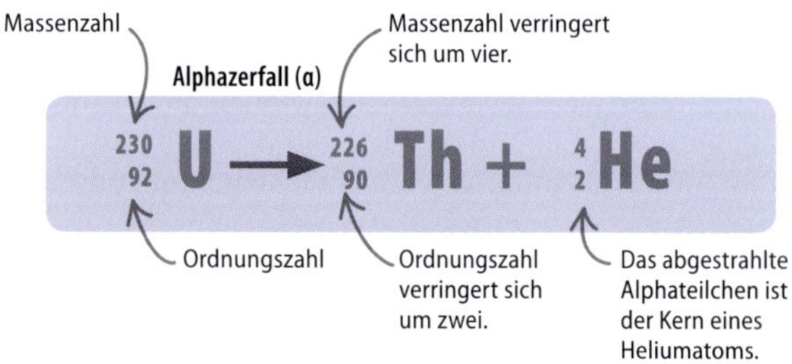

▽ **Betazerfall**
Ein Betateilchen entsteht, wenn ein Neutron im instabilen Kern sich in ein Proton und ein Elektron aufspaltet. Das Proton verbleibt im Kern, wodurch die Ordnungszahl um eins steigt, und das Elektron wird abgestoßen. Daher bilden radioaktive Kohlenstoffatome (Ordnungszahl: 6) Stickstoff (Ordnungszahl: 7). Der Kern hat ein Neutron weniger, jedoch ein Proton mehr. Die Atommasse bleibt erhalten.

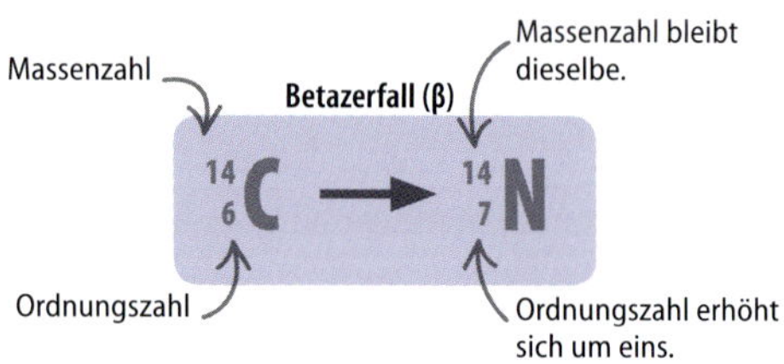

Gefährliche Strahlung

Radioaktive Strahlung ist gefährlich, weil sie so energiereich ist, dass sie die Atome in lebendem Gewebe ionisieren, d.h. Elektronen herausschlagen, kann. Das schädigt die Zellfunktionen, lässt Zellen in großer Anzahl absterben oder kann Krebs erregen. Die großen Alphateilchen können nur über die Nahrung in den Körper gelangen, dann jedoch großen Schaden anrichten. Gammastrahlen können leicht in Gewebe eindringen, der verursachte Schaden ist aber vergleichsweise geringer.

▽ **Durchdringungsvermögen**
Alphateilchen können Haut nicht durchdringen, aber Verbrennungen hervorrufen. Betateilchen prallen von dünnen Metallplatten ab. Gammastrahlen werden nur durch dicke Bleiplatten abgeschirmt.

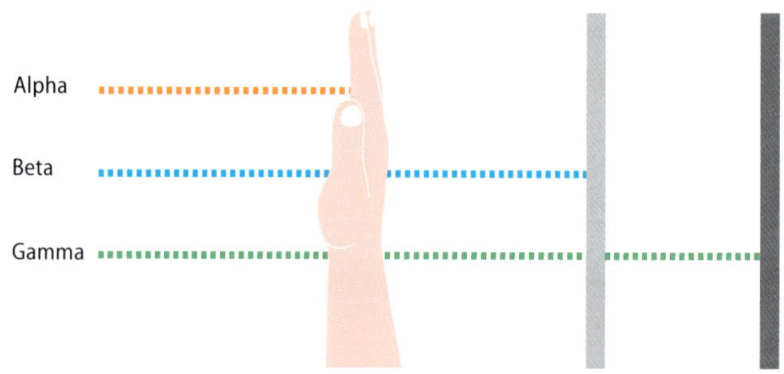

INTERESSANT!

Nuklearmedizin

Radioaktive Isotope werden in der Medizin zur Diagnose und Therapie eingesetzt. Dabei werden hauptsächlich Radiopharmaka eingesetzt, die Alpha- oder Betateilchen aussenden, und zwar wegen der geringen Durchdringungstiefe.

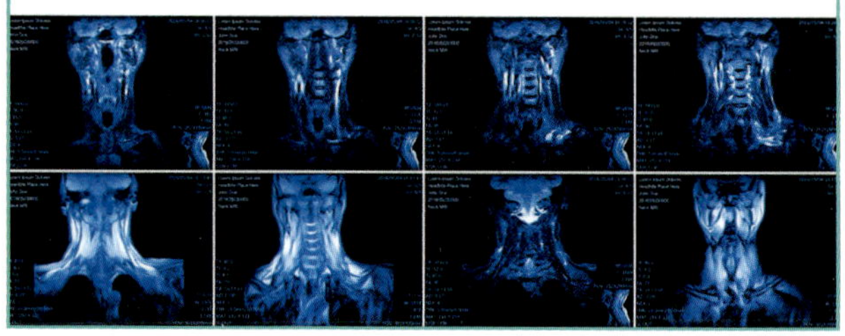

Halbwertszeit

Radioaktive Isotope zerfallen mit einer ganz bestimmten Geschwindigkeit, die als Halbwertszeit gemessen wird. Dies ist die Zeit, in der die Hälfte des Isotops zu anderen Elementen zerfallen ist. Jedes radioaktive Isotop hat eine spezifische Halbwertszeit. Sie ist umso kürzer, je radioaktiver das Isotop ist.

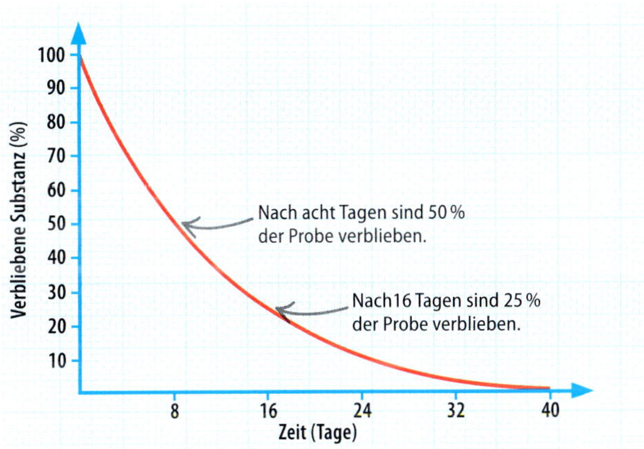

▷ **Feststehende Halbwertszeit**
Die Halbwertszeit einer radioaktiven Substanz ist immer gleich, unabhängig davon, ob viel davon vorhanden ist oder wenig. Hier beträgt die Halbwertszeit acht Tage, d. h., nach acht Tagen sind 50 % der ursprünglichen Probe verblieben, nach weiteren acht Tagen sind es noch 25 % usw.

Zerfallsreihe

Radioaktive Isotope zerfallen oft in Tochteratome, die auch radioaktiv sind. Der Zerfall setzt sich über eine Reihe von radioaktiven Isotopen fort, bis sich schließlich stabile Atome gebildet haben. Manche Zwischenprodukte einer Zerfallsreihe existieren nur Sekundenbruchteile, während andere über Jahre hinweg nur allmählich in das nächste Element der Reihe zerfallen.

▷ **Uran-238-Zerfallsreihe**
Uran 238 ist das häufigste Isotop des Elements. Es zerfällt in einer Reihe von Alpha- und Betaemissionen und produziert dabei verschiedene radioaktive Isotope, bevor es eine stabile Form des Bleis erreicht (Pb, Massenzahl: 206). Jedes Isotop zerfällt mit anderer Geschwindigkeit, also hat jedes eine eigene Halbwerszeit.

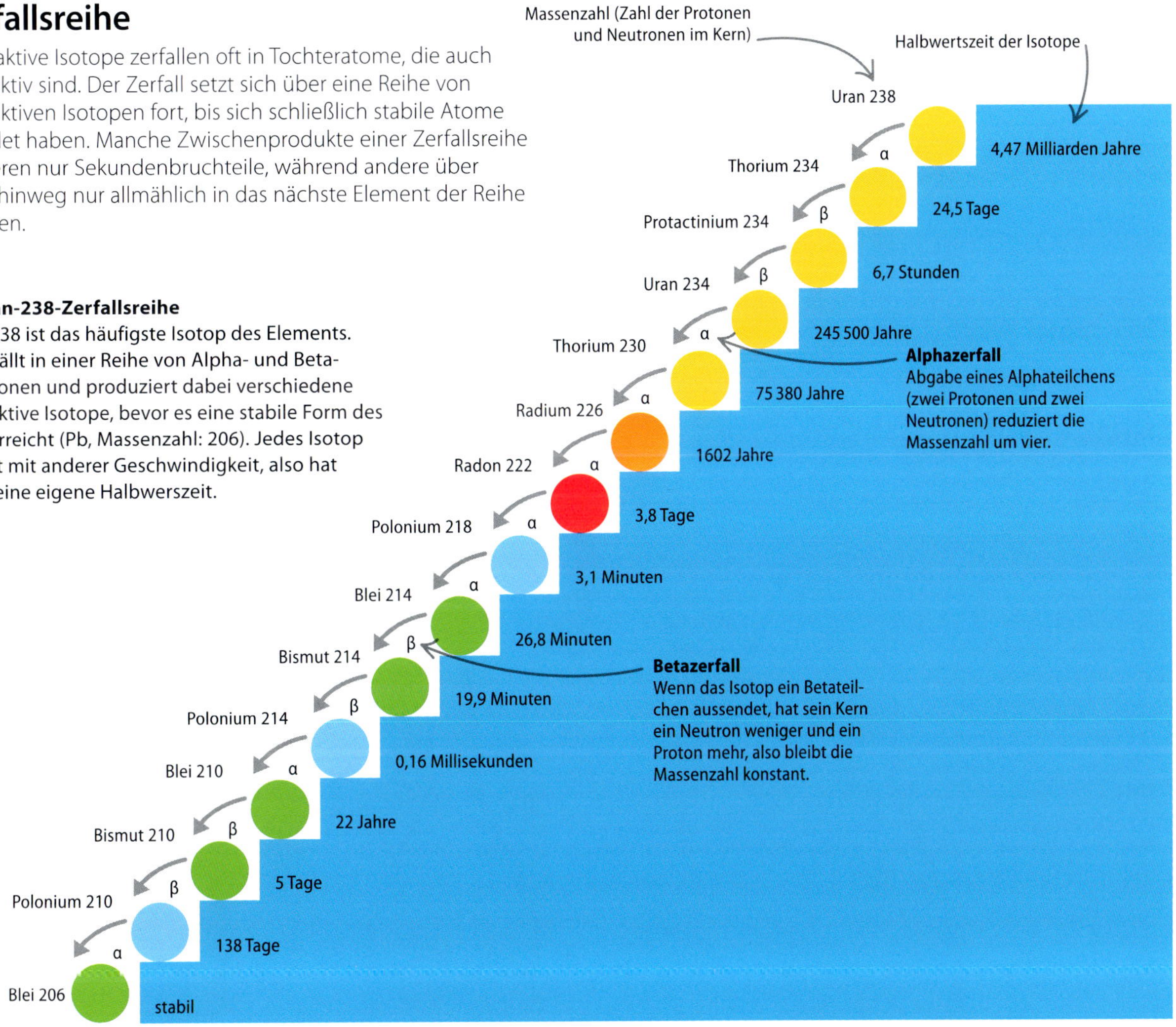

Chemische Reaktionen

CHEMISCHE REAKTIONEN SIND PROZESSE, DIE EINE ANZAHL VON STOFFEN IN ANDERE STOFFE UMWANDELN.

Bei einer chemischen Reaktion werden Bindungen gelöst und es bilden sich neue aus, wodurch andere Stoffe entstehen.

SIEHE AUCH

Start- und Endpunkt

Die Substanzen am Startpunkt einer Reaktion sind die Reaktanten. An den meisten Reaktionen sind mindestens zwei Reaktanten beteiligt, nur an einigen wenigen einer. Die Reaktanten sind reine Elemente oder Verbindungen. Wenn sie miteinander in Kontakt kommen, organisieren sich Ionen und Atome neu, es entstehen neue Substanzen, die Produkte.

Backpulver erzeugt durch eine chemische Reaktion Gasblasen, damit der Kuchen locker wird.

▷ **Aktivierung der Reaktion**
Während der Reaktion ordnen sich die Bindungen in den Atomen der Reaktanten um und bilden neue Produkte. In diesem Fall haben sich zwei Reaktanten zu einem Produkt vereinigt.

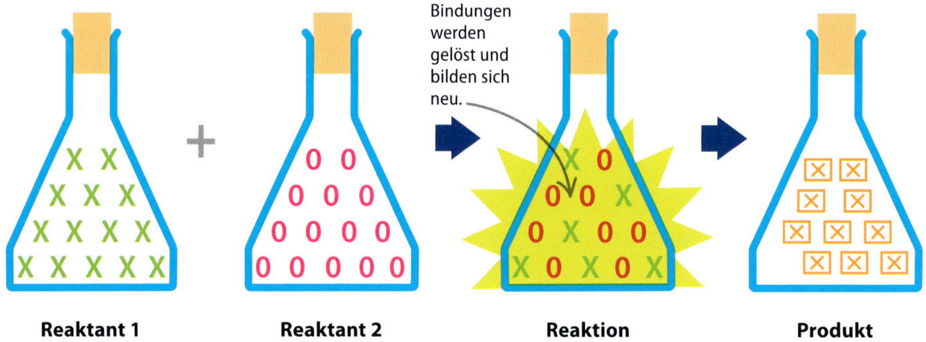

Erhaltung der Masse

Atome werden, wie alle anderen Formen von Materie auch, in einer chemischen Reaktion weder erzeugt noch zerstört. Jedes Atom, das Teil der Reaktanten war, ist in den Produkten vorhanden, selbst wenn während der Reaktion Hitze und Flammen abgegeben werden. Dies ist das Gesetz von der Erhaltung der Masse (s. S. 152–153: Stöchiometrie).

▷ **Reaktanten**
Natrium reagiert mit Wasser zu der Verbindung Natriumhydroxid und es entsteht Wasserstoff.

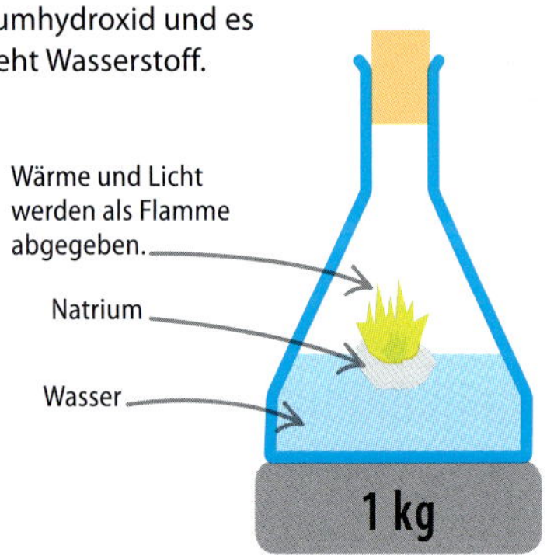

▷ **Produkte**
Die Masse der Produkte – Natriumhydroxid und Wasserstoff – ist dieselbe wie die der Reaktanten.

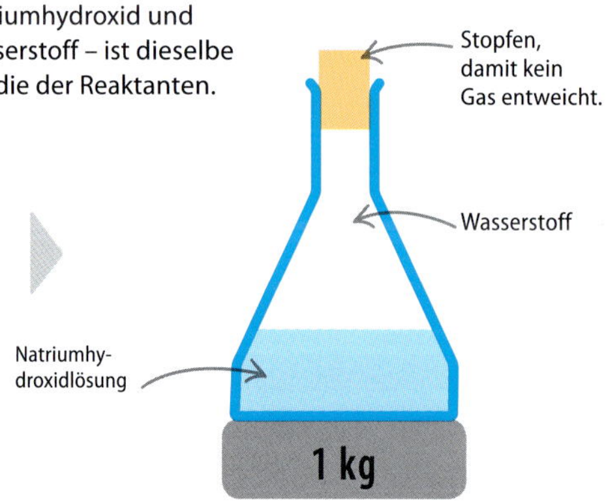

INTERESSANT!

Sprudelgetränke

Die aufsteigenden Blasen nach dem Öffnen einer Getränkeflasche sind das Produkt der Reaktion von Kohlensäure (H_2CO_3), die im Wasser gelöst war und jetzt zu Kohlendioxid – das die erfrischenden Blasen bildet – und weiterem Wasser zerfällt.

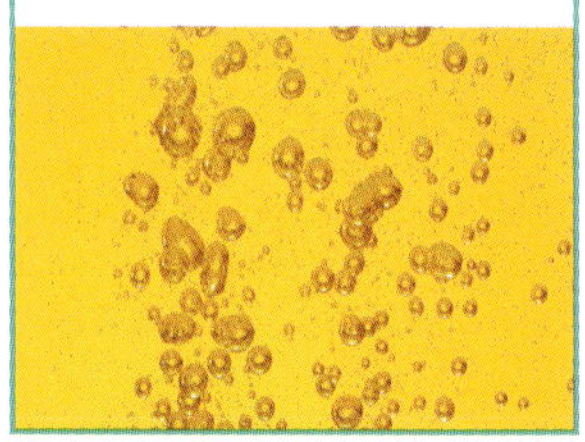

Reaktionsgleichungen

Zur Darstellung dessen, was während einer chemischen Reaktion geschieht, verwendet man Gleichungen. Die Formel der Reaktanten steht auf der linken Seite, die der Produkte auf der rechten. Ein Pfeil zeigt die Richtung der Reaktion an.

▽ Reaktionsbedingungen
Die Reaktionsgleichung umfasst manchmal auch weitere Informationen zur Reaktion wie den Zustand von Reaktanten und Produkten.

▽ Chemische Symbole
Man verwendet nicht die Namen der Elemente, sondern ihre Symbole.

Ein Eisenatom – Ein Schwefelatom – Ein Molekül Eisensulfid

$$Fe + S \rightarrow FeS$$

▽ Ausgeglichene Gleichung
Die Zahl der Atome bei den Reaktanten ist dieselbe wie die Zahl bei den Produkten.

Zwei Wasserstoffmoleküle haben insgesamt vier Wasserstoffatome.

$$2\,H_2 + O_2 \rightarrow 2\,H_2O$$

Ein Sauerstoffmolekül hat zwei Sauerstoffatome.

Zwei Wassermoleküle haben immer noch vier Wasserstoffatome und zwei Sauerstoffatome.

Zwei Salzsäuremoleküle (Hydrogenchloridmoleküle) – (aq) steht für „aqua", in Wasser gelöst. – Zwei Natriumatome – (s) steht für „solid", fest. – Zwei Natriumchloridmoleküle – Ein Wasserstoffmolekül hat zwei Wasserstoffatome. – (g) steht für „gasförmig".

$$2\,HCl(aq) + 2\,Na(s) \rightarrow 2\,NaCl(aq) + H_2(g)$$

Reaktionstypen

Es gibt drei Haupttypen chemischer Reaktionen. Bei einer Zerfallsreaktion trennt sich ein Molekül in zwei (oder sogar mehr) einfachere Moleküle. Bei der Synthese vereinen sich zwei oder mehr einfache Reaktanten zu einem komplizierteren Produkt. Bei einer Verdrängungsreaktion tauschen Atome oder Moleküle des einen Typs die Plätze und bilden neue Verbindungen.

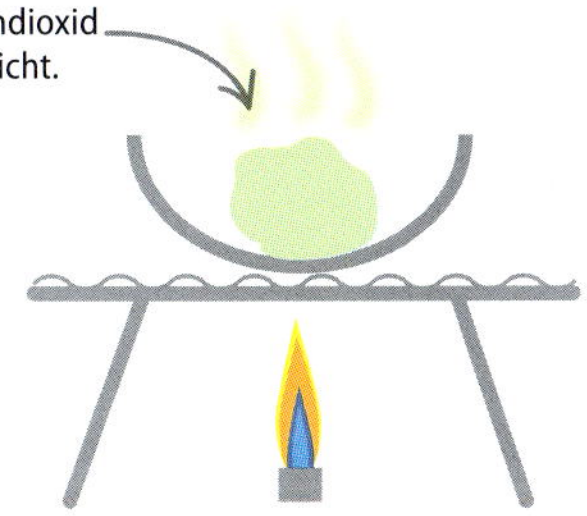

◁ Zerfallsreaktion
Calciumcarbonat ($CaCO_3$) zerfällt beim Erwärmen zu Calciumoxid (CaO) und Kohlendioxid (CO_2).

Calciumcarbonat – Calciumoxid – Kohlendioxid

$$CaCO_3 \rightarrow CaO + CO_2$$

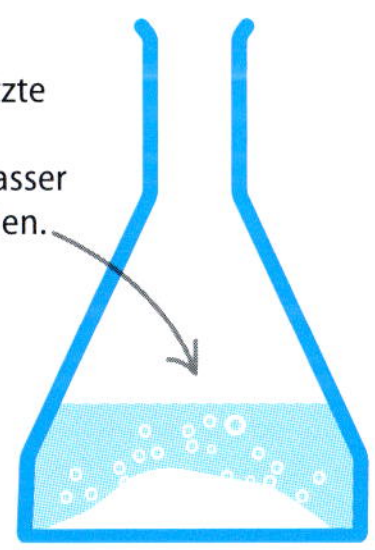

◁ Synthese
Calciumoxid (CaO) und Wasser (H_2O) bilden bei der Synthese Calciumhydroxid $Ca(OH)_2$, das sich im verbliebenen Wasser löst.

Calciumoxid – Wasser – Calciumhydroxid

$$CaO + H_2O \rightarrow Ca(OH)_2$$

Die Klammern zeigen an, dass zwei Hydroxidgruppen (OH) an jedes Calciumatom gebunden sind.

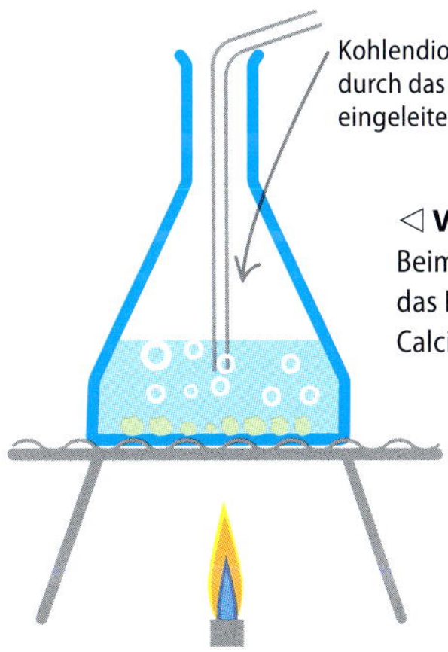

◁ Verdrängungsreaktion
Beim vorsichtigen Erwärmen ersetzt Kohlendioxid (CO_2) das Hydroxid im Calciumhydroxid ($Ca(OH)_2$), es entstehen Calciumcarbonat ($CaCO_3$) und Wasser.

Calciumhydroxid – Kohlendioxid – Calciumcarbonat – Wasser

$$Ca(OH)_2 + CO_2 \rightarrow CaCO_3 + H_2O$$

Verbrennung

VERBRENNUNG IST EINE REDOXREAKTION, DIE WÄRME UND LICHT ERZEUGT SOWIE FLÜCHTIGE STOFFE.

SIEHE AUCH	
Fossile Brennstoffe	158–159 ❯
Kohlenwasserstoffe	160–161 ❯
Wärmeübertragung	196–197 ❯
Einsatz von Wärme	198–199 ❯

Die meisten Verbrennungen erfordern die Anwesenheit von Sauerstoff, Wärme und Brennstoff.

Wärme und Licht

Eine Flamme ist ein Bereich heißer glühender Gase, die bei einer Verbrennungsreaktion freigesetzt werden. So ist ein Kerzendocht mit heißem flüssigen Wachs getränkt, der als Brennstoff dient und brennt (eine Verbrennungsreaktion mit dem Sauerstoff der Luft eingeht). Als Produkte entstehen Kohlendioxid und Wasserdampf. Beide Gase leuchten kurz bei der Freisetzung.

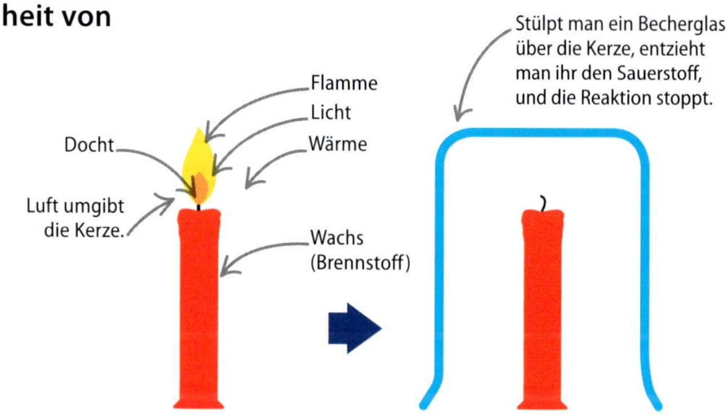

Gastests

Zum Prüfen geringer Mengen der drei am häufigsten bei einer Reaktion entstehenden Gase Sauerstoff, Wasserstoff und Kohlendioxid kann man einen brennenden Holzspan an die Öffnung eines mit dem unbekannten Gas gefüllten Erlenmeyerkolbens halten. Das Gas erkennt man daran, was mit dem brennenden Span passiert.

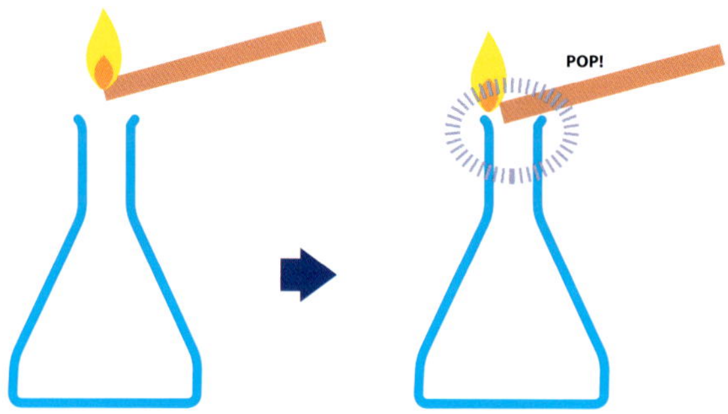

◁ **Wasserstoff**
Wasserstoff ist leicht entzündlich und entflammt rasch. Er wird verpuffen, noch bevor der Span das Innere des Kolbens erreicht, da ihm der Wasserstoff aus der Öffnung entgegenströmt.

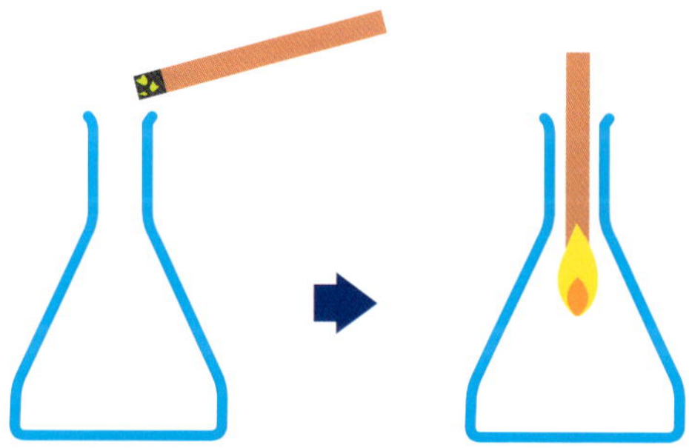

◁ **Sauerstoff**
Sauerstoff ist ein Gas, das die Verbrennung befördert. Wenn ein glimmender Span dem Sauerstoff ausgesetzt wird, flammt er sehr rasch hell auf.

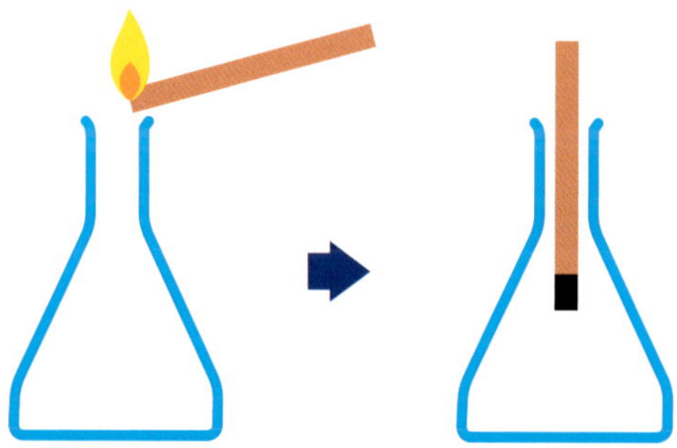

◁ **Kohlendioxid**
Kohlendioxid entsteht immer bei Verbrennungsreaktionen, brennt selbst jedoch nicht. Ein brennender Span wird erlöschen, wenn er in das Gas gehalten wird.

Die **Verbrennung** – und ihr Feuer – war die erste chemische Reaktion, die der Mensch zu beherrschen lernte.

Brennstoffe

Ein Brennstoff ist ein Stoff, der sich schnell entzündet und nützliche Energie in Form von Wärme abgibt. Die meisten Brennstoffe haben eine Kohlenstoffbasis. Sämtliche Brennstoffe müssen mit Vorsicht behandelt werden, damit sie nicht zu rasch abbrennen. Eine unkontrollierte rasche Verbrennung kann zu Explosionen führen, bei denen große Mengen an Energie in sehr kurzer Zeit freigesetzt werden.

△ Holz
Holz ist wahrscheinlich der erste von Menschen verwendete Brennstoff. Es besteht hauptsächlich aus Kohlenstoff. Trockenes Holz verbrennt mit etwa 300 °C. Es gibt aber einige Sorten, die wesentlich heißer brennen können. Andere Bestandteile werden als Rauch freigesetzt.

△ Kohle
Kohle ist ein entzündliches Gestein, das aus den Überresten uralter Bäume besteht, die lange Zeit Druck und Wärme ausgesetzt waren. Hauptbestandteil ist reiner Kohlenstoff mit vielen Verunreinigungen wie Schwefel. Die meisten Kohlesorten verbrennen mit etwa 700 °C.

△ Methan
Methan ist ein natürlich vorkommender, einfach aufgebauter Kohlenwasserstoff (s. S. 160). Es kommt in unterirdischen Gasfeldern vor und wird bei natürlichen Prozessen in sumpfigen Gebieten sowie in den Mägen von Wiederkäuern erzeugt. Es ist ein weitverbreiteter Brennstoff.

△ Benzin
Benzin ist eine brennbare Flüssigkeit, die hauptsächlich aus Kohlenwasserstoffen besteht, u. a. aus Oktan (C_8H_{18}). Es wird durch Raffination aus Rohöl gewonnen (s. S. 159). Die Flüssigkeit lässt sich leicht in Tanks aufbewahren und vom einen Ort zum anderen pumpen.

△ Paraffin
Paraffin ist ein Feststoff und wird ebenfalls durch Raffination von Rohöl hergestellt. Wenn es schmilzt, entzündet sich das flüssige Wachs. Der Prozess ist selbsterhaltend – durch die Wärme bei der Verbrennung schmilzt weiterer Feststoff und es entsteht die brennbare Flüssigkeit.

Brandbekämpfung

Feuerwehrleute bekämpfen Brände und sie verstehen etwas von Verbrennungsreaktionen. Das Feuerdreieck veranschaulicht die drei Dinge, die für die Verbrennung notwendig sind: Sauerstoff, Wärme und Brennstoff. Entfernt man eine dieser Komponenten, hört die Reaktion auf – und das Feuer erlischt.

▷ Sauerstoff
Dieses Gas ist einer der Reaktanten bei der Verbrennungsreaktion. Brandbekämpfer ersticken ein Feuer mit Schaum, Sand oder einer Decke, um den Nachschub an Sauerstoff zu unterbinden.

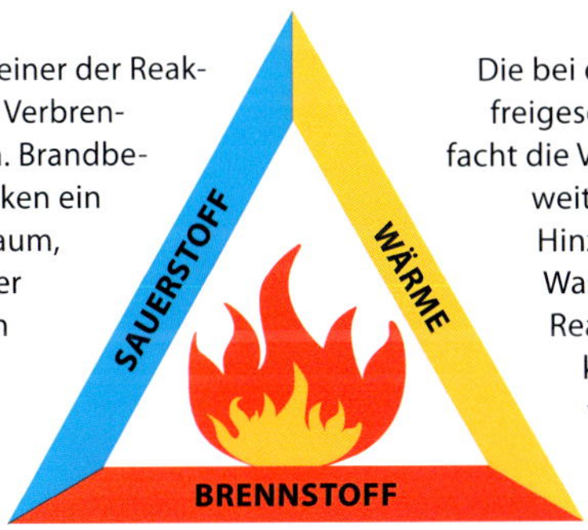

◁ Wärme
Die bei der Reaktion freigesetzte Wärme facht die Verbrennung weiter an. Durch Hinzufügen von Wasser wird die Reaktion abgekühlt und ihr wird Energie entzogen.

△ Brennstoff
Brände brauchen Brennstoff. Brandbekämpfer müssen in Betracht ziehen, was da brennt, bevor sie entscheiden, wie sich das Feuer sicher und effektiv löschen lässt.

▽ Feuerlöscher
Es gibt verschiedene Typen von Feuerlöschern, die mit verschiedenen Löschmitteln gefüllt sind. So wird zum Beispiel Wasser nicht bei brennenden Flüssigkeiten eingesetzt, weil die heiße Flüssigkeit umherspritzen kann.

	Feuerlöscher			
Typen von Feuer	**Wasser**	**Schaum**	**CO_2**	**Pulver**
Papier, Holz, Textilien und Kunststoffe	✓	✓		✓
Brennbare Flüssigkeiten		✓	✓	✓
Brennbare Gase				✓
Elektrische Anlagen			✓	✓

Redoxreaktionen

BEI EINER REDUKTIONS-OXIDATIONS-REAKTION (REDOXREAKTION) WERDEN ELEKTRONEN VOM EINEN ATOM AUF DAS ANDERE ÜBERTRAGEN.

SIEHE AUCH

❮112–113 Ionenbindung
Elektrochemie 148–149 ❯
Stöchiometrie 152–153 ❯
Metallgewinnung 154–155 ❯
Elektrizität 210–211 ❯

Bei einer Redoxreaktion erhöht sich die Oxidationsstufe des einen Reaktanten, während sich die des anderen verringert.

Oxidationsstufe

Chemische Reaktionen gibt es, weil die meisten Atome unvollständig besetzte äußere Schalen haben, wodurch sie elektrisch instabil sind. Um die äußeren Schalen zu füllen, gehen sie Bindungen mit anderen Atomen ein und nehmen Elektronen auf oder geben sie ab. Die Zahl der Elektronen, die ein Atom aufnehmen oder abgeben muss, damit es stabil wird, heißt Oxidationsstufe. Ein Element ohne Bindung hat die Oxidationsstufe 0.

						↑ Oxidation (Abgaben von Elektronen)	↓ Reduktion (Aufnahme von Elektronen)
+3							
+2	Cu^{2+}	Zn^{2+}					
+1			Na^{+}				
0	Cu	Zn	Na	0	Cl		
−1					Cl^{-}		
−2				0^{2-}			

△ **Positiv oder negativ?**
Die Oxidationsstufe oder -zahl zeigt die Zahl der Elektronen an, die aufgenommen oder abgegeben werden, wenn ein Atom zum Ion wird (s. S. 112–113). Die Oxidationsstufe von Elementen ist 0, ebenso die Summe der Oxidationszahlen in einer neutralen Verbindung. Bei einfachen Ionen ist die Oxidationszahl dieselbe wie für die elektrische Ladung des Ions.

Änderung der Oxidationszahl

Wenn Atome oder Ionen reagieren, verändert sich ihre Oxidationszahl. So geht z. B. Natrium von der Oxidationsstufe 0 zu +1 über, weil es ein Elektron aus der äußeren Schale abgibt. Es ist leichter, das Elektron abzugeben, als die Schale mit sieben weiteren Elektronen aufzufüllen. Andererseits hat Chlor die Oxidationsstufe −1, weil es ein Elektron zusätzlich aufnimmt, um seine äußere Schale zu füllen.

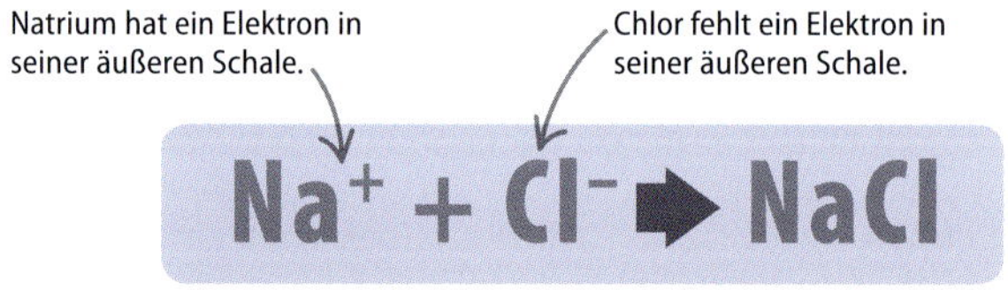

△ **Natriumchlorid**
Natrium und Chlor sind ein ideales Paar für eine Verbindung, weil Natrium ein Elektron an Chlor abgeben kann.

Oxidation und Reduktion

Wenn ein Atom (oder Ion) während einer chemischen Reaktion ein Elektron abgibt, spricht man von einer Oxidation. Ursprünglich bezog sich der Ausdruck auf Reaktionen, bei denen Sauerstoff mit einer anderen Substanz reagiert. Heutzutage wird er jedoch auf jede Reaktion angewendet, bei der Elektronen abgegeben werden. Das Atom oder Ion, das die Elektronen aufnimmt, wird reduziert. Alle Redoxreaktionen treten paarweise auf – bei jeder Reduktion folgt eine entsprechende Oxidation.

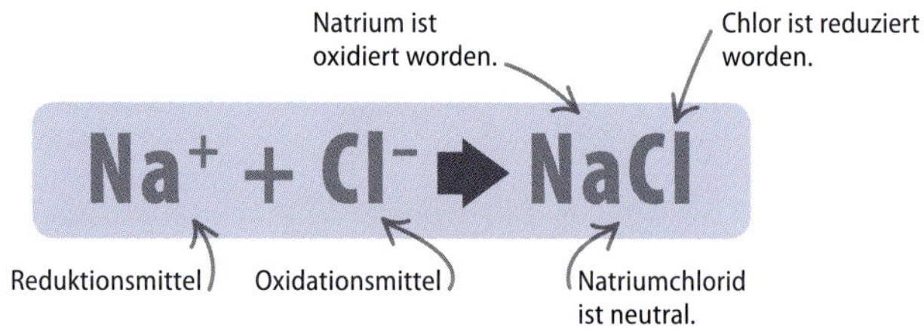

△ **Oxidationsmittel und Reduktionsmittel**
Das Atom oder Ion, welches das Elektron aufnimmt, ist das Oxidationsmittel. Das Atom oder Ion, welches das Elektron abgibt, ist das Reduktionsmittel.

Elektrochemie

Der Austausch von Elektronen während einer Redoxreaktion lässt sich ausnutzen, um einen elektrischen Strom in einer elektrochemischen Zelle (Daniell-Element) zu erzeugen. Der Strom entsteht, wenn Elektronen von einem Reduktionsmittel abgegeben werden und zum Oxidationsmittel fließen, wo sie absorbiert werden. Bei diesem Experiment wird Zink in Zinksulfat getaucht und Kupfer in Kupfersulfat. Die beiden Metalle werden über einen Draht miteinander verbunden. Die Sulfatlösungen haben freie Ionen, die einen elektrischen Strom transportieren können (s. S. 148).

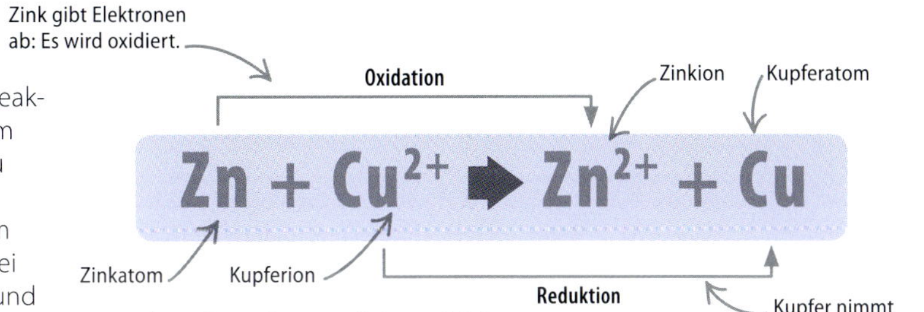

△ **Vollständige Reaktionsgleichung**
Die Zinkatome geben Elektronen ab, die Kupferionen nehmen sie auf. Es entstehen Zinkionen und Kupferatome.

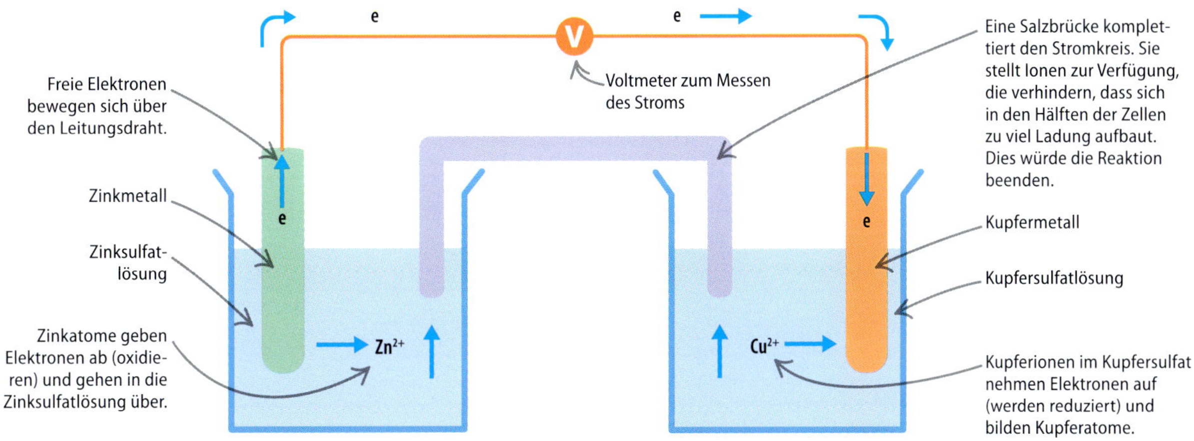

△ **Oxidation**
In der linken Hälfte der Zelle findet die Oxidation statt. Die Zinkatome geben Elektronen ab und werden zu Zinkionen. Die frei gewordenen Elektronen wandern über den Leitungsdraht in die Reduktionszelle. Die Zinkionen (Zn^{2+}) treten in die Zinksulfatlösung über.

△ **Reduktion**
In der rechten Hälfte der Zelle geschieht die Reduktion. Kupferionen (Cu^{2+}) in der Kupfersulfatlösung wandern zur Kupferelektrode und nehmen jeweils zwei Elektronen auf, die aus der Oxidationszelle stammen. Die Kupferionen werden zu Kupferatomen.

Korrosion

Ein bekanntes Phänomen, bei dem Redoxreaktionen eine Rolle spielen, ist die Korrosion, bei der Metalle und andere Materialien oxidiert werden. Korrosion findet unter feuchten Bedingungen statt und ist eine Reaktion mit Sauerstoff oder Kohlendioxid, hin und wieder auch mit Schadstoffen wie Schwefelwasserstoff.

▷ **Typen von Korrosion**
Die Produkte von Korrosion, z. B. Rost, verursachen Entfärbung und Schwächung der ursprünglichen Materialien.

Metall	Korrosion	Chemische Bezeichnung	Beschreibung
Eisen	Rost	Hydratisiertes Eisenoxid	Flockiger Rost breitet sich aus und zerbricht das Metall.
Kupfer	Patina	Kupfercarbonat	Macht Dinge gräulich grün.
Aluminium	Tonerde	Aluminiumoxid	Bildet eine matte Schicht auf Metall.
Silber	Anlaufen	Silbersulfid	Macht Silber dunkel und matt.
Gold	Keine	Keine	Gold bleibt stets glänzend.

Energie und Reaktionen

ENERGIE IST AN CHEMISCHEN REAKTIONEN BETEILIGT.

Alle chemischen Reaktionen erfordern Energie. Energie ist nötig, um atomare Bindungen zu lösen und neue zu bilden. Bei den meisten Reaktionen muss Energie zugeführt werden.

SIEHE AUCH
❮ 128–129 Chemische Reaktionen
❮ 130–131 Verbrennung
Reaktionsgeschwindigkeit 136–137 ❯
Katalysatoren 138–139 ❯
Energie 176–177 ❯

Aktivierungsenergie

Die Aktivierungsenergie ist die Menge an Energie, die zum Starten einer Reaktion erforderlich ist. Dabei müssen die Reaktanten zunächst quasi einen energetischen Hügel überwinden. Eine Reaktion zwischen einer starken Säure und einer starken Base hat eine niedrige Aktivierungsenergie, weil die Moleküle bereits genügend Energie haben. Das Verbrennen von Kohle hat eine höhere Aktvierungsenergie, also muss Kohle zunächst aufgeheizt (Energie zugeführt) werden, bevor sie brennt.

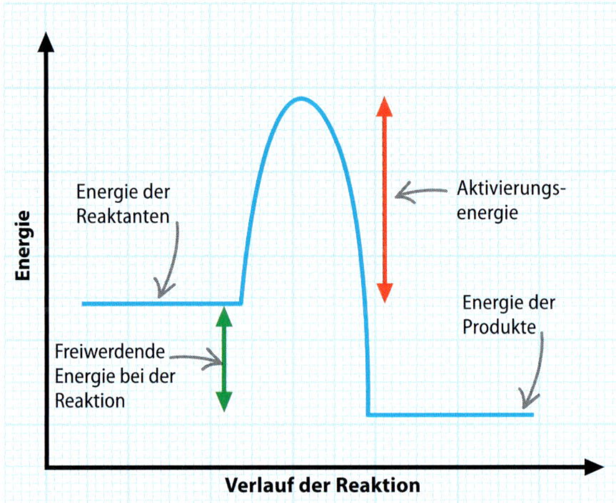

▷ **Energiediagramm**
Wenn die bei einer Reaktion beteiligte Energie in einem Diagramm dargestellt wird, bildet die Aktivierungsenergie einen Hügel, den die Reaktanten überwinden müssen, um Produkte zu bilden.

Exotherme Reaktion

Chemische Reaktionen benötigen Energie, um einsetzen zu können. Sie setzen jedoch auch Energie frei, wenn sich die Reaktanten zu Produkten neu formieren. Ist die freigesetzte Energiemenge größer als die Aktivierungsenergie, verläuft die Reaktion exotherm. Solche Reaktionen, z. B. die Verbrennung, erwärmen die Umgebung.

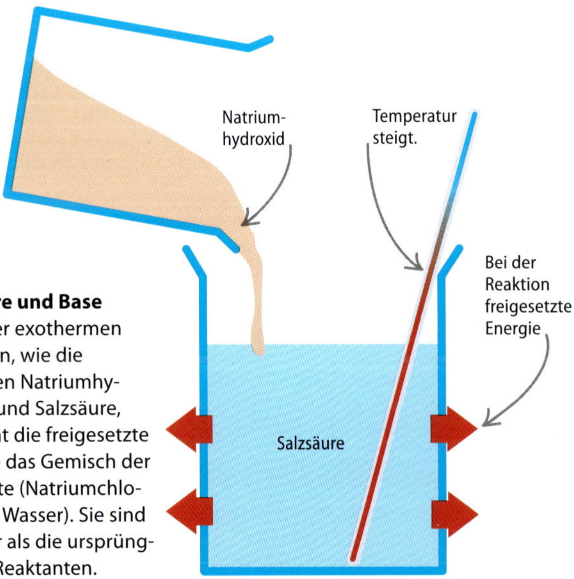

▷ **Säure und Base**
Bei einer exothermen Reaktion, wie die zwischen Natriumhydroxid und Salzsäure, erwärmt die freigesetzte Energie das Gemisch der Produkte (Natriumchlorid und Wasser). Sie sind wärmer als die ursprünglichen Reaktanten.

▽ **Freigesetzte Energie**
Bei einer exothermen Reaktion ist die Energie der Produkte niedriger als die der Reaktanten. Das liegt daran, dass die Energie während der Reaktion als Wärme verlorengeht.

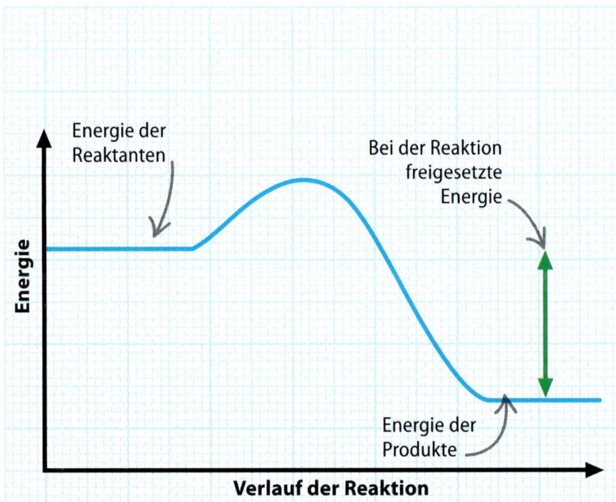

Endotherme Reaktion

Wenn die bei der Reaktion freigesetzte Energie geringer ist als die Aktivierungsenergie, handelt es sich um eine endotherme Reaktion. Da mehr Energie für die Reaktion benötigt als freigesetzt wird, kühlen sich das Reaktionsgemisch und die Umgebung ab.

▽ **Aufgenommene Energie**
Bei einer endothermen Reaktion haben die Produkte mehr Energie als die Reaktanten, weil während der Reaktion Energie aus der Umgebung aufgenommen wird.

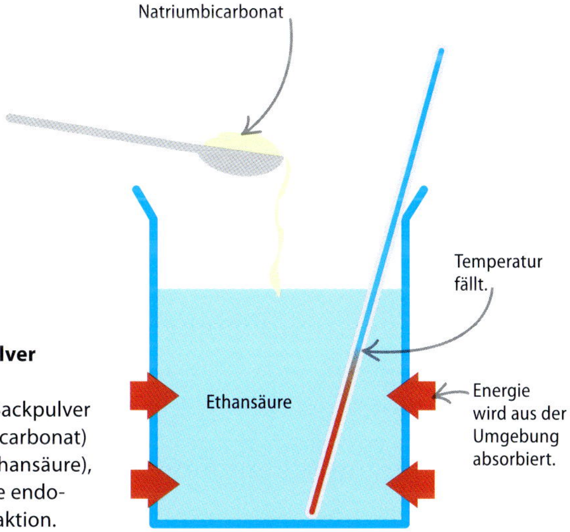

▷ **Backpulver und Essig**
Gibt man Backpulver (Natriumbicarbonat) in Essig (Ethansäure), erfolgt eine endotherme Reaktion.

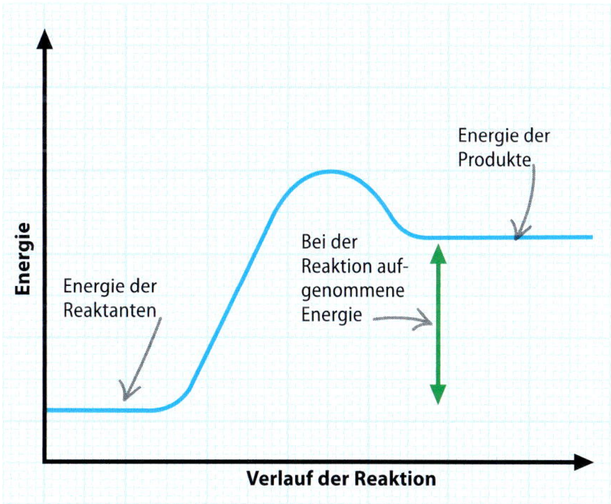

Kalorimeter

Die während einer chemischen Reaktion freigesetzte oder aufgenommene Energie kann mittels eines Kalorimeters gemessen werden. Die Reaktion läuft in einer Kammer ab, die von Wasser umgeben ist. Das Kalorimeter ist nach außen völlig isoliert, sodass jede Veränderung der Temperatur des Wassers (Steigen oder Fallen) nur Ergebnis der Reaktion selbst sein kann.

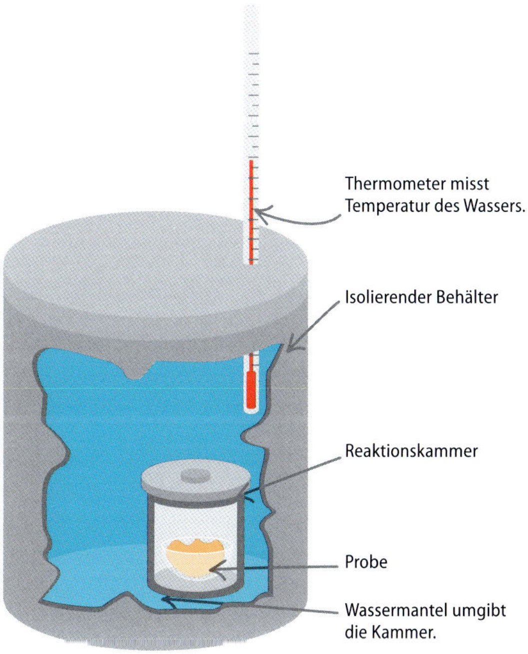

▷ **Bombenkalorimeter**
Diese Apparatur dient der Messung von Energie in Stoffen, auch in Nahrungsmitteln. Eine Probe des Stoffs wird in reinem Sauerstoff verbrannt, die dabei freigesetzte Energie ist dem Anstieg der Wassertemperatur proportional.

INTERESSANT!

Handwärmer

Exotherme Reaktionen sind eine bequeme Weise, Wärme zu produzieren. Handwärmer enthalten zwei Reaktanten in getrennten Behältern. Wenn der Wärmer geknickt wird, zerbrechen die Behälter, die Reaktanten mischen sich und reagieren. Dabei bilden sich harmlose Produkte und es wird ausreichend Wärme erzeugt, um die Hände an kalten Tagen zu wärmen.

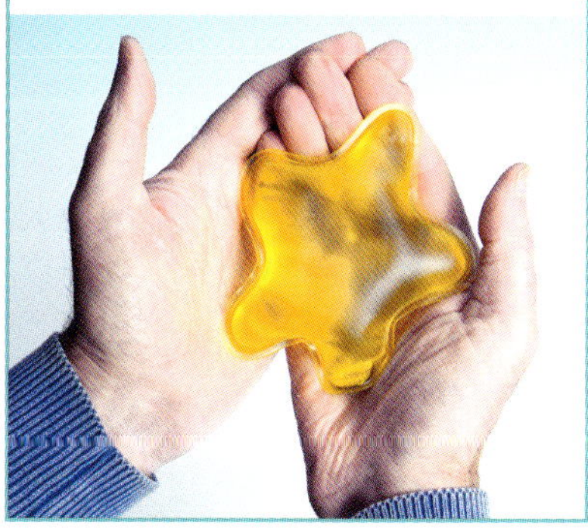

Reaktionsgeschwindigkeit

REAKTANTEN BILDEN PRODUKTE UNTERSCHIEDLICH SCHNELL.

SIEHE AUCH
❮ 30–31 Fotosynthese
❮ 134–135 Energie und Reaktionen
Katalysatoren 138–139 ❯
Energie 176–177 ❯

Die Reaktionsgeschwindigkeit hängt von den an der Reaktion beteiligten Stoffen ab.

Geschwindigkeiten messen

Um zu verstehen, was die Geschwindigkeit einer Reaktion bestimmt, muss der Chemiker messen können, wie schnell die Reaktanten sich in Produkte umwandeln. Dabei muss nur ein Produkt gemessen werden, da sich alle anderen mit derselben Geschwindigkeit bilden.

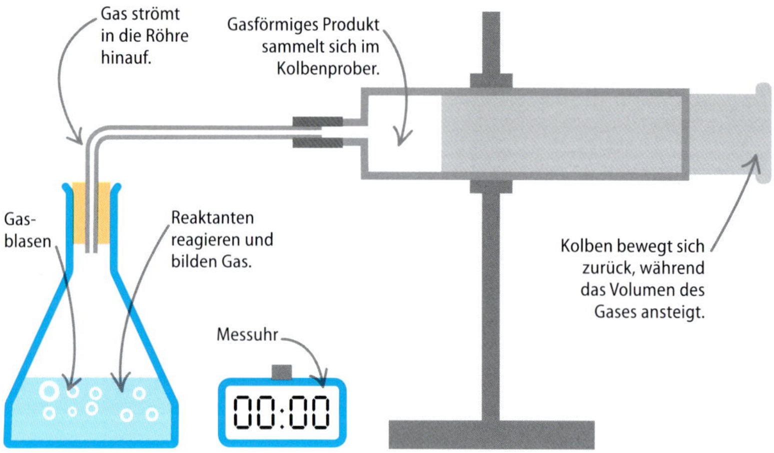

△ **Einsatz eines Kolbenprobers zur Messung eines Gases**
Der Volumenanstieg eines Gases lässt sich recht leicht mit einem Kolbenprober messen. Die Messung erfolgt in regelmäßigen Zeitabständen (Uhr). Das Volumen steigt mit einer Geschwindigkeit an, die proportional zur Reaktion ist.

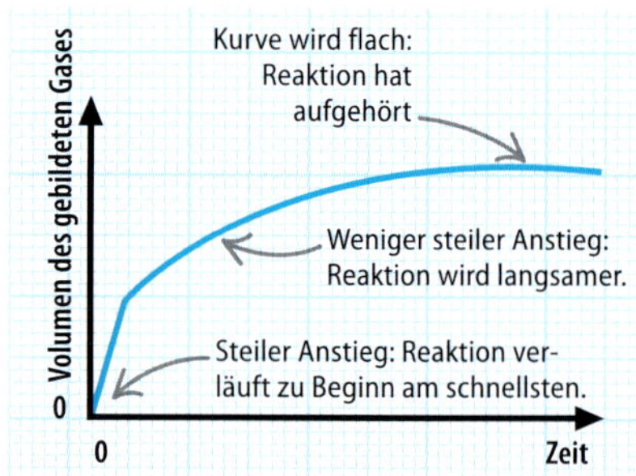

△ **Verlauf der Kurve**
Die Ergebnisse der Volumenmessung können gegen die Zeit in einer Kurve eingetragen werden. Der steile Anstieg zu Beginn zeigt, dass die Reaktion anfangs sehr rasch verläuft, dann immer langsamer wird.

Reaktivität und Temperatur

Jede Reaktion benötigt eine Aktvierungsenergie für das Lösen und die Neubildung von Bindungen. Bei einer Reaktion mit niedriger Aktivierungsenergie verfügen mehr Reaktanten über die nötige Energie, daher verläuft die Reaktion rascher als eine mit hoher Aktivierungsenergie. Erwärmt man die Reaktanten und/oder erhöht den Druck, führt man Energie zu und steigert so die Reaktionsgeschwindigkeit.

▷ **Magnesium in Wasser**
In kaltem Wasser reagiert Magnesium sehr langsam zu Magnesiumoxid und Wasserstoff. Erhitzen des Wassers bis nahe an den Siedepunkt lässt die Reaktion viel rascher ablaufen und Blasen aus Wasserstoff sprudeln.

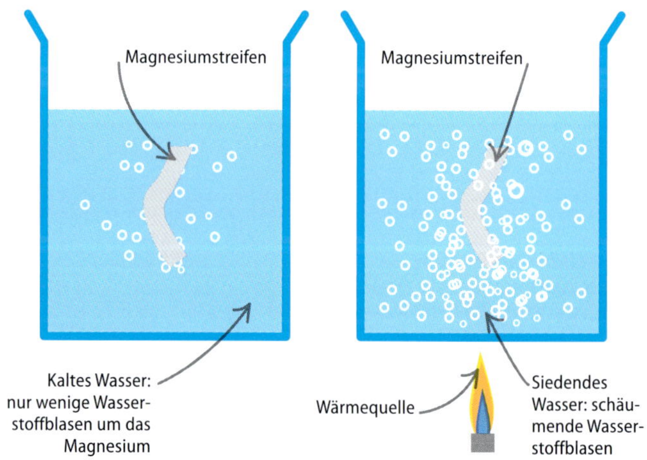

Konzentration

Sie ist ein Maßstab für die Häufigkeit einer Substanz in einem bestimmten Volumen. Die Reaktionsgeschwindigkeit ist proportional zur Konzentration der Reaktanten. Selbst wenn ein Reaktant in hoher Konzentration vorliegt, muss man auch die des anderen erhöhen, damit die Reaktion schneller abläuft.

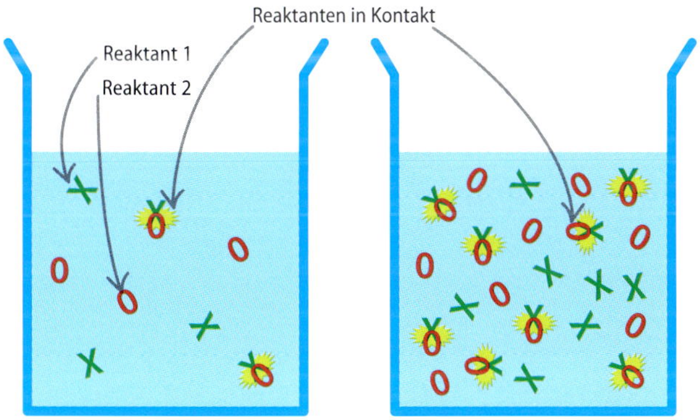

△ **Niedrige Konzentration**
Für eine Reaktion müssen Reaktanten miteinander in Kontakt kommen. Wenn die Reaktanten nur in niedrigen Konzentrationen vorliegen, sind sie weit verstreut und treffen nur gelegentlich aufeinander.

△ **Hohe Konzentration**
Bei höheren Konzentrationen der Reaktanten sind die Moleküle weniger weit verstreut. Sie kommen häufiger miteinander in Kontakt und können somit reagieren. Daher ist die Reaktionsgeschwindigkeit höher.

Teilchengröße

Wird ein Feststoff als Reaktant einer Flüssigkeit oder einem gelösten Reaktanten zugeführt, verläuft die Reaktion rascher, wenn der Feststoff pulverisiert wird. Der flüssige Reaktant reagiert mit der Oberfläche des Feststoffs und der pulverförmige Reaktant hat eine größere Oberfläche als ein einziger Klumpen.

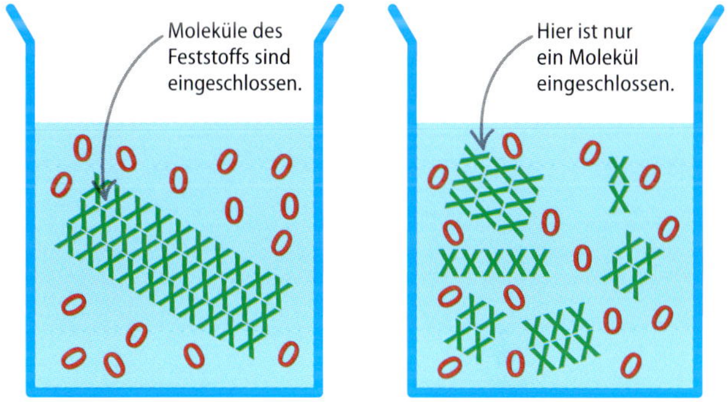

△ **Große Feststoffteile, kleine Oberfläche**
Wird der Feststoff als großer Klumpen zugeführt, kann der flüssige Reaktant kaum damit reagieren. Viele Moleküle des Feststoffs sind im Innern blockiert, der flüssige Reaktant kann sie nicht erreichen.

△ **Kleine Feststoffteile, große Oberfläche**
Dieselbe Menge an Feststoff reagiert wesentlich schneller, wenn sie in kleinen Teilchen zugefügt wird. Das liegt daran, dass mehr Moleküle für den flüssigen Reaktanten erreichbar sind.

Licht

Einige Reaktionen laufen schneller ab, wenn sie Licht oder anderen hochenergetischen Formen von Strahlung ausgesetzt sind, z. B. UV-Strahlen. Die Reaktanten absorbieren Energie aus bestimmten Wellenlängen, was als Aktivierungsenergie für die Reaktion ausreicht. Solche Reaktionen nennt man fotochemische Reaktionen. Fotosynthese, die Umwandlung von Kohlendioxid und Wasser zu Glukose und Sauerstoff in Pflanzen, benötigt Licht. Ohne Licht ist die Reaktionsgeschwindigkeit vernachlässigbar klein.

▷ **Ozonschicht**
Die Reaktion, bei der Ozon entsteht, eine Form des Sauerstoffs mit drei Atomen im Molekül, tritt meist dann auf, wenn hochenergetisches Licht auf die Atmosphäre trifft. Das Ozon bildet eine Schicht in der oberen Atmosphäre, die die gefährlichen UV-Strahlen im Sonnenlicht absorbiert.

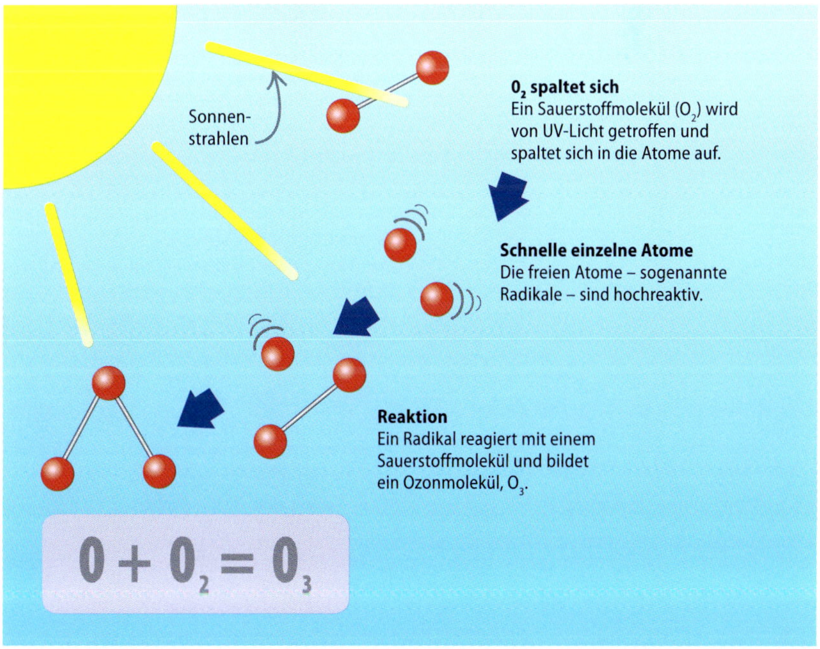

Katalysatoren

KATALYSATOREN BESCHLEUNIGEN DIE REAKTIONEN, INDEM SIE DIE ERFORDERLICHE AKTIVIERUNGSENERGIE HERABSETZEN.

SIEHE AUCH

❮ 66–67 Menschliche Verdauung
❮ 134 Aktivierungsenergie
❮ 136 Reaktivität und Temperatur
Energie 176–177 ❯

Verschiedene in Labors und in der Industrie eingesetzte Katalysatoren beschleunigen chemische Reaktionen und ermöglichen die Reaktion mit ansonsten nicht-reaktiven Stoffen. Die Enzyme, die Zellreaktionen ermöglichen, sind ebenfalls Katalysatoren.

Aktivierungsenergie

Viele Reaktionen haben derart hohe Aktivierungsenergien, dass sie von selbst nie ablaufen würden – oder unmerklich langsam. Katalysatoren ermöglichen solche Reaktionen, indem sie die nötige Aktivierungsenergie herabsetzen.

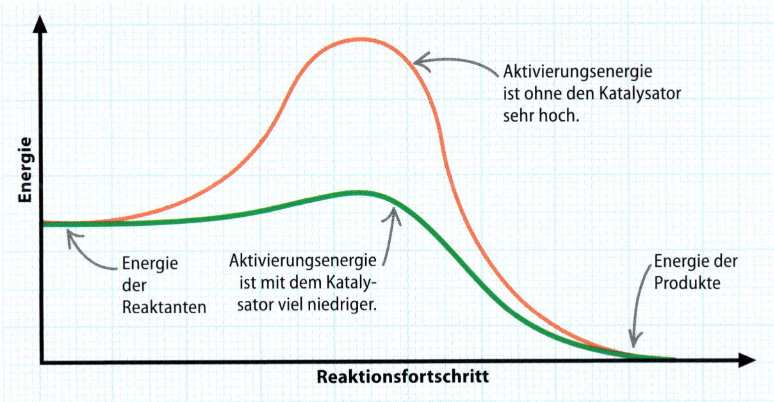

▷ **Energiekurve**
Katalysatoren senken die Energieschwelle zwischen Reaktanten und Produkten herab. In der Industrie können Katalysatoren Reaktionen ökomischer ablaufen lassen.

Wie Katalysatoren wirken

Katalysatoren unterscheiden sich beträchtlich voneinander. Viele sind porös und haben im Innern winzige Hohlräume, wo die Reaktanten zusammengeführt werden und so ohne großen Energieaufwand reagieren können. Die genauen Mechanismen sind unterschiedlich, aber gewöhnlich erleichtert ein Katalysator eine Reaktion, indem er eine Übergangsphase zwischen den Reaktanten und den Produkten erleichtert. Der Katalysator ist an der Reaktion beteiligt, wird jedoch nicht verbraucht.

▷ **Reaktant 1 bindet sich an den Katalysator**
Ein Reaktant stellt eine vorübergehende Bindung zum Katalysator her und bildet ein komplexes Molekül.

▷ **Reaktant 2 tritt hinzu**
Das Molekül verbindet sich mit dem anderen Reaktanten, sodass die Reaktanten näher zueinander kommen.

▷ **Produkt bildet sich**
Während die Reaktanten in diesem Zustand sind, benötigen sie viel weniger Energie für die Reaktion. Das Produkt bildet sich leicht.

▷ **Katalysator löst sich**
Das Produkt löst sich vom Katalysator, der unverändert geblieben ist und seine Rolle wieder einnehmen kann.

Das Wort **Katalysator** stammt aus dem Griechischen und bedeutet „losbinden“.

Enzyme

Die meisten im lebenden Körper stattfindenden Reaktionen könnten ohne den katalytischen Effekt von Enzymen nicht ablaufen. Enzyme sind Proteinmoleküle, die entsprechend ihrer Rolle stark gefaltet sind. Sie erzeugen ein sogenanntes aktives Zentrum. Die Reaktanten – in der Biochemie heißen sie Substrate – sind gleichfalls Moleküle mit komplexen Strukturen. Sie passen nur in das aktive Zentrum des Enzyms, wo die Reaktion erfolgt. Enzyme im Verdauungssystem zerkleinern große Moleküle aus der Nahrung.

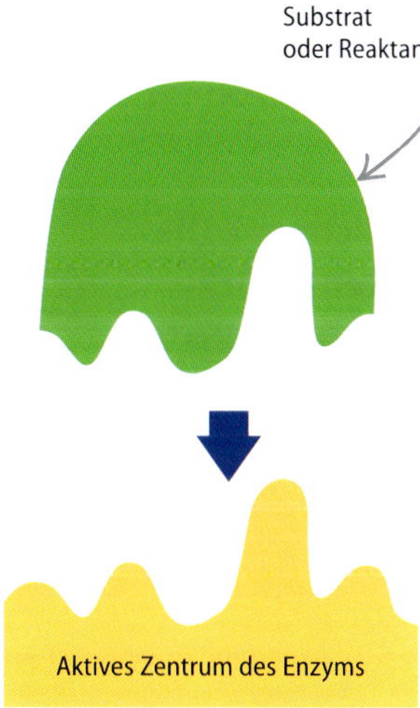

△ **Aktives Zentrum**
Nur ein bestimmtes Substrat kann an ein bestimmtes aktives Zentrum binden, wie ein Schlüssel in ein Schloss.

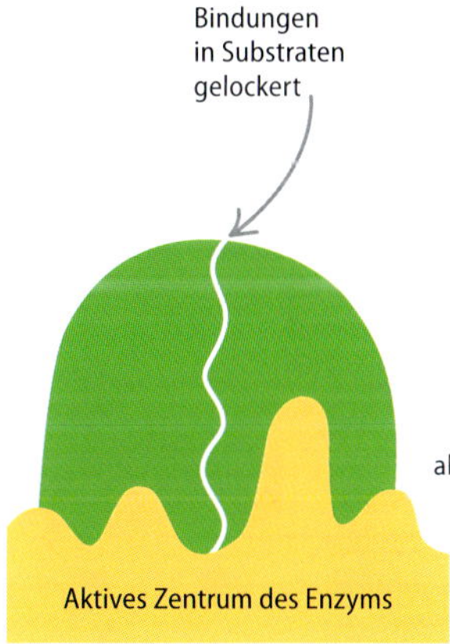

△ **Katalysierte Reaktion**
Jetzt kann eine bestimmte chemische Reaktion erfolgen. Bindungen innerhalb des Substrats sind gelockert.

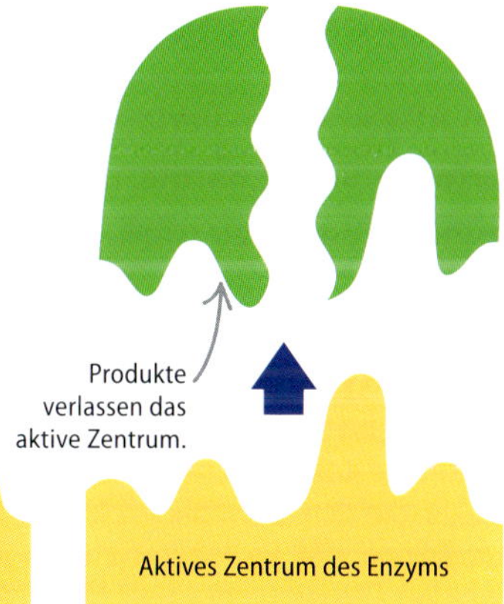

△ **Produkte erzeugt**
Das Substrat teilt sich in zwei Produkte. Diese lösen sich vom aktiven Zentrum, sodass ein neues Substrat andocken kann.

Katalysator im Auto

Jedes Auto ist mit einem Katalysator ausgerüstet, einem „Kat". Die Motorabgase streichen durch diesen Apparat, bevor sie austreten. Im Innern ist eine wabenförmige Struktur aus Keramik, überzogen mit einer dünnen Schicht einer Platin-Rhodium-Legierung, dem eigentlichen Katalysator. Dieser wandelt die gefährlichen Gase wie Kohlenmonoxid (CO), Stickoxide (NOx) und unverbrannte Kohlenwasserstoffe (HC) in relativ harmlose um – Kohlendioxid (CO_2), Stickstoff (N_2) und Wasser (H_2O).

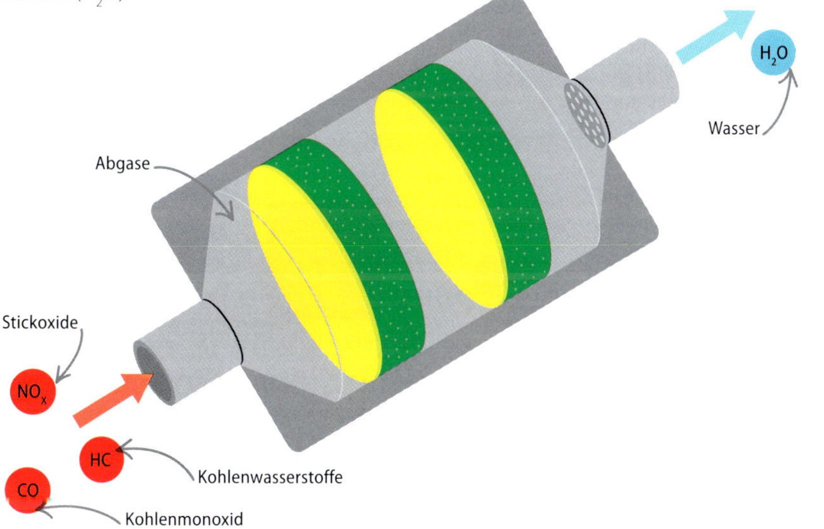

INTERESSANT!

Margarine

Margarine wird mittels Katalysatoren hergestellt. Ausgangsmaterialien sind Pflanzenöle: lange Kettenmoleküle aus Kohlenstoff und Wasserstoff. Die Öle sind ungesättigt – ihre Moleküle haben Platz für weitere Wasserstoffatome. Wasserstoff wird über einen Nickelkatalysator durch das Öl geleitet und sättigt die Ölmoleküle, wodurch ein butterähnlicher Stoff entsteht.

Säuren und Basen

SÄUREN UND BASEN SIND CHEMISCH GESEHEN GEGENSTÜCKE.

Die Chemie von Säuren und Basen beruht auf Wasserstoffionen. Säuren sind Substanzen, die Wasserstoffionen produzieren. Basen sind Substanzen, die mit Säuren reagieren und diese Wasserstoffionen aufnehmen.

SIEHE AUCH
❮ 89 Saurer Regen
❮ 112–113 Ionenbindung
❮ 114–115 Kovalente Bindung
❮ 120–121 Alkali- und Erdalkalimetalle
❮ 136–137 Reaktionsgeschwindigkeiten
Stöchiometrie 152–153 ❯

Was ist eine Säure?

Säuren sind Verbindungen, die beim Auflösen in Wasser positiv geladene Teilchen bilden, die Hydroniumionen (H_3O^+, abgekürzt: H^+). Diese Ionen sind hochreaktiv, können sich an andere Substanzen binden und einen korrodierenden Effekt ausüben. Die Stärke einer Säure hängt von der Zahl der Hydroniumionen ab.

DNS, die Substanz, die den genetischen Code trägt, ist eine Art Säure.

▽ **Starke Säuren**
Die stärksten Säuren sind Ionenbindungen (s. S. 112). Sie spalten sich beim Lösen in Wasser vollständig in Hydronium- und andere (Säurerest-)Ionen auf.

Name	Formel	Vorkommen
Salzsäure	HCl	Magen
Schwefelsäure	H_2SO_4	Fahrzeugbatterien
Salpetersäure	HNO_3	Düngemittelherstellung

▽ **Schwache Säuren**
Säuren mit einer kovalenten Struktur (s. S. 114) zerfallen nicht so leicht zu Ionen, es sind komplexe Moleküle. Manchmal wird die Bindung zu einem der Wasserstoffionen aber schwächer, es kann sich abspalten.

Name	Summenformel	Vorkommen
Zitronensäure	$C_6H_8O_7$	Zitronensaft
Essigsäure	CH_3COOH	Essig
Ameisensäure	HCOOH	Ameisenbisse

Was ist eine Base?

Eine Base ist eine Verbindung, die beim Auflösen in Wasser OH^--Ionen (Hydroxidionen) abspaltet. Die reaktivsten Basen sind lösliche Verbindungen, die Alkaliverbindungen. Hydronium- und Hydroxidionen verbinden sich recht leicht zu Wasser, eine Reaktion, die oft sehr heftig verläuft.

▽ **Basen sind stark verbreitet.**
Jede Verbindung mit einem OH^--Ion ist eine Base. Basen werden in der Industrie zur Herstellung von Seifen verwendet und Abfall hinzugefügt, um das Verrotten zu beschleunigen.

Name	Formel	Vorkommen
Natriumhydroxid	NaOH	Herdreiniger
Magnesiumhydroxid	$Mg(OH)_2$	Tabletten gegen Sodbrennen
Kaliumhydroxid	KOH	Seife

Neutralisation

Die Reaktion zwischen einer Säure und einer Base (oder einem Oxid) wird Neutralisation genannt, weil Produkte daraus entstehen, die weder sauer noch alkalisch sind. Eines dieser Produkte ist stets Wasser. Das andere, ein Salz, ist eine Verbindung aus den verbliebenen Ionen.

▽ **Allgemeine Reaktionsgleichung**
Eine Säure und eine Base reagieren immer zu Salz und Wasser. Das Salz, das bei der Reaktion zwischen Salzsäure (HCl) und Natriumhydroxid (NaOH) entsteht, ist Natriumchlorid (NaCl) – besser bekannt als Tafelsalz.

$$\text{Säure} + \text{Base} \rightarrow \text{Salz} + \text{Wasser}$$

$$HCl(aq) + NaOH(aq) \rightarrow NaCl(aq) + H_2O(l)$$

Messen der Säurestärke

Die Säurestärke wird durch den pH-Wert („potentia Hydrogenii“, Hydroniumionenaktivität) angegeben. Neutrale Substanzen wie Wasser haben einen pH-Wert von 7. Eine Substanz mit einem pH-Wert unter 7 ist sauer, mit einem über 7 alkalisch. Gemessen wird die Konzentration an Hydroniumionen. Mit jeder Zu- bzw. Abnahme des pH-Werts um eins steigt bzw. fällt die Säurekonzentration um den Faktor zehn. So enthält eine Substanz mit einem pH-Wert von 6 zehnmal mehr H_3O^+-Ionen als eine mit einem pH-Wert von 7.

▷ **Indikatoren**
Chemikalien, mit denen man die Stärke einer Säure oder Base misst, heißen Indikatoren. Lackmus war einer der ersten verwendeten Indikatoren. Es färbt sich rot im sauren Bereich und blau im alkalischen. Seine Farbskala ist jedoch begrenzt und es ist schwierig, den genauen pH-Wert abzulesen. Ein Universalindikator genannter Farbstoff ist praktischer und stellt eine breite Skala an Farben zur Bestimmung des pH-Werts zur Verfügung. Im Labor misst man pH-Werte potentiometrisch.

INTERESSANT!

Tabletten gegen Sodbrennen

Sodbrennen wird meist von Magensäure hervorgerufen, die in die Speiseröhre gelangt. Dort greift sie die Schleimhaut an und verursacht ein Brennen. Säurehemmende Tabletten enthalten Basen – oft Magnesiumhydroxid -, die diese Säuren neutralisieren und harmlose Salze bilden.

Regenwasser ist schwach sauer, weil sich Kohlendioxid darin löst und Kohlensäure bildet.

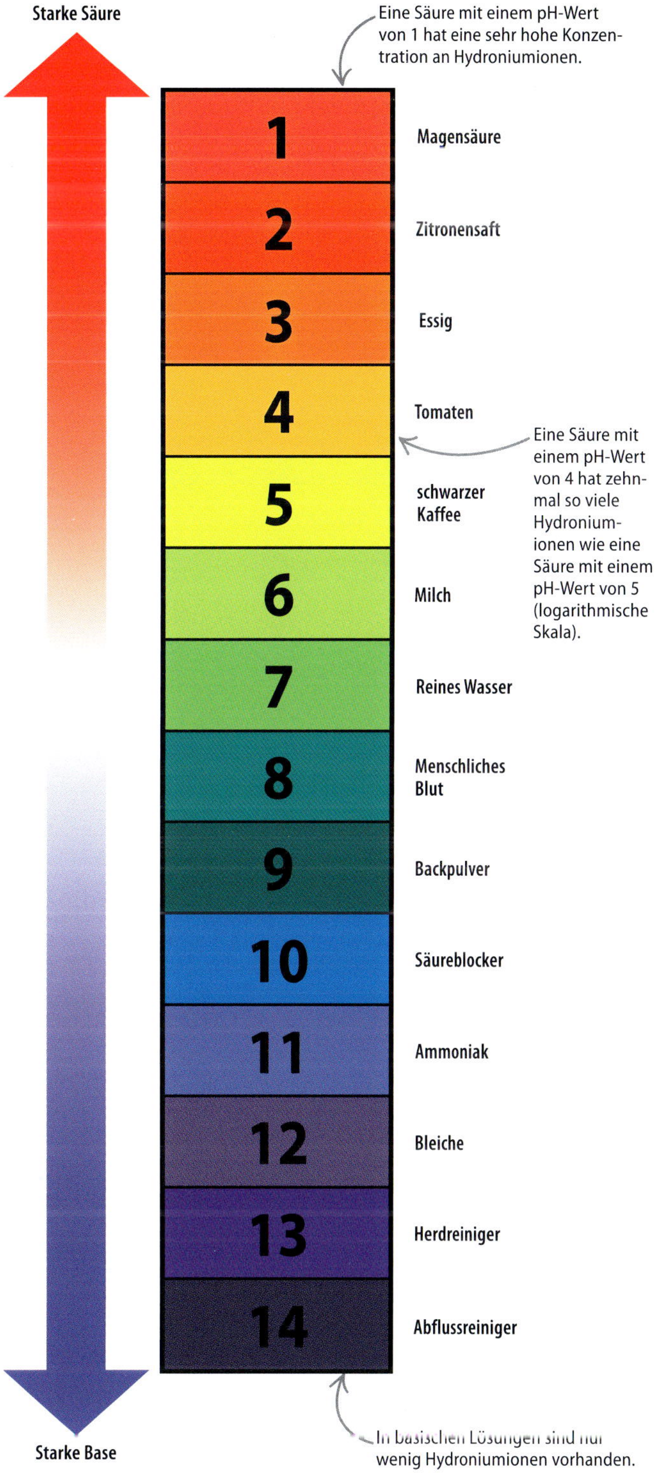

Säurereaktionen

SÄUREN REAGIEREN MIT EINER VIELZAHL VON STOFFEN AUF VORHERSAGBARE WEISE.

SIEHE AUCH
❮ 28–29 Atmung
❮ 89 Saurer Regen
❮ 128–129 Chemische Reaktionen
❮ 144–145 Säuren und Basen
Alkohole 162 ❯

Obwohl es viele verschiedene Säuren gibt, reagieren alle auf die gleiche Weise. Gibt man eine Säure zu Metallen, Oxiden oder anderen Verbindungen, erhält man bei der Reaktion immer die gleichen Produkte.

Säuren und Metalle

Ist ein Metall reaktiver als der Wasserstoff der Säure, bilden sich bei der Reaktion Wasserstoffgas und Salz. Sehr reaktive Metalle wie Kalium reagieren sogar mit Wasser. Wasser enthält eine geringe Menge an Wasserstoffionen, ist jedoch definitionsgemäß neutral. Metalle wie Kupfer und Gold sind weniger reaktiv als Wasserstoff und reagieren mit den meisten Säuren nicht.

▽ **Allgemeine Reaktionsgleichung**
Eisen ersetzt den Wasserstoff in Schwefelsäure (H_2SO_4) und bildet das Salz Eisensulfat ($FeSO_4$), das eine Ionenbindung aufweist. Der Wasserstoff kann nicht weiterreagieren und entweicht als Gas.

Säure + Metall = Salz + Wasserstoff

$$H_2SO_4(aq) + Fe\,(s) = FeSO_4(aq) + H_2(g)$$

▽ **Eisen und Schwefelsäure**
Wird festes Eisen zu der Säure gegeben, beginnt die Mischung zu schäumen, es entweicht Wasserstoff. Das Eisensulfat bildet eine grüne Lösung.

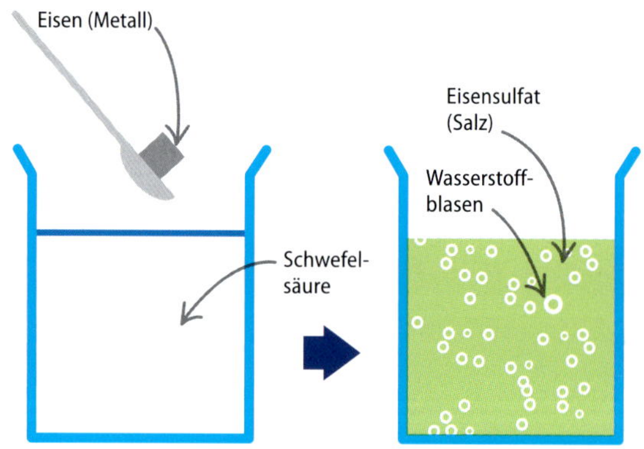

REAKTION VON METALLEN			
Name	**Reagiert mit Wasser**	**Reagiert mit Säuren**	**Reaktionsstärke**
Kalium	Ja	Ja	Hoch
Natriium	Ja	Ja	
Lithium	Ja	Ja	
Calcium	Ja	Ja	
Magnesium	Nein	Ja	
Aluminium	Nein	Ja	
Zink	Nein	Ja	
Eisen	Nein	Ja	
Zinn	Nein	Ja	
Blei	Nein	ja	
Kupfer	Nein	Nein	
Quecksilber	Nein	Nein	
Silber	Nein	Nein	
Gold	Nein	Nein	Keine Reaktion

INTERESSANT!

Saurer Regen

Regenwasser ist von Natur aus schwach sauer, weil Kohlendioxid aus der Luft darin gelöst ist. Fällt Regen auf bestimmte Gesteine, reagiert dessen schwache Säure mit Bestandteilen des Gesteins und zerfrisst es nach und nach. Diesen Prozess nennt man Verwitterung.

Säuren und Oxide

Wenn eine Säure mit einem Oxid (einer Sauerstoffverbindung) reagiert, bilden sich ein Salz und Wasser. Die Hydroniumionen der Säure und die Oxidionen bilden die Wassermoleküle. Das Kation (das positiv geladene Ion des Oxids) – in der Regel ein Metallion – bildet dann ein Salz mit dem Anion (dem negativ geladenen Teil der Säure).

▽ **Allgemeine Reaktionsgleichung**
Die Säure-Oxid-Reaktion ergibt die gleichen Produkte wie die Säure-Base-Reaktion (s. S. 144).

Säure + Oxid = Salz + Wasser

$$H_2SO_4(aq) + CuO(s) \rightarrow CuSO_4(aq) + H_2O(l)$$

▽ **Schwefelsäure und Kupferoxid**
Gibt man schwarzes Kupferoxidpulver (CuO) zu farbloser Schwefelsäure (H_2SO_4), erhält man Kupfersulfatsalz ($CuSO_4$) in Wasser (H_2O), eine blaue Lösung.

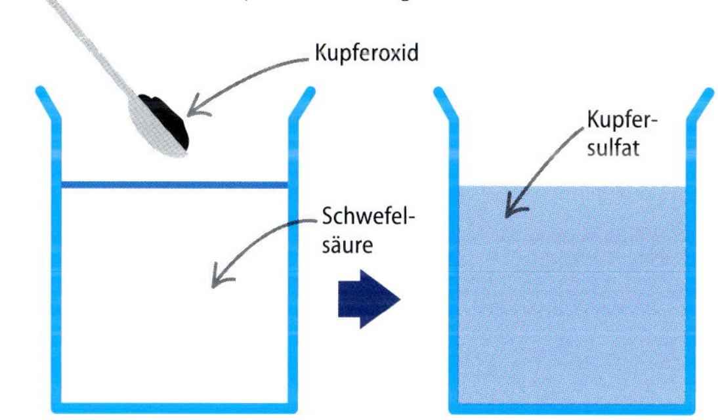

Säuren und Carbonate

Reagiert eine Säure mit einem Carbonat, erhält man ein Salz, Wasser und Kohlendioxid. Ein Carbonat ist eine ionische Verbindung mit dem Anion CO_3^{2-}. Das Carbonation wird in der Reaktion durch das Anion der Säure ersetzt. Daraufhin reagiert das Carbonation mit dem freien Hydroniumion zu Wasser und Kohlendioxid.

▽ **Allgemeine Reaktionsgleichung**
Die Säure-Carbonat-Reaktion ergibt ein sedimentbildendes Salz sowie Wasser und Kohlendioxid.

Säure + Carbonat = Salz + Kohlendioxid + Wasser

$$H_2SO_4(aq) + CaCO_3(s) \rightarrow CaSO_4(aq) + CO_2(g) + H_2O(l)$$

▽ **Schwefelsäure und Calciumcarbonat**
Gibt man weißes Calciumcarbonatpulver ($CaCO_3$) zu Schwefelsäure (H_2SO_4), erhält man Wasser, Kohlendioxid und unlösliches Calciumsulfat ($CaSO_4$).

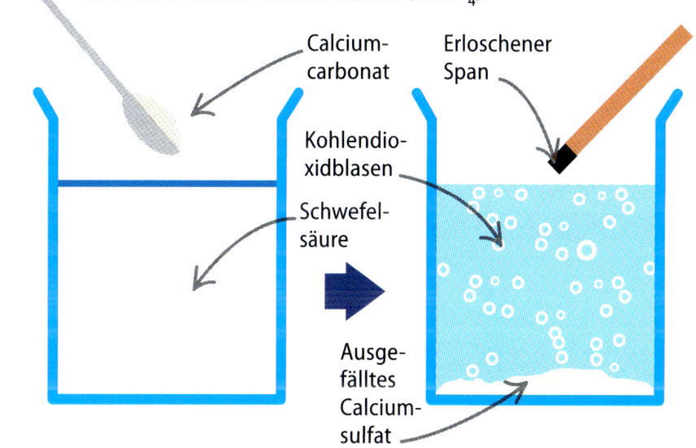

Säuren und Sulfite

Ein Sulfit ist eine Verbindung, die aus mindestens einem Kation besteht, oft einem Metall, und einem Sulfition, SO_3^{2-}. Bei der Reaktion eines Sulfits mit einer Säure erhält man ein Salz, Wasser und Schwefeldioxid. Das Sulfition wird durch das Anion aus der Säure ersetzt. Daraufhin reagiert das Sulfition mit dem Hydroniumion zu Wasser und Schwefeldioxid.

▽ **Allgemeine Reaktionsgleichung**
Diese Reaktion ist der Säure-Carbonat-Reaktion sehr ähnlich, außer dass sich Schwefeldioxid bildet und nicht Kohlendioxid.

Säure + Sulfit = Salz + Schwefeldioxid + Wasser

$$2\,HCl(aq) + CuSO_3(s) \rightarrow CuCl_2(aq) + SO_2(g) + H_2O(l)$$

▽ **Salzsäure und Kupfersulfit**
Die Reaktion von blauem Kupfersulfit ($CuSO_3$) mit Salzsäure (HCl) ergibt das grüne Salz Kupfer-II-Chlorid ($CuCl_2$, „II“ heißt, das Kupfer hat die Oxidationsstufe 2), gelöst in Wasser, und stechend riechendes Schwefeldioxid (SO_2).

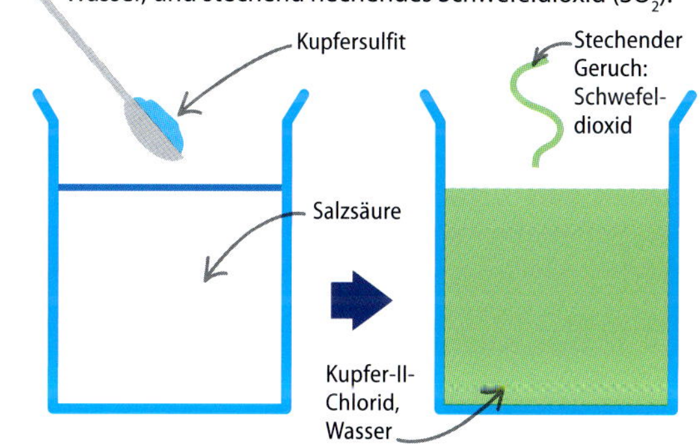

Elektrochemie

SIEHE AUCH

❮ 112–113 Ionenbindung
❮ 133 Elektrochemie
Stöchiometrie 152–153 ❯
Metallgewinnung 154–155 ❯
Elektrizität 210–211 ❯

ELEKTRIZITÄT FINDET IN DER CHEMIE VERWENDUNG, UM VERBINDUNGEN ZU VERÄNDERN ODER STOFFE ZU ÜBERTRAGEN.

Die vom elektrischen Strom transportierte Energie lässt sich in der Chemie einsetzen, um Verbindungen zu trennen, indem man die Ionen wieder in Atome überführt und reine Elemente darstellt.

Elektrolyte

Ein Elektrolyt ist eine Flüssigkeit, die Elektrizität transportiert. Er ist eine ionische Verbindung und muss flüssig sein (Schmelze oder Lösung), damit sich die Ionen frei bewegen können. Eine Stromquelle wird mit zwei Elektroden verbunden, die in den Elektrolyten getaucht werden. Dadurch entsteht eine positive Ladung an einer Elektrode (Anode) und eine negative an der anderen (Kathode). Die positiv und negativ geladenen Ionen im Elektrolyten wandern zur Elektrode mit der entgegengesetzten Ladung, wo sie Elektronen aufnehmen oder abgeben. Dieser Ionenstrom transportiert Elektrizität durch die Flüssigkeit.

▷ **Anode**
Negativ geladene Ionen (Anionen) wandern zur positiv geladenen Anode. Hier geben sie ihre zusätzlichen Elektronen ab. Diese fließen durch den Stromkreis.

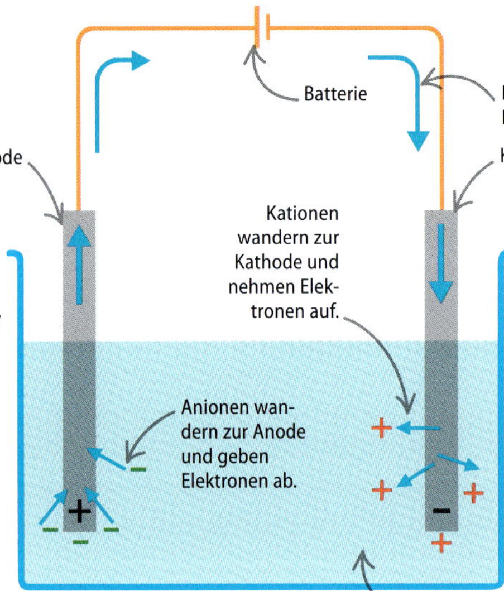

◁ **Kathode**
Positiv geladene Ionen (Kationen) in der Lösung wandern zur Kathode. Hier nehmen sie Elektronen aus dem Elektronenfluss auf, der an der Kathode eintrifft.

Elektrolyse

Leitet man elektrischen Strom durch eine ionische Verbindung, scheiden sich deren Elemente ab. Dieser Vorgang heißt Elektrolyse, mit ihrer Hilfe wurden viele Elemente zum ersten Mal isoliert. Nach dem Einschalten der Stromquelle wandern positive und negative Ionen zu den jeweils entgegengesetzt geladenen Elektroden. An der Kathode nehmen positiv geladene Ionen Elektronen auf, an der Anode geben negativ geladene Ionen Elektronen ab. Es entstehen wieder neutrale Atome. Die reinen Elemente lassen sich gewinnen, da sie sich an den Elektroden abscheiden. Auf diese Weise lässt sich Wasser in Wasserstoff (H) und Sauerstoff (O) spalten.

▷ **Anode**
Negativ geladene Sauerstoffionen wandern zur Anode. Jedes Sauerstoffion (O^{2-}) gibt zwei Elektronen ab und es entsteht ein Sauerstoffatom (O). Jeweils zwei Atome bilden sofort ein Sauerstoffmolekül (O_2).

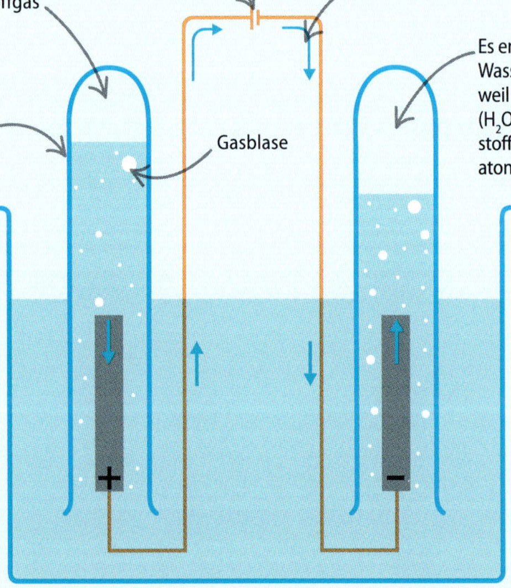

◁ **Kathode**
Jedes positiv geladene Wasserstoffion (H^+) wandert zur Kathode, wo es ein Elektron aufnimmt und ein Atom Wasserstoff (H) ensteht. Zwei Wasserstoffatome bilden sofort ein Wasserstoffmolekül (H_2).

Metalle reinigen

Mittels Elektrolyse lassen sich Verunreinigungen in einem Metall entfernen, sodass man äußerst reine Metalle erhält. Das unreine Metall ist die Anode. Ein reines Stück desselben Metalls bildet die Kathode. Nach Einschalten des Stroms scheiden sich die Metallionen im unreinen Metall ab und lösen sich im Elektrolyten, einer Losung aus Kupfersulfat. Hier wandern sie zur Kathode, wo sie Elektronen aufnehmen und wieder zu Metallatomen werden.

Bei der **elektrolytischen Haarentfernung** werden Salze im Haar in Basen verwandelt, die die Haarwurzeln abtöten.

▷ **Startpunkt**
Durch den Strom wird jedes Kupferatom in der Rohkupferanode zu einem Kupferion (Cu^{2+}). Diese Ionen verlassen die Anode und lösen sich in dem Kupfersulfatelektrolyten auf.

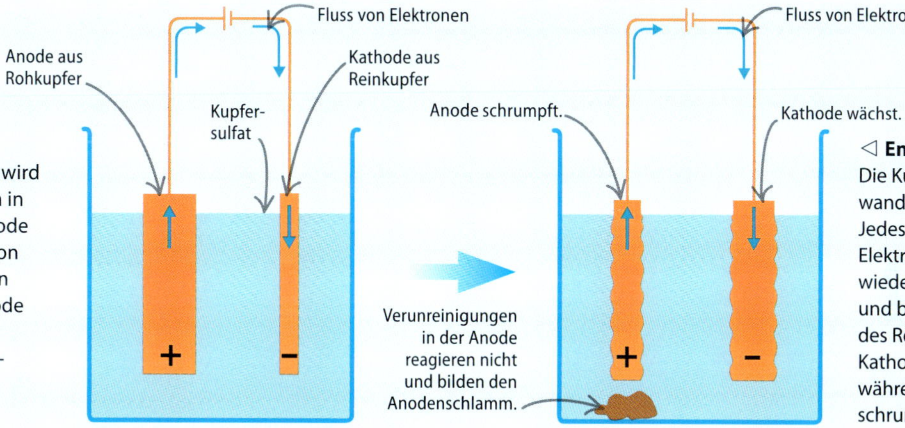

◁ **Endpunkt**
Die Kupferionen wandern zur Kathode. Jedes Ion nimmt zwei Elektronen auf, wird wieder zum Atom (Cu) und bildet eine Schicht des Reinmetalls. Die Kathode wächst an, während die Anode schrumpft.

Elektroplattieren (Galvanotechnik)

Eine dünne Schicht eines wertvollen Metalls lässt sich einem Körper aus weniger teurem Metall auftragen. Diesen Vorgang nennt man Elektroplattierung. Ein Stück des wertvollen Metalls – Gold oder Silber – bildet die Anode, das zu plattierende Teil die Kathode. Der Elektrolyt enthält auch Ionen des kostbaren Metalls. Bei dem Vorgang löst sich die Anode nach und nach auf und die Ionen des wertvollen Metalls wandern zur Kathode, wo sie den Körper ummanteln.

INTERESSANT!

Galvanisierung

Mit Elektroplattierung lässt sich Stahl mit einer Schicht Zink schützen. Man erhält galvanisierten Stahl, der Korrosion gegenüber beständiger ist als Eisen (Hauptbestandteil von Stahl).

▷ **Startpunkt**
Nach Einschalten des Stroms lösen sich die Silberionen (Ag^+) von der Anode im Silbernitratelektrolyten auf. Dann wandern sie zur negativ geladenen Kathode.

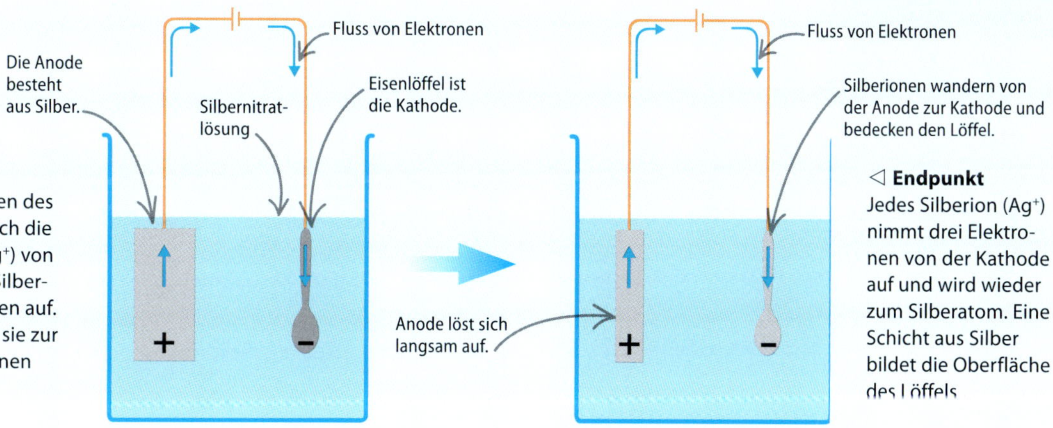

◁ **Endpunkt**
Jedes Silberion (Ag^+) nimmt drei Elektronen von der Kathode auf und wird wieder zum Silberatom. Eine Schicht aus Silber bildet die Oberfläche des Löffels.

Laborausrüstung und -techniken

SIEHE AUCH
❮ 98–99 Zustand der Materie
❮ 106–107 Stoffgemische trennen
❮ 128–129 Chemische Reaktionen
❮ 130–131 Verbrennung
Stöchiometrie 152–153 ❯

EIN ÜBERBLICK ÜBER DIE APPARATUREN IN EINEM CHEMIELABOR UND IHRE ANWENDUNG.

Jedes Chemielabor verfügt über bestimmte Apparaturen zum Erwärmen, zur Beobachtung von Reaktionen und zur Untersuchung von Stoffen.

Bunsenbrenner

Dieser simple Gasbrenner wurde Ende des 19. Jahrhunderts vom deutschen Chemiker Robert Bunsen entwickelt. Er ist die vorwiegende Wärmequelle bei chemischen Experimenten. Der Brenner verfügt an der Basis über zwei Stellschrauben, mit denen sich Luft- und Gaszufuhr regeln lassen. Ist die Luftzufuhr geschlossen, leuchtet die Brennerflamme gelb. Bei geöffneter Luftzufuhr bildet sich eine bläuliche, sehr heiße Flamme.

▷ **Verschiedene Flammen**
Die bläuliche, heiße Flamme dient zum Erhitzen von Reaktanten und zum Kochen von Flüssigkeiten. Die gelb leuchtende Flamme, die höher und nicht so heiß ist, dient zum Entzünden von Holzspänen und zum Verbrennen von Pulvern beim Flammentest (s. S. 130).

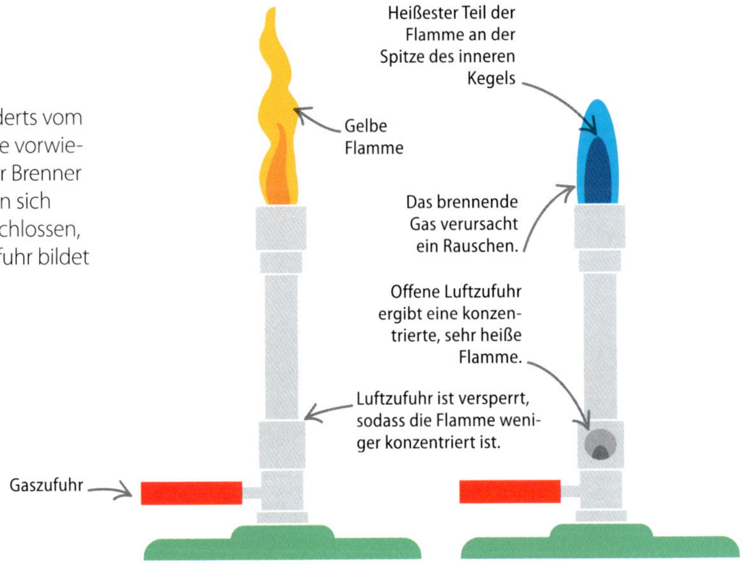

Flüssigkeiten abmessen

Chemiker müssen vorsichtig sein, wenn sie das Volumen einer Flüssigkeit messen. Die Oberfläche ist nicht eben, sondern weist eine Wölbung auf, den Meniskus. Wasser hat wie die meisten Flüssigkeiten einen konkaven Meniskus. Andere Flüssigkeiten wie Quecksilber haben eine konvexe Oberfläche.

▷ **Messen auf Augenhöhe**
Zur Messung des Volumens sollte das Auge auf Höhe des Meniskus sein.

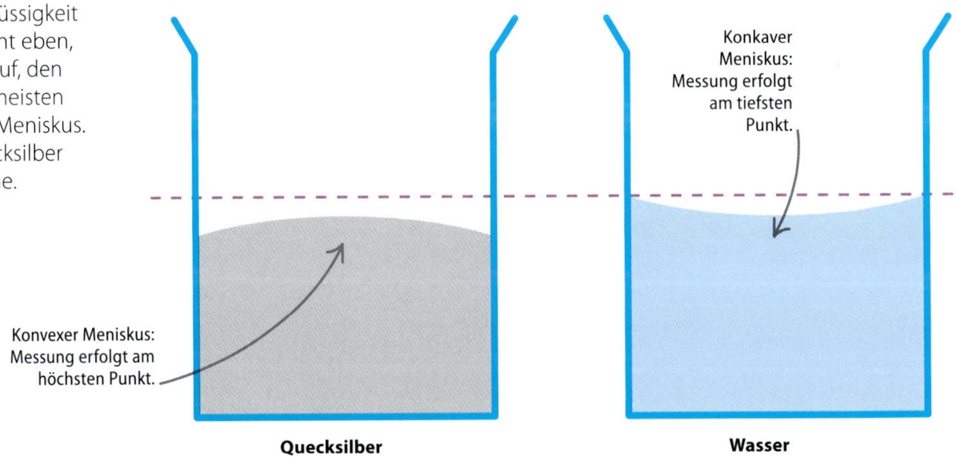

Historisches Labor

Modernes Labor

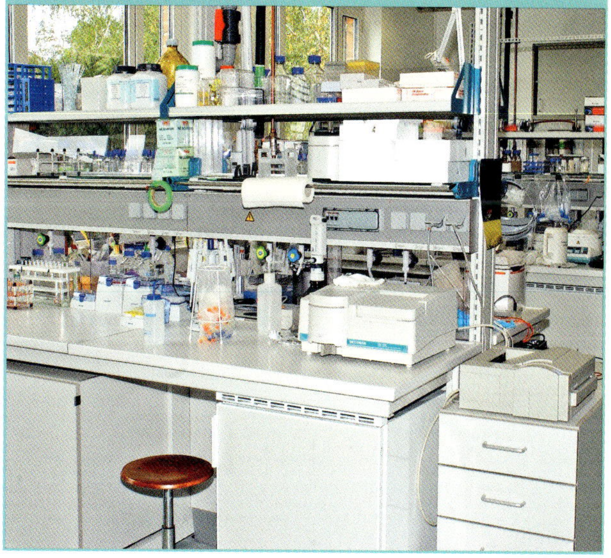

Geräte

Chemiker verwenden eine Vielzahl an Geräten zum Aufbau von Apparaturen, mit denen sie Experimente durchführen. Diese Geräte sind in jedem Labor zu finden und gehören zur Grundausstattung. Folgende Geräte sind in einem Labor unentbehrlich:

Erlenmeyerkolben
Aufgrund des schmalen Halses verspritzt die Flüssigkeit beim Eingießen und Schütteln kaum. Sollen darin Flüssigkeiten erhitzt werden, wird er auf ein Drahtnetz gesetzt.

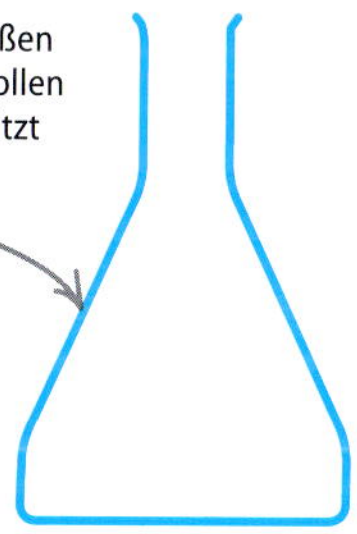

Reagenzglas
Für die Untersuchung kleiner Menge an Flüssigkeit. Wird mit einer Holzzange über einen Brenner gehalten, um die Flüssigkeit (oder auch den Feststoff) zu erwärmen.

Drahtnetz
Ein hitzebeständiges Drahtnetz wird auf einen Dreifuß gelegt und ein Behälter aufgesetzt.

Becherglas
Hat einen nach außen gewölbten Rand und einen Ausguss, an der Seite häufig auch eine grobe Messskala. Es dient zum Auffangen und Aufbewahren von Flüssigkeiten oder zum Ansetzen von Gemischen.

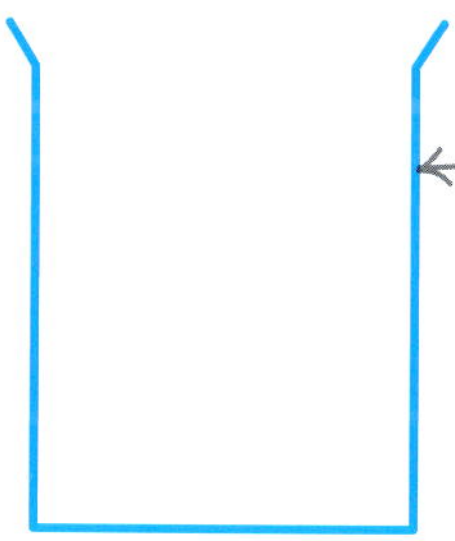

Trichter
Wird verwendet, um Flüssigkeiten und Pulver in Behälter zu geben, ohne sie zu verschütten.

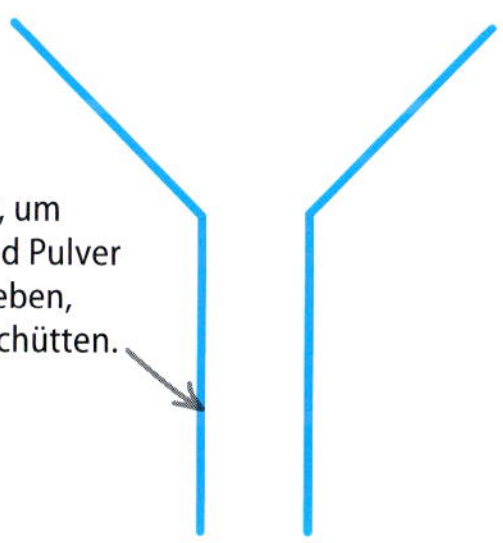

Dreifuß
Eine stabile Plattform für Kolben und Bechergläser.

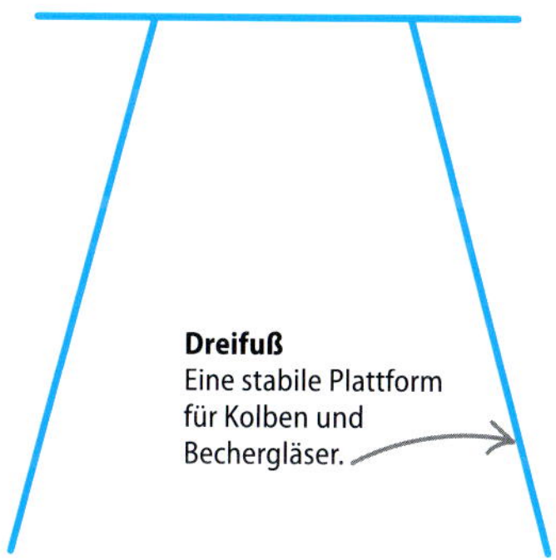

Hitzebeständige Matte
Eine dicke Matte schützt den Arbeitsplatz.

Stöchiometrie

DAS BERECHNEN VON MENGEN IN DER CHEMIE NENNT MAN STÖCHIOMETRIE.

SIEHE AUCH
❮ 102–103 Gasgesetze
❮ 110–111 Verbindungen und Moleküle
❮ 128–129 Chemische Reaktionen
Chemische Industrie 156–157 ❯

Eine chemische Reaktion hat nicht nur einen qualitativen, sondern auch einen quantitativen Aspekt: Welche Menge eines Ausgangstoffs ergibt welche Menge an Endprodukt?

Der Begriff **Stöchiometrie** setzt sich aus den griechischen Wörtern **stoicheion** (Grundstoff) und **metron** (Maß) zusammen.

Grundlagen der Stöchiometrie

Den Berechnungen im Rahmen der Chemie liegen mehrere Gesetze zugrunde.

▷ **Gesetz der konstanten Proportionen**
Bei einer chemischen Reaktion reagieren immer gleich große Mengen von Reaktanten zu einer bestimmten Menge des Produkts. Natriumchlorid besteht z. B. immer aus 39 % Natrium und 61 % Chlor.

Ein Teelöffel Salz zum Würzen: 39 % Na, 61 % Cl

Ein Brocken Steinsalz: 39 % Na, 61 % Cl

▷ **Gesetz der multiplen Proportionen**
Das Massenverhältnis der Elemente innerhalb bestimmter Verbindungen steht immer in einem ganzzahligen Vielfachen zueinander. So hat Eisen-II-Chlorid ($FeCl_2$), die Verbindung des zweiwertigen Eisens mit Chlor, immer einen Anteil Eisen (Fe) und zwei Anteile Chlor (Cl), Eisen-III-Chlorid ($FeCl_3$), die Verbindung des dreiwertigen Eisens, einen Anteil Eisen (Fe) und drei Anteile Chlor (Cl).

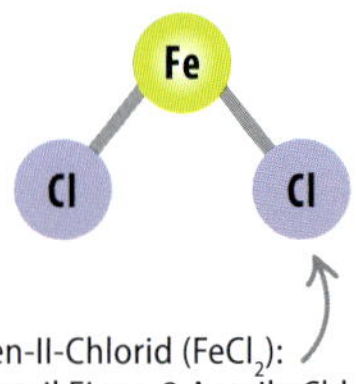

Eisen-II-Chlorid ($FeCl_2$): 1 Anteil Eisen, 2 Anteile Chlor

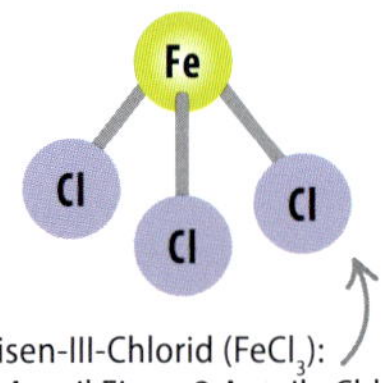

Eisen-III-Chlorid ($FeCl_3$): 1 Anteil Eisen, 3 Anteile Chlor

▷ **Massenerhaltungssatz**
Bei einer chemischen Reaktion geht keine Masse verloren. Das heißt, die Masse der Produkte ist immer ebenso groß wie die Masse der Reaktanten (s. S. 128).

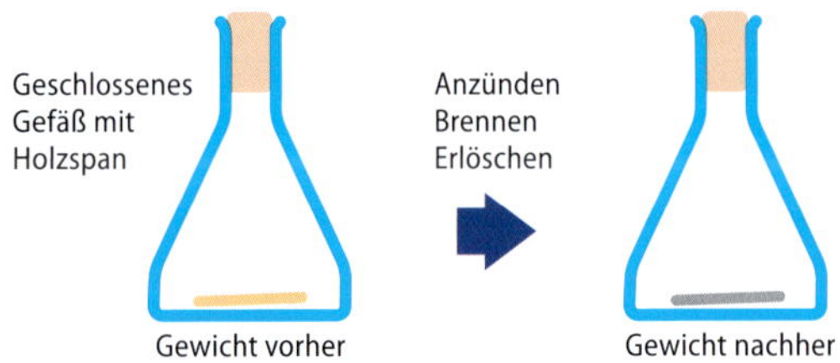

INTERESSANT!

Phlogiston

Im 17. und 18. Jahrhundert war man der Ansicht, dass jeder brennbare Stoff einen Bestandteil habe, der beim Verbrennen entweicht bzw. beim Erwärmen in den Stoff eindringt – das Phlogiston. Diese Theorie beruhte auf der Beobachtung, dass die Rückstände bei der Verbrennung leichter sind als der ursprüngliche Stoff. Im Lauf der Zeit entwickelte diese Theorie jedoch zu viele Widersprüche, um sich noch halten zu können. Insbesondere konnte sie die Gewichtszunahme von Metallen beim Verbrennen nicht erklären. Ein bedeutender Vertreter dieser Theorie war der Alchemist und Chemiker Georg Ernst Stahl.

Riesige Zahlen

Da bei einer Reaktion eine bestimmte Anzahl von Teilchen (Atome, Moleküle) miteinander reagiert, wäre es im Grunde sinnvoll, auch mit diesen Zahlen zu rechnen. Nun besteht das Problem, dass die Zahl der reagierenden Teilchen ungeheuer groß ist – so befinden sich beispielsweise in 1 g Magnesium (Mg) ca. $2{,}5 \cdot 10^{22}$ Atome. Um nicht ständig mit solch riesigen Größen arbeiten zu müssen, entwickelten Chemiker eine relative Zahl, die eine handhabbare Größe hat: Die molare Masse (abgekürzt: das Mol).

Mol

Chemiker messen Mengen von Reaktanten und Produkten in Mol. Ein Mol ist eine Standardeinheit von Atomen. Sie ist definiert als Zahl der Atome in 12 g Kohlenstoff. Diese Zahl ist die relative Atommasse A_r von Kohlenstoff.

Element	A_r
Wasserstoff	1
Kohlenstoff	12
Sauerstoff	16
Natrium	23
Schwefel	32
Eisen	56
Gold	197

▷ Relative Atommassen

Atome verschiedener Elemente haben verschiedene Massen, also haben Mole verschiedener Substanzen verschiedene Massen. Ein Mol Kohlenstoff wiegt zwölfmal mehr als ein Mol Wasserstoff.

Natriumhydroxid

$$NaOH = 23 + 16 + 1 = 40$$

Summe von einem Mol Natrium, einem Mol Sauerstoff und einem Mol Wasserstoff

Salzsäure

$$HCl = (1 \cdot 1) + 35{,}5 = 36{,}5$$

Summe von einem Mol Wasserstoff und einem Mol Chlor

▽ Atomare Massenheit

Die atomare Masseneinheit (Einheitenzeichen: u) beträgt 1/12 der Masse eines Kohlenstoffatoms. Der Zusammenhang zwischen der Massenheit und dem Mol ergibt sich so:

$$1\,u \times N_A = 1\,g/mol$$

Ein Kohlenstoffatom hat die Masse 12 u. 1 Mol Kohlenstoffatome sind N_A Atome, und diese wiegen 12 g/mol. Entsprechendes gilt für die übrigen Elemente sowie für Verbindungen. Salzsäure (HCl) setzt sich aus Wasserstoff, Atommasse 1 u, sowie Chlor, Atommasse 35,5 u, zusammen. Das ergibt daher 36,5 u bzw. 36,5 g/mol.

△ Relative Molekülmasse bzw. Formelmasse

Die Molekülmasse einer Verbindung ist die Summe der Atommassen A_r der konstituierenden Atome. Bei Salzen spricht man jedoch von Formelmasse, da sie aus Ionenverbänden und nicht aus einzelnen Molekülen bestehen.

Wie viel Ausgangsprodukt für wie viel Endprodukt?

Die Berechnung, welche Mengen Ausgangsprodukte benötigt werden, um eine bestimmte Menge an Endprodukt zu erhalten, verläuft dann wie folgt:

Zuerst schreibt man die Reaktionsgleichung auf, hier als Beispiel die Reaktion von Natrium (Na) mit Wasser (H_2O):

$$Na + H_2O \rightarrow NaOH + H_2$$

Wie man sieht, müssen die Mengenverhältnisse noch angepasst werden, weil auf der rechten Seite der Reaktionsgleichung drei H stehen und links nur zwei:

$$2\,Na + 2\,H_2O \rightarrow 2\,NaOH + H_2$$

Dann werden die Atom- bzw. Molekülmassen (M) eingesetzt:

$$2 \cdot 23 + 2 \times 18 = 82$$

$$2 \cdot 40 + 2 \times 1 = 82$$

Die Einheit ist Gramm pro Mol bzw. g/mol.

Wenn man also 46 g Natrium (2 mol) mit 36 g Wasser (2 mol) reagieren lässt, erhält man 80 g Natriumhydroxid (2 mol) und 2 g Wasserstoff (1 mol H_2), der als Gas entweicht. Bei dieser Berechnung erkennt man, dass der Satz der konstanten Proportionen und derjenige der Erhaltung der Masse zutreffen: Es reagieren immer 2 mol Natrium mit 2 mol Wasser und die Masse der Ausgangsprodukte (82 g) entspricht genau derjenigen der Endprodukte (82 g). Es reagiert also jede beliebige Menge an Reaktanten in immer genau diesem Verhältnis.

Titration

Die Konzentrationen von Säuren und Basen werden ebenfalls in Mol angegeben. So enthält eine einmolare Salzsäure 1 mol HCl in 1 l Wasser, d. h. 36,5 g HCl. Umgekehrt enthält eine einmolare Natronlauge (Natriumhydroxidlösung) 1 mol NaOH in 1 l Wasser, d. h. 40 g NaOH. Möchte man bestimmen, wie viel Säure eine bestimmte Flüssigkeit enthält, so tropft man eine Base mit bekannter Konzentration zu, bis die Flüssigkeit einen pH-Wert von 7 hat (neutral). Anhand der zugetropften Menge lässt sich dann berechnen, wie viel Menge Säure vorhanden war.

Ausbeute

Eine andere Anwendung der Stöchiometrie ist die Ermittlung der (theoretischen) Ausbeute. Möchte man aus 150 g Silbersulfid (Ag_2S) das Silber gewinnen, so ergibt sich folgende Berechnung:
Reaktion: $2\,Ag + S \rightarrow Ag_2S$
Molmassen einsetzen: $2 \cdot 108\,g/mol + 32\,g/mol = 248\,g/mol$
150 g Silbersulfid entsprechen ca. 0,6 mol. Also lassen sich aus 0,6 mol Silbersulfid 2 · 0,6 mol Silber (= 1,2 mol) gewinnen. 1,2 mol Silber entsprechen ca. 130 g.

Metallgewinnung

DIE CHEMISCHEN PROZESSE, DIE AUS ERZEN REINE METALLE GEWINNEN, NENNT MAN AUCH METALLURGIE.

SIEHE AUCH
❮ 124–125 Übergangsmetalle
❮ 129 Reaktionstypen
❮ 132–133 Redoxreaktionen
❮ 148–149 Elektrochemie

In der Natur existieren nur wenige Metalle in reiner Form, die meisten liegen als Erze vor. Sie müssen chemisch verändert werden, will man das reine Metall gewinnen.

Eisen schmelzen

Die häufigsten Eisenerze sind Oxide, in denen Eisen an Sauerstoff gebunden ist, wie Hämatit (Fe_2O_3). Der Sauerstoff wird beim sogenannten Hochofenprozess aus den Erzen entfernt. Das Reduktionsmittel (der Stoff, der den Sauerstoff entfernt) ist Kohlenmonoxid. Es entsteht beim Verbrennen von Koks, einer Form von Kohle. Die beim Verbrennvorgang von Koks entstehende Wärme befeuert auch die verschiedenen Reaktionen. Verunreinigungen wie Silizium werden bei dem Prozess gleichfalls entfernt.

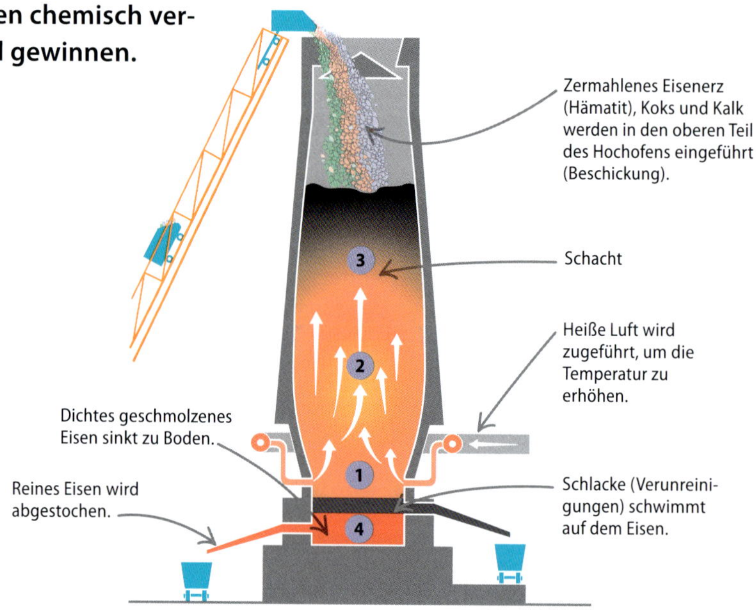

1. $2C + O_2 \Rightarrow CO_2 + C \Rightarrow 2CO$
Koks ist mehr oder weniger reiner Kohlenstoff. Er verbrennt im unteren Teil des Hochofens und bildet Kohlendioxid. Dieses reagiert mit weiterem Kohlenstoff zu Kohlenmonoxid (CO).

2. $3CO + Fe_2O_3 \Rightarrow 3CO_2 + 2Fe$
Kohlenmonoxid steigt auf und reagiert mit dem heißen Erz in der Mitte des Hochofens. Da der Kohlenstoff im Gas reaktiver als Eisen ist, nimmt er die Sauerstoffionen des Erzes auf, es bildet sich reines Eisen und Kohlendioxid.

3. $CaCO_3 \Rightarrow CaO + CO_2$
Calciumcarbonat (Kalk) wird dem Hochofen ebenfalls zugeführt. Durch die Hitze der Verbrennung im unteren Teil zerfällt das Calciumcarbonat zu Calciumoxid (Branntkalk) und Kohlendioxid.

4. $CaO + SiO_2 \Rightarrow CaSiO_3$
Der Branntkalk fällt nach unten, wo sich geschmolzenes Eisen bildet. Branntkalk ist sehr reaktiv und reagiert mit den Verunreinigungen im Eisen, z. B. Siliziumdioxid, entfernt sie und bildet ein Abfallprodukt, die Schlacke.

Thermitreaktion

Eine weitere Methode, Eisen aus seinen Erzen zu gewinnen, ist die Verbrennung mit Aluminium, einem reaktiveren Metall. Diese sehr rasch ablaufende Reaktion ist die Thermitreaktion, sie verläuft exotherm (s. S. 134). Da Aluminium reaktiver als Eisen ist, entreißt es dem Eisenerz den Sauerstoff. Zurück bleiben das freie elementare Eisen und Aluminiumoxid.

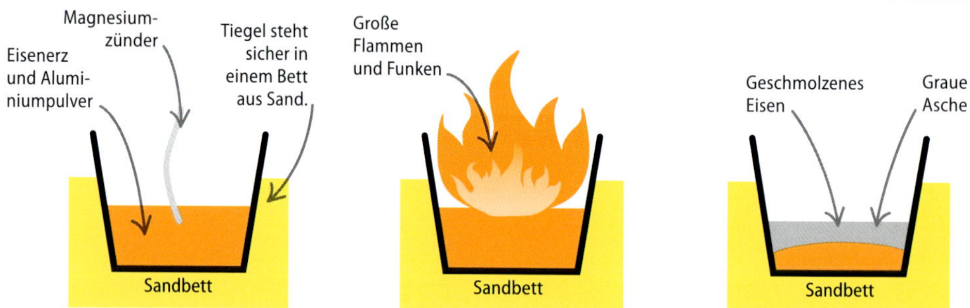

△ **Vorher**
Eisenerzpulver und Aluminium werden in einem feuerfesten Tiegel vermischt. Der Reaktionsstart erfolgt mit einem brennenden Magnesiumstreifen.

△ **Reaktion**
Das Aluminium entreißt dem Eisenerz den Sauerstoff und bildet Aluminiumoxid. Die Reaktion entwickelt große Hitze mit Funken und Flammen.

△ **Nachher**
Das Eisen schmilzt in der Hitze und sinkt auf den Boden des Tiegels. Das geschmolzene Eisen ist von grauen Kristallen aus Aluminiumoxid umgeben.

Aluminiumherstellung

Aluminium lässt sich weniger leicht reduzieren als Eisen. Es ist zu reaktiv und geeignete Reduktionsmittel fehlen. Deswegen wird dieses äußerst nützliche Metall durch Elektrolyse (s. S. 148) aus seinen Erzen (Bauxit, Tonerde) gewonnen. Das Erz wird in Kryolith gelöst (einer mineralischen Verbindung aus Natrium, Aluminium und Fluor). Dieser Elektrolyt (Flüssigkeit, die Strom leiten kann) befindet sich bei über 1000 °C in einem Tank oder einer Zelle, die mit Graphit ausgekleidet ist und als negativ geladene Kathode dient. Weitere Graphitblöcke bilden die positiv geladene Anode.

Vor der Erfindung der Elektrolyse in den 80er Jahren des 19. Jahrhunderts war **Aluminium teurer als Gold.**

▷ **Hall-Héroult-Prozess**
Dieser Prozess ist nach Martin Hall und Paul Héroult benannt, die ihn unabhängig voneinander Ende der 80er Jahre des 19. Jahrhunderts entwickelten. Wenn Strom durch einen Elektrolyten fließt, spaltet Letzterer sich in positiv geladene Aluminiumionen und negativ geladene Sauerstoffionen auf, die sich frei umherbewegen.

1. $Al^{3+}(l) + 3\,e^- \rightarrow Al(l)$
Positiv geladene Aluminiumionen wandern zur Kathode. Hier nimmt das Al^{3+}-Ion drei Elektronen auf, es bildet sich ein Atom Aluminium. Die flüssigen Aluminiumlachen an der Kathode am Boden der Zelle werden regelmäßig entleert.

2. $2\,O^{2-}(l) + C(s) \rightarrow CO_2(g) + 4\,e^-$
Negativ geladene Sauerstoffionen wandern zur Anode, wo jedes Ion zwei Elektronen abgibt und ein Sauerstoffatom bildet. Der Sauerstoff reagiert mit dem Kohlenstoff der Anode zu Kohlendioxid, das aus der Flüssigkeit entweicht. Dadurch wird der Graphit der Anode nach und nach abgebaut und muss ersetzt werden.

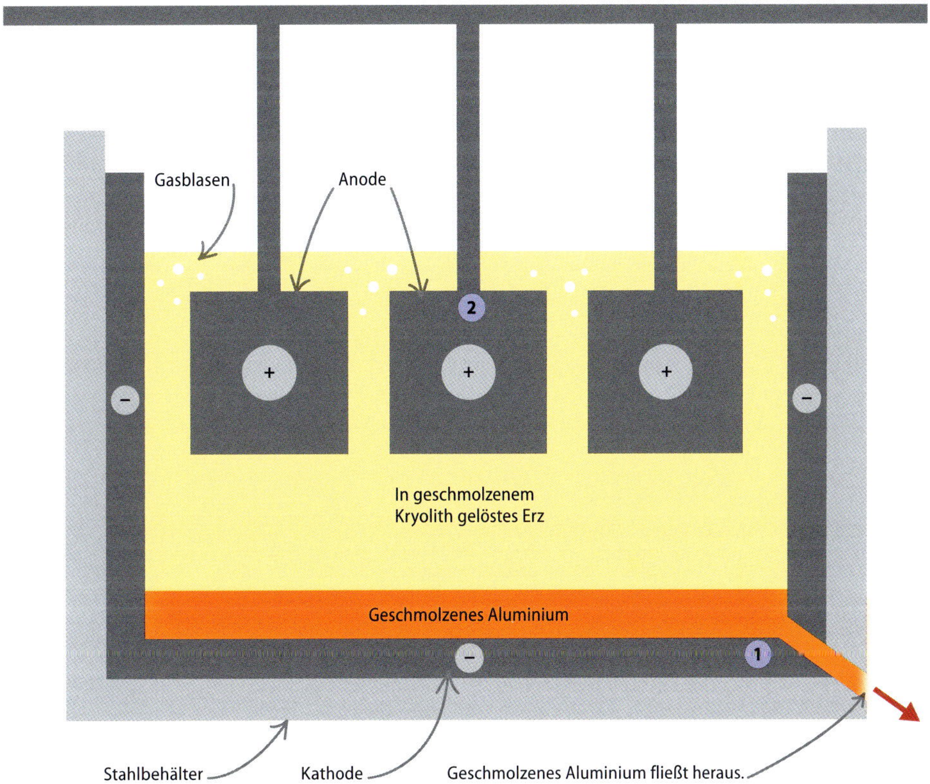

Legierungen

Zwei oder mehr Metalle – und manchmal andere Elemente – werden zusammengeschmolzen und bilden eine Legierung. Legierungen zeigen einige der Eigenschaften ihrer einzelnen Bestandteile, daher lassen sie sich vielfältig einsetzen. Die ersten von Menschen verwendeten Legierungen bestanden aus Bronze, einer Mischung aus Kupfer und Zinn, zwei Metalle, die sich leicht gewinnen lassen.

HÄUFIGE LEGIERUNGEN

Name	Hauptmetall	Anderer Stoff	Eigenschaften	Anwendung
Carbonstahl	Eisen	Kohlenstoff	Hohe Härte	Beim Bauen
Rostfreier Stahl	Eisen	Chrom	Resistent gegen Rost	Besteck
Bronze	Kupfer	Zinn	Leicht zu bearbeiten	Glocken
Messing	Kupfer	Zink	Korrodiert nicht	Reißverschlüsse, Schlüssel
Lötzinn	Zinn	Blei	Niedriger Schmelzpunkt	Beim Löten
Invar	Eisen	Nickel	Hohe Längenstabilität	z.B. astronomische Instrumente
Amalgam	Quecksilber	Silber	Zuerst weich, härtet dann aus	Zahnfüllungen

Chemische Industrie

SIEHE AUCH
❮ 78–79 Kreisläufe in der Natur
❮ 128–129 Chemische Reaktionen
❮ 144–145 Säuren und Basen
❮ 148–149 Elektrochemie
❮ 152–153 Stöchiometrie

EINIGE CHEMISCHE REAKTIONEN WERDEN IN GROSSEM MASSSTAB ZUR HERSTELLUNG HOCHWERTIGER SUBSTANZEN DURCHGEFÜHRT.

Viele der vom Menschen benötigten Rohmaterialien kommen in der Natur vor. Man gewinnt sie aus Erzen oder aus Gemischen wie Meerwasser. Einige Verbindungen werden jedoch mithilfe chemischer Reaktionen in Fabriken hergestellt.

Das Haber-Bosch-Verfahren

Dieses Verfahren dient zur Synthese von Stickstoff und Wasserstoff zu Ammoniak (NH_3). Ammoniak wird zur Herstellung von Düngemitteln und Sprengstoffen wie TNT und Dynamit benötigt. Stickstoff ist das am häufigsten vorkommende Gas auf der Erde – es macht 78 % der Luft aus –, ist jedoch sehr reaktionsträge. Im Haber-Bosch-Verfahren wird ein Katalysator (s. S. 138) eingesetzt, damit die Reaktion abläuft.

1. Gasmischung
Eine Mischung aus Wasserstoff (H_2) und Stickstoff (N_2) wird in den Reaktor gepumpt. Es wird dreimal soviel Wasserstoff hinzugefügt wie Stickstoff, damit das richtige Mischungsverhältnis zur Herstellung von Ammoniak vorliegt.

2. Im Reaktor
Die Gase werden über einen Eisenkatalysator geleitet, wo sie aufeinandertreffen und zu Ammoniak reagieren. Die Reaktion verläuft bei 450 °C und unter 200-fachem Atmosphärendruck.

3. Trennung der Produkte
Das Ammoniak aus dem Reaktor strömt in den Abhitzkessel, wo es abkühlt und flüssig wird. Dann kann es aufgefangen werden.

4. Recycling der Reaktanten
Nicht alle Reaktanten werden zu Ammoniak. Nicht umgesetzter Stickstoff und Wasserstoff entweichen dem Abhitzkessel und werden erneut dem Reaktor zugeführt.

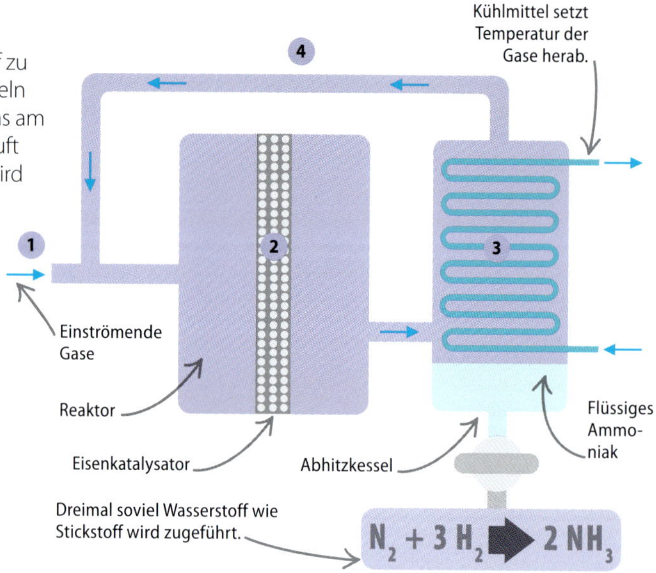

Salpetersäureherstellung

Eine der aus Ammoniak hergestellten Chemikalien ist Salpetersäure (HNO_3). Diese Säure bildet mit Basen Nitrate, die Pflanzen zur Bildung von Proteinen benötigen. Salpetersäure wird hauptsächlich zur Herstellung von Düngemitteln verwendet, aber auch als Raketentreibmittel eingesetzt.

1. Kontaktofen
Im Kontaktofen reagieren Ammoniak (NH_3) und Sauerstoff (O_2) bei etwa 800 °C zu Stickstoffoxid (NO) und Wasser. Dabei wird ein Platinkatalysator eingesetzt.

2. Oxidationsturm
Die Gase aus dem Kontaktofen werden auf 100 °C abgekühlt. Weiterer Sauerstoff wird hinzugefügt, ein Teil davon reagiert mit dem Stickstoffoxid zu Stickstoffdioxid (NO_2).

3. Rieselturm
Wasser tröpfelt durch die Quarzkristalle, während die Gase aufsteigen. Das Stickstoffdioxid und der restliche Sauerstoff reagieren mit dem Wasser und bilden Salpersäure.

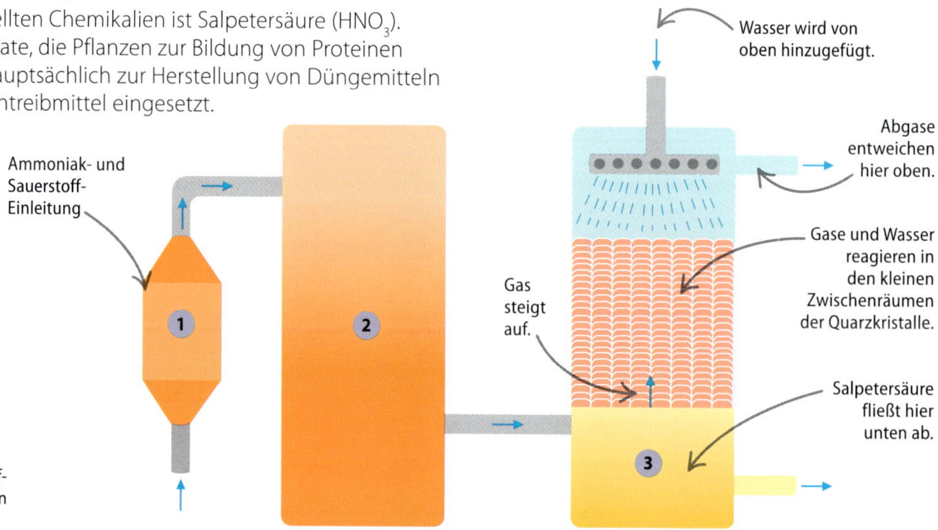

Kontaktverfahren

Dieses industrielle Verfahren dient der Herstellung von Schwefelsäure. Gasförmiges Schwefeldioxid reagiert unter Einsatz eines Katalysators in einem vielstufigen Prozess mit Wasser zu Schwefelsäure. Sie ist eine der stärksten Säuren und findet Verwendung in Autobatterien. Ihre Salze (die Sulfate) werden Kunstdüngern zugesetzt. Man benötigt sie auch bei der Papierherstellung.

1. Verbrennungsofen
Im Verbrennungsofen wird Schwefel (S) mit dem Sauerstoff (O_2) aus der Luft zu Schwefeldioxid (SO_2) verbrannt.

2. Gasreinigung
In den nächsten drei Kammern wird das Gas gefiltert, gewaschen und getrocknet, um jede Verunreinigung zu entfernen, die dem Katalysator schaden könnte.

3. Reaktor
Mittels des Vanandiumoxidkatalysators reagiert das Schwefeldioxid mit weiterem Sauerstoff zu Schwefeltrioxid (SO_3).

4. Absorber
Das Schwefeltrioxid wird in Schwefelsäure gelost. So kann es gefahrlos mit Wasser verdünnt werden, um weitere Schwefelsäure zu erzeugen – das Endprodukt.

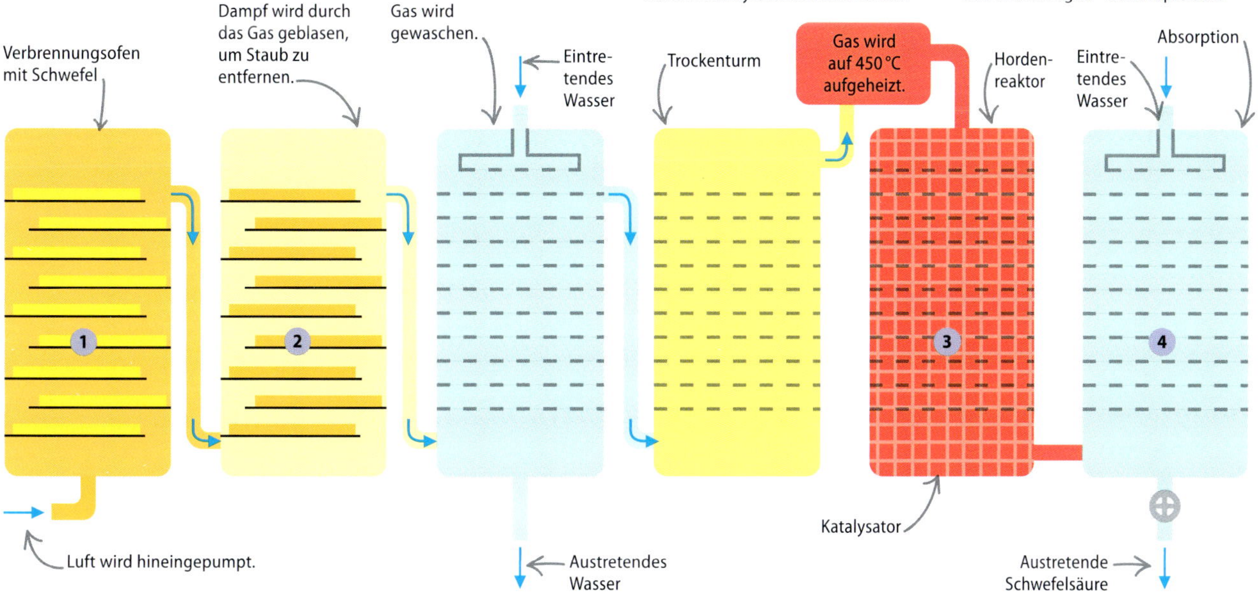

Downs-Zelle

Reines Chlorgas (Cl_2) und Natrium (Na) werden durch Elektrolyse von Natriumchlorid (Salz: NaCl) hergestellt. Im industriellen Maßstab geschieht dies in einem großen Tank, der Downs-Zelle. Sie enthält flüssiges Salz und wird auf über 600 °C aufgeheizt, sodass das Salz schmilzt. An die Schmelze wird eine Spannung angelegt und die Bestandteile des Salzes trennen sich in Natrium- und Chloridionen, die zu den Elektroden wandern und zu Atomen werden. So lassen sich die reinen Elemente gewinnen.

1. An der Eisenkathode: $2\,Na^+ + 2\,e^- \Rightarrow 2\,Na$
Positiv geladene Natriumionen (Na^+) wandern zur Kathode, wo sie ein Elektron aufnehmen und zu Atomen (Na) werden. Dieses Metall ist weniger dicht als der Natriumchloridelektrolyt, daher schwimmt es an der Oberfläche, wo man es abschöpfen kann.

2. An der Kohlenstoffanode: $2\,Cl^- \Rightarrow Cl_2 + 2\,e^-$)
Negativ geladene Chlorionen (Cl^-) wandern zur positiv geladenen Anode, wo sie ein Elektron abgeben und Chloratome (Cl) bilden. Das Element tritt als Chlorgas (Cl_2) aus dem flüssigen Elektrolyten aus.

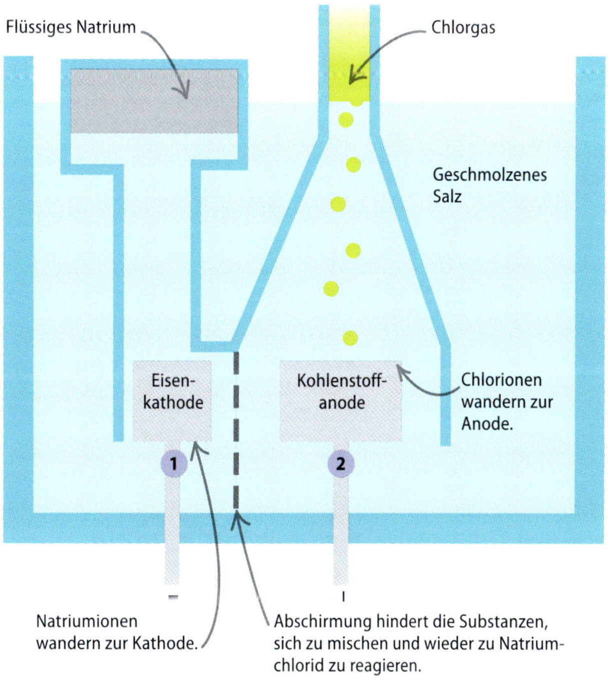

Fossile Brennstoffe

KOHLENSTOFF UND SEINE VERBINDUNGEN BILDEN DIE BASIS SÄMTLICHER FOSSILER TREIBSTOFFE.

SIEHE AUCH
❮ 78–79 Kreisläufe in der Natur
❮ 131 Brennstoffe
Kohlenwasserstoffe 160–161 ❯

Kohlenstoff ist nach Wasserstoff der häufigste Bestandteil der Lebewesen. Die Überreste der Organismen werden nach ihrem Tod im Boden konserviert und wandeln sich über Jahrmillionen hinweg zu nützlichen kohlenstoffreichen Verbindungen um, den fossilen Brennstoffen.

Formen von Kohlenstoff

Reiner Kohlenstoff kommt in verschiedenen Formen oder Allotropen vor (s. S. 111). Die Kohlenstoffatome sind in den einzelnen Allotropen unterschiedlich miteinander verbunden und weisen daher sehr verschiedene Eigenschaften auf. Diamant ist ein extrem harter, funkelnder Edelstein. Graphit hingegen ist ein schmieriger, grauer Feststoff, der oft in Bleistiften verwendet wird.

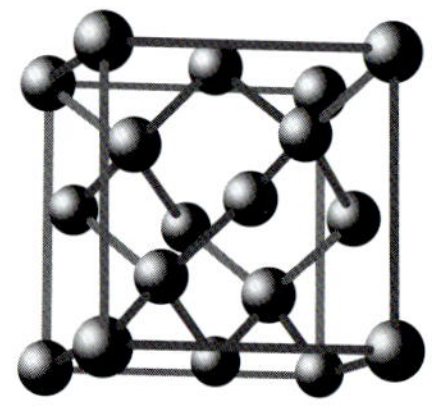

△ **Diamant**
Die Kohlenstoffatome sind in einem sehr starren kristallinen Netzwerk, basierend auf einem Tetraeder, angeordnet.

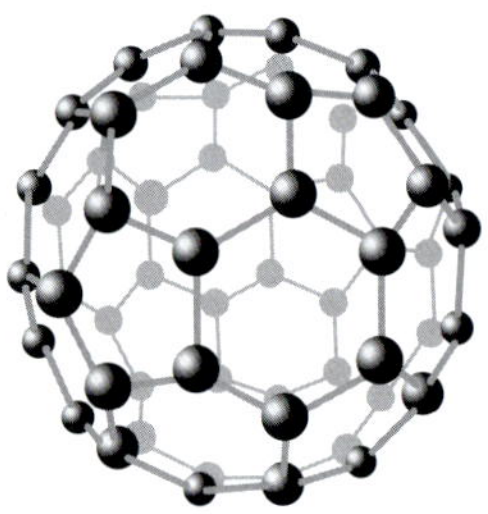

△ **Fullerene**
Die Atome bilden einen ballähnlichen Käfig. Fullerene können 100, 80 oder 60 Kohlenstoffatome enthalten.

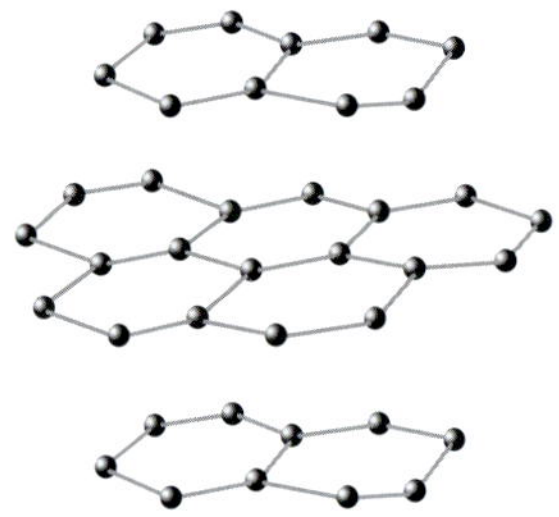

△ **Graphit**
Die Atome sind zu hexagonalen Schichten angeordnet, die nur locker gebunden sind und aneinander vorbeigleiten können.

△ **Ruß**
Die Atome sind willkürlich angeordnet. Ruß bildet sich aus unverbranntem Kohlenstoff, wenn fossile Brennstoffe verbrannt werden.

Kohle

Kohle ist ein kohlenstoffreiches Sedimentgestein, das aus pflanzlichen Überresten besteht. Der größte Teil der heutzutage abgebauten Kohle stammt aus Pflanzen, die vor etwa 300 Millionen Jahren wuchsen. Das Pflanzenmaterial lagerte sich unter Ausschluss von Sauerstoff ab, daher hielten sich riesige Mengen als Sedimente und bildeten allmählich Kohle.

▷ **Kohlebildung**
Pflanzenreste versanken in sumpfigem Boden und wurden von Sauerstoff abgeschlossen, was ihr Verrotten verhinderte. Es entstand eine dicht gepackte Erde, der Torf, der seinerseits nach dem Trocknen als Brennstoff verwendet werden kann. Im Lauf der Zeit wurde der Torf mit Bodenschichten bedeckt, der zunehmende Druck presste das Wasser heraus, es bildete sich zunächst Braunkohle (weiches, braunes Gestein) und mit zunehmender Tiefe, d. h. zunehmendem Druck, Steinkohle.

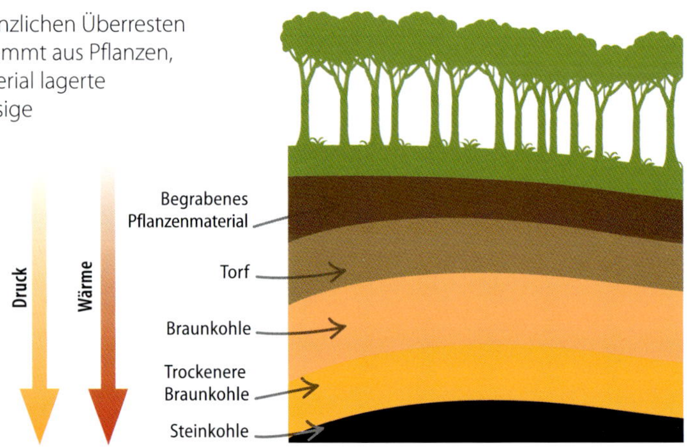

Erdöl

Erdöl ist ein Stoffgemisch aus natürlichen Verbindungen, die Kohlenwasserstoffe heißen und aus Kohlenstoff und Wasserstoff zusammengesetzt sind. Erdöl bildet einen dicken Schlick aus abgestorbenen Mikroorganismen, die den Grund urzeitlicher Meere bildeten. Nachdem das biologische Material jahrmillionenlang unter anderen Sedimenten begraben lag, zerfiel es in die Kohlenwasserstoffe.

▷ **Öl- und Gasfelder**
Erdöl ist wie Erdgas ein Naturprodukt, das durch poröses Gestein an die Oberfläche dringt. Wenn der Weg des Erdöls durch undurchdringlichen Felsen versperrt ist, sammelt es sich zu einem Öl- oder Gasfeld.

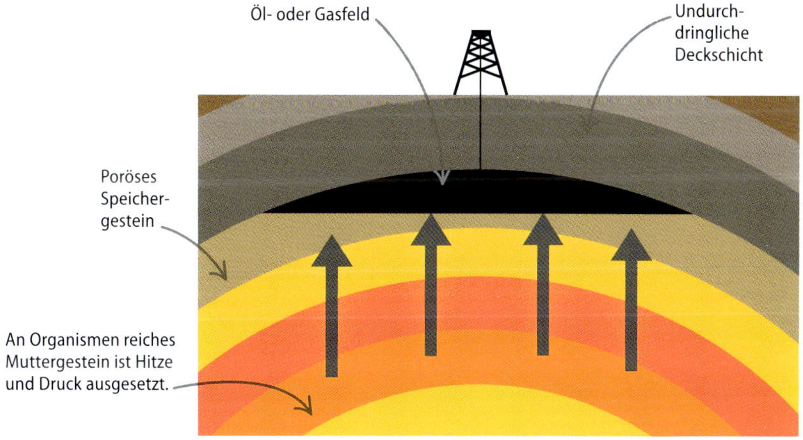

Rohöldestillation

Die aus unterirdischen Erdölreservoirs gewonnenen Kohlenwasserstoffe bilden das Rohöl. Es enthält Tausende zumeist flüssige Verbindungen – das austretende Gas ist das Erdgas. Rohöl wird in nützliche Fraktionen getrennt: Gruppen von Verbindungen mit ähnlichen Siedepunkten – ein Hinweis darauf, dass ihre Moleküle ähnlich groß sind.

▷ **Fraktionierte Destillation**
Öl wird in einem Destillationsturm in seine Bestandteile zerlegt. Das Öl wird erhitzt, der größte Teil siedet und steigt als Dampf auf. Der Dampf kühlt sich wieder ab und jede Fraktion kondensiert in einer bestimmten Höhe des Turms.

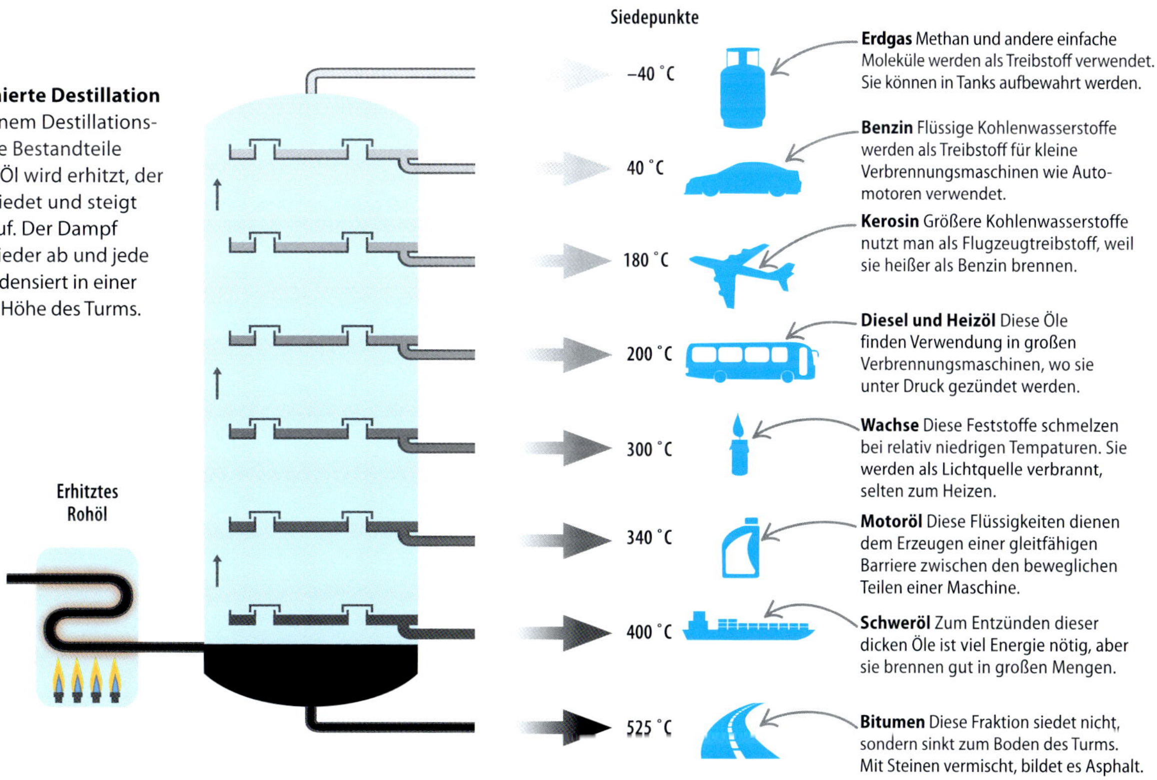

Kohlenwasserstoffe

SIEHE AUCH
❮ 110–111 Verbindungen und Moleküle
❮ 114–115 Kovalente Bindung
❮ 158–159 Fossile Brennstoffe

KOHLENWASSERSTOFFE SIND VERSCHIEDENE VERBINDUNGEN, DIE ALLEIN AUS KOHLENSTOFF UND WASSERSTOFF BESTEHEN.

Mit solchen Stoffen befasst sich die Organische Chemie. Sie heißt so, weil Lebewesen hauptsächlich aus Kohlenstoff und Wasserstoff aufgebaut sind.

Kohlenwasserstoffketten

Kohlenstoffatome können bis zu vier kovalente Bindungen ausbilden und komplizierte Kohlenwasserstoffe bilden. Diese sind mit Wasserstoffatomen aneinander gekettet, die an die Außenelektronen gebunden sind. Ohne Wasserstoffatome können zwei Kohlenstoffatome Doppel- und sogar Dreifachbindungen eingehen.

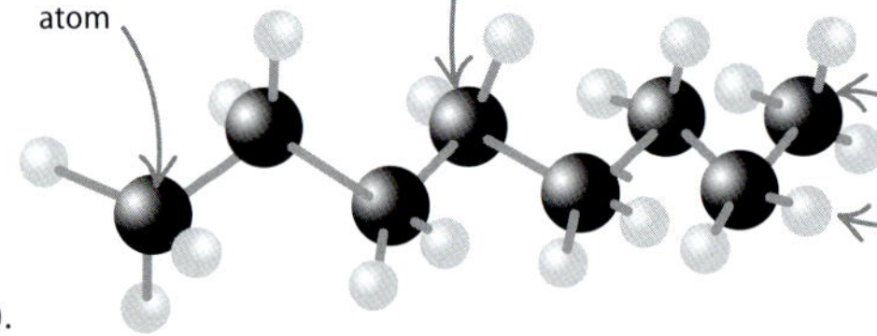

▷ **Kettenmoleküle**
Dies ist der Kohlenwasserstoff Oktan (C_8H_{18}).

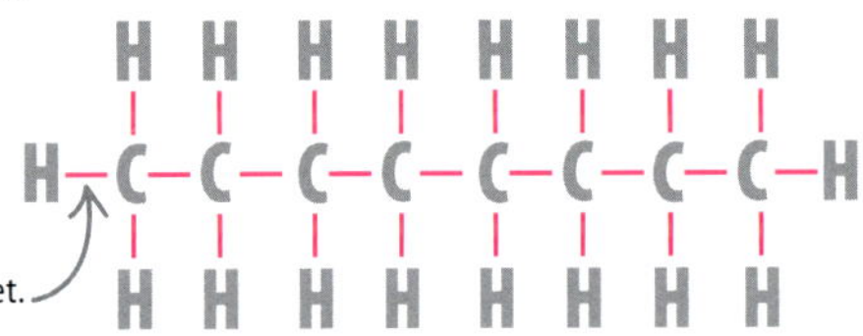

◁ **Chemische Formel**
Dies ist Oktan, das einfach mit den chemischen Symbolen für Kohlenstoff (C) und Wasserstoff (H) abgebildet ist.

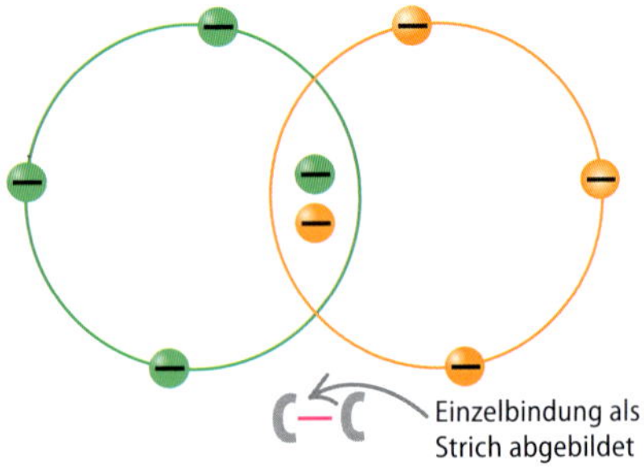

△ **Einzelbindung**
Bei der normalen kovalenten C—C-Bindung wird ein einzelnes Elektronenpaar geteilt.

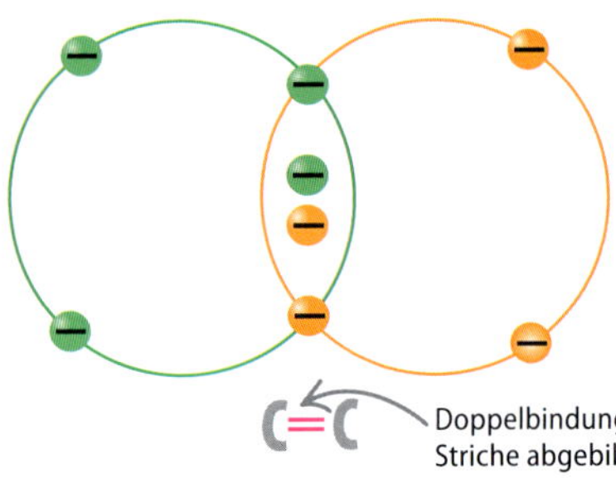

△ **Doppelbindung**
Bei dieser Bindung werden zwei Elektronenpaare zwischen den Atomen geteilt. Die Bindung ist weniger stabil als eine Einzelbindung.

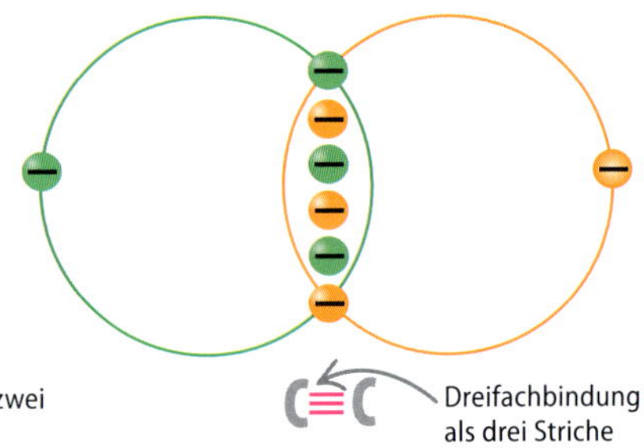

△ **Dreifachbindung**
Diese sehr instabile Bindung teilt drei Elektronenpaare.

Nomenklatur

Kohlenwasserstoffe mit geraden und verzweigten Ketten heißen Aliphate. Man bezeichnet sie mit einer Vorsilbe, die sich auf die Zahl der Atome in der längsten Kette bezieht. Verzweigungen von der Hauptkette werden ebenfalls mit diesen Vorsilben bezeichnet. Diese Verzweigungen nennt man Alkylgruppen. Daher folgt der Vorsilbe das Suffix „-yl" als Hinweis, dass sie nicht zur Hauptkette gehören. Eine Methylkette ist z. B. eine Verzweigung mit einem Kohlenstoffatom.

Vorsilbe	Zahl der Kohlenstoffatome
Meth-	1
Eth-	2
Prop-	3
But-	4
Pent-	5
Hex-	6

△ **Vorsilben**
Die ersten vier Vorsilben sind spezifisch für Kohlenwasserstoffe, danach beruhen die Vorsilben auf lateinischen und griechischen Zahlwörtern.

CH_4

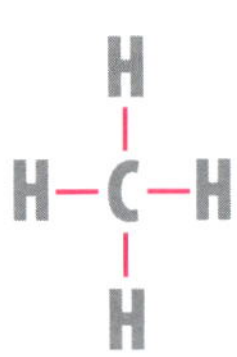

△ **Methan**
Der einfachste Kohlenwasserstoff bildet das Erdgas und findet als Brennstoff Verwendung.

C_2H_6

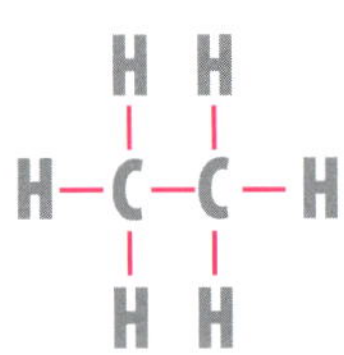

△ **Ethan**
Ethan hat zwei Kohlenwasserstoffe. Ethan ist Ausgangsstoff für Kunststoffe.

C_3H_8

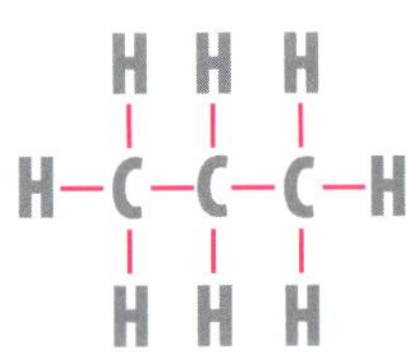

△ **Propan**
Propan hat drei Kohlenstoffatome und wird als Brennstoff in Campingkochern verwendet.

Alkane, Alkene und Alkine

Kohlenwasserstoffketten bilden je nach Bindungsart der Kohlenstoffatome Familien. Kohlenwasserstoffe mit Einfachbindung gehören zu den Alkanen, die mit Doppelbindung zu den Alkenen und die mit Dreifachbindung zu den Alkinen.

Endung	Enthält
-an	C–C-Einfachbindung
-en	C–C-Doppelbindung
-in	C–C-Dreifachbindung

◁ **Endungen**
Verbindungen erhalten eine Endung, die anzeigt, zu welcher Familie sie gehören.

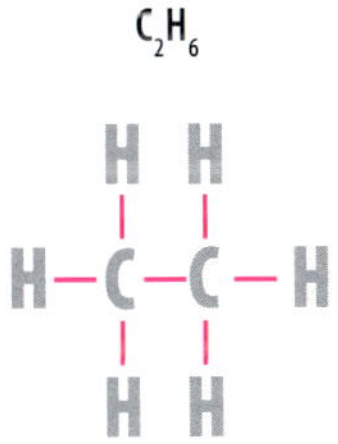

◁ **Ethan**
Die Einfachbindung in Ethan macht diesen Kohlenwasserstoff relativ stabil und reaktionsträge.

◁ **Ethen**
Aufgrund der Doppelbindung ist Ethen leichter entflammbar als Ethan.

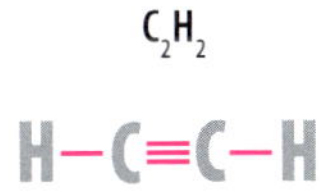

◁ **Ethin**
Die Dreinfachbindung ist sehr instabil. Ethin ist wie alle Alkine leicht entzündlich und reaktionsfreudig.

Isomere

Aliphatische Verbindungen können dieselbe Bruttoformel haben – die Zahl von Kohlenstoff- und Wasserstoffatomen ist gleich -, jedoch unterschiedliche Anordnung. Man spricht hier von Isomeren. Verzweigungen verändern das Verhalten von Isomeren: Sie reagieren anders und haben andere Schmelz- und Siedepunkte.

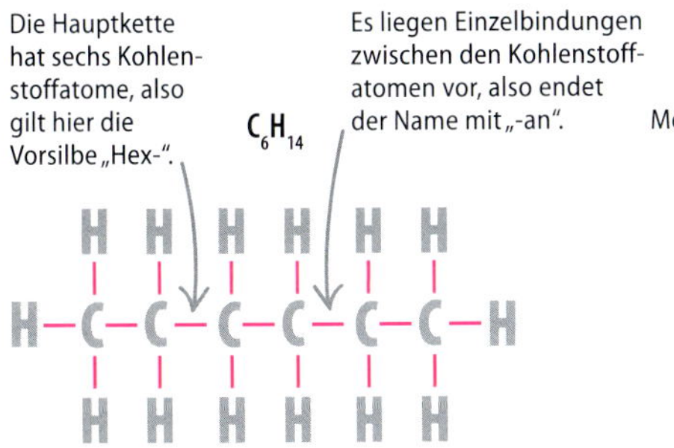

△ **Hexan**
Dieses flüssige Alkan hat sechs Kohlenstoffatome in der Hauptkette. Es hat vier Isomere und wird v. a. in Benzin verwendet.

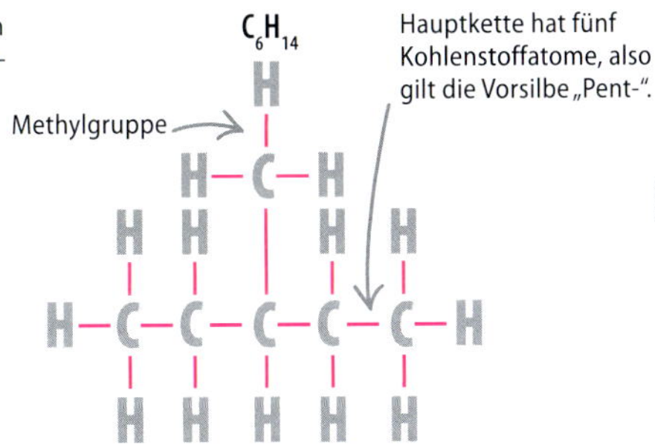

△ **Methylpentan**
Die längste Kette in dieser Verbindung ist Pentan. Eine Methylgruppe (Seitenkette) fügt das sechste Kohlenstoffatom hinzu.

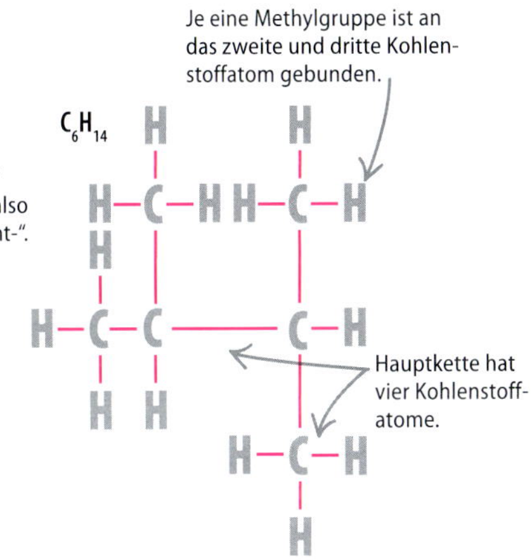

△ **2,3-Dimethylbutan**
Die längste Kette in diesem Isomer ist Butan. Je eine Methylgruppe ist an das zweite und dritte Kohlenstoffatom des Butans gebunden.

Aromaten

Kohlenwasserstoffe können auch ringförmige Moleküle bilden, die Aromaten. Der einfachste Aromat ist Benzol (C_6H_6), in dem sechs Kohlenstoffatome ringförmig angeordnet sind. Die Elektronenpaare verteilen sich gleichmäßig über den Ring, sodass weder eine Einfach- noch eine Doppelbindung vorliegt. Da sie sich keinem bestimmten Atom zuordnen lassen, werden sie als delokalisierte Elektronen bezeichnet.

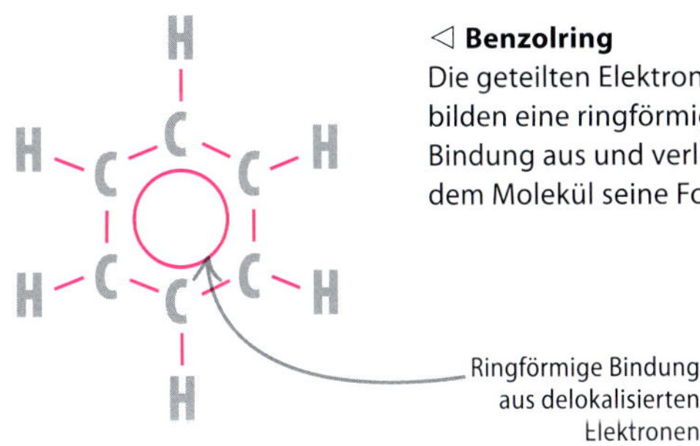

◁ **Benzolring**
Die geteilten Elektronen bilden eine ringförmige Bindung aus und verleihen dem Molekül seine Form.

Funktionelle Gruppen

KOHLENWASSERSTOFFE KÖNNEN MIT ANDEREN ELEMENTEN REAGIEREN.

SIEHE AUCH
❮ 28–29 Atmung
❮ 78–79 Kreisläufe in der Natur
❮ 144–145 Säuren und Basen

Diese funktionellen Gruppen dominieren das chemische Verhalten der Verbindung.

Alkohole

Dies sind organische Moleküle mit einem zusätzlichen Wasserstoff- und Sauerstoffmolekül (–OH) in der Kette, welches einen Wasserstoff ersetzt. Ethanol – der Alkohol mit zwei Kohlenstoffatomen – ist die Verbindung in alkoholischen Getränken. Er wird durch natürliche Fermentationsprozesse hergestellt und kann vom Körper verarbeitet werden. Alle übrigen Alkohole sind jedoch höchst giftig.

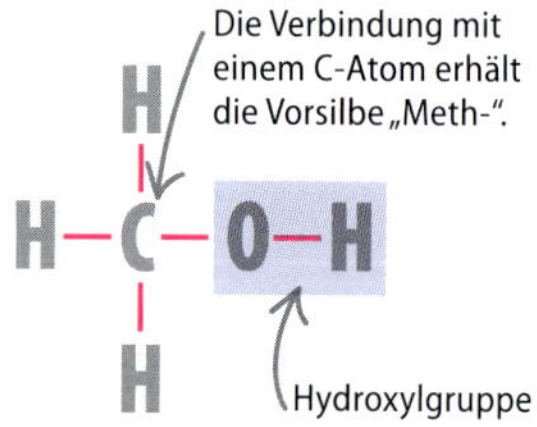

△ **Methanol**
Der einfachste Alkohol. Er wird als Frostschutz- und Lösungsmittel verwendet.

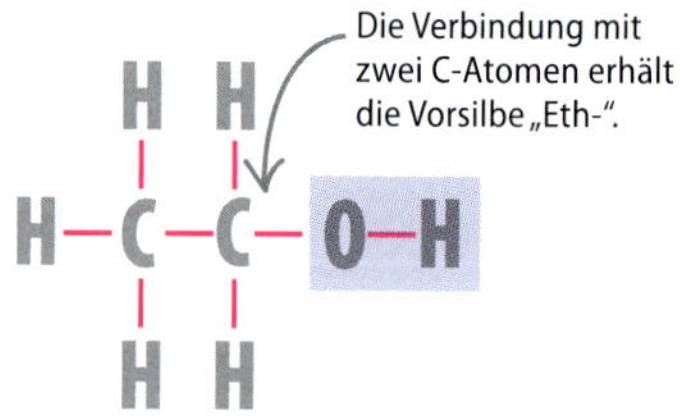

△ **Ethanol**
Dieser Alkohol findet sich in Bier, Wein und destilliert in hochprozentigen Getränken.

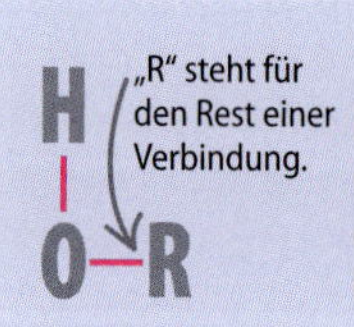

◁ **Hydroxylgruppe**
Die funktionelle Gruppe mit einem Wasserstoff- und einem Sauerstoffatom heißt Hydroxylgruppe.

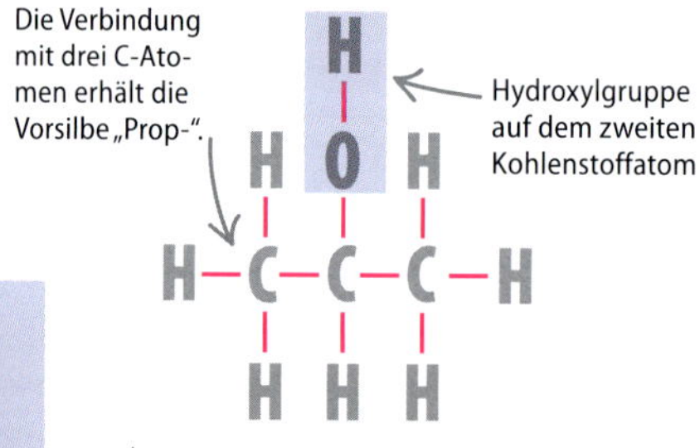

△ **Propan-2-ol**
Der Name dieser Verbindung bedeutet, dass die funktionelle Gruppe an das zweite C-Atom gebunden ist.

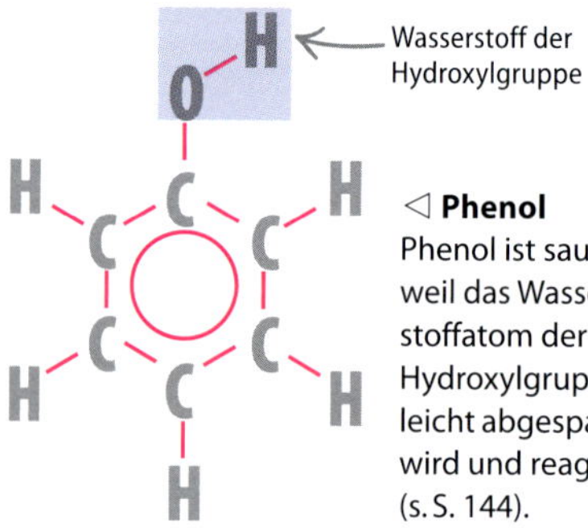

◁ **Phenol**
Phenol ist sauer, weil das Wasserstoffatom der Hydroxylgruppe leicht abgespalten wird und reagiert (s. S. 144).

Carbonsäuren

Organische Säuren enthalten eine Carboxylgruppe (–COOH). Der Wasserstoff wird abgespalten und reagiert mit Basen und Metallen. Der Rest des Moleküls bildet ein Ion mit der Ladung –1. Die Salze, die bei der Reaktion der Säure entstehen, haben das Suffix „-at" (z. B. Acetat, Propionat). Die meisten Carbonsäuren sind schwache Säuren und haben einen pH-Wert von maximal 3 oder 4.

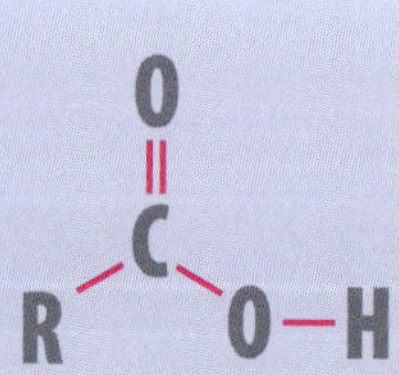

◁ **Carboxylgruppe**
Die Carboxylgruppe wird gebildet aus dem Kohlenstoff am Ende der Kette, an dem (formell) ein Sauerstoffatom mit Doppelbindung sowie eine Hydroxylgruppe mit Einzelbindung hängt.

FCKW oder Fluorchlorkohlenwasserstoffe, die Chemikalien, welche die Ozonschicht angreifen, sind organische Halogenverbindungen.

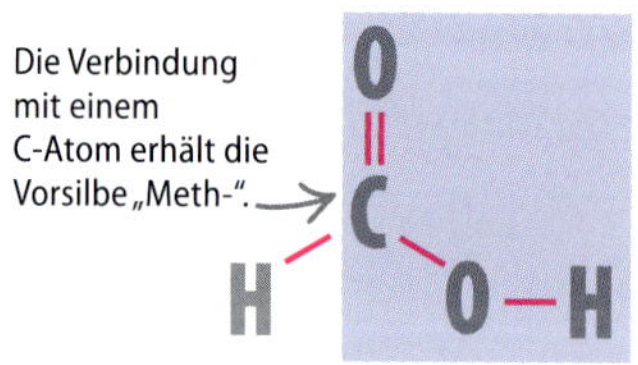

△ **Methansäure**
Methansäure, auch bekannt als Ameisensäure, ist die einfachste Säure. Man nutzt sie zum Weichmachen von Tierhäuten (Leder).

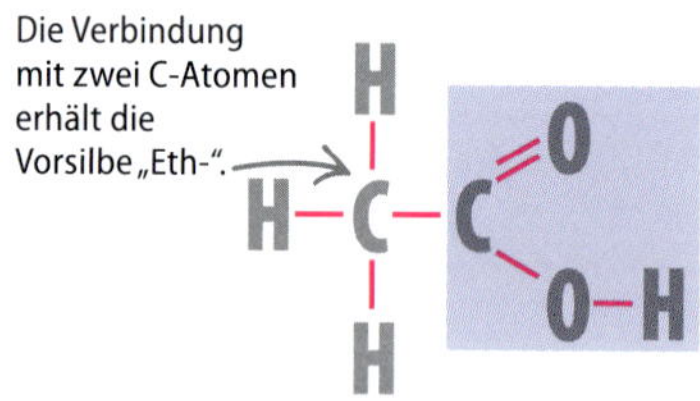

△ **Ethansäure**
Ethansäure, auch bekannt als Essigsäure, ist der saure Bestandteil von Essig. Sie bildet sich auf natürliche Weise aus Ethanol.

Ester

Bei der Reaktion einer Carbonsäure mit einem Alkohol bildet sich ein Ester. Die funktionelle Gruppe des Esters bindet die beiden ursprünglichen Moleküle aneinander. Fette und Öle in Lebewesen – auch die Zellmenbranen bildenden Lipide – sind Ester. Seifen, Öle und Fette gehören ebenfalls zur Stoffgruppe der Ester.

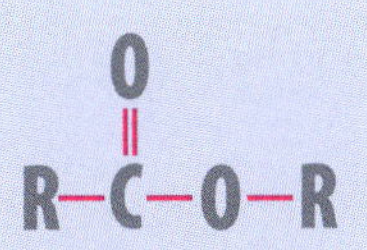

△ **Funktionelle Gruppe**
Der Sauerstoff des Alkohols verbindet sich mit der Carboxylgruppe der Säure.

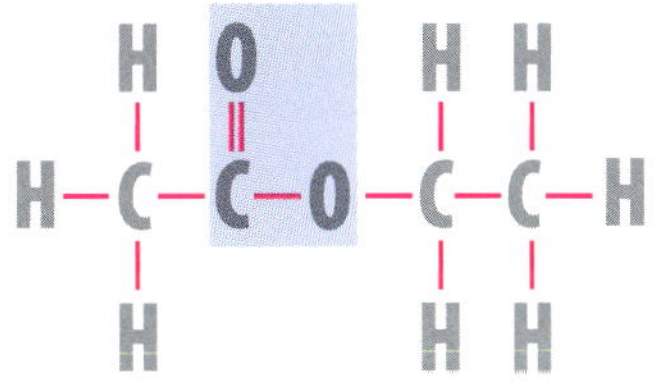

△ **Ethylacetat, Essigsäureethylester**
Dieser Ester hat einen fruchtigen Geruch und wird u. a. als Nagellackentferner verwendet.

Thiole und Amine

Thiole ähneln den Alkoholen, jedoch steht anstelle eines Sauerstoffatoms ein Schwefelatom. Das Wort „Thiol" ist eine Zusammensetzung aus den lateinischen Wörten für Schwefel und Alkohol. Die Verbindungen haben einen starken Geruch.
Amine sind eine weitere stark riechende funktionelle Gruppe. Sie bestehen aus einem Stickstoff- und zwei Wasserstoffatomen. Verbindet sich ein Amin mit einer Carbonsäure, entsteht eine Aminosäure, einer der Bausteine von Proteinen.

△ **Thiole**
Knoblauchgeruch beruht ebenso wie Stinktiergeruch auf Thiolen. Geläufig sind auch die Vorsilben „Mercapto-" oder „Sulfanyl-".

△ **Amine**
Der Geruch von Fischen beruht auf der Verbindung Trimethylamin. Diese funktionelle Gruppe enthält ein Stickstoffatom.

INTERESSANT!

Ameisenbisse

Einige „Insektenstiche", insbesondere die der Feuerameise, haben als aktiven Bestandteil Methansäure. Eine Feuerameise besprüht Angreifer mit Säure, was zu kleinen, aber schmerzhaften Verbrennungen führt. Da Methansäure in Giftsekreten von Ameisen vorkommt, erhielt sie den Namen Ameisensäure.

Organische Halogenverbindungen

Mitglieder der Gruppe der Halogene (s. S. 122) bilden nur eine Einfachbindung aus, genau wie Wasser, sie sind jedoch wesentlich reaktiver. Halogene ersetzen in Kohlenwasserstoffen die Wasserstoffatome und bilden organische Halogenverbindungen.

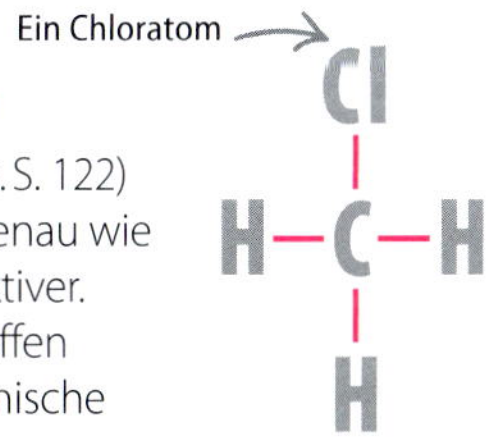

◁ **Chlormethan (Methylchlorid)**
Mit nur einem einzigen Chloratom ist dies die reaktivste Verbindung der Familie. Man verwendet sie u. a. bei der Herstellung von Silikon.

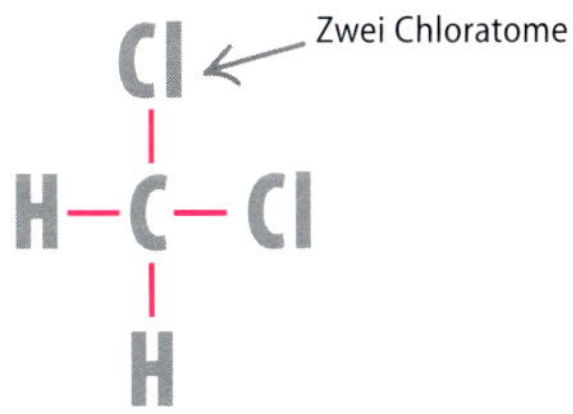

△ **Dichlormethan**
Es riecht süßlich und wird u. a. als Abbeizmittel und zur Entkoffeinierung von Kaffee eingesetzt.

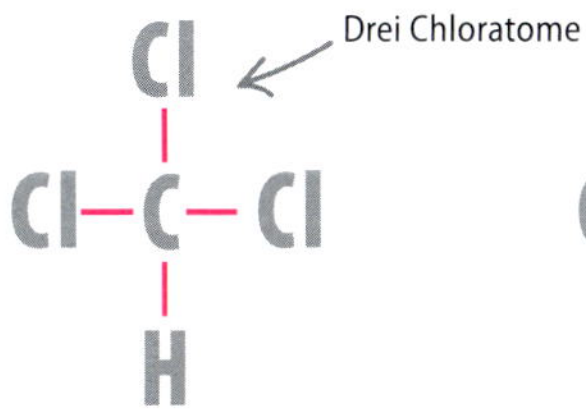

△ **Trichlormethan**
Besser bekannt als Chloroform. Diese Verbindung war eines der ersten Betäubungsmittel.

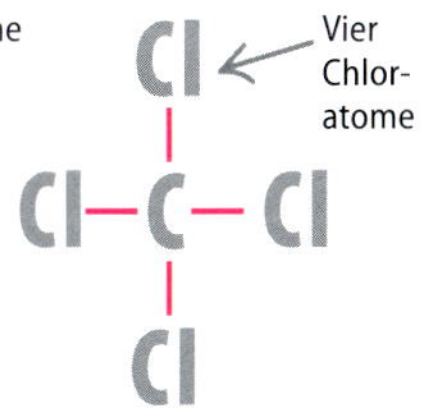

△ **Tetrachlormethan**
Auch Tetrachlorkohlenstoff. Diese giftige Flüssigkeit ist in manchen Ländern verboten.

Polymere und Kunststoffe

SIEHE AUCH

❮ 84–85 Genetik I

❮ 96–97 Eigenschaften der Materie

❮ 160–161 Kohlenwasserstoffe

Dehnung und Verformung 182–183 ❯

VERBINDUNGEN, DIE AUS LANGEN KETTEN KLEINERER MOLEKÜLE BESTEHEN, HEISSEN POLYMERE.

Kunststoffe und andere Kunstfasern wie Nylon sind bekannte Typen von Polymeren. Diese langkettigen Moleküle sind jedoch auch in der Natur weit verbreitet. Viele Chemikalien in der Nahrung sind ebenfalls Polymere.

Monomere

Die sich wiederholende Einheiten in einem Polymer heißen Monomere. Ein Polymer kann einen Typ von Monomeren enthalten, aber auch zwei oder mehr Typen - Copolymere genannt. Monomere werden durch kovalente Bindungen zusammengehalten (s. S. 114). Basis vieler künstlicher Polymere sind Alkenmonomere. Alkene verfügen über Doppelbindungen, die sich aufspalten lassen, sodass sich die Ketten bilden können.

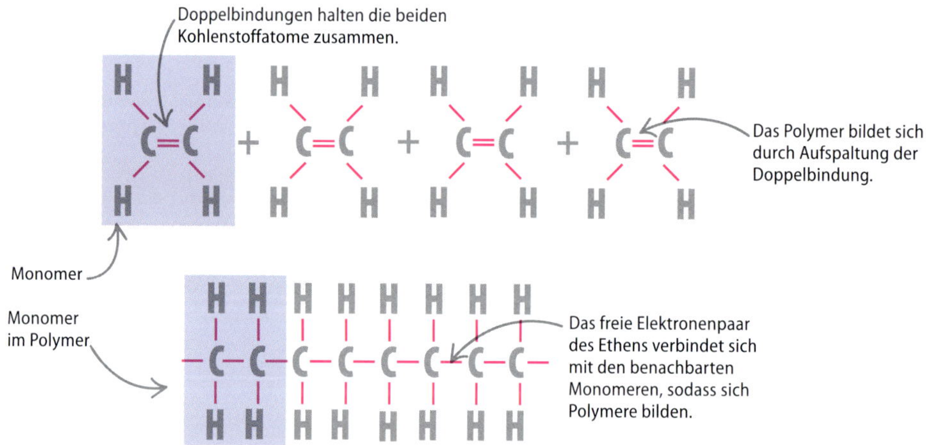

▷ **Ethenmonomer**
Einer der häufigsten Kunststoffe wird aus Ketten von Ethenmonomeren hergestellt. Ethen ist das einfachste Alkenmolekül. Sein Polymer wird Polyethen genannt.

▷ **Polyethenpolymer**
Während Ethen ein Gas ist, ist Polyethen (auch Polyethylen) ein durchsichtiger Feststoff. Er bildet sich aus zahllosen Ethenmonomeren.

Natürliche Polymere

In der Natur sind Polymere weit verbreitet. Lebewesen verdauen diese großen Verbindungen regelmäßig und zerkleinern sie zu Monomeren, die absorbiert und dann zu anderen Polymeren umgebaut werden.

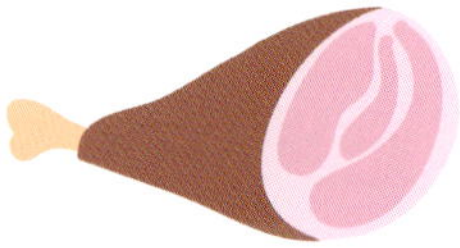

△ **Protein**
Muskeln und viele andere Teile des Körpers bestehen aus Proteinen, also Polymeren aus Monomeren der Aminosäuren.

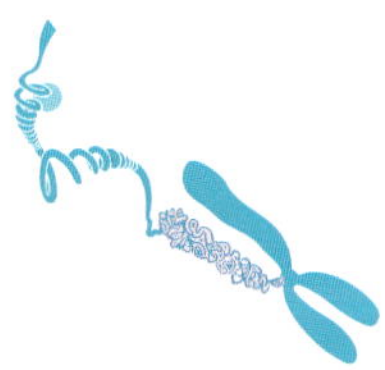

△ **DNS**
DNS ist ein komplexes Polymer. Die Seiten bestehen aus Ketten von Zuckern, während die Verbindungsglieder Paare von Nukleinsäuren sind.

△ **Zellulose**
Die Zellwände der Pflanzen bestehen aus Zellulose, einem Polymer der Glukose. Sie bildet feste Fasern und ist Hauptbestandteil von Holz und Papier.

△ **Stärke**
Stärke kommt in Kartoffeln und Getreide vor und besteht ebenfalls aus Glukosemonomeren. Das Polymer bildet jedoch Kügelchen und keine Fasern aus.

Kunststoffe

Viele künstliche Polymere sind Kunststoffe, äußerst nützliche Materialien. Sie lassen sich geschmolzen in jede Form bringen und werden nach dem Abkühlen fest. Man kann sie auch zu einem dünnen Schutzfilm ausziehen. Kunststoffe werden aus Monomeren hergestellt, die aus Rohöl stammen.

▽ **Weit verbreitete Kunststoffe**
Mehrere Kunststoffe sind in den letzten Jahrzehnten sehr bekannt geworden, weil sie viele Anwendungsgebiete haben.

Polymer	Monomer	Eigenschaften des Polymers
Polyethen (Polyethylen)	Ethen	Flexible Kunststoffe, Nutzung als Verpackungen und als Isolierung von Elektrokabeln
Polystyrol	Styrol	Verwendung als Styropor; wird auch anderen Polymeren hinzugefügt, um sie wasserfest zu machen
PVC (Polyvinylchlorid)	Chloroethen (Vinylchlorid)	Sehr harter Kunststoff, wird von starken Chemikalien nicht angegriffen, guter Isolator
Teflon (Polytetrafluoroethylen)	Tetrafluoroeth(yl)en	Sehr glatte Substanz, wird z. B. in Beschichtungen für Bratpfannen verwendet

Eigenschaften von Kunststoffen

Kunststoffe sind am besten formbar, solange sie warm sind oder in geschmolzener Form vorliegen. Es gibt zwei Haupttypen von Kunststoffen: Thermoplaste können wiederholt gegossen, geschmolzen und neu geformt werden. Duroplaste können nur einmal geformt werden. Bei erneutem Erhitzen verbrennen sie, ohne zu schmelzen.

▷ **Polymereigenschaften**
Die Eigenschaften eines Polymers beruhen auf der Form der Monomere. Duroplaste bilden in festem Zustand Quervernetzungen aus, wodurch sie ein starres Gitter formen.

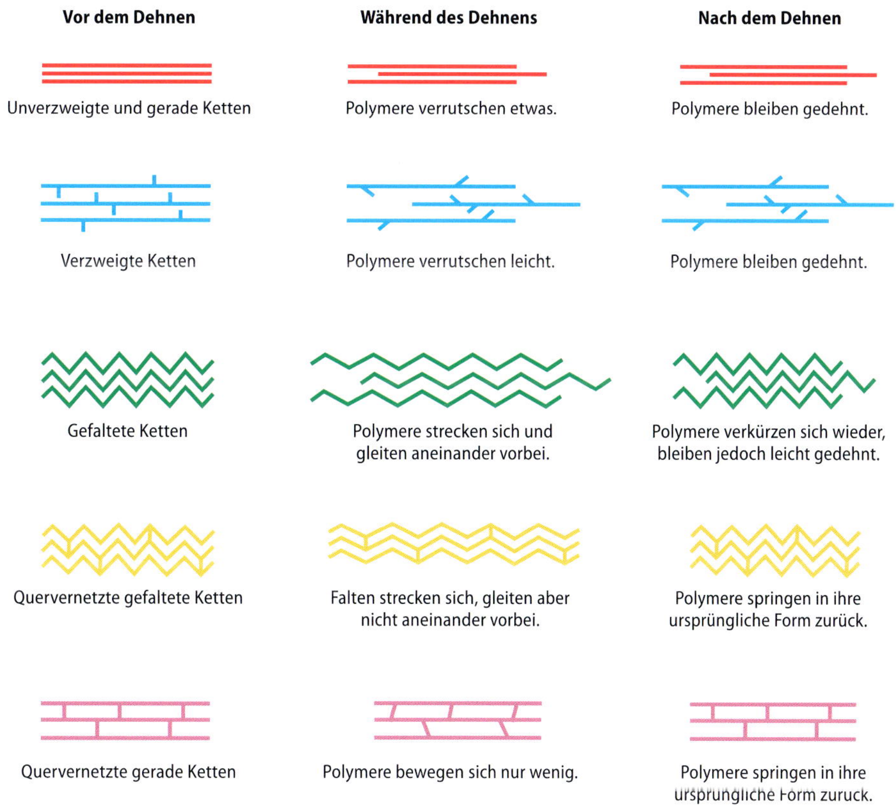

INTERESSANT!

Gummi

Die Borke des Gummibaums produziert eine ölige Flüssigkeit, das Latex, das die Verbindung Isopren enthält. Fügt man eine Säure hinzu, polymerisiert das Isopren zu festem Gummi, der zu Platten verarbeitet oder verformt werden kann.

3

Physik

Was ist Physik?

DIESER FORSCHUNGSZWEIG VERSUCHT DIE FUNKTIONSWEISE DES UNIVERSUMS ZU ERGRÜNDEN, VOM ALLERKLEINSTEN BIS ZUM ALLERGRÖSSTEN.

Das altgriechische Wort „Physik" bedeutet „Natur". Physiker befassen sich mit den grundlegenden Fragen der Natur, etwa dem Wesen der Energie, des Raums und sogar der Zeit.

Grundlagen des Wissens

Die Physik ist die Grundlage der Naturwissenschaften. Chemie, Biologie und weitere Disziplinen bauen auf physikalischen Grundlagen auf. So haben Physiker den Aufbau des Atoms enthüllt, mit dem Chemiker chemische Reaktionen erklären können. Die Physik erklärt auch die Funktionsweise von Energie, ein wichtiges Grundlagenwissen für Biologen, die erforschen wollen, wie Organismen lebendig bleiben. Einige wenige Physiker wie Albert Einstein oder Isaac Newton sind aufgrund der weitreichenden Konsequenzen ihrer Entdeckungen weltbekannt geworden.

▷ **Fallende Körper**
Die Physik erklärt auch viele Alltagsphänomene. Beispielsweise erklärt die Newton'sche Gravitationstheorie (s. S. 186–187), warum ein Apfel (oder ein anderer Körper) auf den Boden fällt.

Ein Apfel fällt aufgrund der Gravitation (eine Anziehungskraft) nach unten.

Energie, Masse, Raum und Zeit

Die Physik kann alles im Universum mit den Begriffen der Masse, Energie und Kraft erklären, von der Funktion eines Riesensterns bis zum Regentropfen, der aus einer Wolke fällt. Eine Masse wird durch Kräfte beeinflusst. Eine Kraft überträgt Energie von einer Masse auf eine andere, wodurch sich die Bewegung der Massen oder ihre Form ändert. Beispielsweise erfordert das Werfen eines Balls oder das Dehnen eines Gummibands Kraft – selbst das Licht, das auf einen Körper fällt, übt eine winzige Kraft auf ihn aus.

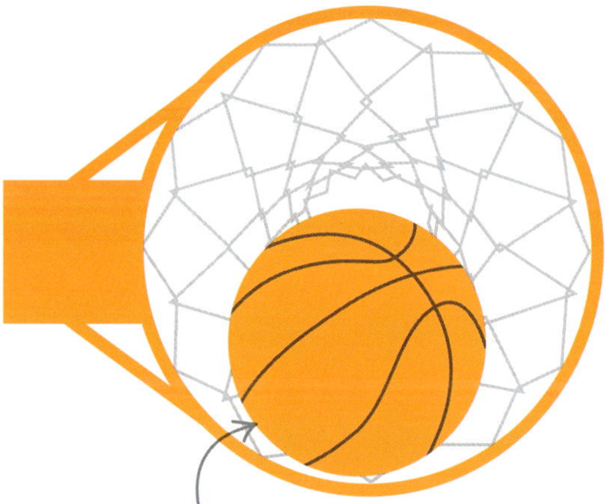

Beim Werfen übt ein Basketballspieler eine Kraft aus, die den Ball mit der richtigen Geschwindigkeit in eine bestimmte Richtung (und hoffentlich in den Korb) bringt.

◁ **In Bewegung**
Es mag ihnen nicht bewusst sein, doch auch Basketballspieler nutzen Physik: Sie drücken den Ball mit genau der richtigen Kraft in die richtige Richtung, um einen Korb zu erzielen.

Maschinen

Dank der Physik kann man Maschinen bauen, die Kräfte und die von ihnen übertragene Energie nutzbar machen. Eine Maschine ist ein Gerät, das Tätigkeiten ausführt, indem es Kräfte verändert. Sie muss nicht kompliziert sein; auch eine Hightech-Maschine wie ein Roboter oder ein Motor besteht aus einfacheren Maschinen, die zusammenarbeiten. Einfache Maschinen sind etwa Hebel, Räder, Schrauben, Rampen und Rollen. Maschinen erleichtern uns Menschen die Arbeit, indem sie kleine Kräfte in große umwandeln.

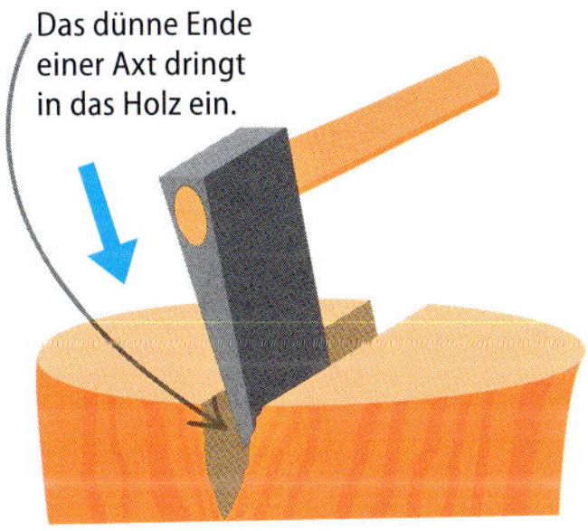

◁ **Kräfte konzentrieren**
Selbst eine Axt ist eine Maschine: Die Kraft auf das dicke Ende des keilförmigen Kopfs wird auf die scharfe Schneide konzentriert, sodass sie feste Körper teilen kann.

Strahlung

Viele Menschen lassen sich durch den Begriff „Strahlung" verwirren, weil sie an die gefährlichen Emissionen bei Kernreaktionen denken. In der Physik steht Strahlung aber meist für Lichtwellen, Wärme und andere unsichtbare Strahlen, die sich ausbreiten. Sie bilden zusammen das elektromagnetische Spektrum, das aus großteils vertrauter Strahlung besteht. Neben Licht enthält das Spektrum Radiowellen, Gamma-, Ultraviolett-, Infrarot- (d. h. Wärme-) und Röntgenstrahlen. Dies alles sind Beispiele elektromagnetischer Wellen.

△ **Farbiges Licht**
Physiker haben erklärt, warum wir Licht in verschiedenen Farben sehen: Die Wellen für rotes Licht sind länger (und energieärmer) als die des violetten Lichts. Alle anderen Farben liegen dazwischen.

Elektrizität

Dank der physikalischen Untersuchungen zu Funken und magnetischen Kräften werden heute die meisten Maschinen elektrisch angetrieben. Sie begannen in der Antike, als Forscher magnetische, eisenhaltige Steine untersuchten, die aneinander haften. Mit der Zeit erkannte man, dass Elektrizität und Magnetismus zusammenhängen – das ist der Elektromagnetismus. Dieses physikalische Gebiet umfasst auch den Atomaufbau und die Ursache von Strahlung.

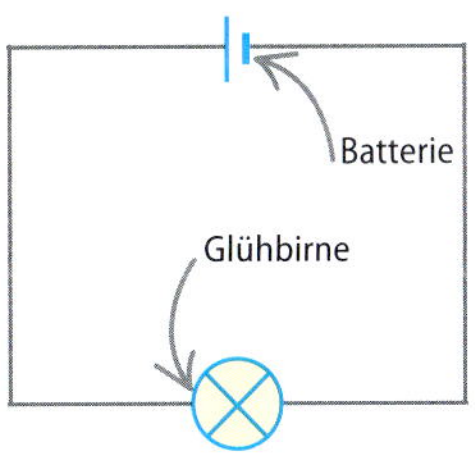

◁ **Elektrische Stromkreise**
Stromkreise aus unterschiedlichen Komponenten machen Elektrizität nutzbar. So wandelt eine Glühbirne elektrischen Strom in Licht um, wenn eine Batterie angeschlossen wird.

Astronomie

In gewisser Weise war Astronomie die allererste Naturwissenschaft: Schon in der Jungsteinzeit erkannten die Menschen gewisse Gesetze bei der Bewegung der Planeten, des Mondes und der Sonne. Auch in der modernen Astronomie schaut man in den Himmel, doch man nutzt Hightech-Teleskope, um Licht und andere Strahlung aus weit entfernten Bereichen des Alls zu sammeln. Die auf der Erde entdeckten physikalischen Gesetze gelten genauso überall im Universum. Daher können Astronomen die vielen unterschiedlichen Körper im All verstehen und sogar etwas über den Ursprung des Universums aussagen.

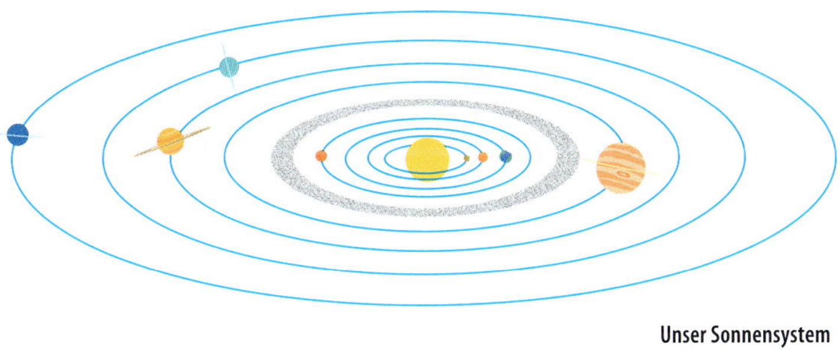

△ **Unsere Nachbarschaft**
Aus Beobachtungen der acht Planeten in unserem Sonnensystem weiß man vieles über unsere Welt. Astronomen suchen nun nach erdähnlichen Planeten bei weit entfernten Sternen.

Größen und Einheiten

MESSBARE GRÖSSEN SIND DER KERN DER NATURWISSENSCHAFTEN.

SIEHE AUCH
❮ 38–39 Bewegung
Energie 176–177 ❯
Gravitation 186–187 ❯
Elektrizität 210–211 ❯

Die Geschichte der Physik ist auch eine Geschichte des Messens und des Schaffens von allgemein gültigen Einheiten für die physikalischen Größen.

Eigenschaften beschreiben

Alle Dinge, die uns umgeben, auch wir selbst, haben bestimmte Eigenschaften. Viele dieser Eigenschaften lassen sich mithilfe von Zahlen beschreiben: „Das Bett ist zwei Meter lang", „Draußen ist es 15 Grad warm". Andere Eigenschaften hingegen lassen sich nicht objektiv als Zahlenwert angeben – etwa Aussagen wie „Der Junge sieht gut aus" oder „Ich fühle mich wohl".

Wenn man eine **Größe** in einer **anderen Einheit** misst, ändert sich der **Zahlenwert** für den Wert der Größe.

In der Tüte sind 500 Gramm Zucker.

Was ist eine physikalische Größe?

Wenn man den Wert einer Eigenschaft messen, also auf genau festgelegte Weise bestimmen kann, dann nennt man diese Eigenschaft eine (physikalische) Größe. Die oben genannten Größen sind Länge, Masse und Temperatur. Viele weitere Größen sind bekannt und notwendig, z. B. Geschwindigkeit, Lautstärke, Energie, Helligkeit oder auch etwas ungewöhnlicheres wie die Biegefestigkeit. Einschätzungen hingegen sind keine physikalischen Größen, auch Schulnoten nicht oder andere Bewertungen der Art „Markieren Sie auf einer Skala von 1 bis 10, wie zufrieden Sie waren". Solche Eigenschaften sind nicht objektiv messbar.

Den Wert einer Größe gibt man immer als Kombination eines Zahlenwerts und einer bestimmten Einheit an, z. B. drei Meter oder 1 kg. Für jede physikalische Größe gibt es eine im Internationalen Einheitensystem festgelegte gesetzliche Einheit.

Andere Einheiten (z. B. Pfund, PS, Kalorie) sind zwar im Alltag noch verbreitet, werden in der Wissenschaft aber nicht mehr verwendet.

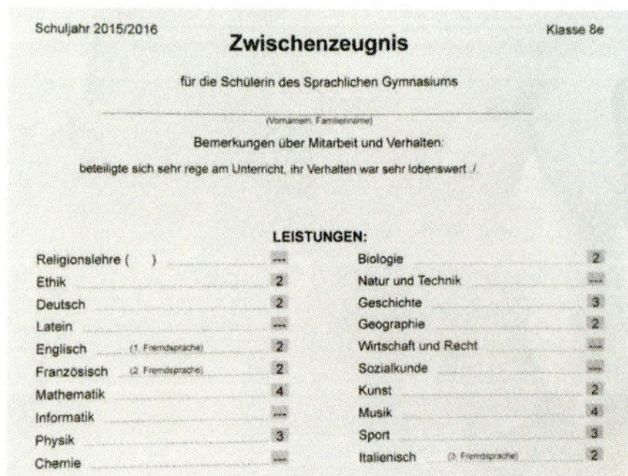

Schuljahr 2015/2016 Klasse 8e

Zwischenzeugnis

für die Schülerin des Sprachlichen Gymnasiums

(Vorname, Familienname)

Bemerkungen über Mitarbeit und Verhalten:

beteiligte sich sehr rege am Unterricht, ihr Verhalten war sehr lobenswert ./.

LEISTUNGEN:

Religionslehre ( )	---	Biologie	2
Ethik	2	Natur und Technik	---
Deutsch	2	Geschichte	3
Latein	---	Geographie	2
Englisch (1. Fremdsprache)	2	Wirtschaft und Recht	---
Französisch (2. Fremdsprache)	2	Sozialkunde	---
Mathematik	4	Kunst	2
Informatik	---	Musik	4
Physik	3	Sport	3
Chemie	---	Italienisch (3. Fremdsprache)	2

Das Internationale Einheitensystem

Zum Messen benötigt man Einheiten – und diese sollten möglichst überall gleich sein. In früheren Zeiten war das nicht der Fall: Eine Meile z. B. war in Baden 8890 m lang, in Bayern 8634 m, in Preußen 7532 m und in Sachsen 6795 m; ein Pfund maß in Bayern und Österreich 560 g, aber in Preußen nur 467 g.

Nach der Französischen Revolution versuchte man in Frankreich den Wirrwarr der verschiedenen Einheiten zu vereinfachen. Alle Einheiten sollten aus der Natur abzuleiten sein, z. B. aus der Form der Erde oder als Masse von überall gleichen Substanzen. Als Längeneinheit wurde 1791 das Meter als der zehnmillionste Teil der Strecke vom Nordpol zum Äquator festgelegt. Ein Kilogramm war die Masse von einem Kubikdezimeter (Liter) Wasser. Zusammen mit der Sekunde bildeten sie das MKS-Einheitensystem, das später zum Internationalen Einheitensystem weiterentwickelt wurde, abkürzt SI. Das SI kennt die sieben Basiseinheiten Meter (Länge), Sekunde (Zeit), Kilogramm (Masse), Ampere (Stromstärke), Kelvin (Temperatur), Mol (Stoffmenge) und Candela (Lichtstärke). Einheiten für weitere Größen lassen sich aus den Basiseinheiten ableiten (s. S. 252).

Einheitenvorsilben		
Femto-	f	10^{-15}
Piko-	p	10^{-12}
Nano-	n	10^{-9}
Mikro-	µ	10^{-6} (1/1000000)
Milli-	m	10^{-3} (1/1000)
Zenti-	c	10^{-2} (1/100)
Dezi-	d	1/10
Deka-	da	10
Hekto-	h	100
Kilo-	k	1000
Mega-	M	10^{6} (1000000)
Giga-	G	10^{9}
Tera-	T	10^{12}
Peta-	P	10^{15}

△ **Vorsilben vor Einheiten**
Um unübersichtlich große oder kleine Zahlenwerte zu vermeiden, werden Vorsilben wie „Milli-" oder „Kilo-" verwendet (z. B. 1 cm = 1/100 m oder 1 Hektoliter = 100 Liter).

Das Urmeter war ein Stab mit zwei Markierungen, deren Abstand die Längeneinheit Meter definierte. Da das aber nur ungenau abzulesen war, wird das Meter seit 1960 durch die Wellenlänge einer bestimmten Strahlung festgelegt.

Das in Paris aufbewahrte Urkilogramm ist ein Zylinder aus einer Platin-Iridium-Legierung. Es verkörpert die Masseneinheit Kilogramm (das Foto zeigt eine Nachbildung).

INTERESSANT!

Andere Einheiten

In den USA und anderen englischsprachigen Ländern sind noch heute im Alltag und in der Wissenschaft viele historische Einheiten gebräuchlich. Längen z. B. werden in *inch, feet, yard* und *miles* gemessen, außerdem gibt es die Gewichtseinheiten *ounce* und *pound* oder die Volumeneinheit *gallon*. Teilweise sind diese Einheiten in den USA und anderen Ländern noch unterschiedlich definiert.
Das Rechnen mit diesen Einheiten ist umständlich, da man unhandliche Umrechnungsfaktoren berücksichtigen muss (z. B. 12 inch = 1 ft; 3 ft = 1 yd; 1760 yd = 1 mile). Und es muss immer klar sein, in welcher Einheit gerechnet wird: 1999 ging die Marssonde „Mars Climate Orbiter" verloren, weil ein Entwicklungsteam die Höhe über der Marsoberfläche in *feet* angab, ein anderes Team diesen Zahlenwert aber als Meterangabe aufgefasst hat.

Messen

DIE NATURWISSENSCHAFTEN WERDEN AUCH ALS „MESSENDE WISSENSCHAFTEN" BEZEICHNET.

SIEHE AUCH
❮ 38–39 Bewegung
Energie 176–177 ❯
Gravitation 186–187 ❯
Elektrizität 210–211 ❯

In ihrem Bestreben, die uns umgebende Welt zu verstehen, suchen Wissenschaftler nach Beziehungen zwischen verschiedenen messbaren physikalischen Größen.

Messung und Messergebnis

Beim Messen vergleicht man immer mit einer bekannten Standardgröße, der Einheit. Wenn man beispielsweise die Breite eines Tisches messen will, legt man einen Meterstab („Zollstock") an und bestimmt, wie viel länger oder kürzer er ist als die dort eingezeichnete Einheit Meter.
Allgemein wird der Wert einer physikalischen Größe immer als Produkt eines Zahlenwerts und der zugehörigen Einheit angegeben. Beim Schreiben lässt man den Malpunkt allerdings meist weg. Für die Breite b des Tisches schreibt man dann beispielsweise b = 0,6 m.
Misst man eine Größe in einer anderen Einheit, erhält man natürlich auch einen anderen Zahlenwert. Wenn man z. B. den Tisch mit einem echten Zollstock vermisst, kommt man auf eine Breite von 23,62 Zoll.

▽ **Die physikalische Größe „Breite"** wird durch den Vergleich mit einem bekannten Standard (hier ein Meterstab) bestimmt.

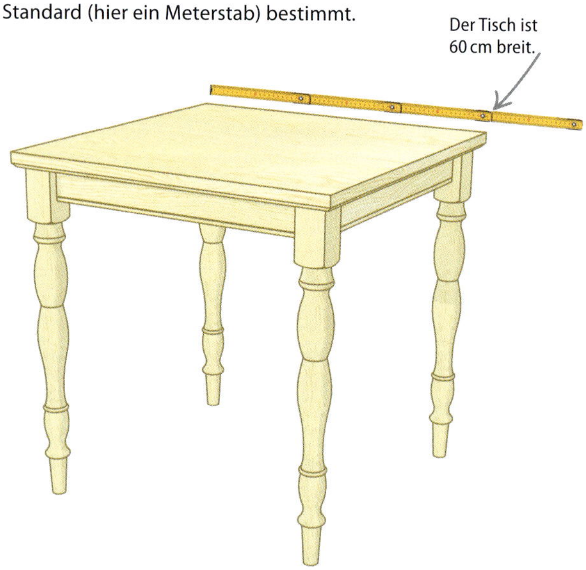

INTERESSANT!

Schätzen und Messtricks

Man sollte immer schon vor Beginn einer Messung abschätzen, in welcher Größenordnung das gesuchte Ergebnis liegen wird. So wird man nicht überrascht, wenn ein elektronisches Messgerät Unsinn anzeigt. Gibt etwa ein Laser-Entfernungsmesser für den Abstand zweier Wände, die man mit beiden Händen gleichzeitig anfassen kann, einen Wert von 3,51 m an, dann ist das sicher falsch.
Schätzen hilft auch, wenn man eine Größe gar nicht messen kann. Wie dick beispielsweise eine Seite dieses Buches ist, das lässt sich auch mit einer Mikrometerschraube nicht genau bestimmen. Aber wenn man 200 Seiten (100 Blatt) misst, dann erhält man einen Wert, aus dem man die Dicke für ein Einzelblatt leicht berechnen kann.
Solche und ähnliche Überlegungen machen auch z. B. die Wissenschaftler an einer Großforschungsanlage (im Bild ein Teilchendetektor am CERN), um ihre unanschaulichen Messergebnisse auf Plausibilität zu prüfen.

Messfehler

Auch die genaueste Messung kann mit einem Fehler, dem Messfehler, verbunden sein. Die wichtigsten Ursachen für Messfehler – Falschmessungen ausgenommen – sind die begrenzte Genauigkeit des Messinstruments und die Schwierigkeit, eine Skala jenseits der kleinsten Einteilung abzulesen. Misst man beispielsweise die Dicke eines Holzbrettchens mit einem Zentimetermaß, kann man diese nur auf 1 mm genau angeben, weil man zwischen den Millimeterstrichen nur schwer interpolieren kann. Wer ein scharfes Auge hat, gibt den Wert vielleicht auf ½ mm genau an. Eine weitere Ursache für Messfehler ist, dass ein solches Maßband eventuell nicht mit der nötigen Präzision hergestellt ist.

Messung der Dicke eines Holzbrettchens mit einem Zentimetermaßband. Die Genauigkeit beträgt ±1 mm.

Absoluter und relativer Fehler

Bei einem Messergebnis sollte man unbedingt auch dessen erwartete Genauigkeit, den geschätzten Fehler der Messung, angeben. Für das Holzbrettchen von eben könnte eine Breite von 8,8 cm ± 0,1 cm gemessen worden sein. Die ± 0,1 cm („plus oder minus 0,1 cm") stehen dabei für den geschätzten absoluten Messfehler, die wahre Breite des Holzbrettchens liegt also zwischen 8,7 und 8,9 cm. Oft ist es aber sinnvoller, den relativen Messfehler in Prozent anzugeben. Dazu bildet man das Verhältnis des absoluten Fehlers zum Messwert und multipliziert mit 100. Mit den Zahlen von eben erhält man einen relativen Messfehler von $(0{,}1\ \text{cm} / 8{,}8\ \text{cm}) \cdot 100\ \% \approx 1\ \%$.

Auch wenn ein Taschenrechner viele Stellen exakt anzeigt, muss man überlegen, wie viele Stellen sinnvoll (signifikant) sind.

Arbeiten mit dem Taschenrechner

Beim Umgang mit dem Taschenrechner muss man immer berücksichtigen, dass nicht alle angezeigten Ziffern signifikant sein können. Teilt man etwa 2,0 durch 3,0 (beide Male zwei signifikante Stellen), so lautet die richtige Antwort 0,67 – und nicht etwa 0,66666666. Im Endergebnis sollten immer nur die signifikanten Stellen angegeben werden; bei Zwischenrechnungen darf man auch mehr Stellen verwenden, muss aber das Ergebnis runden. Manchmal gibt der Taschenrechner aber auch zu wenig signifikante Stellen an: Bei der Multiplikation 2,5 · 3,2 erhält man mit dem Rechner das Ergebnis 8; es hat aber zwei signifikante Stellen, das korrekte Ergebnis ist also 8,0.

Signifikante Stellen

Die Anzahl der signifikanten Stellen bei einem Zahlenwert gibt an, wie viele Stellen dieser Zahl sicher (ohne Messfehler) sind. Beispielsweise hat die Angabe 12,34 cm vier und die Angabe 0,083 kg zwei signifikante Stellen (die Nullen zählen hier nicht, sie bestimmen nur die Position des Dezimalkommas).

Allerdings muss die Anzahl der signifikanten Stellen nicht immer klar sein. Bei der Aussage „Von Hamburg nach Bremen sind es ungefähr 100 km" hat die 100 nur eine signifikante Stelle, die Nullen sind Platzhalter. Sind es jedoch exakt 100 km (Messfehler 1 km), haben wir zwei und bei einem Messfehler von 0,1 km sogar drei signifikante Stellen.

Bei Rechnungen oder Messungen darf man nicht mehr signifikante Stellen angeben als gerechtfertigt. Allgemein gilt die Faustregel: Das Ergebnis einer Multiplikation oder Division hat nur so viele signifikante Stellen wie die Zahl in der Rechnung mit der geringsten Anzahl an signifikanten Stellen.

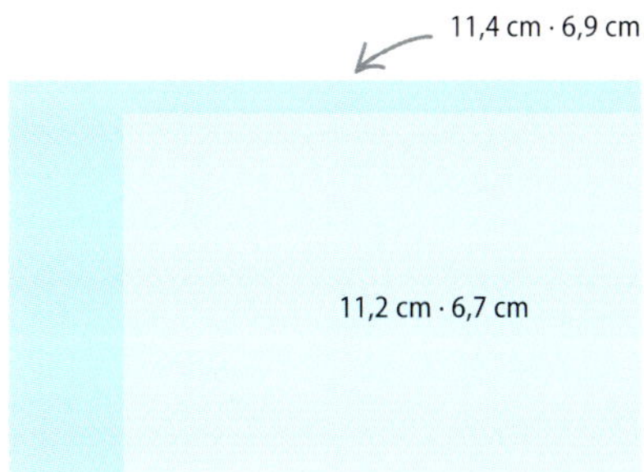

Betrachten wir etwa ein Rechteck, dessen Kanten zu 11,3 cm ± 0,1 cm und 6,8 cm ± 0,1 cm gemessen sind. Die Zahlenwerte haben drei bzw. zwei signifikante Stellen. Für die Fläche errechnet man 76,84 cm² – aber wie viele Stellen davon sind signifikant? Das wahre Ergebnis muss zwischen $11{,}2\ \text{cm} \cdot 6{,}7\ \text{cm} = 75{,}04\ \text{cm}^2$ und $11{,}4\ \text{cm} \cdot 6{,}9\ \text{cm} = 78{,}66\ \text{cm}^2$ liegen. Bestenfalls lässt sich die Fläche also als $77\ \text{cm}^2 \pm 2\ \text{cm}^2$ angeben – von dem errechneten Wert $76{,}84\ \text{cm}^2$ sind also nur zwei Stellen signifikant.

Im Innern des Atoms

ATOME SIND SO KLEIN, DASS MAN SIE NICHT SIEHT, SELBST MIT DEN STÄRKSTEN MIKROSKOPEN NICHT.

SIEHE AUCH
❮ 98–99 Zustand der Materie
❮ 108–109 Elemente und Atome
❮ 116–117 Periodensystem
❮ 126–127 Radioaktivität
Kräfte und Massen 180–181 ❯
Elektrizität 210–211 ❯

Alles, was wir im Universum sehen können – von den Sternen bis zu unserem Körper – besteht aus Atomen.

Was ist ein Atom?

Atome sind nicht alle gleich: Es gibt 92 natürlich vorkommende sowie etliche im Labor künstlich erzeugte Atomarten. Jedes Atom gehört zu einem bestimmten Element, d. h. einem Stoff, der nicht in einfachere Bestandteile zerlegt werden kann. Bekannte Elemente sind Wasserstoff, Kohlenstoff und Blei.

▽ **Verschiedene Atome**
Die Atome jedes Elements haben eine einzigartige Größe und Masse. Die Masse hängt von der Anzahl der Protonen und Neutronen im Kern ab.

Subatomare Strukturen

Atomen bestehen aus kleineren Teilchen, den Protonen, Neutronen und Elektronen. Die Atome eines Elements zeigen jeweils eine bestimmte Anzahl und Anordnung dieser Teilchen. Das bedingt die charakteristischen Eigenschaften des Elements, z. B. ob es ein Gas oder Metall ist. In einem Atom sind immer gleich viele Protonen und Elektronen. Jedes Proton trägt eine positive und jedes Elektron eine gleich große negative Ladung, das Atom als Ganzes ist neutral.

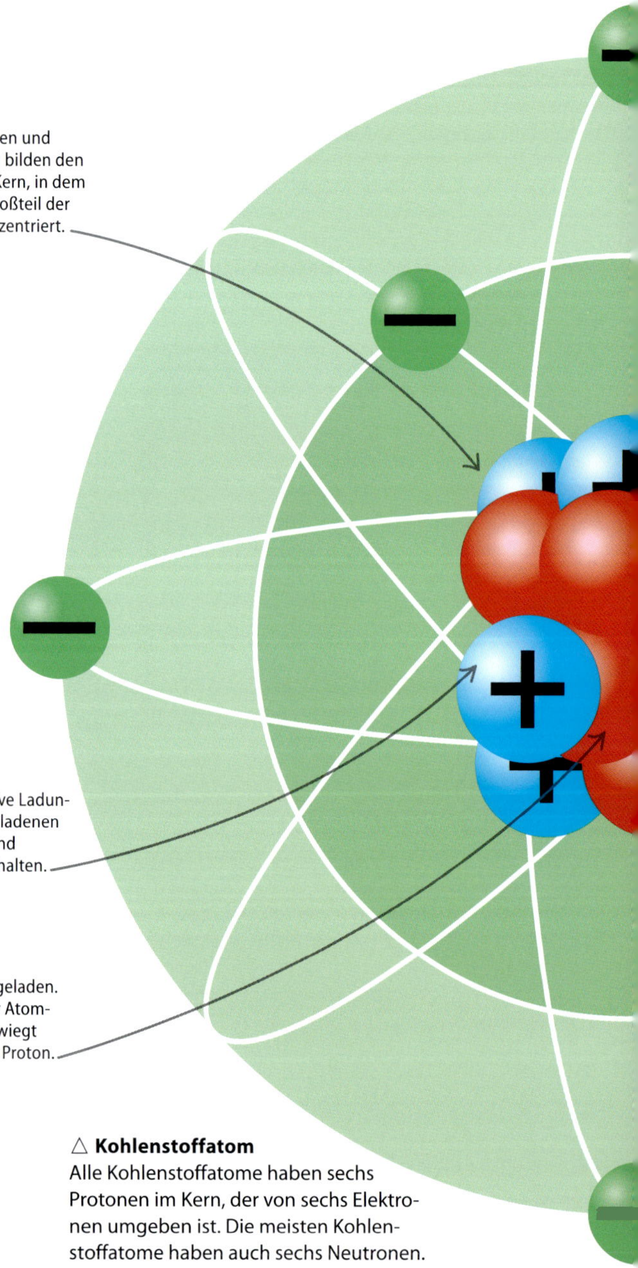

△ **Kohlenstoffatom**
Alle Kohlenstoffatome haben sechs Protonen im Kern, der von sechs Elektronen umgeben ist. Die meisten Kohlenstoffatome haben auch sechs Neutronen.

Elektronenschalen
Die Elektronen, die sich um den Kern bewegen, ordnen sich in Schalen an. Eine Schale hat eine feste Anzahl von Plätzen für Elektronen. Wenn eine Schale sich füllt, entsteht meist eine weitere, etwas weiter von Kern entfernt.

Elektron
Das Elektron trägt eine negative Ladung, die der des Protons entgegengesetzt gleich ist. Die Elektronenmasse beträgt aber nur einen Bruchteil der Protonenmasse.

Isotope

Der Atomkern eines bestimmten Elements enthält zwar immer eine bestimmte Anzahl an Protonen, kann aber unterschiedlich viele Neutronen enthalten. Diese chemisch identischen Varianten des Atoms heißen Isotope. Atome verschiedener Isotope haben unterschiedliche Massen.

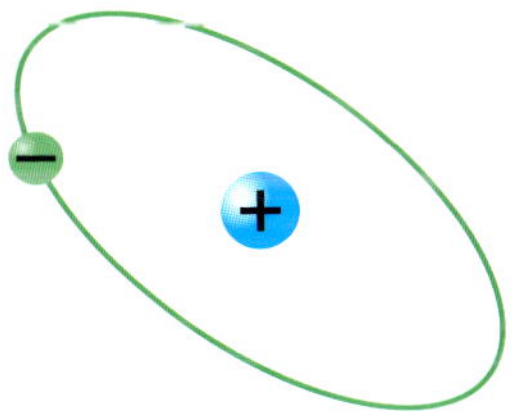

△ **Wasserstoff**
Das Hauptisotop von Wasserstoff enthält kein Neutron im Kern.

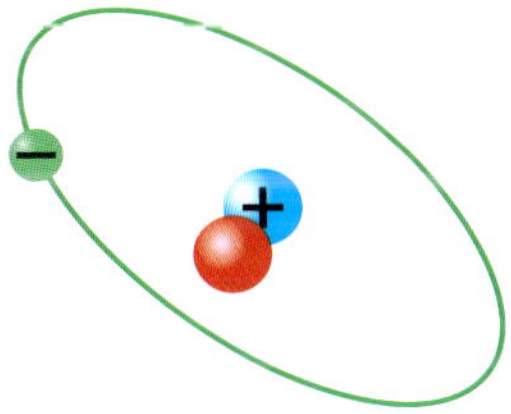

△ **Deuterium**
Mit einem zusätzlichen Neutron wiegt dieses Atom doppelt so viel wie das Hauptisotop.

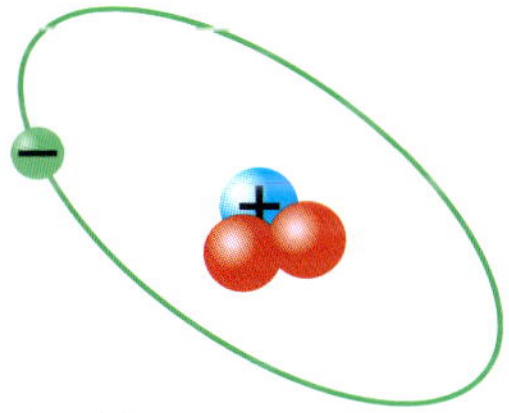

△ **Tritium**
Dieses Isotop mit zwei Neutronen ist dreimal so schwer wie normaler Wasserstoff.

INTERESSANT!

Radiokarbon-Methode

Forscher können anhand des radioaktiven Kohlenstoffisotops C-14 das Alter von organischen Materialien bestimmen, etwa Holz oder Stoff. Die Bandagen dieser Mumie hatten anfangs einen bestimmen Gehalt an C-14. Dieses Isotop zerfällt langsam mit einer festen Rate. Aus dem verbliebenen Anteil lässt sich das Alter der Mumie abschätzen.

Atomkräfte

Im Atominnern wirken drei Kräfte: Die starke Wechselwirkung hält die Teilchen im Kern zusammen. Die elektromagnetische Kraft bindet die Elektronen an das Atom und die schwache Wechselwirkung tritt bei radioaktiven Zerfällen auf und treibt Teilchen aus dem Kern. Die elektromagnetische Kraft wirkt über das Atominnere hinaus, die anderen wirken nur im Kern.

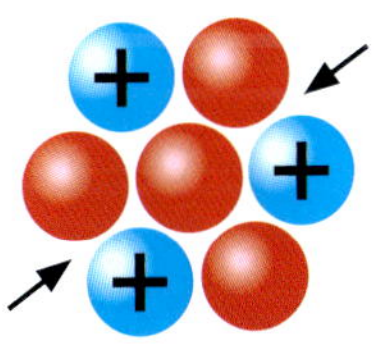

△ **Starke Wechselwirkung**
Sie ist die stärkste Kraft überhaupt, wirkt aber nur über winzige Entfernungen.

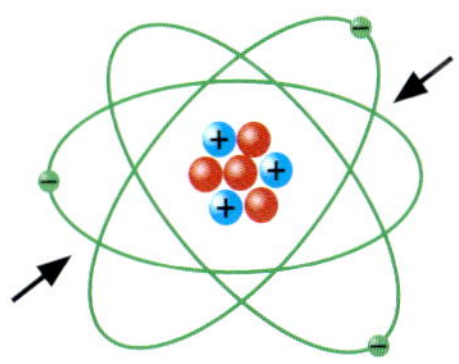

△ **Elektromagnetische Kraft**
Diese Kraft tritt bei Licht und Elektrizität auf und hält die Atome zusammen.

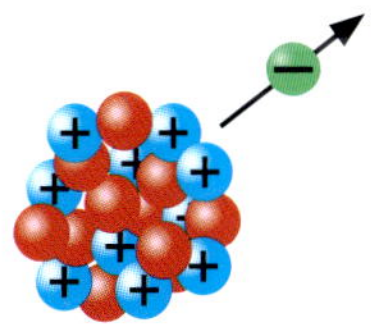

△ **Schwache Wechselwirkung**
Diese Kraft verursacht den radioaktiven Zerfall in Atomen.

Energie

OHNE ENERGIE STÜNDE ALLES AUF DER WELT STILL.

Energie bringt Abläufe in Gang. Sie ist überall und in allen Dingen, sie setzt Körper in Bewegung oder kann sie zum Glühen bringen.

SIEHE AUCH	
❮ 28–29 Atmung	
❮ 70–71 Menschliche Gesundheit	
❮ 131 Brennstoffe	
❮ 136 Reaktivität und Temperatur	
Kräfte und Massen	180–181 ❯
Kinetische Energie	190 ❯
Elektromagnetische Wellen	202–203 ❯
Erneuerbare Energien	232–233 ❯

Energie messen

Energie kann Arbeit leisten. Für einen Physiker bedeutet „Arbeit" der Betrag an Energie, der zur Bewegung eines Körpers aufgebracht wurde. Man berechnet die Arbeit als die aufgewandte Kraft mal der Wegstrecke. Da die Kraft in Newton (N) und die Strecke in Meter (m) gemessen wird, ist die Einheit der Arbeit das Newtonmeter (Nm).

▽ **Ein Joule an Energie**
Ein Joule (J) ist die Energiemenge, die auf einen Körper übertragen wird, wenn eine Kraft von 1 N über 1 m Weg wirkt – also ungefähr die Energie, um einen Apfel um 1 m anzuheben.

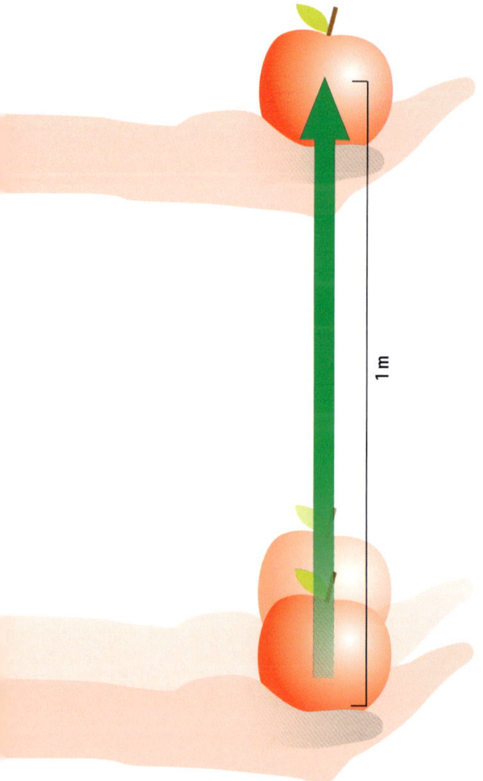

Formen der Energie

Energie kann in ganz verschiedenen Formen auftreten, mit unterschiedlichen Namen und in allen möglichen Zusammenhängen – von der Energie, die bei einer Sternexplosion frei wird, bis zur Energie in einem Springball. Trotzdem hängen alle Energieformen eng zusammen und lassen sich ineinander umwandeln.

◁ **Kinetische Energie**
Dies ist die Bewegungsenergie: Je schneller ein Körper ist, umso größer ist seine kinetische Energie.

◁ **Thermische Energie**
Ein Föhn macht heiße Luft, weil er elektrische Energie in thermische Energie umwandelt.

◁ **Elektrische Energie**
Diese Energie wird von einem elektrischen Strom getragen, der alle Arten von Geräten betreibt.

◁ **Chemische Energie**
Sie wird frei, wenn eine chemische Reaktion stattfindet, z. B. die Verbrennung von Benzin.

◁ **Strahlungsenergie**
Diese Energieform wird von Licht und anderen Arten elektromagnetischer Strahlung getragen.

◁ **Kernenergie**
Diese Energieform wird bei der Spaltung oder der Verschmelzung (Fusion) von Atomkernen frei.

◁ **Schallenergie**
Diese Energieform wird von Körpern erzeugt, die in einem Medium, z. B. Luft, vibrieren.

◁ **Potenzielle Energie**
Der Turmspringer hat potenzielle Energie aufgrund seiner Höhe über dem Wasser. Beim Sprung wandelt sie sich in kinetische Energie um.

Energieerhaltung

Der erste Hauptsatz der Thermodynamik (Wärmelehre) sagt, dass Energie nicht erzeugt oder zerstört werden kann – sie lässt sich nur von einem Körper auf einen anderen übertragen und in andere Formen umwandeln.

△ **Radfahren und Energie**
Das Fahrrad fährt, wenn der Fahrer in die Pedale tritt. Wird es schneller, so gewinnt es kinetische Energie. Diese stammt aus der chemischen Energie, die von den Muskeln des Fahrers freigesetzt wird und die Beine bewegt. Beim Bremsen kann die gleiche chemische Energie aus den Muskeln das Fahrrad aber auch stoppen.

Alle Maschinen geben mit der Zeit ihre Energie an die Umgebung ab. Damit ist ein **Perpetuum mobile unmöglich.**

INTERESSANT!

Andauernde Bewegung: das Perpetuum mobile

Jahrhundertelang versuchten sich Erfinder an einer Maschine, die fortwährend Arbeit leisten konnte, das sogenannte Perpetuum mobile. In der Darstellung des deutschen Kupferstechers Ulrich von Cranach (1664) fallen Kanonenkugeln in das Treibrad rechts und laufen dann über eine Bahn zu einer Archimedischen Schraube, die durch das Treibrad angetrieben wird und die Kugeln wieder nach oben befördert. Doch wie alle derartigen Erfindungen stand auch diese Maschine aufgrund der Reibungsverluste irgendwann still (s. S. 181).

Leistung

LEISTUNG UND ENERGIE HÄNGEN ENG ZUSAMMEN UND SIND DOCH UNTERSCHIEDLICH.

SIEHE AUCH
❮ 38–39 Bewegung
❮ 176–177 Energie
Gravitation 186–187 ❯
Elektrizität 210–211 ❯

Die Geschwindigkeit, mit der Energie von einem System auf ein anderes übertragen oder von einer Form in eine andere umgewandelt wird, bezeichnet man als Leistung

Was ist Leistung?

Wen man eine Treppe hinaufsteigt, wird die chemische Energie der Muskeln in potenzielle Energie umgewandelt. Aber es strengt viel mehr an, wenn man hinaufrennt, als wenn man die Treppe gemütlich geht: In beiden Fällen ist die potenzielle Energie gleich, der Unterschied ist die Zeit, in der diese Energie aufgebracht wurde. Wenn man beim Treppenrennen nur ein Drittel der Zeit benötigt, die man beim gemütlichen Treppensteigen braucht, hat man eine dreimal so hohe Leistung aufgebracht. Man definiert die Leistung P als Arbeit (Energie) pro Zeit. Die Einheit der Leistung ist entsprechend Joule / Sekunde. Diese Einheit wird als Watt (W) bezeichnet.

Wer dieselbe **Arbeit** schneller verrichtet, zeigt die **höhere Leistung**.

Wenn eine Person mit einer Gewichtskraft von 600 N um 10 m hinaufsteigt, muss sie eine Energie von 6000 Joule aufbringen. Beim langsamen Hinaufsteigen benötigt sie 60 Sekunden, die Leistung ist 6000 J / 60 s = 100 W. Der Treppenrenner braucht nur 20 Sekunden, seine Leistung beträgt 300 W.

Leistungssteigerung

Leistung ist Energie pro Zeit. Wenn die Zeit, in der eine Energie aufgebracht wird, also sehr kurz ist, kann die Leistung sehr hoch sein, selbst wenn die Energiemenge selbst nicht besonders groß ist. Das ist z. B. bei modernen Ultrakurzpulslasern der Fall, die einen Laserstrahl von 1 Joule Energie in 10^{-13} Sekunde (0,1 Billionstel Sekunde) abgeben. Die Leistung eines solchen Lasers liegt dann bei 10^{13} Watt, etwa 10 000 Mal so viel wie ein großes Kraftwerk – aber anders als beim Kraftwerk wird die Leistung beim Laser nur für einen winzigen Zeitraum erbracht.

▽ Leistungen im Vergleich

Die Leistung verschiedener Prozesse kann sehr unterschiedlich sein. Die folgende Aufstellung soll einen Eindruck der Größenordnungen geben.

Prozess	Leistung
Schallquelle, gerade noch hörbar	10^{-12} W
Quarz-Armbanduhr	10^{-9} W
Laserpointer (Lichtabgabe)	10^{-3} W
Gehen	20 W
Rennen (Sprinten)	500 W
Automotor	100 kW
Triebkopf ICE	5 000 kW = $5 \cdot 10^{6}$ W
Großes Kraftwerk	1 MW = 10^{9} W
Hochleistungs-Pulslaser	10^{13} W

Elektrische Leistung

Die Einheit Watt ist uns von elektrischen Geräten her bekannt, denn bei ihnen ist die Leistung immer in dieser Einheit angegeben. Eine klassische Glühlampe beispielsweise von 60 Watt nimmt pro Sekunde 60 Joule elektrische Energie auf und gibt sie als Licht und vor allem als Wärme wieder ab. In einer Stunde setzt die Glühlampe also eine Energie von $60\ W \cdot 3\,600\ s = 216\,000\ J$ um. Dieser Wert ist aber nicht sehr aussagekräftig. Offenbar ist das Joule für elektrische Geräte etwas ungeschickt. Darum verwendet man lieber die vom Watt abgeleitete Energieeinheit Wattstunde (Wh) bzw. Kilowattstunde (kWh). Dabei gilt 1 kWh = 3,6 Megajoule (Millionen Joule). Eine Glühlampe von 60 W verbraucht pro Stunde die Energie 60 Wh oder 0,06 kWh.

INTERESSANT!

Die Leistung von Pferden

In England um 1770 gab es viel Bergbau. Zur Entwässerung der Stollen setzte man Pumpen ein, die durch Pferde angetrieben wurden. Als der schottische Ingenieur James Watt (1736–1819) seine ersten Dampfmaschinen verkaufen wollte, verglich er deren Leistung mit der von Pferden. Watts Versuchen zufolge konnte ein kräftiges Pferd über einen langen Zeitraum eine mittlere Leistung von etwa 490 Watt aufbringen. Er multiplizierte diesen Wert mit 1,5, damit man ihn nicht der Übertreibung beschuldigen konnte, und nannte diese Leistungseinheit Pferdestärke (PS). 1 PS = 735 W bzw. 1 kW = 1,36 PS. Die Einheit PS ist heute zwar gesetzlich nicht mehr zugelassen, wird aber immer noch oft verwendet.

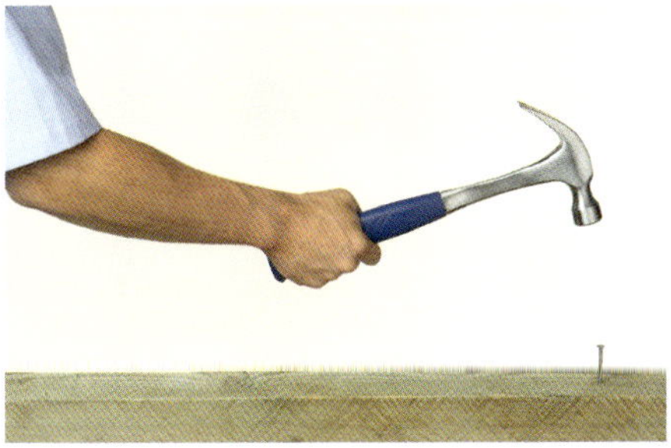

Was hat ein Hammer mit der Leistung zu tun?

Wer kann mit der bloßen Hand einen Nagel in die Wand drücken? Außer Chuck Norris hat wohl niemand so viel Kraft. Aber mit einem Hammer ist das kein Problem. Wenn der Hammer mit einer gewissen Geschwindigkeit auf den Nagel trifft, gibt er seine gesamte Bewegungsenergie in kürzester Zeit an den Nagel ab. Die Leistung des Hammers beim Schlag ist also sehr hoch. Als Faustregel kann man sich merken, dass die Beschleunigungsphase des Hammers etwa hundertmal länger ist als die Zeit, in der er den Nagel in die Wand treibt. Dementsprechend ist die Leistung des Hammers etwa hundertmal höher als die Leistung, die der Handwerker am Hammer verrichtet – allerdings nur über einen sehr kurzen Zeitraum.

Kräfte und Massen

BEWEGUNG ENTSTEHT, WENN KRÄFTE AUF MASSEN WIRKEN.

SIEHE AUCH

❮ 38–39 Bewegung
❮ 176–177 Energie
Gravitation 186–187 ❯
Elektrizität 210–211 ❯

Die Wirkung einer Kraft hängt von der Masse des Körpers ab: Je größer die Masse, umso kleiner ist die resultierende Beschleunigung.

Was ist eine Kraft?

Eine Kraft kann verschieden auf einen Körper wirken: Sie kann seine Geschwindigkeit ändern, ihn also schneller oder langsamer machen, sie kann seine Bewegungsrichtung ändern und sie kann den Körper verformen. Kräfte werden in der Einheit Newton (N) gemessen. Die Kraft 1 N beschleunigt eine Masse von 1 Kilogramm innerhalb von 1 Sekunde auf die Geschwindigkeit 1 Meter pro Sekunde.

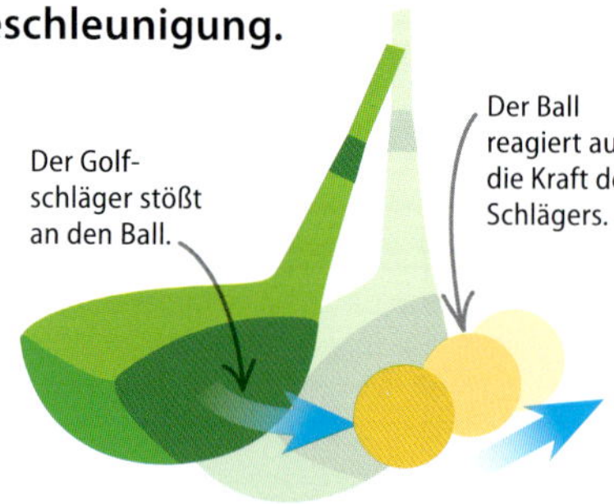

◁ **Geschwindigkeitsänderung**
Die Kraft des Golfschlägers erhöht die Geschwindigkeit des Balls von null auf sehr schnell, sodass er weit fliegen kann.

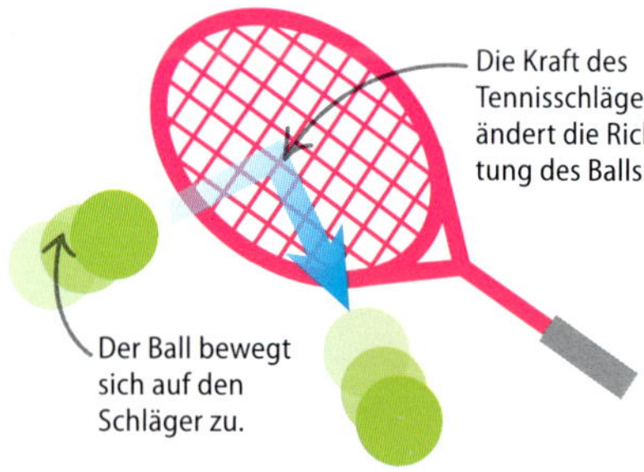

◁ **Richtungsänderung**
Die Kraft des Tennisschlägers auf den Ball stoppt dessen Bewegung in einer Richtung und bewegt ihn in eine andere Richtung.

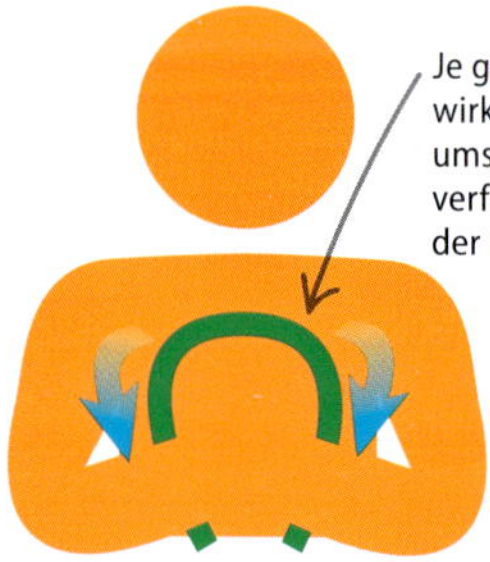

◁ **Formänderung**
Je nach der Festigkeit des Körpers und der Stärke des Menschen oder der Maschine kann die auf einen Körper wirkende Kraft dessen Form ändern.

Was ist Masse?

Die Masse ist ein Maß dafür, wie sehr ein Körper einer Kraft widerstehen kann. Ein Körper mit großer Masse enthält mehr Materie als einer mit einer kleineren. Eine Kraft, die auf eine große Masse wirkt, führt zu einer geringeren Beschleunigung, als wenn sie auf eine kleine Masse wirken würde.

Die **Masse** eines Körpers wird in den **Einheiten** Milligramm, Gramm, Kilogramm und Tonne angegeben.

◁ **Trägheit**
Die Trägheit der Masse beschreibt die Neigung eines Körpers in Ruhe an seinem Ort zu verharren oder sich gleich schnell in gleicher Richtung weiterzubewegen. So bleibt das Geschirr stehen, wenn man das Tischtuch ruckartig darunter wegzieht.

Reibung und Widerstand

In der Natur ist nichts völlig glatt. Wenn Körper übereinander gleiten, wirkt auf den unebenen Oberflächen eine Kraft entgegen der Bewegungsrichtung. Diese Bremskraft kennt man als Reibung. Ein ähnliches Phänomen ist der Luft- oder Wasserwiderstand, der bei einer Bewegung durch Luft oder Wasser auftritt. Auch hier wird die Bewegung gebremst.

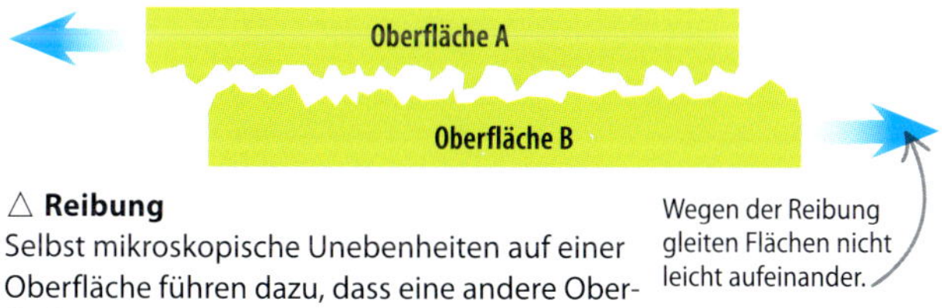

△ **Reibung**
Selbst mikroskopische Unebenheiten auf einer Oberfläche führen dazu, dass eine andere Oberfläche sich darin „verhakt". So entsteht Reibung.

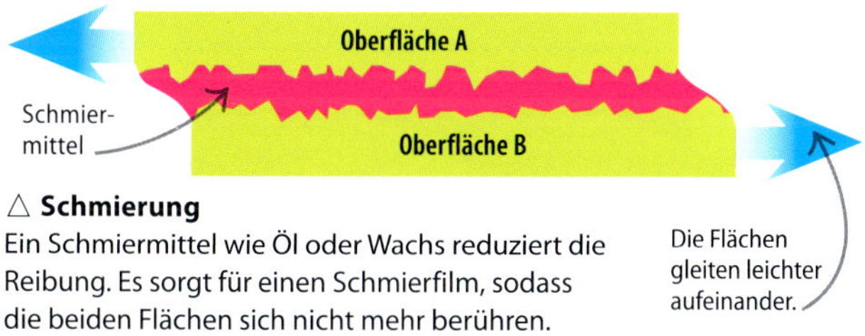

△ **Schmierung**
Ein Schmiermittel wie Öl oder Wachs reduziert die Reibung. Es sorgt für einen Schmierfilm, sodass die beiden Flächen sich nicht mehr berühren.

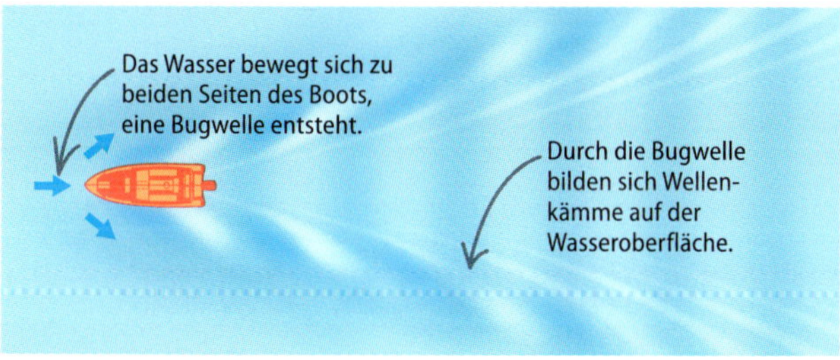

△ **Wasserwiderstand**
Wenn sich ein Boot durch das Wasser bewegt, drückt es vorne Wasser zur Seite. Das Wasser leistet Widerstand und bildet eine Bugwelle.

INTERESSANT!

Reifenprofil

Ohne Reibung wäre der Straßenverkehr unmöglich. Das Profil eines Reifens beispielsweise soll die Reibungskraft zwischen dem Rad und der Straße erhöhen, damit die Antriebs- und die Seitenführungskräfte übertragen werden können. Aus dem gleichen Grund haben Laufschuhe eine raue Sohle.

Effektivkräfte

Mehrere Kräfte können gleichzeitig auf einen Körper wirken, aber dieser kann manchmal nicht auf jede einzelne davon reagieren. In solchen Fällen werden die Kräfte so kombiniert, dass eine einzige Wirkung erzielt wird. Es scheint dann, als würde nur eine einzige Kraft wirken – die effektive oder resultierende Kraft.

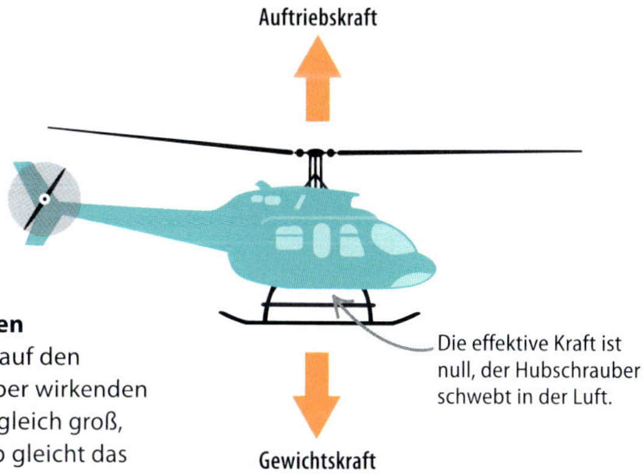

▷ **Schweben**
Die beiden auf den Hubschrauber wirkenden Kräfte sind gleich groß, der Auftrieb gleicht das Gewicht aus.

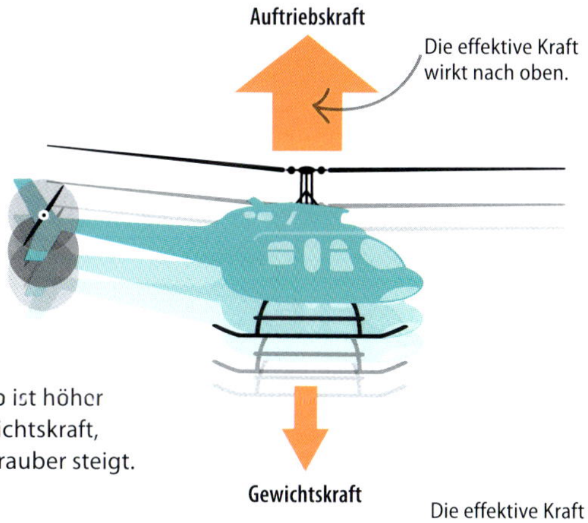

▷ **Steigen**
Der Auftrieb ist höher als die Gewichtskraft, der Hubschrauber steigt.

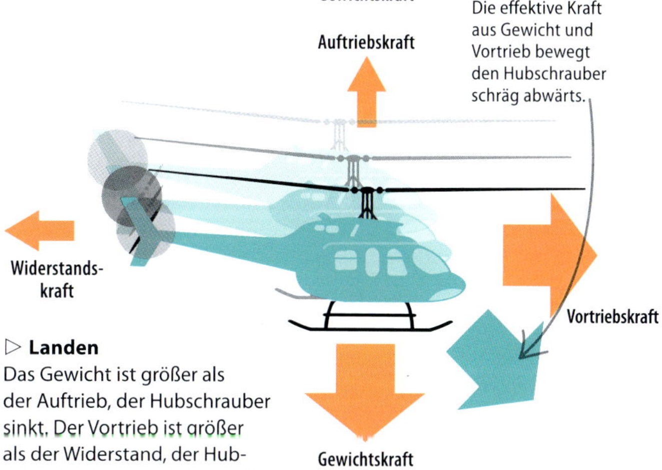

▷ **Landen**
Das Gewicht ist größer als der Auftrieb, der Hubschrauber sinkt. Der Vortrieb ist größer als der Widerstand, der Hubschrauber bewegt sich vorwärts.

Dehnung und Verformung

KRÄFTE KÖNNEN KÖRPER NICHT NUR VON EINEM ORT ZUM ANDEREN BEWEGEN, SONDERN AUCH DEREN FORM ÄNDERN.

SIEHE AUCH
❮ 96–97 Eigenschaften der Materie
❮ 98–99 Zustand der Materie
❮ 164–165 Polymere und Kunststoffe
❮ 180–181 Kräfte und Massen

Wenn eine Kraft auf einen Körper wirkt, der sich nicht bewegen kann, oder wenn viele Kräfte in unterschiedliche Richtungen wirken, bewegen sich die Bestandteile des Körpers aufeinander zu oder voneinander fort, sodass sich seine Form ändert.

Verschiedene Verzerrungen

Welche Art von Verzerrung eines Körpers vorliegt, hängt von der Anzahl, den Richtungen und der Stärke der wirkenden Kräfte sowie vom Aufbau und der Zusammensetzung des Körpers ab. Viele Körper brechen oder splittern, wenn starke Kräfte auf sie wirken, sie sind spröde. Andere Körper sind verformbar, etwa Modellierton.

Graphen ist ein **überaus festes** und **elastisches** Material. Es besteht aus Einzellagen von Kohlenstoffatomen, die zu Sechsecken verbunden sind.

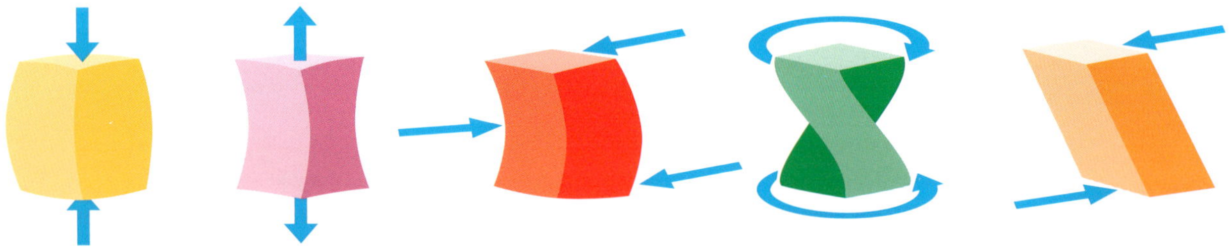

△ **Kompression**
Zwei oder mehr entgegengesetzte Kräfte, die nach innen wirken, komprimieren den Körper. An den Seiten wölbt er sich.

△ **Zugspannung**
Zwei oder mehr entgegengesetzte Kräfte, die nach außen wirken, bewirken eine Zugspannung. Elastische Körper werden dadurch gedehnt.

△ **Biegung**
Wenn mehrere Kräfte an verschiedenen Stellen eines Körpers angreifen, bricht ein spröder Körper, ein verformbarer Körper biegt sich. Viele Stoffe, etwa Holz, biegen sich erst, dann brechen sie.

△ **Torsion**
Entgegengesetzte Drehkräfte oder Drehmomente, die an verschiedenen Stellen eines Körpers angreifen, können einen Körper verdrillen.

△ **Scherung**
Wenn entgegengesetzte Kräfte an den Enden eines nicht drehbaren Körpers angreifen, bewegen sich die Enden in entgegengesetzte Richtungen.

Verformung

Eine Kraft, die einen Körper verformt, wird als Spannung bezeichnet, die durch sie bewirkte Formänderung nennt man Deformation oder Dehnung. Für einen Körper unter Spannung gibt es drei Möglichkeiten: Er kann brechen, er kann seine Form dauerhaft ändern („plastischer Körper"), oder er nimmt seine ursprüngliche Form wieder an, wenn die Spannung zurückgeht („elastischer Körper").

▷ **Spannungs-Dehnungs-Kurve**
Bei kleinen Verzerrungen verhalten sich viele Materialien elastisch, bei größeren eher plastisch, bis sie brechen. Die dazu nötigen Kräfte sind sehr unterschiedlich und hängen vom Material ab.

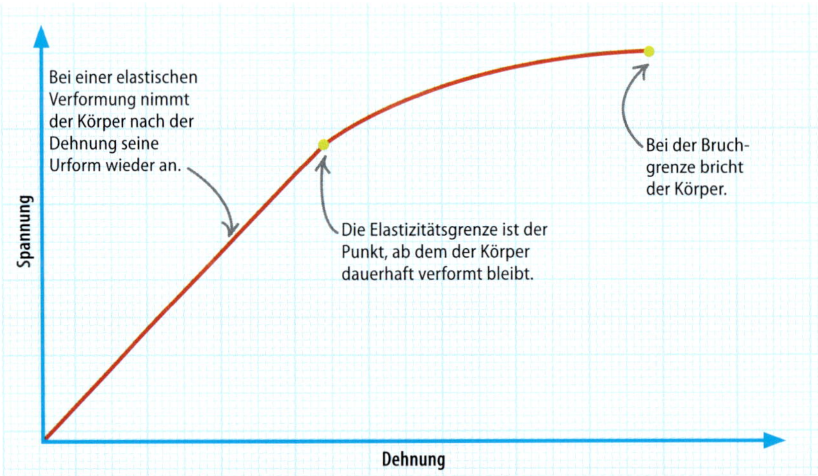

Das Hooke'sche Gesetz

Der englische Naturforscher Robert Hooke (1635–1703) entdeckte das nach ihm benannte Elastizitätsgesetz. Demnach ist die Längenänderung einer Feder oder ähnlicher Objekte direkt proportional zu der auf sie wirkenden Kraft. Das Gesetz gilt nur bis zur Elastizitätsgrenze der Feder. Ist diese Grenze erreicht oder überschritten, bleibt die Feder dauerhaft verformt.

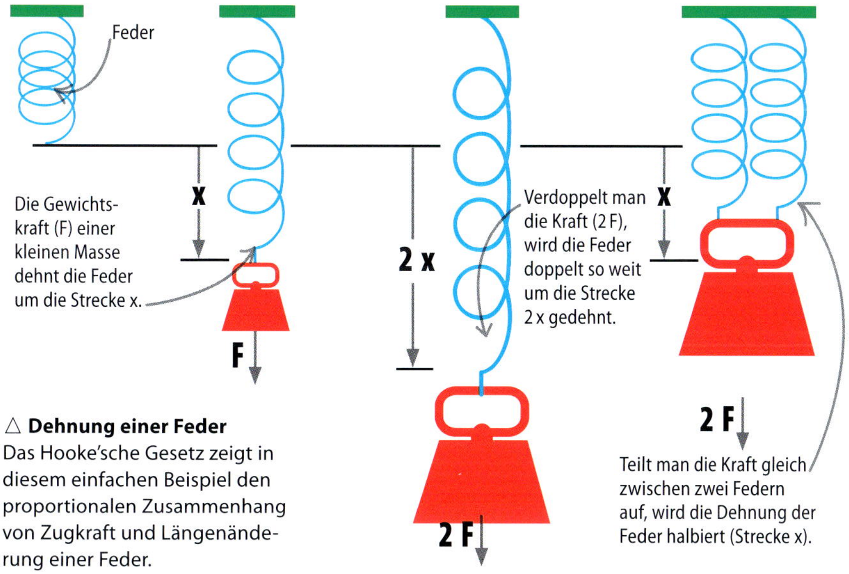

△ **Dehnung einer Feder**
Das Hooke'sche Gesetz zeigt in diesem einfachen Beispiel den proportionalen Zusammenhang von Zugkraft und Längenänderung einer Feder.

INTERESSANT!

Bungeespringen

Beim Bungeespringen kann man kein normales Seil verwenden, denn es würde den Fall mit einem gefährlichen Ruck plötzlich bremsen. Die elastischen Seile (aus Gummi) bremsen den Fall langsamer, weil die Bewegungsenergie langsam in die Dehnung des Seils umgewandelt wird.

Elastizitätsmodul

Die Elastizität eines Körpers hängt von seiner Form, Größe und Struktur ab. Der englische Gelehrte Thomas Young (1773–1829) entwickelte eine Kenngröße, den Elastizitätsmodul, mit der man verschiedene Materialien vergleichen kann.

Steifigkeit ausgewählter Stoffe	
Gummi	0,01–0,1
Nylon	3
Eichenholz	11
Gold	78
Glas	80
Edelstahl	215,3

△ **Maß für die Steifigkeit**
Der Elastizitätsmodul wird in Gigapascal (GPa) gemessen. Je höher der Zahlenwert, umso weniger elastisch (steifer) ist das Material.

Materialeigenschaften

Viele Eigenschaften von Materialien hängen damit zusammen, wie sie sich unter einer mechanischen Spannung verformen. Außerdem spielen die Moleküle des Materials eine Rolle, aber auch Form und Abmessungen größerer Bereiche im Innern des Materials, etwa Kristalle oder Fasern.

Verhalten von Materialien unter Spannung	
Hart	Schwer zu ritzen oder zu dellen
Fest	Schwer zu brechen oder zu verformen
Plastisch	Form ändert sich unter einer Spannung dauerhaft.
Elastisch	Nimmt nach Wegnahme der Spannung wieder alte Form und Maße an.
Spröde	Kaum verformbar, zersplittert unter einer Spannung.
Duktil	Lässt sich zu einem Draht ziehen.
Geschmeidig	Lässt sich in Form hämmern (schmieden).

△ **Materialbeschreibungen**
Mit diesen Begriffen beschreibt man das Verhalten von Materialien unter Spannung. Viele Materialien ändern ihr Verhalten mit der Temperatur. So ist warmes Gummi elastisch, tiefgefrorenes Gummi hingegen spröde.

Geschwindigkeit und Beschleunigung

SIEHE AUCH

❮ **180–181** Kräfte und Massen

Gravitation **186–187** ❯

Die Bewegungsgesetze **188–189** ❯

Bewegung verstehen **190–191** ❯

Wenn ein Körper sich bewegt und dabei Tempo oder Richtung ändert, beschreibt man seine Bewegung mithilfe von Geschwindigkeit und Beschleunigung.

Tempo und Geschwindigkeit

Im Alltag gibt eine Geschwindigkeit (Tempo) an, wie schnell eine Strecke zurückgelegt wird. Man misst sie z. B. in Kilometer pro Stunde (km/h). In der Physik bedeutet Geschwindigkeit aber meist Geschwindigkeit in eine Richtung. Man spricht dann vom Geschwindigkeitsvektor.

Schnelligkeit der Bewegung (km / h)

Strecke zwischen Punkten auf einer geraden Linie (km)

$$\text{Geschwindigkeit} = \frac{\text{Strecke}}{\text{Zeit}}$$

Zeit für den Weg zwischen zwei Punkten (Stunde, h)

◁ **Zunehmende Geschwindigkeit** Die Zunahme der Geschwindigkeit heißt Beschleunigung. Sie wird durch eine Kraft bewirkt.

◁ **Richtungsänderung** Das Auto bleibt gleich schnell (60 km / h) und wechselt die Spur. Das Tempo bleibt gleich, aber der Geschwindigkeitsvektor ändert sich.

◁ **Abnehmende Geschwindigkeit** Beim Abbremsen bezeichnet man die Geschwindigkeitsänderung als Verzögerung.

Relativgeschwindigkeit

Die Relativgeschwindigkeit gibt an, wie schnell ein Körper im Vergleich zu einem anderen ist. Wenn beide sich in dieselbe Richtung bewegen, berechnet man die Relativgeschwindigkeit, indem man die Geschwindigkeit des langsameren Körpers von der des schnelleren abzieht. Bewegen sich die Körper auf demselben Weg in entgegengesetzte Richtung, stoßen sie zusammen. Ihre Relativgeschwindigkeit ist die Summe der beiden einzelnen Geschwindigkeiten.

▷ **Relativgeschwindigkeit null** Läufer A läuft genauso schnell wie Läufer B, ihre Relativgeschwindigkeit ist 0 km/h.

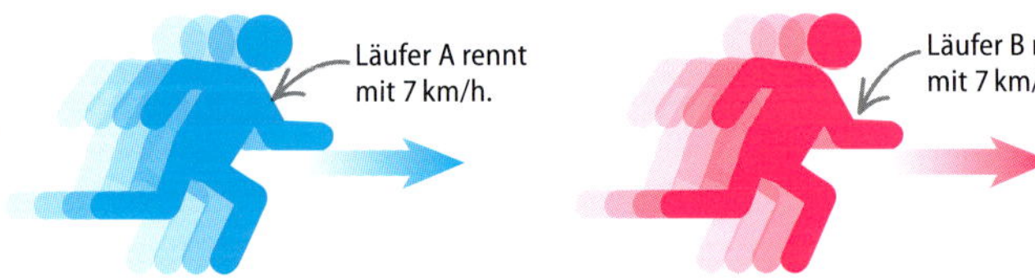

▷ **Aufholen** Läufer A holt B irgendwann ein, weil seine Geschwindigkeit 1 km/h höher ist.

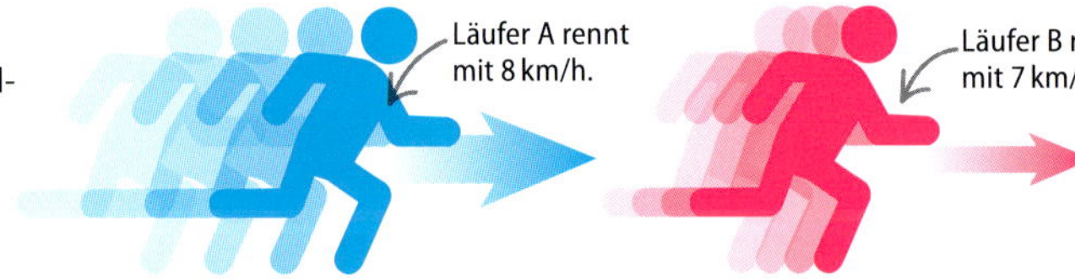

▷ **Zusammenstoß droht** Läufer A und B laufen in entgegengesetzte Richtung. Ihre Relativgeschwindigkeit ist 14 km/h.

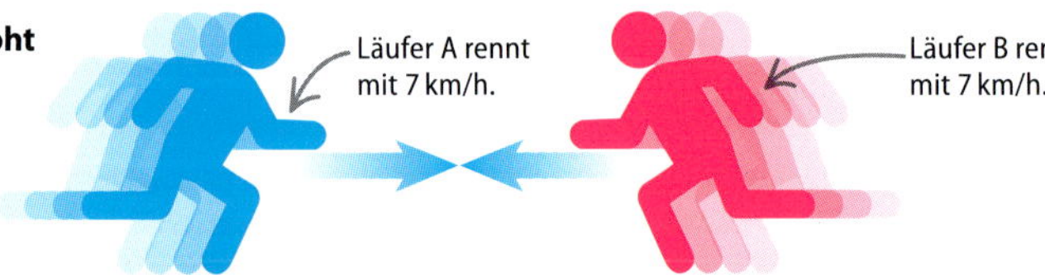

Geschwindigkeitsänderung

Die Beschleunigung ist ein Maß dafür, wie schnell sich die Geschwindigkeit ändert, d.h. wie lange ein Körper braucht, bis er eine höhere oder niedrigere Geschwindigkeit hat als zuvor. Man berechnet sie, indem man den Startwert (V_1) vom Endwert (V_2) der Geschwindigkeit abzieht und das Ergebnis durch die benötigte Zeit teilt.

Änderungsrate der Geschwindigkeit (Meter pro Sekunde pro Sekunde)

Geschwindigkeitsänderung (Meter pro Sekunde)

Zeit für die Geschwindigkeitsänderung (Sekunde)

$$\text{Beschleunigung} = \frac{V_2 - V_1}{\text{Zeit}}$$

▷ **Motorrad gegen LKW**
Der Graph zeigt die größere Beschleunigung des Motorrads im Vergleich zum LKW, bis beide mit derselben Geschwindigkeit fahren.

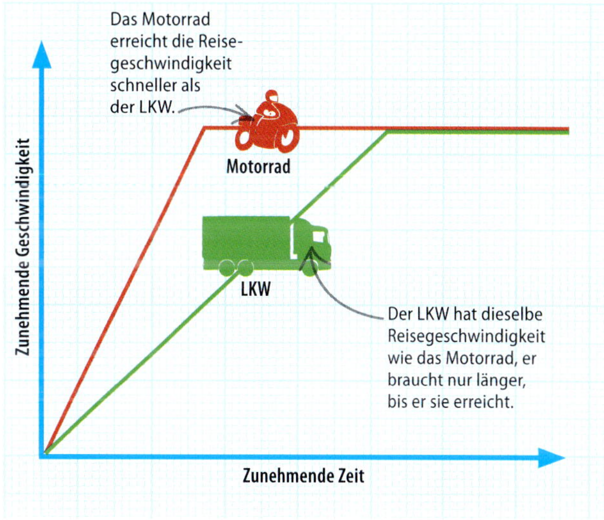

Schwingungen

Eine Schwingung ist eine gleichmäßige Bewegung um ein Zentrum. Ob die Bewegung eines Uhrenpendels, eines Massestücks an einer Feder oder die Vibration eines Moleküls – die Bewegung wird durch regelmäßige Beschleunigungen und Verzögerungen hervorgerufen. Die mittlere Geschwindigkeit dabei ist null, weil der Körper immer wieder zum Zentrum zurückkehrt. Die Ursache der Schwingung sind zwei entgegengesetzte Kräfte, die den Körper zum Zentrum beschleunigen. Die resultierende Geschwindigkeit wechselt ebenso regelmäßig die Richtung.

INTERESSANT!

Zeitmessung

Schwingungen wiederholen sich in konstanten Abständen. Die Zeit für einen kompletten Zyklus heißt (Schwingungs-) Periode. Ein Pendel schwingt mit fester Periode, bei einer Standuhr etwa zwei Sekunden. Bei jeder Schwingung drehen sich die Zahnräder in der Uhr etwas weiter, sodass die Zeiger sich genau richtig weiterbewegen.

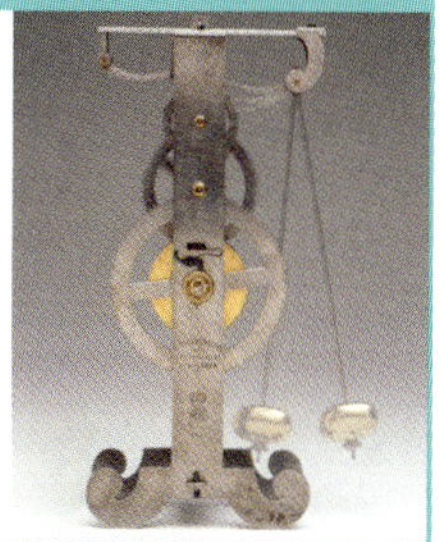

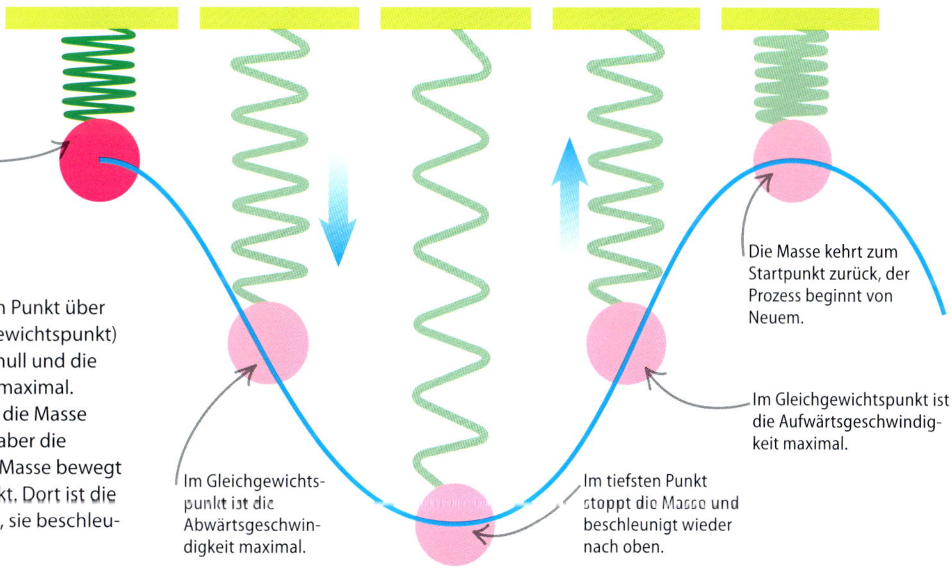

▷ **Auf und Ab**
Wenn die Masse im höchsten Punkt über dem Zentrum (dem Gleichgewichtspunkt) ist, ist ihre Geschwindigkeit null und die Abwärtsbeschleunigung ist maximal. Im Gleichgewichtspunkt hat die Masse maximale Geschwindigkeit, aber die Beschleunigung ist null. Die Masse bewegt sich weiter zum tiefsten Punkt. Dort ist die Geschwindigkeit wieder null, sie beschleunigt in die Gegenrichtung.

Gravitation

DIE GRAVITATIONSKRAFT BEEINFLUSST JEDEN KÖRPER IM GANZEN UNIVERSUM.

SIEHE AUCH

❮ 180–181 Kräfte und Massen
Die Bewegungsgesetze 188–189 ❯
Drehbewegung 191 ❯
Das Sonnensystem I 242–243 ❯

Gravitation ist die Kraft, die die Planeten zusammenhält, sie auf ihre Bahn um die Sonne zwingt und uns auf der Erde hält.

Anziehung

Gravitation ist eine Anziehungskraft. Sie ist aber sehr schwach und wird erst merklich, wenn einer der Körper riesig (z.B. ein Planet) ist. Erst ein Genie wie Isaac Newton erkannte, dass die Gravitation zwischen allen Körpern wirkt, egal wie groß sie sind.

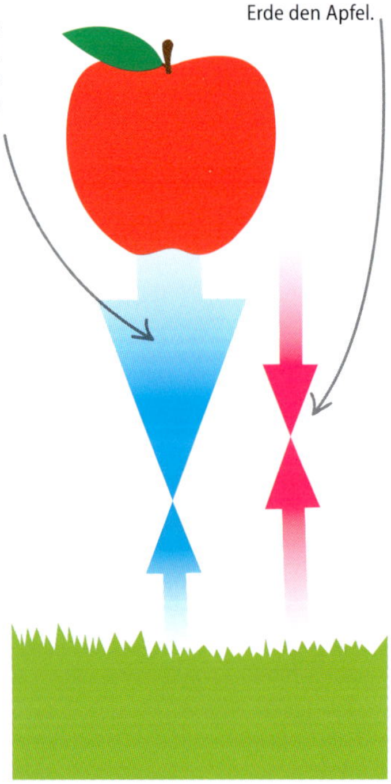

▷ **Der fallende Apfel**
Wegen der Gravitation zieht ein Apfel die Erde mit derselben Kraft an wie die Erde den Apfel. Aber die große Erde wird viel weniger beschleunigt als der Apfel und bewegt sich nur ein unmessbar kleines Stück nach oben, während der Apfel eine viel längere Strecke fällt.

Die Physiker glauben, dass die Gravitationskraft durch winzige Teilchen – sogenannte **Gravitonen** – übertragen wird. Diese wurden jedoch noch nie gefunden.

Das Gravitationsgesetz

Isaac Newton entdeckte, dass die Gravitation auf alle Körper im Universum wirkt. Er fand heraus, dass die Gravitationskraft zwischen zwei Körpern von deren Masse und ihrem Abstand abhängt. Er zeigte auch, dass kugelförmige Körper (z.B. Planeten) sich verhalten, als sei ihre Masse in ihrem Mittelpunkt konzentriert.

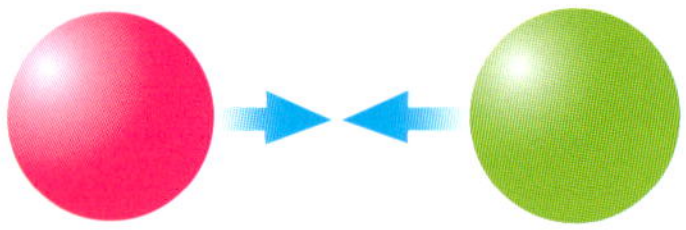

△ **Anziehung**
Durch die Gravitationskraft ziehen sich alle Körper gegenseitig an. Die beiden Körper hier haben die gleiche Masse und erfahren eine Anziehungskraft.

△ **Doppelte Masse**
Ändert man die Masse der beiden Körper (hier wird sie verdoppelt), so ist die Anziehungskraft zwischen ihnen viermal so groß.

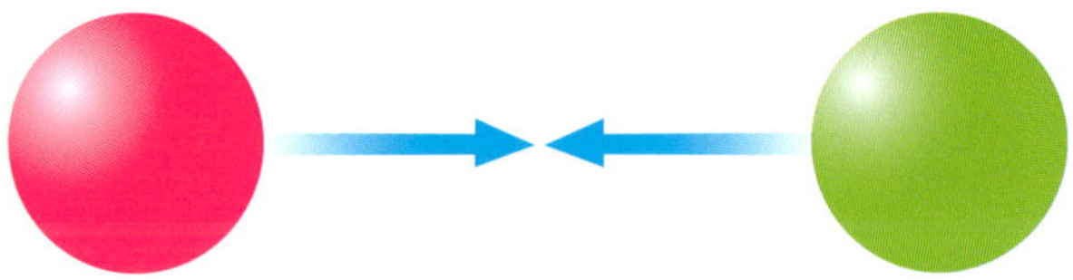

△ **Größerer Abstand**
Ändert man den Abstand der beiden Körper (hier wird er verdoppelt), so verringert sich die Anziehungskraft auf ein Viertel.

Gewicht und Masse

Gewicht und Masse ist nicht dasselbe. Masse ist die Menge an Materie, die ein Körper enthält. Gewicht ist die Kraft, mit der die Erde den Körper anzieht. Ändert sich die Gravitationskraft (z.B. auf einem anderen Planeten), hat ein Körper zwar dieselbe Masse, aber ein anderes Gewicht.

Ein Mensch von **40 Kilogramm** würde auf der Sonne die Gewichtskraft **einer Tonne** erfahren – wenn er dort stehen könnte.

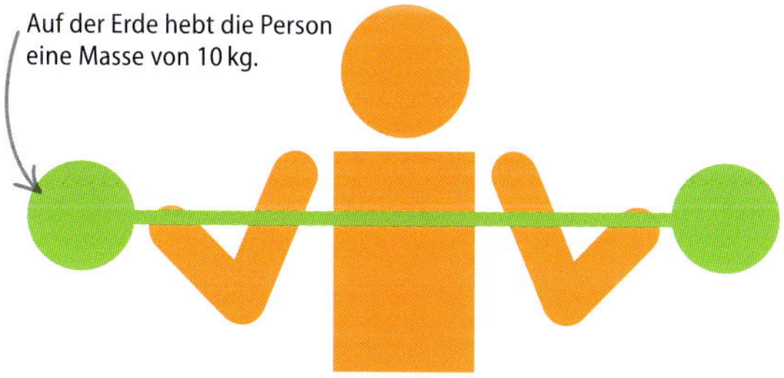

△ **Auf der Erde**
Will man eine Hantel heben, muss man eine größere Kraft aufwenden als die Gewichtskraft der Hantel. Der Gewichtheber hier hält eine Hantel mit einer Gesamtmasse von 10 kg.

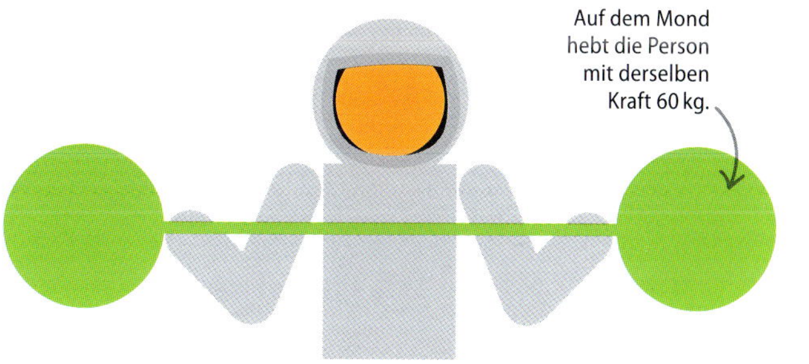

△ **Auf dem Mond**
Auf dem Mond beträgt die Gravitation nur ein Sechstel derjenigen auf der Erde. Der Gewichtheber kann also mit derselben Kraft auf der Erde 10 kg und auf dem Mond 60 kg heben.

Ballistik

Wirft man einen Ball schräg nach oben, kehrt er durch die Gravitationskraft wieder zum Boden zurück. Gleichzeitig wird seine Vorwärtsbewegung durch den Luftwiderstand gebremst. Ohne Atmosphäre hätte der Ball eine höhere Reichweite.

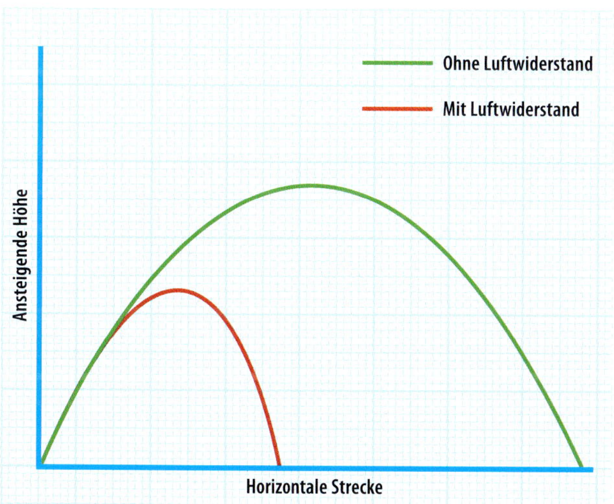

△ **Luftwiderstand und Bewegung**
Auf der Erde bremst der Luftwiderstand die Bewegung des Balls (rote Linie). Ohne Luftwiderstand, etwa auf dem Mond, bewegt sich der Ball auf einer Parabel (grüne Linie) – die Geschwindigkeit in horizontaler Richtung bleibt gleich, hinzu kommt eine Auf- und Abwärtsbewegung.

Umlaufbahn

Je stärker man einen Körper wirft, umso schneller und weiter bewegt er sich, bevor seine Bahn ihn wieder zum Boden führt. Wirft man nur stark genug, wird er so schnell, dass er die Gravitationskraft überwindet. Er landet dann nie mehr, sondern umkreist die Erde.

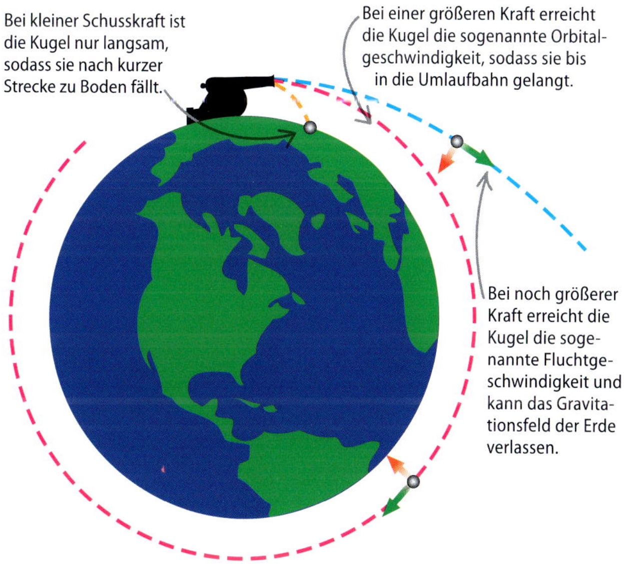

△ **Newtons Satellit**
Isaac Newton zeigte, dass eine mit genügend großer Kraft abgefeuerte Kanonenkugel so schnell wird, dass sie die Erde umkreisen oder die Umlaufbahn sogar verlassen kann.

Die Bewegungsgesetze

DIESE GESETZE ERKLÄREN, WIE KRÄFTE AUF KÖRPER WIRKEN.

Wenn eine Kraft auf einen frei beweglichen Körper wirkt, bewegt sich der Körper entsprechend den drei Newton'schen Bewegungsgesetzen.

SIEHE AUCH
❮ 38–39 Bewegung
❮ 180–181 Kräfte und Massen
❮ 184–185 Geschwindigkeit und Beschleunigung
Bewegung verstehen 190–191 ❯

Eine neue Richtung für die Physik

Als Isaac Newton (1643–1727) seine Bewegungsgesetze 1687 veröffentlichte, gab er die Richtung der Physik für die nächsten zwei Jahrhunderte vor. Die Gesetze besagen: Sind die Kräfte auf einen Körper ausgeglichen, ändert sich dessen Bewegung nicht. Erst wenn die Kräfte nicht ausgeglichen sind, gibt es eine Gesamtkraft in eine Richtung, die die Geschwindigkeit und Richtung der Bewegung ändert. Newton erkannte auch den komplizierten Zusammenhang von Kräften und Körpern, der im Wesentlichen auf Reibung und Luftwiderstand zurückgeht. Ohne diese Effekte wären die Bewegungen weit einfacher. Am offensichtlichsten gelten seine Gesetze für Körper im All, etwa Planeten und Raumschiffe.

INTERESSANT!

Raketenstart

Die Newton'schen Bewegungsgesetze können auch erklären, wie eine Rakete sich bewegt. Vor dem Start wirkt keine Kraft auf die Rakete, sie steht still. Beim Start erzeugen die Motoren eine Kraft, die die Rakete abheben lässt: Die Gase werden nach unten ausgestoßen, eine gleich große Kraft schiebt die Rakete nach oben.

Das erste Bewegungsgesetz

Nach dem ersten Bewegungsgesetz bleibt jeder Körper in Ruhe oder bewegt sich geradlinig mit konstanter Geschwindigkeit, solange keine äußere Kraft auf ihn wirkt. Ein Fußball bleibt also liegen, bis man ihn tritt, und bewegt sich dann solange weiter, bis andere Kräfte ihn stoppen.

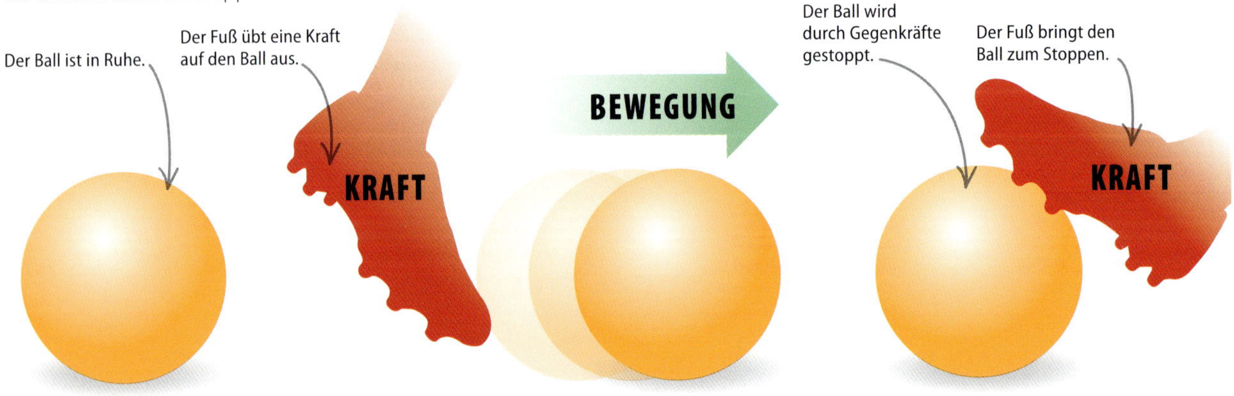

△ **In Ruhe**
Auf den Ball wirkt zwar die Gravitationskraft, aber der Boden darunter hindert ihn, nach unten zu fallen. Er bleibt also in Ruhe.

△ **Eine Kraft wirkt**
Durch einen Stoß mit dem Fuß wirkt eine Kraft auf den Ball. Solange der Fuß den Ball berührt, wird er dadurch beschleunigt.

△ **Bewegung wird angehalten**
Der Ball wird sofort nach dem Schuss durch Reibung und Luftwiderstand abgebremst. Seine Bewegung wird gestoppt, wenn er auf einen ruhenden Körper (den Fuß) trifft.

Das zweite Bewegungsgesetz

Wenn eine Kraft auf einen Körper wirkt, dann bewegt er sich dem zweiten Gesetz zufolge in die Richtung der Kraft. Je größer die Kraft ist, die auf den Körper wirkt, umso größer ist seine Beschleunigung. Je mehr Masse ein Körper hat, umso größer muss die Kraft sein, um ihn zu beschleunigen.

Produkt von Masse und Beschleunigung (Newton, N)

Menge an Materie, die ein Körper enthält (Kilogramm, kg).

Änderung der Geschwindigkeit pro Zeit (Meter pro Sekunde pro Sekunde, m/s²)

Kraft = Masse · Beschleunigung

▷ **Kleine Masse, kleine Kraft**
Eine Kraft von 1 N, die auf eine Masse von 1 kg wirkt, erzeugt eine Beschleunigung von 1 m/s² – die Geschwindigkeit nimmt pro Sekunde um 1 m/s zu.

▷ **Kleine Masse, mittlere Kraft**
Eine Kraft von 2 N, die auf eine Masse von 1 kg wirkt, erzeugt eine Beschleunigung von 2 m/s².

▷ **Doppelte Masse, große Kraft**
Eine Kraft von 8 N, die auf eine Masse von 2 kg wirkt, erzeugt eine Beschleunigung von 4 m/s².

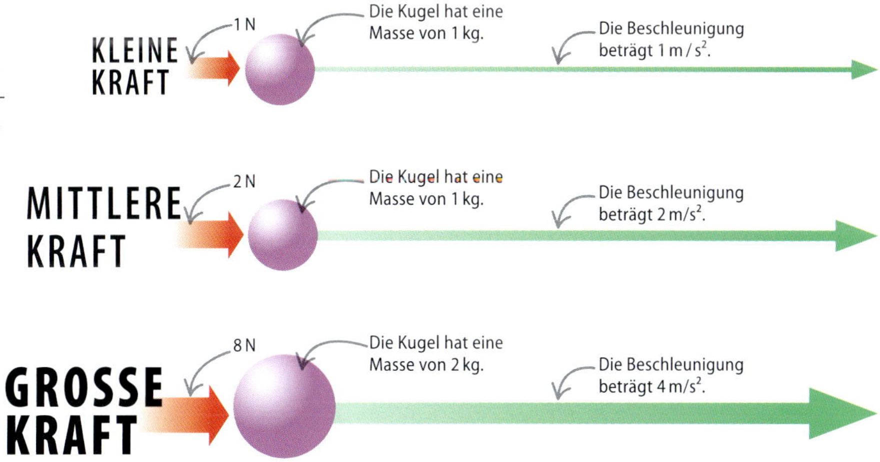

Das dritte Bewegungsgesetz

Das dritte Bewegungsgesetz besagt, dass jeder Körper auf die Kraft reagiert, die auf ihn wirkt. Die Reaktionskraft ist genauso groß wie die Aktionskraft, wirkt aber in entgegengesetzte Richtung. In der Abbildung stehen zwei Personen gleicher Masse auf Skateboards, was die Reibung reduziert. Wenn sie gegeneinander drücken (Aktion), bewegen sie sich in entgegengesetzter Richtung auseinander (Reaktion).

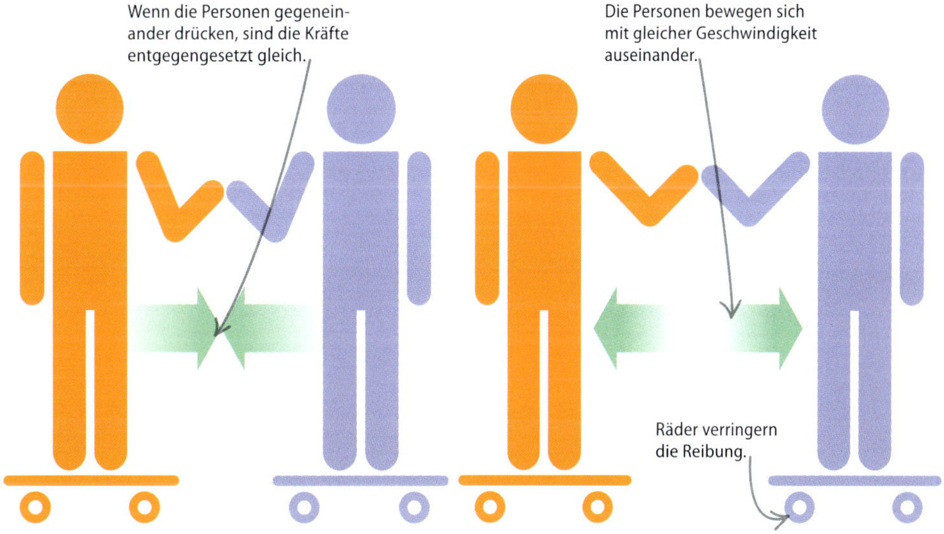

△ **Aktion**
Das dritte Gesetz gilt, wenn eine Kraft zwischen zwei Objekten wirkt. Selbst wenn die zweite Person nicht zurückdrücken will, wird ihr Körper auf die Kraft immer gleich reagieren.

△ **Reaktion**
Wenn zwei Personen auf ihren Skateboards gegeneinander drücken, sind die Kräfte zwischen ihnen entgegengesetzt gleich. Da ihre Massen gleich sind, bewegen sie sich mit der gleichen Geschwindigkeit voneinander fort.

Bewegung verstehen

KRÄFTE KÖNNEN ENERGIE ÜBERTRAGEN, SODASS KÖRPER SICH BEWEGEN.

Kräfte wirken nur selten einzeln und entlang gerader Linien. Um Bewegungen zu verstehen, muss man weitere Konzepte anwenden.

SIEHE AUCH
❮ 176–177 Energie
❮ 180–181 Kräfte und Massen
❮ 184–185 Geschwindigkeit und Beschleunigung
❮ 186–187 Gravitation
❮ 188–189 Die Bewegungsgesetze
Das Sonnensystem I 242–243 ❯

Impuls

Ein bewegter Körper „hat Schwung", er trägt einen Impuls. Die Bewegung geht weiter, bis eine Kraft sie stoppt. Wer etwa einen Ball fängt, muss Kraft aufwenden, um den Impuls zu vernichten und die Bewegung zu stoppen. Wenn aber der Ball auf die Hand trifft, übt er eine Kraft auf die Hand aus, sodass sich deren Impuls ändert. Der Impuls, den die Hand gewinnt, ist gleich dem Impuls, den der Ball verliert. Man berechnet den Impuls eines Körpers, indem man seine Masse mit seiner Geschwindigkeit multipliziert – der Impuls ist umso größer, je mehr Masse der Körper hat und je schneller er ist. Die Impulserhaltung (Bild rechts) zeigt, dass Energie nie erzeugt oder vernichtet, sondern nur zwischen Körpern übertragen wird.

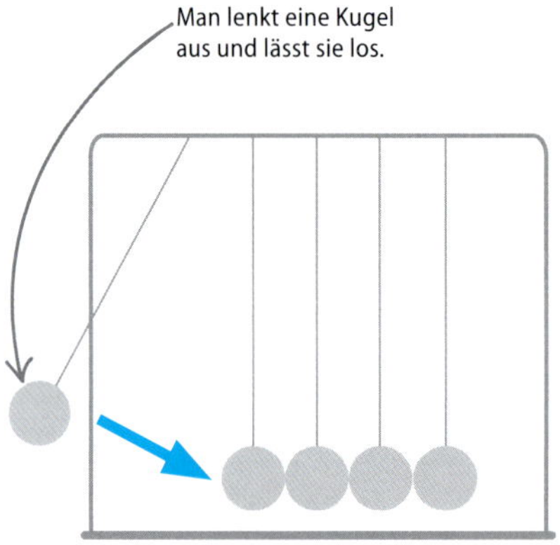

△ **Aktion: Stoß**
Wenn die linke Kugel auf die anderen Kugeln trifft, geht ihre Geschwindigkeit zurück, ihr Impuls fällt auf null.

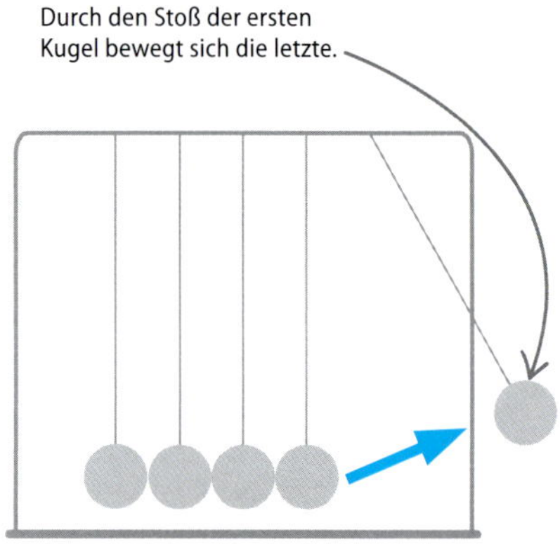

△ **Reaktion: Bewegung**
Der Impuls der ersten Kugel geht durch die Reihe hindurch, bis er die rechte Kugel erreicht und sie bewegt.

Kinetische Energie

Die Bewegungsenergie eines Körpers wird als kinetische Energie bezeichnet. Je schneller er sich bewegt, umso höher ist sie. Körper können eine große kinetische Energie haben, auch wenn ihre Masse nur gering ist. So hatte der Asteroid, nach dessen Aufprall auf die Erde vor etwa 65 Mio. Jahren die Dinosaurier ausstarben, sehr viel kinetische Energie, obwohl seine Masse relativ klein war. Er schlug mit etwa 30 Kilometern pro Sekunde auf der Erde ein – seine kinetische Energie entsprach etwa der von einer Mio. Schnellzügen.

Zweck eines Motors ist es, die Energie des Treibstoffs (oder der Batterie) in kinetische Energie umzusetzen.

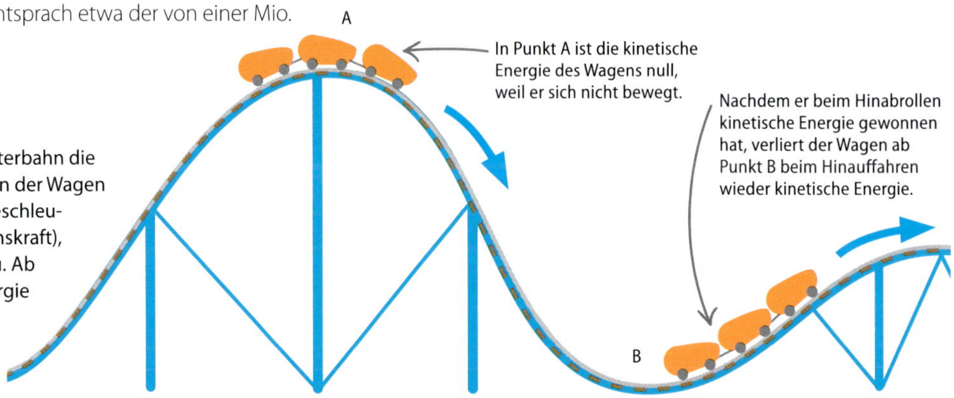

▷ **Achterbahn**
In Punkt A hat der Wagen der Achterbahn die kinetische Energie null. Doch wenn der Wagen auf eine hohe Geschwindigkeit beschleunigt (hier aufgrund der Gravitationskraft), nimmt seine kinetische Energie zu. Ab Punkt B nimmt die kinetische Energie wieder ab, weil der Wagen durch die Schwerkraft verzögert wird, wenn er die Rampe hinauffährt.

Drehmoment

Der Begriff Drehmoment beschreibt die „Drehkraft" einer Kraft, d. h. die Fähigkeit, eine Drehbewegung (statt einer Geradeausbewegung) hervorzurufen. Das Drehmoment hängt von der Stärke der Kraft und dem Abstand vom Drehpunkt ab: Greift die Kraft weit weg vom Drehpunkt an, ist das Drehmoment größer. Man berechnet das Drehmoment als Produkt aus Kraft und Abstand.

Der griechische Mathematiker **Archimedes** (287–212 v. Chr.) sagte: „Gebt mir einen festen Punkt und einen langen Hebel, dann hebe ich die Welt aus den Angeln."

△ **Großes Drehmoment**
Greift die Kraft am Ende des Schraubenschlüssels an, ist das Drehmoment am größten. So lassen sich festsitzende Muttern leichter lösen.

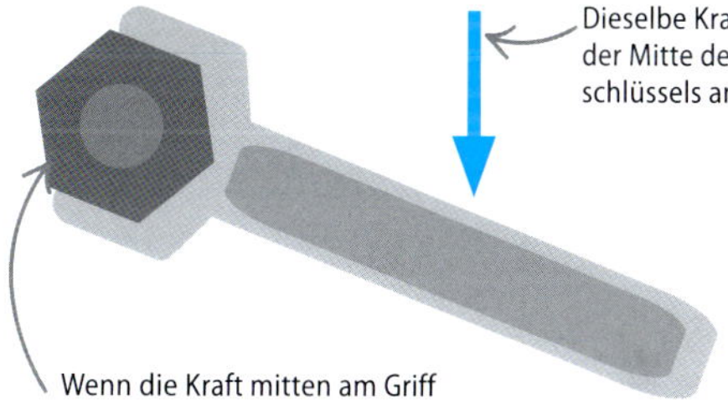

△ **Kleines Drehmoment**
Greift dieselbe Kraft mitten am Griff des Schraubenschlüssels an, ist das Drehmoment kleiner. Man braucht mehr Kraft zum Lösen der Mutter.

Drehbewegung

Wenn ein Körper sich im Kreis bewegt, wirken zwei Kräfte auf ihn: Die Zentripetalkraft zieht ihn Richtung Zentrum, so wie die Gravitation einen Satelliten oder die Schnur einen Schleuderball. Eine zweite, die Zentrifugalkraft, wirkt der Zentripetalkraft entgegen und zieht den Körper nach außen.

▷ **Im Schleudergang**
Der Körper wird in Richtung Kreiszentrum beschleunigt. Das wird durch eine Scheinkraft – die Zentrifugalkraft – ausgeglichen, die auf die Zentripetalkraft reagiert und den Körper daran hindert, das Zentrum zu erreichen. Insgesamt ergibt sich eine Kreisbewegung um das Zentrum.

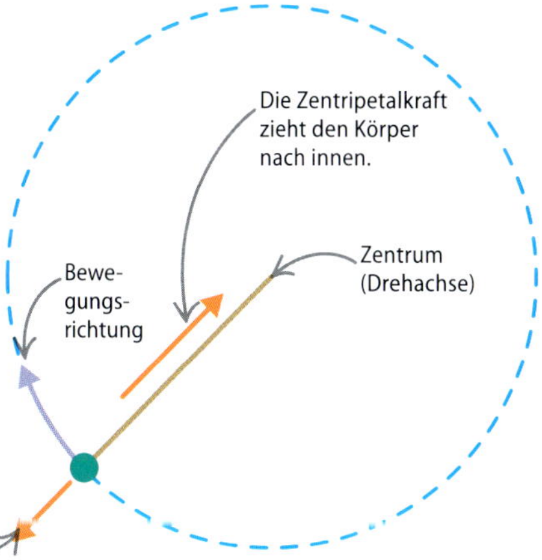

INTERESSANT!

Drehimpuls

Jeder sich drehende Körper hat einen sogenannten Drehimpuls. Er ist proportional zur Masse des Körpers, der Drehgeschwindigkeit und dem mittleren Abstand der Masse von der Drehachse. Die Eisläuferin nutzt dies aus, um die Geschwindigkeit ihrer Pirouetten zu regeln: Mit ausgestreckten Armen ist ein Teil der Masse weit außen, die Drehung ist langsam. Wenn sie die Arme dann anzieht, sitzt die gesamte Masse dicht an der Drehachse, und die Drehung wird schneller.

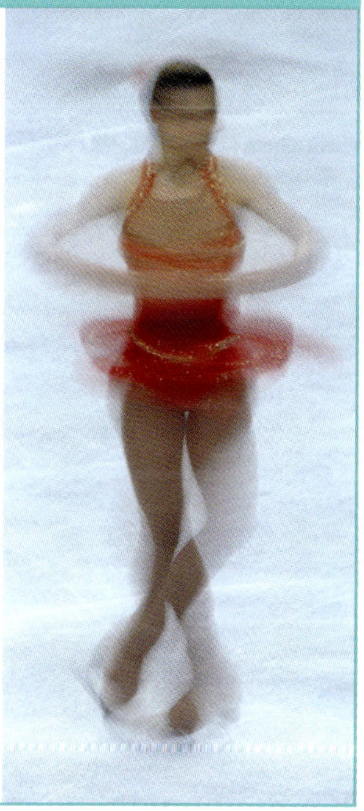

Druck

DRUCK ENTSTEHT, WENN EIN KÖRPER GEGEN DIE OBERFLÄCHE EINES ANDEREN KÖRPERS DRÜCKT.

Ein Druck wirkt auf jedes Medium und kann auch durch jedes Medium ausgeübt werden. Dies gilt auch für Wasser und Luft.

SIEHE AUCH
❮ 98–99 Zustand der Materie
❮ 102–103 Gasgesetze
❮ 136 Reaktivität und Temperatur
❮ 180–181 Kräfte und Massen
Das Wetter 236–237 ❯

Was ist Druck?

Druck ist definiert als Kraft pro Flächeneinheit. Die Druckeinheit ist das Pascal (Pa), d.h. die Kraft von einem Newton pro Quadratmeter. Um den Druck zu berechnen, teilt man die Kraft, die auf einen Körper wirkt, durch die Angriffsfläche.

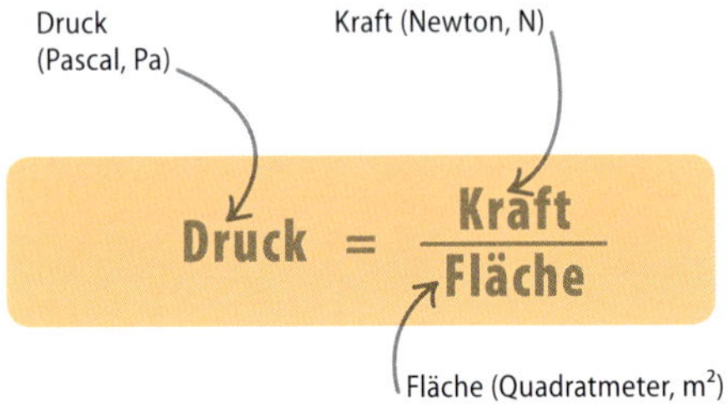

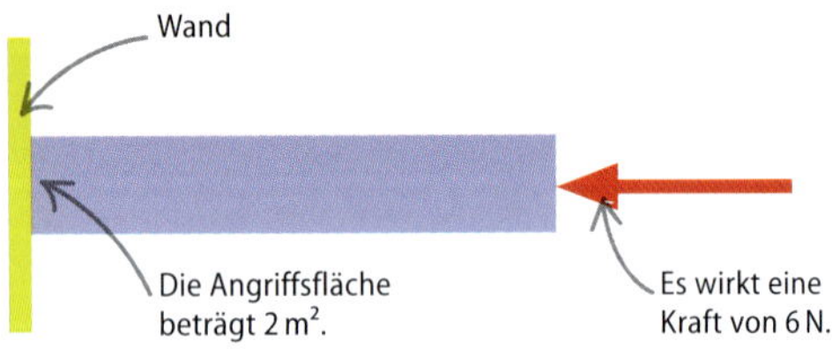

△ **Größere Fläche, kleinerer Druck**
Wenn eine Kraft von 6 N sich auf eine Fläche von $2\,m^2$ verteilt, beträgt der Druck $6\,N / 2\,m^2$, also 3 Pa.

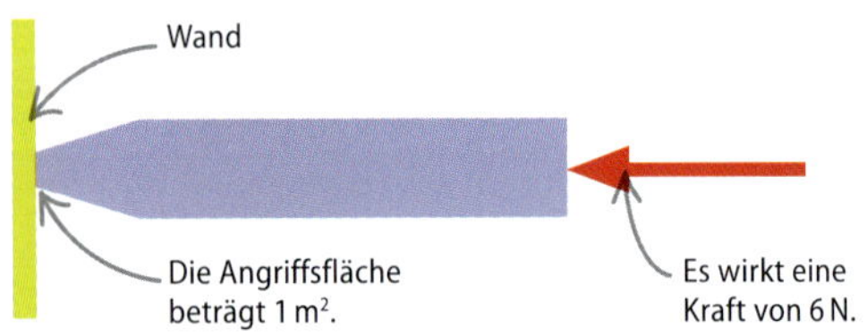

△ **Kleinere Fläche, größerer Druck**
Wenn eine Kraft von 6 N sich auf eine Fläche von $1\,m^2$ verteilt, beträgt der Druck $6\,N / 1\,m^2$, also 6 Pa. Daher sind Nägel und Nadeln spitz: Die kleine Fläche der Spitze übt einen sehr hohen Druck aus, sodass sie leicht eindringen kann.

Der Luftdruck

Auf der Erdoberfläche übt die Atmosphäre einen Druck von etwa 101 000 Pascal auf alle Körper aus. Wir spüren diesen Druck nicht, weil er durch einen entgegengesetzt gleichen Druck im Körperinnern ausgeglichen wird. Je nach Wetterlage und Höhe über dem Erdboden kann sich der Luftdruck lokal ändern. Mit einem Barometer kann man ihn messen.

▽ **Höhe und Luftdruck**
Die Gasmoleküle bewegen sich ständig in alle Richtungen. Wenn sie gegen ein anderes Molekül oder gegen die Gefäßwand stoßen, üben sie einen Druck darauf aus. Die Luftmoleküle dicht am Boden sind ganz unten in der Atmosphäre, alle anderen Moleküle sind über ihnen. Daher ist dort der Druck höher und die Luft ist dichter. Mit steigender Höhe über dem Boden wird die Luft immer dünner.

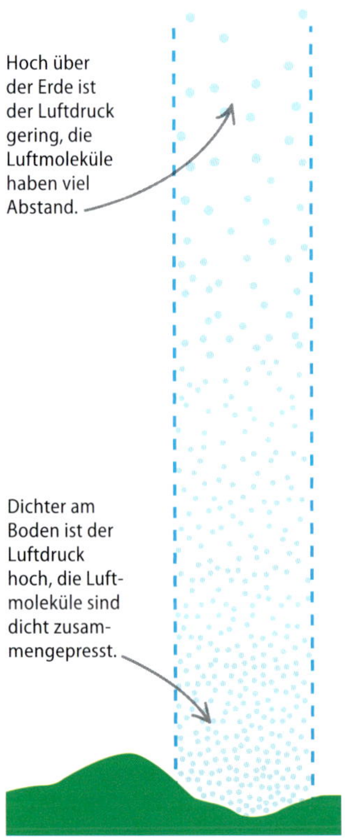

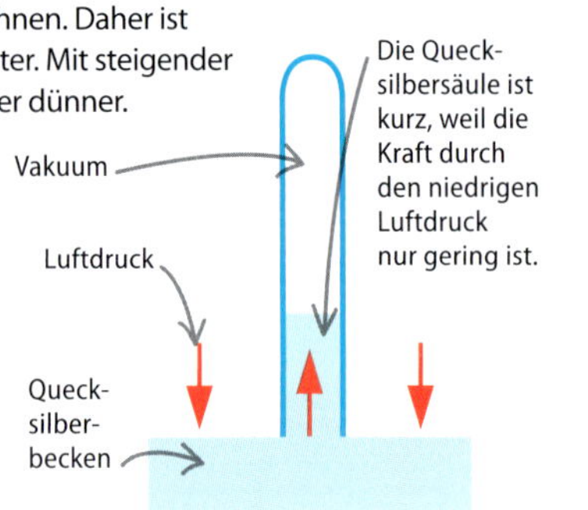

△ **Niedriger Luftdruck**
Ist der Luftdruck über dem Becken niedri übt er nur eine geringe Kraft auf das Quecksilber aus – die Säule bleibt kurz.

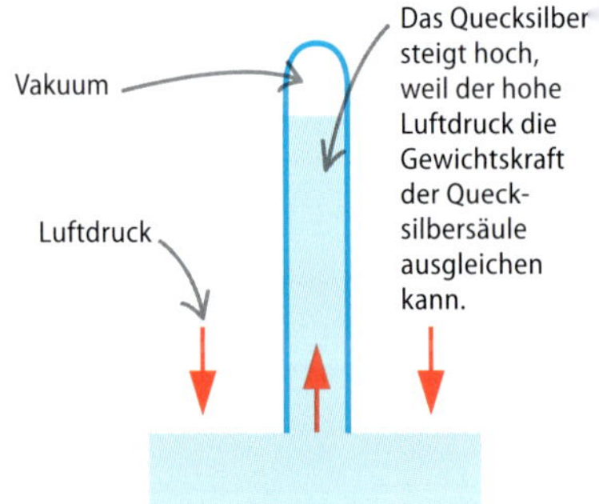

△ **Hoher Luftdruck**
Ist der Luftdruck über dem Becken hoch, drückt er das Quecksilber hoch in das Rohr.

Wasserdruck

Wasser ist viel dichter als Luft. Deswegen steigt unter Wasser der Druck mit der Tiefe sehr rasch an. Auf der Erde beträgt der Wasserdruck in etwa zehn Metern Tiefe eine Atmosphäre (so der Name einer alten Druckeinheit), also etwa der Luftdruck auf Meereshöhe. Bei einer Tiefe von 20 m beträgt der Wasserdruck schon zwei Atmosphären, bei 30 m drei Atmosphären, usw.

▷ **Unter Druck**
In einem Gefäß nimmt der Druck in Richtung Boden zu. Befinden sich im Gefäß Löcher in verschiedener Höhe, strömt das Wasser in der Nähe des Bodens unter höherem Druck aus dem Gefäß als durch die Löcher weiter oben.

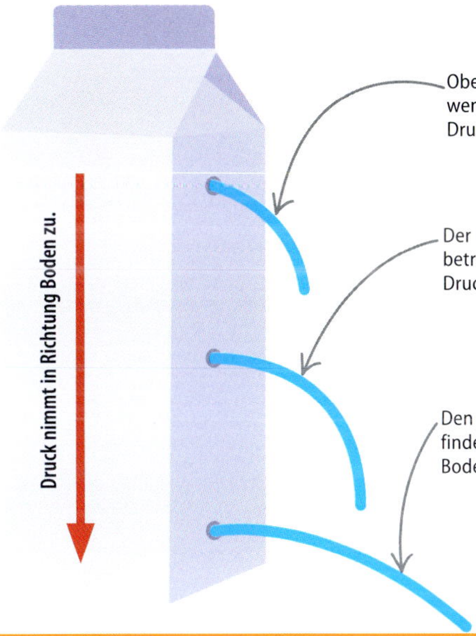

Der Bernoulli-Effekt

Der Druck hängt auch von der Geschwindigkeit des Mediums ab – das bezeichnet man als Bernoulli-Effekt. Die Tragfläche eines Flugzeugs ist auf der Oberseite stärker gewölbt als auf der Unterseite, deswegen strömt die Luft auf der Oberseite schneller als unten.

▷ **Warum ein Flugzeug fliegt**
Bei der Tragfläche ist der Luftdruck oben geringer als unten. Dieser Druckunterschied erzeugt eine nach oben gerichtete Auftriebskraft.

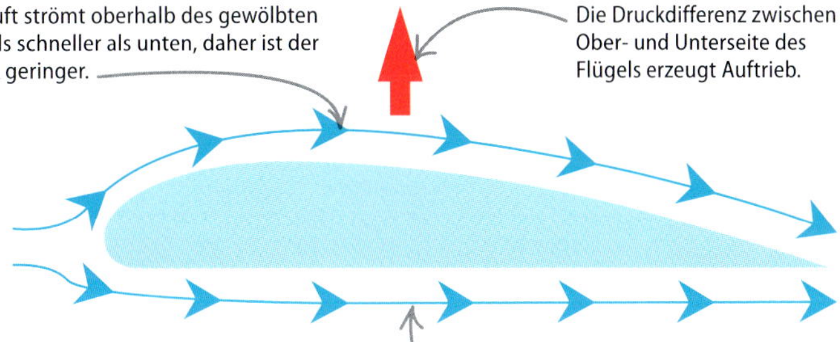

Hydraulik

In einem hydraulischen System überträgt eine Flüssigkeit (meist Öl) eine Kraft von einem Ort zum anderen. Meist wandelt die Hydraulik dabei auch eine kleine Kraft an dem einen Ort in eine große Kraft an dem anderen um. Solche Systeme nutzen aus, dass sich Flüssigkeiten anders als Gase nicht komprimieren lassen. Unter Druck nimmt also das Volumen nicht ab, stattdessen kann der Druck etwa einen Kolben bewegen.

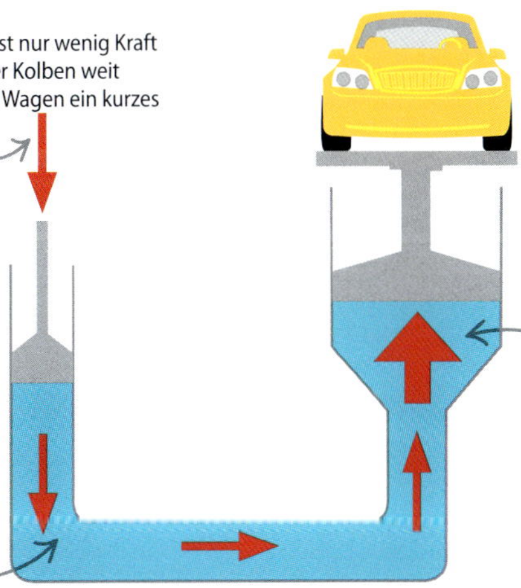

◁ **Hydraulische Verstärkung**
Die Kraftzunahme durch ein hydraulisches System berechnet man aus den Flächen der beiden Seiten (hier im Querschnitt gezeigt). Hat eine Seite die doppelte Fläche wie die andere, wird die Kraft verdoppelt.

Maschinen

MASCHINEN KÖNNEN DIE ARBEIT ERHEBLICH ERLEICHTERN.

Eine einfache Maschine ist ein Gerät, das die Stärke oder die Richtung einer Kraft ändert. Damit können Maschinen eine Masse heben, teilen oder bewegen.

Einfache Maschinen

Selbst der komplizierteste Apparat lässt sich in einige wenige einfache Maschinen zerlegen, die zusammenarbeiten. Obwohl sie alle seit ältester Zeit verwendet werden, scheinen manche auf den ersten Blick gar keine Maschine zu sein. Doch die Art, wie sie Kräfte verstärken oder den Weg vervielfachen, über den die Kraft wirkt, macht sie zu Maschinen.

▷ **Schiefe Ebene**
Eine schwere Last lässt sich über eine schiefe Ebene (Rampe) mit weniger Kraft hinaufschieben, als sie senkrecht zu heben.

▷ **Keil**
Eine Kraft auf das dicke Ende des Keils wird am dünnen Ende konzentriert. Dadurch entsteht genug Druck, um in das Material einzudringen.

▷ **Hebel**
Wenn eine Kraft wirkt, dreht sich der Hebel um einen festen Punkt. Auf der anderen Seite des Drehpunkts entsteht eine Kraft in Gegenrichtung.

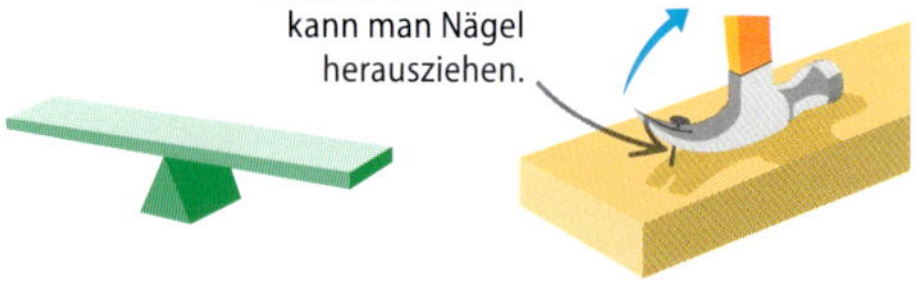

▷ **Rad und Achse**
Ein Rad dreht sich um eine Achse wie ein Hebel um den Drehpunkt und vervielfacht so die Strecke, über die eine Kraft wirkt.

▷ **Schraube**
Hier wickelt sich eine schiefe Ebene um die Achse, die Last bewegt sich, wenn die Schraube sich dreht. Die Spitze der Schraube ist oft keilförmig.

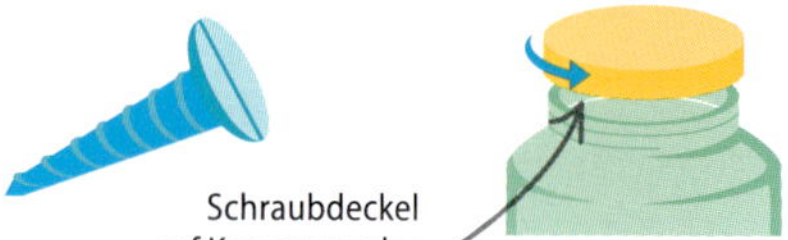

▷ **Rolle**
Eine Rolle ist ein Seil, das um ein oder mehrere Räder läuft. Die Räder ändern die Richtung der Kraft auf das Seil – zieht man nach unten, geht die Last nach oben.

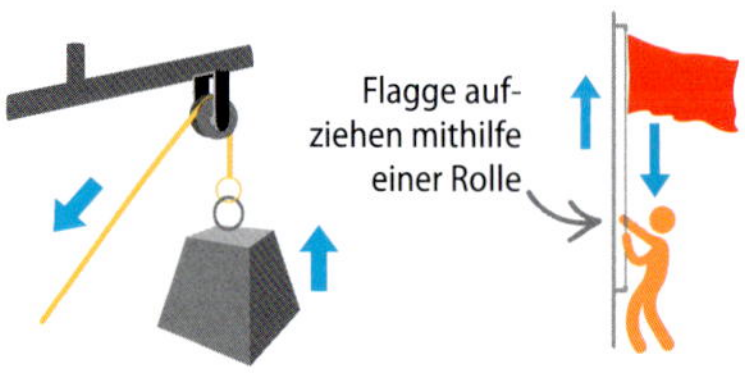

Hebel

Hebel wandeln einen kleinen Kraftaufwand in eine große Kraft um oder umgekehrt. Dabei wird eine Last um den Drehpunkt bewegt. Je nach Stellung von Drehpunkt, Kraftarm und Lastarm unterscheidet man ein- und zweiseitige Hebel.

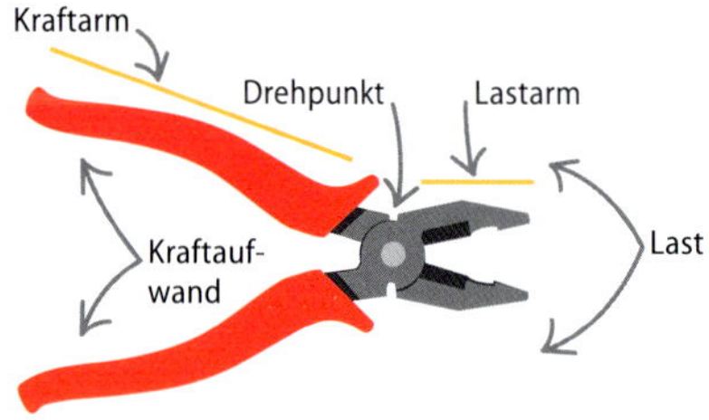

△ **Zweiseitiger Hebel**
Bei einer Zange liegen Kraftarm und Lastarm auf beiden Seiten des Drehpunkts.

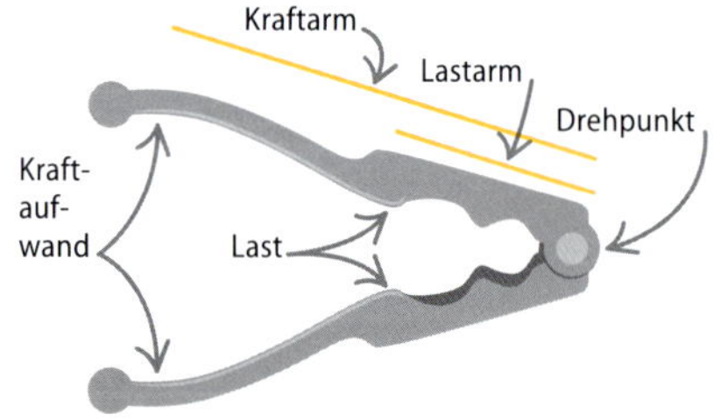

△ **Einseitiger Hebel, langer Kraftarm**
Bei einem Nussknacker liegen Kraftarm und Lastarm auf derselben Seite des Drehpunkts.

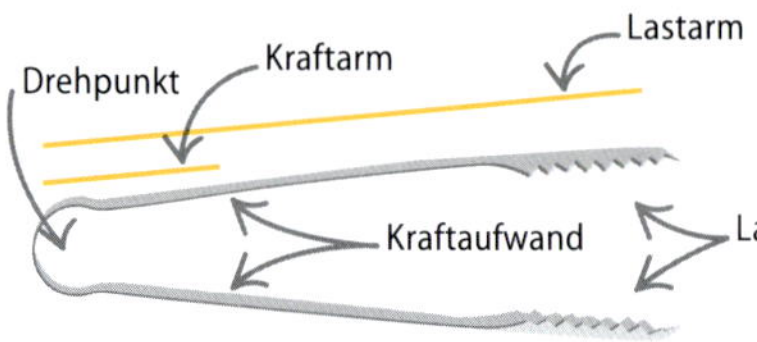

△ **Einseitiger Hebel, kurzer Kraftarm**
Auch eine Pinzette ist ein einseitiger Hebel, allerdings ist hier der Kraftarm kürzer als der Lastarm.

Rollen

Flaschenzüge zeigen beispielhaft, wie Maschinen einen mechanischen Vorteil erzeugen – sie wandeln eine kleine Kraft in eine große um, sodass man große Lasten heben kann. Die einfachste Art ist der Flaschenzug mit zwei Rollen. Dagegen bietet eine einfache Rolle keinen Vorteil, allerdings kann man damit die Kraftrichtung ändern.

Die **erste** jemals gebaute **Maschine** war die keilförmige Handaxt aus der Steinzeit.

▷ **Einfache Rolle**
Eine einfache Rolle ändert die Richtung der Kraft. Kraftaufwand und Last sind gleich, d. h., die Kraft zum Heben der Last ist die gleiche, als wenn man die Last von Hand heben würde.

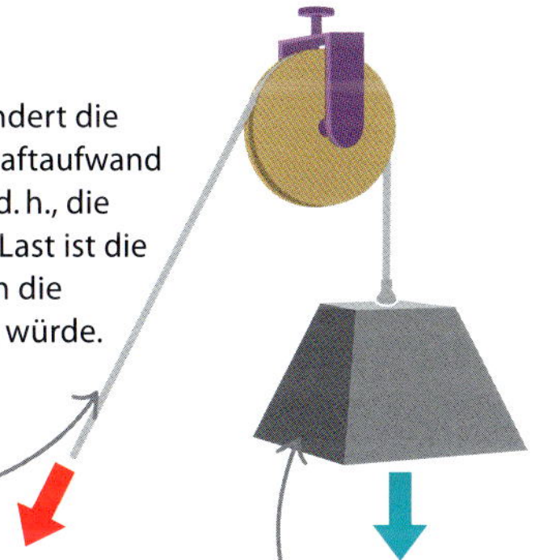

▷ **Doppelte Rolle**
Bei diesem Flaschenzug läuft das Seil über zwei Rollen. Der mechanische Vorteil: Man kann die Last mit dem halben Kraftaufwand wie bei einer einfachen Rolle heben.

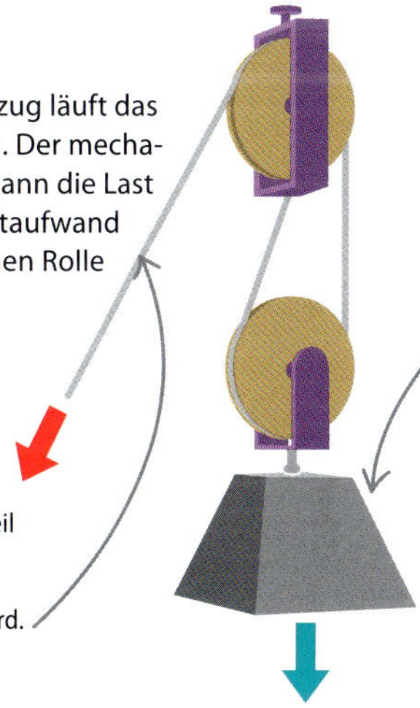

Zahnräder

Miteinander verzahnte Räder werden verwendet, um eine Drehkraft (ein Drehmoment) zu übertragen. Das Übertragungsverhältnis hängt von der Übersetzung ab, d. h. vom Verhältnis der Zahnanzahl auf den Rädern. Wenn beispielsweise das Antriebsrad (an dem die Kraft ausgeübt wird) zweimal so viele Zähne hat wie das angetriebene Rad, dann dreht sich dieses Rad doppelt so schnell und mit dem halben Drehmoment.

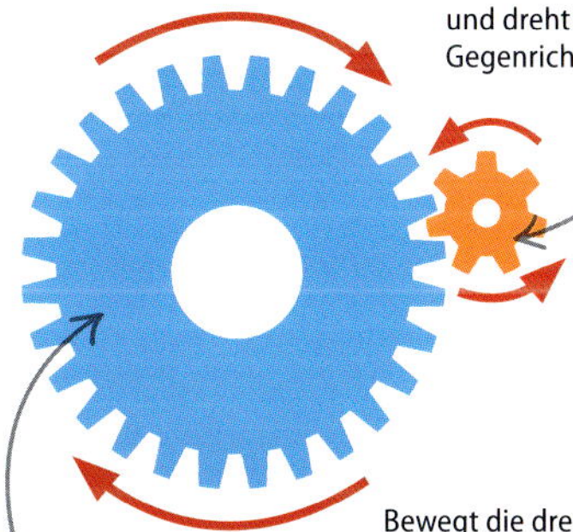

◁ **Übersetzungsverhältnis**
Um das Übersetzungsverhältnis im Bild links zu bestimmen, zählt man Zähne des Antriebsrads (links, 28 Zähne) und die des angetriebenes Rades (7 Zähne). Das Verhältnis ist vier, d. h. das angetriebene Rad dreht sich viermal so schnell wie das größere Antriebsrad.

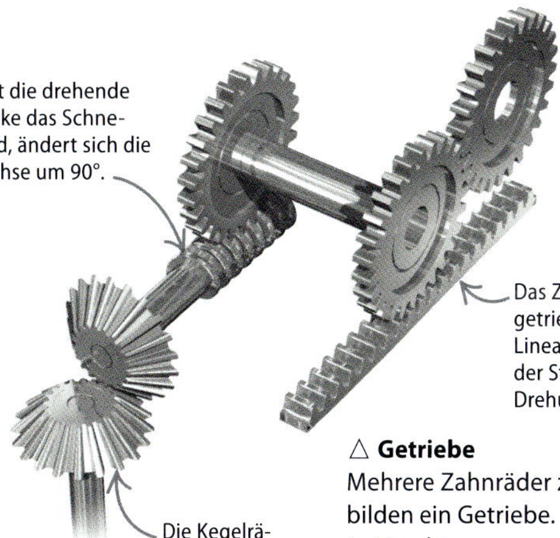

△ **Getriebe**
Mehrere Zahnräder zusammen bilden ein Getriebe. Sie werden in Maschinen verwendet, um eine Kraft von einem bewegten Teil zu einem anderen zu übertragen.

INTERESSANT!

Bagger

Baumaschinen wie dieser Bagger zeigen, wie einfache Maschinen kombiniert werden. Die Raupenketten werden an beiden Seiten durch Rollen angetrieben. Da die Schaufel keilförmig ist, dringt sie in den Boden ein. Sie wird durch hydraulische Hebel bewegt.

Wärmeübertragung

IN DER WÄRMELEHRE ODER THERMODYNAMIK WIRD UNTERSUCHT, WIE SICH WÄRME VON EINER SUBSTANZ ZUR ANDEREN BEWEGT.

SIEHE AUCH
❮ 49 Temperaturregulation
❮ 100–101 Zustandsänderungen
❮ 103 Charles'sches Gesetz
❮ 136 Reaktivität und Temperatur
Einsatz von Wärme 198–199 ❯
Die Erde 234–235 ❯
Das Wetter 236–237 ❯

Wärme ist die Bezeichnung für die thermische Energie, durch die sich Atome und Moleküle im Innern einer Substanz bewegen. Führt man Energie zu, bewegen sie sich schneller – und die Substanz wird wärmer.

Wärme messen

Die Temperatur ist ein Maß für die Wärmeenergie in einer Substanz, genauer ein Mittelwert für die in jedem Teilchen enthaltene Energie. Temperatur und Energie sind aber nicht dasselbe. Ein Funke eines Feuers kann eine hohe Temperatur haben, erzeugt aber keine großen Verbrennungen, weil er nur wenig Energie enthält. (Dass ein Funke einen Waldbrand erzeugen kann, steht auf einem anderen Blatt – bei dem Brand wird die chemische Energie des im Wald enthaltenen Holzes umgesetzt.) Die Temperatur wird auf einer Skala gemessen. Dabei legt man zwei Punkte fest und teilt die Differenz in eine Anzahl von Schritten (genannt Grad). Jede Temperatur lässt sich dann in Vielfachen der Grade ausdrücken.

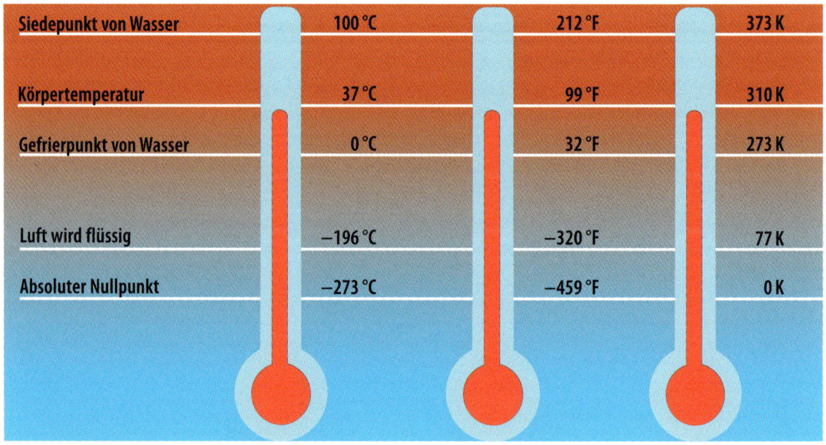

△ **Was passiert?** Die Fixpunkte auf der Skala zeigen bestimmte Ereignisse.

△ **Celsius** Wasser gefriert bei 0 °C und siedet bei 100 °C. Dies ist die bei uns übliche Temperaturskala.

△ **Fahrenheit** Die in den USA verbreitete Skala beginnt beim Gefrierpunkt von gesättigtem Salzwasser (0 °F).

△ **Kelvin** Die wissenschaftliche Kelvin-Skala beginnt am absoluten Nullpunkt (0 K).

Wärmeleitung

Wärme fließt immer von Gebieten mit hoher in Gebiete mit geringerer thermischer Energie. Anders ausgedrückt: Heißes wird immer kälter, Kaltes erwärmt sich und gleicht sich der Umgebung an. In einem festen Körper bewegt sich Wärme durch Wärmeleitung. Dabei überträgt sich die thermische Bewegung der Teilchen im heißen Teil nach und nach auf die benachbarten Teilchen, sodass auch sie schneller werden und Wärmeenergie durch den Körper fließt. Metalle leiten Wärme besser als andere Stoffe, weil ihre Elektronen sich frei bewegen und ihre Energie weitergeben können.

▽ **Glühend heiß**
Metall ändert beim Erwärmen seine Farbe. Zuerst glüht es rot und orange, dann weiß. Fachleute können die Temperatur eines Metalls an seiner Farbe erkennen.

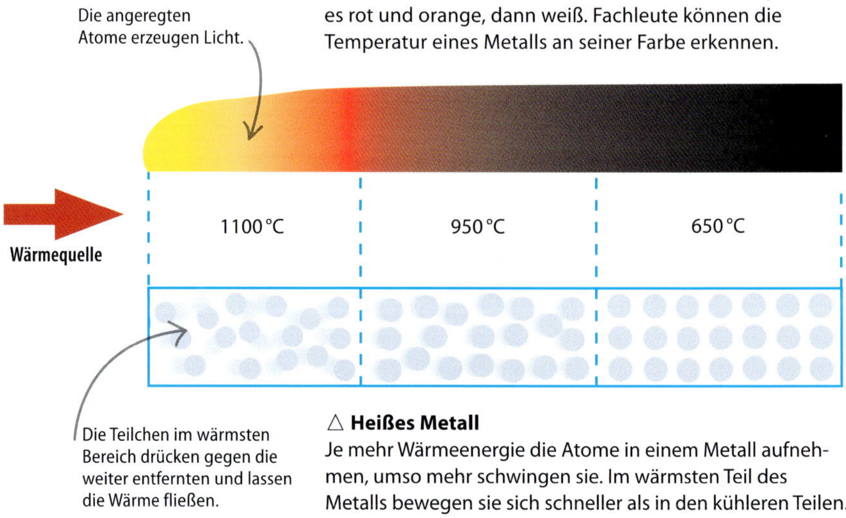

△ **Heißes Metall**
Je mehr Wärmeenergie die Atome in einem Metall aufnehmen, umso mehr schwingen sie. Im wärmsten Teil des Metalls bewegen sie sich schneller als in den kühleren Teilen.

Konvektionsströmungen

In Fluiden (Flüssigkeiten oder Gasen) wird Wärme durch sogenannte Konvektionsströmungen übertragen. Sie entstehen folgendermaßen: Wenn man einem Fluid Energie zuführt, bewegen sich seine Teilchen und breiten sich aus. Dadurch nimmt die Dichte ab, sodass es durch das kühlere, dichtere Fluid hindurch nach oben steigt. Dieses sinkt ab und füllt den Raum, den das wärmere Fluid geräumt hat. Das kühle Fluid kommt dann in die Nähe der Wärmequelle, wird erhitzt und steigt ebenfalls auf. Im Ergebnis wird die Wärme durch ständige Strömungen im ganzen Fluid verteilt.

Konvektion verursacht auch die Bewegung der **Kontinentalplatten** in der Erdkruste (Plattentektonik).

▽ **Wasser erhitzen**
Die Hitze des Brenners breitet sich mithilfe von Wärmeleitung durch den Metalltopf aus. Im Wasser verursacht die Hitze Konvektionsströmungen.

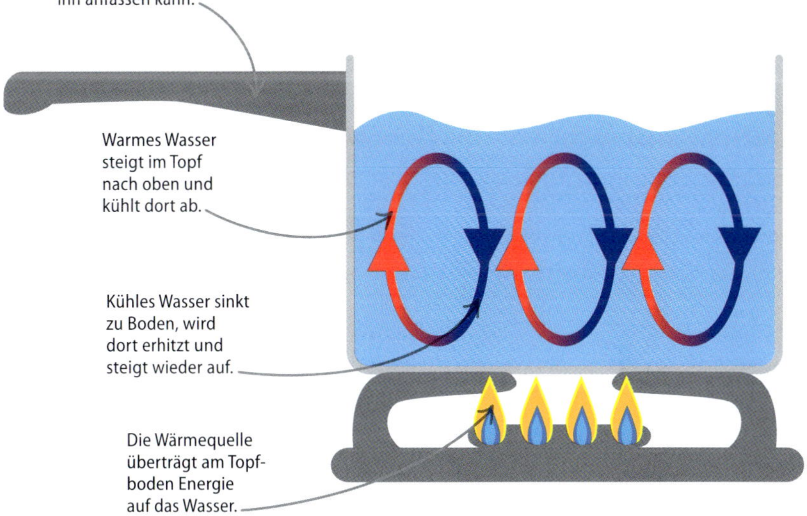

Wärmestrahlung

Wärme kann sich auch in Form von elektromagnetischer Strahlung (hauptsächlich Infrarot- und Mikrowellen) ausbreiten. Im Allgemeinen strahlen kleinere Körper ihre Wärme schneller ab als große, weil bei ihnen die Oberfläche im Verhältnis zum Volumen viel größer ist: Ein Würfel mit einer Oberfläche von 24 cm^2 (so wie im Bild unten links) hat ein Volumen von 8 cm^3, ein Würfel mit einer Oberfläche von 6 cm^2 hat nur 1 cm^3 Volumen.

▷ **Vergleich der Oberflächen**
Dieser Würfel hat dasselbe Volumen (8 cm^3) wie der Turm rechts, doch seine Oberfläche ist kleiner (24 cm^2). Dehalb hat ein kleinerer Teil seiner Wärmeenergie Zugang zur Oberfläche, er strahlt die Wärme also langsamer ab. Der Turm hat eine größere Oberfläche (28 cm^2), daher hat ein größerer Teil der Wärmeenergie Zugang zur Oberfläche. Er strahlt daher mehr Wärme ab und kühlt schneller ab.

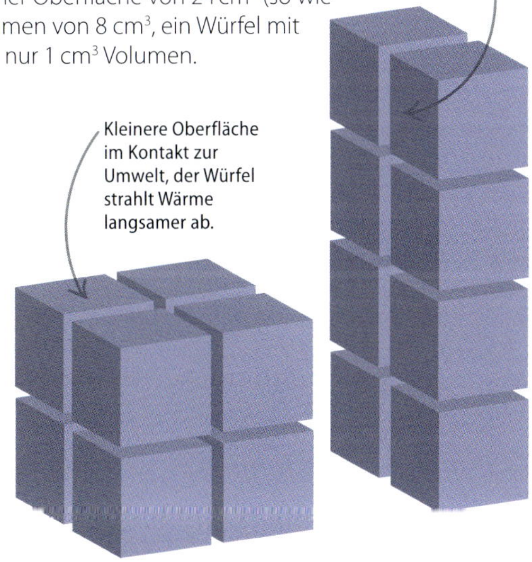

INTERESSANT!

Wie man sich warm hält

Tiere in kalten Regionen der Erde sind größer als ihre Verwandten in wärmeren Regionen. So sind Eisbären viel größer als die Malaienbären aus Südostasien. Der riesige Eisbär verliert viel weniger Wärme als sein tropischer Vetter, weil er wegen seiner Größe ein günstigeres Verhältnis von Körpervolumen zu Körperoberfläche hat.

Einsatz von Wärme

MANCHE MASCHINEN NUTZEN WÄRMEENERGIE, UM BEWEGUNG ZU ERZEUGEN, ANDERE NUTZEN SIE ZUM ERHITZEN VON ESSEN.

Der Antrieb vieler Fahrzeuge nutzt die Wärmeenergie, die Treibstoffe freisetzen. Dagegen gibt ein Kühlschrank Wärme ab, damit der Inhalt kühl bleibt und länger hält.

SIEHE AUCH
❮ 130–131 Verbrennung
❮ 159 Rohöldestillation
❮ 194–195 Maschinen
❮ 196–197 Wärmeübertragung
Stromerzeugung 226–227 ❯

Die erste Verbrennungskraftmaschine lief mit **Schwarzpulver.**

Verbrennungskraftmaschinen

Je nach dem Ort der Verbrennung spricht man von externen oder internen Verbrennungskraftmaschinen. Im ersten Fall (z. B. Dampflok) wird der Treibstoff außerhalb des Hochdruckdampfzylinders verbrannt. Bei dem üblichen Verbrennungsmotor wird der Treibstoff (Benzin, Diesel, Gas) im Zylinder selbst verbrannt (interne Verbrennung und im Viertaktverfahren in Bewegung umgesetzt.

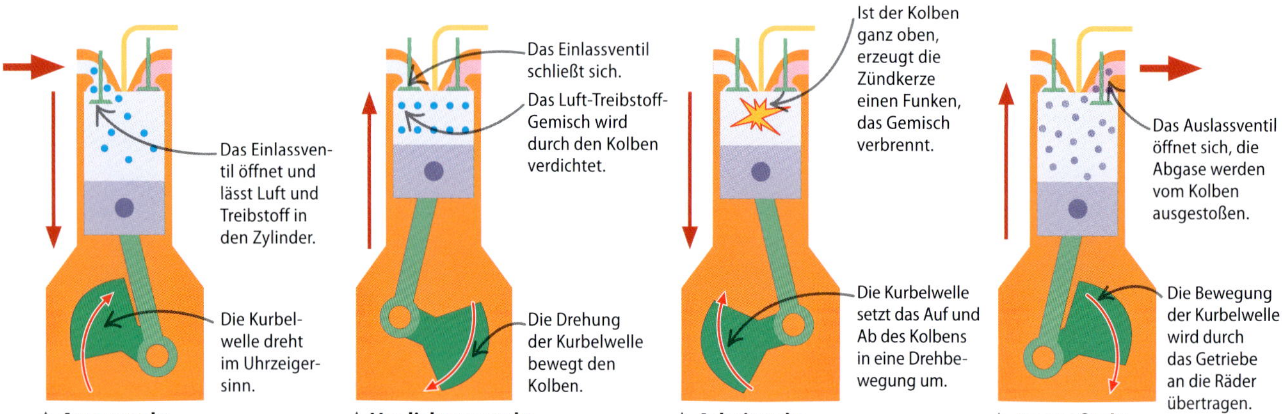

△ **Ansaugtakt**
Der Kolben geht nach unten und saugt das Gemisch aus Luft und Treibstoff an.

△ **Verdichtungstakt**
Der Kolben hebt sich, komprimiert das Gemisch und heizt es dadurch auf.

△ **Arbeitstakt**
Das Gemisch zündet, die Gase dehnen sich aus und drücken den Kolben abwärts.

△ **Ausstoßtakt**
Der Kolben hebt sich wieder und schiebt das Abgas aus dem Zylinder.

Düsentriebwerk

Um die Wärmeenergie in Bewegung umzusetzen, nutzen Düsentriebwerke in Flugzeugen oder manchen Schiffen eine Turbine. Das ist eine Reihe von propellerähnlichen Schaufeln, die sich drehen, wenn ein Gas sie schnell durchströmt. Die Gase hier sind Luft und die Abgase aus der Verbrennung. Die Turbine treibt einen Kompressor an, der Luft ansaugt und komprimiert. Die dadurch erhitzte Luft verbrennt rascher und treibt die Turbine schneller an. Der nach hinten ausgestoßene Abgasstrahl treibt das Flugzeug oder das Schiff nach vorn.

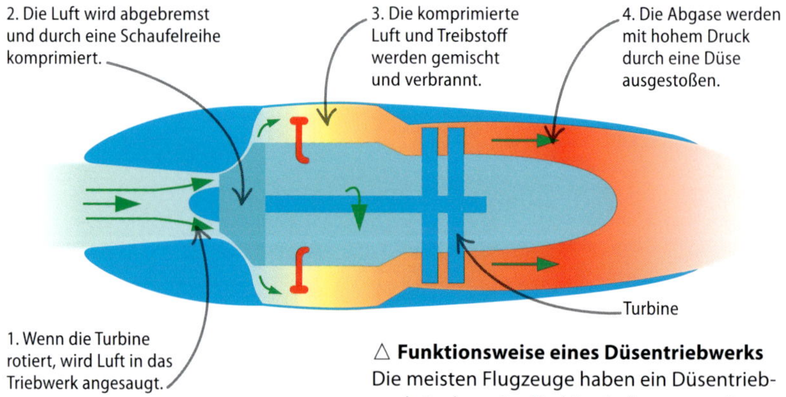

△ **Funktionsweise eines Düsentriebwerks**
Die meisten Flugzeuge haben ein Düsentriebwerk, in dem eine Turbine Luft ansaugt. Dann beginnt der oben beschriebene Ablauf.

Raketentriebwerk

Raketentriebwerke laufen auch ohne Luft: Der Treibstoff wird mit Oxidationsmitteln vermischt und reagiert dann sehr heftig. Es entstehen heiße Gase, die durch eine Düse ausgestoßen werden. Die Aktionskraft des ausgestoßenen Gasstrahls führt zu einer Reaktionskraft, die die Rakete in Gegenrichtung antreibt.

▽ **Funktionsweise eines Raketentriebwerks**
Anders als ein Flugzeugtriebwerk trägt der Raketenmotor sowohl Treibstoff als auch Oxidationsmittel. Kleine Raketen (z. B. Feuerwerk) verwenden feste Treibstoffe, große Raketen flüssige.

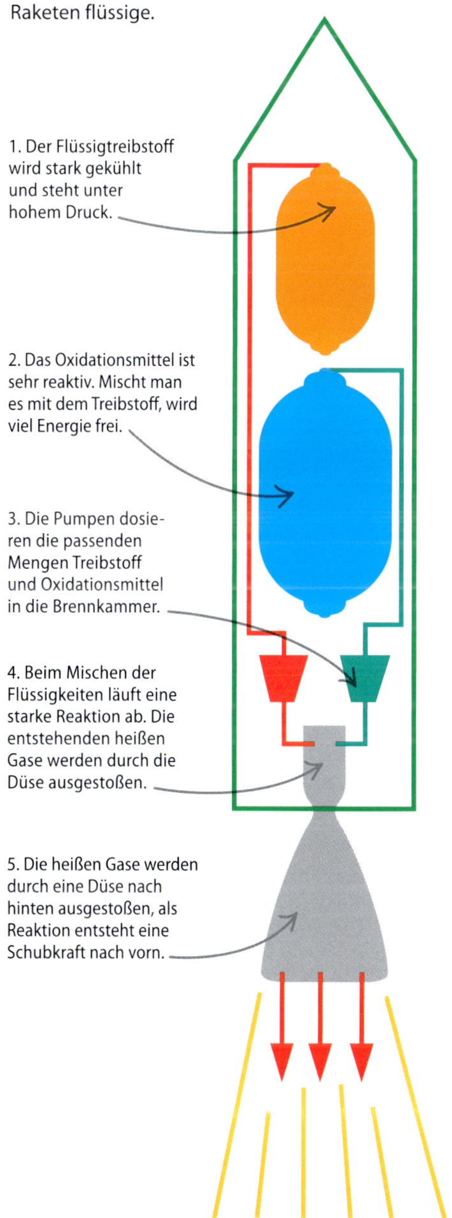

Kühlung

Kälte ist die Abwesenheit von Wärme, ein Kühlschrank kühlt, indem er die Wärme aus dem Inneren entfernt. Wärmeenergie bewegt sich immer vom Warmen zum Kalten. In einem Kühlschrank strömt ein kaltes Gas hinter dem Innenraum, Die Luft im Inneren gibt ihre Wärme an dieses Gas ab, kühlt also ab. Das kalte Gas entsteht, wenn die Kühlflüssigkeit sehr schnell expandiert wird. Dabei breiten sich die Gasmoleküle aus und die Temperatur des Gases sinkt.

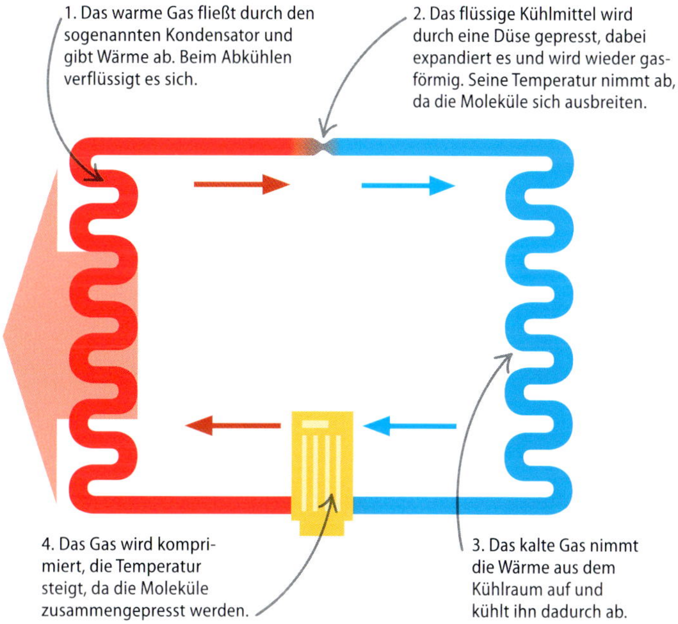

△ **Kühlzyklus**
In einem Kühlschrank strömt ein Kühlmittel durch ein Rohrsystem. Zuerst ist das Kühlmittel warm. Dann wird es expandiert und kühlt dabei ab. Das nun kalte Kühlmittel nimmt die Wärme aus dem Kühlschrankinneren auf, da die Wärmeenergie sich immer von warm zu kalt bewegt. Am Schluss läuft das Kühlmittel durch den Kompressor, wird komprimiert und dabei erwärmt. Diese Wärme gibt es dann nach außen ab.

INTERESSANT!

Mikrowellenherd

Das Gerät erhitzt Speisen mithilfe von Mikrowellen: Die Wasser- und Fettmoleküle absorbieren deren Energie, beginnen zu schwingen und erwärmen so den gesamten Inhalt.

Wellen

WELLEN SIND SCHWINGUNGEN, DIE ENERGIE TRANSPORTIEREN.

SIEHE AUCH
❮ 64 Hören
Elektromagnetische Wellen 202–203 ❯
Optik 206–207 ❯
Schall 208–209 ❯

Viele Energieformen breiten sich durch Wellen aus. Beispiele dafür sind Schallwellen oder seismische Wellen bei Erdbeben.

Was ist eine Welle?

Eine Welle ist eine Schwingung, die sich räumlich ausbreitet und dabei Energie transportiert. Manche – wie Schallwellen – können sich nur in einem Medium ausbreiten, etwa Wasser oder Luft. Das Medium breitet sich nicht mit der Welle aus, es schwingt nur vor und zurück, wenn die Welle durchläuft. Das sieht man sehr schön bei einer La Ola im Fußballstadion. Man unterscheidet zwei Hauptarten von Wellen – transversale und longitudinale.

INTERESSANT!

Seismische Wellen

Diese Wellen werden durch Bewegungen des Gesteins in der Erdkruste erzeugt. Wenn sie an die Erdoberfläche gelangen, können sie den Boden erschüttern. Die gewaltige Energie in seismischen Wellen lässt sich auch in großer Entfernung durch empfindliche sogenannte Seismometer nachweisen.

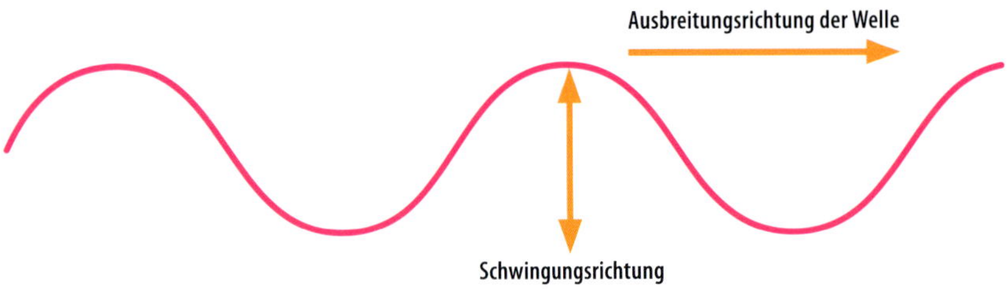

◁ **Transversalwellen**
Licht und andere elektromagnetische Wellen sind transversal. Dabei schwingen sie im rechten Winkel (transversal) zur Ausbreitungsrichtung. Zeichnet man die Auf- und Abbewegung, erhält man einen S-förmigen Verlauf.

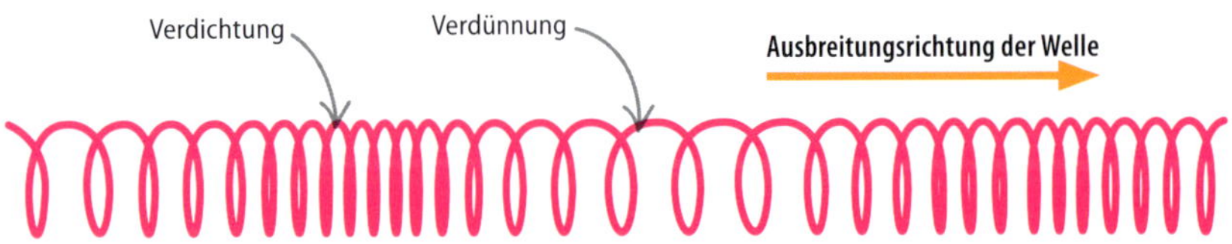

◁ **Longitudinalwellen**
Schallenergie breitet sich mit Longitudinalwellen aus. Man kann einen ganz ähnlichen Effekt beobachten, wenn man eine gedehnte Spiralfeder loslässt und zuschaut, wie die Energie sich durch die Windungen ausbreitet, indem die Feder abschnittsweise komprimiert und wieder gedehnt wird. Bei Schallwellen werden Luftmoleküle in ähnlicher Weise zusammengepresst und wieder verdünnt.

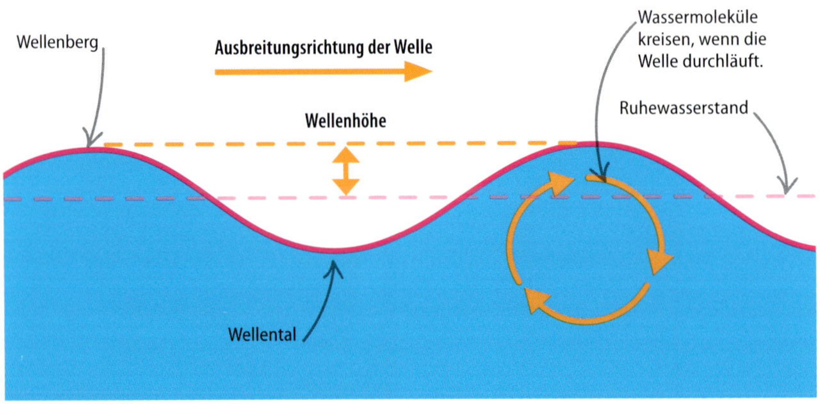

◁ **Meereswellen**
Sie entstehen, wenn der Wind gegen die Wasseroberfläche drückt, und haben Merkmale von Transversal- und Longitudinalwellen. An der Oberfläche steigt und fällt das Wasser zwischen Wellenberg und Wellental, die beide gleich weit vom Ruhewasserstand entfernt sind. Wenn die Welle durchläuft, bewegen sich die Wassermoleküle unterhalb der Oberfläche nicht in eine bestimmte Richtung, sondern in Kreisen.

Wellen messen

Es gibt drei wichtige Maße bei Wellen: die Wellenlänge, die Frequenz und die Amplitude.

▽ **Wellenlänge**
Sie gibt die Länge für einen kompletten Wellenzyklus an, nämlich den Abstand zwischen einem beliebigen Punkt auf der Welle und dem entsprechenden Punkt auf der nächsten.

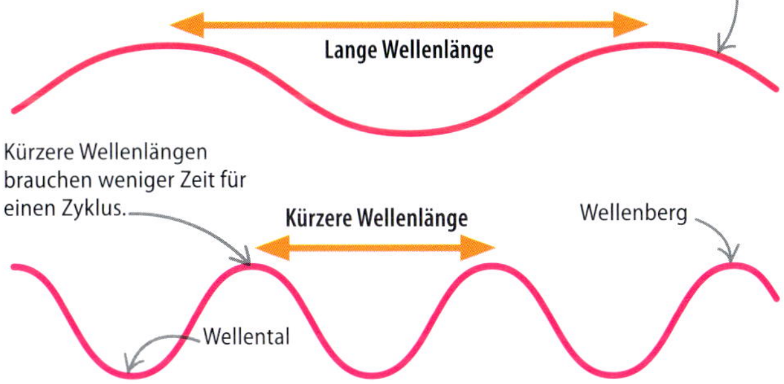

▽ **Frequenz**
Sie gibt die Anzahl der Wellen an, die pro Sekunde durch einen festen Punkt laufen. Die Einheit der Frequenz ist das Hertz (Hz).

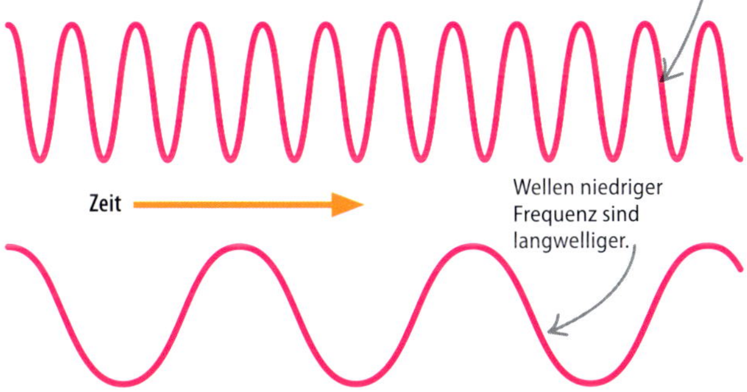

▽ **Amplitude**
Die Amplitude ist die Höhe eines Wellenbergs oder eines Wellentals, gemessen von der Mittelposition aus.

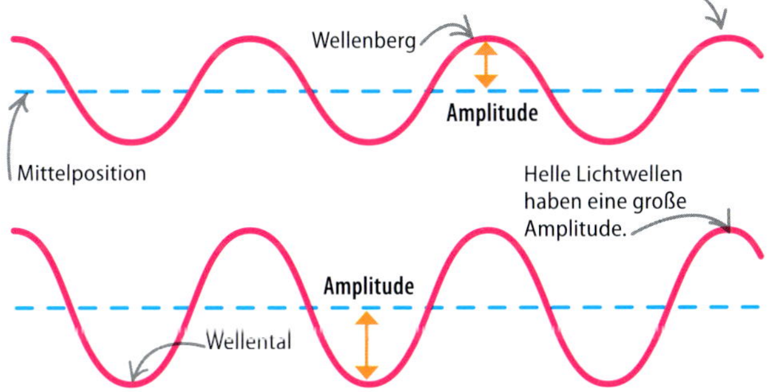

Ausbreitungsgeschwindigkeit

Die Ausbreitungsgeschwindigkeit einer Welle hängt mit ihrer Frequenz und ihrer Wellenlänge zusammen:

Ausbreitungsgeschwindigkeit (Meter pro Sekunde) · Wellenlänge (Meter) · Frequenz ist die Anzahl der Wellen pro Sekunde (Hertz, Hz).

Geschwindigkeit = Wellenlänge · Frequenz

Berechnung der Ausbreitungsgeschwindigkeit

Diese Wellen breiten sich in Wasser aus. Ihre Geschwindigkeit ist das Produkt aus Wellenlänge und Frequenz.

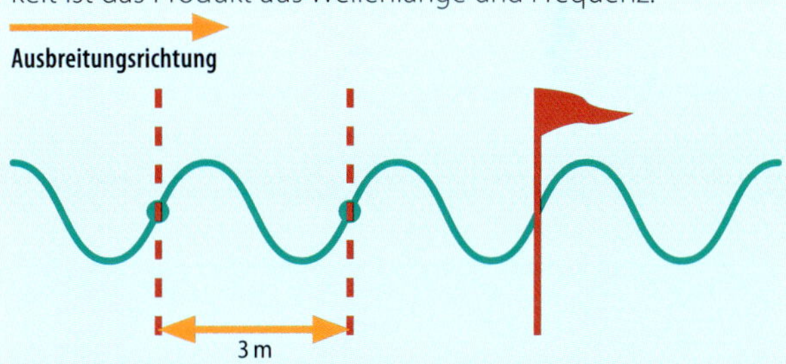

△ **Die Wellenlänge wird bestimmt**
Jede Welle ist 3 m lang. Mit einer Markierung kann man die Wellen pro Sekunde zählen.

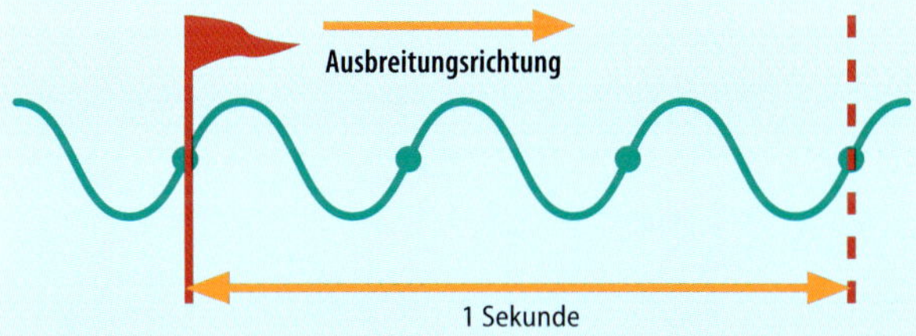

△ **Eine Sekunde später**
Drei Wellen sind an der Markierung durchgelaufen, die Frequenz beträgt also 3 Hz.

Wellenlänge · Frequenz · Ausbreitungsgeschwindigkeit

3 m · 3 Hz = 9 m / s

Elektromagnetische Wellen

DIES SIND DIE WELLEN, DIE ENERGIE DURCH DAS ALL TRAGEN.

SIEHE AUCH
❮ 30–31 Fotosynthese
❮ 174–175 Im Innern des Atoms
❮ 176–177 Energie
Licht 204–205 ❯
Astronomie 238–239 ❯

Elektromagnetische Wellen übertragen Energie von einem Ort zum anderen. Es gibt verschiedene Arten, doch sie alle breiten sich im Vakuum oder im All mit Lichtgeschwindigkeit aus.

Das ganze Spektrum

Licht ist nur eine Art von elektromagnetischen Wellen, die anderen sind nicht sichtbar. Die Wellen unterscheiden sich in ihrer Frequenz und Wellenlänge. Alle Arten zusammen bilden das sogenannte Spektrum. An einem Ende sind die Radiowellen, sehr langwellig mit niedriger Frequenz. Am anderen Ende sind Gammastrahlen mit der kürzesten Wellenlänge und der höchsten Frequenz.

INTERESSANT!

Was Schlangen wahrnehmen

Manche Tiere können Infrarotstrahlung sehr gut erkennen. Einige Schlangen z. B. haben ein Grubenorgan (bei der Viper hier die Vertiefung zwischen Auge und Nasenloch) mit wärmeempfindlichen Zellen. Damit können sie nachts, wenn ihre Beute sich versteckt, die Körperwärme von warmblütigen Tieren wie Mäusen wahrnehmen.

▽ **Eigenschaften und Anwendungen**
Die verschiedenen Arten elektromagnetischer Strahlung haben unterschiedliche Eigenschaften und Anwendungen, je nach ihrer Wellenlänge. Kurzwellige Wellen (z. B. Gamma- oder Röntgenstrahlen) tragen viel, die längerwelligen Radiowellen weniger Energie.

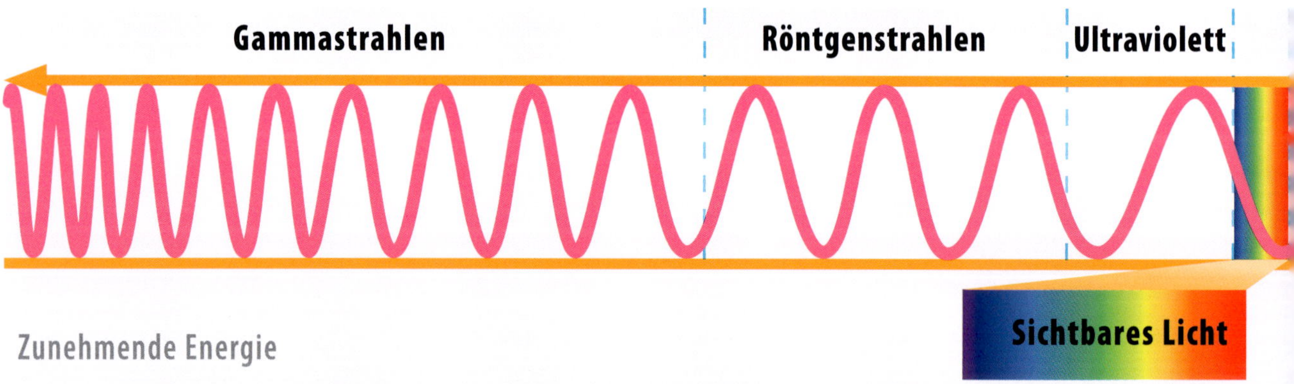

Gammastrahlen
Sie werden durch radioaktive Zerfälle erzeugt und können viel Energie tragen. Der Mensch nimmt sie nicht wahr, sie sind aber sehr schädlich. Sie können Krebs erregen, aber auch Krebszellen töten. Sie werden außerdem zum Sterilisieren medizinischer Instrumente verwendet.

Röntgenstrahlen
Sie machen das Körperinnere sichtbar, denn sie durchdringen Haut und Körpergewebe, werden aber von dichterem Gewebe wie den Knochen absorbiert. In hohen Dosen sind sie schädlich, daher soll man sie zurückhaltend anwenden.

Ultraviolett (UV)
UV-Strahlung kommt natürlich im Sonnenlicht vor. Man kann sie nicht sehen oder fühlen, man bemerkt nur ihre Wirkung (Sonnenbrand). Mit Sonnenschutz und Sonnenbrille kann man Haut und Augen vor UV-Schädigungen schützen.

Sichtbares Licht
Nur diesen Bereich des Spektrums können wir mit den Augen wahrnehmen. Die Farbe des Lichts hängt von der Wellenlänge ab: Violett und Blau sind kurzwelliger als Grün und Gelb, Rot hat die längste Wellenlänge.

Wie elektromagnetische Strahlung entsteht

Elektromagnetische Strahlung hängt mit der Kraft zusammen, die Elektronen in einer Schale hält (s. S. 174–175). Allerdings können Elektronen zwischen Schalen verschiedener Energie hin- und herspringen. Bei einem solchen Sprung absorbiert oder emittiert das Atom Energie in Form von elektromagnetischer Strahlung.

▽ Energie aufnehmen
Damit ein Elektron von einer Schale zur nächsthöheren springen kann, braucht es eine bestimmte Energie. Das Elektron kann sich nicht schrittweise bewegen oder über die Schale hinaus springen und zurückfallen. Der Sprung ist nur mit genau der richtigen Energiezufuhr möglich.

▽ Energie abgeben
Wenn ein Elektron in die ursprüngliche Schale näher am Kern zurückspringt, gibt es Energie in Form von elektromagnetischer Strahlung bestimmter Wellenlänge ab. Daher glühen Körper im sichtbaren Bereich, strahlen Wärme ab oder emittieren andere Strahlung.

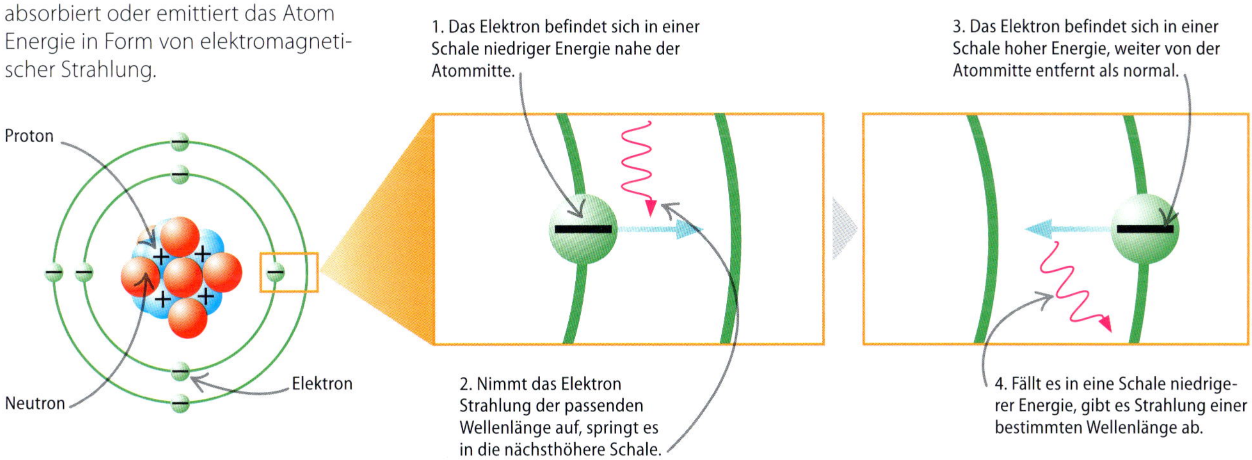

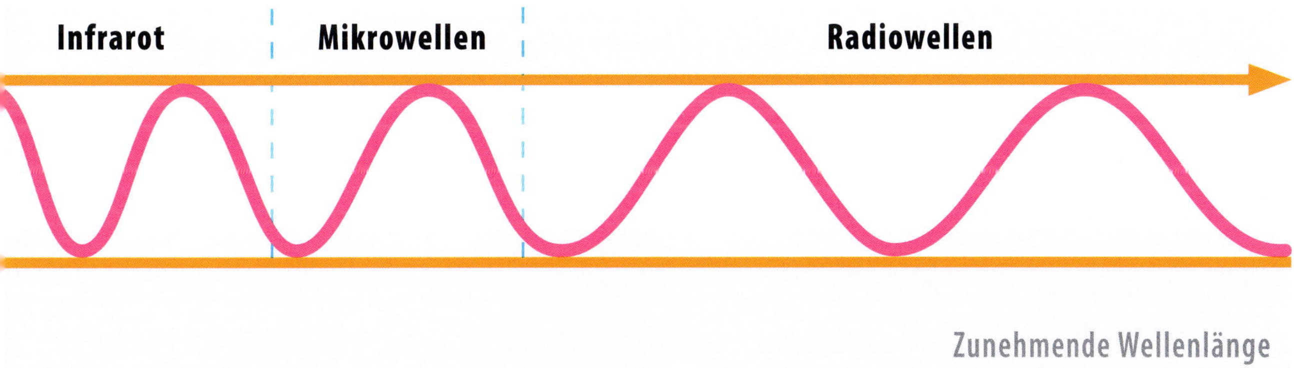

Infrarot (IR)
IR-Wellen haben eine niedrigere Frequenz und sind langwelliger als sichtbares Rot. Wir nehmen IR-Strahlung als Wärme wahr (etwa von Heizgeräten, Grills oder Toastern). IR-Strahlung wird auch für Fernbedienungen und in der Telekommunikation mit Glasfasern eingesetzt.

Mikrowellen
Dieser Wellenlängenbereich wird zur Datenübertragung (z. B. Mobilfunk, WLAN oder Bluetooth), aber auch in Mikrowellenherden verwendet. Des Weiteren nutzen Radargeräte zur Ortung von Flugzeugen oder Schiffen Mikrowellen.

Radiowellen
Sie sind die längsten Wellen im elektromagnetischen Spektrum. Man überträgt mit ihnen Radio- und Fernsehsignale, das Fernsehen nutzt dabei höhere Frequenzen. In der sogenannten Radioastronomie werden Radiowellen von außerhalb der Erde ausgewertet.

Licht

DANK DES LICHTS IST UNSERE WELT HELL UND BUNT.

Licht ist die einzige elektromagnetische Welle, die wir sehen können. Wir nehmen Licht als eine Vielfalt von Farben wahr.

SIEHE AUCH
❮ 30–31 Fotosynthese
❮ 137 Licht
❮ 202–203 Elektromagnetische Wellen
Optik 206–207 ❯
Astronomie 238–239 ❯

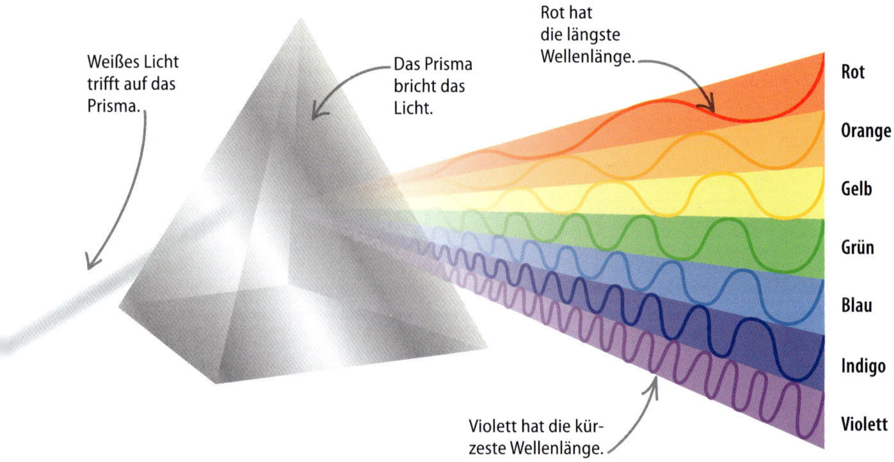

Das Farbspektrum

Wenn weißes Licht auf einen Glaskeil fällt, ein sogenanntes Prisma, wird es gebrochen. Durch die sogenannte Dispersion fächert sich das Licht in verschiedene Wellenlängen auf – es entsteht ein Spektrum aus verschiedenen sichtbaren Farben. Das Spektrum beginnt mit der längsten Wellenlänge (Rot) und endet mit der kürzesten (Violett). Die meisten Menschen sehen sieben bestimmte Farben, doch eigentlich ist der Farbwechsel kontinuierlich.

◁ **Aufspaltung des Lichts**
Ein Prisma bricht das Licht je nach Wellenlänge verschieden stark.

Wie Farben entstehen

Wir nehmen Farben anhand der Informationen wahr, die von den Millionen lichtempfindlichen Zellen im Auge stammen, den sogenannten Zapfen. Es gibt drei Arten von Zapfen, die auf rotes, grünes oder blaues Licht reagieren. Alle Farben, die wir sehen, sind ein Mix dieser sogenannten Primärfarben.

▷ **Reflexionsfarben**
Die verschiedenen Farben im weißen Licht werden entweder reflektiert oder absorbiert. Wir sehen die reflektierten Farben.

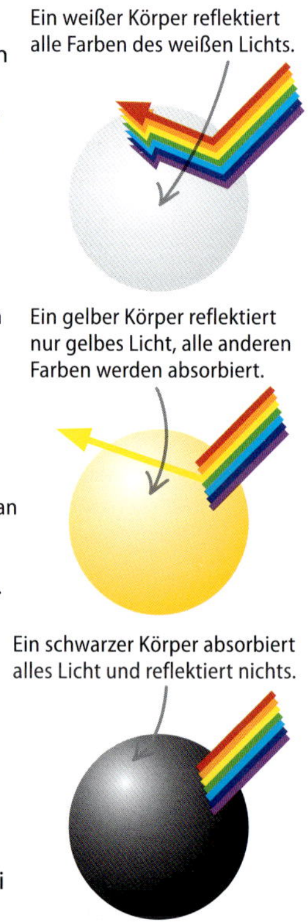

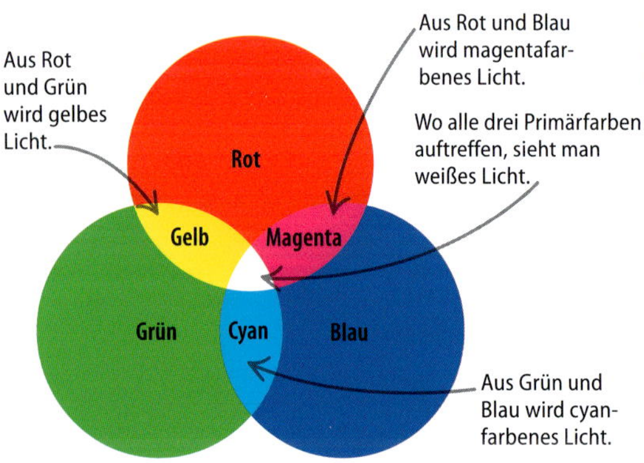

△ **Farben aus Licht (additive Farbmischung)**
Wenn drei Strahler in den Primärfarben eine weiße Fläche beleuchten, dann gibt es dort, wo die drei Strahler sich überlappen, weißes Licht. An anderen Stellen entstehen die sogenannten Sekundärfarben Magenta, Gelb und Cyan. Nach diesem Prinzip entstehen auch die Farbbilder im Fernsehgerät.

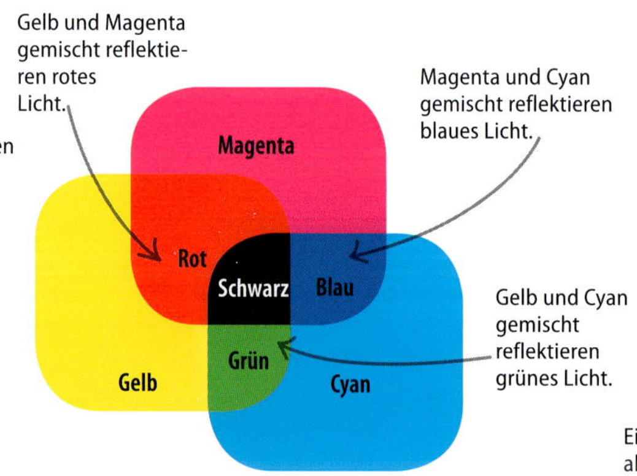

△ **Farbpigmente (subtraktive Farbmischung)**
Anders geht die Farbmischung bei Pigmenten (Tinte oder Druckfarben). Die Primärfarben der Pigmente sind Magenta, Gelb und Cyan. Jedes reflektiert Licht einer anderen Farbe. Wenn die Pigmente gemischt werden, reduziert sich die Anzahl der reflektierten Farben. Alle drei zusammen erzeugen Schwarz.

Reflexion

Wenn Lichtstrahlen auf eine glatte, glänzende Fläche fallen (z. B. einen Spiegel), werden sie reflektiert und erzeugen ein klares, aber seitenverkehrtes Bild. Raue Flächen reflektieren das Licht in verschiedene Richtungen, dort entsteht kein Spiegelbild.

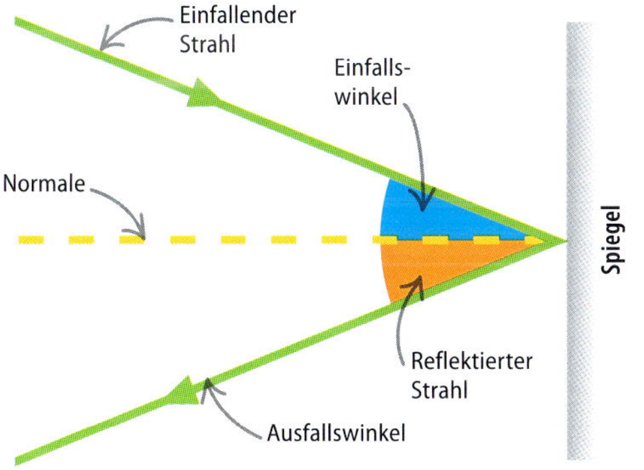

△ **Einfallswinkel und Ausfallswinkel**
Bei einer Reflexion betrachtet man den ankommenden (einfallenden) und den reflektierten (ausfallenden) Strahl. Einfalls- und Ausfallswinkel sind gleich. Beide Winkel werden gegen eine imaginäre Linie gemessen (die Normale), die senkrecht zum Spiegel steht.

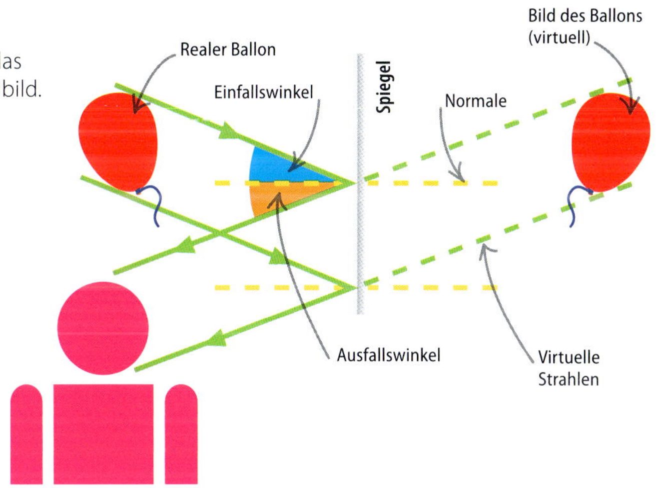

△ **Virtuelle Bilder**
Das Spiegelbild heißt virtuell (scheinbar), weil die Lichtstrahlen scheinbar von einem Punkt hinter dem Spiegel ausgehen. Das Bild im Kino dagegen ist real, weil die Lichtstrahlen vom Projektor direkt auf die Leinwand treffen.

Lichtbrechung

Licht breitet sich normalerweise geradlinig aus, allerdings in verschiedenen Medien (z. B. Luft, Wasser oder Glas) unterschiedlich schnell. Wechselt Licht von einem Medium in ein anderes, ändert sich wegen der unterschiedlichen Geschwindigkeit die Richtung. Diesen Effekt nennt man Brechung.

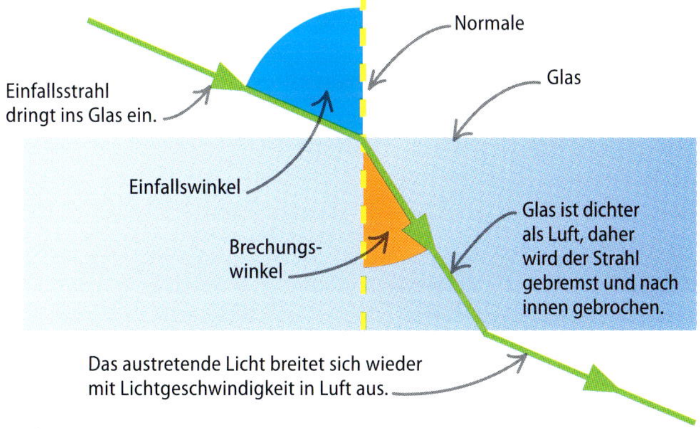

△ **Richtungsänderung**
Beim Übergang von Luft in ein dichteres Medium, z. B. Glas, wird Licht langsamer und nach innen gebrochen. Es breitet sich auch im Glas geradlinig aus, aber in einem Winkel zur Ursprungsrichtung. Wenn das Licht das Glas wieder verlässt, wird es nach außen gebrochen und läuft in der ursprünglichen Richtung weiter.

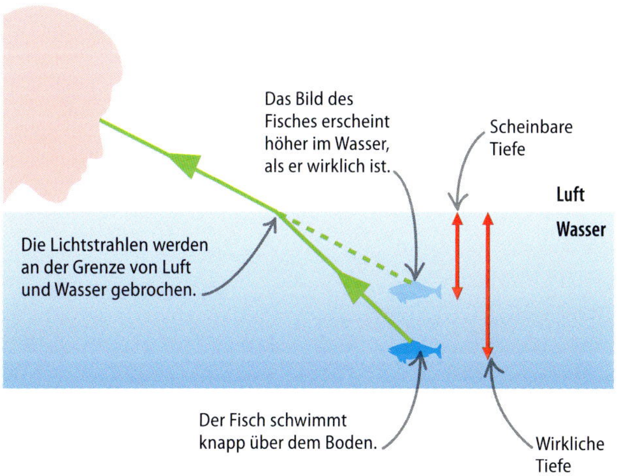

△ **Wahre und scheinbare Tiefe**
Wenn Lichtstrahlen aus Wasser an die Luft kommen, werden sie nach außen gebrochen. Wenn man also einen Gegenstand im Wasser unter einem Winkel sieht, erscheint er an anderer Stelle, als er tatsächlich ist: Ein Fisch im Wasser schwimmt tiefer, als es scheint.

Optik

DIE WISSENSCHAFTLICHE OPTIK ERKLÄRT UND ERFORSCHT DIE EIGENSCHAFTEN UND DAS VERHALTEN VON LICHT.

SIEHE AUCH
❮ 64 Sehen
❮ 204–205 Licht
Teleskope 238 ❯
Die Sonne 240–241 ❯

Licht ist eine Art der elektromagnetischen Strahlung. Es wird durch einen Teilchenstrom getragen, verhält sich aber manchmal auch wie eine Welle.

Lichtquellen

Ob Sonne, Lampen und Bildschirme – sie alle strahlen Licht ab, sie leuchten. Die meisten Körper hingegen reflektieren oder absorbieren Licht, das auf sie fällt. Durchsichtige Materialien wie Glas oder Wasser sind lichtdurchlässig, sie sind transparent.

Eigenschaften von Licht	
Form von Strahlung	Licht ist eine Form elektromagnetischer Strahlung (s. S. 202–203). Es breitet sich von seiner Quelle her aus.
Breitet sich geradlinig aus	Im Dunst kann man die Strahlen eines Leuchtturms, einer Taschenlampe oder eines Lasers erkennen: Sie verlaufen schnurgerade. Wenn ein Körper im Weg ist, erhält man einen dunklen Bereich – den Schatten.
Überträgt Energie	Zur Erzeugung von Licht benötigt man Energie. Diese Energie nehmen Materialien (teilweise) auf, wenn sie Licht absorbieren. Solarzellen z. B. erzeugen daraus Elektrizität.
Teilchenstrom, der sich wie eine Welle verhalten kann	Träger des Lichts ist ein Strom von Teilchen, den sogenannten Photonen. In bestimmten Situationen kann sich dieser Strom aber auch wie eine Welle verhalten.
Breitet sich auch im leeren Raum aus	Elektromagnetische Wellen benötigen für ihre Ausbreitung kein Medium wie Wasser oder Luft. Das Licht, z. B. der Sonne und der Sterne, erreicht uns durch den leeren Raum.
Schnell	Die Lichtgeschwindigkeit ist die höchste Geschwindigkeit im Universum. Im Vakuum (im leeren Raum) beträgt sie exakt 299.792.458 Meter pro Sekunde.

△ **Lichtquellen**
Die wichtigste Lichtquelle der Erde ist die Sonne. Ihr Licht entsteht durch Kernfusion tief im Sonneninneren (s. S. 240–241). Der Mond hingegen reflektiert einfach nur das Sonnenlicht und ist weit weniger hell. Die obige Tabelle führt die wichtigsten Eigenschaften von Licht an.

Linsen

Eine Linse ist ein transparentes Stück Glas oder Kunststoff, das die Richtung eines Lichtstrahls durch Brechung (s. S. 205) ändert. Linsen dienen zum Bündeln des Lichts in Brillen, Kameras oder Teleskopen. Man unterscheidet konvexe und konkave Linsen.

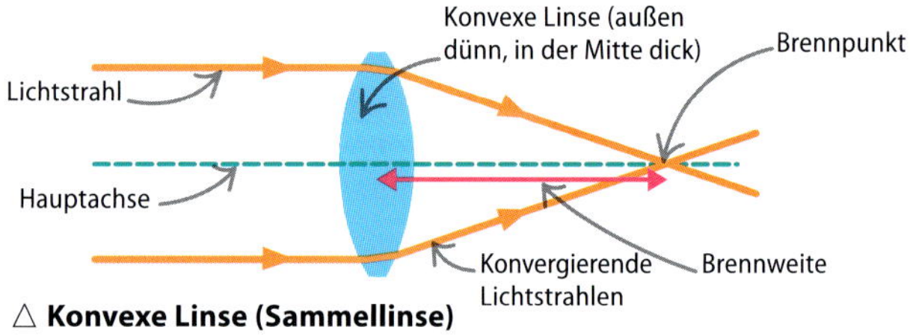

△ **Konvexe Linse (Sammellinse)**
Lichtstrahlen, die durch eine konvexe Linse gehen, werden nach innen gebrochen (sie konvergieren) und treffen sich in einem Punkt hinter der Linse, dem Brennpunkt. Der Abstand zwischen Linsenmitte und Brennpunkt ist die Brennweite.

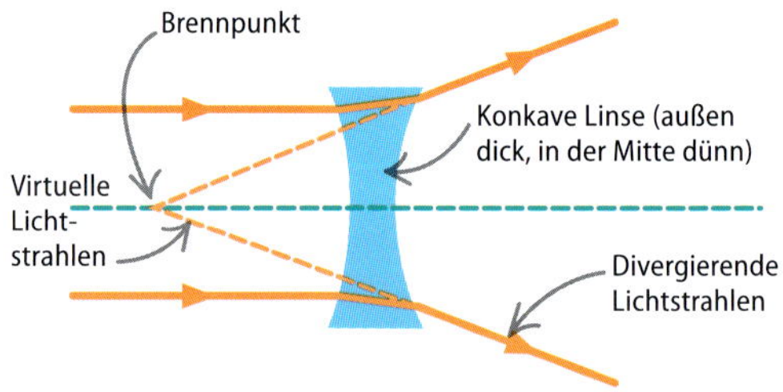

△ **Konkave Linse (Zerstreuungslinse)**
Sie zerstreut Licht, d. h., sie verbreitert einen Lichtstrahl. Parallele Lichtstrahlen werden nach außen gebrochen (sie divergieren) und scheinen von einem Brennpunkt vor der Linse auszugehen.

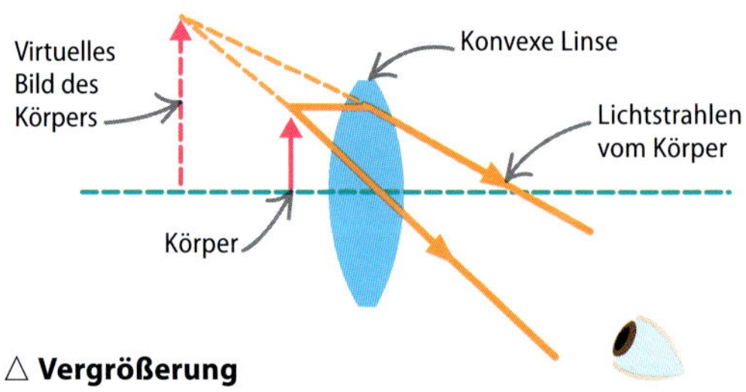

△ **Vergrößerung**
Wenn ein Körper sich zwischen Brennpunkt und Mittelpunkt einer konvexen Linse befindet, konvergieren die Lichtstrahlen nicht. Stattdessen scheinen sie als vergrößertes Bild (virtuelles Bild, s. S. 205) von einem Ort hinter der Linse auszugehen.

Interferenz

Treffen zwei Lichtwellen aufeinander, beeinflussen sie sich. Dies nennt man Interferenz. Sind die Lichtwellen in Phase, verstärken sie sich (konstruktive Interferenz). Sind sie hingegen außer Phase, löschen sie sich gegenseitig aus (destruktive Interferenz). Astronomen nutzen die Interferenz von Licht aus verschiedenen Teilen eines Sterns, um ihn besser sichtbar zu machen.

INTERESSANT!

Schillernd bunte Seifenblasen

Wenn Licht auf eine Seifenblase fällt, wird ein Teil davon an der äußeren und ein Teil an der inneren Oberfläche der Blase reflektiert. Die von den beiden Flächen ausgehenden Wellen interferieren und erzeugen neue Farben.

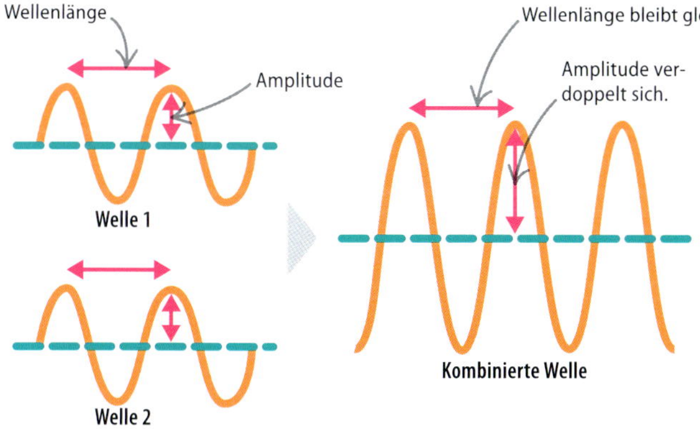

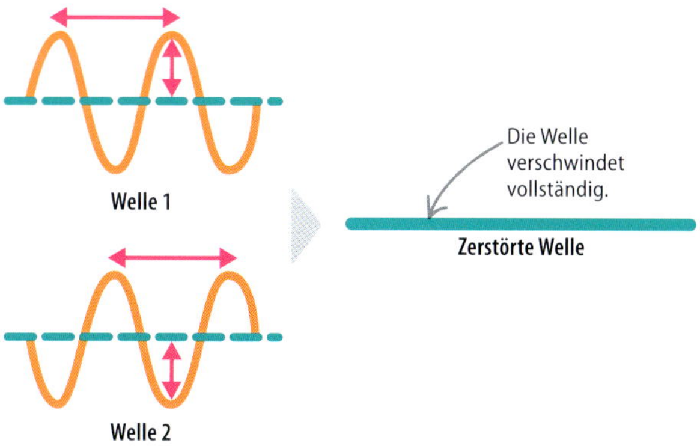

△ **In Phase**
Wenn zwei Wellen in Phase aufeinander treffen, addieren sich ihre Amplituden. Es entsteht eine einzelne Welle mit doppelter Amplitude. Dies nennt man konstruktive Interferenz.

△ **Außer Phase**
Sind die Wellen außer Phase, ist die Interferenz destruktiv. Wenn die beiden Wellen aufeinander treffen, löschen sich die Amplituden aus und die Welle wird zerstört.

Beugung

Meist behandelt man Licht, als ob es aus geraden Strahlen besteht. Man kann so auf einfache Weise die Reflektion (s. S. 205) oder die Brechung durch Linsen (s. links) beschreiben. Doch erst die Wellentheorie des Lichts erklärt ein anderes Phänomen: Wenn eine Welle (sei es eine Licht- oder eine Schallwelle) durch einen Spalt fällt oder an einem Hindernis vorbeiläuft, ändert sie ihre Richtung und verbreitert sich. Dies nennt man Beugung.

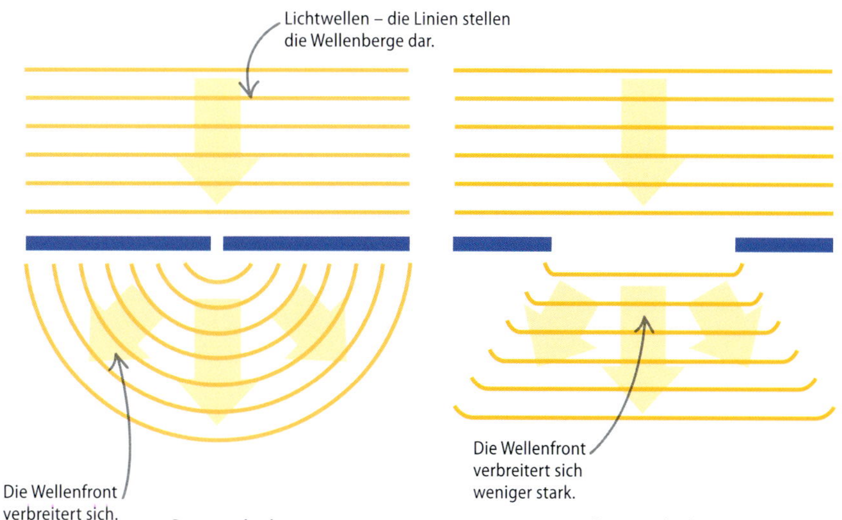

Beugung durch einen engen Spalt

Beugung durch einen breiten Spalt

▷ **Beugung**
Die Wellenfront verbreitert sich, wenn sie durch einen engen Spalt läuft. Bei einem breiteren Spalt ist die Beugung weniger ausgeprägt.

Schall

SCHALL SIND WELLEN, DIE SICH DURCH FESTSTOFFE, FLÜSSIGKEITEN UND GASE AUSBREITEN.

SIEHE AUCH
❮ **64** Hören
❮ **192** Der Luftdruck
❮ **200–201** Wellen

Menschen und Tiere nutzen Schall zur Kommunikation, Schall ist aber auch in der Medizin oder Industrie von Nutzen. Unerwünschter Schall (Lärm) kann Gesundheit und Wohlbefinden beeinträchtigen.

Tonhöhe und Lautstärke

Die Merkmale von Schall, die wir als Tonhöhe und Lautstärke wahrnehmen, hängen eng mit den physikalischen Eigenschaften der Schallwellen zusammen. Je höher die Frequenz einer Welle (d. h. die Anzahl der Wellenberge und -täler pro Sekunde), umso höher ist der Ton. Und je größer die Amplitude, umso lauter klingt es.

Wir können Töne wahrnehmen, die so leise sind, dass sie unser Trommelfell nur um die **Größe eines Atoms** bewegen.

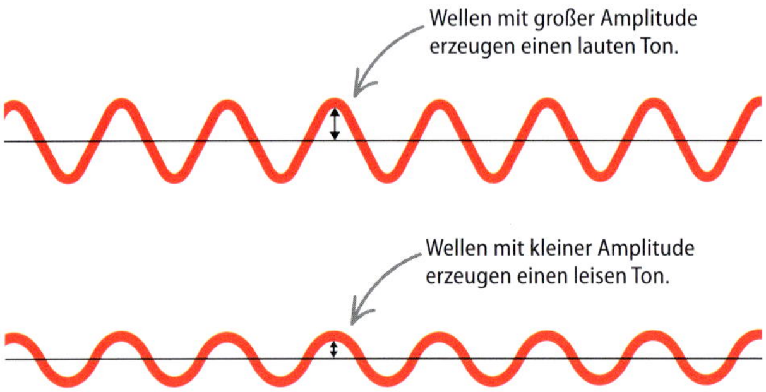

△ **Lautstärke**
Diese Schallwellen haben dieselbe Frequenz, aber unterschiedliche Amplituden. Eine größere Amplitude bedeutet, dass der Luftdruck stärker wechselt und dass die Lautstärke höher ist.

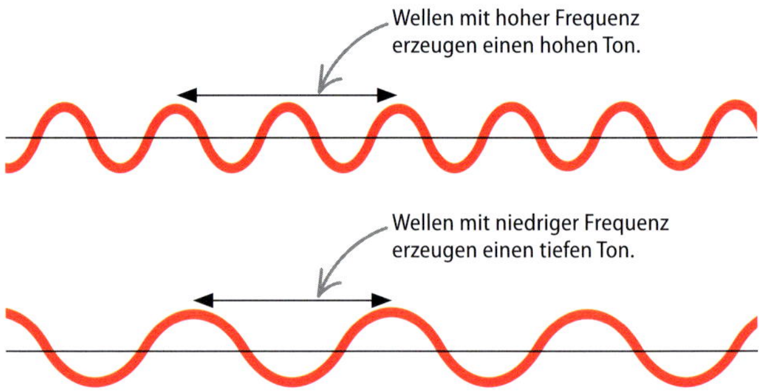

△ **Tonhöhe**
Diese Schallwellen haben dieselbe Amplitude, aber unterschiedliche Frequenzen. Eine höhere Frequenz bedeutet, dass der Luftdruck schneller wechselt, sie führt zu einem höheren Ton.

Echos

Schallwellen werden von harten, glatten Oberflächen reflektiert. Wenn diese Fläche so weit von der Schallquelle entfernt ist, dass die Schallwellen eine gewisse Zeit bis zur Rückkehr brauchen, kann man sie als Echo wahrnehmen. Unterwasserechos (Echolot) werden zur Erkundung des Meeresbodens eingesetzt. Die Rückkehrzeit hängt von der Wassertiefe ab. So lassen sich Karten vom Meeresboden erstellen.

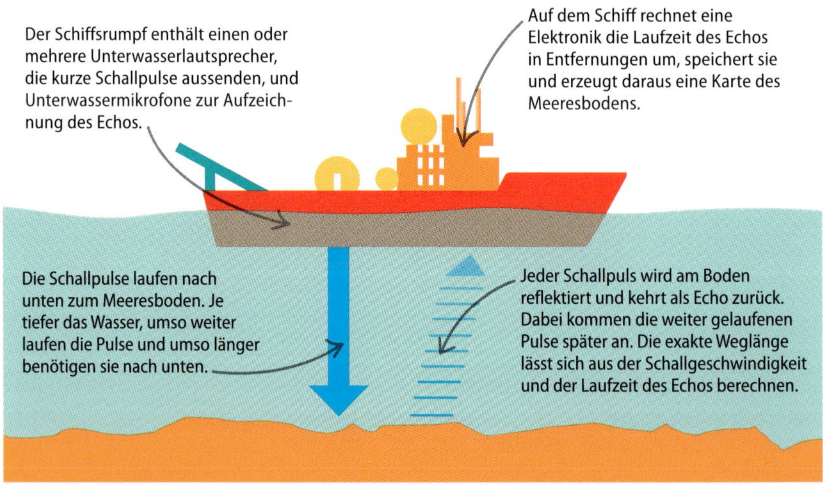

▷ **Kartieren des Meeresbodens**
Ein Schiff erstellt mit dem Echolot eine Karte des Meeresbodens.

Der Doppler-Effekt

Wenn eine Schallquelle sich auf eine Person zu bewegt, hört diese einen höheren Ton. Der Grund dafür ist, dass die Druckpulse des Schalls näher beieinander liegen, weil die Quelle näher ist, bevor sie den nächsten Puls aussendet. Daher ist die Frequenz höher als bei einer stillstehenden Quelle. Entfernt sich die Schallquelle, sind die Pulse weiter auseinander, die Frequenz sinkt. Dies bezeichnet man als Doppler-Effekt.

▽ **Martinshorn**
Der Doppler-Effekt erklärt, warum das Martinshorn seine Tonhöhe ändert, wenn das Polizeiauto vorbeirast.

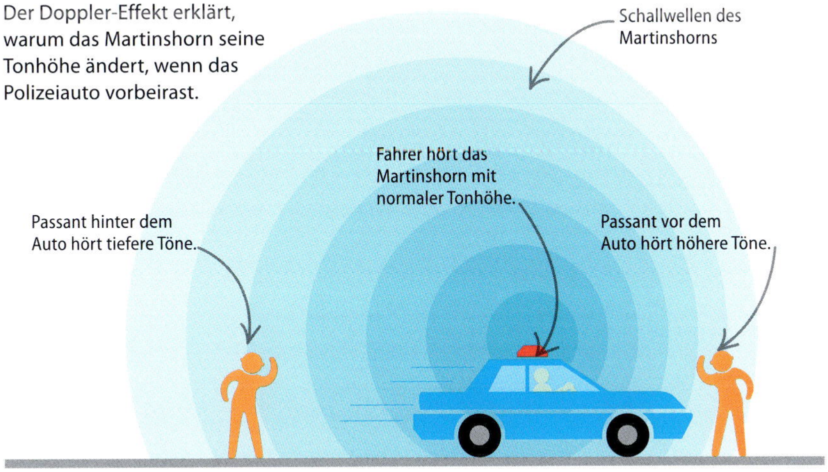

INTERESSANT!

Unterwasserschall

Schall breitet sich in Wasser besser aus als in der Luft. Meerestiere nutzen Schall für verschiedenste Zwecke. Sie können damit über weite Strecken kommunizieren, andere erkunden damit ihre Umgebung, manche lähmen damit ihre Beute. Delfine und einige weitere Walarten sind auf Schall zur Kommunikation besonders angewiesen. Damit sind sie auch besonders von Unterwasserlärm betroffen.

Überschallflugzeug

In Luft breitet sich Schall mit etwa 343 Meter pro Sekunde (gut 1200 Kilometer pro Stunde) aus. Wenn ein Objekt sich schneller bewegt, überholt es die Schallwellen vor sich. Ein Beispiel ist der Überschalljet, der schneller als der Schall fliegt. Man kann ihn am Boden nicht kommen hören – das Flugzeug ist vorüber, bevor der Lärm der Düsen zu hören ist. Der Schall kommt dann aber plötzlich wie eine Schockwelle – das ist der sogenannte Überschallknall.

Hochenergetische, hochfrequente Töne (Ultraschall) werden zur **Zertrümmerung von Nierensteinen** eingesetzt. Man spart so eine Operation.

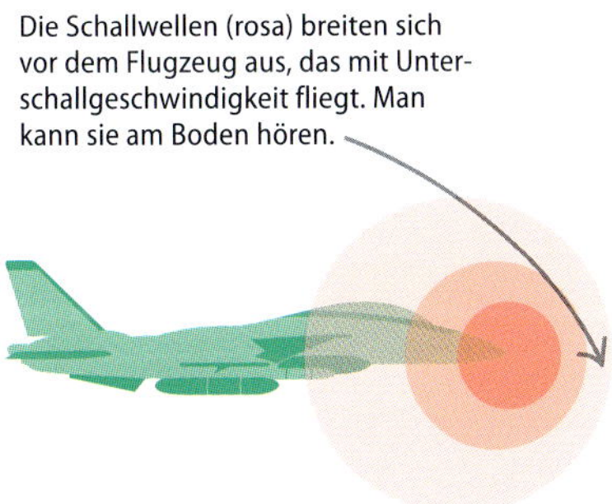

△ **Unterschallflug**
Die Schallwellen vor dem Flugzeug, das mit Unterschallgeschwindigkeit fliegt, haben höhere Frequenzen als die dahinter.

△ **Schallmauer**
Bei Schallgeschwindigkeit breiten sich die Schallwellen nicht mehr vor dem Flugzeug aus, es entsteht eine Schockfront.

△ **Überschallflug**
Die Schockfront eines Überschalljets hört man am Boden als Überschallknall (sogenanntes Durchbrechen der Schallmauer).

Elektrizität

ELEKTRIZITÄT UMFASST ALLE PHÄNOMENE, DIE MIT RUHENDEN ODER BEWEGTEN ELEKTRISCHEN LADUNGEN ZUSAMMENHÄNGEN.

SIEHE AUCH
❮ 113 Reaktivität
❮ 148–149 Elektrochemie
❮ 174–175 Im Innern des Atoms
Stromkreise 214–215 ❯

Der Atomkern wird von winzigen Teilchen umkreist, den Elektronen. Sie tragen eine negative elektrische Ladung, der Kern eine positive, das gesamte Atom ist neutral.

Statische Elektrizität

Ein Körper mit einem Überschuss an Elektronen heißt negativ geladen. Er stößt andere negativ geladene Körper ab. Körper mit vielen Atomen, die Elektronen verloren haben, sind positiv geladen. Sie ziehen negativ geladene Körper an und stoßen andere positiv geladene Körper ab. Da die Elektronen sich auf solchen Körpern nicht bewegen, spricht man von statischer Elektrizität. Auch neutrale Körper reagieren auf geladene Körper, weil die Elektronen sich innerhalb des Körpers verschieben und sich so Gebiete mit positiver Ladung bilden können.

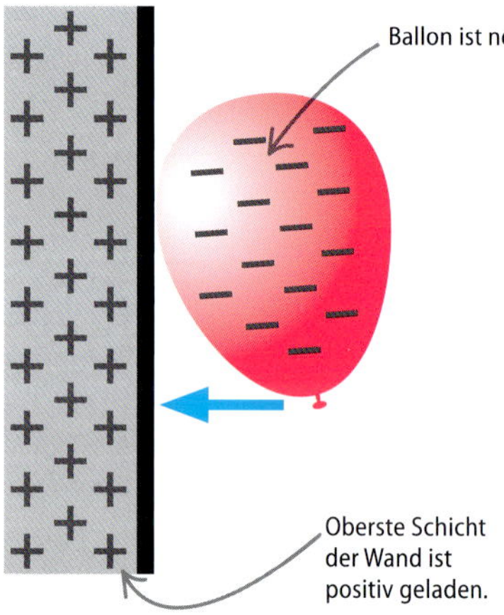

◁ **Gegensätze ziehen sich an**
Reibt man einen Ballon an einem Pullover, lädt er sich negativ auf. Berührt er eine Wand, werden die obersten Elektronen der Wand abgestoßen. Es bilden sich positiv geladene Gebiete. Dadurch wird der Ballon angezogen.

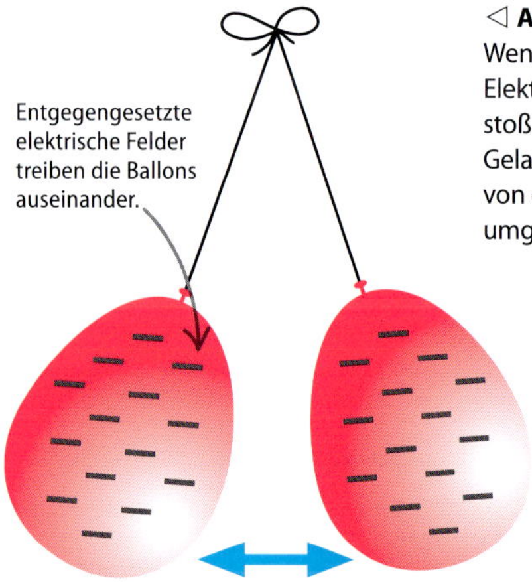

◁ **Abstoßung**
Wenn zwei Ballons mit Elektronen geladen sind, stoßen sie einander ab. Geladene Körper sind von elektrischen Feldern umgeben.

Statische Entladung

Bei Gewitter bilden sich Aufwinde von der Erde in die niedrigen Wolken. Durch die Reibung aneinander laden sich die Wassertröpfchen und Eiskristalle in den Wolken auf. Der Erdboden und die Oberseite der Wolken sind dadurch stark positiv, die Unterseite der Wolken stark negativ geladen. Wird der Ladungsunterschied zu groß, entladen sich die Wolken. Entladungen innerhalb der Wolken nennt man Wetterleuchten, die Entladung zwischen Boden und Wolken heißt Blitz. Ein Blitz kann sich mit über 200 000 Kilometer pro Stunde ausbreiten, der elektrische Strom liegt bei ca. 300 000 Ampere.

△ **Gefährliche Orte**
Ein Blitz sucht immer den kürzesten Weg zum Boden. Darum werden größere Erhebungen wie ein freistehender Baum oder hohe Häuser häufig vom Blitz getroffen. Gebäude sind oftmals durch Blitzableiter geschützt, die Blitze sicher in die Erde leiten.

Ein Blitz kann die Luft um ihn herum auf eine Temperatur **fünfmal so heiß wie die Sonnenoberfläche** aufheizen.

Elektrische Ströme

Wenn elektrische Ladung durch ein Material fließt, spricht man von einem elektrischen Strom. Er wird durch die Bewegung der Elektronen in dem Material verursacht, dem sogenannten elektrischen Leiter. In einem elektrischen Stromkreis (s. S. 214) verleiht eine Stromquelle, etwa eine Batterie, den Elektronen die Energie, sodass sich die Ladungen vom negativen Pol (Minuspol) der Stromquelle durch den Stromkreis zum Pluspol bewegen können. Ein Strom fließt nur, wenn der Stromkreis lückenlos geschlossen ist. In einem Stromkreis bewegen sich die einzelnen Elektronen nur sehr langsam (weniger als ein Millimeter pro Sekunde), doch weil sie im Leitermaterial sehr dicht beieinander sind, kann elektrische Energie mit über 100 000 Kilometer pro Sekunde übertragen werden.

Kupfer ist ein sehr guter elektrischer Leiter, leitet aber auch Wärme sehr gut. Daher stellt man Kochtöpfe oder Heißwasserleitungen oft aus Kupfer her.

▷ **Nicht angeschlossener Leiter**
Ohne Anschluss an eine Batterie bewegen sich die freien Elektronen im Draht regellos in alle Richtungen.

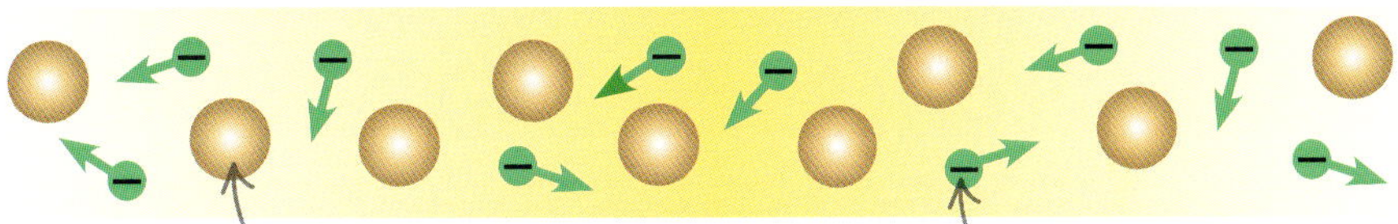

▷ **Stromführender Leiter**
Ist der Leiter Teil eines angeschlossenen elektrischen Stromkreises, driften die Elektronen zum Pluspol der Stromquelle.

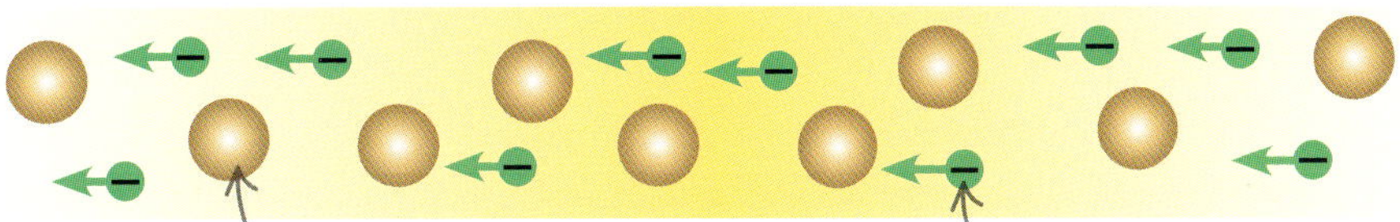

Elektrizität lenken

Einige Materialien tragen elektrische Ströme besser als andere, man nennt sie elektrische Leiter. Dazu gehören viele Metalle, da deren Atome die stromtragenden Elektronen leicht abgeben. Stoffe wie Glas, Gummi und die meisten Kunststoffe bestehen aus Atomen, die ihre Elektronen nicht so leicht abgeben. Daher leiten sie Elektrizität nur schlecht und führen keinen Strom. Man nennt sie Isolatoren.

△ **Elektrisches Kabel**
Ein elektrisches Kabel soll Elektrizität möglichst verlustfrei übertragen. In einem Mantel aus isolierendem Kunststoff befinden sich die einzelnen Kupferdrähte (Litzen), die durch farbige Kunststoffüberzüge voneinander isoliert sind.

INTERESSANT!

Bernstein

Bernstein ist das getrocknete, fossile Harz bestimmter Bäume. Beim Reiben lädt er sich sehr schnell statisch auf. Ein geladenes Stück Bernstein kann leichte Objekte wie Federn oder Papierschnipsel anziehen. Diesen Effekt kannten schon die alten Griechen, die Begriffe „Elektron" und „Elektrizität" leiten sich von dem griechischen Wort für Bernstein her.

Spannung, Strom und Widerstand

DIESE GRÖSSEN BEEINFLUSSEN DEN STROMFLUSS IN EINEM ELEKTRISCHEN STROMKREIS.

SIEHE AUCH
❮112 Was ist ein Ion?
❮148–149 Elektrochemie
❮174–175 Im Innern des Atoms
❮211 Elektrische Ströme
Stromkreise 214–215❯

Es gibt zwei variable Größen, von denen die Größe eines Stroms in einem Stromkreis abhängt: Spannung und elektrischer Widerstand.

Was ist Spannung?

Die Spannung ist ein Maß für eine Potenzialdifferenz, d. h. die Differenz der elektrischen Energie zwischen zwei Punkten, ähnlich wie die Differenz der potentiellen Energie an zwei Punkten einer Achterbahn. Die Spannungseinheit ist das Volt (V). Eine Spannung ist nötig, damit die Elektronen sich in einem Leiter bewegen und ein elektrischer Strom fließt. Typische Spannungsquellen sind Batterien.

Die Einheiten **Volt, Ampere** und **Ohm** sind nach drei Forschern benannt, die die **Elektrizitätslehre** begründeten: Alessandro Volta, André-Marie Ampère und Georg Simon Ohm.

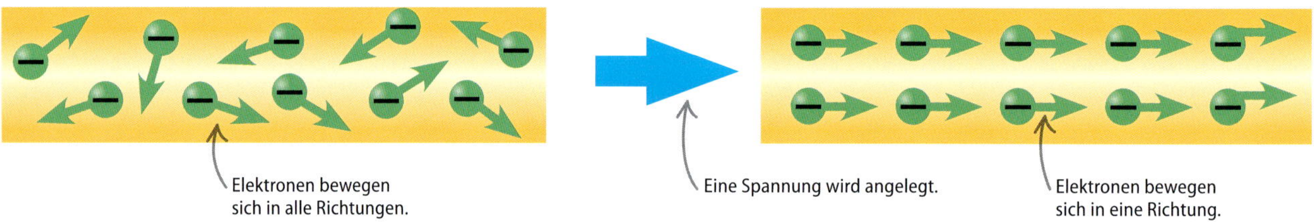

△ **Keine Spannung**
Wenn die Enden eines Leiters nicht mit einer Batterie verbunden sind, bewegen sich die freien Elektronen darin regellos in alle Richtungen.

△ **Spannung angelegt**
Wenn der Leiter an eine Batterie angeschlossen wird, bewegen sich die Elektronen durch die Spannung einheitlich und erzeugen einen elektrischen Strom.

Widerstand

Jeder Draht und jede Komponente in einem Stromkreis hemmt den Elektrizitätsfluss zu einem bestimmten Grad. Ursache dafür ist meist, dass die sich bewegenden Elektronen gegen die feststehenden Ionen (geladene Atome) des Materials stoßen, abgebremst werden und Energie verlieren. Diese „Hemmung" nennt man elektrischen Widerstand. Die verlorene Energie wird als Wärme, Schall oder Licht freigesetzt. Der Widerstand eines Drahtes hängt u. a. von seiner Länge und dem Durchmesser ab.

◁ **Länge**
Ein kurzer Draht hat einen geringeren Widerstand als ein gleich dicker langer Draht, weil die Elektronen eine kürzere Strecke zurücklegen, weniger Stöße erfahren und weniger Energie verlieren. In einem langen Draht bewegen sie sich weiter, erfahren mehr Stöße und verlieren mehr Energie. Dadurch ist der Widerstand höher.

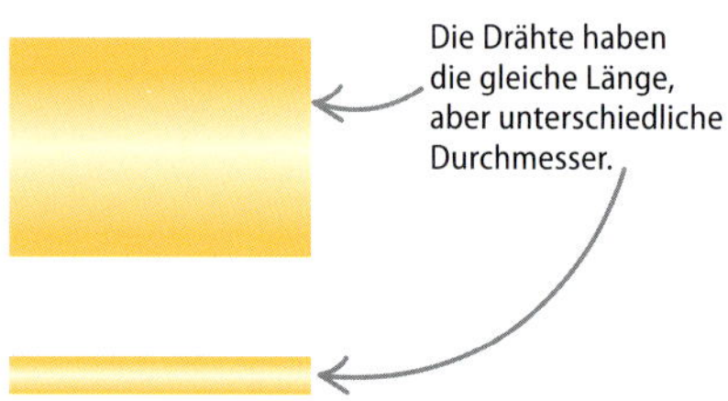

◁ **Durchmesser**
Ein dünner Draht hat einen größeren Widerstand als ein gleich langer dicker Draht, weil er weniger Platz für die Bewegung der Elektronen bietet. In einem dickeren Draht können sich Elektronen auch nebeneinander bewegen, sodass der Elektronenfluss größer ist.

Das Ohm'sche Gesetz

Das Ohm'sche Gesetz gibt den Zusammenhang zwischen Spannung, Strom und elektrischem Widerstand an. Ändert man eine der drei Größen, sind auch die anderen beiden betroffen. So ändert sich der Gesamtwiderstand in einem Stromkreis etwa durch eine Glühlampe oder ein zusätzliches Bauteil, das ebenfalls als Widerstand bezeichnet wird.

Stromstärke in Ampere (A) — Spannung in Volt (V) — Widerstand in Ohm (Ω)

$$\text{Strom} = \frac{\text{Spannung}}{\text{Widerstand}}$$

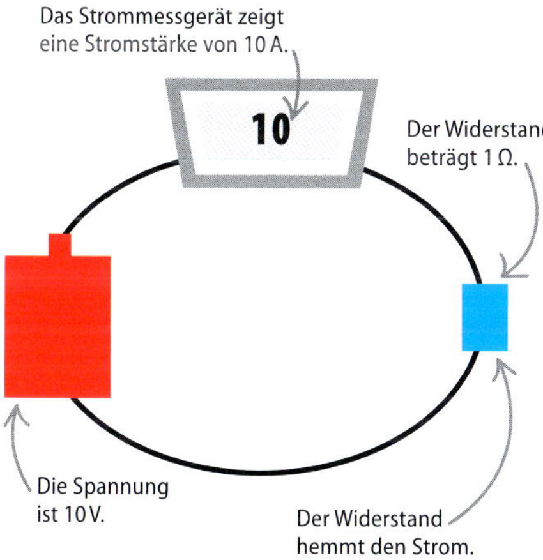

△ **Stromkreis 1**
Hier liefert die Batterie eine Spannung von 10 V, und der Widerstand beträgt genau 1 Ω. Die Stromstärke ist 1 A.

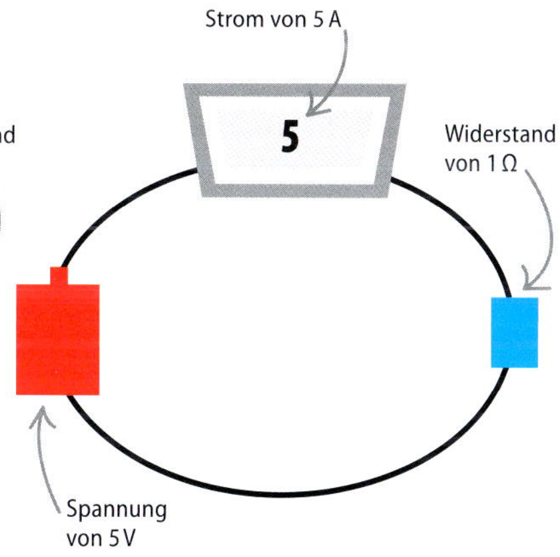

△ **Stromkreis 2**
Hier beträgt der Widerstand immer noch 1 Ω, aber die Spannung ist auf 5 V halbiert. Die Stromstärke ist auf 5 A reduziert.

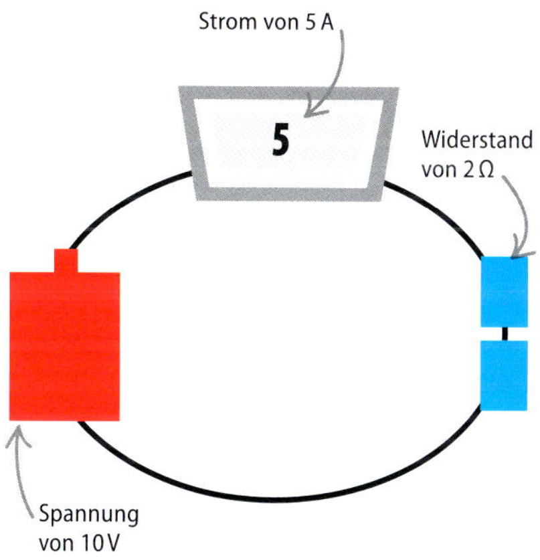

△ **Stromkreis 3**
Hier beträgt die Spannung wieder 10 V, doch es gibt einen zusätzlichen Widerstand von 1 Ω. Die Stromstärke ist auf 5 A reduziert.

Wärme elektrisch erzeugen

Wenn ein Strom durch einen elektrischen Leiter fließt, wird an dem Widerstand ein Teil der elektrischen Energie in Wärme oder Licht umgewandelt. Man erzeugt viel Wärme, wenn man spezielle Heizdrähte mit besonders hohem Widerstand verwendet.

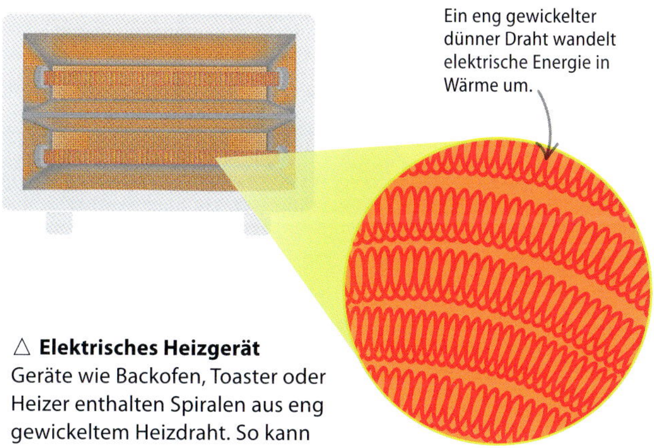

△ **Elektrisches Heizgerät**
Geräte wie Backofen, Toaster oder Heizer enthalten Spiralen aus eng gewickeltem Heizdraht. So kann man längere Drähte unterbringen und mehr Wärme erzeugen.

INTERESSANT!

Supraleiter

Bestimmte Materialien verlieren bei sehr tiefen Temperaturen (–260 °C) praktisch ihren gesamten elektrischen Widerstand. Aus solchen sogenannten Supraleitern kann man sehr effektive Elektromagnete bauen, beispielsweise für medizinische Geräte (NMR-Scanner), große Teilchenbeschleuniger oder Magnetschwebebahnen. Der abgebildete japanische Prototyp erreichte 2015 eine Rekordgeschwindigkeit von 603 km / h.

Elektronik

SIEHE AUCH
❮ 210–211 Elektrizität
❮ 214–215 Stromkreise
Elektromagnet 211 ❯
Elektromotoren 212–213 ❯
Generatoren 214–215 ❯
Transformatoren 216–217 ❯

IN ELEKTRONISCHEN SYSTEMEN WERDEN INFORMATIONEN ALS GENAU KONTROLLIERTE ELEKTRISCHE SIGNALE VERARBEITET.

Alle modernen Maschinen, vom Smartphone bis zur Waschmaschine und dem Auto, enthalten die verschiedensten elektronischen Bauteile.

Elektronische Bauteile

Hierbei handelt es sich um Bauteile, die den Stromfluss in den Stromkreisen eines elektrischen Geräts steuern, regeln und ändern sollen. Der Strom wirkt wie ein elektrisches Signal, das dem Stromkreis und dem Gerät Anweisungen zu speziellen Aktionen gibt, von der Addition von Zahlen bei einem Taschenrechner bis zur Anzeige von Worten auf den Bildschirm. Die ersten solcher Bauteile waren groß und sperrig, sie wurden einzeln hergestellt und verdrahtet. Heute sind sie so miniaturisiert, dass Millionen von ihnen auf einen winzigen Mikrochip passen. Beim Entwurf von Schaltungen verwendet man genormte Schaltzeichen, eine Auswahl ist rechts dargestellt.

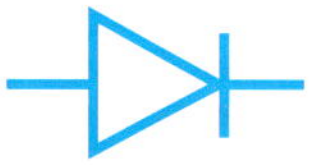

△ **Diode** Lässt Strom nur in eine Richtung durch.

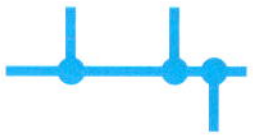

△ **Verbundene Drähte** Kabel sind leitend verbunden.

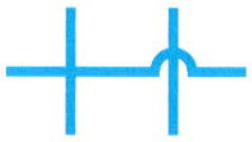

△ **Überlappende Drähte** Kabel kreuzen sich, sind aber isoliert.

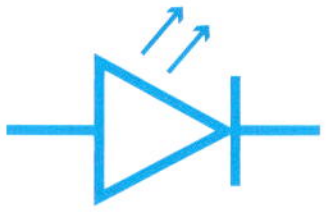

△ **Lichtemittierende Diode (LED)** Wandelt elektrische Energie in Licht um.

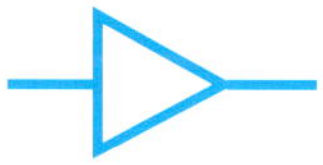

△ **Verstärker** Verstärkt die elektrische Leistung.

△ **Transistor** Steuert die Stärke eines Stroms.

△ **Piezoaufnehmer** Wandelt elektrische Energie in Schall um.

△ **Sicherung** Trennt bei zu hoher Stromstärke den Stromkreis.

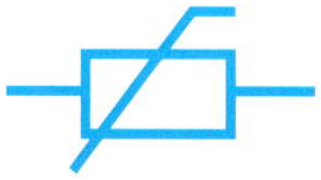

△ **Thermistor** Widerstand, der sich mit der Temperatur reproduzierbar ändert.

△ **Generator** Erzeugt elektrische Spannung.

△ **Wechselspannungsquelle** Liefert Energie (Wechselstrom).

△ **Gleichspannungsquelle** Liefert Energie (Gleichstrom).

△ **Spule** Bauform eines Elektromagneten.

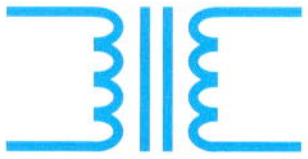

△ **Transformator** Verändert Stromstärke und Spannung.

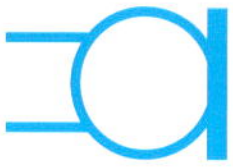

△ **Mikrofon** Wandelt Schallwellen in elektrische Energie.

△ **Antenne** Empfängt oder sendet Radiowellen aus.

Integrierte Schaltkreise

Moderne elektronische Schaltungen werden auf winzigen rechteckigen Wafern (dünnen Scheiben) aus Silizium zu Mikrochips vereinigt. Man nennt sie integrierte Schaltkreise (IC), weil alle Komponenten zusammen hergestellt werden. Ein IC besteht aus mehreren Schichten verschiedener Materialien. Einige davon sind Isolatoren, manche sind Leiter und manche Halbleiter. Halbleiter sind elektrisch leitend, allerdings nur unter bestimmten Bedingungen. Die einzelnen Bauteile und ihre Verbindungen werden als Muster in die Schichten eingeätzt.

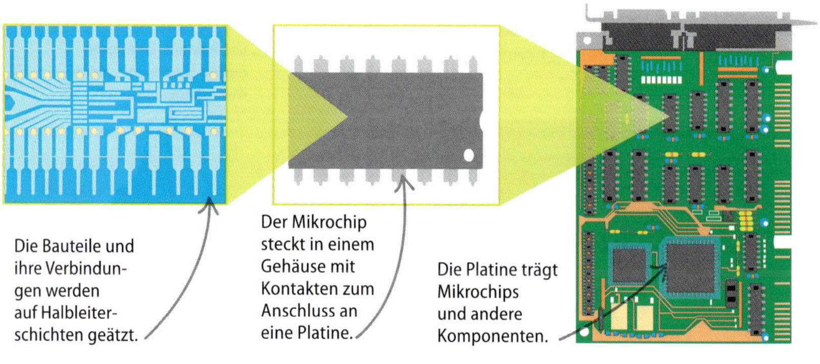

△ **Integrierter Schaltkreis** Elektronische Komponenten sind so klein, dass man sie nur unter dem Mikroskop sieht.

△ **Mikrochip** Besteht aus einem winzigen Silizium-Wafer und enthält viele integrierte Schaltkreise.

△ **Platine** Dieses Herzstück vieler elektronischer Geräte enthält viele Mikrochips und andere Bauteile.

Kodierung von Zahlen

Wir Menschen bilden Zahlen aus den Ziffern von 0 bis 9, doch Computer kennen nur zwei Ziffern: 0 und 1. Sie speichern Daten in sogenannten Schaltzuständen, die jeweils eine Informationseinheit (1 Bit) enthalten. „Schalter an" entspricht der 1, „Schalter aus" der 0. Daher müssen alle Informationen für den Computer in Nullen und Einsen codiert werden. Diese binären Zahlen zur Basis 2 sind allerdings sehr lang. Um sie für den Menschen leichter lesbar zu machen, wandelt man sie oft in Hexadezimalzahlen zur Basis 16 um.

Dezimal	Binär	Hexadezimal
0	0000	0
1	0001	1
2	0010	2
3	0011	3
4	0100	4
5	0101	5
6	0110	6
7	0111	7
8	1000	8
9	1001	9
10	1010	A
11	1011	B
12	1100	C
13	1101	D
14	1110	E
15	1111	F

△ **Umwandungstabelle**
Die Tabelle zeigt, wie man Dezimalzahlen (Basis 10) in Binärzahlen (Basis 2) und Hexadezimalzahlen (Basis 16) umwandelt.

Das erste elektronische Bauteil war die **Diode,** die im Jahr 1904 der Engländer Ambrose Fleming erfand.

Logische Schaltungen

Ein Logikgatter trifft einfache Entscheidungen: Es verarbeitet die eingehenden elektrischen Signale. Die Ausgabe ist dann entweder ein „An", d. h. eine höhere Spannung, die die 1 darstellt, oder ein „Aus", d. h. eine niedrigere Spannung, die die 0 darstellt. In der Elektronik werden etliche Logikgatter zu komplexen logischen Schaltungen zusammengestellt. Die Abbildung unten zeigt drei häufig verwendete Logikgatter und die möglichen Ein- und Ausgaben.

▷ **UND-Gatter**
Die Ausgabe ist nur dann 1, wenn beide Eingaben 1 sind.

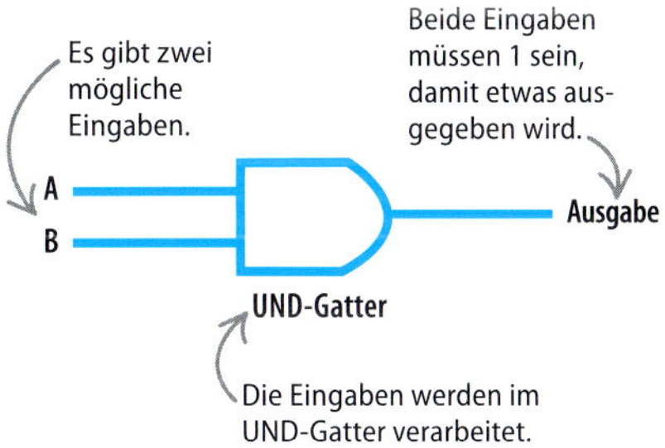

UND-Gatter		
Eingabe A	Eingabe B	Ausgabe
1	0	0
0	1	0
0	0	0
1	1	1

▷ **ODER-Gatter**
Die Ausgabe ist nur dann 1, wenn eine oder beide Eingaben 1 sind.

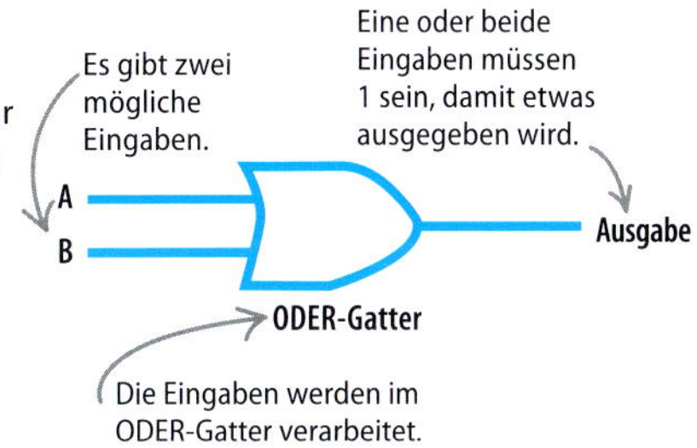

ODER-Gatter		
Eingabe A	Eingabe B	Ausgabe
0	0	0
0	1	1
1	0	1
1	1	1

▷ **NICHT-Gatter**
Die Ausgabe ist nur dann 1, wenn die Eingabe 0 ist.

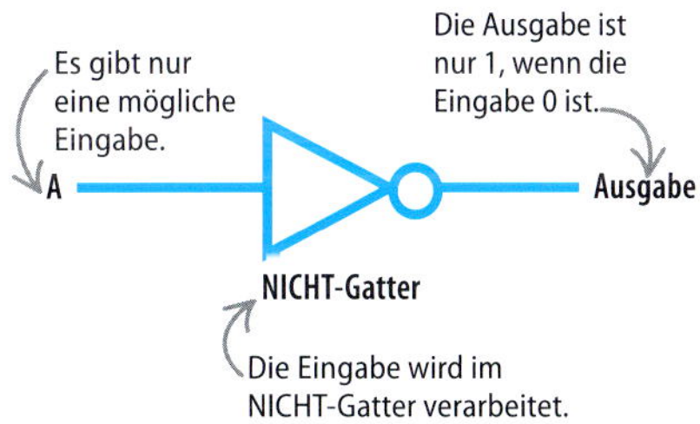

NICHT-Gatter	
Eingabe	Ausgabe
0	1
1	0

INTERESSANT!

Retina-Implantat

Moderne Elektronik ist so klein, zuverlässig und lichtempfindlich, dass man sie sogar in die menschliche Retina (Netzhaut) implantieren kann, um sehbehinderte Menschen wieder sehen zu lassen. Das Implantat wandelt das darauf fallende Licht in elektrische Signale um, die den Sehnerv stimulieren. Das Gehirn interpretiert diese Signale als Muster von hell und dunkel, sodass der Patient wieder etwas erkennen kann.

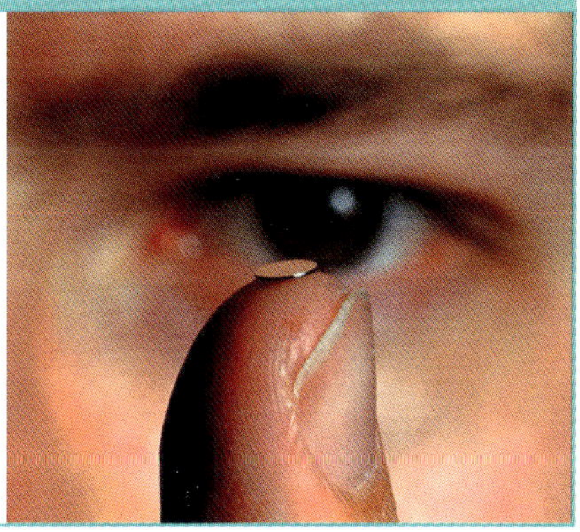

Magneten

MAGNETEN ERZEUGEN EIN MAGNETFELD, DAS EINIGE STOFFE ANZIEHT UND ANDERE MAGNETEN ANZIEHT ODER ABSTÖSST.

Einige Magneten kommen in der Natur vor und manche Stoffe können mit Strom oder durch Kontakt zu Magneten magnetisiert werden.

SIEHE AUCH

❮ 124–125 Übergangsmetalle
❮ 180–181 Kräfte und Massen
❮ 211 Elektrische Ströme
Elektromotoren 220–221 ❯
Generatoren 222–223 ❯

Magnetische Kraft

In magnetischen Stoffen gibt es sogenannte Domänen, die sich wie winzige Magneten verhalten. Ohne Magnetisierung sind die Domänen regellos orientiert, doch in einem Magnetfeld oder wenn man wiederholt mit einem Magneten darüberstreicht, richten sich die Domänen gleichförmig aus. Damit wird das Material magnetisch.

▷ **Stabmagnet**
Die Umgebung eines Magneten, in der sein Magnetismus andere Materialien beeinflusst, heißt Magnetfeld. Die Enden eines Stabmagneten heißen Nord- bzw. Südpol. Zerschneidet man den Stab, erhält man zwei Magneten, jeder mit einem eigenen Nord- und Südpol.

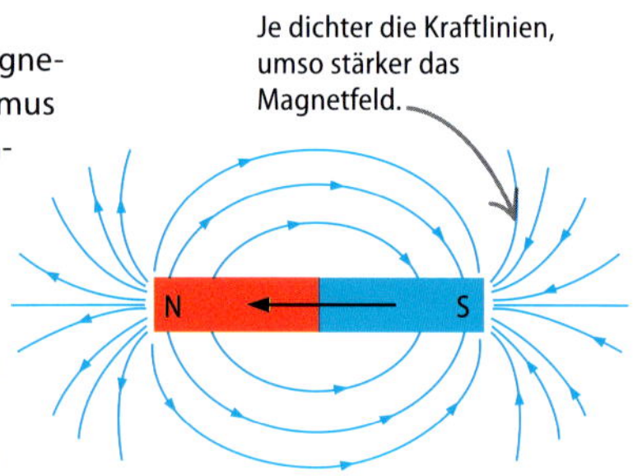

▷ **Hufeisenmagnet**
Magneten können alle denkbaren Formen haben, sogar die eines Hufeisens. Auch dieser Magnet hat einen Nord- und einen Südpol, aber da er gebogen ist, sind die Pole dicht beieinander.

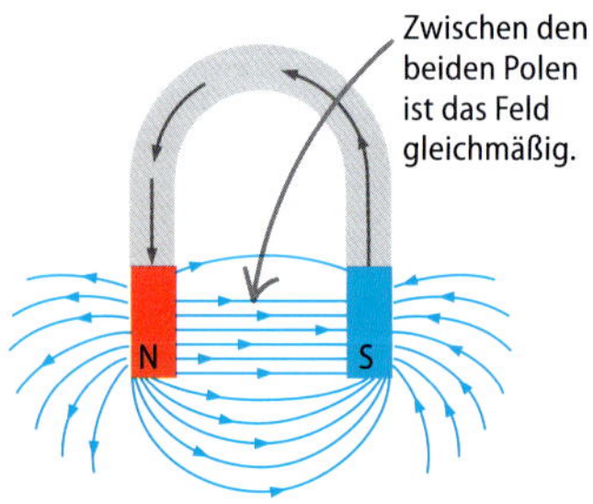

▽ **Anziehen oder abstoßen**
Zwei Magneten ziehen sich gegenseitig an, wenn ungleiche Pole (Nord- und Südpol) gegenüber liegen. Gleiche Pole stoßen einander ab.

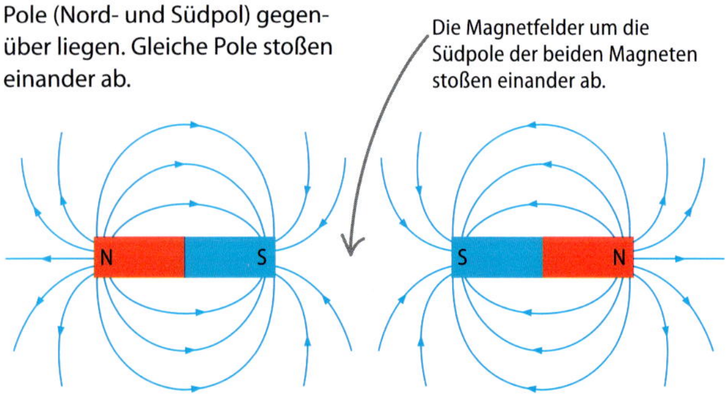

Permanentmagneten

Einige Materialien, darunter Eisen, Nickel, Kobalt und ihre Legierungen, heißen ferromagnetisch. Sie können magnetisiert werden, indem man einen elektrischen Strom hindurchfließen lässt oder sie an einem Magneten reibt. Danach bleiben sie magnetisch. Man entmagnetisiert sie durch Stöße, Hitze oder ein variables Magnetfeld.

▽ **Magnetische Objekte**
Dosen oder Büroklammern bestehen aus Stahl, einer Eisenlegierung. Die meisten „Kupfer"-Münzen enthalten Eisen oder Nickel.

▽ **Nicht magnetische Objekte**
Die üblichen Kunststoffe sind nicht magnetisch, ebenso Aluminium-Getränkedosen und Messing.

INTERESSANT!

Kompass aus Magnetstein

Magnetstein ist ein natürlich vorkommendes magnetisches Mineral, aus dem in der Antike Kompasse gemacht wurden. Wenn ein Stück Magnetstein sich frei drehen kann, richtet es sich im Erdmagnetfeld aus und zeigt in Nord-Süd-Richtung. Das Wort „Magnet" leitet sich von der griechischen Region Magnesia ab, wo Magnetsteine und Magnesium gefunden wurden.

Das Erdmagnetfeld

Man kann sich die Erde als einen großen starken Magneten vorstellen, dessen Magnetfeld, die sogenannte Magnetosphäre, sich über Zehntausende Kilometer ins All erstreckt. Der Erdmagnetismus wird durch die Bewegung flüssiger Metalle im Erdkern verursacht. Aus unbekannter Ursache kann die Richtung des Erdmagnetfelds alle Millionen Jahre plötzlich umschlagen.

▷ **Magnetische Erde**

Verwirrenderweise ist der Magnetpol im Norden der Erde ein magnetischer Südpol, denn der Nordpol eines Kompasses wird von ihm angezogen. Allerdings stimmen Magnetpol und geografischer Nordpol nicht genau überein. Daher gibt es eine leichte Abweichung zwischen der magnetischen und der geografischen Nordrichtung, die sogenannte Deklination.

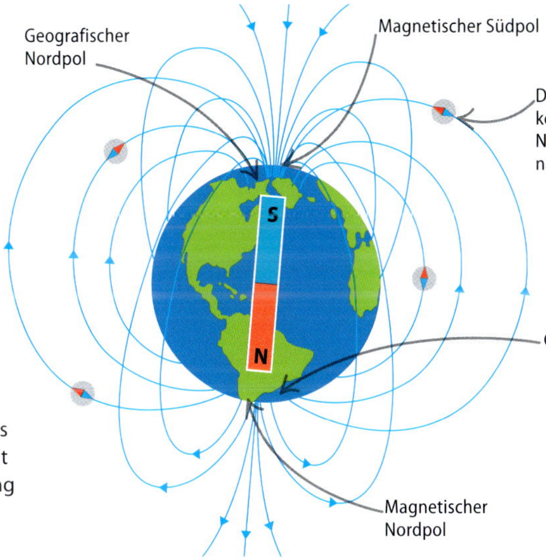

Elektromagnet

Magneten sind nicht die einzige Quelle von Magnetfeldern. Wenn ein elektrischer Strom durch einen Leiter fließt, erzeugt er ein kreisförmiges Magnetfeld senkrecht zum Leiter. Der Strom erzeugt also einen Elektromagneten, dessen Magnetstärke über die Stromstärke geregelt und an- und ausgeschaltet werden kann. Die Pole eines Elektromagneten kehren sich um, wenn die Stromrichtung gedreht wird.

▽ **Feldrichtung**

Man kann sich die Richtung des Magnetfelds mithilfe der Rechte-Hand-Regel merken: Wenn man die rechte Hand zur Faust ballt, so als ob man den Leiter umfassen wollte, und mit dem Daumen in die Stromrichtung zeigt, geben die gekrümmten Finger die Richtung des Magnetfelds an.

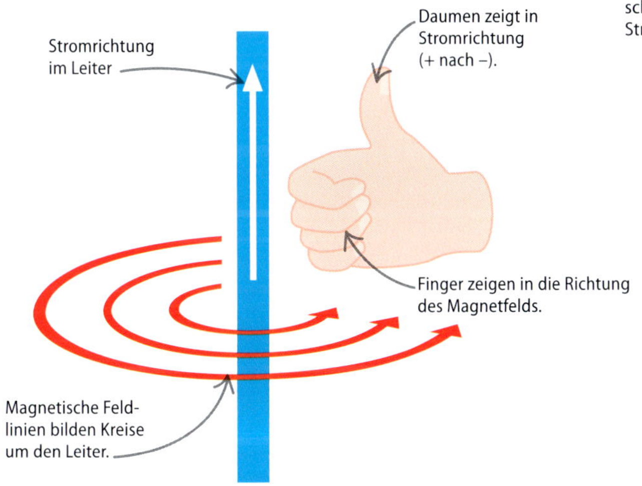

▽ **Zylinderspule**

Elektromagneten sind häufig als Zylinderspule (Solenoid) aufgebaut, bei der die Drahtwicklungen auf einem Zylindermantel liegen. Fließt ein Strom durch den Draht, wird ein Magnetfeld erzeugt. Ein Weicheisenkern in der Mitte verstärkt das Feld. Das Eisen verliert die Magnetisierung, wenn der Strom abgeschaltet wird.

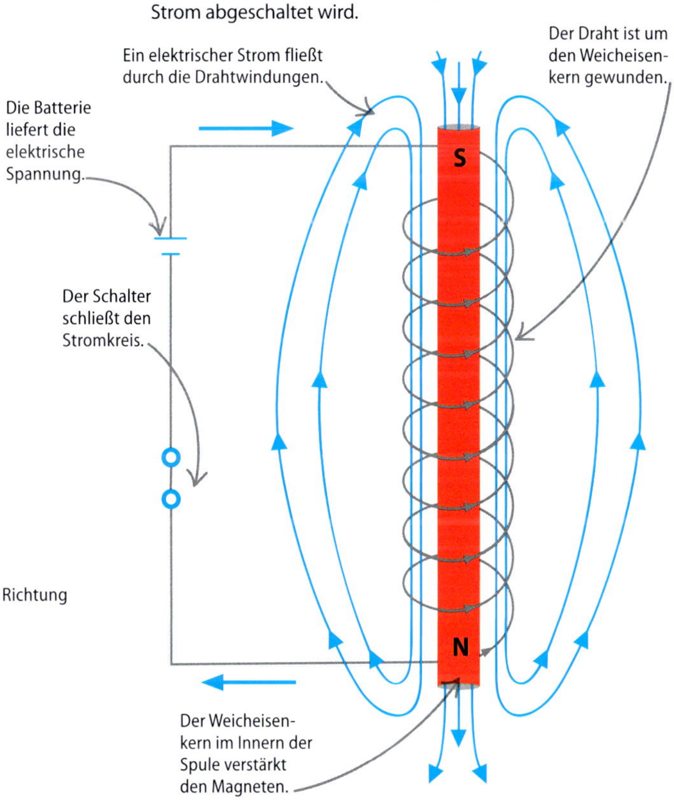

Elektromotoren

EIN ELEKTRISCHER STROM UND DIE KRÄFTE IN EINEM MAGNETFELD KÖNNEN GEMEINSAM BEWEGUNG ERZEUGEN.

SIEHE AUCH
❮ 176–177 Energie
❮ 211 Elektrische Ströme
❮ 218–219 Magneten
Generatoren 222–223 ❯

Die Anziehung- und Abstoßungskräfte zwischen einem Permanent- und einem Elektromagneten bewegen den Elektromotor.

Im Innern eines Motors

Eine Drahtschleife sitzt zwischen den entgegengesetzten Polen eines oder mehrerer Permanentmagneten. Wenn ein Strom durch die Schleife fließt, erzeugt er ein Magnetfeld, das mit dem Feld des Permanentmagneten wechselwirkt: Gleiche Pole werden abgestoßen, ungleiche Pole angezogen. Dadurch macht die Schleife eine halbe Drehung. Nun wird der elektrische Strom „gewendet", sodass die Pole der Drahtschleife wechseln, die Schleife macht eine weitere halbe Drehung. Wird dieser Prozess wiederholt, dreht sich die Schleife.

▽ **Rechte-Hand-Regel (UVW-Regel)**
Diese Merkregel zeigt an, in welche Richtung sich ein Elektromotor dreht.

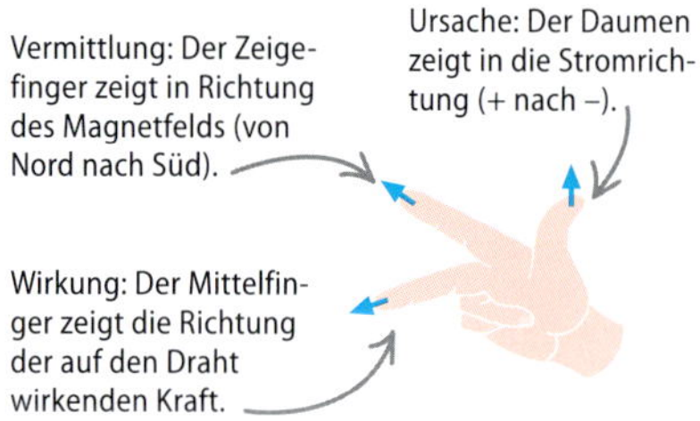

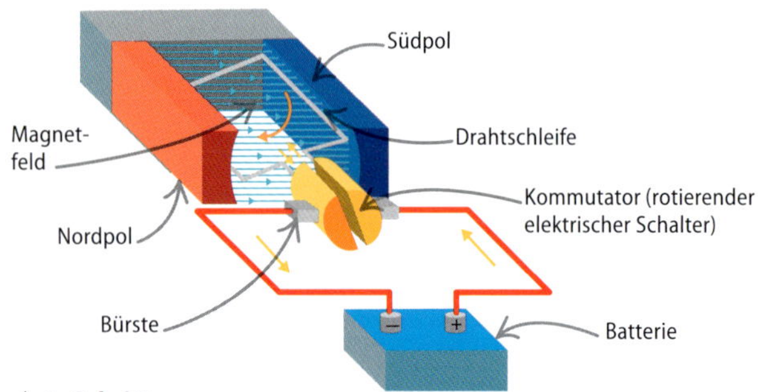

△ **1. Schritt**
In diesem einfachen Gleichstrommotor fließt der Strom von der Batterie durch den Kommutator in die Drahtschleife. Diese wird dadurch zu einem Elektromagneten und erzeugt ein Magnetfeld, das mit dem Feld des Permanentmagneten wechselwirkt.

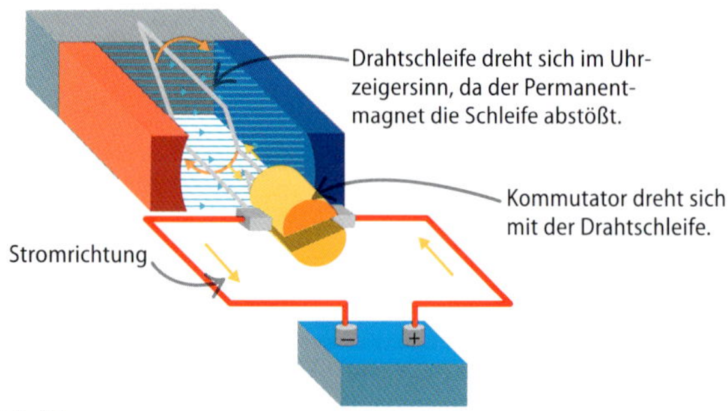

△ **2. Schritt**
Die Drahtschleife wird durch die gleichen Pole des Permanentmagneten abgestoßen und beginnt sich zu drehen. Nach einer Vierteldrehung ziehen die Permanentmagneten die Pole der Drahtschleife an, bis die halbe Drehung komplett ist.

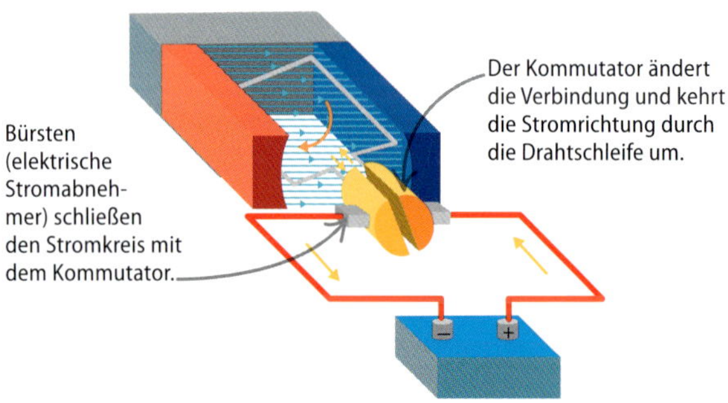

△ **3. Schritt**
Wenn die Pole der Drahtschleife und des Permanentmagneten auf einer Linie liegen, wendet der Kommunikator die Stromrichtung in der Drahtschleife. Dadurch kehrt sich die Polarität im Magnetfeld der Schleife um.

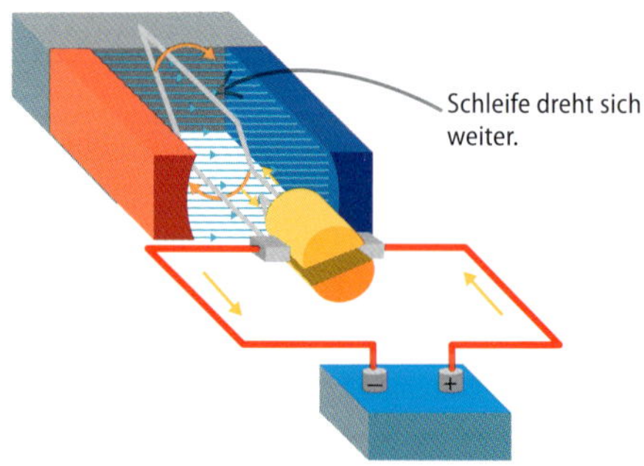

△ **4. Schritt**
Wenn der Strom durch die Schleife gewendet ist, stoßen sich die gleichen Pole der Schleife und des Permanentmagneten wieder ab. Die Schleife dreht sich weiter. Wenn sie eine weitere halbe Drehung vollendet hat, wendet der Kommunikator die Stromrichtung erneut.

Lautsprecher

Ein Lautsprecher erzeugt mithilfe der Kräfte zwischen einem Permanentmagneten und einem Elektromagneten Schallsignale. Ein veränderlicher elektrischer Strom fließt durch die Spule und erzeugt ein veränderliches Magnetfeld. Die Kräfte zwischen diesem und dem Feld des Permanentmagneten bewegen die Spule rasch hin und her. Die Spule bewegt die Membran, Schallwellen werden erzeugt.

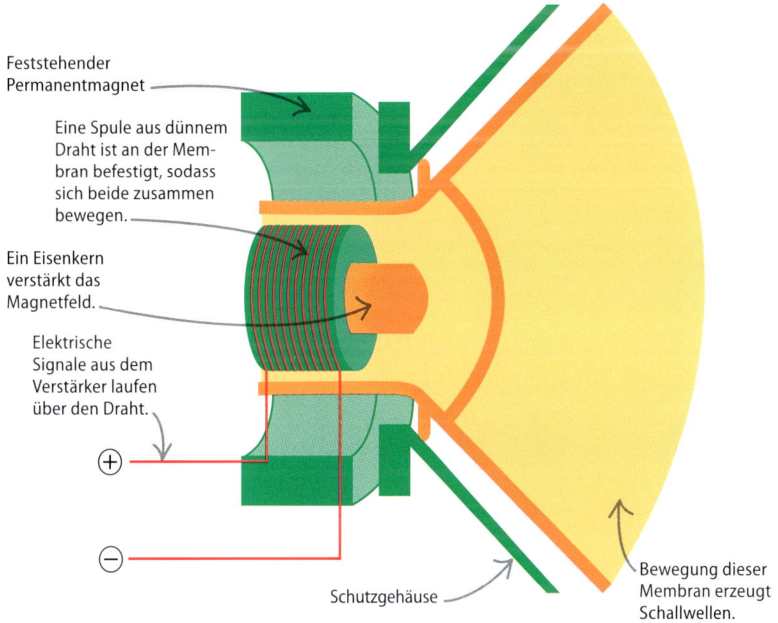

△ **Elektromagnetismus in Aktion**
Auf die bewegten Teile eines Lautsprechers wirken elektromagnetische Kräfte. Sie entstehen durch die Wechselwirkung zwischen dem Permanentmagneten und der Spule.

INTERESSANT!

Roboterarm

Die Gelenke und Teile eines Industrieroboters – die Abbildung zeigt den Arm eines Schweißroboters – werden durch elektrische Schrittmotoren bewegt. Dadurch ist er in der Lage, sehr präzise Bewegungen auszuführen.

Der **kleinste Elektromagnet der Welt** hat nur 1 nm Durchmesser.

Linearmotor

Linearmotoren erzeugen eine geradlinige Kraft, keine Drehbewegung wie normale Elektromotoren. Dies gelingt durch eine kontinuierliche Folge von magnetischer Anziehung und Abstoßung zwischen Elektromagneten entlang eines Gleises und Magneten an einem Schlitten, einem Zug oder anderen Objekten, die sich entlang des Gleises bewegen. Die Elektromagneten wechseln wiederholt ihre Polarität und können das Objekt so geradlinig bewegen.

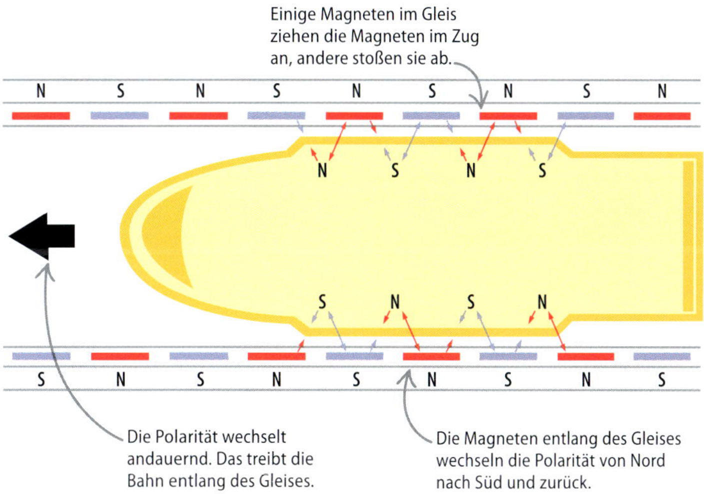

▷ **Magnetische Bewegung**
Magnetschwebebahnen verwenden starke Magneten, um räderlos über dem Gleis zu schweben. Angetrieben werden sie durch einen Linearmotor.

Generatoren

GENERATOREN WANDELN BEWEGUNG MITHILFE DER INDUKTION IN ELEKTRISCHE ENERGIE UM.

SIEHE AUCH
❮ 176–177 Energie
❮ 194–195 Maschinen
❮ 218–219 Magneten
❮ 220–221 Elektromotoren
Stromerzeugung 226–227 ❯

Generatoren (Dynamos) sind die Grundlage unserer Technik. Sie sind das Kernstück von Kraftwerken, da sie die kinetische Energie von Wind, Wasser oder Dampf in elektrische Energie umwandeln.

Elektromagnetische Induktion

1831 entdeckte der englische Forscher Michael Faraday (1797–1867), dass ein elektrischer Strom erzeugt wird, wenn man einen Magneten in einer Drahtspule bzw. einen Leiter in einem Magnetfeld bewegt. Spannung und Strom entstehen in dem Leiter, weil die magnetischen Kraftlinien auf die Elektronen in dem Leiter wirken und sie bewegen. Dieses Prinzip wird als Induktion bezeichnet. Es ist die Grundlage für die Funktion aller Generatoren.

Der im Jahr 1871 von Zénobe Gramme vorgestellte **Gleichstromdynamo** war der erste kommerzielle Generator.

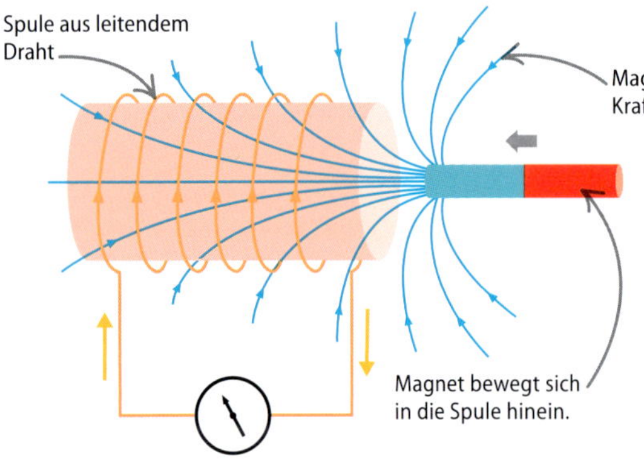

△ **Magnet bewegt sich in die Spule**
Ein Generator erzeugt Strom, wenn der Magnet sich in den Leiter hinein bewegt. Die Induktion ist stärker, wenn der Leiter zu einer Spule gewickelt ist.

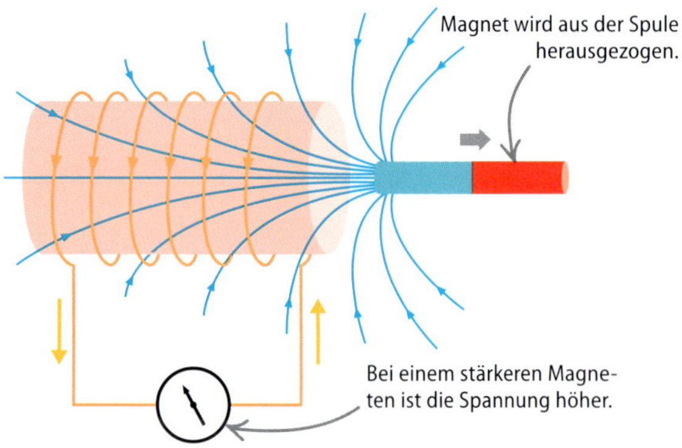

△ **Magnet bewegt sich aus der Spule heraus**
Wird der Magnet aus der Leiterspule herausgezogen, wird ein Strom in Gegenrichtung induziert.

Fahrraddynamo

Ein Fahrraddynamo enthält einen Magneten auf einer drehbaren Welle. Wenn das Fahrrad fährt, dreht sich die Dynamowelle. Mit ihr dreht sich der Permanentmagnet im Innern einer Drahtspule um einen Weicheisenkern. Das wechselnde magnetische Feld des rotierenden Permanentmagneten induziert einen Strom in die Spule, der die Lichtanlage des Fahrrads speist.

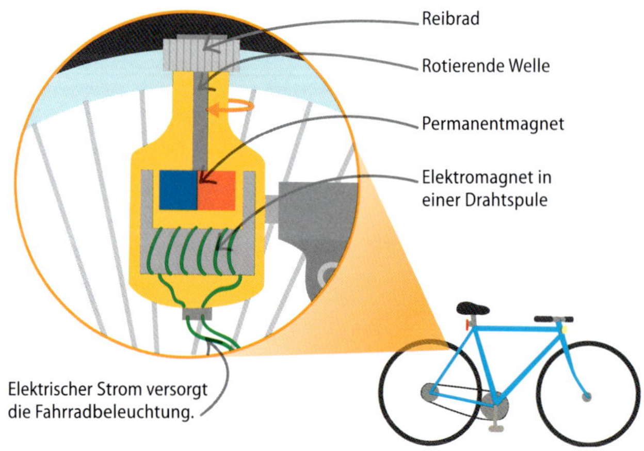

▷ **Induktion im Alltag**
In diesem Seitenläuferdynamo steht die Drahtspule fest, und der Permanentmagnet in ihrem Innern rotiert. Durch die Reibung zwischen dem Reibrad des Dynamos und dem Reifen dreht sich die Welle mit dem Magneten, sobald das Fahrrad fährt.

Gleichstromgenerator

Man kann einen Generator so bauen, dass er Gleichstrom oder Wechselstrom (s. S. 224) erzeugt. Ein Gleichstromgenerator besteht aus den gleichen Teilen wie ein Gleichstrommotor, er funktioniert nur andersherum (s. S. 220). Eine Drahtschleife dreht sich in einem Magnetfeld, das durch einen großen Permanentmagneten erzeugt wird. Wenn die Drahtschleife sich durch das Magnetfeld bewegt, wird in der Schleife eine Spannung induziert.

▷ **Rechte-Hand-Regel (UVW-Regel)**
Diese Merkregel zeigt an, in welche Richtung ein Strom fließt, wenn der Draht sich im Magnetfeld bewegt.

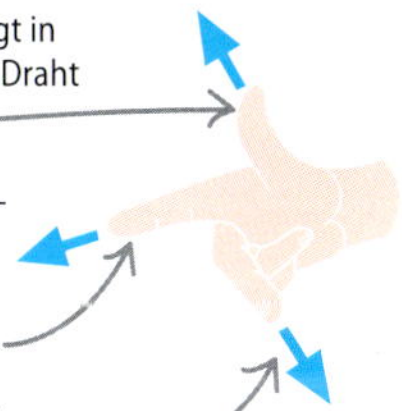

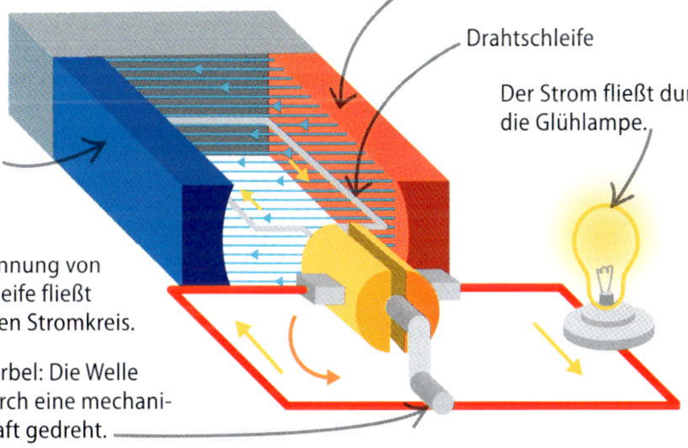

△ **1. Schritt**
Bei diesem Demonstrationsgleichstromgenerator dreht eine Handkurbel die Drahtschleife. Bewegt sie sich durch das Feld des Permanentmagneten, wird in der Schleife eine Spannung induziert.

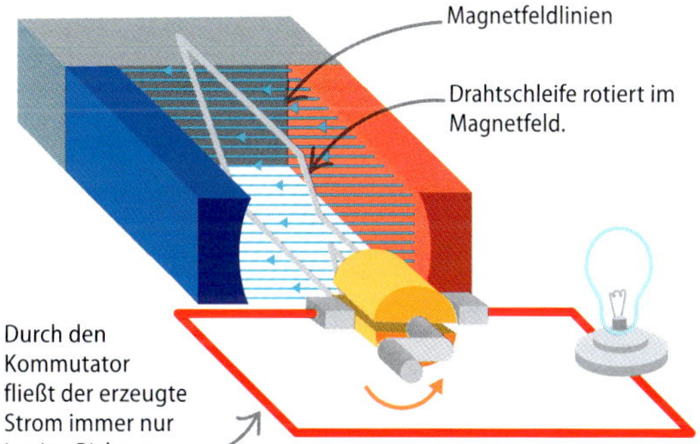

△ **2. Schritt**
Ein elektrischer Strom entsteht nur, wenn die Drahtschleife sich durch die horizontalen Magnetfeldlinien bewegt. Wenn die Schleife vertikal steht, wird kein Strom produziert, die Lampe erlischt.

Wechselstromgenerator

In einem Wechselstromgenerator ist kein Kommutator eingebaut. Daher wechselt der erzeugte Strom seine Richtung zweimal bei jeder vollständigen 360°-Drehung der Drahtschleife. An jedem der beiden Enden der Schleife sind einzelne Schleifringe angebracht, über die der Strom läuft. Diese Schleifringe werden mit Bürsten in Kontakt gebracht, um den Stromkreis mit dem Generator zu schließen.

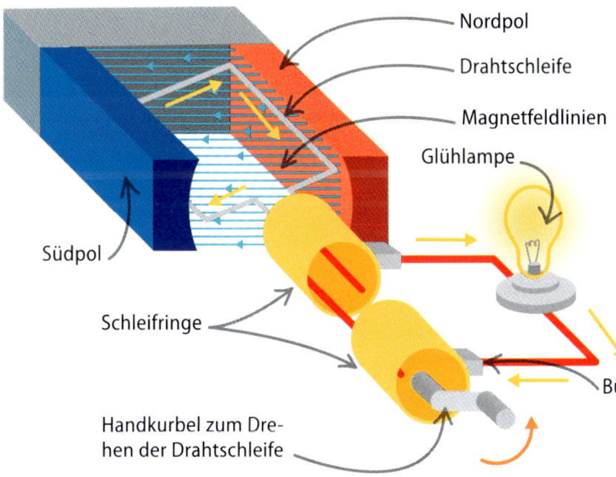

◁ **Wechselstromgenerator in Funktion**
In diesem einfachen Wechselstromgenerator dreht eine Handkurbel die Drahtschleife zwischen den Polen eines Permanentmagneten. Die in die Schleife induzierte Wechselspannung erzeugt einen Wechselstrom, der durch die Schleifringe und Bürsten fließt und die Lampe glühen lässt.

INTERESSANT!

Elektrik zum Aufziehen

In Teilen der Welt ohne oder mit nur unzuverlässiger Stromversorgung, wo Batterien teuer sind, können Radios (Bild) oder andere elektronische Geräte wie Laptops auch von Hand betrieben werden: Ein kleiner Generator wird durch die Kurbel gedreht und lädt dann die Akkus im Innern auf.

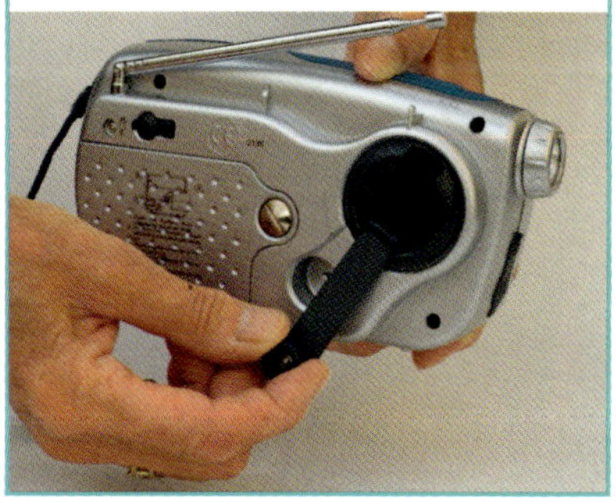

Transformatoren

SIEHE AUCH
❮ 194–195 Maschinen
❮ 208 Tonhöhe und Lautstärke
❮ 211 Elektrische Ströme
❮ 216–217 Elektronik
❮ 222 Elektromagnetische Induktion
Das Stromnetz 228–229 ❯

TRANSFORMATOREN ÄNDERN DIE SPANNUNG EINES WECHSELSTROMS.

Man kann einen Wechselstrom mithilfe eines Transformators auf eine höhere oder niedrigere Spannung bringen. So muss etwa die Hochspannung aus dem Kraftwerk auf die übliche Netzspannung reduziert werden.

Gleichstrom und Wechselstrom

Es gibt zwei Arten von Strömen: Gleichstrom (nach dem engl. Begriff *direct current* auch als DC abgekürzt) und Wechselstrom (*alternating current*, AC). Gleichstrom kommt meist aus der Batterie und fließt im Stromkreis nur in eine Richtung. Strom aus der Steckdose ist Wechselstrom, dessen Richtung mehrmals (50-mal) pro Sekunde wechselt. Transformatoren können die Spannung und Stromstärke von Wechselstrom verändern (s. S. 212). So führen die Überlandleitungen Hochspannung, im Hausnetz werden nur geringe Spannungen verwendet.

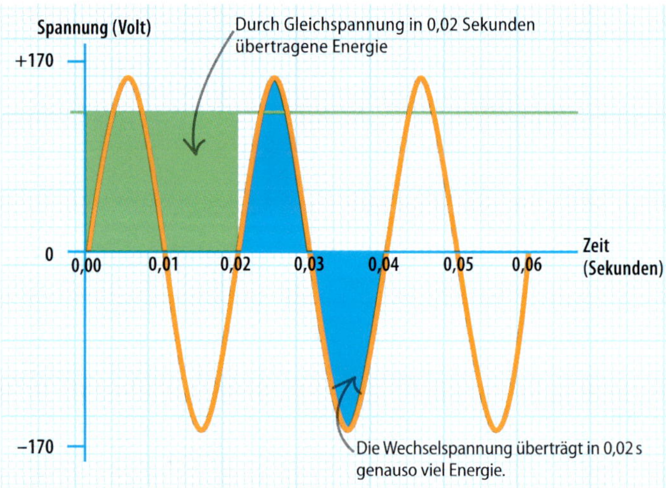

▷ **Wechsel- und Gleichspannung**
In diesem Bild stellt die grüne Linie die Gleichspannung dar, das grüne Feld die damit übertragene Energie. Um in der gleichen Zeit die gleiche Energie zu übertragen (blaue Felder) muss die Wechselspannung (orangefarbene Linie) in einigen Teilen ihres Verlaufs höher ansteigen als die Gleichspannung.

Transformatoren

Eine Induktionsspule speichert Energie in einem Magnetfeld. Ein Transformator (kurz: Trafo) enthält gleich zwei solche Spulen, die sich denselben Kern teilen. Wenn ein Wechselstrom durch eine Spule läuft, induziert der Kern Ströme auch in der anderen Spule. Hat diese zweite Spule mehr Windungen als die erste, liegt dort eine höhere Spannung an.

▷ **Spannung und Spulen**
In einem Transformator ist das Verhältnis von Eingangs- und Ausgangsspannung gleich dem Verhältnis der Anzahl der Windungen in der Primär- und der Sekundärspule.

Spannung an der Primärspule (in V)
Anzahl der Windungen in der Primärspule

$$\frac{U_P}{U_S} = \frac{N_P}{N_S}$$

Spannung an der Sekundärspule (in V)
Anzahl der Windungen in der Sekundärspule

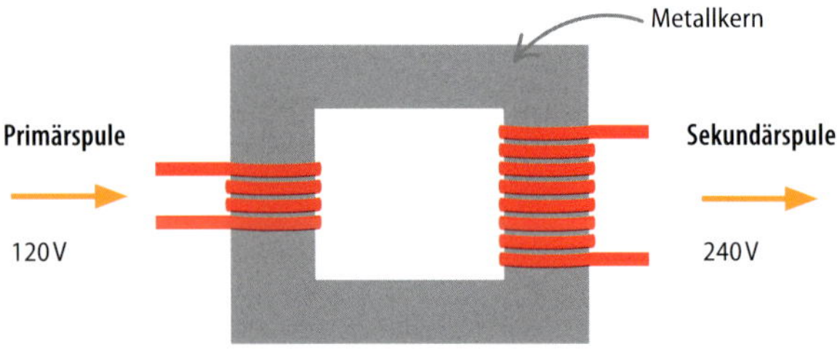

△ **Aufwärts-Transformator**
Die zweite Spule hat doppelt so viele Windungen wie die erste, daher ist die Spannung dort doppelt so hoch.

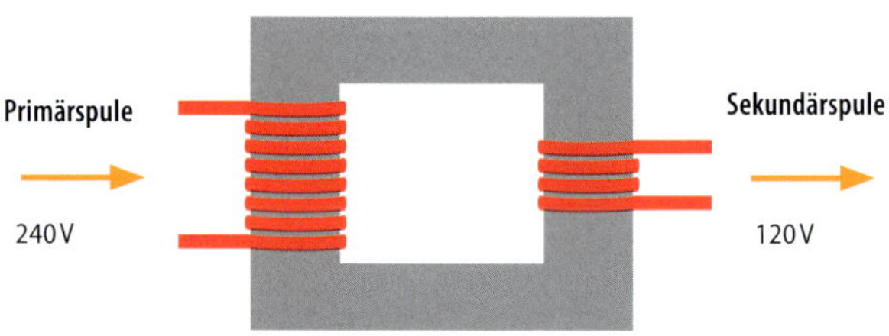

△ **Abwärts-Transformator**
Die zweite Spule hat halb so viele Windungen wie die erste, daher ist die Spannung dort nur halb so hoch.

Anwendungen der Induktion

Induktion ist die Erzeugung eines elektrischen Stroms durch die Änderung eines Magnetfelds. Dies wird in vielen Geräten ausgenutzt, von Mikrofonen (s. u.) bis zu Computerfestplatten, die Daten auf einem Stapel magnetisierbarer Platten speichern. Die Oberfläche jeder Platte enthält Milliarden Gebiete, die einzeln magnetisiert werden können. Die so entstehenden magnetischen Muster verschlüsseln Daten digital (1 für magnetisierte, 0 für entmagnetisierte Gebiete). Beim Auslesen nutzt man die Induktion eines kleinen Elektromagneten, der über die Platte fährt.

▷ Festplatte
Eine Festplatte besteht aus einem Stapel mehrerer Scheiben. Die Daten werden mithilfe eines Elektromagneten an einem beweglichen Arm geschrieben, gelesen oder gelöscht.

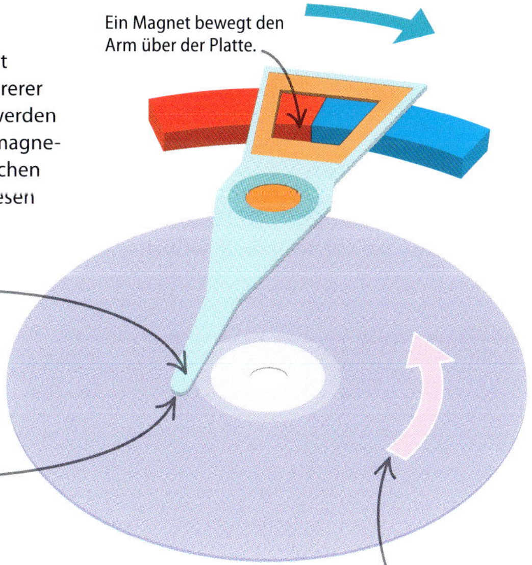

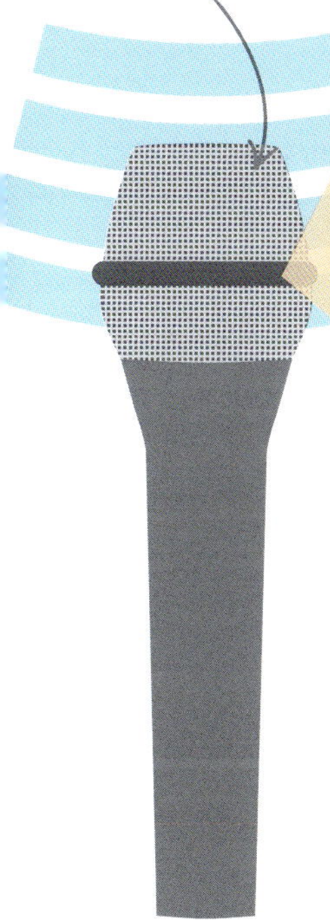

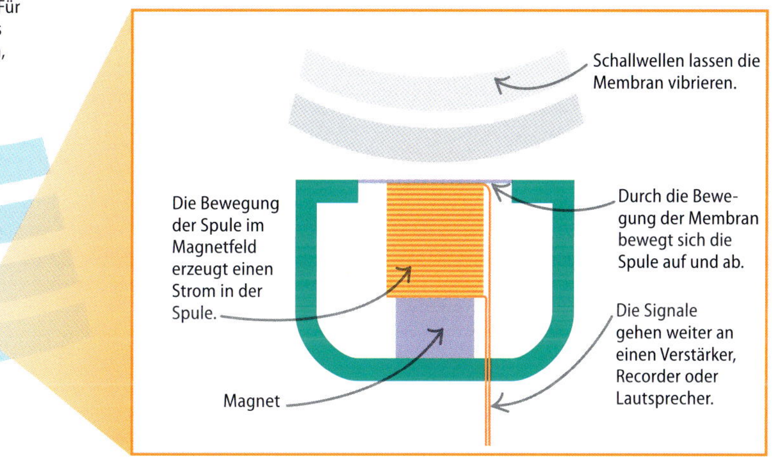

◁ Blick ins Innere
In einem Mikrofon lassen die Schallwellen eine Membran vibrieren, an der eine Drahtspule befestigt ist. Die bewegte Spule induziert Spannungen, diese Signale werden dann elektronisch verstärkt.

◁ Mikrofon
Beim Bau eines Mikrofons kommt es darauf an, dass der empfangene Ton korrekt wiedergegeben und keine Frequenz verfälscht wird.

Elektromagneten werden zum **Heben von Stahl** verwendet. Die stärksten können **Lasten von über 250 Tonnen** heben.

INTERESSANT!

Induktionsherd

Der Elektromagnet in einem Induktionsherd erzeugt ein wechselndes Magnetfeld. Durch Induktion wird die Energie des Feldes auf den Topf übertragen, in dem sich sogenannte Wirbelströme bilden. Durch den elektrischen Widerstand des Metalls erhitzt sich dann der Topf. Das Kochfeld selbst bleibt kühl.

Stromerzeugung

ELEKTRIZITÄT WIRD AUF VERSCHIEDENE WEISE ERZEUGT.

SIEHE AUCH
❬ 28 Atmung
❬ 126–127 Radioaktivität
❬ 158–159 Fossile Brennstoffe
❬ 222–223 Generatoren
Erneuerbare Energien 232–233 ❭

In großem Maßstab wird Elektrizität in Kraftwerken erzeugt. Sie arbeiten unterschiedlich, doch in allen wird eine Energiequelle dazu genutzt, riesige Generatoren anzutreiben.

Konventionelles Kraftwerk

Dieser verbreitetste Typ von Kraftwerken nutzt fossile Brennstoffe, meist Kohle oder Gas, seltener auch Öl. Die beim Verbrennen frei werdende Wärme macht aus Wasser Dampf. Der Dampf strömt unter hohem Druck durch eine Turbine und bringt sie zum Drehen. Diese Drehung wird auf den Generator übertragen.

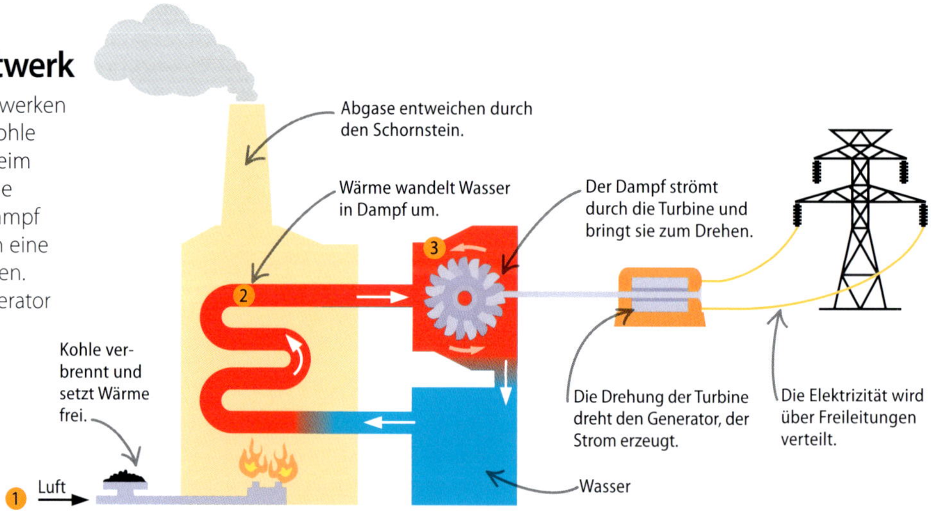

1. Brennstoff erzeugt Wärme
Feste Brennstoffe wie Kohle werden zerkleinert, um die Oberfläche zu vergrößern und die Verbrennung zu verbessern. Die Abgase entweichen durch einen Schornstein.

2. Aus Wasser wird Dampf
Das Wasser siedet im Kessel und wird zu Dampf, der mit hohem Druck durch die Turbinenschaufeln strömt. Der Dampf wird dann zu Wasser kondensiert und der Prozess beginnt von Neuem.

3. Aus Bewegung wird Elektrizität
Die Turbine treibt den Generator an, in dem sich ein elektrischer Leiter in einem Magnetfeld dreht. Dadurch wird eine elektrische Spannung induziert.

Wasserkraftwerk

In einem Wasserkraftwerk wird die potenzielle Energie von Wasser zur Erzeugung von Elektrizität genutzt. Das Wasser eines aufgestauten Flusses läuft durch Druckrohrleitungen in das Maschinenhaus am Fuß des Damms und treibt dort Turbinen an. Wasserturbinen haben allerdings eher schaufelförmige Blätter, anders als die Gas- oder Dampfturbinen, deren Blätter wie Propeller aussehen.

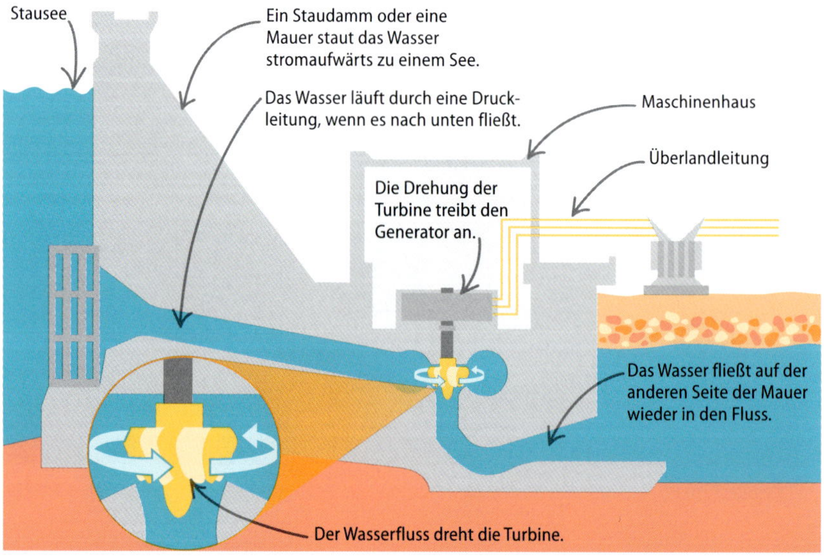

▷ **Wasserkraft**
Die Turbine am Fuß der Staumauer ist mit einem Generator im Maschinenhaus verbunden, der die Elektrizität erzeugt.

Energie der Atome

Kernkraftwerke nutzen als Wärmequelle radioaktive Materialien. Diese Elemente erzeugen zwar beim Zerfall Wärme, die nötige Energie wird hier aber durch Kernspaltung frei. Dabei reichert man im Kernbrennstoff (z. B. Uran oder Thorium) große Mengen bestimmter radioaktiver Isotope an (s. S. 126–127), die sich in zwei kleinere Atome spalten lassen. Dieser Prozess läuft in einer Atombombe unkontrolliert ab, In Kernreaktoren wird die Kernspaltung gesteuert.

▷ **Kernspaltung**
Ein einzelnes Neutron (einfallendes Neutron) trifft auf den Kern des spaltbaren Isotops. Dadurch zerfällt der Kern in zwei kleinere Teile, große Mengen Energie werden frei. Außerdem werden weitere Neutronen freigesetzt, die neue Kernspaltungsreaktionen verursachen.

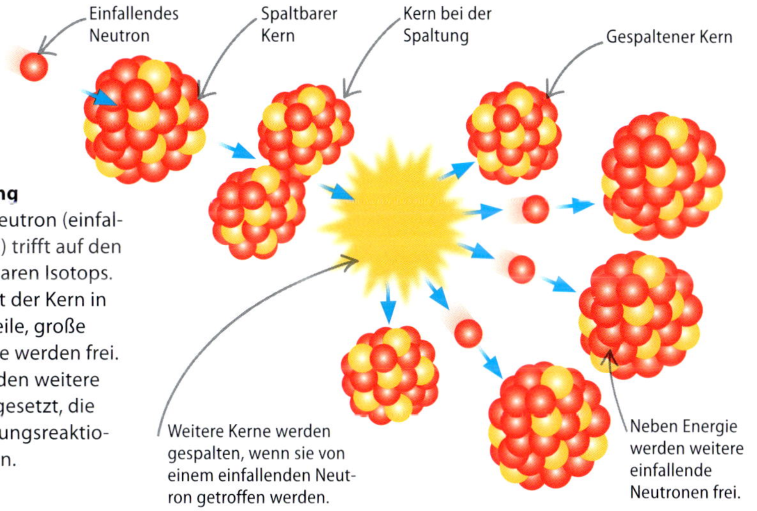

Kernreaktor

Die Kernspaltungsreaktion läuft in einem mit Wasser oder Gas gefüllten Gefäß, dem Reaktor, ab. Herzstück des Reaktors sind Brennstäbe aus radioaktivem Material. Die bei der Kernspaltung freiwerdende Energie erhitzt das Wasser. Es wird durch einen Wärmetauscher gepumpt, der dort entstehende Dampf treibt die Turbinen an. Mithilfe von Kontrollstäben aus Bor kann man die Anzahl der einfallenden freien Neutronen verringern und so die ablaufende Kernspaltung steuern.

▷ **Reaktorgebäude**
Der Reaktorkern und der Wärmetauscher befinden sich in einer dicken Betonkuppel, die radioaktive Strahlung abhalten und den Kern vor äußeren Einflüssen schützen soll.

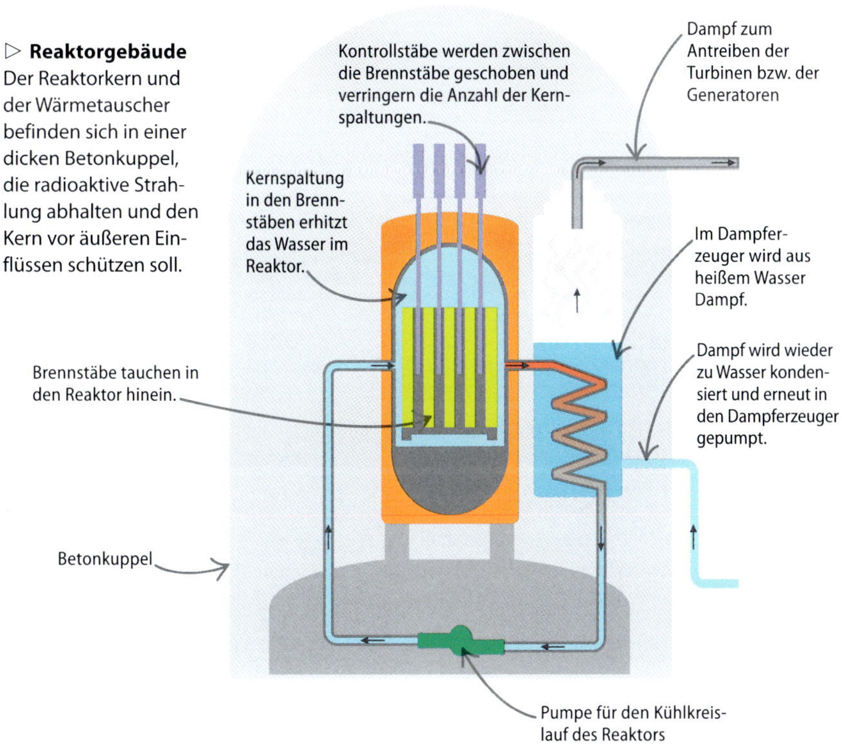

INTERESSANT!

Tscherenkow-Strahlung

Das Wasser in einem Kernreaktor leuchtet bläulich. Ursache dafür ist die sogenannte Tscherenkow-Strahlung, benannt nach dem russischen Physiker Pawel Tscherenkow (Pavel Čerenkov, 1904–1990). Sie entsteht, wenn sich sehr schnelle geladene Teilchen im Wasser bewegen.

Das Stromnetz

EIN DICHTES NETZ VON LEITUNGEN VERTEILT DIE ELEKTRIZITÄT VON DEN KRAFTWERKEN IN DIE HÄUSER UND FABRIKEN.

SIEHE AUCH
❮ 210–211 Elektrizität
❮ 212 Was ist Spannung?
❮ 214–215 Stromkreise
❮ 226–227 Stromerzeugung

Praktisch alle in Häusern, Büros und Fabriken verbrauchte Elektrizität wird in großen Kraftwerken fernab von den Verbrauchern erzeugt. Sie wird durch ein Netz von Überlandleitungen im ganzen Land verteilt und dann auf geringere Spannungen transformiert.

Das Verteilnetz

Kraftwerke erzeugen Elektrizität als Wechselstrom. Bevor sie in das Verteilnetz eingespeist wird, wird sie auf Hoch- und Höchstspannung transformiert (bis 380 000 V). Das reduziert die Verluste bei den Hunderte Kilometer langen Freileitungen, die gegen Berührung gesichert an hohen Gittermasten aufgehängt sind. In letzter Zeit wird auch die Verlegung von Hochspannungserdkabel gefordert, diese sind allerdings wesentlich teurer und in ihrer Wartung aufwendiger.

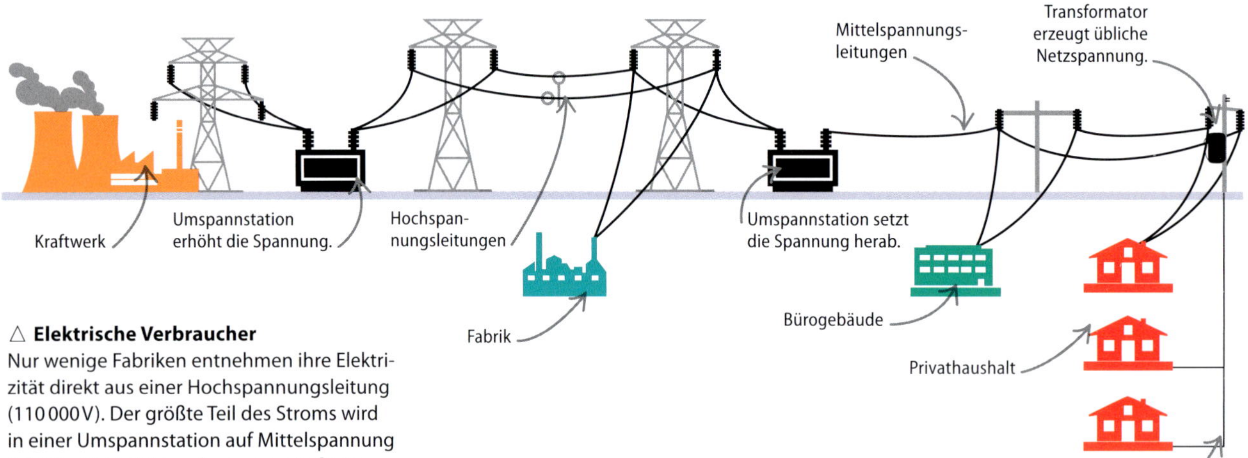

△ **Elektrische Verbraucher**
Nur wenige Fabriken entnehmen ihre Elektrizität direkt aus einer Hochspannungsleitung (110 000 V). Der größte Teil des Stroms wird in einer Umspannstation auf Mittelspannung (10 000–30 000 V) herabgesetzt. Große Einrichtungen können durchaus an eine solche Leitung angeschlossen sein, meist aber wird die Spannung vor dem Einspeisen in die Hausnetze durch Transformatoren herabgesetzt (bei uns auf 230 V).

Künftige Stromnetze könnten mit Supraleitern aufgebaut werden, die **zehnmal so viel Strom** transportieren können wie heutige Kabel.

INTERESSANT!

Stromausfall

Fehler im Stromnetz können zu einem totalen Stromausfall führen. Ursache dafür können Stürme sein, mechanische Schäden (wenn z. B. ein Bagger ein Kabel beschädigt) oder Gewitter, die einen Transformator ausfallen lassen. Der größte Stromausfall in Deutschland trat 2005 im Münsterland auf, als nach heftigen Schneefällen mehrere Strommasten umknickten. 250 000 Menschen waren bis zu vier Tage ohne Strom.

Hausinstallation

Die elektrischen Leitungen im Haus müssen so sicher installiert sein, dass niemand gefährdet wird. Darum sind alle Kabel isoliert, spannungsführende Teile müssen vor Berührung geschützt sein. Bei modernen Installationen unterteilt man die Leitungen in einem Haus oder einer Wohnung in mehrere Stromkreise, die jeweils einzeln mit Sicherungen abgesichert sind. Leistungsstarke Elektrogeräte wie Waschmaschinen, Elektroherde und Warmwasserbereiter haben in der Regel einen eigenen Stromkreis.

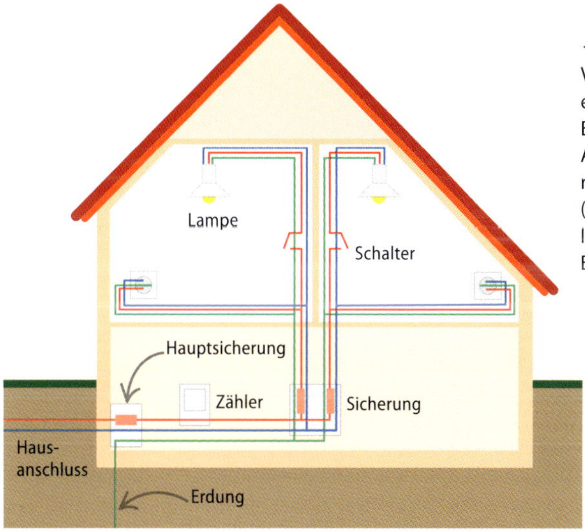

◁ **Elektroinstallation** Vereinfachtes Schema einer Hausinstallation. Eingezeichnet sind der Außenleiter (die Phase, rot), der Neutralleiter (blau) und der Schutzleiter (grün) für die Erdung.

Schutzschaltungen

Wenn die Stromstärke in einem Stromkreis zu groß wird, können die Leitung oder die angeschlossenen Geräte überhitzen und eventuell einen Brand erzeugen. Daher sind im Verteilerkasten Sicherungen angebracht, die den Stromfluss rechtzeitig vorher unterbrechen. Die Sicherungen reagieren auch auf einen Kurzschluss, wenn durch falsche Verdrahtung oder ein defektes Gerät die Stromstärke deutlich stärker ist als normal. Eine zusätzliche Vorsichtsmaßnahme sind sogenannte Schutzleiter, die gegen elektrischen Schlag schützen.

▽ **Eurostecker** Der flache Eurostecker passt in die Steckdosen der meisten EU-Länder. Der obere Teil der Stifte ist isoliert, sodass der Benutzer keinen elektrischen Schlag bekommt, wenn er die Stifte halb in die Steckdose einführt und berührt.

Der Eurostecker hat keinen separaten Schutzleiter.

▽ **Schutzkontaktstecker** Der in Deutschland übliche Schukostecker hat zwei Metallleiter, die mit der Erdung verbunden sind. Ist die Isolation des Geräts beschädigt, können Leckströme über die Erdleitung abgeführt werden, ohne einen elektrischen Schlag zu verursachen.

Die Klammern in der Steckdose sind mit der Erdleitung verbunden.

▽ **Französischer Stecker** Aus den in Frankreich üblichen Steckdosen ragt ein Stift, der mit der Erdleitung verbunden ist. Beim Einstecken dringt er in ein Loch des Steckers ein.

Adapter und Netzgeräte

Viele elektronische Geräte haben einen übergroßen Stecker, den sogenannten Adapter. Es handelt sich hierbei um einen Transformator mit Gleichrichter, der die 230-V-Wechselspannung aus der Steckdose in eine niedrige Spannung umwandelt. Der Gleichrichter sorgt dann dafür, dass die Stromrichtung nicht wechselt, und setzt den Wechsel- in Gleichstrom um. Den gleichen Zweck erfüllen separate Netzgeräte.

▷ **Gleichrichter** Die Hauptkomponente in einem Adapter ist der Gleichrichter, eine Bauform einer Diode, durch die Strom nur in einer Richtung fließen kann.

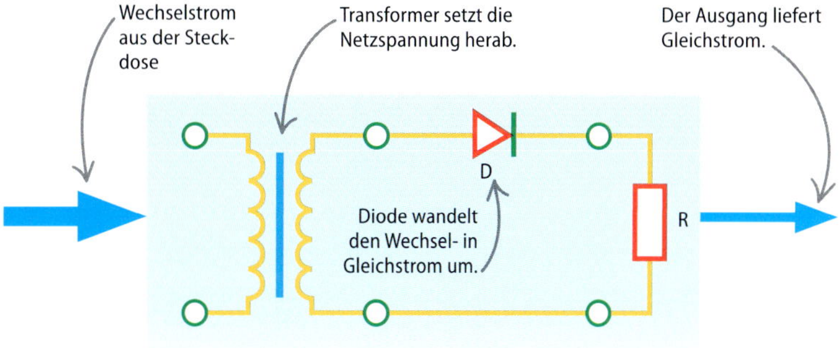

Energieeffizienz

BEI ALLEN MASCHINEN UND PROZESSEN GEHT ENERGIE VERLOREN.

SIEHE AUCH
❮ 176–177 Energie
❮ 196–197 Wärmeübertragung
❮ 224–225 Transformatoren

Wenn eine Maschine entworfen oder eine Tätigkeit geplant wird, sollten diese so effizient wie möglich sein, d.h., möglichst viel der eingesetzten Energie sollte für Arbeit genutzt werden.

Energieverluste

In atomarem Maßstab werden bei manchen Prozessen tatsächlich 100 Prozent der Energie von einer in eine andere Form umgewandelt, aber in größerem Maßstab ist das nicht möglich. Ein Teil der Energie geht immer als (meist unerwünschte) Wärme verloren, doch es gibt auch andere Arten unerwünschter Energie, wie z.B. unangenehme akustische Energie (Lärm).

▽ **Energieverluste**
Nur ein Drittel der in einem konventionellen Kraftwerk eingesetzten Energie (Primärenergie) erreicht den Kunden als Elektrizität.

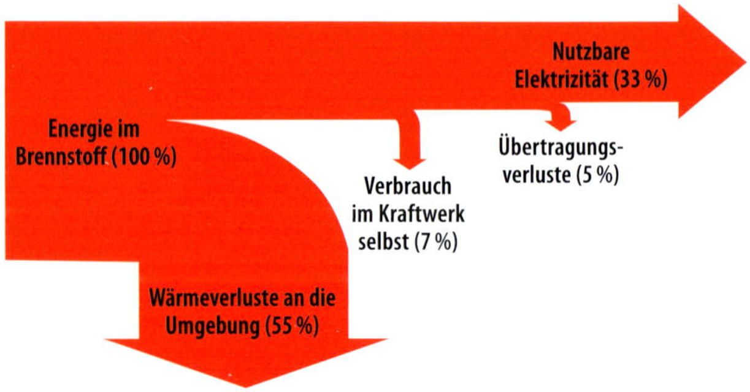

▽ **Energieumwandlung**
Jede Art der Energieumwandlung hat eine maximal mögliche Effizienz. Bei manchen Prozessen sind die Verluste sehr hoch, andere wandeln den Großteil der eingesetzten Energie in eine andere Form um.

UMWANDLUNGSEFFIZIENZ

Prozess	Art der Energieumwandlung	Maximale Effizienz
Fotosynthese	Strahlungsenergie der Sonne in chemische Energie in der Pflanze	6 %
Solarzelle	Strahlungsenergie der Sonne in elektrische Energie, oftmals durch Siliziumkristalle	28 %
Muskel	Chemische Energie von Stoffen im Blut in kinetische Energie, wenn der Muskel kontrahiert	30 %
Kohlekraftwerk	Chemische Energie der Kohle in elektrische Energie aus einer Turbine	40 %
Verbrennungsmotor	Chemische Energie aus Benzin oder Diesel in kinetische Energie zur Bewegung des Fahrzeugs	50 %
Windturbine	Kinetische Energie des Windes in elektrische Energie aus einem Generator	60 %
Elektrisches Heizgerät	Elektrische Energie in Wärme, erzeugt durch den elektrischen Widerstand des Heizdrahts	100 %

INTERESSANT!

Glasfaserkabel

Bis vor wenigen Jahrzehnten wurden Telefon- und Computersignale meist in Form von elektrischen Strömen über Kupferkabel übertragen. Obwohl Kupfer Elektrizität sehr gut leitet, geht dabei elektrische Energie in Form von Wärme verloren. Heute werden oft Glasfaserkabel verwendet, in denen man die Signale als kleine Lichtpulse überträgt. Hier gehen nur winzige Bruchteile der Lichtenergie verloren, die Lichtleiter sind also viel effizienter.

Viele **Haushaltsgeräte** sind nicht sehr energieeffizient – nur **elektrische Heizer** erreichen 100 Prozent. Trotzdem kann ihr Einsatz unwirtschaftlich sein.

Wärmeverluste und Isolierung

Im Winter will man es schön warm haben im Zimmer. Beim Heizen ist es wichtig, die Wärme im Haus zu halten. Die beste Möglichkeit zum Reduzieren der Wärmeverluste an Gebäuden ist es, Türen und Fenster geschlossen zu halten und die Außenwände und Fenster zu isolieren.

▷ **Wärmer für weniger Geld**
Ein gut isoliertes Haus zu heizen kostet nur einen Bruchteil dessen, was die Heizung eines schlecht isolierten Hauses kostet. Die hier aufgeführten Punkte sollten daher selbstverständlich sein.

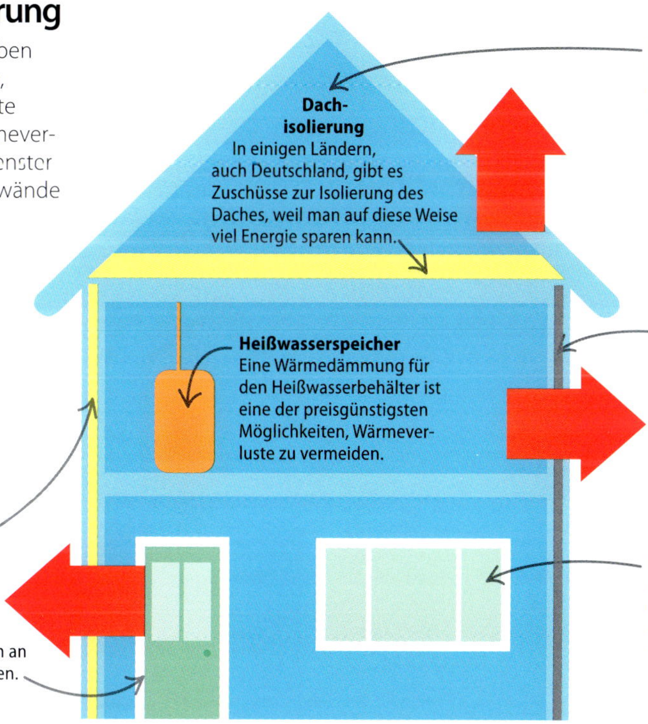

Kerndämmung der Wände
Viele Häuser haben einen Luftspalt zwischen Innen- und Außenwand. Man kann ihn mit Dämmstoff füllen und so die Isolierung verbessern.

Türen und Fenster
In einem nicht isolierten Haus gehen durch Ritzen an Türen und Fenstern bis zu 11 % der Wärme verloren.

Dachboden
Bis zu 26 % der Wärmeverluste in einem nicht isolierten Haus treten am Dach auf.

Wände und Böden
Der Wärmeverlust durch einfache Wände und Böden kann bis zu 33 % der Gesamtverluste ausmachen, wenn Türen und Fenster geschlossen sind.

Mehrfachverglasung
Isolierfenster mit zwei oder drei Glasschichten bieten sowohl Wärmeisolierung als auch Schutz vor Außenlärm.

Energiesparlampen

Eine ganz einfache Möglichkeit zum Energiesparen ist der Austausch von Glühlampen durch Leuchtstofflampen. Eine Glühlampe leuchtet, weil der Strom durch den Glühfaden geht. Da er einen sehr hohen Widerstand hat, heizt die elektrische Energie ihn auf, bis er glüht. Doch nur ein kleiner Teil der Energie wird in Licht umgewandelt.

▷ **Leuchtstofflampen**
Eine Leuchtstofflampe ist eine beliebig geformte gasgefüllte Glasröhre. Das Gas strahlt UV-Licht aus, wenn ein elektrischer Strom hindurchgeht. Das regt die Leuchtstoffe an, die als dünne Schicht auf der Innenseite der Röhre sitzen. Sie emittieren dann sichtbares Licht. Je nach verwendetem Leuchtstoff ändert sich die Farbe.

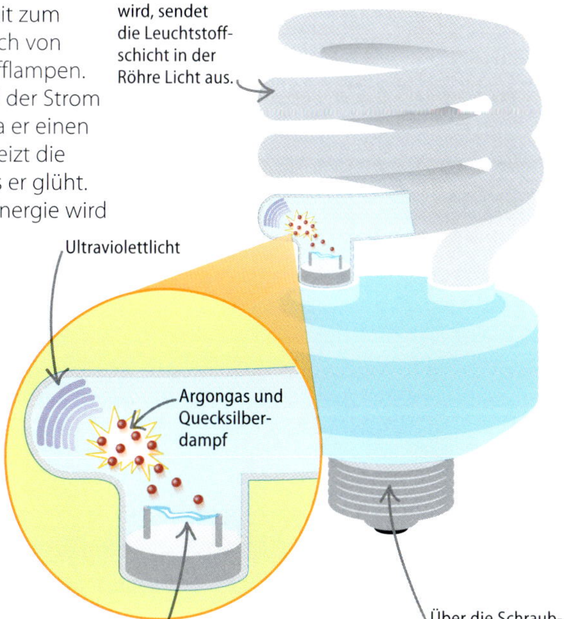

▽ **Kompaktleuchtstofflampe**
Wenn man 100 J (Joule) Energie in die Lampe steckt, wird der Großteil (75 J) davon in Licht umgewandelt, der Rest in Wärme. Daher braucht die Lampe bei gleichem Licht weniger Energie als eine Glühlampe.

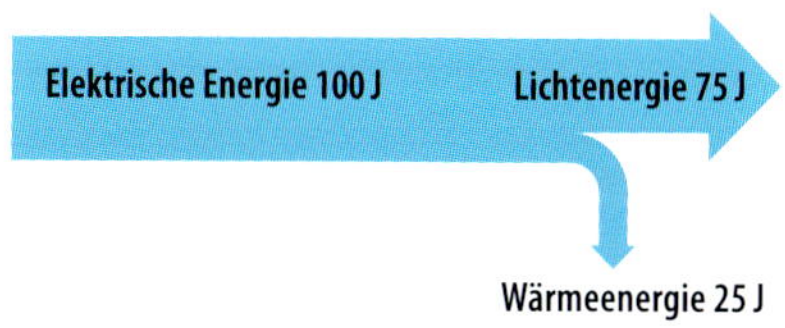

▽ **Glühlampe (Glühbirne)**
Von 100 J elektrischer Energie werden in einer Glühlampe rund 90 J in Wärme umgewandelt, nur 10 J in Licht. Um Energie zu sparen, sind Glühlampen in der EU heute verboten.

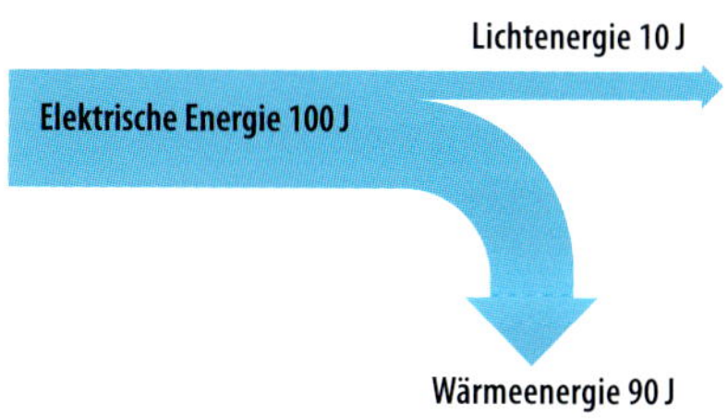

Erneuerbare Energien

DIE ERSCHLIESSUNG UND DIE NUTZUNG ERNEUERBARER ENERGIEN WERDEN WELTWEIT ERFORSCHT.

SIEHE AUCH
❮ 200–201 Wellen
❮ 226 Wasserkraftwerk
Wind 236 ❯
Die Sonne 240–241 ❯

Fossile Brennstoffe wie Kohle, Öl und Erdgas sind irgendwann erschöpft, außerdem verschmutzen sie die Umwelt. Kernenergie erzeugt langlebigen radioaktiven Müll. Daher werden alternative Energiequellen erschlossen.

Sonnenenergie

Es gibt zwei Hauptwege, Sonnenlicht in nutzbare Energie umzuwandeln: Bei einem thermischen Sonnenkollektor wird eine Flüssigkeit durch sonnenbeschienene Röhren gepumpt. Sie gibt die aufgenommene Wärme dann an einen Warmwassertank ab. Die zweite Möglichkeit ist die Photovoltaik, d. h. die direkte Umwandlung in elektrische Energie. Solche Solarzellen erzeugen eine Spannung, wenn auf sie Sonnenlicht fällt.

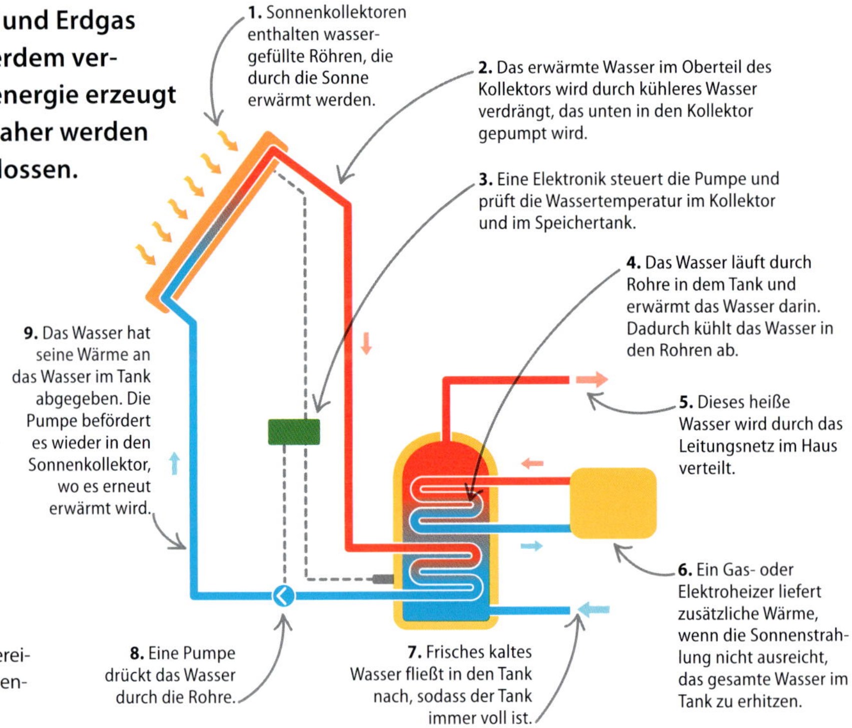

▷ **Warmwasser von der Sonne**
Sonnenkollektoren können zur Warmwasserbereitung und zur Unterstützung der Heizung verwendet werden.

Windkraft

Ein Windrad wandelt die Bewegung des Windes in elektrische Energie um. Oft werden solche Windkraftanlagen zu ganzen Windparks zusammengefasst. Da der Wind aber nur unregelmäßig weht, kann die erzeugte Elektrizität eines Windparks schwanken. In letzter Zeit will man Windparks auch vor der Küste errichten, wo der Wind kräftiger und vor allem gleichmäßiger weht.

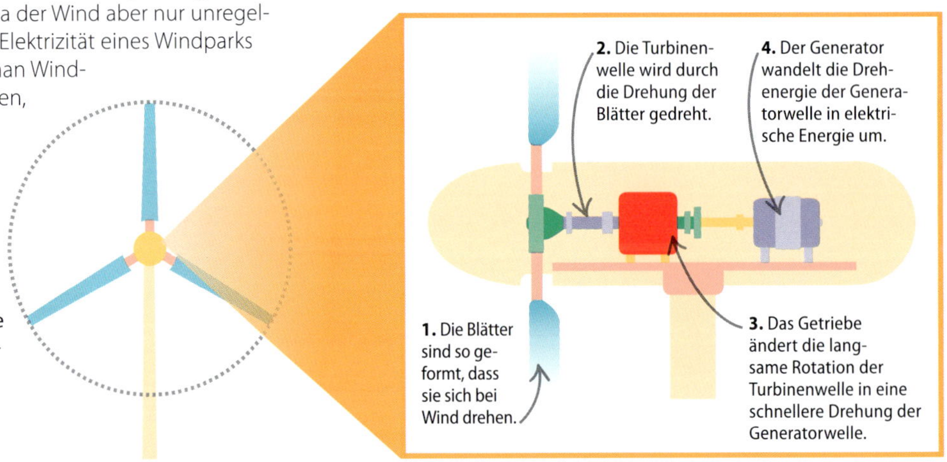

▷ **Im Innern eines Windrads**
Wenn die Rotorblätter des Windrads sich drehen, erzeugt ein Generator Elektrizität. Ein Getriebe erhöht die relativ geringe Drehgeschwindigkeit der Blätter, sodass der Generator mehr elektrische Energie erzeugen kann.

Die Kraft der Gezeiten

Die Bewegungen des Meeres lassen sich auf verschiedene Weise in nutzbare Energie umwandeln. In diesem Typ eines Gezeitenkraftwerks dreht sich die Turbine sowohl bei auflaufendem als auch bei ablaufendem Wasser.

▽ **Auflaufendes Wasser (Flut)**
Das steigende Wasser läuft durch eine Lücke in einer Staumauer und dreht die dort montierte Turbine.

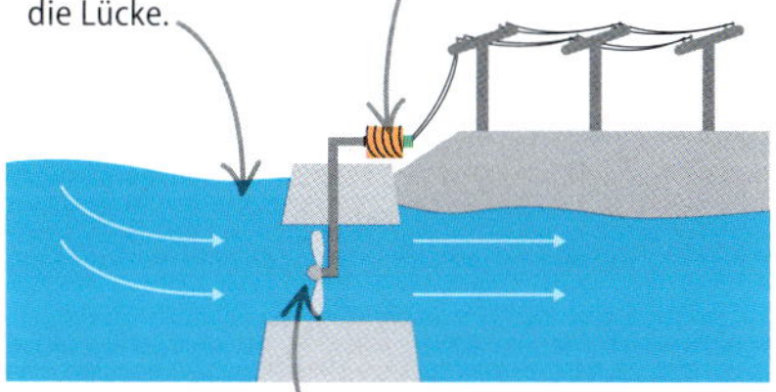

▽ **Ablaufendes Wasser (Ebbe)**
Wenn der Wasserspiegel wieder sinkt, fließt das Wasser zurück durch die Mauerlücke und dreht die Turbine.

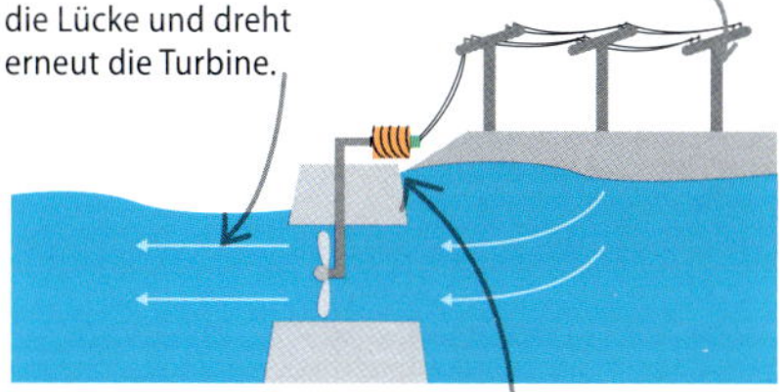

INTERESSANT!

Energie aus den Wellen

Ein Wellenkraftwerk besteht aus mehreren auf dem Wasser schwimmenden, durch Gelenke verbundenen Rohrsegmenten. Wenn sie sich durch die Wellen „verbiegen", wird eine Hydraulikflüssigkeit durch die Gelenke gepresst, wodurch sich eine Turbine dreht, die einen Generator antreibt.

Geothermie

Das Erdinnere ist viel heißer als die Oberfläche – im Mittel steigt die Temperatur für jeden Kilometer, den es mehr in die Tiefe geht, um etwa 30 °C, an manchen Stellen noch mehr. Der Temperaturunterschied zwischen Oberfläche und Erdinnerem kann zur Erzeugung von Elektrizität, aber auch nur zur Warmwasserbereitung oder für Heizzwecke genutzt werden.

▷ **Elektrizität aus dem Untergrund**
In diesem Geothermiekraftwerk wird Wasser mehrere Kilometer unter Tage gepumpt. Dort drückt es das Grundwasser an die Oberfläche. Die entstehende Lauge enthält Chemikalien und gelöste Mineralsalze und ist so heiß, dass sie zu sieden beginnt, wenn sie die Rohrleitung verlässt. Der dadurch entstehende Hochdruckdampf wird wie in einem konventionellen Kohlekraftwerk zur Erzeugung von Elektrizität genutzt.

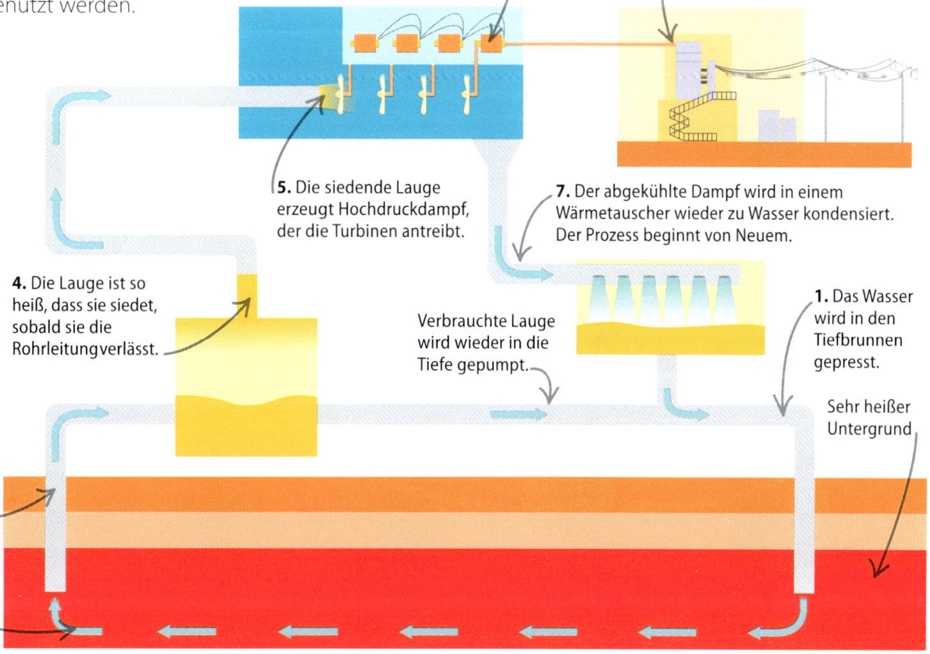

Die Erde

SIEHE AUCH
❮ **20–21** Biologische Systematik
❮ **100–101** Zustandsänderungen
❮ **142** Aggregatzustände von Wasser
❮ **200–201** Wellen
❮ **219** Das Erdmagnetfeld
Das Sonnensystem I **242–243** ❯

UNSER PLANET IST EINER VON VIER PLANETEN IM SONNENSYSTEM, DER VOR ALLEM AUS GESTEIN UND METALL BESTEHT.

Die Erde ist der einzige Planet, auf dem es flüssiges Wasser gibt. Und er ist der einzig bekannte Ort im Universum, auf dem Leben existiert.

Das Erdinnere

Die Erde besteht vor allem aus Gestein und Metall. Der innere Kern besteht aus festem, der äußere aus geschmolzenem Eisen und Nickel. Den Kern umgibt der Erdmantel aus festem und halbgeschmolzenem Gestein. Die dünne Erdkruste besteht aus der dickeren Kontinentalkruste (Land) und der dünneren ozeanischen Kruste (Meeresboden).

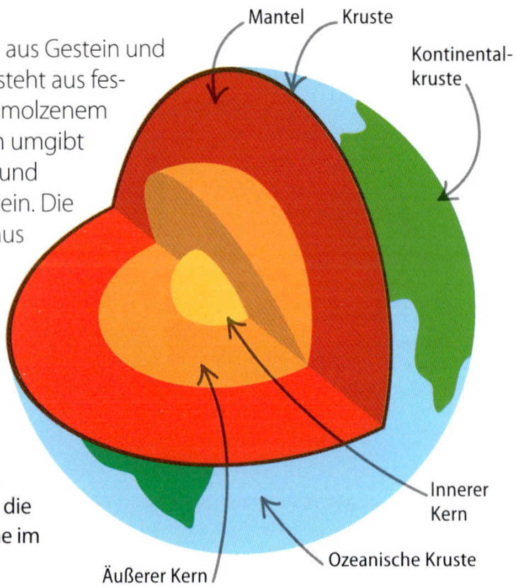

▷ **Innere Hitze**
Das Erdinnere ist sehr heiß, im inneren Kern fast 4700 °C. Durch die Wärme zirkulieren die halbgeschmolzenen Gesteine im Erdmantel langsam.

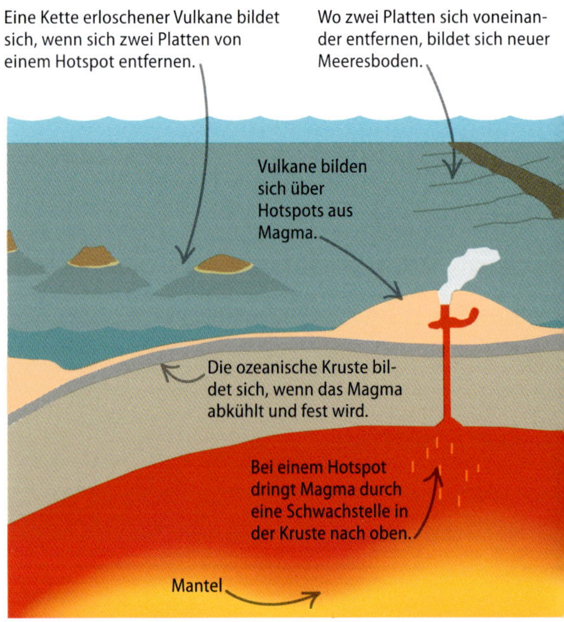

Die Jahreszeiten

Jahreszeiten gibt es, weil die Rotationsachse der Erde leicht geneigt ist. Ein Umlauf um die Sonne dauert ein Jahr. Da verschiedene Erdgebiete der Sonne zu- oder abgewandt sind, ändern sich die Tageslänge und die Temperatur. Das hat Einfluss auf das Pflanzenwachstum und die Tierwelt.

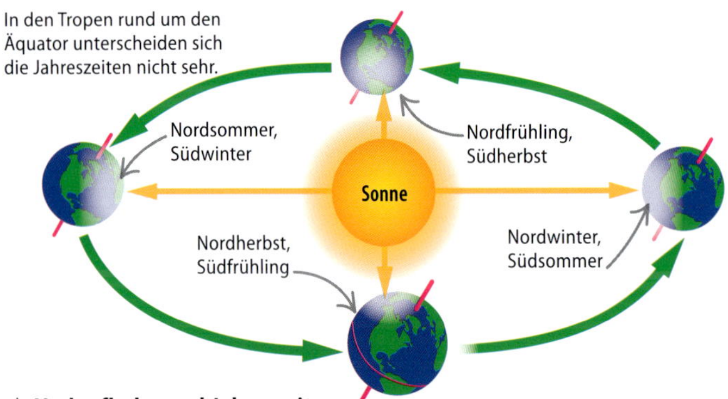

△ **Umlaufbahn und Jahreszeiten**
Wenn der Nordpol zur Sonne zeigt, ist es Sommer auf der Nordhalbkugel und Winter auf der Südhalbkugel. Sechs Monate später zeigt der Südpol zur Sonne, dann ist es Sommer im Süden und Winter im Norden.

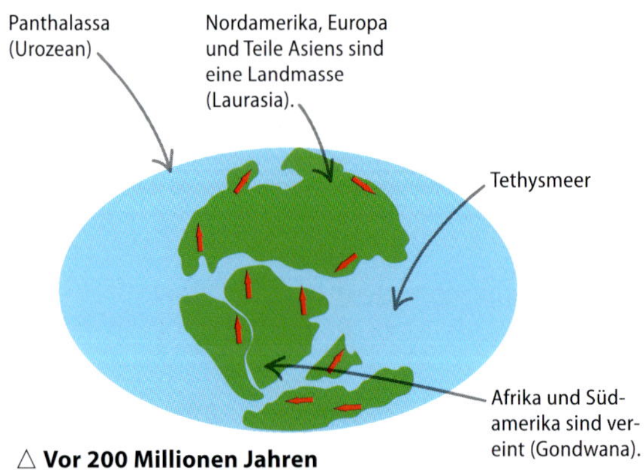

△ **Vor 200 Millionen Jahren**
Es gibt nur eine einzige Landmasse namens Pangäa, die langsam zerbricht. Die nördlichen und die südlichen Kontinente sind durch das Tethysmeer getrennt.

Plattentektonik

Die Erdkruste besteht aus vielen Einzelteilen, den tektonischen Platten. Sie treiben auf dem Erdmantel und bewegen sich mit den langsamen Strömungen, die durch die Hitze im Erdkern entstehen. Wenn zwei Platten zusammenstoßen (konvergente Plattengrenze), taucht eine Platte unter die andere ab, ein Gebirgszug entsteht. Bewegen sich die Platten voneinander fort (divergente Plattengrenze), tritt geschmolzenes Material aus dem Mantel (Magma) als Vulkan an die Oberfläche. Wenn zwei Platten sich verschieben oder aneinander reiben, gibt es Erdbeben.

▽ **Rohe Kräfte**
Da die Platten sich dauernd bewegen, werden Meere auseinandergezogen und Kontinente stoßen zusammen oder brechen auseinander.

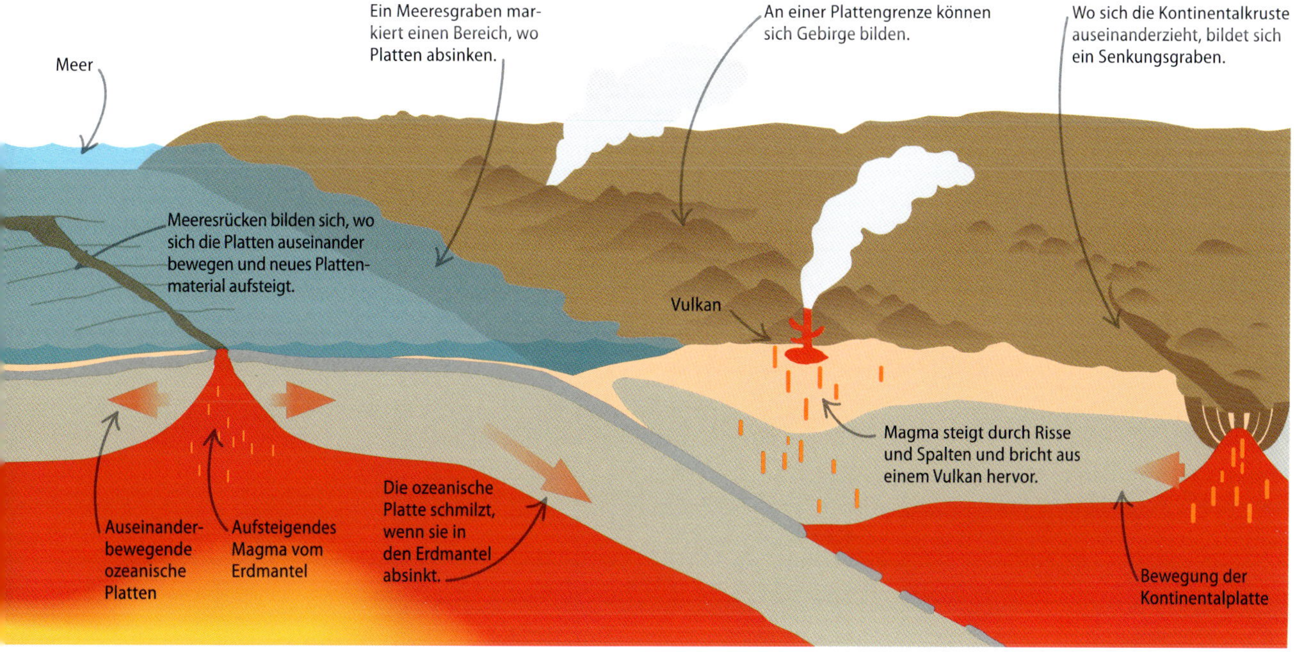

Kontinentalverschiebung

Über Jahrmillionen haben sich die Kontinente durch die Bewegung der Erdplatten verschoben. Tatsächlich würden sie wie die Teile eines Puzzles zusammenpassen. Die Kontinentalverschiebungstheorie wird gestützt durch ähnliche Gesteine und Fossilien in heute getrennten Ländern und erklärt, warum ähnliche Tiere an entgegengesetzten Enden der Welt zu finden sind.

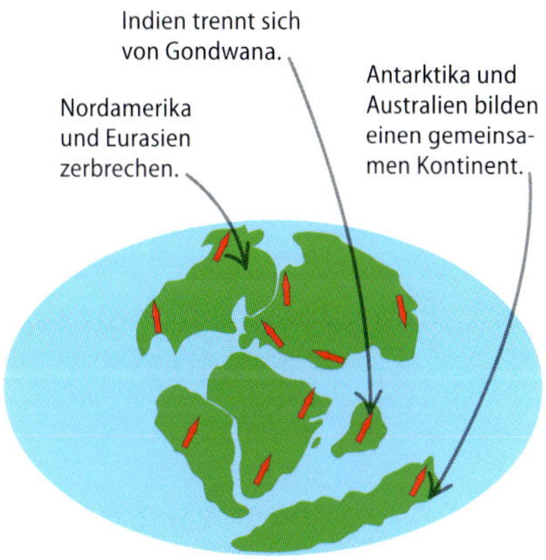

△ **Vor 130 Millionen Jahren**
Laurasia zerbricht, Nordamerika trennt sich von Eurasien (der Landmasse aus Europa und Asien). Australien und Antarktika hängen zusammen.

△ **Vor 70 Millionen Jahren**
Durch Auseinanderdriften der Platten öffnet sich der Atlantik. Südamerika treibt nach Westen, Antarktika zum Südpol, Indien in Richtung Asien.

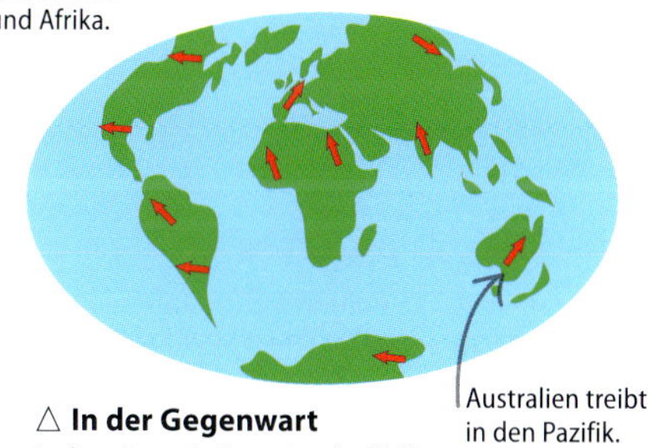

△ **In der Gegenwart**
Indien ist mit Eurasien kollidiert und hat den Himalaya gebildet. Grönland trennt sich von Nordamerika.

Das Wetter

ÄNDERN SICH DIE BEDINGUNGEN IN DER ATMOSPHÄRE, ENTSTEHEN UNTERSCHIEDLICHE WETTEREREIGNISSE.

SIEHE AUCH
❮ 74–75 Ökosysteme
❮ 100–101 Zustandsänderungen
❮ 102–103 Gasgesetze
❮ 192 Der Luftdruck
❮ 210 Statische Entladungen
❮ 234–235 Die Erde

Wetteränderungen treten auf, wenn atmosphärische Bereiche mit unterschiedlicher Temperatur, Feuchtigkeit oder unterschiedlichem Druck aufeinandertreffen.

Niederschlag

Warme Luft kann viel mehr Wasserdampf enthalten als kalte. Wenn wasserdampfgesättigte Luft sich abkühlt, bildet die überschüssige Feuchtigkeit Niederschlag. Ein Beispiel dafür ist Regen: Wasserdampf in der Atmosphäre kondensiert und fällt als Flüssigkeit zu Boden. Auch Hagel und Schnee sind Beispiele für Niederschlag. Hagelkörner bilden sich, wenn Regen immer wieder in kältere Bereiche der Atmosphäre aufsteigt, Schneeflocken entstehen, wenn Wasserdampf bei Frost kondensiert. Niederschlag tritt an Wetterfronten auf, wo Luftmassen mit verschiedener Temperatur aufeinandertreffen. Man unterscheidet drei Arten von Fronten.

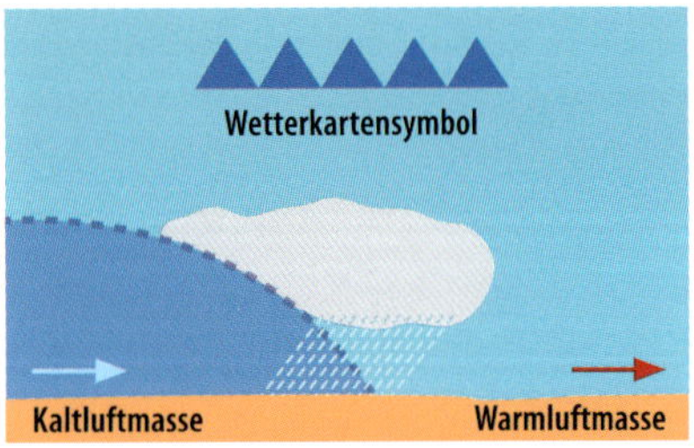

◁ **Kaltfront**
Kalte Luft strömt unter warme, feuchte Luft. In der aufsteigenden Warmluft fällt der Druck, sie kühlt ab. Das Wasser fällt als Regen zu Boden.

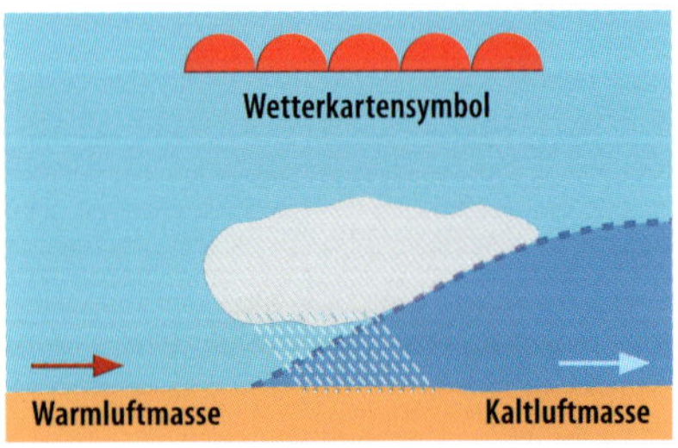

◁ **Warmfront**
Warmluft strömt über eine kompakte Kaltluftmasse, Wolken und Regen bilden sich. Warmluftfronten sind langsamer als Kaltluftfronten, das führt zu anhaltendem Regen.

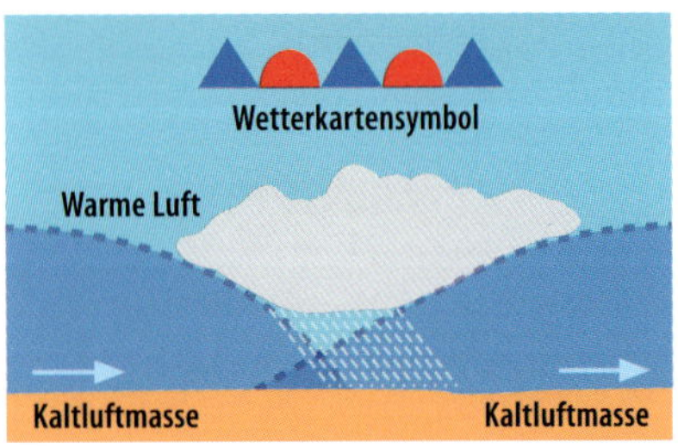

◁ **Okklusionsfront**
Diese Fronten bilden sich, wenn die Warmluftmasse durch kühle Luft vollständig vom Boden getrennt ist. Auch Okklusionsfronten erzeugen Regen.

Wind

Wenn Luft aus einem Gebiet mit hohem Luftdruck in eines mit niedrigerem Druck strömt, spricht man von einem Wind. Je größer die Druckdifferenz, umso stärker ist der Wind.

▽ **Windstärken nach der Beaufort-Skala**
Die Skala beschreibt die Windstärke durch ihre Auswirkungen, sodass man die Windgeschwindigkeit auch ohne Messgeräte bestimmen kann.

Windstärke	Windgeschwindigkeit (km/h)	Bezeichnung	Beschreibung
0	0–2	Windstille	Rauch steigt senkrecht empor.
1	3–6	Leichter Zug	Rauch treibt leicht ab.
2	7–11	Leichte Brise	Blätter rascheln.
3	12–19	Schwache Brise	Wimpel werden gestreckt.
4	20–29	Mäßige Brise	Loses Papier wird vom Boden gehoben.
5	30–39	Frische Brise	Zweige bewegen sich.
6	40–50	Starker Wind	Dicke Äste bewegen sich.
7	51–61	Steifer Wind	Bäume schwanken.
8	62–74	Stürmischer Wind	Zweige brechen von Bäumen.
9	75–87	Sturm	Äste brechen.
10	88–101	Schwerer Sturm	Bäume werden entwurzelt.
11	102–119	Orkanartiger Sturm	Schwere Sturmschäden
12	120+	Orkan	Schwerste Sturmschäden und Verwüstungen

INTERESSANT!

Tornado (Windhose)

Die schnellsten Winde gibt es im Inneren von Tornados. Sie bilden sich, wenn eine rotierende Luftsäule in einer Gewitterwolke den Boden berührt. Ein mittlerer Tornado hat etwa 80 m Durchmesser und bewegt sich mit 170 km/h. Er saugt Objekte vom Boden auf und wirbelt sie hoch in die Luft.

Wolken

Wolken bestehen aus winzigen Eiskristallen oder Wassertröpfchen, die sich an Staubteilchen in der Luft bilden. Sie erscheinen meistens weiß, weil die Wassertröpfchen das Licht streuen. Kurz vor dem Abregnen, wenn sie viel Wasser enthält, sieht die Wolke dunkelgrau aus, weil sie viel Licht absorbiert.

▽ **Wolkentypen**
Die unten aufgeführten Wolkentypen sind durch ihre Höhe und ihr Aussehen definiert.

1. Cirrostratus (hohe Schleierwolke)
Diese flachen und zarten Wolken bilden sich in großer Höhe aus Eiskristallen.
2. Cirrus (Federwolke)
Hohe, zarte Wolken, die auf stürmisches Wetter hindeuten.
3. Cirrocumulus (kleine Schäfchenwolke)
Diese hohen Flaumwolken zeigen Regenwetter an.
4. Altostratus (mittelhohe Schichtwolke)
Diese Schichtwolken in mittleren Höhen deuten auf grauen Himmel und leichten Regen hin.
5. Cumulonimbus (Gewitterwolke)
Die größten Wolken überhaupt, sie erzeugen Gewitter.
6. Altocumulus (große Schäfchenwolke)
Diese flaumigen Wolken bilden sich in mittlerer Höhe und deuten auf eine ankommende Kaltfront hin.
7. Stratocumulus (Haufenschichtwolke)
Diese großen, flaumigen Wolken liegen tiefer als Altocumuluswolken.
8. Stratus (tiefe Schichtwolke)
Charakteristisch für diese Wolken ist ihre horizontale Form.
9. Nimbostratus (Regenwolke)
Hier handelt es sich um Stratuswolken mit Regen.
10. Cumulus (Haufenwolke)
Diese sehr niedrigen flaumigen Wolken bilden sich bei schönem Wetter.
11. Nebel
Eine Stratuswolke in Bodennähe.

Wetterkarten

Meteorologen stellen die aktuellen atmosphärischen Bedingungen auf Wetterkarten dar, mit denen sich das Wetter gut vorhersagen lässt. Die Karte zeigt die Wetterfronten und Gebiete mit Tief- oder Hochdruck. Daraus kann man ablesen, wie die Front sich bewegen wird, und so herausfinden, wie sich das Wetter in einer bestimmten Region entwickeln wird.

▷ **Druckgradienten**
Isobaren (die schwarzen Linien auf der Karte) verbinden Orte mit gleichem Luftdruck. Sie bilden Ringe um die Zentren mit hohem oder niedrigem Druck (Hoch bzw. Tief). Je dichter die Isobaren sind, umso stärker ist der Wind.

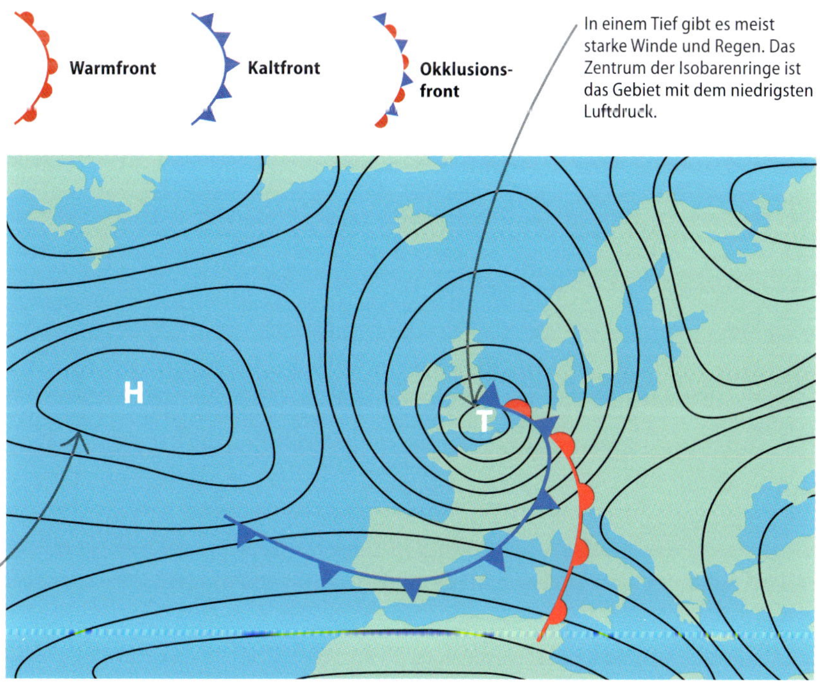

In einem Tief gibt es meist starke Winde und Regen. Das Zentrum der Isobarenringe ist das Gebiet mit dem niedrigsten Luftdruck.

Das Hoch ist meist wolkenlos. Das Zentrum der Isobarenringe kennzeichnet das Gebiet mit dem höchsten Luftdruck.

Astronomie

ASTRONOMIE IST DIE WISSENSCHAFTLICHE UNTERSUCHUNG VON STERNEN UND ANDEREN HIMMELSKÖRPERN.

Den Stand der Sterne und die Bewegung der Planeten haben die Menschen seit Jahrtausenden untersucht.

SIEHE AUCH
❮ 202–203 Elektromagnetische Wellen
❮ 206–207 Optik
Die Sonne 240–241 ❯
Das Sonnensystem I 242–243 ❯
Das Sonnensystem II 244–245 ❯
Ursprung des Universums 248–249 ❯

Teleskope

Die ersten Teleskope wurden im frühen 17. Jahrhundert entwickelt. Sie sammelten das Licht von einer entfernten Quelle und vergrößerten das Bild mit Linsen oder mit Spiegeln. Da sie nur sichtbares Licht sammelten, nennt man sie optische Teleskope. Heute gibt es weitere Teleskope auch für andere, dem Auge unsichtbare Strahlung, etwa Gammastrahlen oder Radiowellen. Mit ihnen wurden viele wichtige astronomische Entdeckungen gemacht, von den aktiven Galaxien bis zu Hinweisen auf den Urknall.

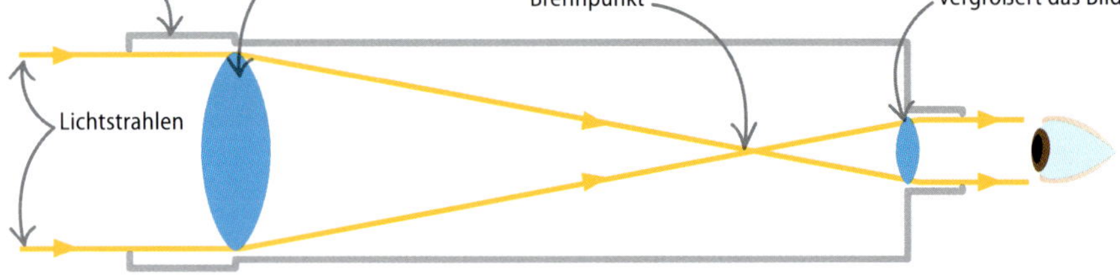

△ **Linsenteleskop**
Die große Objektivlinse fokussiert die Lichtstrahlen in ein kleines Bild im Innern. Die Linse des Okulars vergrößert dieses Bild.

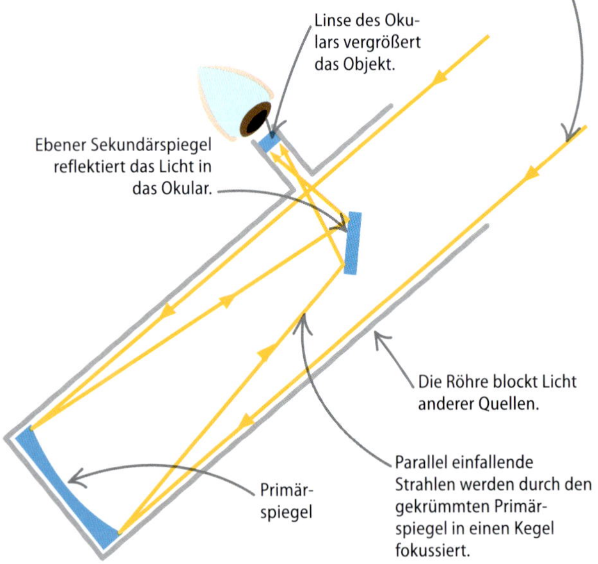

△ **Spiegelteleskop**
Hier wird das Licht durch einen parabolförmigen Primärspiegel gesammelt, der das Licht reflektiert und auf einen ebenen Sekundärspiegel fokussiert. Von dort fällt das Licht auf die Linse des Okulars, die das Objekt vergrößert. Die leistungsfähigsten astronomischen Teleskope sind Spiegelteleskope, mit bis zu 10 m Durchmesser.

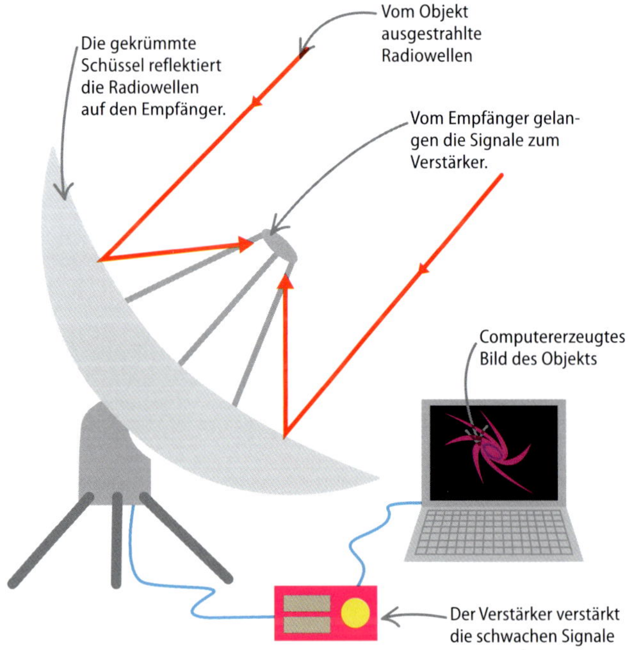

△ **Radioteleskop**
Ein Radioteleskop ist eine riesige Antenne für langwellige Strahlung aus dem All. Da die Radiosignale der Sterne nur schwach sind, ist eine riesige „Schüssel" nötig, um sie auf den zentralen Empfänger zu reflektieren. Die Signale werden elektronisch verstärkt, mit einem Computer werden daraus Bilder erstellt, sogenannte Radiobilder.

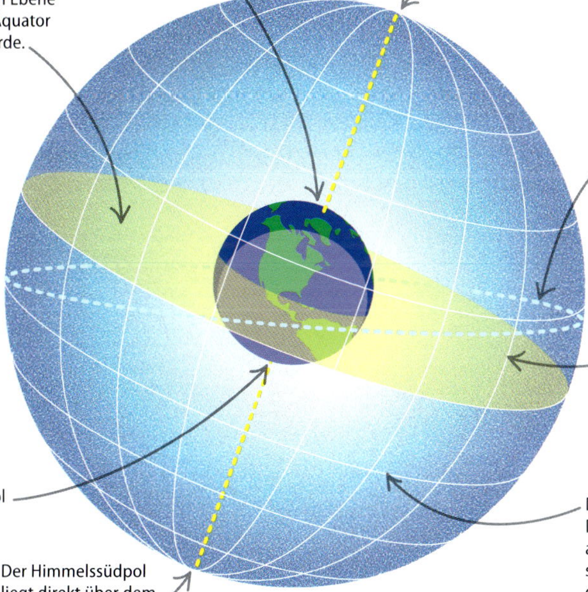

Die Himmelssphäre

Die Objekte am Nachthimmel sind nicht alle gleich weit von der Erde entfernt. Dennoch werden die Bewegungen und die Orte aller Sterne und Planeten auf eine imaginäre Kugel um die Erde eingezeichnet. Während die Erde sich dreht, ändert sich die Ansicht dieser sogenannten Himmelssphäre, sodass die Sterne im Osten auf- und im Westen unterzugehen scheinen, genau wie die Sonne. Ein Beobachter auf der Erde kann immer nur höchstens die Hälfte der Himmelssphäre sehen.

◁ **Darstellung der Sterne**
Der Äquator und die Pole der Erde werden auf die Himmelssphäre projiziert. Dann führt man ein Netz von Linien durch die Pole und parallel zum Äquator ein und hat somit zwei Koordinaten, die Rektaszension und die Deklination. Auf diese Weise kann man Sterne durch ihre Koordinaten lokalisieren.

Spektroskopie

Im Labor untersuchen Forscher die chemischen Elemente in heißen Gasen spektroskopisch: Wenn man die Gase durch ein Spektroskop betrachtet, erkennt man Licht verschiedener Wellenlänge (s. S. 204). Weißes Licht erzeugt ein kontinuierliches Spektrum. Sind jedoch Atome anwesend, tritt nur Licht ganz bestimmter Wellenlängen auf. Die Atome jedes Elements emittieren Licht in einem charakteristischen Linienmuster, das man Emissionsspektrum nennt. Astronomen setzen die Spektroskopie ein, um herauszufinden, welche Elemente es in den viele Lichtjahre entfernten Sternen gibt.

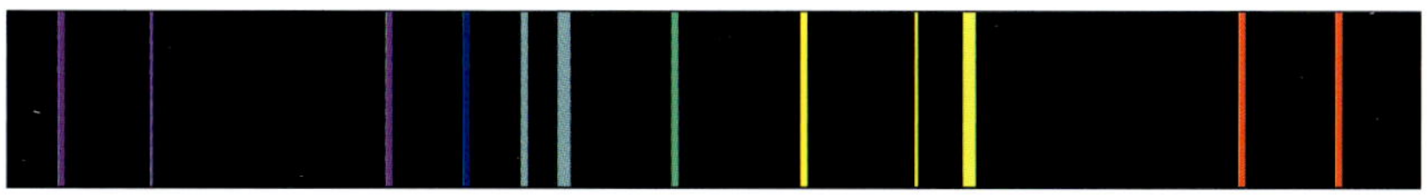

Emissionsspektrum von Kohlenstoff

Emissionsspektrum von Wasserstoff

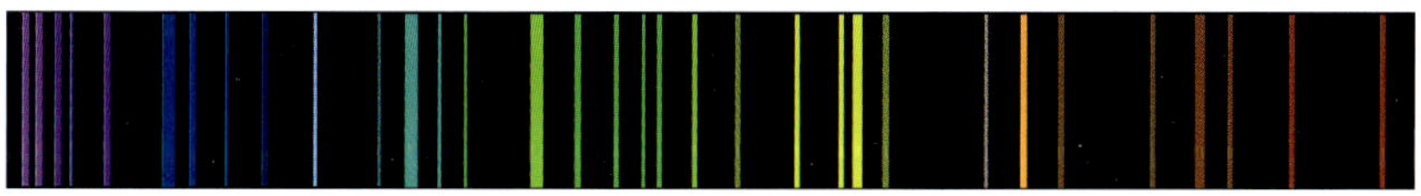

Emissionsspektrum von Quecksilber

INTERESSANT!

Lichtjahre

Die Entfernungen im All sind so groß, dass man sie nicht in Kilometern, sondern in Lichtjahren misst – das ist die Strecke, die das Licht in einem Jahr zurücklegt, knapp 9,5 Billionen Kilometer. Die Sonne ist acht Lichtminuten, die Raumsonde Voyager 1 (Bild) war im Sommer 2016 knapp 19 Lichtstunden entfernt. Bis zu den nächsten Sternen sind es etwa vier Lichtjahre.

Die Sonne

SIEHE AUCH	
❮ **30–31** Fotosynthese	
❮ **126–127** Radioaktivität	
❮ **202–203** Elektromagnetische Wellen	
❮ **232** Sonnenenergie	
❮ **226** Die Jahreszeiten	
Das Sonnensystem I	**242–243** ❯
Sterne und Galaxien	**246–247** ❯

DIE SONNE IST UNSER NÄCHSTER STERN. IHRE WÄRME UND IHR LICHT MACHEN DAS LEBEN AUF DER ERDE ERST MÖGLICH.

Obwohl sie rund 100-mal größer ist als die Erde, ist die Sonne unter den Sternen nach Größe und Alter nur Mittelmaß. Ihre Erforschung half zu verstehen, wie andere Sterne im Universum leuchten.

Das Innere der Sonne

Die Sonne ist eine riesige Gaskugel von etwa 1,4 Millionen Kilometer Durchmesser. Sie besteht zu knapp drei Vierteln aus Wasserstoff, zu einem Viertel aus Helium und aus kleinen Mengen etwa 65 weiterer Elemente, die durch die Gravitation zusammengehalten werden. Temperatur, Dichte und Druck nehmen zur Mitte hin zu. Dort finden Kernreaktionen statt, die Wasserstoff zu Helium verschmelzen – die Quelle der Sonnenenergie. Wenn die Energie nach außen dringt, braucht sie mehrere tausend Jahre bis zur Oberfläche. Dort wird sie als Licht und Wärme abgestrahlt.

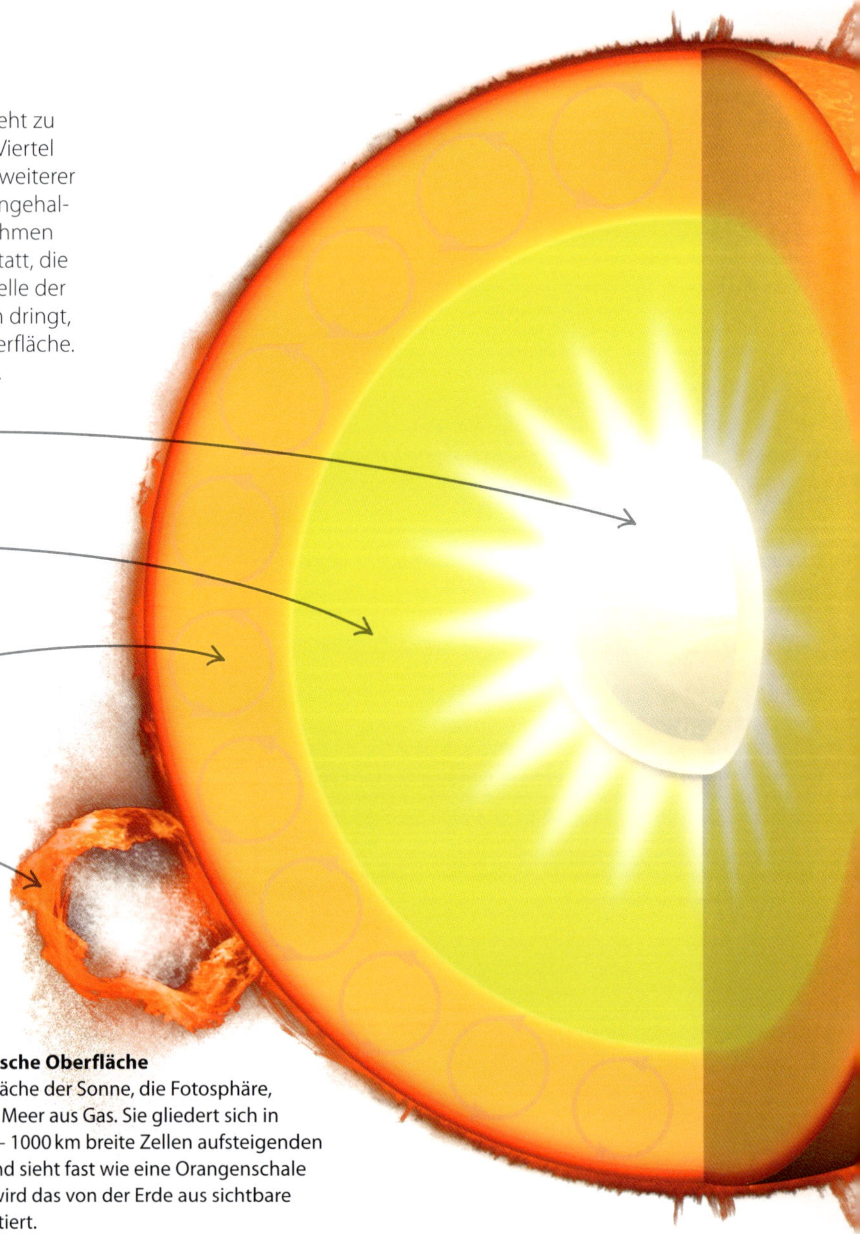

Kern
Die Temperatur im Sonnenmittelpunkt liegt bei 15,7 Mio. Grad Celsius.

Strahlungszone
In diesem Bereich breitet sich die Energie vom Kern langsam in die Konvektionszone aus.

Konvektionszone
Wallende Gasströme tragen die Wärme vom Rand der Strahlungszone an die Oberfläche. Dort kühlen sie ab und sinken zurück.

Protuberanzen
Diese schleifenförmigen Gasausbrüche können über mehr als 100 000 km emporschießen.

▷ **Stürmische Oberfläche**
Die Oberfläche der Sonne, die Fotosphäre, ist wie ein Meer aus Gas. Sie gliedert sich in Granulen – 1000 km breite Zellen aufsteigenden Gases – und sieht fast wie eine Orangenschale aus. Hier wird das von der Erde aus sichtbare Licht emittiert.

Die Sonne hat **750-mal so viel Masse** wie alle anderen Objekte im Sonnensystem zusammen.

Chromosphäre
Die Sonne ist von mehreren Gasschichten umgeben, die eine Art Atmosphäre bilden. Die inneren umgebenden Schichten sind die Fotosphäre und die Chromosphäre, die äußere Schicht ist die Korona, die sich Millionen Kilometer ins All erstreckt.

Spikulen
Die Spikulen (vom lat. Begriff für „Spitze") sind kurzlebige (max. zehn Minuten) „Gasspritzer", die aus der Fotosphäre austreten und bis 10 000 km in die Höhe schießen.

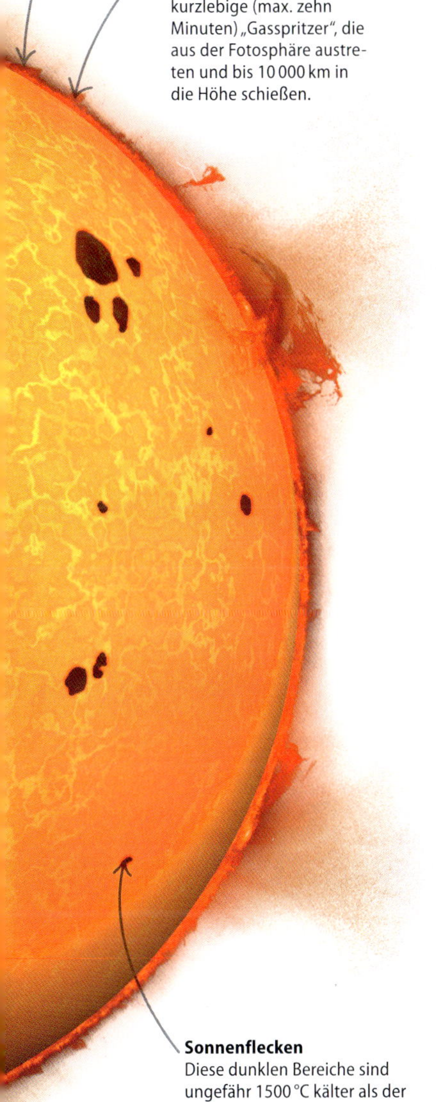

Sonnenflecken
Diese dunklen Bereiche sind ungefähr 1500 °C kälter als der Rest der Sonnenoberfläche. Sie treten auf, wenn heiße Gase durch Magnetfelder nicht an die Sonnenoberfläche gelangen.

Kernfusion

Bei der Kernfusion verschmelzen die Kerne zweier Atome zu einem größeren Atomkern, es wird Energie frei. Jedes Element besteht aus Atomen mit einer unterschiedlichen Anzahl von Protonen (positiv geladenen Teilchen) und Neutronen (ungeladen) im Kern. Wasserstoff, der Hauptbestandteil der Sonne, hat ein Proton und meistens kein Neutron. Durch die Hitze und den Druck im Sonnenkern können aber Wasserstoffisotope mit einem oder zwei Neutronen entstehen, die zu Helium fusionieren können.

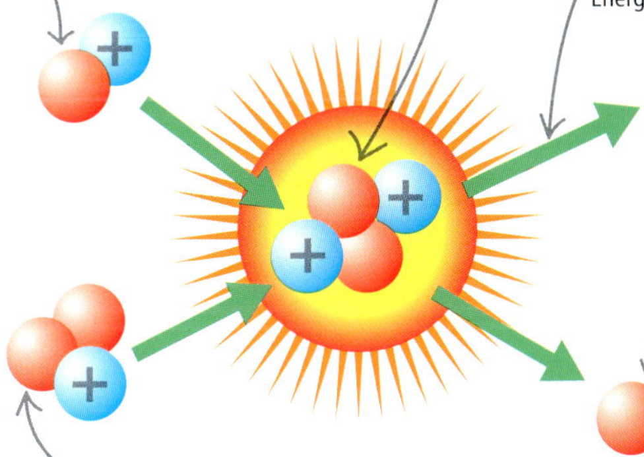

Die **Sonnenflecken** werden zwischen wenigen Stunden und **einigen Wochen** alt.

△ **Aktivität im Kern der Sonne**
Im Sonnenkern stoßen Wasserstoffkerne mit hoher Geschwindigkeit zusammen. Die Hauptreaktion der Fusion ist oben gezeigt. Dabei verschmelzen zwei verschiedene Wasserstoffisotope (s. S. 175) zu Helium, Energie und ein überzähliges Neutron werden frei.

INTERESSANT!

Die kleine Eiszeit

Die Anzahl der Sonnenflecken steigt und fällt über einen Zyklus von elf Jahren. Man nimmt an, dass die Sonnenfleckenaktivität das Klima auf der Erde beeinflussen kann. So gab es in der zweiten Hälfte des 17. Jahrhunderts eine Periode fast ohne Sonnenflecken, die mit einer Reihe sehr kalter Winter in ganz Europa zusammenfällt, der sogenannten Kleinen Eiszeit. Auf der zugefrorenen Themse in London wurden dabei sogenannte Frostjahrmärkte abgehalten. (Im Bild der „frost fair" von 1683 / 1684.)

Das Sonnensystem I

UNSER SONNENSYSTEM BESTEHT AUS DER SONNE UND DEN SIE UMKREISENDEN PLANETEN UND KLEINEREN KÖRPERN.

SIEHE AUCH
❮ 186–187 Gravitation
❮ 234–235 Die Erde
❮ 240–241 Die Sonne
Das Sonnensystem II 244–245 ❯

Die gewaltige Gravitationskraft der Sonne im Zentrum unseres Sonnensystems zwingt die acht Planeten auf ihre Bahnen um die Sonne.

Abmessungen im Sonnensystem

Die Entfernungen im Sonnensystem sind so groß, dass man sie sich kaum vorstellen kann. Die Erde ist rund 150 Millionen Kilometer von der Sonne entfernt. Diese Strecke nennen die Astronomen „Astronomische Einheit" (AE), die Erde ist also 1 AE von der Sonne entfernt. Die Entfernung von der Sonne zum äußersten Planeten Neptun beträgt 30 AE.

Das Wort **Planet** kommt von dem griechischen Begriff *planetos* für **Wanderer**.

▷ Die Planeten
Jeder Planet im Sonnensystem hat einzigartige Merkmale, wie die Entfernung zur Sonne oder Anzahl der Monde. Für jeden Planeten sind auch die Jahreslänge (die Zeit für einen Umlauf um die Sonne) und die Tageslänge (einmalige Drehung um die Achse) anders.

1. Merkur
Durchmesser: 4879 km
Entfernung von der Sonne: 0,4 AE
Jahr: 88 Tage
Tag: 58 Tage
Anzahl der Monde: 0
Mittlere Oberflächentemperatur: 167 °C

2. Venus
Durchmesser: 12 104 km
Entfernung von der Sonne: 0,7 AE
Jahr: 225 Tage
Tag: 243 Tage
Anzahl der Monde: 0
Mittlere Oberflächentemperatur: 464 °C

3. Erde
Durchmesser: 12 756 km
Entfernung von der Sonne: 1 AE
Jahr: 365 Tage
Tag: 24 Stunden
Anzahl der Monde: 1
Mittlere Oberflächentemperatur: 15 °C

4. Mars
Durchmesser: 6786 km
Entfernung von der Sonne: 1,5 AE
Jahr: 687 Tage
Tag: 24,5 Stunden
Anzahl der Monde: 2
Mittlere Oberflächentemperatur: –63 °C

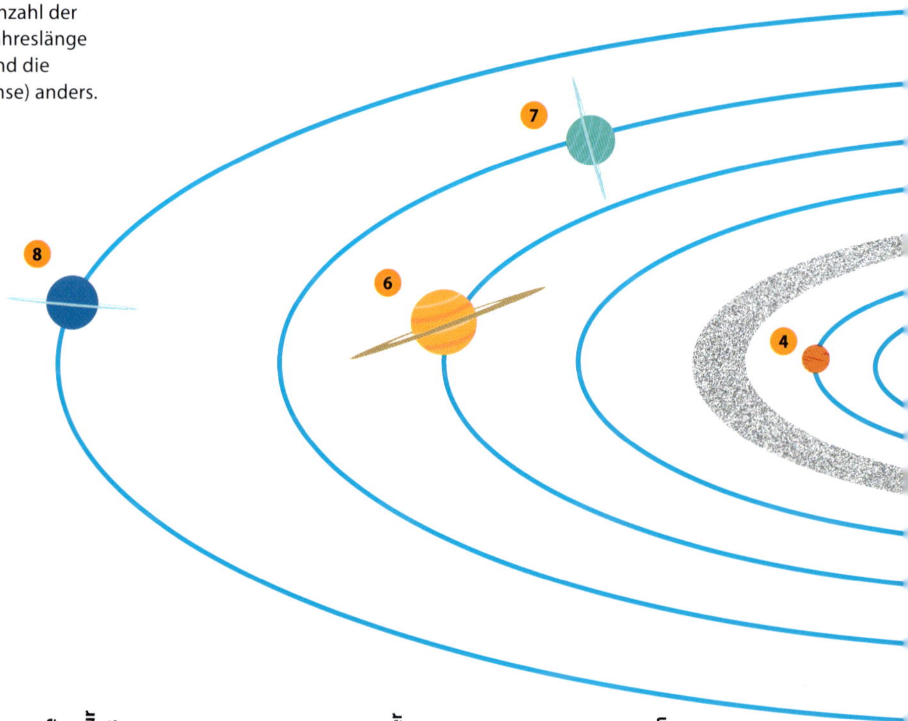

▷ Inneres und äußeres Sonnensystem
Die ersten vier Planeten – alle klein und aus Gestein – bilden das innere Sonnensystem. Jenseits des Asteroidengürtels liegen die vier als Gasriesen bekannten Planeten des äußeren Sonnensystems.

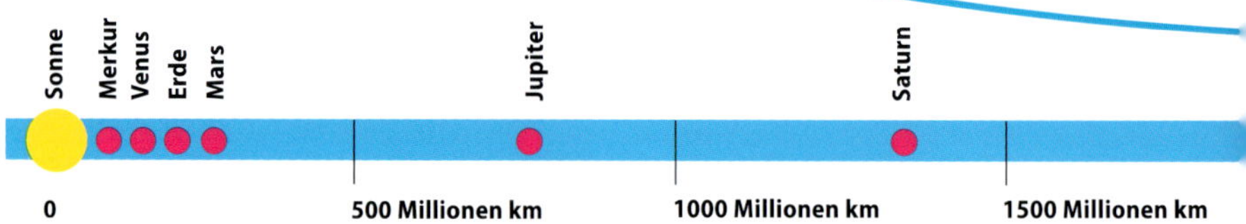

Jenseits von Neptun

Jenseits der Neptunbahn erstreckt sich der Kuiper-Gürtel, ein ringförmiger Bereich mit ca. 70 000 kleinen Objekten aus Eis und Gestein sowie einigen Zwergplaneten wie Pluto. Dahinter liegt wie eine Schale die Oort'sche Wolke aus Gesteins-, Staub- und Eiskörpern.

▷ **Die Oort'sche Wolke**
Sie besteht aus über einer Milliarde Kometen. Ihr äußerer Rand bildet das Ende des Sonnensystems.

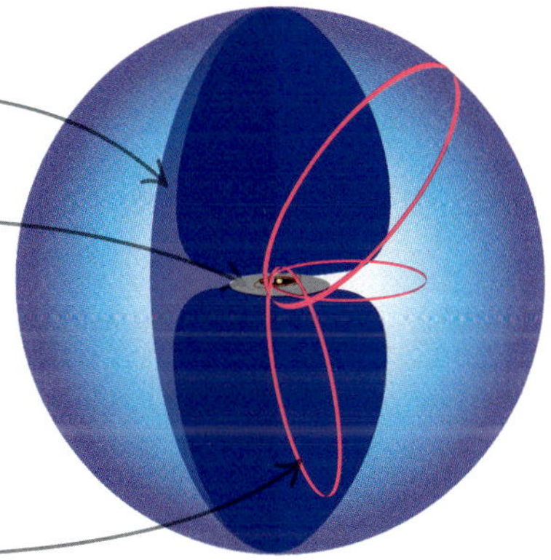

5. Jupiter
Durchmesser: 142 984 km
Entfernung von der Sonne: 5,2 AE
Jahr: 11,9 Jahre
Tag: 10 Stunden
Anzahl der Monde: 63
Temperatur über den Wolken: –108 °C

6. Saturn
Durchmesser: 120 536 km
Entfernung von der Sonne: 9,6 AE
Jahr: 29,5 Jahre
Tag: 10,5 Stunden
Anzahl der Monde: 62
Temperatur über den Wolken: –139 °C

7. Uranus
Durchmesser: 51 118 km
Entfernung von der Sonne: 19,2 AE
Jahr: 84 Jahre
Tag: 17 Stunden
Anzahl der Monde: 27
Temperatur über den Wolken: –197 °C

8. Neptun
Durchmesser: 49 528 km
Entfernung von der Sonne: 30 AE
Jahr: 165 Jahre
Tag: 16 Stunden
Anzahl der Monde: 14
Temperatur über den Wolken: –201 °C

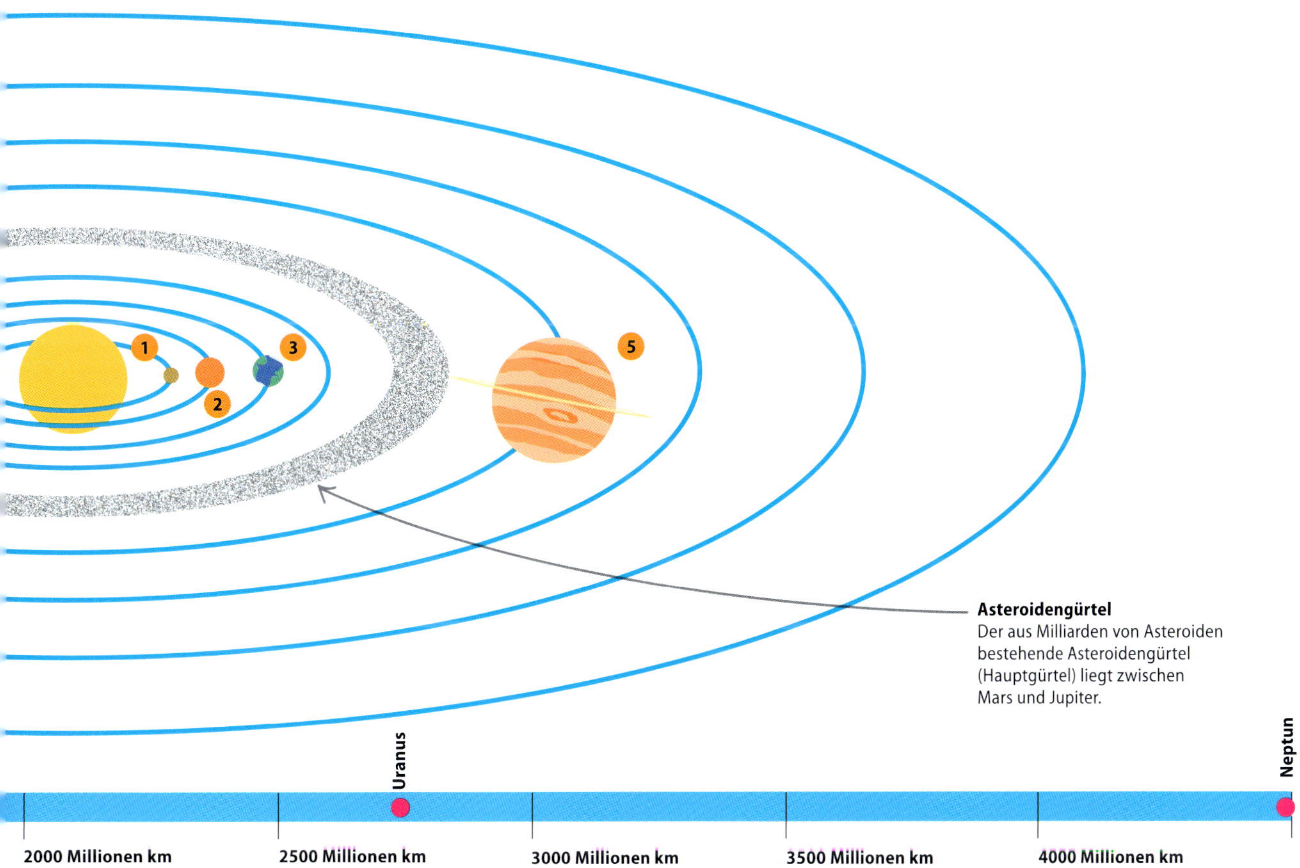

Das Sonnensystem II

SIEHE AUCH
❮ 240–241 Die Sonne
❮ 242–243 Das Sonnensystem I
Sterne und Galaxien 246–247 ❯

DIE GRAVITATION DER SONNE WIRKT NICHT NUR AUF DIE PLANETEN, SONDERN AUCH AUF VIELE KLEINERE OBJEKTE.

Monde umkreisen die meisten Planeten, auch die Erde. Kleinere Körper wie Kometen bewegen sich auf ganz anderen Bahnen.

Der Mond

Ein Mond ist ein Himmelskörper, der einen Planeten umkreist. In unserem Sonnensystem gibt es über 160 Monde. Die Erde hat nur einen Mond. Er entstand, als ein großer Asteroid mit der jungen Erde zusammenstieß. Ein Teil der Trümmer sammelte sich auf einer Umlaufbahn um die Erde und vereinigte sich zum Mond.

Die Mondbahn ▷
Von der Erde aus betrachtet ist nur der sonnenbeschienene Teil des Mondes sichtbar. Da der Mond aber genauso lange für eine Umkreisung der Erde braucht wie für eine Drehung um die eigene Achse, sehen wir von der Erde immer dieselbe Seite.

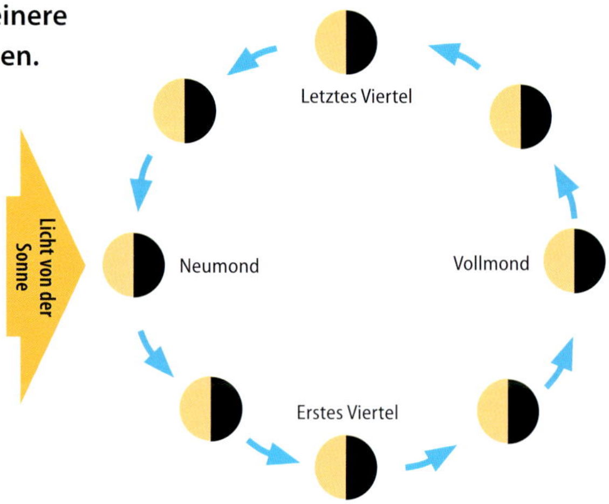

▷ Die Mondphasen
Im Lauf eines Monats ändert sich das Aussehen des Mondes von einem dunklen Schatten, dem Neumond, über eine dünne leuchtende Sichel zum Vollmond und wieder zurück. Grund dafür ist, dass wir von der Erde immer nur die Hälfte des Mondes sehen können, die von der Sonne beschienen wird.

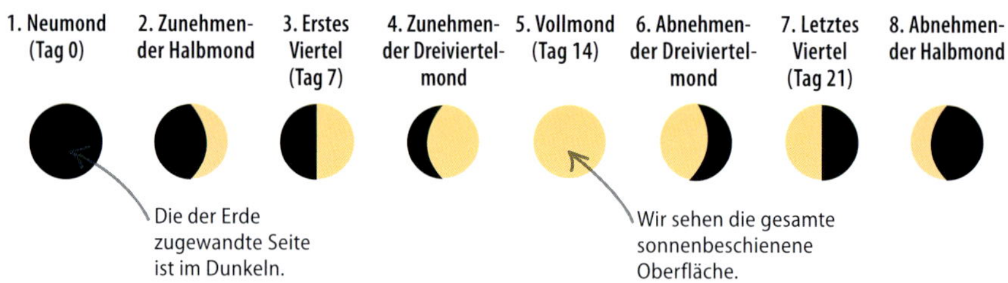

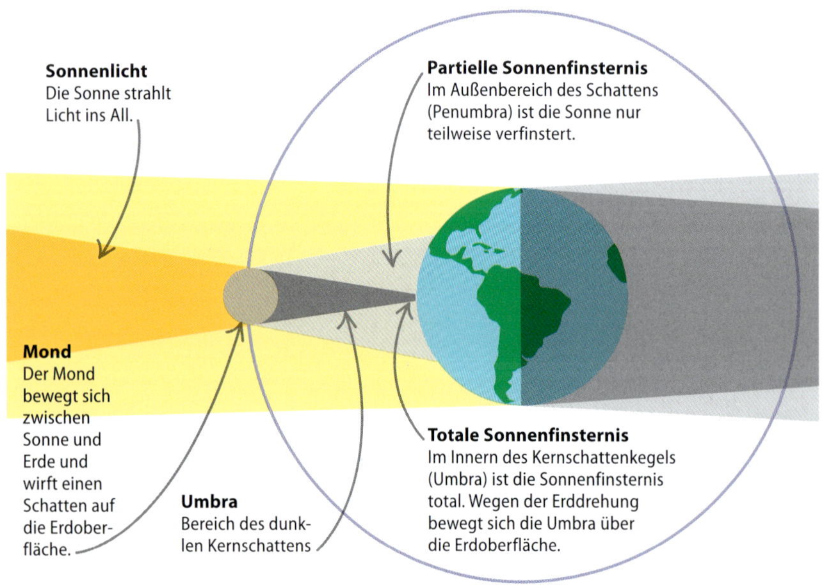

Finsternisse

Wenn der Mond die Erde umkreist, kann er manchmal zwischen Sonne und Erde stehen und das Licht abschirmen. Das nennt man eine Sonnenfinsternis. Wenn die Mondbahn in den Schatten der Erde gerät, tritt eine Mondfinsternis auf. Dabei wird der Mond für kurze Zeit dunkel und scheint rötlich, weil das Licht auf dem Weg durch die Atmosphäre gestreut wird.

◁ Sonnenfinsternis
Pro Jahr treten nur etwa drei Sonnenfinsternisse auf. Sie sind nur in einem schmalen Bereich sichtbar, in dem der Kernschatten des Mondes auf die Erdoberfläche fällt. Häufiger sind partielle Sonnenfinsternisse, bei denen der Mondschatten nur einen Teil der Sonne verdeckt.

Zwergplaneten

1930 wurde jenseits der Neptunbahn ein neuer Planet gefunden. Pluto stellte sich als der bei Weitem kleinste Planet überhaupt heraus, kleiner noch als der Erdmond. Bis 2005 konnte man durch verbesserte Beobachtungstechniken im selben Gebiet des Sonnensystems wie Pluto weitere Körper ähnlicher Größe nachweisen, einer davon (Ceres) im Asteroidengürtel. Man beschloss, Objekte dieser Größe als Zwergplaneten zu bezeichnen – Pluto wurde einer von ihnen.

▷ **Unabhängige Körper**
Unabhängige Körper, die so groß sind, dass sie aufgrund ihrer Schwerkraft fast kugelförmig sind, heißen Zwergplaneten. Sie sind aber zu klein, um als Planeten gelten zu können.

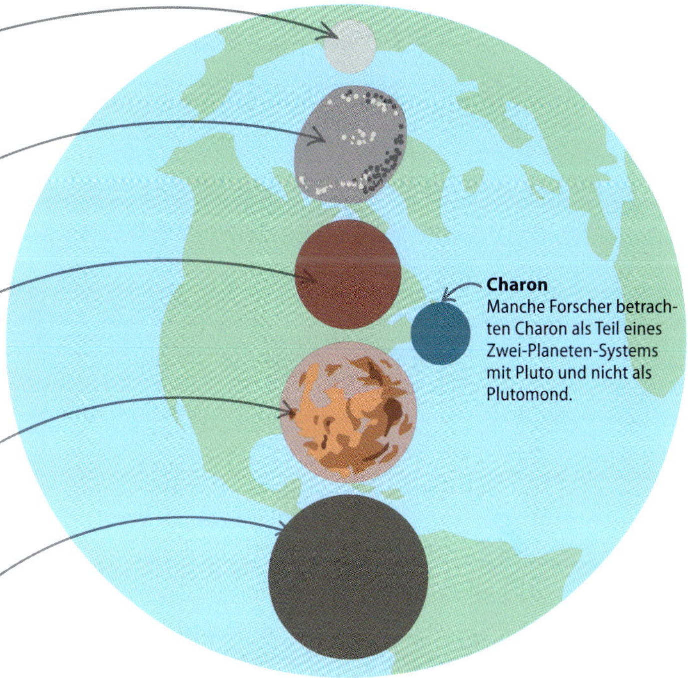

Ceres
Dies ist der größte Körper im Asteroidengürtel. Er besteht aus Gestein und Metallen.

Haumea
Dieser unförmige Körper im Kuiper-Gürtel besteht großteils aus Eis.

Makemake
Dieser Zwergplanet, eine sehr kalte Eiskugel, besteht aus gefrorenem Methan, Ammoniak und Wasser.

Pluto
Pluto hat fünf Monde. Der größte davon ist Charon, halb so groß wie Pluto selbst.

Eris
Eris wurde 2005 entdeckt und ist der heute größte bekannte Zwergplanet.

Charon
Manche Forscher betrachten Charon als Teil eines Zwei-Planeten-Systems mit Pluto und nicht als Plutomond.

Kometen

Kometen sind „schmutzige Schneebälle" aus Staub und Eis, so alt wie das Sonnensystem. Sie haben langgestreckte elliptische (ovale) Bahnen. Einige fliegen über Neptun hinaus und brauchen Tausende Jahre, um die Sonne zu umrunden, andere nur ein paar Jahre. Wenn ein Komet sich der Sonne nähert, heizt er sich auf, Staub und Gas verdampfen und es bildet sich ein Millionen Kilometer langer Schweif.

Gasschweif leuchtet bläulich.

Kometenkern aus Eis und Staub (nicht sichtbar)

Koma (Kopf) leuchtet hell.

Der Staubschweif reflektiert das weiße Sonnenlicht.

△ **Kometenschweif**
Wenn ein Planet sich der Sonne nähert, etwa ab der Marsbahn, bilden sich ein leuchtender Kopf (Koma) und ein Schweif. Diese verschwinden wieder, wenn der Komet das innere Sonnensystem verlässt.

INTERESSANT!

Meteoriden und Meteoriten

Meteoriden sind Gesteinsbrocken im All, die Leuchtspuren (sogenannte Meteore) erzeugen, wenn sie in der Erdatmosphäre verglühen. Etwa 3000 Tonnen Meteoriden treffen jährlich in Form von Staub auf der Erde ein. Ein Meteorid, der die Erdatmosphäre übersteht und als massiver Brocken auf der Erde auftrifft, heißt Meteorit und kann gewaltige Einschlagkrater verursachen. Der Rote Kamm in Namibia etwa ist über 5 Millionen Jahre alt, hat 2,5 Kilometer Durchmesser und ist 130 Meter tief.

Sterne und Galaxien

GALAXIEN SIND GEWALTIGE STERNENSYSTEME, DIE AUS STERNEN UND GROSSEN MENGEN GAS UND STAUB BESTEHEN.

SIEHE AUCH
❮ 186–187 Gravitation
❮ 202–203 Elektromagnetische Wellen
❮ 238–239 Astronomie
❮ 240–241 Die Sonne

Unser Sonnensystem ist nur eines von Milliarden in unserer Galaxis. Und die Galaxis oder Milchstraße ist nur eine Galaxie von Hunderten Milliarden im ganzen Universum.

Astronomische Objekte

Die Astronomen schätzen, dass rund 6000 Objekte von der Erde aus mit dem bloßen Auge sichtbar sind. Die meisten erscheinen wie Lichtpunkte, doch mit einem starken Teleskop zeigt sich, dass es am Himmel viel mehr als nur Sterne und Planeten gibt.

Die Sonne
Von unserem lokalen Stern stammt praktisch alles Licht und Wärme auf der Erde. Trotzdem ist sie nach Größe und Temperatur nur ein sehr durchschnittlicher Stern. Der nächste Nachbarstern ist Proxima Centauri, etwa 4,2 Lichtjahre entfernt.

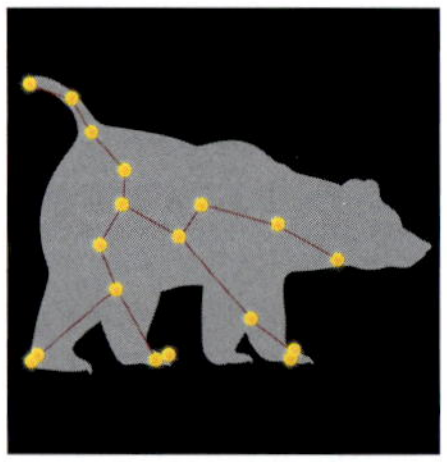

Sternbilder
Die antiken Astronomen fassten die sichtbaren Sterne in Sternbildern zusammen. Die Namen stammen aus der griechischen Mythologie, etwa Großer Bär. Obwohl die Sterne in einem Sternbild dicht beieinander scheinen, kann ihre Entfernung zur Erde sehr unterschiedlich sein.

Sternhaufen
Ein Stern kommt selten allein, die meisten haben einen oder mehrere Begleiter. Paare heißen Doppelsterne. Kleine Gruppen heißen Cluster (Sternhaufen) und bestehen aus etwa gleich alten Sternen, die durch ihre gegenseitige Anziehung zusammenbleiben.

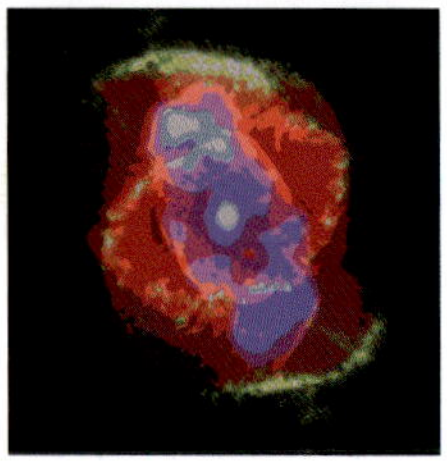

Planetarische Nebel
Manche alte Sterne stoßen ihre äußeren Schichten ab und werden zu planetarischen Nebeln. Die leuchtend farbigen Ringe aus heißen Gasen und Staub (hier der Katzenaugennebel) gehören zu den beeindruckendsten Objekten im All. Der schwache Stern in der Mitte ist ein „Weißer Zwerg".

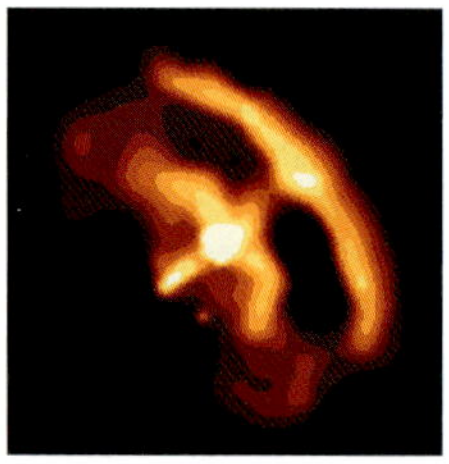

Pulsar
Manche sterbende Sterne platzen in einer gewaltigen Explosion, einer Supernova. Aus dem Kern bildet sich ein kleiner, dichter Neutronenstern, der Strahlung emittiert und sich rasend schnell dreht. Wenn die Strahlung auf der Erde nachgewiesen wird, spricht man von einem Pulsar.

Galaxie
Galaxien sind riesige Sternensysteme verschiedener Form und Größe. Die kleinsten haben wenige Millionen, die größten einige Milliarden Sterne. Etwa die Hälfte aller Galaxien sind spiralförmige Scheiben mit einer Ausbeulung in der Mitte, aus der die Arme spiralig herausragen.

Quasar
Zu den entferntesten Objekten überhaupt gehören die Quasare – junge Galaxien, in denen sich Milliarden Sterne bilden. Das Licht braucht einige Milliarden Jahre bis zur Erde. Wir sehen Quasare heute also so, wie sie vor so langer Zeit gewesen sind.

INTERESSANT!

Die Milchstraße

Bei unserer Galaxis handelt es sich um eine Spiralgalaxie, doch von der Erde aus erscheint sie wie ein blasser Streifen durch den Nachthimmel. Die alten Griechen nannten sie ***galaktikos*** (Milchstraße). Unser Sonnensystem liegt in einem der äußeren Arme.

Sternentypen

Sterne haben eine gewisse Lebensdauer. Wenn sie altern, ändern sich ihre Merkmale wie Größe, Farbe oder Luminosiät (Energieabgabe). Die Sterne unterscheidet man nach Art des emittierten Lichts. Die Farbe eines Sterns zeigt seine Temperatur, blau ist am heißesten. Heiße Sterne sind aber nicht immer die hellsten. Anhand Luminosität und Temperatur lassen sich Sterne in bestimmte Gruppen einteilen.

▷ **Sternengruppen**
Wenn ein Stern wie unsere Sonne Energie durch Kernfusion erzeugt, heißt er Hauptreihenstern.

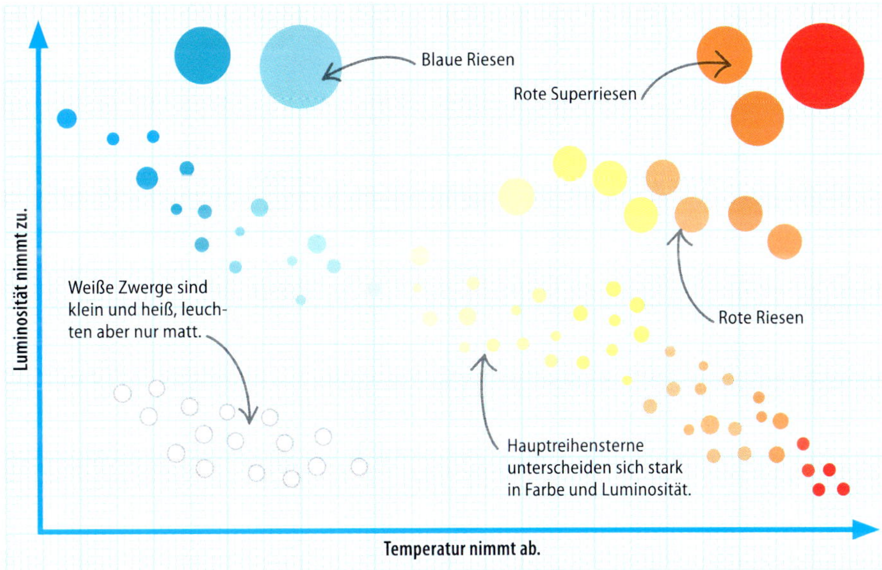

Lebenszyklus eines Sterns

Sterne entstehen innerhalb großer Wolken aus Gas und Staub, den Nebeln. Beim Kollaps der Wolke steigen Temperatur und Druck, und irgendwann beginnt die Fusion im Kern. Der Stern durchläuft dann entlang der Hauptreihe seinen Lebenszyklus. Wenn der Brennstoff verbraucht ist, erlischt der Stern.

▽ **Geburt, Leben und Tod**
Rund 90 % ihrer Lebensdauer verbringen Sterne in der Hauptreihenphase. Entscheidend für die Entwicklung und das Sterben des Sterns ist ihre Masse.

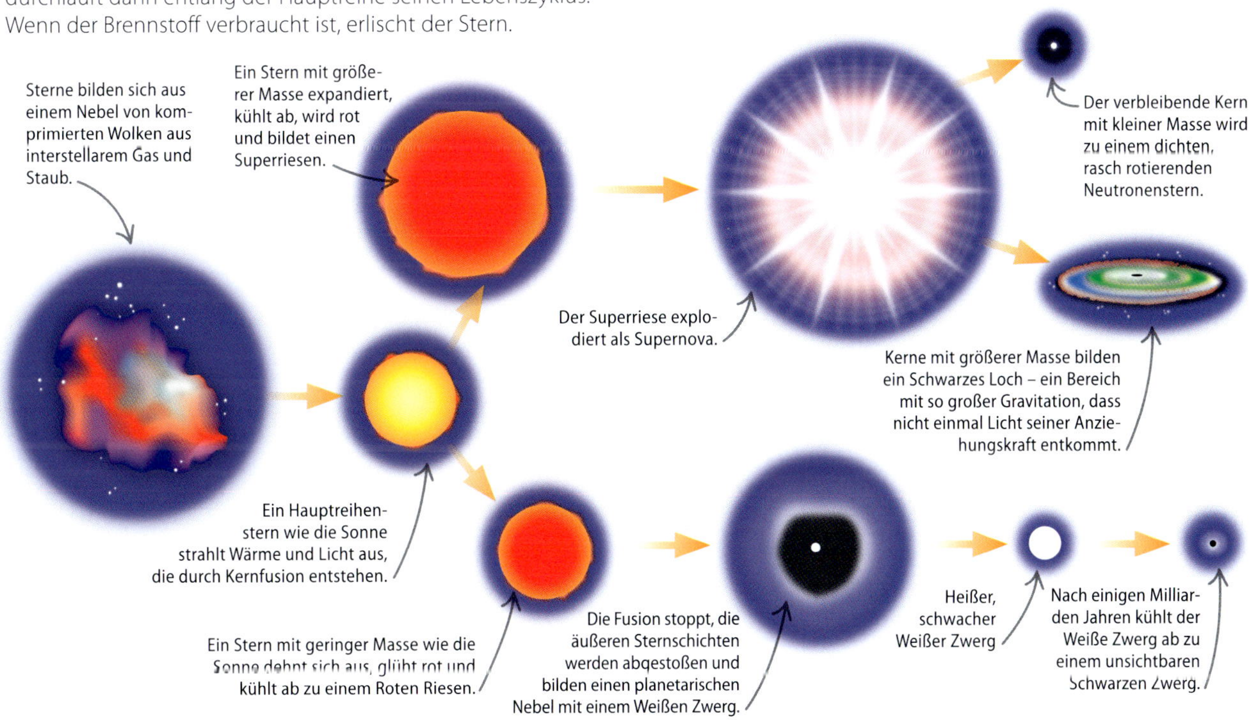

Urspung des Universums

DIE URKNALLTHEORIE ERKLÄRT DIE ENTWICKLUNG DES UNIVERSUMS.

Natürlich weiß niemand, wie das Universum entstand. Doch astronomische Entdeckungen legen nahe, dass es mit einem Energieausbruch begann und sich immer noch ausdehnt.

SIEHE AUCH
❮ 174–175 Im Innern des Atoms
❮ 176–177 Energie
❮ 186–187 Gravitation
❮ 202–203 Elektromagnetische Wellen
❮ 238 Teleskopie
❮ 239 Spektroskopie
❮ 246–247 Sterne und Galaxien

Die Urknalltheorie (Big-Bang-Theorie)

In den 1920er Jahren wurde entdeckt, dass sich unsere Galaxis und die Millionen anderer Galaxien, die sie umgeben, voneinander wegbewegen, weil das Universum sich ausdehnt. Das legt nahe, dass die Galaxien vor Milliarden Jahren einmal sehr dicht beieinander waren. Die Idee, dass das Universum vor Urzeiten in einem heißen Ausbruch von Energie (Urknall) entstand, gewann an Akzeptanz, als man 1967 die Überreste dieser Energie entdeckte: In den 13,7 Milliarden Jahren seit der Entstehung des Universums hat sie sich auf −270 °C abgekühlt und ist heute als kosmische Hintergrundstrahlung bekannt.

Es gibt zwei Hypothesen über das mögliche Ende des Universums: Es zerfetzt in einem **Endknall („Big Rip“)** oder es wird dunkel und friert ein („**Big Chill**“).

▽ **Die Geschichte von allem**
Das Diagramm zeigt die Geschichte des Universums. Von links nach rechts werden die Zeitabstände aber immer größer: Die Mitte des Bildes liegt bei 500 000 Jahren, nur 0,04 % des Weltalters.

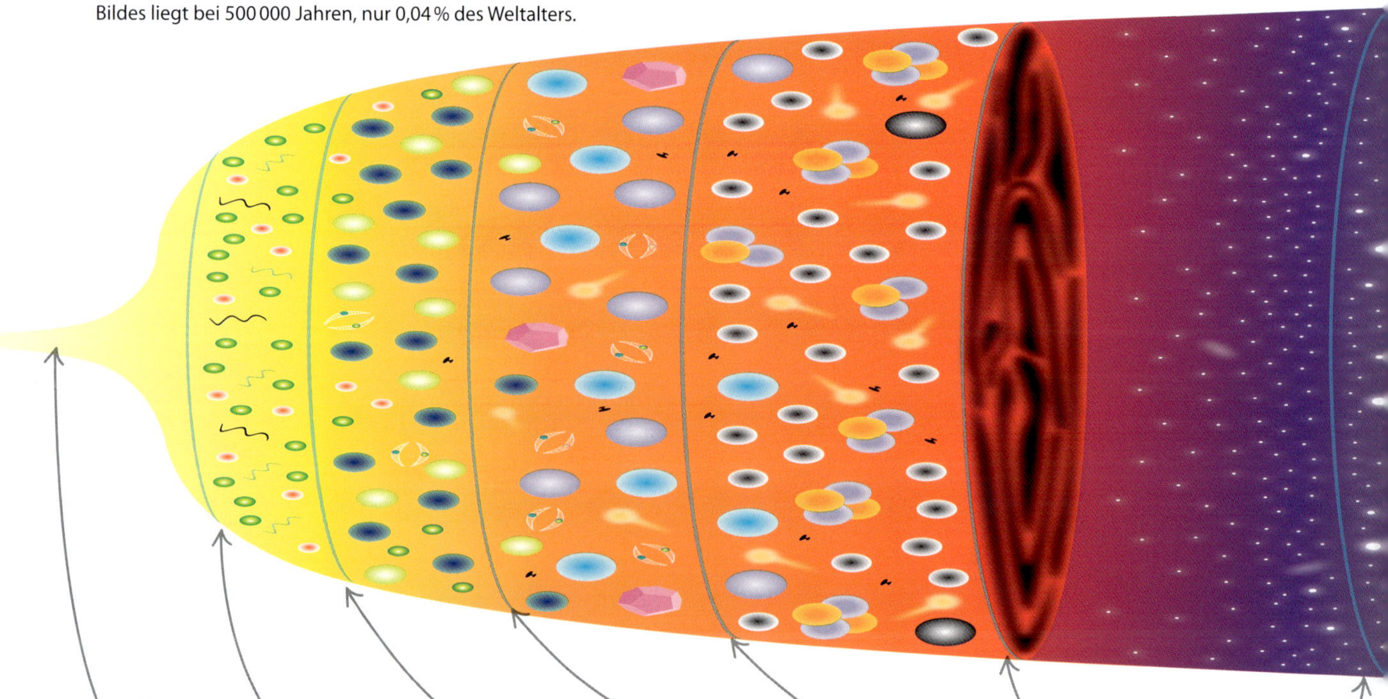

10^{-43} Sekunden Über die Ereignisse, die zum Urknall und zur Entstehung des Universums führen, ist nichts bekannt.

10^{-38} Sekunden Das Universum dehnt sich kurzzeitig sehr schnell aus (kosmische Inflation) und gibt große Mengen Wärme und Strahlung ab.

10^{-10} Sekunden Elektromagnetismus und Schwache Kraft trennen sich. Das Universum kühlt rapide ab und bildet eine Suppe einfacher Teilchen.

0,001 Sekunden Masse entsteht in Form von subatomaren Teilchen, die sich großteils gegenseitig zerstören.

3 Minuten Das Universum kühlt sich weiter ab, die verbleibenden Teilchen sind hauptsächlich Protonen, Neutronen, Elektronen und Neutrinos.

380 000 Jahre Das Universum ist so kühl, dass sich Atome bilden. Der Raum wird transparent, weil weniger Teilchen die Photonen blockieren.

1 Milliarde Jahre Es bilden sich Sterne und Galaxien.

INTERESSANT!

Kosmischer Hintergrund

Die Mikrowellenstrahlung des Urknalls wurde von Radioastronomen zufällig entdeckt und anfangs für eine Störung gehalten. Heute haben Satelliten sehr detaillierte Karten dieser Strahlung erstellt, die leichte Temperaturunterschiede (unten als Farbunterschiede dargestellt) und damit kleine Dichtevariationen im jungen Universum zeigen.

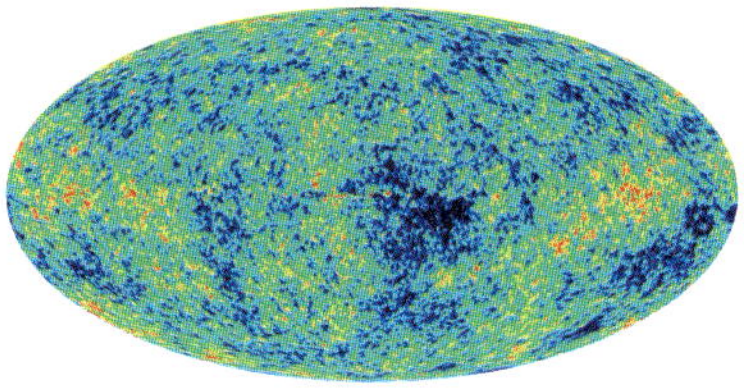

Gegenwart
Das Universum in seiner heutigen Form ist 13,7 Milliarden Jahre alt.

Rotverschiebung

Die Galaxien bilden Galaxienhaufen, und der Hauptbeleg für den Urknall ist, dass diese Haufen sich auseinander bewegen – mit anderen Worten, das Universum dehnt sich aus. Astronomen wissen das, weil sie das von den Galaxien kommende Licht spektral zerlegen können. Die Spektrallinien deuten immer auf bestimmte Substanzen in den Galaxien hin. In den Spektren entfernter Galaxien ist die Lage dieser Spektrallinien zu langen Wellenlängen, also zum roten Ende des Spektrums hin verschoben.

▷ **Rotverschiebung**
Das Licht von Sternen, Galaxien oder anderen hellen Quellen wird leicht rötlich, wenn sie sich vom Beobachter wegbewegen.

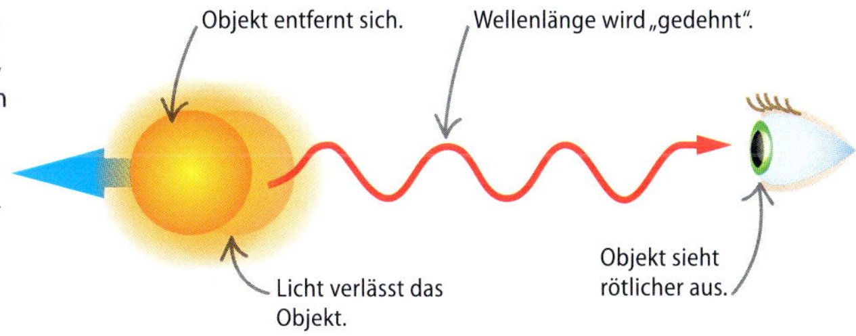

▷ **Blauverschiebung**
Wenn sich ein Objekt auf den Beobachter zu bewegt, wird sein Licht zum blauen Ende des Spektrums hin verschoben.

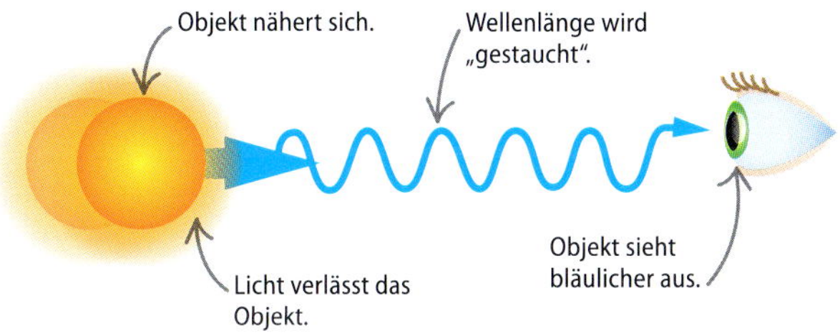

Was ist da draußen?

Sterne und Galaxien sind nur ein winziger Teil der Gesamtmasse des Universums. Der größte Teil besteht aus unsichtbarer Materie und Energie. Diese nicht sichtbare Dunkle Materie kann nur durch das Verhalten der Galaxien nachgewiesen werden. Es gibt auch eine unbekannte Kraft, die die Ausdehnung des Universums beschleunigt, die Dunkle Energie.

▽ **Materie im Universum**
Zusammensetzung des Universums: Sterne und Galaxien bestehen vor allem aus Wasserstoff und Helium. Schwerere Elemente entstehen im Sterninnern. Elemente oberhalb von Eisen (s. S. 116–117) bilden sich, wenn massenreiche Sterne explodieren.

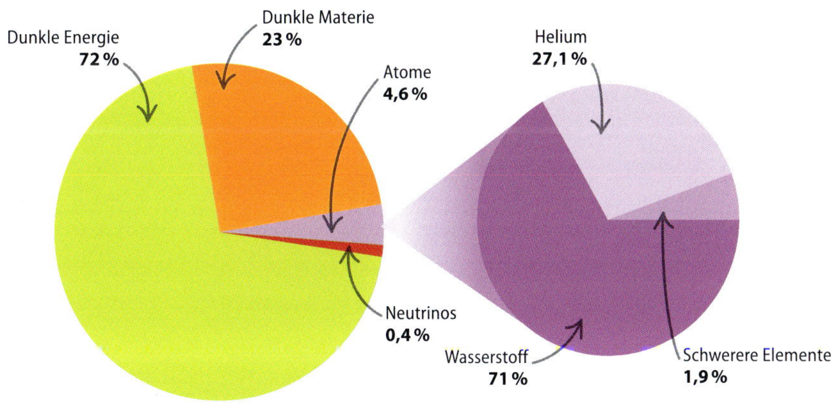

Nachschlagen (Chemie)

Schmelz- und Siedepunkte

Jedes Element hat eine spezifische Temperatur – gemessen bei Atmosphärendruck –, bei der ein Feststoff in den flüssigen (Schmelzpunkt) bzw. in den gasförmigen Zustand (Siedepunkt) übergeht. Metalle haben eher einen hohen Schmelzpunkt, einfache Gase haben Siedepunkte unterhalb der Raumtemperatur. Kohlenstoff ist ein Nichtmetall, hat jedoch den höchsten Schmelzpunkt.

LISTE DER ELEMENTE

Ordnungszahl	Name / Symbol	Schmelzpunkt (°C)	Siedepunkt (°C)
1	Wasserstoff (H)	–259	–253
2	Helium (He)	–272	–269
3	Lithium (Li)	179	1340
4	Beryllium (Be)	1283	2990
5	Bor (B)	2300	3660
6	Kohlenstoff (C)	3500	4827
7	Stickstoff (N)	–210	–196
8	Sauerstoff (O)	–219	–183
9	Fluor (F)	–220	–188
10	Neon (Ne)	–249	–246
11	Natrium (Na)	98	890
12	Magnesium (Mg)	650	1105
13	Aluminium (Al)	660	2467
14	Silizium (Si)	1420	2355
15	Phosphor (P)	44	280
16	Schwefel (S)	113	445
17	Chlor (Cl)	–101	–34
18	Argon (Ar)	–189	–186
19	Kalium (K)	64	754
20	Calcium (Ca)	848	1487
21	Scandium (Sc)	1541	2831
22	Titan (Ti)	1677	3277
23	Vanadium (V)	1917	3377
24	Chrom (Cr)	1903	2642
25	Mangan (Mn)	1244	2041
26	Eisen (Fe)	1539	2750
27	Cobalt (Co)	1495	2877
28	Nickel (Ni)	1455	2730

LISTE DER ELEMENTE

Ordnungszahl	Name / Symbol	Schmelzpunkt (°C)	Siedepunkt (°C)
29	Kupfer (Cu)	1083	2582
30	Zink (Zn)	420	907
31	Gallium (Ga)	30	2403
32	Germanium (Ge)	937	2355
33	Arsen (As)	817	613
34	Selen (Se)	217	685
35	Brom (Br)	–7	59
36	Krypton (Kr)	–157	–152
37	Rubidium (Rb)	39	688
38	Strontium (Sr)	769	1384
39	Yttrium (Y)	1522	3338
40	Zirkon (Zr)	1852	4377
41	Niob (Nb)	2467	4742
42	Molybdän (Mo)	2610	5560
43	Technetium (Tc)	2172	4877
44	Ruthenium (Ru)	2310	3900
45	Rhodium (Rh)	1966	3727
46	Palladium (Pd)	1554	2970
47	Silber (Ag)	962	2212
48	Cadmium (Cd)	321	767
49	Indium (In)	156	2028
50	Zinn (Sn)	232	2270
51	Antimon (Sb)	631	1635
52	Tellur (Te)	450	990
53	Iod (I)	114	184
54	Xenon (Xe)	–112	–107
55	Cäsium (Cs)	29	671
56	Barium (Ba)	725	1640

LISTE DER ELEMENTE

Ordnungszahl	Name/Symbol	Schmelzpunkt (°C)	Siedepunkt (°C)
57	Lanthan (La)	921	3457
58	Cer (Ce)	799	3426
59	Praseodym (Pr)	931	3512
60	Neodym (Nd)	1021	3068
61	Promethium (Pm)	1168	2700
62	Samarium (Sm)	1077	1791
63	Europium (Eu)	822	1597
64	Gadolinium (Gd)	1313	3266
65	Terbium (Tb)	1356	3123
66	Dysprosium (Dy)	1412	2562
67	Holmium (Ho)	1474	2695
68	Erbium (Er)	1529	2863
69	Thulium (Tm)	1545	1947
70	Ytterbium (Yb)	819	1194
71	Lutetium (Lu)	1663	3395
72	Hafnium (Hf)	2227	4602
73	Tantal (Ta)	2996	5427
74	Wolfram (W)	3410	5660
75	Rhenium (Re)	3180	5627
76	Osmium (Os)	3045	5090
77	Iridium (Ir)	2410	4130
78	Platin (Pt)	1772	3827
79	Gold (Au)	1064	2807
80	Quecksilber (Hg)	–39	357
81	Thallium (Tl)	303	1457
82	Blei (Pb)	328	1744
83	Bismut (Bi)	271	1560
84	Polonium (Po)	254	962

LISTE DER ELEMENTE

Ordnungszahl	Name/Symbol	Schmelzpunkt (°C)	Siedepunkt (°C)
85	Astatin (At)	300	370
86	Radon (Rn)	–71	–62
87	Francium (Fr)	27	677
88	Radium (Ra)	700	1200
89	Actinium (Ac)	1050	3200
90	Thorium (Th)	1750	4787
91	Protactinium (Pa)	1597	4027
92	Uran (U)	1132	3818
93	Neptunium (Np)	637	4090
94	Plutonium (Pu)	640	3230
95	Americium (Am)	994	2607
96	Curium (Cm)	1340	3190
97	Berkelium (Bk)	1050	710
98	Californium (Cf)	900	1470
99	Einsteinium (Es)	860	996
100	Fermium (Fm)	unbekannt	unbekannt
101	Mendelevium (Md)	unbekannt	unbekannt
102	Nobelium (No)	unbekannt	unbekannt
103	Lawrencium (Lr)	unbekannt	unbekannt
104	Rutherfordium (Rf)	unbekannt	unbekannt
105	Dubnium (Db)	unbekannt	unbekannt
106	Seaborgium (Sg)	unbekannt	unbekannt
107	Bohrium (Bh)	unbekannt	unbekannt
108	Hassium (Hs)	unbekannt	unbekannt
109	Meitnerium (Mt)	unbekannt	unbekannt
110	Darmstadtium (Ds)	unbekannt	unbekannt
111	Roentgenium (Rg)	unbekannt	unbekannt
112	Copernicum (Cn)	unbekannt	unbekannt

Menschliche Elemente

Der menschliche Körper enthält 25 chemische Elemente, die meisten davon nur in winzigen Mengen. Etwa zwei Drittel des Körpers bestehen aus Wasser (H_2O) und fast der ganze Rest aus Kohlenstoff, Stickstoff, Calcium und Phosphor.

▷ **Menschliche Elemente**
Diese Abbildung zeigt die Proportionen der Elemente anhand ihrer Masse: 65 % des Körpergewichts besteht aus Sauerstoff etc.

Nachschlagen (Physik)

SI-Einheiten

In der Forschung werden ausschließlich die sieben unten aufgeführten Einheiten verwendet, die man als SI-Basiseinheiten bezeichnet. „SI“ steht für *Système International* (Internationales System). Aufsicht über das SI hat eine Organisation in Paris.

SI-EINHEITEN

Einheit	Symbol	Gemessene Größe
Meter	m	Einheit der Länge, definiert durch die Strecke, die Licht im Vakuum in 1/299 792 458 Sekunden zurücklegt.
Kilogramm	kg	Einheit der Masse, verkörpert durch das Internationale Standardkilogramm, ein Platin-Iridium-Zylinder, der in Paris aufbewahrt wird.
Sekunde	s	Einheit der Zeit, definiert durch die Frequenz eines bestimmten Lichts, das von Caesiumatomen ausgestrahlt wird.
Ampere	A	Einheit der elektrischen Stromstärke, definiert durch die Anziehungskraft zweier paralleler Leiter, die von einem Strom der Stärke 1 A durchflossen werden.
Kelvin	K	Einheit der Temperatur auf der absoluten Temperaturskala, die am absoluten Nullpunkt beginnt: 0 K sind –273,5 °C.
Candela	cd	Einheit der Lichtstärke in eine bestimmte Richtung. Die Lichtstärke 1 cd entspricht etwa der einer gewöhnlichen Haushaltskerze.
Mol	mol	Einheit der Stoffmenge, vor allem zur Mengenangabe bei chemischen Reaktionen,1 mol enthält $6{,}022 \times 10^{23}$ Teilchen (Atome oder Moleküle des jeweiligen Stoffs).

Abgeleitete SI-Einheiten

Abgeleitete Einheiten entstehen durch Kombination der sieben SI-Basiseinheiten. Trotzdem handelt es sich um wichtige, oft verwendete Einheiten, die auch eigene Namen tragen. Die Tabelle unten führt einige Einheiten auf.

SI-EINHEITEN

Einheit	Symbol	Gemessene Größe
Becquerel	Bq	Einheit des radioaktiven Zerfalls, gibt die Menge eines Stoffs an, in den ein Kern pro Sekunde zerfällt.
Celsius	°C	Einheit der Temperatur mit gleicher Einteilung wie Kelvin, geht allerdings vom Gefrierpunkt des Wassers aus.
Coulomb	C	Einheit der Ladung, definiert als Ladungsmenge, die in 1 s durch einen Strom der Stärke 1 A getragen wird.
Farad	F	Einheit der elektrischen Kapazität (Aufnahmevermögen eines Kondensators)
Hertz	Hz	Einheit der Frequenz. Gibt die Anzahl der Schwingungen oder periodischen Ereignisse pro Sekunde an.
Joule	J	Einheit der Energie. Eine Kraft von 1 N, die über 1 m wirkt, verrichtet 1 J Arbeit.
Newton	N	Einheit der Kraft. 1 N ist die Kraft, die eine Masse von 1 kg in der Zeit von 1 s um 1 m / s beschleunigt.
Ohm	Ω	Einheit des elektrischen Widerstands. Bei 1 V Spannung fließt ein Strom von 1 A durch einen Widerstand von 1 Ω.
Pascal	Pa	Einheit des Drucks. 1 Pa ist eine Kraft von 1 N, die auf eine Fläche von 1 m^2 wirkt.
Volt	V	Einheit der Potenzialdifferenz (Spannung) und der elektromotorischen Kraft, die einen Stromfluss erzeugt.
Watt	W	Einheit der Leistung (Quotient aus Arbeit und Zeit), wird berechnet als Joule pro Sekunde.

Formeln

Physiker berechnen unbekannte Größen mithilfe von Formeln, in denen bekannte Größen in spezieller Weise miteinander kombiniert werden. Je nach zu berechnender Größe kann man die Formeln umstellen. Hier sind die wichtigsten Formeln aufgeführt.

PHYSIKALISCHE FORMELN

Größe	Beschreibung	Formel
Strom	Spannung / Widerstand	$I = \frac{U}{R}$
Spannung	Strom · Widerstand	$U = I \cdot R$
Widerstand	Spannung / Strom	$R = \frac{U}{I}$
Leistung	Arbeit / Zeit	$P = \frac{W}{t}$
Zeit	Strecke / Geschwindigkeit	$t = \frac{s}{v}$
Strecke	Geschwindigkeit · Zeit	$s = v \cdot t$
Geschwindigkeit	Strecke in bestimmte Richtung / Zeit	$v = \frac{s}{t}$
Beschleunigung	(Endgeschwindigkeit – Anfangsgeschwindigkeit) / Zeit	$a = \frac{v_2 - v_1}{t}$
Kraft	Masse · Beschleunigung	$F = m \cdot a$
Impuls	Masse · Geschwindigkeit	$p = m \cdot v$
Druck	Kraft / Fläche	$p = \frac{F}{A}$
Dichte	Masse / Volumen	$\rho = \frac{m}{V}$
Volumen	Masse / Dichte	$V = \frac{m}{r}$
Masse	Volumen · Dichte	$m = V \cdot \rho$
Flächeninhalt	Länge · Breite	$A = L \cdot B$
Kinetische Energie	½ Masse · (Geschwindigkeit)²	$E_{kin} = \frac{1}{2} mv^2$
Gewichtskraft	Masse · Fallbeschleunigung	$F_G = m \cdot g$
Arbeit	Kraft · Strecke in Richtung der Kraft	$W = F \cdot s$

Die Planeten

Diese Tabelle enthält einige Informationen zu den Planeten unseres Sonnensystems und ihren Monden. Die Oberfläche der inneren Planeten ist Gestein, die äußeren Planeten bestehen hauptsächlich aus Gas und Eis.

PLANETEN UND MONDE

Planet	Beschreibung	Anzahl der bekannten Monde
Merkur	Gestein, Metall	0
Venus	Gestein, Metall	0
Erde	Gestein, Metall	1
Mars	Gestein, Metall	2
Jupiter	Gas, Eis, Gestein	63
Saturn	Gas, Eis, Gestein	62
Uranus	Gas, Eis, Gestein	27
Neptun	Gas, Eis, Gestein	14

Die Erde

Unser Planet ist der größte Gesteinsplanet im Sonnensystem. Viele der in der Forschung verwendeten Einheiten, mit denen das Universum vermessen wird, basieren auf der Größe und der Bewegung unserer Erde.

Mittlerer Durchmesser	12 756 km
Mittlere Entfernung von der Sonne	149,6 Mio. km (1 AE)
Mittlere Umlaufgeschwindigkeit um die Sonne	29,8 km / s
Tagesdauer (Sonnenaufgang bis Sonnenaufgang)	24 Stunden
Masse	$5{,}98 \cdot 10^{24}$ kg
Volumen	$1{,}08321 \cdot 10^{12}$ km³
Mittlere Dichte (Wasser: 1 g / cm³)	5,52 g / cm³
Fallbeschleunigung an der Oberfläche	9,81 m / s²
Mittlere Temperatur an der Oberfläche	15 °C
Verhältnis von Wasser zu Land	70 : 30

Glossar

Abstoßung
Kraft zwischen zwei Körpern, die sie auseinandertreibt; Gegenteil von Anziehung.

Aggregatzustand
Die drei Hauptformen von Materie, die ein Stoff annehmen kann, sind fest, flüssig, gasförmig. Plasma ist ein vierter Zustand der Materie.

Aktivierungsenergie
Nötige Energie, um eine Reaktion in Gang zu setzen.

Algen
Pflanzenähnliche Organismen, die im Wasser leben und Fotosynthese betreiben.

Alkalisch
Gegenteil von sauer; charakteristischer Bestandteil ist das OH^--Ion.

Allotrop
Variante eines Elements. So kann Kohlenstoff als Graphit oder Diamant vorkommen. Allotrope Formen haben ein anderes Aussehen und andere physikalische, jedoch identische chemische Eigenschaften.

Amplitude
Höhe einer Welle; maximale Auslenkung eines schwingenden Körpers.

Anatomie
Wissenschaft, die den Aufbau von Organismen, Organen, Geweben oder Zellen untersucht.

Anion
Negativ geladenes Ion, das sich bildet, wenn ein Atom oder eine Gruppe von Atomen ein oder mehr Elektronen aufnehmen.

Anziehung
Kraft zwischen zwei Körpern, die sie zueinandertreibt; Gegenteil von Abstoßung.

Arbeit
Auf einen Körper übertragene Menge an Energie, wenn eine Kraft über einen gewissen Weg auf ihn wirkt.

Atmosphäre
Gasförmige Hülle, die Planeten, Monde und Sterne umgibt.

Atom
Kleinste Einheit eines Elements.

Auftrieb
Kraft in Flüssigkeiten, die der Gewichtskraft von eintauchenden Körpern entgegenwirkt.

Bakterien (Singular: Bakterium)
Mikroorganismen, die weder einen Zellkern noch Organellen besitzen und deren Zellen viel kleiner sind als die Zellen anderer Lebewesen.

Base
Verbindung, die in ein negativ geladenes Hydroxidion (OH^-) und ein positiv geladenes Ion zerfällt. Basen reagieren leicht mit Säuren.

Beschleunigung
Geschwindigkeitsänderung eines Körpers aufgrund einer auf ihn wirkenden Kraft.

Beugung
Richtungsänderung einer Welle, die durch einen engen Spalt läuft, wenn dessen Breite mit der Wellenlänge vergleichbar ist.

Biomasse
Gesamtmasse der organismischen Substanz in einem Lebensraum; häufig wird zwischen lebender und toter Biomasse unterschieden.

Brechung
Richtungsänderung einer Welle beim Übergang von einem Medium in ein anderes.

Chemikalie
Reiner Stoff mit bestimmten Eigenschaften.

Chlorophyll
Grüner Farbstoff, der Sonnenlicht absorbiert und weiterleitet, sodass dessen Energie im Zuge der Fotosynthese zur Zuckerproduktion genutzt werden kann.

Chromosom
Molekülstruktur im Zellkern, in der Erbinformation gespeichert ist.

Dampf
Anderes Wort für Gas.

Dehnung
Verformung eines Körpers durch eine Kraft.

Destillation
Vorgang, bei dem flüssige Stoffgemische durch Erhitzen voneinander getrennt werden. Der flüchtigere Stoff entweicht als Gas und kondensiert wieder zur reinen Flüssigkeit.

Dichte
Größe, die angibt, wie viel Masse in einem bestimmten Volumen eines Materials enthalten ist.

Dipol
Molekül mit zwei Polen, einem negativen und einem positiven.

DNS
Kurzform für Desoxyribonukleinsäure; ein komplexes, sehr langes Kettenmolekül, das zentraler Bestandteil der Chromosomen und Träger der Erbinformation ist.

Drehmoment
Drehwirkung einer Kraft.

Druck
Wirkung einer Kraft auf eine Fläche.

Drüse
Organ, das Substanzen (Sekrete) absondert; endokrine Drüsen geben ihre Produkte ins Blut oder in andere Körperflüssigkeiten ab, exokrine Drüsen nach außen oder in Körperhöhlen.

Dynamisches Gleichgewicht
Wenn eine Reaktion in beiden Richtungen mit gleicher Geschwindigkeit abläuft,

bleiben die Stoffmengen auf beiden Seiten insgesamt gesehen gleich groß.

Einheit
Festgelegter Vergleichswert für eine physikalische Größe. Größen werden gemessen, indem man den Wert mit der Einheit vergleicht.

Ektothermie
Abhängigkeit der Körpertemperatur eines Lebewesens von der Umwelt; sie kann nicht durch eigene Wärmeproduktion beeinflusst werden.

Elastizität
Eigenschaft eines Körpers, der seine Form unter einer Kraft ändert, aber seine Urform wieder annimmt, wenn die Kraft nicht mehr wirkt.

Elektrolyse
Verbindungen in einfachere Stoffe mittels elektrischer Energie trennen.

Elektrolyt
Elektrisch leitende Flüssigkeit.

Elektromagnet
Magnet, der durch einen Stromfluss magnetisch wird.

Elektron
Negativ geladenes Teilchen, das sich in der Außenhülle des Atoms aufhält.

Elektronik
Technikgebiet, das sich mit Halbleitern in Stromkreisen befasst.

Element
Natürlicher Stoff, der sich chemisch nicht in weitere Bestandteile trennen lässt. Es gibt rund 90 natürliche Elemente auf der Erde.

Endothermie
Fähigkeit von Tieren, die Temperatur im Körperinnern durch eigene Wärmeproduktion relativ konstant zu halten.

Energie
Das, was Dinge geschehen lässt; chemische Energie in der Nahrung lässt uns leben und uns bewegen.

Enzym
Protein, das als Katalysator im Körper eine biochemische Reaktion in Gang setzen oder beschleunigen kann.

Evolution
Durch den Prozess der natürlichen Selektion herbeigeführte allmähliche Veränderung von Arten in Anpassung an ihre Umwelt.

Exoskelett
Außenskelett; feste, stützende und schützende Hülle, die den Körper mancher Tiere umgibt.

Fette
Bei Raumtemperatur feste Lipide (bei Raumtemperatur flüssige Fette werden als fette Öle bezeichnet); dienen im Körper z. B. als Energiespeicher.

Filtration
Eine Substanz durch einen Filter geben, um feste Teilchen abzutrennen.

Finsternis
Bedeckung eines Himmelskörpers durch einen anderen; bei einer Sonnenfinsternis verdeckt der Mond, von der Erde aus gesehen, die Sonne. Bei einer Mondfinsternis steht die Erde zwischen Sonne und Mond.

Fossile Brennstoffe
Substanz, die leicht brennt und dabei Wärme freigibt; sie hat sich aus den Überresten uralter Pflanzen und anderer Organismen gebildet; darunter fallen Kohle, Erdgas und Erdöl.

Gefäße
Röhren im Innern von Tieren und Pflanzen, in denen Flüssigkeiten transportiert werden.

Gen
Abschnitt der DNS, der letztlich für die Ausbildung von Körpermerkmalen verantwortlich ist, da er die Information für die Produktion von Proteinen enthält, die die Ausprägung dieser Merkmale bewirken.

Generator
Maschine, die Drehbewegungen in elektrischen Strom umsetzt.

Geschwindigkeit
Schnelligkeit einer Bewegung in eine bestimmte Richtung.

Gewichtskraft
Durch die Erdanziehung verursachte Kraft auf eine Masse.

Gleichstrom (DC)
Elektrischer Strom, der nur in eine Richtung fließt.

Gliederfüßer
Größter Stamm des Tierreichs, zu dem u. a. Spinnentiere, Insekten und Krebstiere gehören.

Glukose
Einfachzucker; wird v. a. bei der Fotosynthese gebildet und ist für Lebewesen eine wichtige Energiequelle.

Gravitation
Anziehende Kraft zwischen zwei Massen.

Größe
Eine messbare Eigenschaft eines Körpers oder Zustands; ihr Wert wird als Produkt einer Zahl und einer Einheit angegeben.

Habitat
Durch bestimmte Umweltfaktoren gekennzeichneter Lebensraum, der von einer Organismenart oder einer Lebensgemeinschaft bewohnt wird.

Halbwertszeit
Zeitspanne, die es braucht, bis eine Menge eines radioaktiven Elements auf die Hälfte der ursprünglichen Masse zerfallen ist.

Hauptreihenstern
Gewöhnlicher Stern wie unsere Sonne.

Hormone
Meist in speziellen Drüsen gebildete chemische Botenstoffe, etwa Adrenalin, Insulin oder Östrogene, die Prozesse im Körper steuern.

Impuls
Produkt aus Masse und Geschwindigkeit eines Körpers.

Indikator
Stoff, der die Farbe bei unterschiedlichem pH-Wert ändert.

Induktion
Prozess, bei dem die Bewegungsenergie eines Leiters in einem Magnetfeld in eine elektrische Spannung umgesetzt wird.

Interferenz
Überlagerung von zwei oder mehr Wellen, durch die eine andere, neue Welle entsteht.

Ion
Atom oder Molekül, das ein Elektron aufgenommen oder abgeben hat und daher eine negative bzw. positive Ladung trägt.

Isotop
Eine von zwei oder mehr Formen eines Atoms, das dieselbe Ordnungszahl, jedoch eine verschiedene Anzahl an Neutronen und daher eine andere Masse hat.

Kapillare
Winziges Blutgefäß, das Körperzellen mit Sauerstoff versorgt.

Katalysator
Substanz, die die Aktivierungsenergie einer chemischen Reaktion herabsetzt, sodass die Reaktion schneller abläuft.

Kation
Positiv geladenes Ion, das aus Atomen (oder Molekülen) entsteht, die eines oder mehrere Elektronen abgeben.

Keratine
Wasserunlösliche Proteine; Hauptbestandteil von Haaren, Federn, Nägeln, Krallen, Hufen, Hörnern, Barten und Reptilienschuppen.

Kern
Im Atomkern gibt es Protonen und Neutronen.

Kernfusion
Verschmelzung zweier kleiner Atome zu einem größeren Atom; dabei werden große Mengen Energie frei.

Kernspaltung
Zerbrechen eines großen radioaktiven Atoms in zwei kleinere. Dabei werden große Mengen Energie freigesetzt.

Kiemen
Atmungsorgane von Fischen und zahlreichen anderen Wassertieren, die es ermöglichen, Sauerstoff aus dem Wasser aufzunehmen.

Kohlenwasserstoff
Verbindung, die größtenteils, wenn nicht sogar völlig, aus Kohlenstoff und Wasserstoff besteht.

Kompression (Verdichtung)
Zusammendrücken einer Substanz auf ein kleineres Volumen.

Kondensieren
Ein Gas in eine Flüssigkeit bringen; Wasserdampf kondensiert z. B. zu Wasser.

Konkav
Nach innen gewölbte Oberfläche (z. B. bei Linsen).

Konvektion
Art des Wärmetransports durch eine Flüssigkeit oder ein Gas; warme Bereiche steigen hoch, kalte Bereiche sinken ab; so entsteht eine Strömung.

Konvex
Nach außen gewölbte Oberfläche (z. B. bei Linsen).

Konzentration
Die Menge eines Stoffs, die in das bekannte Volumen einer anderen gemischt ist.

Kraft
Einwirkung, die einen Körper verformen oder beschleunigen kann.

Legierung
Mischung aus zwei oder mehr Metallen oder eines Metalls und eines Nichtmetalls.

Leistung
Physikalische Größe, definiert als Energie durch Zeit.

Longitudinal
Welle aus Verdichtungen und Verdünnungen eines Mediums; Gegenteil von transversal.

Lösung
Stoff mit einem darin gelösten anderen Stoff.

Lösungsmittel
Stoff, in dem sich ein anderer auflöst.

Luftwiderstand
Kraft, die der Bewegung eines Körpers durch die Luft entgegenwirkt und ihn bremst.

Masse
Eigenschaft eines Körpers, durch die er ein Gewicht hat und auf Kräfte reagiert.

Materie
Alles, was eine Masse hat und Raum einnimmt.

Membran
Dünne Trennschicht, die Zellen oder Organellen umgibt und nur für bestimmte Stoffe durchlässig (semipermeabel) ist.

Messung
Die Bestimmung des Werts einer (physikalischen) Größe in einer bestimmten Einheit.

Metall
Element, das bei der Reaktion Elektronen abgibt und ein Kation bildet; Metalle sind im Allgemeinen glänzende, schwere Feststoffe.

Mikrometer (µm)
Ein Millionstel Meter, $^{1}/_{1000}$ Millimeter.

Mikrotubuli
Winzige fadenförmige Proteingebilde, die für Form und Festigkeit von Zellen sowie zellinterne Transporte mitverantwortlich sind.

Mol
Mengeneinheit, mit der sich riesige Zahlen messen lassen wie Atome und Moleküle; ein Mol eines Stoffs enthält $6{,}0221415 \times 10^{23}$ Atome (Avogadro-Konstante).

Molekül
Zwei oder mehr Atome, die miteinander chemisch verbunden sind; kleinste Einheit einer Verbindung, es in kleinere Einheit aufzuteilen, würde die Verbindung zerstören.

Nährstoff
Stoff, der von Organismen aufgenommen und im Stoffwechsel verarbeitet wird.

Nanometer (nm)
Ein Millardstel Meter, 1/1000 Mikrometer.

Neutron
Neutrales Teilchen im Kern fast aller Atome.

Niederschlag
Jede Form aus den Wolken fallender Feuchtigkeit, z. B. Regen, Schnee, Graupel und Hagel.

Nukleus (Plural: Nuklei)
Kern von etwas; ein Atomkern enthält Protonen und Neutronen, ein Zellkern enthält das Erbgut von Organismen.

Ökosystem
Komplexes Beziehungsgeflecht eines Lebensraums mit den in ihm lebenden Organismen.

Oktett
Ansammlung von 8 Dingen.

Orbit (Umlaufbahn)
Die Bahn einer Masse, die sich unter Einfluss der Gravitation um eine andere Masse bewegt.

Orbitalmodell
Atommodell, das auf den Erkenntnissen von Rutherford und Bohr basiert und quantenmechanische Erkenntnisse zur Beschreibung der Aufenthaltswahrscheinlichkeiten von Elektronen im Atom mit berücksichtigt.

Ordnungszahl (Kernladungszahl)
Anzahl von Protonen im Kern eines Atoms; jedes Element hat Atome mit einer einzigen Ordnungszahl.

Organelle
Komplexe Struktur im Innern einer Zelle, die eine bestimmte Funktion erfüllt.

Organismus
Lebewesen.

Oxidation
Abgabe von Elektronen in einem Atom, Ion oder Molekül.

Phloem
Röhrensystem, in dem Pflanzen organische Stoffe transportieren.

Pigment
Farbstoff; Substanz, die einem Objekt seine Farbe verleiht.

Plasma
Energiereicher Zustand eines Gases, bei dem die Atome in ihre Bestandteile zerlegt sind.

Pol
Stelle eines Magneten, bei dem die Feldlinien ein- oder austreten; ein elektrischer (Plus- oder Minus-)Pol ist eine Anschlussstelle für eine Spannungsquelle.

Polymer
Langes, kettenartiges Molekül aus kleineren, miteinander verbundenen Molekülen.

Proteine
Eiweiße; komplexe, aus vielen Aminosäuren aufgebaute Kettenmoleküle, die in allen Organismen eine bedeutende Rolle spielen. Sie finden u. a. als Bau- und Transportstoffe, Enzyme und Hormone Verwendung und sind für die Muskelbewegung verantwortlich.

Protisten
Einzellige Organismen, die einen Zellkern besitzen und eine komplexe Zellstruktur aufweisen.

Proton
Positiv geladenes Teilchen, das sich im Kern sämtlicher Atome befindet.

Puppe
Übergangsstadium zwischen Insektenlarve und erwachsenem Insekt (Imago); während des Puppenstadiums wird der Körper des Insekts komplett umgebaut.

Radikale
Atome, Moleküle oder Ionen mit ungepaarten Elektronen; dadurch sind sie sehr reaktiv.

Radioaktiv
Atome, die instabil und leicht spaltbar sind; beim Zerfall senden sie hochenergetische Teilchen aus.

Reaktivität
Wahrscheinlichkeit, dass ein Stoff eine chemische Reaktion eingehen kann oder wird.

Reduktion
Aufnahme von Elektronen durch einen Stoff in einer chemischen Reaktion; dadurch wird seine Oxidationszahl verringert.

Reflexion
Spiegelung eine Welle an einer Oberfläche.

Reibung
Kraft zwischen zwei sich berührenden Körpern, die deren Bewegung hemmt.

RuBisCo
Kurzform von Ribulose-1,5-bisphosphat-Carboxylase/Oxygenase; ein Enzym, das dafür sorgt, dass Kohlendioxid aus der Atmosphäre in die Dunkelreaktion der Fotosynthese eingeschleust wird.

Salz
Ionische Verbindung, die durch eine Reaktion zwischen einer Säure und einer Base gebildet wird.

Säure
Verbindung, die in ein negativ geladenes Ion und in mindestens ein positiv geladenes Wasserstoffion (H^+) zerfällt, das leicht mit anderen Substanzen reagieren kann.

Sedimentgesteine (Schichtgesteine)
Gestein, das sich durch die Ablagerung von Material an Land oder am Meeresboden bildet, z. B. Sandstein. Die Festigkeit entsteht durch Komprimierung unter hohem Druck über Millionen Jahre.

Siedepunkt
Temperatur, an der eine Substanz aus dem flüssigen in den gasförmigen Zustand übergeht; wenn das Gas abkühlt, wird es bei der gleichen Temperatur zu einer Flüssigkeit kondensieren.

Spannung
In der Mechanik: Kraft, die einen Körper dehnt, biegt oder bricht. In der Elektrizitätslehre: Kraft, die Elektronen entlang eines Stromkreises bewegt.

Stoffgemisch
Ansammlung zweier oder mehrerer Stoffe, die nicht chemisch miteinander verbunden sind.

Stoffwechsel
Gesamtheit aller biochemischen Prozesse, die in einem Organismus ablaufen; dabei lassen sich Energie liefernde Abbauprozesse (Katabolismus) und Stoffe aufbauende Prozesse (Anabolismus) unterschieden.

Strahlung
Energiereiche Wellen, die sich im Raum ausbreiten, z. B. Licht, Wärme, Röntgenstrahlen oder Radiowellen; radioaktive Strahlung enthält auch subatomare Teilchen und Bruchstücke von Atomen.

Strom
Fluss von Teilchen einer Substanz; ein elektrischer Strom ist ein Fluss von Elektronen und anderen geladenen Teilchen.

Stromkreis
Reihe von leitend miteinander verbundenen Bauteilen, die so an eine Spannungsquelle (z. B. eine Batterie) angeschlossen sind, dass ein elektrischer Strom hindurchfließen kann.

Subatomare Teilchen
Bestandteile von Atomen, z. B. Protonen, Neutronen und Elektronen.

Supraleiter
Material, das bei sehr tiefen Temperaturen seinen elektrischen Widerstand verliert und einen elektrischen Strom ohne Energieverlust leitet.

Suspension
Stoffgemisch, in dem kleine Feststoffe, Flüssigkeitskügelchen oder Gasblasen schweben.

Temperatur
Maß für die mittlere thermische Energie (Wärme) eines Körpers.

Trägheit
Widerstand einer Masse gegen eine Beschleunigung.

Transversal
Welle, deren Schwingungsrichtung senkrecht zur Ausbreitungsrichtung ist; das Gegenteil von longitudinal.

Unmischbarkeit
Eigenschaft zweier Flüssigkeiten, die sich nicht miteinander vermischen oder ineinander lösen, weil ihre Moleküle sich abstoßen, z. B. Wasser und Öl.

Verbindung
Chemikalie, die aus den Atomen zweier oder mehrerer Elemente zusammengesetzt ist.

Verbrennung
Chemischer Vorgang, bei dem ein Stoff mit Sauerstoff reagiert und Hitze und Licht (Flammen) freigesetzt werden.

Verdampfung
Umwandlung einer Flüssigkeit in ein Gas.

Verdrängung
Beiseiteschieben eines Mediums (z. B. Wasser), wenn ein Körper in das Medium gebracht wird.

Verdrillung (Torsion)
Formänderung durch eine Kraft.

Verdünnung
Abnahme von Druck und Moleküldichte entlang einer longitudinalen Welle.

Verformung
Änderung der Form eines Körpers, der z. B. gedehnt, gepresst oder gebogen wird.

Verzögerung
Abnahme der Geschwindigkeit, die auftritt, wenn eine Kraft der Bewegung eines Körpers entgegenwirkt.

Vesikel
Winzige, von einer Membran umhüllte Bläschen im Zellinnern, die dem Transport und der Speicherung von Stoffen dienen.

Wärmeisolation
Material, das den Wärmetransport von Warm zu Kalt hemmt; bei Tieren dienen dazu Haare oder eine Speckschicht.

Wärmeleitung
Art des Wärmetransports durch einen Körper; dabei fließt die Wärme von heißen zu kalten Bereichen des Körpers.

Wechselstrom (AC)
Elektrischer Strom, der ständig seine Richtung ändert.

Wellenlänge
Abstand zwischen zwei entsprechenden Punkten auf einer Welle.

Widerstand
In der Elektronik: Bauteil, das den Stromfluss hemmt. In der Mechanik: hemmende Kraft, z. B. Luftwiderstand.

Wirbellose
Tiere, die keine Wirbelsäule besitzen; die weitaus meisten bekannten Tierarten gehören zu dieser Gruppe.

Wirbeltiere
Tiere, die eine aus zahlreichen Wirbeln bestehende Wirbelsäule besitzen; sehr vielfältige, weltweit verbreitete Tiergruppe, zu der Fische, Amphibien, Reptilien, Vögel und Säugetiere gehören.

Xylem
Röhrensystem, in dem Pflanzen Wasser und darin gelöste Salze transportieren.

Zellatmung
Prozess in lebenden Zellen, bei dem der Zucker Glukose abgebaut und Energie freigesetzt wird.

Zelle
Kleinste Einheit des Lebens.

Zellulose
Langkettiges Kohlenhydrat und Hauptbestandteil von pflanzlichen Zellwänden.

Register

Dank und Bildnachweis

Der DK Verlag dankt Smiljka Surlja, Sudakshina Basu and Vandna Sonkariya für Unterstützung bei der Gestaltung, Fran Baines, Clive Gifford, Clare Hibbert, Wendy Horobin, James Mitchem, Carole Stott, Victoria Wiggins, Antara Moitra and Pragati Nagpal für redaktionelle Unterstützung und Jackie Brind für die Erstellung des Registers.

Der Verlag dankt folgenden Personen und Organisationen für die freundliche Genehmigung zum Abdruck von Fotos: (Abkürzungen: o = oben, m = Mitte, u = unten, g = ganz, l = links, r = rechts)

23 Science Photo Library: Dr. E. Walker (ur). **24** Getty Images: Photographer's Choice / Tony Hutchings (ur). **37** SuperStock: Stock Connection (ul). **47** Ardea: Alan Weaving (or). **65** Corbis: Tetra Images (ur). **68** Corbis: Owen Franken (ml). **79** FLPA: Nigel Cattlin (ml). **81** Corbis: Louie Psihoyos (or). **87** 123RF.com: Denys Kuvaiev (ur). **88** Dreamstime.com: Peter Wollinga (ul). **91** Corbis: Richard Chung / Reuters (um). **99** Corbis: Radius Images (ul). **100** Corbis: Mark Schneider / Visuals Unlimited (ul). **102** Corbis: Bettmann (um). **107** Corbis: FoodPhotography Eising / the food passionates (m). **108** Alamy Stock Photo: Archive Pics (mr). **109** Dreamstime.com: Generalfmv (ml, mgl). **119** Science Photo Library: Charles D. Winters (ur). **123** Corbis: Louie Psihoyos / Science Faction (ur). **124** Corbis: Thom Lang (ur). **126** 123RF.com: sermax55 (ur). **128** Corbis: Taro Yamada (ur). **135** Science Photo Library: Martyn F. Chillmaid (ur). **139** Alamy Images: Carol and Mike Werner / PHOTOTAKE Inc. (ur). **141** Science Photo Library: Dirk Wiersma (ur). **143** SuperStock: imagebroker.net (mro). **145** Dreamstime.com: Cammeraydave (ul). **146** Science Photo Library: Cristina Pedrazzini (ur). **149** Getty Images. Photolibrary / Wallace Garrison (mru). **152** Alamy Stock Photo: World History Archive (ul). **153** © Institut für Hygiene und Umwelt: http://www.hamburg.de/hu. (ol). © Leibniz-Institut für Pflanzenbiochemie, Halle (Saale) (or). **163** Corbis: Alex Wild / Visuals Unlimited (ul). **165** Corbis: moodboard (ul). **171** Getty Images: AFP / BIPM (ml). NIST: Sara Morawetz (mr). **172** © CERN: Mimmo Dattola (ul). 123RF.com: Alberto Masnovo (mr). **175** Corbis: Roland Holschneider / DPA (m). **177** Science Photo Library: Middle Temple Library (ur). **179** 123RF.com: Şafak Cakır (ol). Getty Images: Stock Montage (mru). **181** Corbis: Ken Welsh / Design Pics (ul). **183** Corbis: Mike Powell (mr). **188** Corbis: Gene Blevins / LA DailyNews (mro). **191** Corbis: Duomo (ur). **195** Alamy Images: Chuck Franklin (ul). **197** Corbis: Barritt, Peter / SuperStock (ur). **199** Alamy Images: Ange (ur). **200** Corbis: Grantpix / Index Stock (mro). **202** Corbis: Joe McDonald (mro). **207** Science Photo Library: Sinclair Stammers (or). **209** Corbis: Denis Scott (mro). **213** Science Photo Library: Andy Crump (ur). **215** Corbis: Marcus Mok / Asia Images (ul). **217** Science Photo Library: Volker Steger / Peter Arnold Inc. (ur). **218** Corbis: Liu Liqun (ur). **221** Science Photo Library: David Parker (mro). **223** Alamy Images: Mark Boulton (ur). **225** Alamy Images: MShieldsPhotos (ur). **227** Science Photo Library: Patrick Landmann (ur). **228** Corbis: Chip East / Reuters (ur). **229** 123RF.com: Kitsana Baitoey (mu); Thalerngsak Mongkolsin (mru). Alamy Stock Photo: Sébastien Baussais (mrgu). **230** Corbis: Seth Resnick / Science Faction (um). **233** Alamy Images: Mark Ferguson (mro). **236** Getty Images: Alan R Moller (ur). **239** Science Photo Library: NASA / JPL (ur). **241** Corbis: Heritage Images / Museum of London (um). **245** Corbis: George Steinmetz (ur). **246** NASA: ESA and The Hubble Heritage Team (STScI / AURA) (ur). **249** Science Photo Library: NASA (mlo).

Alle anderen Abbildungen © Dorling Kindersley
Weitere Informationen unter: **www.dkimages.com**